中 国 国 家 标 准 汇 编

544

GB 28625～28644

（2012 年制定）

中国标准出版社　编

中国标准出版社

北　京

图书在版编目(CIP)数据

中国国家标准汇编:2012年制定.544:
GB 28625～28644/中国标准出版社编.—北京:
中国标准出版社,2013.10
ISBN 978-7-5066-7275-7

Ⅰ.①中… Ⅱ.①中… Ⅲ.①国家标准-
汇编-中国-2012 Ⅳ.①T-652.1

中国版本图书馆CIP数据核字(2013)第186340号

中国标准出版社出版发行
北京市朝阳区和平里西街甲2号(100013)
北京市西城区三里河北街16号(100045)

网址 www.spc.net.cn
总编室:(010)64275323 发行中心:(010)51780235
读者服务部:(010)68523946
中国标准出版社秦皇岛印刷厂印刷
各地新华书店经销

*

开本 880×1230 1/16 印张 32.75 字数 980 千字
2013年10月第一版 2013年10月第一次印刷

*

定价 220.00 元

出 版 说 明

1.《中国国家标准汇编》是一部大型综合性国家标准全集。自1983年起,按国家标准顺序号以精装本、平装本两种装帧形式陆续分册汇编出版。它在一定程度上反映了我国建国以来标准化事业发展的基本情况和主要成就,是各级标准化管理机构,工矿企事业单位,农林牧副渔系统,科研、设计、教学等部门必不可少的工具书。

2.《中国国家标准汇编》收入我国每年正式发布的全部国家标准,分为"制定"卷和"修订"卷两种编辑版本。

"制定"卷收入上一年度我国发布的、新制定的国家标准,顺延前年度标准编号分成若干分册,封面和书脊上注明"20××年制定"字样及分册号,分册号一直连续。各分册中的标准是按照标准编号顺序连续排列的,如有标准顺序号缺号的,除特殊情况注明外,暂为空号。

"修订"卷收入上一年度我国发布的、被修订的国家标准,视篇幅分设若干分册,但与"制定"卷分册号无关联,仅在封面和书脊上注明"20××年修订-1,-2,-3,……"字样。"修订"卷各分册中的标准,仍按标准编号顺序排列(但不连续);如有遗漏的,均在当年最后一分册中补齐。需提请读者注意的是,个别非顺延前年度标准编号的新制定的国家标准没有收入在"制定"卷中,而是收入在"修订"卷中。

读者配套购买《中国国家标准汇编》"制定"卷和"修订"卷则可收齐由我社出版的上一年度我国制定和修订的全部国家标准。

3.由于读者需求的变化,自1996年起,《中国国家标准汇编》仅出版精装本。

4.2012年我国制修订国家标准共2 101项。本分册为"2012年制定"卷第544分册,收入国家标准GB 28625～28644的最新版本。

中国标准出版社
2013年8月

目　录

ICS 37.100.01
N 47

中华人民共和国国家标准

GB/T 28625—2012

彩色复印机测试版

Test chart for color copiers

2012-07-31 发布　　2012-11-01 实施

中华人民共和国国家质量监督检验检疫总局
中国国家标准化管理委员会　发布

前　言

本标准按照 GB/T 1.1—2009 给出的规则起草。

本标准由中国机械工业联合会提出。

本标准由全国复印机械标准化技术委员会(SAC/TC 147)归口。

本标准起草单位:天津复印技术研究所、珠海天威飞马打印耗材有限公司、理光图像技术(上海)有限公司深圳分公司、天津市中环天佳电子有限公司、武汉宝特龙信息科技有限公司、夏普办公设备(常熟)有限公司、佳能(中国)有限公司、柯尼卡美能达(中国)投资有限公司、东芝泰格信息系统(深圳)有限公司、上海富士施乐有限公司。

本标准主要起草人:马燕、张希平、刘生应、姜真、祝积顺、陈维益、鲁俊和、陈挺、陈颂昌、仇相如。

彩色复印机测试版

1 范围

本标准规定了彩色复印机测试版的基本要求。

彩色复印机测试版为一套测试版，其中包括综合版(A3,A4)，青(C)、品红(M)、黄(Y)、黑(K)全色版(A3,A4)和鬼影版(A3,A4)。

本标准规定了测试版的规格尺寸、版样及制作方法，并对测试版结构和作用予以详细说明。本标准还规定了测试版的质量检验方法、检验规则及标志、包装、运输、贮存等内容。

本标准适用于彩色复印机和具有复印功能的彩色多功能设备。

2 规范性引用文件

下列文件对于本文件的应用是必不可少的。凡是注日期的引用文件，仅注日期的版本适用于本文件。凡是不注日期的引用文件，其最新版本(包括所有的修改单)适用于本文件。

GB/T 13963—2008 复印机术语

GB/T 18721—2002 印刷技术 印前数据交换 CMYK标准彩色图像数据(CMYK/SCID)

3 术语和定义

GB/T 13963—2008界定的以及下列术语和定义适用于本文件。

3.1

色谱图 coloratlas

用标准青(C)、品红(M)、黄(Y)、黑(K)墨粉，按不同网点百分比叠印成各种色彩的色块的总和。

3.2

套色误差 out of color registration

指在彩色图像中的各色[青(C)色、品红(M)色、黄(Y)色、黑(K)色]之间的像素位置偏移。

3.3

色密度 color density

通过红色、绿色、蓝色滤色片测量的彩色图像密度。用反射率倒数的常用对数表示。

注：本标准中所有色密度值均为ISO A状态密度。

3.4

色差 color difference

两种颜色的色调、饱和度和亮度的综合差异，用CIE LAB三维空间里两种颜色的差值 ΔE_{ab}^* 表示，即 $\Delta E_{ab}^* = [(\Delta L^*)^2 + (\Delta a^*)^2 + (\Delta b^*)^2]^{1/2}$

式中，ΔL^* 是CIE LAB明度差；Δa^*、Δb^* 是CIE LAB色品指数差。

3.5

灰色偏差 gray difference

灰度图在彩色复印中其色度值的偏离程度。

3.6

网线角度　screen angle

将与测试版上边平行的方向设为0°,垂直方向设为90°,逆时针旋转方向为正方向,取网点中心连线与水平线的夹角。

4 测试版制作

4.1 测试版纸的要求

4.1.1 本标准规定的测试版采用白色铜版纸,纸张参数:白度为85%±5%,光泽度为65%±5%(测定角75°),厚度为235 μm,CIE LAB色度值$L^*=95.41\pm3$,$a^*=0.95\pm2$,$b^*=-1.98\pm2$。

4.1.2 纸张定量:250 g/m^2±10 g/m^2。

4.2 质量要求

4.2.1 测试版采用四色胶版印刷。

4.2.2 测试版表面应平整、密实、色泽均匀,无划痕、弯曲、皱折、图像模糊和断裂现象。

4.2.3 测试版的规格尺寸和特性指标均应满足本标准要求。

4.2.4 测试版上所有线条为实地线条,网线数为175线/英寸(1英寸=2.54 cm),网线角度为青(C)75°、品红(M)45°、黄(Y)0°、黑(K)15°。

5　彩色复印机测试版——综合版(A3,A4)

5.1　综合版结构图(见图1、图2)

说明：

1——边框区；
2——标尺；
3——30%半色调色块；
4——四阶灰度级；
5——套色区；
6——实心圆；
7——分辨力；
8——十字标尺；
9——色谱图；
10——测试色块；
11——文字区；
12——十阶灰度级；
13——彩色图像区；
14——版名区；
15——版权区。

图1　综合版(A3)结构图

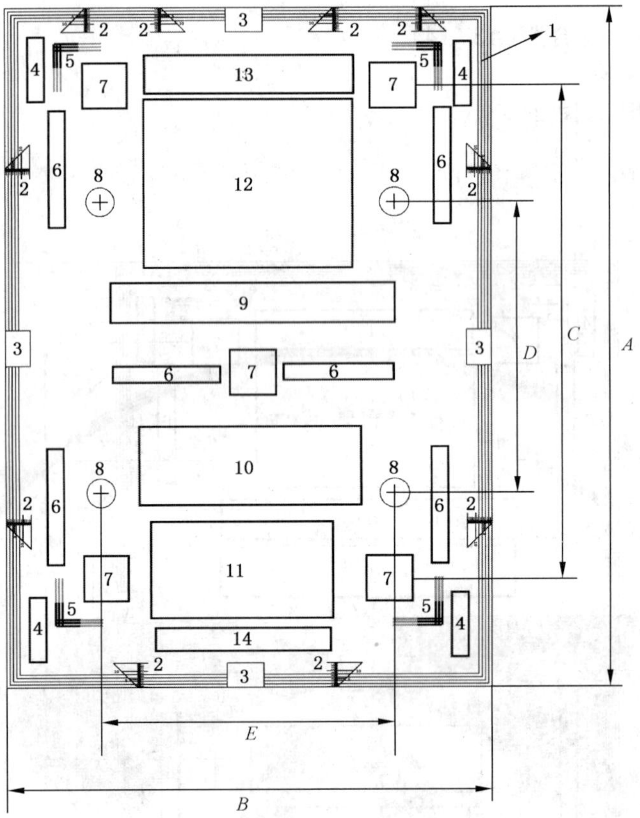

说明：

1——边框区；
2——标尺；
3——30%半色调色块；
4——四阶灰度级；
5——套色区；
6——实心圆；
7——分辨力；
8——十字标尺；
9——测试色块；
10——文字区；
11——十阶灰度级；
12——彩色图像区；
13——版名区；
14——版权区。

图 2　综合版(A4)结构图

5.2　综合版外形尺寸

综合版外形尺寸如下：

a)　A3 综合版：420^{+2}_{+1} mm×297^{+2}_{+1} mm。

b)　A4 综合版：297^{+2}_{+1} mm×210^{+2}_{+1} mm。

5.3　综合版基本尺寸(见表 1)

表 1　综合版基本尺寸和偏差

单位为毫米

符　号		*A*	*B*	*C*	*D*	*E*
基本尺寸	A3	420	297	290	180	180
	A4	297	210	206	130	130
偏　差	A3	±0.8	±0.6	±0.6	±0.25	±0.25
	A4	±0.6	±0.4	±0.4	±0.20	±0.20

5.4 综合版图样(见图 3、图 4)

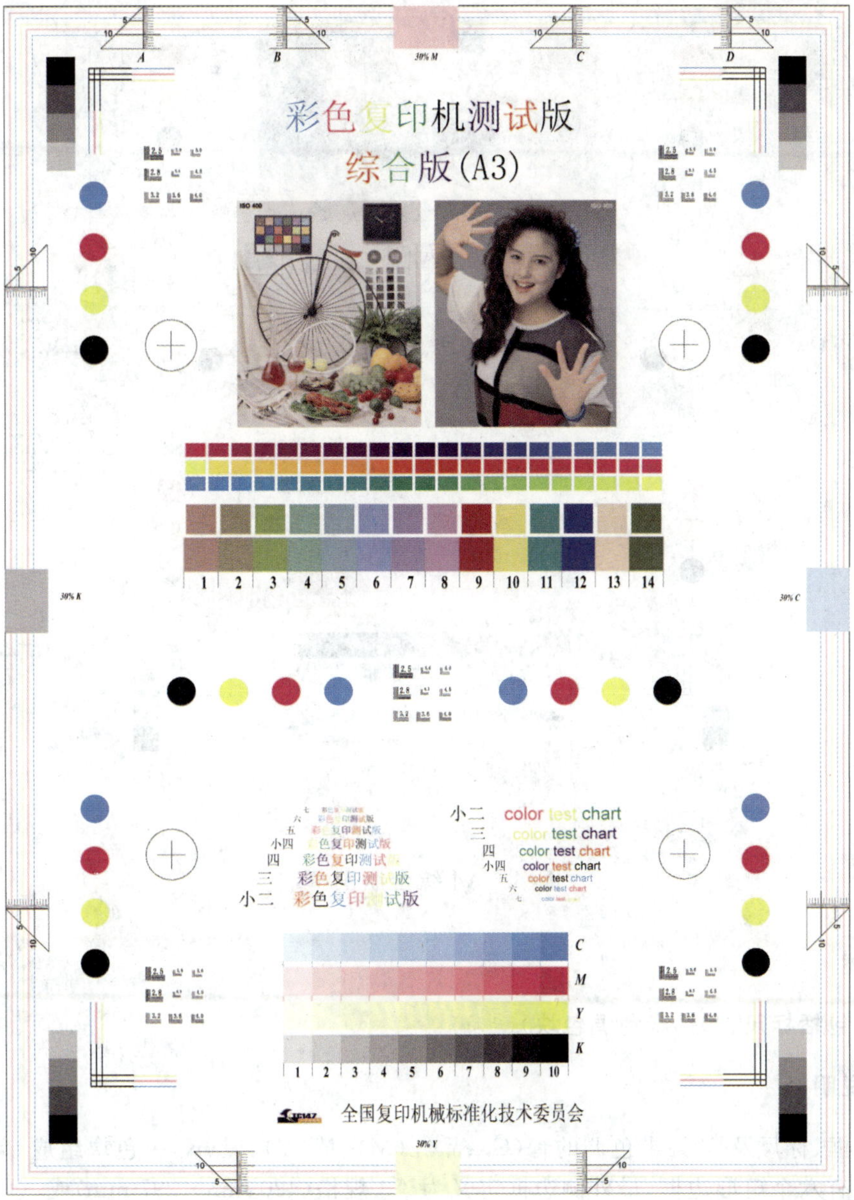

图 3 A3 综合版图样

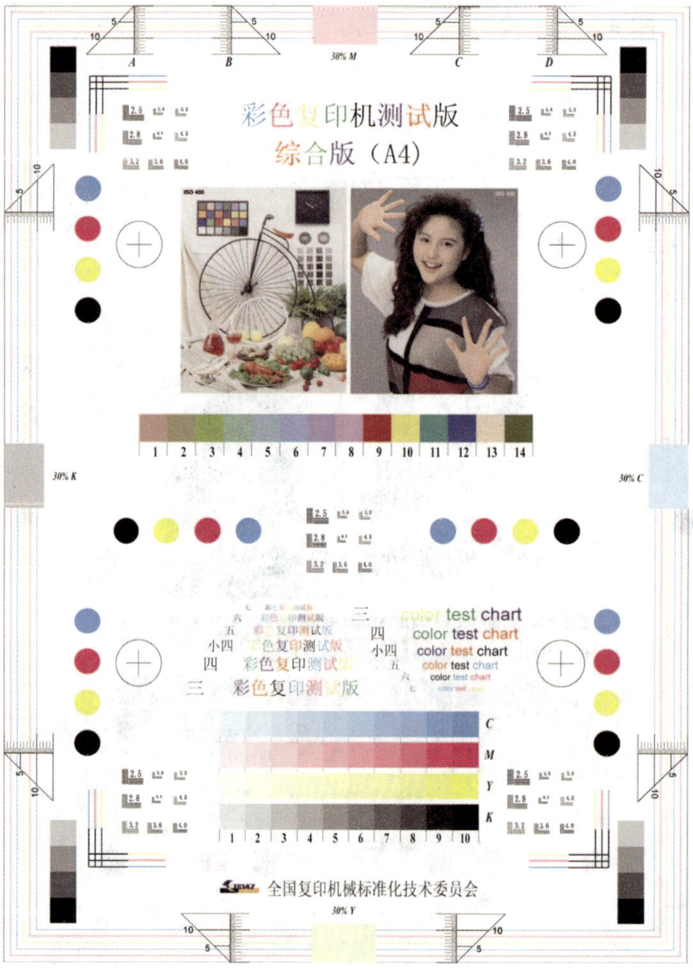

图 4 A4 综合版图样

5.5 综合版描述

5.5.1 边框区(包括标尺、30%半色调色块)

5.5.1.1 结构说明

边框区由边框、标尺及 30%半色调的青(C)、品红(M)、黄(Y)、黑(K)色色块组成。

综合版上共有六个矩形边框,最外侧边框定义为 A3 规格(420 mm×297 mm)或 A4 规格(297 mm×210 mm),每一个内边框与相邻的外边框比较,上、下、左、右均小 2 mm,从外至内边框的颜色为黑(K)、品红(M)、青(C)、黄(Y)、品红(M)、青(C)。最外侧边框应可见,且距离纸张边缘小于或等于 1 mm。

综合版边框上有 10 个 15 mm 的标尺,分布在上(4 个)、下(2 个)、左(2 个)、右(2 个)边框上。上边框的四个标尺(A、B、C、D)的水平垂直交点 A、B、C、D 分别距最外侧左边框 49 mm、99 mm、199 mm、255 mm(A3)或 40 mm、70 mm、140 mm、170 mm(A4)。标尺应与边框完全重合。

四个 30%半色调品红(M)、黄(Y)、黑(K)、青(C)色块分别位于上、下、左、右边框的中部。品红(M)色、黄(Y)色色块的尺寸为 22.5 mm×15 mm(A3)或 20 mm×12 mm(A4),青(C)色、黑(K)色色块的尺寸为 15 mm×22.5 mm(A3)或 12 mm×20 mm(A4)。

边框、标尺的线条宽度为 0.175 mm±0.020 mm,标尺的刻度线宽度为 0.122 mm±0.020 mm,标尺的非刻度线边长为 15 mm。

5.5.1.2 作用

六个边框和标尺用于目视检查复印机的有效复印范围。

A、*B*、*C*、*D* 标尺用于测量起始线误差和图像倾斜误差。

四个 30% 半色调青(C)、品红(M)、黄(Y)、黑(K)色块用于测量复印机的有效复印幅面及半色调复印效果。

5.5.2 黑(K)色四阶灰度级

5.5.2.1 结构说明

四个四阶灰度级位于边框区内侧的四个角内，分别距上、下外边框 18 mm(A3)或 12.5 mm(A4)，左、右外边框 15 mm(A3)或 13.5 mm(A4)。

黑(K)色灰度级的网点面积覆盖率分别为 25%、50%、75%、100%。每块为 10 mm×10 mm(A3)或 8 mm×8 mm(A4)的网点区。

5.5.2.2 作用

用于检测彩色复印品的灰色偏差。

5.5.3 套色区

5.5.3.1 结构说明

套色区由青(C)、品红(M)、黄(Y)三色分别和黑(K)色组成的水平和垂直线条组成，共四组，每组有三条水平和三条垂直线条。其中每种颜色线条长 15 mm(A3)或 12 mm(A4)，线条的水平、垂直间距为 2 mm。最外侧的线条分别距上、下、左、右外边框 22 mm、38 mm、30 mm、30 mm(A3)或 22 mm、30 mm、25 mm、25 mm(A4)。青(C)、品红(M)、黄(Y)三色和黑(K)色在水平线、垂直线的误差应小于 0.05 mm。套色区所有线条宽度为 0.35 mm±0.02 mm。

5.5.3.2 作用

用于检测彩色复印品中青(C)、品红(M)、黄(Y)和黑(K)色的套色误差。

5.5.4 实心圆

5.5.4.1 结构说明

综合版有 6 组由青(C)、品红(M)、黄(Y)、黑(K)四种颜色组成的实心圆。直径为 ϕ10 mm(A3)或 ϕ8 mm(A4)。

实心圆的色密度分别为：黄(Y)：1.40±0.05；品红(M)：1.50±0.10；青(C)：1.50±0.10；黑(K)：1.60±0.05。

5.5.4.2 作用

用于检测彩色复印品的色密度、定影牢固度、密度不均匀性和密度变化。

5.5.5 分辨力

5.5.5.1 结构说明

分辨力图见图 5。分辨力图由 9 组不同空间频率的图样组成，每组图样为互相垂直的各 5 条线组成，各组图样的空间频率按 R20 数系取值，分别为：2.5 线/mm、2.8 线/mm、3.2 线/mm、3.6 线/mm、4.0 线/mm、4.5 线/mm、5.0 线/mm、5.6 线/mm、6.3 线/mm。

分辨力图有 5 处，位于综合版的左上、右上、左下、右下及中部，全部为黑色线对。

各组图样空间频率的线条应清晰可辨，线条应平直。空间频率的极限偏差为±5%。

注：例如对于 2.5 线/mm 的分辨力，空间频率的极限偏差为±5%时，是指黑白线条的宽度应为0.2 mm±0.01 mm。

5.5.5.2 作用

用于检查复印品的分辨力。

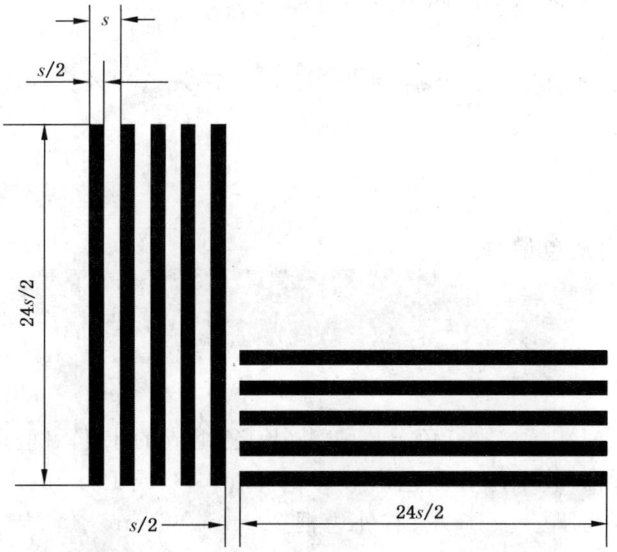

说明：

s ——每个线段的宽度。

图 5 分辨力图

5.5.6 十字线标尺

5.5.6.1 结构说明

由四个左右对称的十字标尺组成，四角⊕间距相等，间距为 180 mm(A3)或 130 mm(A4)。

5.5.6.2 作用

用于检测复印品的对角线误差、相对边误差和比例误差。

5.5.7 色谱图

5.5.7.1 结构说明

位于综合版上两幅图像的下方。由 3 行 21 列色块组成，第 1 行色块由品红(M)和青(C)的叠加色组成，从左到右分别为品红(M)100%、青(C)10%品红(M)100%、青(C)20%品红(M)100%、青(C)30%品红(M)100%、青(C)40%品红(M)100%、青(C)50%品红(M)100%、青(C)60%品红(M)100%、青(C)70%品红(M)100%、青(C)80%品红(M)100%、青(C)90%品红(M)100%、青(C)100%品红(M)

100%、青(C)100%品红(M)90%、青(C)100%品红(M)80%、青(C)100%品红(M)70%、青(C)100%品红(M)60%、青(C)100%品红(M)50%、青(C)100%品红(M)40%、青(C)100%品红(M)30%、青(C)100%品红(M)20%、青(C)100%品红(M)10%、青(C)100%,第2行色块由黄(Y)色和品红(M)色的叠加色组成,第3行色块由青(C)色和黄(Y)色的叠加色组成,颜色组合网点面积覆盖率同第1行相同。每个色块的尺寸为5 mm×7 mm,相邻色块间隔1 mm。

A3综合版有色谱图。A4综合版无色谱图。

5.5.7.2 作用

用于检查复印机对色谱图的复印效果。

5.5.8 测试色块

5.5.8.1 结构说明

由标号为1～14的14种CIE测试色块组成。分上、下两行排列。上排每个色块尺寸为10.5 mm×10.5 mm,间隔1.5 mm;下排色块尺寸为12 mm×12 mm,无间隔。A4综合版只有下排测试色块,尺寸为8.6 mm×8.6 mm。表2给出了色块的CIE LAB参考色度值,参考色度值与综合版的实际色度值的平均色差应小于6.5。

5.5.8.2 作用

用于检测综合版和其复印品之间的色差。

表2 测试色块的参考色度值

测试色块序号	CIE LAB参考色度值		
	L^*	a^*	b^*
1	61.48	18.84	11.80
2	60.71	3.37	28.95
3	62.02	−15.45	44.41
4	61.17	−30.40	17.02
5	62.37	−18.87	−8.60
6	61.48	−5.47	−28.44
7	61.13	16.27	−24.54
8	62.80	25.43	−13.58
9	40.03	60.28	28.19
10	81.29	3.65	71.61
11	52.19	−39.92	13.53
12	30.51	−10.47	−46.57
13	80.26	13.83	21.09
14	40.75	−10.75	24.22

5.5.9 文字区

5.5.9.1 结构说明

文字区由多种尺寸、多种颜色的中、英文组成，每行文字的前面部分是文字的字号说明。尺寸包括小二号、三号、四号、小四号、五号、六号、七号。颜色包括青(C)、品红(M)、黄(Y)、黑(K)、红(R)、绿(G)、蓝色(B)。A4综合版无小二号文字。

中文文字为宋体的“彩色复印测试版”。英文文字为Arial字体的“color test chart”。

5.5.9.2 作用

用于检查复印品上彩色文字的清晰程度。

5.5.10 十阶灰度级

5.5.10.1 结构说明

综合版中设置了青(C)、品红(M)、黄(Y)、黑(K)四个颜色的10阶色块，每种颜色的10阶色块的网点面积覆盖率分别为10%、20%、30%、40%、50%、60%、70%、80%、90%、100%。每个色块为10 mm×10 mm(A3)或8 mm×8 mm(A4)的网点区，其中部分色块的色密度值及偏差见表3。四个100%色块的色密度分别为黄(Y)：1.40±0.05；品红(M)：1.50±0.10；青(C)：1.50±0.10；黑(K)：1.60±0.05。

5.5.10.2 作用

用于检测复印机对灰阶的复印效果，可目测评定连续分辨的级数。

表3 灰度级中色块的色密度值及偏差

色别	灰度级		
	1	6	10
黄(Y)	0.12±0.01	0.55±0.02	1.40±0.05
品红(M)	0.15±0.01	0.60±0.02	1.50±0.10
青(C)	0.14±0.01	0.58±0.02	1.50±0.10
黑(K)	0.14±0.01	0.58±0.02	1.60±0.05

5.5.11 彩色图像区

5.5.11.1 结构说明

彩色图像选取了GB/T 18721—2002中的一张肖像图像和一张自行车图像。

5.5.11.2 作用

自行车图像含有自行车、分辨力图标和其他富有细致层次的图像，用于评估复印的清晰度以及图像处理的效果。

肖像图像是模特人物的特写图像，用于评估人类皮肤色调的复印效果。

5.5.12 版名区

综合版版名："彩色复印机测试版　综合版"，文字采用初号宋体，标准编号采用小一号宋体。

5.5.13 版权区

版权区单位名称："全国复印机械标准化技术委员会"，文字采用小一号宋体。

6 彩色复印机测试版——青(C)、品红(M)、黄(Y)、黑(K)全色版(A3，A4)

6.1 全色版结构图

黄(Y)色版结构图见图6，品红(M)、青(C)、黑(K)全色版结构图同黄(Y)色版。

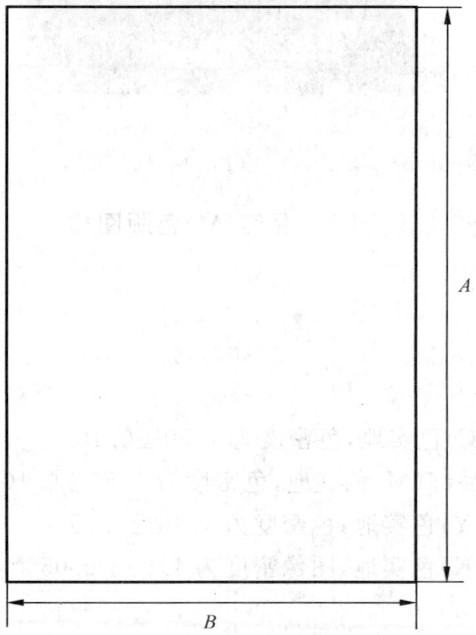

图6　黄(Y)色版结构图

6.2 全色版基本尺寸

青(C)、品红(M)、黄(Y)、黑(K)全色版的基本尺寸相同，A3规格为 A：420 mm±0.8 mm；B：297 mm±0.6 mm；A4规格为 A：297 mm±0.6 mm；B：210 mm±0.4 mm。

6.3 全色版图样

品红(M)色版图样见图7，除颜色不同外，品红(M)、青(C)、黑(K)全色版图样与品红(M)色版相同。

图 7 品红(M)色版图样

6.4 全色版描述

6.4.1 结构说明

青(C)色版整个幅面为青(C)色实地,色密度为 1.50±0.10。

品红(M)色版整个幅面为品红(M)色实地,色密度为 1.50±0.10。

黄(Y)色版整个幅面为黄(Y)色实地,色密度为 1.40±0.05。

黑(K)色版整个幅面为黑(K)色实地,图像密度为 1.60±0.05。

6.4.2 作用

青(C)、品红(M)、黄(Y)、黑(K)全色版用于检测有效复印幅面和背景印迹(背景中的白点)。

7 彩色复印机测试版——鬼影版(A3,A4)

7.1 鬼影版结构图(见图8)

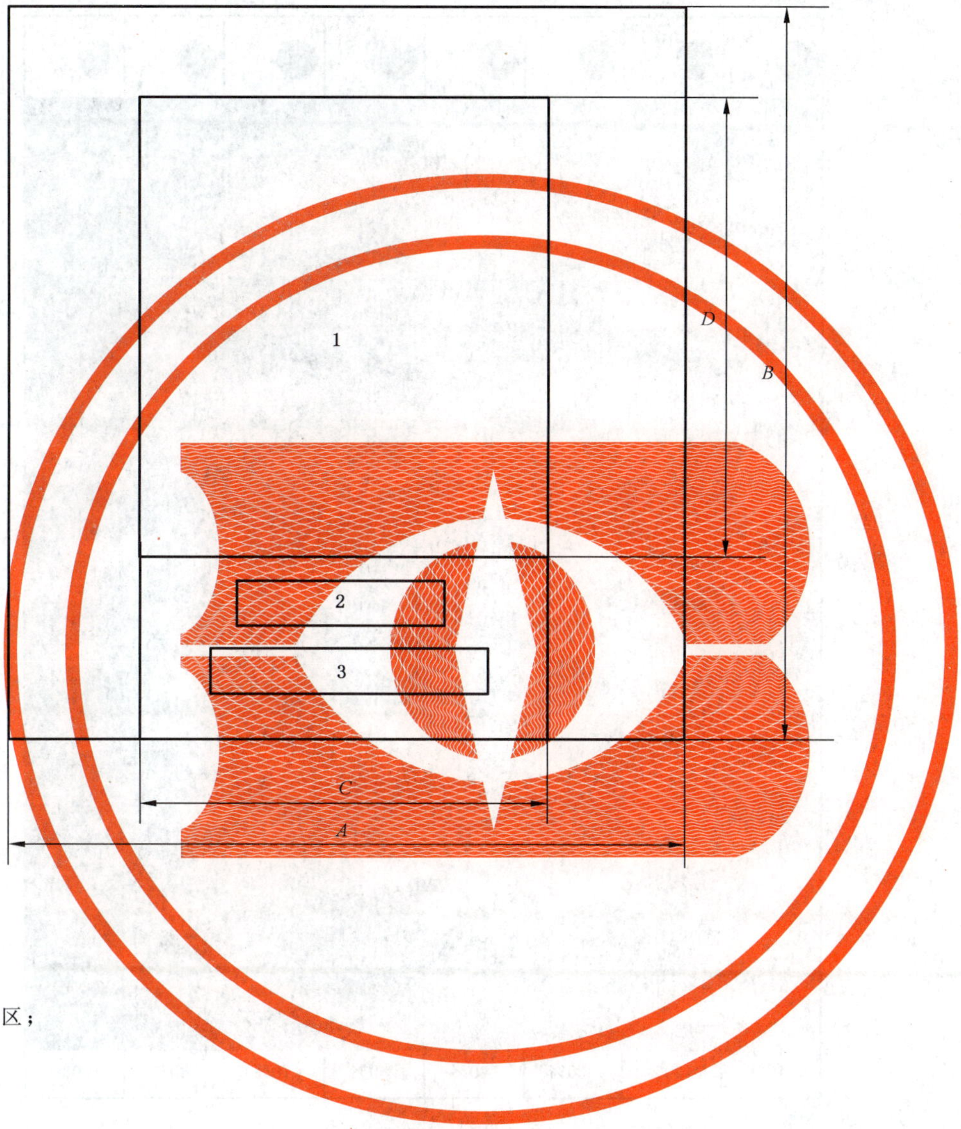

说明：

1——鬼影图像区；

2——版名区；

3——版权区。

图8 鬼影版结构图(A3,A4)

7.2 鬼影版基本尺寸(见表4)

表4 鬼影版(A3,A4)的基本尺寸

单位为毫米

结构说明		A	B	C	D
基本尺寸	A3	297	420	240	328
	A4	210	297	180	230
偏　差		±0.8			

7.3 鬼影版(A3,A4)图样(见图9、图10)

图9 A3鬼影版图样

彩色复印机测试版——鬼影版(A4)

全国复印机械标准化技术委员会

图 10　A4 鬼影版图样

7.4　鬼影版描述

7.4.1　鬼影图像区

7.4.1.1　结构说明

鬼影图像区由一个 3 行 8 列(A3)或 3 行 6 列(A4)的表格及黑色实心圆构成,每列的宽度均为 30 mm。

第 1 行栏内是直径为 12 mm 的黑色实心圆。行高 A3 为 24 mm,A4 为 18 mm。

第 2 行栏内由左到右的网点面积依次为:10%、20%、30%、40%、60%、70%、80%、100%(A3)或 10%、20%、40%、60%、80%、100%(A4)。100%网点区的图像密度为 1.60±0.05。行高 A3 为 290 mm,A4 为 201 mm。

第 3 行栏内由左到右填写的内容为"10%"、"20%"、"30%"、"40%"、"60%"、"70%"、"80%"、"100%"(A3)或"10%"、"20%"、"40%"、"60%"、"80%"、"100%"(A4)。行高 A3 为 14 mm,A4 为 11 mm。

7.4.1.2　作用

用于检测复印机的鬼影现象。

7.4.2 版名区

鬼影版版名:"彩色复印机测试版——鬼影版"。文字采用初号宋体;标准编号采用小初号宋体(A3,A4)。

7.4.3 版权区

版权区单位名称:"全国复印机械标准化技术委员会"。文字采用小一号(A3)、二号(A4)宋体。

8 测试版质量检验

8.1 环境条件

环境条件如下:

温度:18 ℃～28 ℃。

相对湿度:40%～60%。

8.2 测试仪器

8.2.1 反射密度计

重复性(±)≤0.005 D。

8.2.2 游标卡尺

分度值不大于 0.02 mm。

8.2.3 读数显微镜

分度值不大于 0.01 mm。

8.2.4 分光光度计

重复性 ΔE_{ab}^{*}≤0.1。

8.2.5 刻度放大镜

10～20 倍。

8.3 测试项目及方法

8.3.1 综合版

用反射密度计测量综合版上灰度级和实心圆的色密度。测量结果应符合 5.5.4 和 5.5.10 中的色密度要求。

用游标卡尺测量综合版的外形尺寸,基本尺寸,A、B、C、D 标尺的长度,十字线标尺的间距。测量结果应符合 5.2、5.3、5.5.1.1、5.5.6.1 的要求。

用读数显微镜测量综合版上套色区的套色误差和分辨力线条的宽度。测量结果应符合 5.5.3.1 和 5.5.5.1 的要求。

使用分光光度计测量时采用 D_{50} 照明体和 2°视场,45°/0°几何条件。用于测量综合版上彩色色块的色度值和色差。测量结果应符合 5.5.8.1 中的色差要求。

使用刻度放大镜检查综合版上分辨力等的线条质量，线条应平直。

目视检查综合版的整个版面，应平整、密实、色泽均匀，无划痕、弯曲、皱折、图像模糊和断裂现象，版面干净无脏污。

8.3.2 全色版

用反射密度计测量全色版的色密度。测量结果应符合6.4.1中色密度的要求。

用游标卡尺测试全色版的基本尺寸。测量结果应符合6.2的要求。

目视检查全色版的整个版面，应平整、密实、色泽均匀，无划痕、弯曲、皱折现象，版面干净无脏污。

8.3.3 鬼影版

用反射密度计测量鬼影版上实心圆的密度，测量结果应符合7.4.1中密度的要求。

用游标卡尺测试鬼影版的基本尺寸。测量结果应符合7.2的要求。

目视检查鬼影版的整个版面，应平整、密实、色泽均匀，无划痕、弯曲、皱折现象，版面干净无脏污。

9 检验规则

9.1 测试版应按8.3的方法逐张检查，全部项目合格后方可使用。

9.2 测试版应定期检定，使用中如有损伤及缺陷时，应停止使用。

9.3 测试版自印刷之日起，有效期为三年。

10 标志、包装、运输、贮存

10.1 每张测试版应标有名称、编号、印刷日期和有效期。

10.2 每张测试版应有检验合格证。

10.3 每张测试版应装入黑色塑料袋内防止变色，平整放置，避免皱折、划伤及变形。

10.4 测试版采用硬质包装材料保护运输。

10.5 测试版应贮存在温度10 ℃～33 ℃，空气相对湿度30%～80%，无腐蚀性气体、避光的室内环境中。

ICS 37.100.01
N 47

中华人民共和国国家标准

GB/T 28626—2012

彩色复印机图像质量评价方法

Methods of evaluation for image quality of hardcopy by color copiers

2012-07-31 发布　　2012-11-01 实施

中华人民共和国国家质量监督检验检疫总局
中国国家标准化管理委员会　发布

前　言

本标准按照 GB/T 1.1—2009 给出的规则起草。

本标准由中国机械工业联合会提出。

本标准由全国复印机械标准化技术委员会(SAC/TC 147)归口。

本标准主要起草单位:天津复印技术研究所、珠海天威飞马打印耗材有限公司、天津市中环天佳电子有限公司、理光图像技术(上海)有限公司深圳分公司、柯尼卡美能达(中国)投资有限公司、夏普办公设备(常熟)有限公司、佳能(中国)有限公司、东芝泰格信息系统(深圳)有限公司、上海富士施乐有限公司、三星电子(山东)数码打印机有限公司。

本标准主要起草人:刘慧玲、张希平、姜真、刘生应、陈挺、王强、鲁俊和、陈颂昌、仇相如、李龙日。

彩色复印机图像质量评价方法

1 范围

本标准规定了彩色复印品的图像质量评价方法。

本标准适用于彩色静电复印机印品图像质量的评价。与消耗材料(如:光导鼓、显影剂等)相关的印品图像质量评价可选取其中部分项目。其他包含复印功能的彩色设备可参考使用。

2 规范性引用文件

下列文件对于本文件的应用是必不可少的。凡是注日期的引用文件,仅注日期的版本适用于本文件。凡是不注日期的引用文件,其最新版本(包括所有的修改单)适用于本文件。

GB/T 13963—2008 复印机术语

GB/T 28625—2012 彩色复印机测试版

3 术语和定义

GB/T 28625—2012 和 GB/T 13963—2008 界定的以及下列术语和定义适用于本文件。

3.1

色点 extraneous marks

全白版的复印品上清晰可辨的墨粉颗粒或者聚集体。

3.2

白点 voids

全色版的复印品上清晰可辨的空白孔或者间隙。

4 测试环境和条件

4.1 测试环境

测试环境如下:

a) 环境温度:18 ℃~28 ℃;
 相对湿度:40%~60%。

b) 试验台照度:500 lx~1 500 lx。

c) 照明光源:CIE 标准照明体 D_{50}。

4.2 测试条件

4.2.1 样本应在 4.1a)规定的实验室测试环境中放置 2 h 后,方可进行测试。

4.2.2 进行颜色评价的观察者必须是非色盲或非色弱的正常色觉观察者。

4.2.3 被测样本放在 3 张普通白色复印纸上进行观察。

4.2.4 凡用反射密度计测量时,应在样本下铺垫 5 张与样本同批次的复印纸,并且均测量 ISO A 状态的绝对密度值。

4.2.5 使用分光光度计测量CIE LAB色差ΔE_{ab}^*和$CIE\ LAB$色度值L^*、a^*、b^*值时，采用D_{50}照明体和2°视场，45°/0°几何条件。

5 测试仪器与材料

5.1 反射密度计

重复性(±)≤0.005 D。

注：测量ISO A状态反射密度。

5.2 分光光度计

重复性ΔE_{ab}^*≤0.1。

5.3 白度仪(测量蓝光白度)

测量范围:0～199.9,重复性:±0.1。

5.4 摩擦试验机

要求见附录A。

5.5 游标卡尺和钢板尺

游标卡尺:分度值不大于0.02 mm;

钢板尺:分度值不大于0.5 mm。

5.6 刻度放大镜

10～20倍。

5.7 读数显微镜

分度值不大于0.01 mm。

5.8 测试纸

机器制造商推荐的，市场销售的标准定量70 g/m^2～80 g/m^{2}普通白色复印纸。

5.9 试验用标准测试版

全白测试版:用5张普通白色复印纸重叠代替。

彩色测试版:符合GB/T 28625—2012要求的测试版。

6 评价项目

评价项目包括：

a) 起始线误差；

b) 图像倾斜误差；

c) 对角线误差；

d) 相对边误差；

e) 比例误差；

f) 套色误差；

g) 色密度；

h) 底灰；

i) 密度不均匀性；

j) 密度变化；

k) 定影牢固度；

l) 层次；

m) 平均色差、最大色差；

n) 分辨力；

o) 有效复印幅面；

p) 色点；

q) 白点；

r) 其他印品缺陷；

s) 鬼影；

t) 文字清晰度。

7 测试方法

7.1 起始线误差

取以 GB/T 28625—2012 规定的综合版为原稿的复印品样本，用游标卡尺或钢板尺分别测量样本及原稿水平起始线上 A、D 两点到上端边之间的距离(见图 1)，按式(1)计算起始线误差。

$$起始线误差 = |(L'_a + L'_d)/2 - \beta(L_a + L_d)/2| \quad \cdots\cdots(1)$$

式中：

L'_a，L'_d ——样本起始线上 A、D 两点到上端边之间距离，单位为毫米(mm)；

L_a，L_d ——原稿起始线上 A、D 两点到上端边之间距离，单位为毫米(mm)；

β ——复印倍率。

7.2 图像倾斜误差

取以 GB/T 28625—2012 规定的综合版为原稿的复印品样本，用游标卡尺或钢板尺分别测量样本及原稿水平起始线上 B、C 两点到上端边之间距离(见图 1)，按式(2)计算图像倾斜误差。

$$图像倾斜误差 = |(L'_b - L'_c) - \beta(L_b - L_c)| \quad \cdots\cdots(2)$$

式中：

L'_b，L'_c ——样本起始线上 B、C 两点到上端边之间距离，单位为毫米(mm)；

L_b，L_c ——原稿起始线上 B、C 两点到上端边之间距离，单位为毫米(mm)；

β ——复印倍率。

7.3 对角线误差

取以 GB/T 28625—2012 规定的综合版为原稿的复印品样本，用游标卡尺或钢板尺分别测量样本及原稿上四角⊕标尺两对角线长度值(见图 1)，按式(3)计算对角线误差。

$$对角线误差 = |d'_1/d'_2 - d_1/d_2| \times 100\% \quad \cdots\cdots(3)$$

式中：

d'_1，d'_2 ——样本四角⊕标尺上 EH、GF 的长度值，单位为毫米(mm)；

d_1，d_2 ——原稿四角⊕标尺上 EH、GF 的长度值，单位为毫米(mm)。

7.4 相对边误差

取以GB/T 28625—2012规定的综合版为原稿的复印品样本，用游标卡尺或钢板尺分别测量样本及原稿上四角⊕标尺两相对边长度值(见图1)，按式(4)计算相对边误差。

$$相对边误差 = |L'_1/L'_2 - L_1/L_2| \times 100\% \qquad \cdots\cdots(4)$$

式中：

L'_1,L'_2——样本四角⊕标尺上 EG、FH 的长度值，单位为毫米(mm)；

L_1,L_2 ——原稿四角⊕标尺上 EG、FH 的长度值，单位为毫米(mm)。

7.5 比例误差

取以GB/T 28625—2012规定的综合版为原稿的复印品样本，用游标卡尺或钢板尺分别测量样本及原稿上四角⊕标尺各边长度值(见图1)，按式(5)计算比例误差。

$$比例误差 = |(L'/\beta L) - 1| \times 100\% \qquad \cdots\cdots(5)$$

式中：

L'——样本四角⊕标尺上 EF、FH、GH、EG 的长度值，单位为毫米(mm)；

L ——原稿四角⊕标尺上 EF、FH、GH、EG 的长度值，单位为毫米(mm)；

β ——复印倍率。

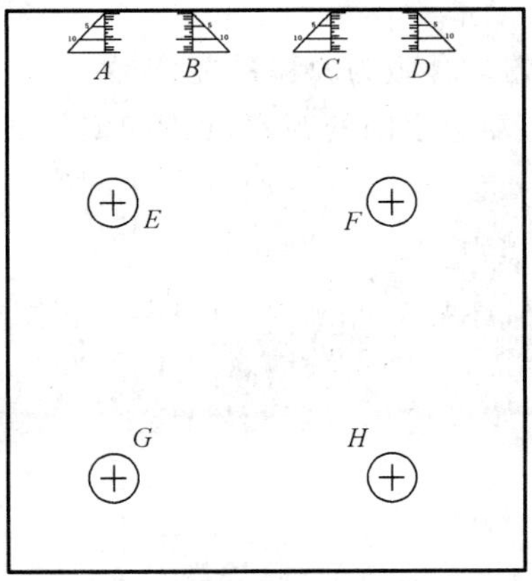

图1 测试版标尺位置示意图

7.6 套色误差

取以GB/T 28625—2012规定的综合版为原稿的复印品样本，对样本四角上四组由黄(Y)、品红(M)、青(C)三色分别和黑(K)色组成的水平和垂直线条进行测量，用读数显微镜分别观察黑(K)色线条和黄(Y)、品红(M)、青(C)三色线条的连接处，读出黄(Y)、品红(M)、青(C)三色线条和黑(K)色线条的位置偏移(取其绝对值)，即套色误差。套色误差包含四组水平方向的青(C)-黑(K)、黄(Y)-黑(K)、品红(M)-黑(K)的套色误差和四组垂直方向的青(C)-黑(K)、黄(Y)-黑(K)、品红(M)-黑(K)的套色误差。按水平方向的青(C)-黑(K)、黄(Y)-黑(K)、品红(M)-黑(K)误差分别取平均值(4个位置)。按垂直方向的青(C)-黑(K)、黄(Y)-黑(K)、品红(M)-黑(K)误差分别取平均值(4个位置)。测量结果取所有平均值中的最大值。

测量时要考虑测试版自身的套色误差对测量结果的影响。应先测量测试版上的黑色线条和其他颜色的线条的套色误差量，将复印样品本身的套色误差量扣除测试版上的套色误差量作为套色误差值。

7.7 色密度

取以 GB/T 28625—2012 规定的综合版为原稿的复印品样本，用反射密度计分别测量样本中部黄(Y)、品红(M)、青(C)、黑(K)四色八个实心圆中心位置的密度值，测量结果分别取相同颜色的密度平均值。

7.8 底灰

方法 1：取以 GB/T 28625—2012 规定的综合版为原稿的复印品样本，目视检查无图像区域中背景最深部位，用反射密度计测量其密度值，测量结果与纸基密度之差为底灰。

方法 2：取以 GB/T 28625—2012 规定的综合版为原稿的复印品样本，目视检查无图像区域中背景最深部位，用白度仪测量其白度值，纸基白度值与测量结果之差为底灰。

注：如目视无法判断背景最深部位，可在五组分辨力图的附近取 5 个无图像部位进行测量。

7.9 密度不均匀性

取以 GB/T 28625—2012 规定的综合版为原稿的复印品样本，用反射密度计测量样本上所有黄(Y)、品红(M)、青(C)、黑(K)四色 24 个实心圆中心位置的密度值，分别对黄(Y)、品红(M)、青(C)、黑(K)四色选取测量值中最大值和最小值，按式(6)计算密度不均匀性。

$$黄(Y)色密度不均匀性 = [(D_{max} - D_{min})/D_{max}] \times 100\% \quad \cdots\cdots(6)$$

式中：

D_{max}——黄(Y)色密度最大值；

D_{min}——黄(Y)色密度最小值。

其他三种颜色的密度不均匀性计算同黄(Y)色。

7.10 密度变化

取以 GB/T 28625—2012 规定的综合版为原稿复印，取规定数量连续复印品样本，用反射密度计分别测量各样本中部位置的黄(Y)、品红(M)、青(C)、黑(K)四色实心圆图中心位置的密度值，分别对黄(Y)、品红(M)、青(C)、黑(K)四色取测量结果的最大值和最小值，按式(7)计算密度变化。

$$黄(Y)色密度变化 = D_{max} - D_{min} \quad \cdots\cdots(7)$$

式中：

D_{max}——规定数量连续复印的复印品样本中黄(Y)色密度最大值；

D_{min}——规定数量连续复印的复印品样本中黄(Y)色密度最小值。

其他三种颜色的密度不均匀性计算同黄(Y)色。

7.11 定影牢固度

7.11.1 取以 GB/T 28625—2012 规定的综合版为原稿的复印品样本，在复印品样本中间部位的黄(Y)、品红(M)、青(C)、黑(K)四色中每种颜色任取一个实心圆的圆心为中心点，以通过中心点与样本顶边垂直的线为中心线裁成 30 mm 宽的纸条作为试样，用反射密度计测量该实心圆的密度值 $D_{前}$。

7.11.2 再将试样放在摩擦试验机上，将该测试点置于摩擦台面中心位置，然后往复摩擦两次，并测量反射密度值 $D_{后}$。

7.11.3 按式(8)分别计算黄(Y)、品红(M)、青(C)、黑(K)四色的定影牢固度。

$$定影牢固度 = D_{后} / D_{前} \times 100\% \quad \cdots\cdots(8)$$

7.12 层次

7.12.1 取以 GB/T 28625—2012 规定的综合版为原稿的复印品样本，分别目视样本上黄(Y)、品红(M)、青(C)、黑(K)四组10阶灰度级的色块层次图,能够连续明显分辨的色块层次个数记为层次数。

7.12.2 目视判别有争议时,用反射密度计测量有争议的相邻两级色块中心位置的密度值,按式(9)判别,满足式(9)即可判定为相邻两级层次可分辨。

$$D_{i+1} - D_i > C \qquad \cdots\cdots(9)$$

式中:

i ——灰度级的顺序号(i=1~9);

D_i——样本上第i个灰度级的密度值;

C ——常数,取值见表1。

表1 层次判定公式中常数C的取值表

灰度级 i	1,2,3	4,5,6	7,8,9
C	0.03	0.04	0.06

7.13 平均色差、最大色差

取以GB/T 28625—2012规定的综合版为原稿的复印品样本,用分光光度计测量样本中间标号为1~14的测试色块分别与原稿上相同位置色块的色差值,取最大值为最大色差值,色差的平均值为样本的平均色差值。平均色差按式(10)计算:

$$\text{平均色差} = \sum_{i=1}^{14} \Delta E^*_{abi}/14 \qquad \cdots\cdots(10)$$

式中:

ΔE^*_{abi}——标号为i的测试色块的原稿与复印品样本之间的色差。

每个色块的原稿与复印品样本之间的色差按式(11)计算:

$$\Delta E^*_{abi} = [(L_{1i}{}^* - L_{2i}{}^*)^2 + (a_{1i}{}^* - a_{2i}{}^*)^2 + (b_{1i}{}^* - b_{2i}{}^*)^2]^{1/2} \qquad \cdots\cdots(11)$$

式中:

L_{1i},$a_{1i}{}^*$,$b_{1i}{}^*$——原稿上标号为i的测试色块的CIE LAB L^*,a^*,b^*值;

L_{2i},$a_{2i}{}^*$,$b_{2i}{}^*$——复印品样本上标号为i的测试色块的CIE LAB L^*,a^*,b^*值。

7.14 分辨力

取以GB/T 28625—2012规定的综合版为原稿的复印品样本,用刻度放大镜观测样本中五个区域的分辨力图,其中均能清晰分辨的最高线对数为判定值。

注:清晰分辨指两条线间不粘连,无断线。

7.15 有效复印幅面

方法1:取以GB/T 28625—2012规定的黑(K)色版为原稿的复印品样本,用游标卡尺或钢板尺测量样本上复印区域横、纵方向的长度值,用长×宽表示有效复印幅面。

方法2:取以GB/T 28625—2012规定的综合版为原稿的复印品样本,用游标卡尺或钢板尺测量样本上[品红(M)]、下[黄(Y)]两个30%半色调色块之间的长度值(含色块)和左[黑(K)]、右[青(C)]两个30%半色调色块之间的宽度值(含色块),用长×宽表示有效复印幅面。

7.16 色点

取以全白版为原稿的复印品样本,用刻度放大镜或读数显微镜测量样本上最大外径大于0.3 mm的色点(污点)的个数。

注：应尽量清除原稿的污点，以避免造成样品相应位置上出现色点。如果不能清除，也要在原稿污点处做好标记，计算色点时予以排除。

7.17 白点

取以GB/T 28625—2012规定的青(C)、品红(M)、黄(Y)、黑(K)全色版为原稿的复印品样本，用刻度放大镜或读数显微镜测量样本上最大外径大于0.3 mm的白点的个数。对于有单色模式的产品，黑色复印品样本在黑白模式下取样，青(C)、品红(M)、黄(Y)色复印品样本应用黑(K)色版在单色模式下取样；对于没有单色模式的产品，用青(C)、品红(M)、黄(Y)、黑(K)全色版在全色模式下取样。

注：应尽量清除原稿的瑕疵，以避免造成样品相应位置上出现白点。如果不能清除，也要在原稿瑕疵处做好标记，计算白点时予以排除。

7.18 其他印品缺陷

取以GB/T 28625—2012规定的综合版为原稿的复印品样本，对照原稿目视样本有无下列明显缺陷：

a) 油污和多余(散落)的显影剂；

b) 测试版上所有的中文、英文文字、数字(除标尺的注释数字之外)、线条(被复印出的最外一层的边框线和标尺除外)断裂0.5 mm以上；

c) 印品上图像缺失宽度在0.5 mm以上。

7.19 鬼影

取以GB/T 28625—2012规定的鬼影版为原稿的复印品样本，目视观察样本上各不同灰度区域黑色实心圆的影子，当有明显的鬼影时，判断为有鬼影，目视判断有争议时，用反射密度计测量有争议的影子及相邻水平方向背景的密度值，两者密度差的绝对值大于或等于0.07时，则判定为有鬼影。

注：鬼影版在彩色模式下取样。

7.20 文字清晰度

取以GB/T 28625—2012规定的综合版为原稿的复印品样本，对照原稿目视文字区部分的文字，所有中、英文文字是否清晰可辨[六、七号黄(Y)色文字除外]。

附　录　A
（规范性附录）
摩擦试验机基本要求

A.1　摩擦试验机要求

A.1.1　电源

电压：220 V；

频率：50 Hz。

A.1.2　摩擦头荷重：400 g±20 g。

A.1.3　摩擦头圆柱面直径：40 mm。

A.1.4　摩擦台圆柱面半径：不小于 200 mm。

A.1.5　摩擦行程：20 mm～25 mm。

A.1.6　摩擦频率：30 次/min。

A.1.7　具备自动记数及预置摩擦次数功能。

A.1.8　摩擦用砂纸：磨料为 WA，粒度为 W7。

注：推荐使用国家办公设备与耗材质量监督检验中心研制的 MC-2 型摩擦试验机。

A.2　试验

A.2.1　将试样固定在摩擦试验台上，试样要装紧，以防松动。

A.2.2　调整摩擦头荷重为 400 g。

A.2.3　准备摩擦用的 W7 金相砂纸，将砂纸裁成 10 mm～15 mm 宽的砂纸条。

A.2.4　将砂纸条夹紧在摩擦头上，砂纸不允许出现皱折。

A.2.5　每试验一个试样，转动一次摩擦头，以确保砂纸表面不重复使用，适时更换砂纸条。

ICS 91.100.10
Q 13

中华人民共和国国家标准

GB/T 28627—2012

抹灰石膏

Gypsum plaster

2012-07-31 发布　　2013-02-01 实施

中华人民共和国国家质量监督检验检疫总局
中国国家标准化管理委员会　发布

前　言

本标准按照 GB/T 1.1—2009 给出的规则进行起草。

本标准使用重新起草法，参考 EN 13279-1：2005《石膏胶结料和石膏灰泥　第一部分：定义和要求》，在 JC/T 517—2004《粉刷石膏》标准基础上编制而成。本标准与 EN 13279-1：2005《石膏胶结料和石膏灰泥　第一部分：定义和要求》一致性程度为非等效。本标准还参考了 ASTM C 28/C28M(2000)《石膏灰泥标准》、JIS A 6904(2006)《石膏灰泥》、EN 13279-2：2004《石膏胶结料和石膏灰泥　第二部分：试验方法》等标准。

本标准由中国建筑材料联合会提出。

本标准由全国轻质与装饰装修建筑材料标准化技术委员会(SAC/TC 195)归口。

本标准负责起草单位：河南建筑材料研究设计院有限责任公司、上海市建筑科学研究院(集团)有限公司、江苏尼高科技有限公司、北京建筑材料科学研究总院有限公司。

本标准参加起草单位：圣戈班石膏建材(上海)有限公司、上海中绿建材有限公司、上海拉法基石膏建材有限公司、上海可耐建筑材料有限公司、陶氏化学(中国)有限公司、河南信成新型建材有限公司、美巢集团股份公司、浙江长兴每天建材有限公司、扬州大禹新型建材有限公司、安徽省皖北煤电集团有限责任公司含山恒泰非金属材料分公司、浙江博利福节能科技有限公司、可耐福石膏板(江苏)有限公司、华通路桥集团有限公司、新疆建筑科学研究院、郑州中建基础设施开发有限公司。

本标准主要起草人：郑建国、叶蓓红、张文才、张菁燕、刘永川、柳建峰、施金华、高玲、谢日清、李伟、王国平、张经甫、李涛、杨桓、胡浩然、魏喜迎、赵云龙、王存庚、李祥飞、张红军、高飞、汪峻峰、王殿勋、常晓明。

本标准自实施之日起，JC/T 517—2004《粉刷石膏》废止。

抹 灰 石 膏

1 范围

本标准规定了抹灰石膏的术语和定义、分类和标记、一般要求、技术要求、试验方法、检验规则以及包装、标志、运输和贮存。

本标准适用于在建筑物室内墙面和顶棚进行抹灰用的石膏材料。

2 规范性引用文件

下列文件对于本文件的应用是必不可少的。凡是注日期的引用文件,仅注日期的版本适用于本文件。凡是不注日期的引用文件,其最新版本(包括所有的修改单)适用于本文件。

GB/T 1346—2001 水泥标准稠度用水量、凝结时间、安定性检验方法

GB/T 2419—2005 水泥胶砂流动度测定方法

GB/T 6003.1—1997 金属丝编织网试验筛

GB/T 10294—2008 绝热材料稳态热阻及有关特性的测定 防护热板法(ISO 8302:1991,IDT)

GB/T 17669.3—1999 建筑石膏 力学性能的测定

GB/T 17669.4—1999 建筑石膏 净浆物理性能的测定

GB/T 17669.5—1999 建筑石膏 粉料物理性能的测定

GB/T 17671—1999 水泥胶砂强度检验方法(ISO 法)(ISO 679:1989,IDT)

JGJ/T 70—2009 建筑砂浆基本性能试验方法标准

3 术语和定义

下列术语和定义适用于本文件。

3.1

抹灰石膏 gypsum plaster

粉刷石膏

以半水石膏($CaSO_4 \cdot 1/2H_2O$)和Ⅱ型无水硫酸钙(Ⅱ型 $CaSO_4$)单独或两者混合后作为主要胶凝材料,掺入外加剂制成的抹灰材料。

3.2

面层抹灰石膏 gypsum plaster for finish coating

用于底层抹灰石膏或其他基底上的薄层找平或饰面的石膏抹灰材料。

3.3

底层抹灰石膏 gypsum plaster for base coating

用于基底找平的石膏抹灰材料,通常含有集料。

3.4

轻质底层抹灰石膏 lightweight gypsum plaster for base coating

含有轻集料的底层抹灰石膏。

3.5

保温层抹灰石膏　thermal insulation gypsum plaster

具有保温功能的石膏抹灰材料。

3.6

保水率　water retentivity value

新拌制的浆体在吸收性基底上，经毛细作用后保留的水量。以原始含水量的百分数表示。

4 分类和标记

4.1 分类

抹灰石膏按其用途分类，见表1。

表1 分类

类别	面层抹灰石膏	底层抹灰石膏	轻质底层抹灰石膏	保温层抹灰石膏
代号	F	B	L	T

4.2 标记

以符合GB/T 28627的面层抹灰石膏F为例，其标记为：

示例：

面层抹灰石膏　GB/T 28627—F

5 一般要求

5.1 本标准所包含产品释放的有害物质应符合相关国家标准与规范的要求。

5.2 本标准所包含产品中有机物含量不应超过其质量的1%。

6 技术要求

6.1 细度

面层抹灰石膏的细度以符合GB/T 6003.1—1997的1.0 mm和0.2 mm方孔筛的筛余百分数计，其值应符合表2规定的数值。

表2 细度

以百分数表示

筛孔尺寸	细　度
1.0 mm方孔筛筛余	0
0.2 mm方孔筛筛余	≤40

6.2 凝结时间

抹灰石膏的初凝时间应不小于1 h，终凝时间应不大于8 h。

6.3 保水率

抹灰石膏的保水率应符合表3规定的数值。

表3 保水率

以百分数表示

项目	面层抹灰石膏	底层抹灰石膏	轻质底层抹灰石膏
保水率	≥90	≥75	≥60

6.4 强度

抹灰石膏的强度应符合表4规定的数值。

表4 强度

单位为兆帕

项目	面层抹灰石膏	底层抹灰石膏	轻质底层抹灰石膏	保温层抹灰石膏
抗折强度	≥3.0	≥2.0	≥1.0	—
抗压强度	≥6.0	≥4.0	≥2.5	≥0.6
拉伸粘结强度	≥0.5	≥0.4	≥0.3	—

6.5 体积密度

保温层抹灰石膏的体积密度应不大于500 kg/m^3。轻质底层抹灰石膏的体积密度应不大于1 000 kg/m^3。

6.6 导热系数

保温层抹灰石膏的导热系数应不大于0.1 W/(m·K)。

7 试验方法

7.1 试验仪器与设备

7.1.1 天平

采用感量0.1 g的天平。

7.1.2 标准筛

采用GB/T 6003.1—1997中的标准筛。方孔筛筛孔边长分别为1.0 mm和0.2 mm,应有筛底和筛盖。

7.1.3 跳桌及附件

采用GB/T 2419—2005中测定水泥胶砂流动度的跳桌及附件。

7.1.4 搅拌机

采用 GB/T 17671—1999 中的胶砂搅拌机，搅拌叶可装卸。

7.1.5 凝结时间测定仪

采用 GB/T 1346—2001 中规定的凝结时间测定仪，其中试针只用初凝针。

7.1.6 试模

采用 GB/T 17671—1999 中规定的试模。

7.1.7 电热鼓风干燥箱

温控器灵敏度为±1 ℃。

7.1.8 抗折试验机

采用 GB/T 17671—1999 中规定的电动抗折试验机。

7.1.9 抗压夹具、抗压试验机及拉伸试验机

采用 GB/T 17671—1999 中的抗压夹具，受压面长为 40 mm，宽为 40 mm。

抗压试验机及拉伸试验机应符合：破坏荷载应在其量程的 20%～80%范围内，精度 1%，最小示值 1 N。

7.1.10 保水率测定装置

保水率测定装置及 T 形刮板如图 1a)、b)所示。

7.1.10.1 布氏漏斗

内径 150 mm。

7.1.10.2 U 型压力计

管高 800 mm。

7.1.10.3 真空泵

负压可达 106.65 kPa，即 800 mm 汞(Hg)柱。

7.1.10.4 T 型刮板

由厚为 1 mm 的硬质耐磨材料制成。

7.1.11 其他工器具

油灰刀、刮平刀、抹刀、圆柱捣棒、钢板尺和量筒等。

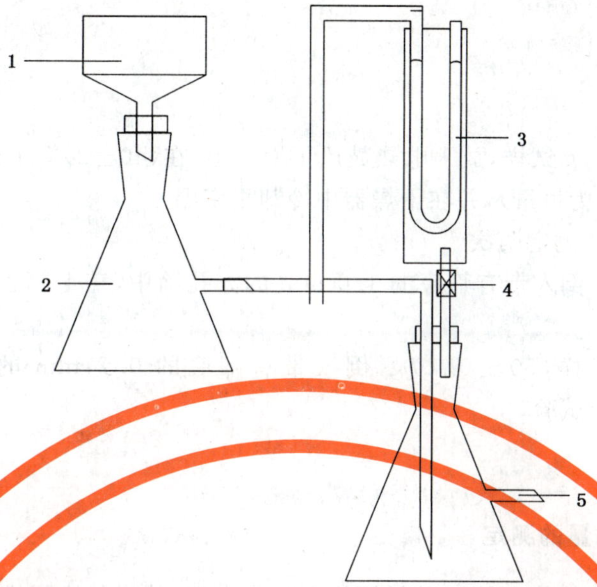

说明：
1——布氏漏斗；
2——抽滤瓶；
3——U型压力计；
4——调压阀；
5——接真空泵。

a） 保水率测定装置示意图

单位为毫米

b） T型刮板示意图

图1 保水率测定装置

7.2 试样

试样应保存在密封容器中，置于试验室条件下备用。

7.3 试验条件

试验室温度为(20±5)℃，空气相对湿度为(65±10)%。抹灰石膏试样、拌和水及试模等仪器的温度应与室温相同。

7.4 试验步骤

7.4.1 细度

从密封容器中取出500 g试样，放入电热鼓风干燥箱中，在(40±2)℃下烘干至恒量(烘干时间相隔1 h的质量差不超过1 g即为恒量)，并在干燥器中冷却至室温。

将试样按下述步骤连续测定两次。

称取(50±0.1)g试样，倒入带有筛底的1.0 mm的方孔筛中，盖上筛盖，按GB/T 17669.5—1999进行试验。

再称取未经过筛的试样(50±0.1)g，倒入带有筛底的0.2 mm的方孔筛中，盖上筛盖，按GB/T 17669.5—1999进行试验。

7.4.2 凝结时间

7.4.2.1 标准扩散度用水量的测定

试验前用湿布抹擦跳桌台面、捣棒、截锥圆模和模套内壁，并将截锥圆模和模套置于玻璃台面中心，盖上湿布。

称取适量的试样(约1.5 L)，精确到1 g。在搅拌锅中加入估计为标准扩散度用水量的水。将试样在30 s内均匀地撒入水中静置1 min，然后用搅拌机慢速搅拌3 min，得到均匀的石膏浆，迅速分两层装入截锥圆模内。第一层装到截锥圆模高的三分之二处，用圆柱捣棒自边缘至中心均匀捣压15次，接着装第二层浆，装到高出截锥圆模约20 mm，同样用圆柱捣棒自边缘至中心均匀捣压10次。其捣压深度为：第一层捣至浆高度的三分之一，第二层捣至不超过已捣实的底层表面。装填和捣实浆时，应用手将截锥圆模扶住，避免移动。

捣压完毕，取下模套，用刮平刀将高出截锥圆模的浆刮去并抹平，然后垂直向上轻轻提起截锥圆模。从装填浆至提起截锥圆模时间为2 min。立即开动跳桌，以每秒一次的速度连续跳动15次。

跳动完毕，在两个互相垂直的方向上测量试饼的直径，精确到1 mm，计算两个方向直径的平均值，即标准扩散度。对于面层、底层和轻质底层抹灰石膏，它应等于(165±5)mm，对于保温层抹灰石膏，它应等于(150±5)mm。否则，应改变加水量，重新拌合石膏浆再行试验，直至达到要求为止。

记录连续两次石膏浆扩散度为标准扩散度时的加水量，该水量与试样的质量比(以百分数表示，精确至1%)，即为标准扩散度用水量(K_1)。

7.4.2.2 凝结时间的测定

利用具有标准扩散度用水量的石膏浆，取一部分倒入环形试模，进行凝结时间的测定，测定方法按GB/T 17669.4—1999进行，但测定的时间间隔为5 min。试针下沉首次不接触底板时，为初凝时间；试针下沉不超过2 mm时，为终凝时间。

7.4.3 保水率

按图1a)所示布氏漏斗的内径裁剪中速定性滤纸一张，将其铺在布氏漏斗底部，用水浸湿。

将布氏漏斗放到抽滤瓶上，开动真空泵，抽滤1 min，取下布氏漏斗，用滤纸将下口残余水擦净后称量(G_1)，精确至0.1 g。

采用具有标准扩散度用水量的石膏浆放入称量后的布氏漏斗内，用图1b)所示的T型刮板在漏斗中垂直旋转刮平，使料浆厚度保持在(10±0.5)mm范围内。擦净布氏漏斗内壁上的残余石膏浆，称量(G_2)，精确至0.1 g。从搅拌完毕到称量完成的时间间隔应不大于5 min。

将称量后的布氏漏斗放到抽滤瓶上，开动真空泵。在30 s之内将负压调至(53.33±0.67)kPa即

(400±5)mm 汞柱。抽滤 20 min，然后取下布氏漏斗，用滤纸将下口残余水擦净，称量(G_3)，精确至 0.1 g。

按式(1)计算石膏浆的保水率 R，以百分数表示，精确到 1%。

$$R=\left[1-\frac{W_2(K_1+1)}{W_1\cdot K_1}\right]\times 100 \qquad \cdots\cdots(1)$$

式中：

R ——石膏浆的保水率，%；

W_1——石膏浆原质量，等于(G_2-G_1)，单位为克(g)；

W_2——石膏浆失去的水质量，等于(G_2-G_3)，单位为克(g)；

G_1 ——布氏漏斗与滤纸质量，单位为克(g)；

G_2 ——布氏漏斗装入料浆后质量，单位为克(g)；

G_3 ——布氏漏斗装入料浆抽滤后质量，单位为克(g)；

K_1——石膏浆的标准扩散度用水量，%。

若连续两次测得的保水率与它们平均值的差不大于 3%，取该平均值作为试样的保水率，否则应重做试验。

7.4.4 强度

7.4.4.1 抗折强度

从密封容器中，称取适量的试样(约 1.5 L)，精确到 1 g。并按标准扩散度用水量加水，按 7.4.2.1 制备石膏浆。用料勺将料浆灌入预先涂有一薄层矿物油的试模内，试模振动和脱模程序按 GB/T 17669.3—1999 进行，但试件应在成型 24 h 后脱模。

脱模后的试件置于试验室条件下养护至第七天，然后在温度调至(40±2)℃电热鼓风干燥箱中干燥至恒量(24 h 质量减少不大于 1 g 即为恒量)。干燥后的试件在试验室条件下冷却至室温，再进行抗折强度的测定。

抗折强度测定方法按 GB/T 17669.3—1999 进行。

7.4.4.2 抗压强度

抗压强度的测试方法按 GB/T 17669.3—1999 进行，但抗压夹具的承压面长为 40 mm，宽为 40 mm。

抗压强度按式(2)计算：

$$R_c=\frac{P}{S_C} \qquad \cdots\cdots(2)$$

式中：

R_c ——抗压强度，单位为兆帕(MPa)；

P ——破坏时的最大荷载，单位为牛顿(N)；

S_C ——承压面积，取固定值 1 600，单位为平方毫米(mm^2)。

7.4.4.3 拉伸粘结强度

按 JGJ/T 70—2009 规定的方法进行测定。但抹灰石膏标准扩散度用水量按 7.4.2.1 方法确定。试件养护至第七天时进行干燥，之后再进行拉伸粘结强度的测定。试件的养护、干燥、冷却按 7.4.4.1 进行。

7.4.5 体积密度

利用干燥至恒量的抗折强度试件进行称量，精确至 1 g，计算三个试件的平均质量，按式(3)计算体积密度：

$$\gamma = \frac{G}{V} \times 1\ 000 \quad \cdots\cdots(3)$$

式中：

γ——体积密度，单位为千克每立方米(kg/m^3)；

G——试件平均质量，单位为克(g)；

V——试件体积，取固定值256，单位为立方厘米(cm^3)。

7.4.6 导热系数

保温层抹灰石膏导热系数的测定按GB/T 10294—2008进行。利用具有标准扩散度用水量的石膏浆制备试件。试件养护至第三天脱模，养护至第七天时进行干燥。试件的养护、干燥、冷却按7.4.4.1进行。

8 检验规则

8.1 检验分类

按检验类型分为出厂检验和型式检验。

8.1.1 出厂检验

产品出厂应进行出厂检验，检验项目包括：

a) 面层抹灰石膏：细度、凝结时间、抗折强度、抗压强度；

b) 底层抹灰石膏：凝结时间、抗折强度、抗压强度；

c) 轻质底层抹灰石膏：凝结时间、体积密度、抗折强度、抗压强度；

d) 保温层抹灰石膏：凝结时间、体积密度、抗压强度。

8.1.2 型式检验

型式检验包括本标准第6章技术要求中的全部项目。有下列情况之一时，应进行型式检验：

a) 新产品投产或产品定型鉴定时；

b) 正常生产每一年进行一次；

c) 原料、配方和工艺有较大变化，可能影响产品质量时。

8.2 批量与抽样

8.2.1 批量

以连续生产的100 t产品为一批，不足100 t产品时也以一批计。也可以1 d的产量为一批。对保温层抹灰石膏，以60 m^3 为一批，不足60 m^3 时也以一批计。

8.2.2 抽样

从一批中随机抽取10袋，每袋抽取约3 L，总共不少于30 L。

8.2.3 试样

将抽取的试样充分拌匀，分为三等份，保存在密封容器中，以其中一份试样按第7章进行试验，其余两份备用，在室温下保存三个月。

8.3 判定

试样检验结果若所有指标均符合第6章相应的技术要求时，则判为该批产品合格。若有一项以上指标不符合要求，即判该批产品不合格。若只有一项指标不合格，则可用其他两份试样对不合格指标进行复检。复检结果，若两个试样均合格，则判该批产品合格；若仍有一个试样不合格，则判该批产品不合格。

9 包装、标志、运输和贮存

9.1 包装

抹灰石膏一般采用袋装或罐装。袋装时，可用带有塑料内衬的包装袋包装。

9.2 标志

包装袋或密封罐上应清楚标明产品标记，以及生产厂名、商标、批量编号、净质量、生产日期和防潮标志。

9.3 运输和贮存

抹灰石膏应在室内贮存，运输与贮存时，不应受潮和混入杂物，不同类别的抹灰石膏应分别贮运。抹灰石膏在正常贮存条件下自生产之日起，贮存期袋装为六个月，罐装为三个月。

ICS 91.100.01
Q 61

中华人民共和国国家标准

GB/T 28628—2012

材料诱生空气离子量测试方法

Test method for air ion concentration of materials

2012-07-31 发布 2013-02-01 实施

中华人民共和国国家质量监督检验检疫总局
中国国家标准化管理委员会 发布

前　　言

本标准按照 GB/T 1.1—2009 给出的规则起草。

本标准由中国建筑材料联合会提出。

本标准由全国轻质与装饰装修建筑材料标准化技术委员会(SAC/TC 195)归口。

本标准起草单位：中国建筑材料科学研究总院、深圳广田装饰集团股份有限公司、太原市伦嘉生物工程科技有限公司、佛山市顺德区高怡新塑料有限公司、深圳市宜丽环保科技有限公司、佛山市顺德区温宝科技有限公司、内蒙物华天宝矿物资源有限公司、四川升达林业产业股份有限公司、上海珍奥生物科技有限公司、福建裕和皓月生物工程材料有限公司、北京天之岩健康科技有限公司、华夏贝能(北京)生态科技有限公司、中科维益康(北京)生态科技有限公司。

本标准主要起草人：冀志江、王继梅、李少强、王静、张朝伦、曾斌、吴少勇、杨顺鑫、王子祥、余钢、冯琏、朱文明、陈荣坤、朱胜美、王志侠、王忠勇。

自本标准实施之日起，JC/T 1016—2006《材料负离子发生量的测试方法》废止。

材料诱生空气离子量测试方法

1 范围

本标准规定了材料诱生空气离子量测试方法的术语和定义、原理、测试系统、测试条件、样品制备、测试步骤、结果计算和测试报告。

本标准适用于能够诱生空气离子的材料，如涂料、板材、壁纸、腻子等。

2 规范性引用文件

下列文件对于本文件的应用是必不可少的。凡是注日期的引用文件，仅注日期的版本适用于本文件。凡是不注日期的引用文件，其最新版本(包括所有的修改单)适用于本文件。

JC/T 412.1—2006 纤维水泥平板 第1部分：无石棉纤维水泥平板

3 术语和定义

下列术语和定义适用于本文件。

3.1

空气离子 air ion

空气中带负电荷或正电荷的离子。

3.2

材料诱生空气离子量 air ion concentration of materials

单位时间单位面积内测得的材料表面空气离子增量，单位为离子数每秒平方米[ions/(s·m^2)]。

4 原理

给离子采集器加载一定电压，形成电场捕获空气离子，通过泄放电路将捕获到的电荷泄放到一个电容器，通过连续检测电容器捕获材料诱生空气离子的电量引起的电压的变化，测定材料诱生空气离子量。

5 测试系统

5.1 采集器

采集器由一组等间距的高压格栅、收集格栅和接地杆构成，采集器示意图见图1，高压格栅与箱体连成一体。高压格栅、收集格栅和接地杆之间互相绝缘。将被测样品置于高压格栅上，收集极格栅不能接触到被测样品。被测样品诱生的离子进入高压格栅与接地杆和收集格栅形成的电场，被收集测量。采集器的离子收集效率不小于95%。

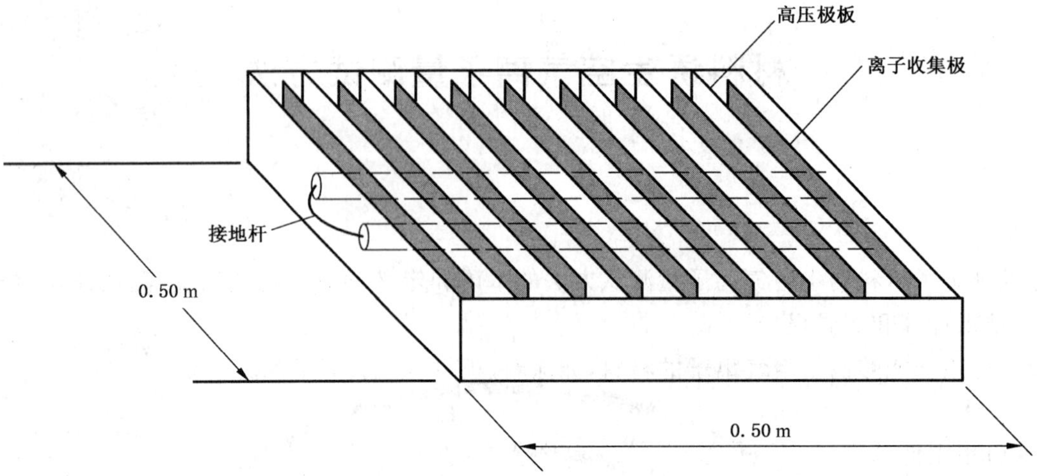

图 1 采集器示意图

5.2 测试参数

5.2.1 输入阻抗：≥5×10^{12} Ω
5.2.2 输入偏置电流：≤10^{-14} A
5.2.3 分辨力：≤10^{-15} A
5.2.4 采样频率：≤1 000 s

5.3 测试仓

5.3.1 测试仓湿度调节范围为5%～80%，精度±5%。
5.3.2 测试仓内部尺寸应满足：长≥0.60m，宽≥0.60m，高≥0.85m。

6 测试条件

6.1 一般条件

6.1.1 实验室温度：(23±2)℃；
6.1.2 测试仓内相对湿度：30%～40%；

6.2 其他要求

测试仓内其他环境要求：
——不能有剧烈震动和噪声，同时避免空气大幅度流动；
——避免一切影响测试结果的静电或电信号干扰。

7 样品制备

7.1 涂料、腻子类样品

涂料样品称取(70±2)g样品，腻子样品称取(250±2)g样品，施涂于长、宽均为0.50 m且符合JC/T 412.1—2006要求的纤维水泥板上，在实验室条件下自然干燥7 d。其他涂刷量可以双方商定，但应在测试报告中说明。

7.2 板材、壁纸类样品

按照采集器面积要求，将样品剪裁为长 0.50 m、宽 0.50 m 的样板。

7.3 一般要求

制备的试样，置于(60±2)℃干燥箱中烘干 2 h 取出，在实验室条件下冷却至室温，放置备用。

8 测试步骤

8.1 空白测试

将空气作为空白样进行测试。当空白空气离子测量值超出$(1.20\times10^{6}\sim4.60\times10^{6})$ions/(s·$m^2$)范围时，应停止实验，检查测试系统。

8.2 样品测试

8.2.1 将制备的样板被测面朝向采集器。

8.2.2 记录测试条件，包括温度和相对湿度。

8.2.3 对测试样品进行 24 h 连续测试，并记录测试结果。

9 结果计算

9.1 空白空气离子测量值

空白空气离子测量值，按照式(1)计算：

$$N_{空白}=\frac{1}{n}\sum_{i=1}^{n}N_i \qquad \cdots\cdots(1)$$

式中：

$N_{空白}$——空白负(正)离子测量值，单位为离子数每秒平方米，ions/(s·m^2)；

n ——24 h 采样次数；

N_i ——第 i 次测试的空气负(正)离子测量值，单位为离子数每秒平方米，ions/(s·m^2)。N_i 为去除四倍标准偏差后，余下的测量值。

9.2 样品空气离子测量值

样品空气离子测量值，按照式(2)计算：

$$N_{样品}=\frac{1}{n}\sum_{j=1}^{n}N_j \qquad \cdots\cdots(2)$$

式中：

$N_{样品}$——样品的空气负(正)离子测量值，单位为离子数每秒平方米，ions/(s·m^2)；

n ——24 h 采样次数；

N_j ——第 j 次测试的空气负(正)离子测量值，单位为离子数每秒平方米，ions/(s·m^2)。N_j 为去除四倍标准偏差后，余下的测量值。

9.3 材料诱生空气负(正)离子量

材料诱生的空气负(正)离子量，按照式(3)计算：

$$N = N_{样品} - N_{空白} \qquad (3)$$

式中：

N——材料诱生的空气负(正)离子量，单位为离子数每秒平方米，ions/(s·m^2)。

10 测试报告

测试报告至少应给出以下内容：

——本标准编号；

——测试样品，包括样品名称、样品用量、样品制备、样品种类；

——测试环境条件，包括温度、相对湿度和测试日期；

——测试人员；

——测试结果，包括样品空气负(正)离子测量值，空白空气负(正)离子测量值和材料诱生空气负(正)离子量；

——可能影响测试结果的任何因素。

ICS 91.100.10
Q 11

中华人民共和国国家标准

GB/T 28629—2012

水泥熟料中游离二氧化硅化学分析方法

Methods for chemical analysis of free silicon dioxide for cement clinker

2012-07-31 发布　　2013-02-01 实施

中华人民共和国国家质量监督检验检疫总局
中国国家标准化管理委员会　发布

前　　言

本标准按照 GB/T 1.1—2009 给出的规则起草。

本标准由中国建筑材料联合会提出。

本标准由全国水泥标准化技术委员会(SAC/TC 184)归口。

本标准主要起草单位:中国建筑材料科学研究总院。

本标准参加起草单位:中国建筑材料检验认证中心有限公司、北京京东瑞辰工贸有限公司。

本标准主要起草人:刘文长、崔健、戴平、于克孝、张丽军、王瑞海、富强。

水泥熟料中游离二氧化硅化学分析方法

1 范围

本标准规定了水泥熟料中游离二氧化硅化学分析方法。

本标准适用于水泥熟料及指定采用本标准的其他材料。

2 规范性引用文件

下列文件对于本文件的应用是必不可少的。凡是注日期的引用文件，仅注日期的版本适用于本文件。凡是不注日期的引用文件，其最新版本(包括所有的修改单)适用于本文件。

GB/T 2007.1 散装矿产品取样、制样通则 手工取样

GB/T 6682 分析实验室用水规格和试验方法

3 试验的基本要求

3.1 试验次数与要求

每一项测定的试验次数规定为两次，用两次试验平均值表示测定结果。

除水泥、熟料和天然石膏外，分析前试样应于 105 ℃～110 ℃烘 2 h，于干燥器中冷却至室温后称样。

在进行化学分析时，除烧失量的测定外，其他各项测定应同时进行空白试验，并对所测结果加以校正。

3.2 质量、体积、体积比、滴定度和结果的表示

用“克(g)”表示质量，精确至 0.000 1 g。滴定管体积用“毫升(mL)”表示，精确至 0.05 mL。滴定度单位用“毫克每毫升(mg/mL)”表示，溶液的体积比以三次测定平均值表示，滴定度和体积比经修约后保留有效数字四位。各项分析结果均以质量分数计，分析数值以%表示至小数后二位。

3.3 空白试验

使用相同量的试剂，不加入试样，按照相同的测定步骤进行试验，对得到的测定结果进行校正。

4 试剂与材料

除另有说明外，所用试剂应不低于分析纯。所用水应符合 GB/T 6682 中规定的三级水要求。

本标准所列市售浓液体试剂的密度指 20 ℃的密度(ρ)，单位为克每立方厘米(g/cm^3)；市售浓液体试剂的浓度为质量分数，以%表示。

在化学分析中，所用酸或氨水，凡未注浓度者均指市售的浓酸或浓氨水。用体积比表示试剂稀释程度，例如，盐酸(1+2)表示 1 份体积的浓盐酸与 2 份体积的水相混合。

4.1 磷酸(H_3PO_4)

ρ=1.69 g/cm^3，质量分数 85%。

4.2　硝酸(HNO_3)

ρ=1.39 g/cm^3～1.41 g/cm^3,质量分数65%～68%。

4.3　氨水($NH_3 \cdot H_2O$)

ρ=0.90 cm^3～0.91 cm^3,质量分数25%～28%。

4.4　氟硼酸(HBF_4)

质量分数40%。

4.5　无水碳酸钾(K_2CO_3)

固体颗粒,密封保存。

4.6　无水碳酸钠(Na_2CO_3)

固体颗粒,密封保存。

4.7　氯化钾(KCl)

颗粒粗大时,应研细后使用。

4.8　盐酸溶液

4.8.1　盐酸(1+1)

1份体积的浓盐酸与1份体积的水相混合均匀。

4.8.2　盐酸(1+10)

1份体积的浓盐酸与10份体积的水相混合均匀。

4.9　氨水(1+1)

1份体积的浓氨水与1份体积的水相混合均匀。

4.10　硝酸(1+6)

1份体积的浓硝酸与6份体积的水相混合均匀。

4.11　氯化钾溶液(50 g/L)

将50 g氯化钾(KCl)溶于水中,加水稀释至1 L。

4.12　氯化钾-乙醇溶液(50 g/L)

4.13　氟化钾溶液(150 g/L)

将150 g氟化钾($KF \cdot 2H_2O$)于塑料杯中,加水溶解后,加水稀释至1 L,贮存于塑料瓶中。

4.14　硝酸铵溶液(20 g/L)

将2 g硝酸铵(NH_4NO_3)溶于水中,加水稀释至100 mL。

4.15 钼酸铵溶液(50 g/L)

将 5 g 钼酸铵[$(NH_4)_6Mo_7O_{24} \cdot 4H_2O$]溶于热水中，冷却后加水稀释至 100 mL，贮存于塑料瓶中，必要时过滤后使用。此溶液在一周内使用。

4.16 抗坏血酸溶液(5 g/L)

将 0.5 g 抗坏血酸(V.C)溶于 100 mL 水中，必要时过滤后使用。用时现配。

4.17 乙醇或无水乙醇(C_2H_5OH)

乙醇的体积分数 95%，无水乙醇的体积分数不低于 99.5%。

4.18 碳酸钠-硼砂混合熔剂(2+1)

将 2 份质量的无水碳酸钠(Na_2CO_3)与 1 份质量的无水硼砂($Na_2B_4O_7$)混匀研细，贮存于密封瓶中。

4.19 二氧化硅(SiO_2)标准溶液

4.19.1 二氧化硅标准溶液的配制

称取 0.200 0 g 已于 950 ℃～1 000 ℃灼烧过 60 min 的二氧化硅(SiO_2，光谱纯)，精确至 0.000 1 g，置于铂坩埚中，加入 2 g 无水碳酸钠(4.6)，搅拌均匀，在 950 ℃～1 000 ℃高温下熔融 15 min。冷却后，将熔融物浸出于盛有约 100 mL 沸水的塑料烧杯中，待全部溶解，冷却至室温后，移入 1 000 mL 容量瓶中。用水稀释至标线，摇匀，贮存于塑料瓶中。此标准溶液每毫升含 0.2 mg 二氧化硅。

吸取 50.00 mL 上述标准溶液放入 500 mL 容量瓶中，用水稀释至标线，摇匀，贮存于塑料瓶中。此标准溶液每毫升含 0.02 mg 二氧化硅。

4.19.2 工作曲线的绘制

吸取每毫升含 0.02 mg 二氧化硅的标准溶液 0 mL、2.00 mL、4.00 mL、5.00 mL、6.00 mL、8.00 mL、10.00 mL 分别放入 100 mL 容量瓶中，加水稀释至约 40 mL，依次加入 5 mL 盐酸(4.8.2)、8 mL 乙醇(4.17)、6 mL 钼酸铵溶液(4.15)，摇匀。放置 30 min 后，加入 20 mL 盐酸(4.8.1)，5 mL 抗坏血酸溶液(4.16)，用水稀释至标线，摇匀。放置 60 min 后，用分光光度计(5.8)，10 mm 比色皿，以水作参比，于波长 660 nm 处测定溶液的吸光度。

4.20 氢氧化钠标准滴定溶液[$c(NaOH)=0.15\ mol/L$]

4.20.1 标准滴定溶液的配制

称取 30 g 氢氧化钠(NaOH)溶于水后，加水稀释至 5 L 水中，充分摇匀，贮存于塑料瓶或带胶塞(装有钠石灰干燥管)的硬质玻璃瓶内。

4.20.2 氢氧化钠标准滴定溶液浓度的标定

称取约 0.8 g(m_2)苯二甲酸氢钾($C_8H_5KO_4$，基准)，精确至 0.000 1 g，置于 400 mL 烧杯中，加入约 200 mL 预先新煮沸过的并冷却后用氢氧化钠溶液中和酚酞呈微红色的冷水，搅拌使其溶解，加入 6～7 滴酚酞指示剂溶液(4.21)。用氢氧化钠标准滴定溶液滴定至微红色。

氢氧化钠标准滴定溶液的浓度按式(1)计算：

$$c(\mathrm{NaOH})=\frac{m_1\times 1\ 000}{V_1\times 204.2} \qquad \cdots\cdots(1)$$

式中：

$c(\mathrm{NaOH})$——氢氧化钠标准滴定溶液的浓度，单位为摩尔每升(mol/L)；

V_1 ——滴定时消耗氢氧化钠标准滴定溶液的体积，单位为毫升(mL)；

m_1 ——苯二甲酸氢钾的质量，单位为克(g)；

204.2 ——苯二甲酸氢钾的摩尔质量，单位为克每摩尔(g/mol)。

4.20.3 氢氧化钠标准滴定溶液对二氧化硅滴定度的计算

氢氧化钠标准滴定溶液对二氧化硅滴定度按式(2)计算：

$$T_{\mathrm{SiO_2}}=c(\mathrm{NaOH})\times 15.02 \qquad \cdots\cdots(2)$$

式中：

$T_{\mathrm{SiO_2}}$ ——氢氧化钠标准滴定溶液对二氧化硅的滴定度，单位为毫克每毫升(mg/mL)；

$c(\mathrm{NaOH})$——氢氧化钠标准滴定溶液的浓度，单位为摩尔每升(mol/L)；

15.02 ——($1/4SiO_2$)的摩尔质量，单位为克每摩尔(g/mol)。

4.21 酚酞指示剂溶液(10 g/L)

将 1 g 酚酞溶于 100 mL 乙醇(4.17)中。

5 仪器与设备

5.1 天平

精确至 0.000 1 g。

5.2 铂坩埚、瓷坩埚

带盖，容量 20 mL～30 mL。

5.3 干燥器

内装变色硅胶。

5.4 干燥箱

可控制 110 ℃±5 ℃温度。

5.5 高温炉

隔焰加热炉，在炉膛外围进行电阻加热。应使用温度控制器，准确控制炉温，并定期进行校验。可控制 950 ℃±50 ℃温度。

5.6 滤纸

快速、中速、慢速三种型号的定量滤纸。

5.7 玻璃容量器皿

容量瓶、滴定管。

5.8 分光光度计

可在波长 400 nm～800 nm 范围内测定溶液的吸光度，带有 10 mm、20 mm 比色皿。

5.9 游离二氧化硅测定装置

测定装置见图 1。

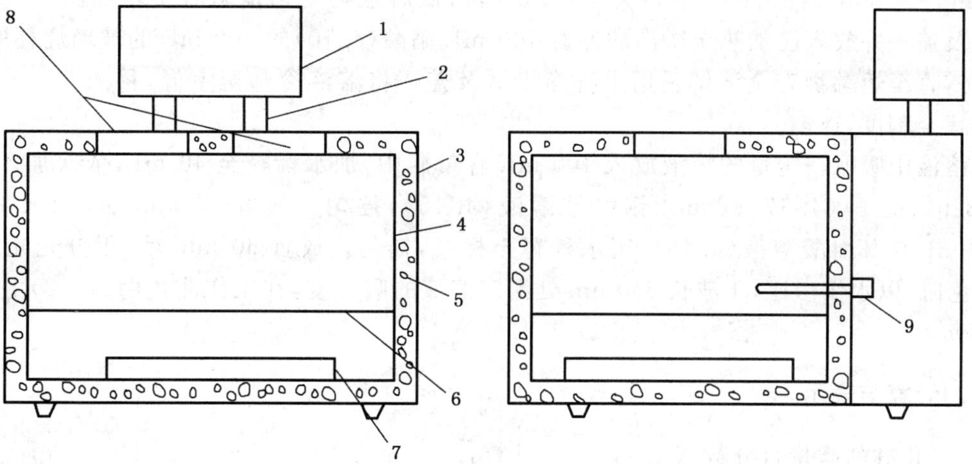

1——控制系统；
2——连杆；
3——仪器外壳；
4——恒温箱内胆；
5——石棉保温层；
6——烧杯支架；
7——电炉盘支架；
8——烧杯套；
9——温度传感器。

图 1 游离二氧化硅测定装置图

6 试样的制备

按 GB/T 2007.1 方法取样，送往实验室样品应是具有代表性的均匀性样品。采用四分法或缩分器将试样缩分至约 100 g，经 150 μm 方孔筛筛析，用磁铁吸去筛余物中金属铁，将筛余物经过研磨后使其全部通过孔径为 150 μm 方孔筛，充分混匀，装入试样瓶中，密封保存，供测定用。

7 游离二氧化硅的测定(方法一)

7.1 方法提要

被测试样中可溶性二氧化硅被磷酸溶解，经过过滤、灼烧、沉淀用碳酸钠-硼砂熔融，采用分光光度法，测出游离二氧化硅含量。此方法适用于游离二氧化硅含量不大于 5% 的试样。

7.2 分析步骤

7.2.1 称取约 0.5 g 试样(m)，精确至 0.000 1 g，置于 200 mL 干燥的高型烧杯中。加入 10 mL 水，将样品冲散，并搅拌 5 min～10 min，然后在搅拌下加入磷酸 30 mL(4.1)，盖上表面皿，然后将烧杯放在游离二氧化硅测定装置(5.9)上，在 240 ℃～260 ℃温度下加热煮沸 10 min。取下冷却至 50 ℃～60 ℃，以水吹洗表面皿，再加 100 mL 温度为 60 ℃～70 ℃热水，充分搅拌后加入 10 mL 氟硼酸(4.4)，在

50 ℃～60 ℃条件下保温 30 min(中间搅拌两次)。以慢速滤纸过滤,用盐酸溶液(4.8.1)洗涤烧杯和沉淀 3 次。再用热的硝酸铵溶液(4.14)洗涤沉淀 10 次以上,并用扫棒将烧杯壁和底部擦洗干净。沉淀连同滤纸移入已恒重的铂金坩锅中,低温灰化后,于 950 ℃～1 000 ℃下灼烧 1 h,取出铂金坩锅,放置在干燥器中冷却至室温。反复灼烧直至恒重,得到白色松散状固体,其质量记为 m_1。

7.2.2 在铂坩埚中,加 3 g 碳酸钠-硼砂(2+1)混和熔剂(4.17),混匀,然后以 1 g 熔剂擦洗玻璃棒,并铺于试样表面。盖上坩埚盖,从低温开始逐渐升高温度,至气泡停止发生后,在 950 ℃～1 000 ℃下继续熔融 3 min～5 min。再用铂坩埚钳夹持坩埚旋转,使熔融物均匀地附着于坩埚内壁。冷却至室温后,将坩埚及盖一并放入已加热至微沸的盛有 100 mL 硝酸(4.10)的 300 mL 的玻璃烧杯中,并继续保持微沸状态,直至熔融物完全溶解。用水洗净坩埚及盖。将溶液冷却至室温,移入 250 mL 的容量瓶中,积水稀释至刻度,摇匀。

7.2.3 从溶液中吸取一定量的溶液放入 100 mL 容量瓶中,加水稀释至 40 mL,依次加入 5 mL 盐酸(4.8.2)、8 mL 乙醇(4.17)、6 mL 钼酸铵溶液(4.15),摇匀。放置 30 min 后,加入 20 mL 盐酸(4.8.1)、5 mL 抗坏血酸溶液(4.16),用水稀释至标线,摇匀。放置 60 min 后,用分光光度计(5.8),10 mm 比色皿,以水作参比,于波长 660 nm 处测定溶液的吸光度,在工作曲线(4.19.2)上查出二氧化硅的含量(m_2)。

7.3 结果的计算与表示

游离二氧化硅的质量百分数 X_{SiO_2} 按式(3)计算:

$$X_{SiO_2}=\frac{m_2\times 10}{m\times 1\ 000}\times 100 \qquad (3)$$

式中:

X_{SiO_2}——游离二氧化硅的质量分数,%;

m_2 ——被测试样的 25 mL 溶液中二氧化硅的含量,单位为毫克(mg);

m ——试料的质量,单位为克(g)。

8 游离二氧化硅的测定方法(方法二)

8.1 方法提要

被测试样中可溶性二氧化硅被磷酸溶解,经过过滤、灼烧、沉淀用碳酸钾熔融,采用氟硅酸钾法,测出游离二氧化硅含量。此方法适用于游离二氧化硅大于 5%的试样。

8.2 分析步骤

8.2.1 步骤与 7.2.1 相同。

8.2.2 在铂金坩埚中,加入 3 g 无水碳酸钾(4.5),用玻璃棒搅匀。盖上坩埚盖,于 950 ℃～1 000 ℃下熔融 5 min～10 min。冷却后,用热水将熔融物浸出于 300 mL 塑料烧杯中,并洗净坩埚及盖(控制溶液体积不大于 50 mL)。盖上表面皿,从烧杯口加入 15mL 浓硝酸(4.2),冷却至室温。于塑料棒搅拌下,加入固体氯化钾(4.7)将溶液饱和,再过量 2 g 固体氯化钾(4.7),加入 10 mL 氟化钾溶液(4.13),搅拌均匀后,在低于 30 ℃温度下冷却放置 15 min～20 min,其间搅拌 1～2 次。用中速滤纸过滤,先过滤溶液,固体氯化钾和沉淀留在杯底,溶液滤完后用氯化钾溶液(4.12)洗涤塑料杯及沉淀 3 次,洗涤过程中使固体氯化钾溶解,洗涤液总量不超过 25 mL。将滤纸连同沉淀取下,置于原塑料杯中,沿杯壁加入 15 mL 30 ℃以下的氯化钾-乙醇溶液(4.12)及 1 mL 酚酞指示剂溶液(4.21),将滤纸展开,用氢氧化钠标准滴定溶液(4.20)中和未洗尽的酸,仔细搅动、挤压滤纸并随之擦洗杯壁直至溶液呈红色(过滤、洗涤、中和残余酸的操作应迅速,以防止氟硅酸钾沉淀的水解)。向杯中加入约 200 mL 沸水(煮沸后用氢氧化钠溶液中和至酚酞呈微红色的沸水),用氢氧化钠标准滴定溶液(4.20)滴定至微红色(V)。

8.3 结果的计算与表示

游离二氧化硅的质量百分数 X_{SiO_2} 按式(4)计算:

$$X_{SiO_2}=\frac{T_{SiO_2}\times V_2}{m\times 1\,000}\times 100 \qquad \cdots\cdots(4)$$

式中:

X_{SiO_2}——游离二氧化硅的质量分数,%;

T_{SiO_2}——氢氧化钠标准滴定溶液对二氧化硅的滴定度,单位为毫克每毫升(mg/mL);

V_2 ——滴定时消耗氢氧化钠标准滴定溶液的体积,单位为毫升(mL);

m ——试料的质量,单位为克(g)。

9 化学分析方法的重复性限和再现性限

9.1 游离二氧化硅含量不大于5%时:

重复性限为0.20%;

再现性限为0.30%。

9.2 游离二氧化硅含量大于5%时:

重复性限为0.50%;

再现性限为1.00%。

ICS 65.020.30
B 41

中华人民共和国国家标准

GB/T 28630.1—2012

白斑综合征(WSD)诊断规程 第1部分:核酸探针斑点杂交检测法

Diagnostic protocols for white spot disease—Part 1:Dot blot hybridization method with DNA probe

2012-07-31 发布 2012-11-01 实施

中华人民共和国国家质量监督检验检疫总局
中国国家标准化管理委员会 发布

前　言

GB/T 28630《白斑综合征(WSD)诊断规程》分为五个部分：

——第1部分：核酸探针斑点杂交检测法；

——第2部分：套式PCR检测法；

——第3部分：原位杂交检测法；

——第4部分：组织病理学诊断法；

——第5部分：新鲜组织的T-E染色法。

本部分为GB/T 28630的第1部分。

本部分按照GB/T 1.1—2009给出的规则起草。

本部分由中华人民共和国农业部提出。

本部分由全国水产标准化技术委员会(SAC/TC 156)归口。

本部分起草单位：中国水产科学研究院黄海水产研究所、农业部全国水产技术推广总站。

本部分主要起草人：黄倢、杨冰、陈爱平、宋晓玲、史成银、杨丛海、魏琦、刘莉。

引　言

本文件的发布机构提请注意，声明符合本文件时，涉及到国家发明专利"对虾流行病病原检测试剂盒及其检测方法"(ZL 00 1 11336.4)的使用。

本文件的发布机构对于该专利的真实性、有效性和范围无任何立场。

该专利持有人已向本文件的发布机构保证，他们愿意同任何申请人在合理且无歧视的条款和条件下，就专利授权许可进行谈判。该专利持有人的声明已在本文件的发布机构备案。相关信息可以通过以下联系方式获得：

专利持有人姓名：史成银、杨冰、黄倢、宋晓玲、杨丛海。

地址：中国水产科学研究院黄海水产研究所，山东省青岛市南京路106号。

请注意除上述专利外，本文件的某些内容仍可能涉及专利。本文件的发布机构不承担识别这些专利的责任。

白斑综合征(WSD)诊断规程 第1部分:核酸探针斑点杂交检测法

1 范围

GB/T 28630 的本部分规定了白斑综合征核酸探针斑点杂交检测方法所需试剂与材料、仪器设备、操作步骤和结果判定。

本部分适用于对虾的成虾、幼虾、仔虾、幼体和受精卵的活体、冰鲜或冰冻产品和其他对白斑综合征病毒敏感的甲壳类生物白斑综合征病原的筛查、临床病症的确诊,不适用于对病毒感染活性的估测。

2 规范性引用文件

下列文件对于本文件的应用是必不可少的。凡是注日期的引用文件,仅注日期的版本适用于本文件。凡不注日期的引用文件,其最新版本(包括所有修改单)适用于本文件。

GB/T 28630.4—2012 白斑综合征(WSD)诊断规程 第4部分:组织病理学诊断法

3 原理

3.1 白斑综合征的病原和病理学特征

见 GB/T 28630.4—2012 的 2.1。

3.2 技术原理

以非放射性标记物——地高辛标记的白斑综合征病毒(WSSV)DNA 片段,即核酸探针,与存在于样品中的病毒 DNA 进行特异性的核酸分子杂交,通过抗原-抗体反应和酶-底物的化学显色反应显示样品中病毒的存在。

4 试剂和材料

4.1 除非另有说明,在分析中仅使用确认为分析纯的试剂和蒸馏水或去离子水或相当纯度的水。

4.2 含氯消毒剂:医用品或水产药物。

4.3 杂交膜:硝酸纤维素膜。

4.4 PCR DIG Probe Synthesis Kit[1)]。

4.5 十二烷基肌氨酸钠(Sarkosyl):生化试剂。

4.6 十二烷基硫酸钠(SDS):生化试剂。

4.7 乙二胺四乙酸二钠($EDTA\text{-}Na_2 \cdot 2H_2O$):生化试剂。

4.8 巯基乙醇:生化试剂。

4.9 Tris 平衡酚(饱和酚):生化试剂。

---

1) PCR DIG Probe Synthesis Kit 是由 Roche 公司提供的产品的商品名。给出这一信息是为了方便本部分的使用者,并不表示对该产品的认可。如果其他等效产品具有相同的效果,则可使用这些等效产品。

4.10 封闭剂：Blocking Reagent[2)]，生化试剂。

4.11 碱性磷酸酶偶联的 DIG 抗体(AP-抗 DIG，0.75 U/μL，4 ℃)：生化试剂。

4.12 琼脂糖：电泳级。

4.13 1 kb DNA Marker：生化试剂。

4.14 *Taq* DNA 聚合酶(5 U/μL)：生化试剂，−20 ℃保存。

4.15 10×PCR 缓冲液：生化试剂，无 Mg^{2+}，随 *Taq* DNA 聚合酶提供，−20 ℃保存。

4.16 氯化镁溶液(25 mmol/L)：生化试剂，−20 ℃保存。

4.17 dNTP：生化试剂，含 dATP、dTTP、dGTP 和 dCTP 各 10 mmol/L 的混合物，−20 ℃保存。

4.18 核酸探针引物序列 F：5′-CTGTAATTGGACGAGGAG-3′。

4.19 核酸探针引物序列 R：5′-CTGCCAACCTTAGAGTTC-3′。

4.20 研磨液：见附录 A 的规定。

4.21 泡膜液：见附录 A 的规定。

4.22 预杂交母液：见附录 A 的规定。

4.23 1×缓冲液 A：见附录 A 的规定。

4.24 1×缓冲液 B：见附录 A 的规定。

4.25 1×清洗液Ⅰ：见附录 A 的规定。

4.26 1×清洗液Ⅱ：见附录 A 的规定。

4.27 显色剂 A：见附录 A 的规定。

4.28 显色剂 B：见附录 A 的规定。

4.29 溶有显色剂 A 和显色剂 B 的 1×缓冲液 B：见附录 A 的规定。

4.30 扁头镊子。

4.31 剪刀。

4.32 洗涤皿：直径 5 cm～9 cm 的平皿。

4.33 吸管。

4.34 玻璃研磨棒或塑料研磨棒。

4.35 杂交袋。

4.36 暗盒：不透光的容器，可用任何能避免强光直射的盒子或袋子代替。

4.37 1.5 mL 塑料微量离心管：经高压蒸汽灭菌。

4.38 一次性塑料手套。

4.39 滤纸。

5 仪器设备

5.1 普通冰箱：具冷藏箱，并带−18 ℃以下冷冻箱体。

5.2 台式高速离心机：用于 1.5 mL 塑料微量离心管的离心，最高转速可达 12 000 r/min 以上。

5.3 恒温箱：可满足 80 ℃±5 ℃。

5.4 水浴锅：可满足 65 ℃±1 ℃。

5.5 振荡器：振荡频率 40 r/min～220 r/min。

5.6 塑料封口机：可满足 5 cm 以上杂交袋热塑封口，溶液溢出到电阻丝或外壳上时不会发生漏电。

5.7 电炉或其他加热设备：可满足 200 mL～2 000 mL 水在敞口容器中沸腾 10 min。

---

2) Blocking ReagentⅡ是由 Roche 公司提供的产品的商品名。给出这一信息是为了方便本部分的使用者，并不表示对该产品的认可。如果其他等效产品具有相同的效果，则可使用这些等效产品。

5.8 微量移液器:量程 0.5 μL～10 μL。

5.9 温度计:量程 0 ℃～100 ℃,精度±1 ℃。

6 操作步骤

6.1 样品的准备

6.1.1 样品采集的要求见 GB/T 28630.4—2012 中附录 B 的规定。

6.1.2 取对虾的个体(适用于 3 cm 以下幼虾、仔虾,幼体和受精卵)或对虾的胃或鳃丝组织(适用于活体或冰冻的养成期幼虾、成虾和亲虾)样品约 0.1 g,置于 1.5 mL 灭菌塑料微型离心管中,加入 0.3 mL 研磨液,用研磨棒将样品充分研磨后,于 8 000 r/min～10 000 r/min 离心 2 min 取上清备用。

6.1.3 为防止交叉污染,接触样品的工具及研磨棒要浸于新配制的有效氯含量 3.0×10^{-3} 含氯消毒剂中 5 min,再充分清洗后方可用于下一个样品。

6.2 核酸探针的制备

6.2.1 模板为纯化病毒核酸。标记之前需优化并确定 PCR 反应条件。100 μL 反应体系:10 μL 10× PCR 缓冲液、1 μL 10 mmol/L dTTP、2 μL dNTP、8 μL 25 mmol/L $MgCl_2$、5 μL 引物 F(10 ng/μL)、5 μL 引物 R(10 ng/μL)、2 μL 模板、灭菌双蒸水 66 μL;混匀后,进行一个热启动(94 ℃ 10 min、55 ℃ 5 min);离心后加入 1 μL *Taq* DNA 聚合酶(5 U/μL),进行 35 个循环(92 ℃ 30 s、52 ℃ 30 s、72 ℃ 1 min),72 ℃ 5 min 后 4 ℃保存。PCR 产物大小:546 bp。

6.2.2 核酸探针标记方法按照 4.4 的说明进行。

6.3 泡膜

按样品数量隔着衬纸在杂交膜上用软铅笔划格,每样为 5 mm×5 mm 小格,同时要加上阴性对照和阳性对照的数目,沿框线将所需大小的杂交膜剪下,共需两张。左上角剪角的一张为测试膜,左上角用软铅笔点点标记的为对照膜。将杂交膜飘浮于蒸馏水表面,吸水后沉入水中 10 min,后浸泡于泡膜液中 5 min,再将膜置于滤纸上晾干。

6.4 点样

将准备好的样品上清液(包括阴性对照和阳性对照)在 100 ℃水浴中煮沸 10 min,再迅速置于冰水浴中 2 min 以上。稍离心使管内水珠集中,在晾干的测试膜和对照膜相应方格内点样,每样 1 μL,自然晾干。

6.5 交联

将晾干的杂交膜夹于两张滤纸中间,放于 80 ℃烘箱中烘烤 2 h。

6.6 预杂交

按杂交膜大小准备适量的预杂交母液(0.2 mL/cm^2)并加入封闭剂(每毫升预杂交母液加入 10 mg 封闭剂),在 65 ℃不断搅动溶解。

将两张膜分别置于两个杂交袋中,加入溶有封闭剂的预杂交母液,封口,在 65 ℃水浴中孵育 2 h。

6.7 杂交

按膜大小计算所需探针含量:每毫升溶有封闭剂的预杂交母液中加入 1 μL～4 μL 标记核酸探针。

将探针于 100 ℃水浴中煮沸 10 min，再迅速置于冰水浴中，2 min 后，剪开测试膜杂交袋一角，加入探针，封口。混匀袋中液体，两个杂交袋在 65 ℃水浴中孵育 6 h～16 h。

6.8 加入抗体

按杂交膜大小，在适量 1×缓冲液 A(0.2 mL/cm²)中加入封闭剂(每毫升 1×缓冲液 A 加入 10 mg 封闭剂)，在 70 ℃～90 ℃水浴中不断搅动溶解。

完全剪开两个杂交袋，取出杂交膜，按下列步骤洗涤：

a) 1×清洗液Ⅰ，5 min/次×2 次，室温(在洗涤皿中进行，间歇摇晃)；

b) 1×清洗液Ⅱ，15 min/次×2 次，65 ℃(在杂交袋中分别进行，>0.5 mL/cm²，每次换袋)；

c) 1×缓冲液 A，2 min/次×1 次，室温(在洗涤皿中进行，间歇摇晃)；

d) 将两张杂交膜分别置于两个杂交袋中，加入溶有封闭剂的 1×缓冲液 A，封口，室温放置 30 min；

e) 剪开两个杂交袋一角，分别加入 1/50 体积的 100×碱性磷酸酶偶联的 DIG 抗体(AP-抗 DIG)，在振荡器上于室温振荡 30 min。

6.9 显色

完全剪开两个杂交袋，取出膜，按下列步骤洗涤：

a) 1×缓冲液 A，15 min/次×2 次，室温(在平皿中进行，间歇摇晃)；

b) 1×缓冲液 B，2 min/次×1 次，室温(在平皿中进行，间歇摇晃)。

将两张杂交膜分别装于两个杂交袋中，加入溶有显色剂 A 和显色剂 B 的 1×缓冲液 B(0.2 mL/cm²)，封口，置于暗盒中显色 15 min～120 min(显色时间与温度有关)。中间可取出短时间观察，勿搅动，观察后立即放回。

6.10 观察

测试膜上阳性对照样品明显出现颜色而杂交膜本底刚有所变色时，立即剪开杂交袋，取出膜，置于蒸馏水中漂洗 15 min～30 min 终止显色。将膜置于滤纸上晾干。对光观察，记录结果。

7 结果判定

7.1 测试膜上阳性对照样品的显色应为淡蓝褐色，阴性对照样品无色，对照膜上两个样品均无色。膜上的黄色、红色等颜色都不属于病毒导致的显色。检测结果的判定要将测试膜与对照膜对照进行。测试膜上样品斑点显蓝褐色而对照膜对应斑点不显色或颜色比测试膜上浅得多时，该样品判断为阳性。依据显色结果强弱分为弱阳性结果(+)、阳性结果(++，+++)和强阳性结果(++++)。

7.2 测试膜斑点不显色，该样品判断为阴性。

7.3 测试膜与对照膜均有明显的颜色，表明样品存在明显的非特异性反应干扰，测试结果无效，应重新取样检测。

白斑综合征(WSD)核酸探针斑点杂交检测结果示意图参见附录 C。

7.4 阳性结果表明存在 WSSV DNA。活虾和敏感宿主阳性表明已受到 WSSV 感染；对虾产品和其他产品阳性表明携带 WSSV。

7.5 结果可疑时，补充组织病理学诊断或 PCR 检测进行结果确认。

附 录 A
（规范性附录）
试剂配方

A.1 泡膜液(20×SSC)

氯化钠(NaCl)	175.32 g
柠檬酸三钠($2H_2O$)	88.23 g
加水溶解定容至	1 000 mL

调节 pH 至 7.0
高压蒸汽灭菌后，室温贮存。

A.2 研磨液

20×SSC	125 mL
0.5 mol/L EDTA	70 mL
10% SDS	50 mL
巯基乙醇	2.5 mL
Tris 平衡酚至饱和(即溶液呈乳白色)约	15 mL～20 mL
加水定容至	500 mL

溶解过程有絮状沉淀可以稍加热并搅拌混匀。4 ℃贮存，使用时取上清。

A.3 5×SSC

20×SSC	250 mL
水	750 mL

混匀，0.45 μm 滤膜过滤除菌，4 ℃贮存。

A.4 预杂交母液

5×SSC	10 mL
20% Sarkosyl	50 μL
10% SDS	20 μL

混匀，4 ℃贮存。

A.5 10×缓冲液 A

Tris	121.1 g
氯化钠(NaCl)	87.7 g
加水溶解至	800 mL

用浓盐酸调节 pH 至 7.5

加双蒸水定容至	1 000 mL

高压蒸汽灭菌，4 ℃贮存。

A.6 1×缓冲液 A

10×缓冲液 A	100 mL
水	900 mL

混匀，0.45 μm 滤膜过滤除菌，4 ℃贮存。

A.7 10×缓冲液 B

Tris	121.1 g
氯化钠(NaCl)	58.4 g
加水溶解至	800 mL
用浓盐酸调节 pH 至 9.5	
六水合氯化镁($MgCl_2 \cdot 6H_2O$)	101.6 g
加双蒸水定容至	1 000 mL

混匀，0.45 μm 滤膜过滤除菌，4 ℃贮存，出现沉淀后丢弃。

A.8 1×缓冲液 B

10×缓冲液 B	100 mL
水	900 mL

混匀，0.45 μm 滤膜过滤除菌，4 ℃贮存，出现沉淀后丢弃。

A.9 1×清洗液Ⅰ

20×SSC	10 mL
10% SDS	0.1 mL
加水定容至	100 mL

混匀，室温贮存，若出现白色浑浊沉淀加热直至溶解后使用。

A.10 1×清洗液Ⅱ

20×SSC	0.5 mL
10% SDS	0.1 mL
加水定容至	100 mL

混匀，室温贮存，若出现白色浑浊沉淀加热直至溶解后使用。

A.11 显色剂 A

四氮唑蓝(NBT)	100 mg
二甲基甲酰胺	0.931 mL

水	0.402 mL

避光，−20 ℃贮存。

A.12 显色剂 B

5-溴-4-氯-3-吲哚磷酸-甲苯胺盐(BCIP)	100 mg
二甲基甲酰胺	2 mL

避光，−20 ℃贮存。

A.13 溶有显色剂 A 和显色剂 B 的 1×缓冲液 B

1×缓冲液 B	1 mL
显色剂 A	4.5 μL
显色剂 B	3.5 μL

立即使用。

附　录　B
（资料性附录）
白斑综合征病毒（WSSV）核酸探针斑点杂交检测标记探针序列

1　AGTTTCCAGA AGACAACATA ATTTAGCTGT AATTGGACGA GGAGACTTCT TGTAATGAGA

F

61　GAACCACAAA ATTCTTCTTC CCGTCTTTTC TGGTATAAAA GTAGTCCCAT AATATGTTCC

121　TTTCTGGACT ACCACATTAT CTTCGTTTAA GGGAACATAT CTGACCGACT TTCTCATCAA

181　GGGCTGATCT CCATTTCTTG TTGTGCTTAG AGCCGATTTG TATTCCCCGT CGTTCACGTT

241　ATAGTTGCAT ATAGAACAGT GGGATGAAAG GAACTTGTCG GTTACGTGTT CAGTTTGTAC

301　AAGATAACTG GACGCATTTG CTAGTTCTGG AGGGACGTCC TGGTTTTTGT TTATTGTTGA

361　AGTAGGTTTT ATCTTTTTCC TATTTAAGCA CACACCCTTT GAATTAATGT GTATGCGATT

421　CGCATTGATG TATATGCAGA TTGTGAGTGC TGGAGAAAAT GGTATCTCAA AATCGGTAGC

481　TGGTTCAATA ATTTCTGGTT CAACTTCCTG TTGTTCTTCT TCCTCATCTT TCTCTTCCTT

541　ATTTTTGACA CCTAGAACTC TAAGGTTGGC AGTACTAATT ATTCTGGCTG CAGCCGTGCT

R

601　GGTAGCAGAA GGGGAAGA

附　录　C
（资料性附录）
白斑综合征（WSD）核酸探针斑点杂交检测结果示意图

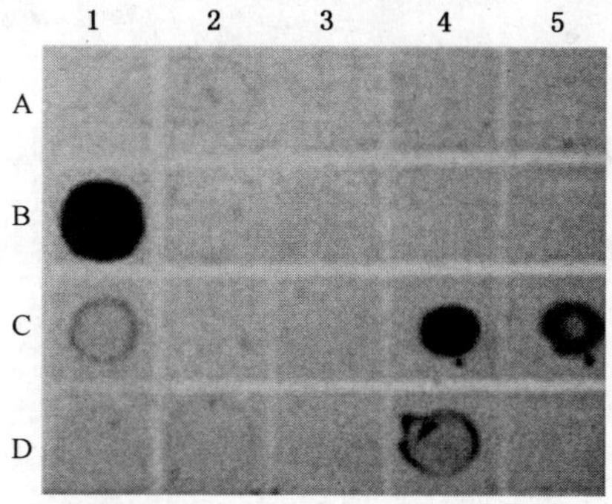

D4——阳性对照；
D5——阴性对照；
B1——强阳性结果，＋＋＋＋；
C4——阳性结果，＋＋＋；
C5——阳性结果，＋＋；
C1——弱阳性结果，＋；
其他为阴性结果，－。

图 C.1　白斑综合征（WSD）核酸探针斑点杂交检测结果示意图

ICS 65.020.30
B 41

中华人民共和国国家标准

GB/T 28630.2—2012

白斑综合征(WSD)诊断规程
第2部分:套式PCR检测法

**Diagnostic protocols for white spot disease—
Part 2:Nested PCR method**

2012-07-31 发布

2012-11-01 实施

中华人民共和国国家质量监督检验检疫总局
中国国家标准化管理委员会 发布

前　言

GB/T 28630《白斑综合征(WSD)诊断规程》分为五个部分:

——第1部分:核酸探针斑点杂交检测法;

——第2部分:套式PCR检测法;

——第3部分:原位杂交检测法;

——第4部分:组织病理学诊断法;

——第5部分:新鲜组织的T-E染色法。

本部分为GB/T 28630的第2部分。

本部分按照GB/T 1.1—2009给出的规则起草。

本部分由中华人民共和国农业部提出。

本部分由全国水产标准化技术委员会(SAC/TC 156)归口。

本部分起草单位:中国水产科学研究院黄海水产研究所、农业部全国水产技术推广总站。

本部分主要起草人:黄倢、杨冰、陈爱平、宋晓玲、史成银、杨丛海、魏琦、刘莉。

白斑综合征(WSD)诊断规程 第2部分:套式PCR检测法

警告:使用本标准的人员应有正规实验室工作的实践经验,本标准并未指出所有可能的安全问题。使用者有责任采取适当的安全和健康措施,并保证符合国家有关法规规定的条件。

1 范围

GB/T 28630 的本部分规定了白斑综合征病原的套式 PCR 检测方法所需试剂与材料、仪器设备、操作步骤和结果判定。

本部分适用于在对虾的各种样品、环境生物和饵料生物的各种样品,以及其他各种非生物样品中对白斑综合征病原带毒情况的高灵敏度定性检测,以进行病原筛查和疾病的确诊。

本部分单独使用时不适用于对病毒量或感染活性的估测以及宿主感染程度的评估。

2 规范性引用文件

下列文件对于本文件的应用是必不可少的。凡是注日期的引用文件,仅注日期的版本适用于本文件。凡不注日期的引用文件,其最新版本(包括所有修改单)适用于本文件。

GB/T 28630.4—2012 白斑综合征(WSD)诊断规程 第4部分:组织病理学诊断法

3 原理

3.1 白斑综合征的病原和病理学特征

见 GB/T 28630.4—2012 的 2.1。

3.2 技术原理

聚合酶链式反应(polymerase chain reaction,PCR)是以待测样品的一段 DNA 作为模板,以与模板两端序列互补的一对特异性寡核苷酸序列作为引物,在四种脱氧核糖核苷三磷酸存在下,利用依赖 DNA 的 DNA 聚合酶的合成作用。经过数十次变性、退火和延伸的反应循环,使模板上介于两个引物之间的 DNA 片段得到特异性地级数扩增,再通过电泳等手段检测到被特异性扩增的片段,从而可揭示微量病毒 DNA 的存在。套式 PCR 是在第一步 PCR 扩增的产物内,再用一对引物进行第二步 PCR 扩增。套式 PCR 可大大增加 PCR 检测的灵敏度和反应特异性。

4 试剂和材料

4.1 除非另有说明,在分析中仅使用确认为分析纯的化学试剂和蒸馏水或去离子水或相当纯度的水。

4.2 无水乙醇。

4.3 液体石蜡。

4.4 含氯消毒剂:医用品或水产药物。

4.5 琼脂糖:电泳级。

4.6 1 kb DNA Marker：生化试剂。

4.7 Tris 平衡酚（饱和酚）：生化试剂。

4.8 *Taq* DNA 聚合酶（5 U/μL）：生化试剂，−20 ℃保存。

4.9 10×PCR 缓冲液：生化试剂，无 Mg^{2+}，随 *Taq* DNA 聚合酶提供，−20 ℃保存。

4.10 氯化镁溶液（25 mmol/L）：生化试剂，−20 ℃保存。

4.11 dNTP：生化试剂，含 dATP、dTTP、dGTP 和 dCTP 各 10 mmol/L 的混合物，−20 ℃保存。

4.12 10 μmol/L 引物 F1：5′-ACTACTAACTTCAGCCTATCTAG-3′，外侧正向引物，用来扩增 WSSV DNA 的 1 447 bp 产物，−20 ℃保存。

4.13 10 μmol/L 引物 R1：5′-TAATGCGGGTGTAATGTTCTTACGA-3′，外侧反向引物，用来扩增 WSSV DNA 的 1 447 bp 产物，−20 ℃保存。

4.14 10 μmol/L 引物 F2：5′-GTAACTGCCCCTTCCATCTCCA-3′，内侧正向引物，用来从第一步 PCR 扩增的 1 447 bp 产物中再扩增出 941 bp 的产物，−20 ℃保存。

4.15 10 μmol/L 引物 R2：5′-TACGGCAGCTGCTGCACCTTGT-3′，内侧反向引物，用来从第一步 PCR 扩增的 1 447 bp 产物中再扩增出 941 bp 的产物，−20 ℃保存。

4.16 10 μmol/L 引物 F3：5′-TGCCTTATCAGCTNTCGATTGTAG-3′，正向内参照引物，扩增十足类动物 DNA 中 848 bp 的片段，−20 ℃保存。

4.17 10 μmol/L 引物 R3：5′-TTCAGNTTTGCAACCATACTTCCC-3′，反向内参照引物，扩增十足类动物 DNA 中 848 bp 的片段，−20 ℃保存。

4.18 20 mg/mL 蛋白酶 K：见附录 A 的规定。

4.19 TE 缓冲液：见附录 A 的规定。

4.20 抽提缓冲液：见附录 A 的规定。

4.21 10 mol/L 乙酸铵：见附录 A 的规定。

4.22 酚-三氯甲烷-异戊醇（25∶24∶1）：见附录 A 的规定。

4.23 1×电泳缓冲液：见附录 A 的规定。

4.24 6×载样缓冲液：见附录 A 的规定。

4.25 10 mg/mL 溴化乙锭（EB）贮存液：见附录 A 的规定。

4.26 70%乙醇：见附录 A 的规定。

4.27 阳性对照为已知受 WSSV 感染且 PCR 结果显示明显阳性结果的 WSSV DNA 模板，−20 ℃保存。

4.28 阴性对照为已知未受 WSSV 感染且 PCR 结果显示阴性结果的对虾组织 DNA 模板，−20 ℃保存。

4.29 空白对照以无菌双蒸水为模板。

5 器材和设备

5.1 PCR 仪。

5.2 电泳仪：输出直流电压 0 V～600 V。

5.3 水平电泳槽：50 mL～500 mL，带有 5 cm～20 cm 宽度的凝胶船及相应的样孔梳。

5.4 紫外观察仪：可遮挡可见光干扰，在 230 nm～300 nm 波长对凝胶发射紫外线，推荐带照相机架。

5.5 台式高速离心机：用于 PCR 前区对 1.5 mL 塑料微量离心管离心，转速可达 12 000 r/min 以上。

5.6 手掌型离心机：用于 PCR 后区对 0.2 mL PCR 管的离心，塑料转头，转速 2 000 r/min～4 000 r/min。

5.7 水浴锅。

5.8 普通冰箱：具冷藏箱，并带－18 ℃以下冷冻箱体。
5.9 微量移液器：量程 0.5 μL～10 μL、5 μL～40 μL、40 μL～200 μL、200 μL～1 000 μL 各 4 支，应按洁净区、样品区、扩增区和电泳区分为 4 套隔离使用。
5.10 电炉或微波炉等其他加热设备：可满足 10 mL～50 mL 液体在三角烧瓶中加热 20 min。
5.11 三角烧瓶：容量 100 mL～250 mL。
5.12 灭菌 0.2 mL PCR 管：经高压蒸汽灭菌，一次性使用。
5.13 微量移液器枪头：与各种规格的微量移液器配套使用，经高压蒸汽灭菌，并一次性使用。
5.14 医用剪刀。
5.15 医用镊子。
5.16 玻璃研磨棒或塑料研磨棒：用于在 1.5 mL 塑料离心管中研磨样品。
5.17 1.5 mL 塑料微量离心管：经高压蒸汽灭菌，一次性使用。
5.18 塑料或乳胶手套：一次性使用。
5.19 吸水纸。

6 操作步骤

6.1 准备 PCR 的反应体系

6.1.1 PCR 反应体系的准备应在洁净区完成。
6.1.2 第一步 PCR 的反应体系中使用引物 F1 和 R1，模板为抽提的样品 DNA，其反应预混物见表 1。

表 1 100 份第一步 PCR 的反应预混物所需试剂组成

试　剂	25 μL 体系	50 μL 体系	100 μL 体系	试剂终浓度
10×PCR 缓冲液(无 Mg^{2+})	250 μL	500 μL	1 000 μL	1×PCR 缓冲液(无 Mg^{2+})
氯化镁溶液(25 mmol/L)	150 μL	300 μL	600 μL	1.5 mmol/L
dNTP	50 μL	100 μL	200 μL	200 μmol/L
10 μmol/L 引物 F1	250 μL	500 μL	1 000 μL	1 μmol/L
10 μmol/L 引物 R1	250 μL	500 μL	1 000 μL	1 μmol/L
灭菌双蒸水	1 440 μL	2 880 μL	5 760 μL	—
Taq DNA 聚合酶(5 U/μL)	10 μL	20 μL	40 μL	0.02 U/μL
100 份反应预混物总体积	2 400 μL	4 800 μL	9 600 μL	
注：25 μL 体系模板量 1 μL/反应管；50 μL 体系模板量 2 μL/反应管；100 μL 体系模板量 4 μL/反应管。				

6.1.3 第二步 PCR 的反应体系中使用引物 F2 和 R2，其反应预混物见表 2。

表 2 100 份第二步 PCR 的反应预混物所需试剂组成

试　剂	25 μL 体系	50 μL 体系	100 μL 体系	试剂终浓度
10×PCR 缓冲液(无 Mg^{2+})	250 μL	500 μL	1 000 μL	1×PCR 缓冲液(无 Mg^{2+})
氯化镁溶液(25 mmol/L)	150 μL	300 μL	600 μL	1.5 mmol/L
dNTP	50 μL	100 μL	200 μL	200 μmol/L
10 μmol/L 引物 F2	250 μL	500 μL	1 000 μL	1 μmol/L

表 2（续）

试　剂	25 μL 体系	50 μL 体系	100 μL 体系	试剂终浓度
10 μmol/L 引物 R2	250 μL	500 μL	1 000 μL	1 μmol/L
灭菌双蒸水	1 290 μL	2 580 μL	5 160 μL	—
Taq DNA 聚合酶(5 U/μL)	10 μL	20 μL	40 μL	0.02 U/μL
100 份反应预混物总体积	2 250 μL	4 500 μL	9 000 μL	
注：25 μL 体系模板量 2.5 μL/反应管；50 μL 体系模板量 5 μL/反应管；100 μL 体系模板量 10 μL/反应管。				

6.1.4　按照所需的反应体系，根据近期工作量的需要，在洁净区分别配制好 100 份～1 000 份第一步 PCR 和第二步 PCR 的无 *Taq* DNA 聚合酶的反应预混物，按 10 份/支～100 份/支对两步的无酶反应预混物分别分装，冻存于－20 ℃。

6.1.5　检测前，在洁净区取出所需份数的第一步 PCR 和第二步 PCR 的无酶预混物解冻，按比例分别加入所需的 *Taq* 酶量，混匀即为完全的第一步 PCR 和第二步 PCR 反应预混合物，再按 1 份/支将预混合物分别分装到 0.2 mL PCR 管中，混匀。若 PCR 仪没有热盖功能，则再于各管中加入 50 μL 液体石蜡。将分装好的两步 PCR 的反应预混物同时带入样品区待用。

6.2　样品准备

6.2.1　样品的处理应在样品区完成。

6.2.2　样品采集的要求见 GB/T 28630.4—2012 中附录 B 的规定。

6.2.3　活体或冰冻幼体、仔虾及幼虾个体样品约 5 mg～100 mg（去掉幼虾眼）。活体或冰冻的成虾鳃、胃、游泳足或步足样品约 5 mg～100 mg。活体或冰冻饵料生物样品约 5 mg～100 mg。池底表土样品约 500 mg。

6.2.4　将上述待检样品放入灭菌 1.5 mL 微型离心管中，应避免各样品间的交叉污染。所有非一次性使用的样品处理工具要经清洗，然后浸于新配制的有效氯含量为 3.0×10^{-3} 的含氯消毒剂中 5 min，经无 PCR 产物污染的自来水充分清洗，再经蒸馏水淋洗后方可用于下一个样品。

6.3　DNA 的提取

6.3.1　样品 DNA 的提取应在样品区完成。

6.3.2　在样品剪碎后加入抽提缓冲液 500 μL，用研磨棒充分研磨，37 ℃温浴 1 h。

6.3.3　加入 2.5 μL 20 mg/mL 蛋白酶 K，至终浓度 100 μg/mL，混匀后置于 50 ℃水浴 3 h，不时旋动。

6.3.4　将溶液冷却至室温，加入等体积平衡酚，颠倒混合 10 min，于 10 000 r/min 离心 3 min 分离两相。

6.3.5　水相移至新塑料微量离心管中，加入等体积酚-三氯甲烷-异戊醇，颠倒混合 10 min，于 10 000 r/min 离心 1 min 分离两相。

6.3.6　水相移至一新灭菌微型离心管中，加入等体积三氯甲烷-异戊醇(24：1)，颠倒混合 10 min，于 10 000 r/min 离心 1 min 分离两相。

6.3.7　水相移至一新灭菌微型离心管中，加入 100 μL 10 mol/L 乙酸铵，混匀后，再加入两倍体积预冷无水乙醇(－20 ℃)混匀，－20 ℃放置 2 h。10 000 r/min 离心 10 min，弃上清。

6.3.8　用 70%乙醇洗涤沉淀 2 次，每次 10 000 r/min 离心 5 min，小心倾去上清，最后沉淀于室温晾干。

6.3.9　沉淀晾干后加入 100 μL 灭菌双蒸水溶解 DNA。

6.3.10 若 DNA 样品应保存，建议溶解于 100 μL TE 缓冲液中并保存于－20 ℃。

6.4 DNA 提取质量及体质监控

6.4.1 参照表 1 的 PCR 反应预混物体系，引物使用 10 μmol/L 引物 F3 和 10 μmol/L 引物 R3 按 6.5.1.5程序进行样品提取质量及反应体系监控。

6.5 套式 PCR 操作

6.5.1 第一步 PCR

6.5.1.1 以下一个步骤的操作应在样品区完成。

6.5.1.2 对每份样品用单独的枪头定量吸取待测模板，待测模板除抽提的样品 DNA 外，同时设阳性对照、阴性对照和以无菌双蒸水为模板的对照。分别将各模板溶液加到各支已加有第一步 PCR 反应预混物的 0.2 mL PCR 管的管盖上，盖严管盖。

6.5.1.3 以下两个步骤的操作只能在扩增区完成。

6.5.1.4 将 PCR 管带入扩增区，放入 90 ℃预热的 PCR 仪中，预热反应预混合物 2 min。逐一快速取出 PCR 管在手掌型离心机上离心 1 s～2 s，立即放回预热的 PCR 仪上。盖上 PCR 仪的盖子。

6.5.1.5 按以下程序进行扩增：94 ℃ 4 min、55 ℃ 1 min、72 ℃ 2 min，1 个循环；94 ℃ 1 min、55 ℃ 1 min、72 ℃ 2 min，39 个循环；72 ℃延伸 5 min。4 ℃保温。

6.5.2 第二步 PCR

6.5.2.1 在进行 6.5.1.4 步的同时，将已准备好的第二步 PCR 反应预混物的反应管带入扩增区。

6.5.2.2 在扩增区，根据所选取的反应体系的总体积，分别从第一步的各 PCR 管中取相应体积的模板，加到第二步 PCR 预混物各管的管盖上。应小心操作，防止各样品间交叉污染。

6.5.2.3 将第二步的各 PCR 管放入 90 ℃预热的 PCR 仪中，预热反应预混合物 2 min。逐一快速取出 PCR 管在手掌型离心机上离心 1 s～2 s，立即放回预热的 PCR 仪上。盖上 PCR 仪的盖子。按照与第一步 PCR 相同的扩增循环的程序进行扩增。扩增完毕的 PCR 管只能在电泳区打开。

6.6 PCR 产物的分析

6.6.1 琼脂糖凝胶的制作

6.6.1.1 在电泳区用 1×电泳缓冲液配制 1.5％的琼脂糖凝胶，建议于三角烧瓶中配制，在电炉上或微波炉中加热至溶液完全透明(为避免煮沸时液体外溢，胶液体积应少于容器体积的 1/4)。待溶液冷却至 60 ℃左右，加入 10 mg/mL 溴化乙锭(EB，有毒)至终浓度 0.5 μg/mL，摇匀。

6.6.1.2 将凝胶液缓缓倒入设置好样孔梳和防漏条/套的水平放置的凝胶船，胶液厚度 0.6 cm～0.8 cm。样孔梳底部水平深入凝胶层约 0.3 cm～0.5 cm，并距凝胶底部 0.2 cm，以免穿透。

6.6.1.3 待凝胶完全凝固后，小心拔掉样孔梳，去掉防漏条/套，即可用于电泳。

6.6.2 电泳

6.6.2.1 将制备好的琼脂糖凝胶连同凝胶船一起装入水平电泳槽，加样孔朝负极，加入 1×电泳缓冲液至没过胶面约 1 mm～2 mm 的深度。

6.6.2.2 将 10 μL 第二步和第二步 PCR 反应产物分别与 2 μL 6×载样缓冲液混匀后加入到加样孔中。同时至少设一个泳道加入 5 μL 1 kb DNA Marker 的载样混合物。

6.6.2.3 盖上电泳槽并通电，使 DNA 由阴极向阳极移动。在 1 V/cm～5 V/cm 的电压下电泳约 1 h，当载样缓冲液中的溴酚蓝指示剂的色带迁移至琼脂糖凝胶的 1/2～2/3 处时停止电泳，将凝胶置于紫外观察仪上观察或照相。

6.6.3 相对分子质量计算

6.6.3.1 测定 Marker 的每条区带到加样孔的迁移距离(即泳动率),将各区带相对分子质量的对数值对其泳动率作图,各点的排列应该接近是一条下降的直线,画出其趋势线,求出相对分子质量计算的回归方程。

6.6.3.2 测量各样品泳道出现的条带的泳动率,利用 Marker 所得出的相对分子质量计算的回归方程,计算各条带的泳动率。

6.6.3.3 由于凝胶在电泳时,其中的温度和电场的不均一性,以及电泳时所加样品的离子强度或 DNA 浓度的差异,相同相对分子质量的 DNA 片段在凝胶中的泳动率会有所差异,各条带相对分子质量的实际测量的结果允许有 1%～3%的误差。

6.6.4 后处理

观察完毕的凝胶和污染有 PCR 产物或 EB 的一次性用品和溶液应立即按附录 B 的规定处理。

7 结果判定

7.1 十足类生物样品:DNA 提取质量及反应体系监控中,样品在 848 bp 处会有一条特定条带。

7.2 被检生物样品:第一步 PCR,阳性对照在 1 447 bp 处有条带,阴性对照和无菌水为模板设立的空白对照无任何条带;第二步 PCR,阳性对照在 941 bp 处有条带,阴性对照和空白对照无任何条带。检测样品第一步 PCR 后在 1 447 bp 处有条带或第二步 PCR 后在 941 bp 处有条带均可判为阳性。检测样品第一步 PCR 后在 1 447 bp 处无条带且第二步 PCR 后在 941 bp 处无条带可判为阴性。

7.3 白斑综合征(WSD)套式 PCR 检测产物序列参见附录 C。

7.4 条带的亮暗表示 PCR 产物数量的多少,但并不对应于模板的量的多少。样品的电泳结果参照阳性对照和阴性对照组进行判读。

7.5 阳性结果表明样品中存在 WSSV DNA。对活虾和敏感宿主阳性表明已受到 WSSV 感染;对虾产品和其他产品阳性表明曾受到 WSSV 感染或受到 WSSV 污染。

7.6 电泳结果分析和问题排除方法见表 3。

表 3 电泳结果分析

试验结果	结果判读及原因分析	问题排除
十足类动物样品 DNA 提取质量及体系监控反应中样品在 848 bp 处有条带。 被检生物样品 第一步 PCR,阳性对照在 1 447 bp 处有条带,阴性对照和无菌水为模板设立的空白对照无任何条带; 第二步 PCR,阳性对照在 941 bp 处有条带,阴性对照和空白对照无任何条带。 阳性样品第一步 PCR 后在 1 447 bp 处有条带或第二步 PCR 后在 941 bp 处有条带。 阴性样品第一步 PCR 后在 1 477 bp 处无条带且第二步 PCR 后在 941 bp 处无条带	PCR 反应正常,结果有效	

表 3（续）

试验结果	结果判读及原因分析	问题排除
阳性对照有条带，但 Marker 没有影像	Marker 失效或量太少	更换 Marker 或增加其加样量
Marker 有影像，但十足类动物样品在 848 bp 处无条带	PCR 反应失败	检查并更换 PCR 反应所用试剂以及 PCR 程序是否正确
阴性对照组在 1 447 bp 或 941 bp 处有条带出现	微量移液器污染	清洗微量移液器，只能用 PCR 后区的微量移液器跑电泳
	试剂污染	更换试剂
	环境污染	清洁实验室及仪器设备，参见附录 B
	操作污染	禁止从 PCR 后区到 PCR 前区的交流，禁止从电泳区到 PCR 操作区的交流，加强操作隔离，参见附录 B
阳性对照和阴性对照组正常，但十足类动物样品中无任何条带(包括无 848 bp 条带)	DNA 提取失败	检查提取 DNA 所用试剂情况，重新试验
	DNA 不纯致使 PCR 抑制物介入	用 OD_{260}/OD_{280} 比值来确定。其正常比值应在 1.6～1.8 之间，若低于 1.6 则表示杂质过多。应重新提取 DNA
	模板太少，第一步的产物被过度稀释	增加第一步 PCR 的模板浓度，不稀释第二步的模板
	第一步 PCR 产物过浓	用电泳检查第一步 PCR 产物，若可见 1 447 bp 条带，则记录该样品为阳性；若无条带，稀释样品或第二步 PCR 模板后再次做第二步 PCR
Marker 正常，但阳性对照、阴性对照和样品出现较多杂带或明显的弥散区	未注意热启动操作，使 PCR 出现非特异性扩增	做好热启动操作。样品先要加到 PCR 管盖上，反应预混物预热后，短暂离心(数秒)以混入样品，迅速放回预热 PCR 仪中
	酶活性变化、dNTP 浓度变化或 Mg^{2+} 浓度差异	确认预混物制备的准确性、试剂质量，对不同批次的酶重新测定最佳 Mg^{2+} 离子浓度
	温度控制异常	检查 PCR 仪是否存在复性温度过低的情况

表 3（续）

试验结果	结果判读及原因分析	问题排除
凝胶上无影像，包括 DNA Marker	紫外观察仪故障	检查紫外观察仪
	背景发红太亮	减少 EB[a] 用量，将凝胶置于清水中 30 min 后再观察结果
	凝胶片太厚	重新制作琼脂糖凝胶片
	电极颠倒或电泳时间过长	重新加样电泳
	EB 分解失效	重新配置溴化乙锭(EB)

[a] 溴化乙锭(EB)有毒，试剂的操作和废弃物的处理按附录 B 的规定。

附 录 A
（规范性附录）
试剂配方

A.1 1 mol/L Tris·HCl（pH8.0）

Tris	121.1 g
水	800 mL

溶解后加入约 42 mL 浓盐酸调 pH 接近 8.0，冷却至室温，再用 2.5 mol/L 盐酸调整 pH 至 8.0。

加水定容至	1 000 mL

分装后，高压蒸汽灭菌，室温贮存。

A.2 0.5 mol/L EDTA（pH8.0）

乙二胺四乙酸二钠（EDTA-Na_2·$2H_2O$）	18.6 g
水	80 mL

磁力搅拌，用 2.5 mol/L 氢氧化钠调节溶液 pH 值至 8.0，完全溶解，定容至 100 mL。

高压蒸气灭菌，室温贮存。

A.3 TE 缓冲液（pH8.0）

1 mol/L Tris·HCl（pH8.0）	10 mL
0.5 mol/L EDTA（pH8.0）	2 mL
加水定容至	1 000 mL

高压蒸气灭菌，4 ℃贮存。

A.4 1 mg/mL 胰 RNA 酶

胰 RNA 酶	10 mg
TE 缓冲液（pH8.0）	10 mL

溶解后，于 100 ℃加热 15 min，缓慢冷却至室温，分装 100 μL/管，−20 ℃贮存。

A.5 10% SDS

SDS（十二烷基硫酸钠）	10 g
水	90 mL

加热至 68 ℃助溶，加入几滴浓盐酸调节溶液的 pH 至 7.2，加水定容至 100 mL。

室温贮存。若溶液有结晶形成，用前加热融解即可。

SDS 微细晶粒易于扩散，称量时要戴面罩，称量完毕后要清除残留在称量工作台区和天平上的 SDS。

A.6 抽提缓冲液

1 mol/L Tris·HCl (pH8.0)	1 mL
0.5 mol/L EDTA (pH8.0)	20 mL
1 mg/mL 胰 RNA 酶	2 mL
10% SDS	5 mL
加水定容至	100 mL

混匀,室温贮存。

A.7 20 mg/mL 蛋白酶 K

蛋白酶 K	20 mg
水	1 mL

溶解后分装于无菌离心管中(0.25 mL/管),−20 ℃下保存。

A.8 10 mol/L 乙酸铵

乙酸铵	77 g
水	30 mL

加水定容至 100 mL,经 0.45 μm 滤膜过滤除菌。4 ℃贮存。

A.9 酚-三氯甲烷-异戊醇(25 :24 :1)

Tris 平衡酚	50 mL
三氯甲烷	48 mL
异戊醇	2 mL
0.01 mol 1 L Tris·HCl(pH8.0)	100 mL

混匀后,自然分层。置于棕色瓶内,4 ℃贮存,1 个月内使用。

A.10 50×电泳缓冲液

Tris	242 g
冰乙酸	57.1 mL
0.5 mol/L EDTA(pH8.0)	100 mL
加水定容至	1 000 mL

室温贮存。

A.11 1×电泳缓冲液

50×电泳缓冲液	20 mL
加水定容至	1 000 mL

室温贮存。

A.12 6×载样缓冲液

蔗糖	40 g
加水溶解,定容至	100 mL
溴酚蓝	0.25 g

溶解后,4 ℃贮存。

A.13 0.5 mol/L 高锰酸钾($KMnO_4$)

高锰酸钾($KMnO_4$)	79 g
加水溶解,定容至	1 000 mL

室温贮存。

A.14 2.5 mol/L 盐酸

在 500 mL 水中加入浓盐酸(37% HCl)	246.35 mL
混匀并冷却后,加水定容至	1 000 mL

室温贮存。

A.15 2.5 mol/L 氢氧化钠

氢氧化钠	100 g
加水 700 mL 溶解,冷却后定容至	1 000 mL

置于聚丙烯塑料瓶中,旋紧瓶盖,室温贮存。

A.16 10 mg/mL 溴化乙锭(EB)贮存液

溴化乙锭(EB)	10 mg
水	1 mL

磁力搅拌数小时以确保其完全溶解。室温保存于棕色瓶或用铝铂包裹的瓶中。

溴化乙锭是强诱变剂并有中度毒性,称量时应戴面罩和手套,避免溅洒,试剂瓶应注明,使用时应戴手套,参见附录 B。

A.17 70%乙醇

无水乙醇	70 mL
加水 30 mL,混匀,定容至	100 mL

分装后,室温贮存。

附 录 B
（规范性附录）
PCR 实验室要求和化学药品及仪器设备操作安全注意事项

B.1 PCR 实验室分区

PCR 前和 PCR 及 PCR 后的工作范围应分区成为相互隔离的实验室，所需试剂、仪器、实验室各种用品、工作服等均应独立使用。长期从事常规性 PCR 检测工作的人员也应进行专门分工。

专用于进行套式 PCR 检测的实验室应分为四个隔离的区域（房间），包括洁净区、样品区、扩增区、电泳区。洁净区和样品区属于 PCR 前区，扩增区和电泳区属于 PCR 后区。其中洁净区专用于配制和分装 PCR 所用试剂，不应接触任何样品；样品区专用于进行样品的处理和第一步 PCR 的加样，不应接触任何 PCR 产物；扩增区专用于进行 PCR 循环和第二步 PCR 的加样，不应暴露第二步 PCR 产物，由于暴露第一步 PCR 产物也可能造成严重污染，应对扩增区经常进行产物污染的消除处理；电泳区专用于 PCR 产物的检测。只允许从洁净区→样品区→扩增区→电泳区的单向物流，同时 PCR 后区应尽可能避免各步 PCR 产物的污染。

应定期对专门从事 PCR 的实验室各区的产物污染程度进行测试评估，并有针对性地进行消除产物污染的处理。

B.2 含 PCR 反应产物的材料

PCR 反应产物的不当处理会造成实验室的严重污染，含 PCR 反应产物的用品，如枪头、离心管、凝胶和手套等应用 3.0×10^{-3} 浓度的含氯消毒剂溶液处理后，再以塑料袋密封包装后丢弃，含有 PCR 反应产物的溶液应加入含氯消毒剂达 3.0×10^{-3} 的浓度，经处理 10 min 以上后方可直接倒入下水道口。可能沾污 PCR 反应产物的衣物、桌椅、拖把、扫帚、垃圾桶等严禁带入 PCR 前区。应保存的 PCR 产物只能密封保存在 PCR 后区。

B.3 溴化乙锭

溴化乙锭为致癌物，有中度毒性，可通过皮肤或粘膜吸收，对环境有污染，应按照以下方法来进行操作或处理。

B.3.1 溴化乙锭浓溶液的净化处理

加入足量的水使溴化乙锭的浓度降低至 0.5 mg/mL 以下。加入 1 倍体积的 0.5 mol/L 高锰酸钾，小心混匀后再加 1 倍体积的 2.5 mol/L 盐酸。小心混匀，于室温放置数小时。加入 1 倍体积的 2.5 mol/L氢氧化钠，小心混匀后可丢弃该溶液。

0.5 mol/L 高锰酸钾、2.5 mol/L 盐酸、2.5 mol/L 氢氧化钠按附录 A 的规定配制。

B.3.2 溴化乙锭稀溶液的净化处理

每 100 mL 溶液中加入 100 mg 粉状活性炭。于室温放置 1 h，不时摇动。用 Whatmanl 号滤纸过滤溶液，丢弃滤液。用塑料袋封装滤纸和活性炭，作为有害废物处理。

B.3.3 溴化乙锭固体的操作

应避免吸入或食入溴化乙锭的固体或粉尘。操作人员要穿戴实验服及手套，如果不慎沾到皮肤，立即用大量清水冲洗。

B.4 酚、三氯甲烷等有毒害有机溶剂

有强腐蚀性，操作时要穿戴实验服及手套。应避免吸入或食入。直接的皮肤接触应立即用大量清水冲洗。

B.5 电泳

电泳时会产生100 V～600 V的直流电压，同时电极处会产生大量的微小气泡。应盖好电泳槽上盖以避免气泡炸裂导致PCR产物的污染和有毒试剂的挥发。避免接触电极及液面以防触电。

B.6 紫外线

长时间暴露于紫外线下会对眼睛及皮肤造成严重伤害，因此在使用紫外观察仪时应穿上实验服、护目镜及防护面罩。

附 录 C
（资料性附录）
白斑综合征（WSD）套式 PCR 检测产物序列

1 GTCGACAGAC TACTAACTTC AGCCTATCTA GTAAAACAAG CTAAAAGATT CGACGGAGTT
F1
61 GACCCAGCCT TCCCTGCCGC CCTCACCTGC GCTTCTCACC TCATGCTTTC TTCCATGGAT

121 TCCCATACAA AGTCATCTTT CATGGACAAC ATCAAATTGC ACATGACTGA TACTCAATGC

181 TTCTTCAAGA ACATTGAACG ATTTGAGAAA TTCTTGGGAA GATATGGGGA CGAATACGCC

241 ATGTCCCACA AGCAAAATTG TAACTGCCCC TTCCATCTCC ACCACACTTT TACTCCCTCA
F2
301 GATAACGAGC ATCTGGTATC CTCTTTCGCA TTCGCCCGCC CAGAAGTCTC CATGGAAGAA

361 ATTAGAGCCA CACCCTATCA GGCCAACAAG CTTATTAGTG ACAAACATTA CGTGATGAAC

421 ATGTCCAAGA TCGATTCTAG AGTAACAGGA TCTTCCCTCC TTAAGAAGGT TAGCGAATGG

481 ACTGAAATGA GAATGAACTC CAACTTTAAT GGAACATTTG AACCATCAAG ACTCGCCCTC

541 TCCAACTCTG GCATGACAAC GGCAGGAGTC AACCTCGACG TTATTGTCAA ACCAAATAAT

601 GCAAGAAGTG TACTAGGAAT ATTGGAATGT CATCGCCAGC ACGTGTGCAC CGCCGACGCC

661 AAGGGAACTG TCGCTTCAGC CATGCCAGCC GTCTTCCAGG CAACCGATGG AAACGGTAAC

721 GAATCTGAAC TGATCCAGAA TGCTCTGCCA AGGAACAGAT ACATCCAAAA GAGCACAATG

781 AACGCTCAAA CTGTCGTGTT TGCTAATGTT TTGGAACAAC TTATCGCCGA TCTTGGAAAG

841 GTTATCGTGA ACGAACTGGC CGGCACCATC GCTGAATCTG TACCAGAAAG CGTATATGAA

901 AACACCAAGG AAATGATTGA TAGACTAGGC TCTGACGACC TCTTCAAATC TAATAATAAT

961 GGAGGAGTAG AATCAATGGA TTATGAAGAT AGCGAAACAA CATCCAACAA TGGTCCCGTC

1021 CTCATCTCAG AAGCCATGAA GAATGCCGTC TATCACACAC TAATTTCCGG CAAGGCAGCT

1081 CGCCCGGAAA ATGTACCATT CGCCTCATGC GCCAGCGGCC CTCTCGCCTT TGATTTCCTT

1141 CTGTCAAAGG GAGATACATT CGAAGAAAAG AACGCCGAAC AAGGTGCAGC AGCTGCCGTA
R2
1201 TCCTCTACCT ATTCTTCCTC TTCTAACACT ACTCTTCGTA AGCATTTGGC TCGAGTTTTC

1261 GAAGCCATCT CTAAGCAAGT AACTGATGCT GAATTCAAGG ATATCCTCAA CGATATCGAA

1321 CGTAATATTT CTTCTGACTA TACTAACTGT CCACCAAATA CTAACCAAAA TGCCTTTGCT

1381 CTAGCTATCA AGAGAGAATT CAGCAGAATT GTTTCCTTCT TAACCATTCT TCGTAAGAAC

1441 ATTACACCCG CATTAGTCGA C
R1

ICS 65.020.30
B 41

中华人民共和国国家标准

GB/T 28630.3—2012

白斑综合征(WSD)诊断规程 第3部分:原位杂交检测法

Diagnostic protocols for white spot disease—
Part 3: *In situ* hybridization method

2012-07-31 发布 2012-11-01 实施

中华人民共和国国家质量监督检验检疫总局
中国国家标准化管理委员会 发布

前　　言

GB/T 28630《白斑综合征(WSD)诊断规程》分为五个部分：

——第1部分：核酸探针斑点杂交检测法；

——第2部分：套式PCR检测法；

——第3部分：原位杂交检测法；

——第4部分：组织病理学诊断法；

——第5部分：新鲜组织的T-E染色法。

本部分为GB/T 28630的第3部分。

本部分按照GB/T 1.1—2009给出的规则起草。

本部分由中华人民共和国农业部提出。

本部分由全国水产标准化技术委员会(SAC/TC 156)归口。

本部分起草单位：中国水产科学研究院黄海水产研究所、农业部全国水产技术推广总站。

本部分主要起草人：黄倢、杨冰、陈爱平、宋晓玲、史成银、杨丛海、魏琦、刘莉。

白斑综合征(WSD)诊断规程 第3部分:原位杂交检测法

1 范围

GB/T 28630的本部分规定了白斑综合征原位杂交检测法所需试剂与材料、仪器设备、操作步骤和结果判定。

本部分适用于进行对虾及白斑综合征的其他敏感宿主组织细胞的感染程度及病毒扩增状况的评估和疾病的确诊。不适于对病毒的非感染性携带的标本进行病毒检测。

2 规范性引用文件

下列文件对于本文件的应用是必不可少的。凡是注日期的引用文件,仅注日期的版本适用于本文件。凡不注日期的引用文件,其最新版本(包括所有修改单)适用于本文件。

GB/T 28630.1—2012 白斑综合征(WSD)诊断规程 第1部分:核酸探针斑点杂交检测法

GB/T 28630.4—2012 白斑综合征(WSD)诊断规程 第4部分:组织病理学诊断法

3 原理

3.1 白斑综合征的病原和病理学特征

见GB/T 28630.4—2012的2.1。

3.2 技术原理

原位杂交检测方法是以非放射性标记物——地高辛(DIG)标记的白斑综合征病毒(WSSV)核酸探针与存在于切片中的WSSV DNA进行核酸分子杂交,并通过抗原-抗体反应和酶-底物的化学显色反应在组织切片上显示出WSSV的存在位点。原位杂交可完整保持组织与细胞形态,能在复杂组织中对单一细胞进行病毒检测,准确反映组织细胞中病毒的分布。

4 试剂和材料

4.1 除非另有说明,在分析中仅使用确认为分析纯的试剂和蒸馏水或去离子水或相当纯度的水。

4.2 核酸探针按GB/T 28630.1—2012中6.2的规定。

4.3 碱性磷酸酶偶联的DIG抗体(AP-抗DIG,0.75 U/μL,4 ℃):生化试剂。

4.4 二甲苯。

4.5 无水乙醇。

4.6 95%乙醇。

4.7 中性树胶:生物染色用。

4.8 石蜡(熔点52 ℃~54 ℃):切片级。

4.9 戴维森氏AFA (Davidson's AFA)固定液:见附录A的规定。

4.10 80%乙醇:见附录A的规定。

4.11 70%乙醇:见附录A的规定。

4.12 50%乙醇:见附录A的规定。

4.13 500 μg/mL 多聚赖氨酸:见附录A的规定。

4.14 2×SSC:见附录A的规定。

4.15 1×SSC:见附录A的规定。

4.16 0.5×SSC:见附录A的规定。

4.17 TNE:见附录A的规定。

4.18 100 μg/mL 蛋白酶K:见附录A的规定。

4.19 0.4%甲醛:见附录A的规定。

4.20 杂交缓冲液:见附录A的规定。

4.21 缓冲液Ⅰ:见附录A的规定。

4.22 缓冲液Ⅱ:见附录A的规定。

4.23 缓冲液Ⅲ:见附录A的规定。

4.24 缓冲液Ⅳ:见附录A的规定。

4.25 显影液:见附录A的规定。

4.26 0.5%俾斯麦棕Y(Bismark brown Y):见附录A的规定。

4.27 阳性对照为受WSSV感染且组织病理学上有明显WSSV病灶的对虾组织切片(未脱蜡)。

4.28 阴性对照为未受WSSV感染且经原位杂交证明为阴性的对虾组织切片(未脱蜡)。

5 器材和设备

5.1 石蜡切片机:满足4 μm~7 μm厚度的石蜡连续切片要求。

5.2 水浴锅:室温至100 ℃,上下波动1 ℃。

5.3 显微镜:带高倍镜(40×)和油镜(100×)。

5.4 微量移液器:量程0.5 μL~10 μL、5 μL~40 μL、40 μL~200 μL、200 μL~1 000 μL各1支。

5.5 普通冰箱:具冷藏箱,并带−18 ℃以下冷冻箱体。

5.6 程控组织脱水机或使用手工脱水步骤。

5.7 石蜡包埋机或使用手工包埋步骤。

5.8 程控切片染色机或使用手工染色步骤。

5.9 切片保湿孵育箱:室温至50 ℃,上下波动1 ℃或使用自制的简易湿盒放置于恒温箱中。

5.10 展片水浴锅:敞口,无盖水浴锅或使用自制保温盒内加一定温度的水代替。

5.11 平板烘片机:室温至100 ℃或使用恒温箱代替。

5.12 切片染色杯。

5.13 医用镊子。

5.14 毛笔。

5.15 玻片架。

5.16 吸管。

5.17 载玻片。

5.18 盖玻片。

5.19 吸水纸。

5.20 暗盒:可用任何能避免强光直射的盒子。

6 操作步骤

6.1 组织切片制备

6.1.1 样品采集的要求、固定方法和修整取材见 GB/T 28630.4—2012 中附录 B 的规定。

6.1.2 样品按 GB/T 28630.4—2012 中 5.2～5.5 的规定将样品在程控组织脱水机中进行脱水、透明、浸蜡，在石蜡包埋机上进行包埋，用石蜡切片机进行切片，切片厚度 5 μm。用毛笔将切片移入展片水浴锅内展片，用已预包被 500 μg/mL 多聚赖氨酸的载玻片捞出，置于平板烘片机上 65 ℃烘烤 45 min。

6.2 原位杂交

6.2.1 组织切片(包括阴性对照和阳性对照)在程控切片染色机中依次通过二甲苯(3 次，5 min/次)、无水乙醇(2 次，1 min/次)、95%乙醇(2 次，10 s/次)、80%乙醇(2 次，10 s/次)、50%乙醇(1 次，10 s/次)，然后用蒸馏水冲洗 6 次(勿让切片干燥)。

6.2.2 组织切片置于 TNE 中 5 min，而后平放在切片保湿孵育箱中，吸取 500 μL 100 μg/mL 蛋白酶 K 溶液，加于每张组织切片上，37 ℃孵育 15 min。

6.2.3 把组织切片上的蛋白酶 K 溶液吸干，然后将其放入预冷到 4 ℃的 0.4%甲醛溶液中浸 5 min。

6.2.4 室温下，用 2×SSC 浸洗组织切片 5 min。

6.2.5 把组织切片平放在切片保湿孵育箱中，吸 500 μL 杂交缓冲液于每张组织切片上，42 ℃孵育 30 min。

6.2.6 按每毫升杂交缓冲液中加入 1 μL～4 μL 核酸探针的用量取核酸探针置于一只微量离心管中，在 100 ℃沸水中将含核酸探针溶液的离心管煮沸 10 min，然后置于碎冰中淬冷。

6.2.7 将上述核酸探针与相应量(每张切片应 500 μL)的杂交缓冲液混合，吸取 500 μL 混合液于每张组织切片上，置于 90 ℃～95 ℃平板烘片机上保温 6 min～10 min，使组织 DNA 变性。注意补充切片上过度蒸发的杂交缓冲液。

6.2.8 把组织切片放在平整的冰上淬冷 5 min。

6.2.9 在切片保湿孵育箱内 42 ℃下孵育 16 h～18 h。

6.2.10 用缓冲液 2×SSC (15 min，室温)、1×SSC (5 min，室温)、0.5×SSC (15 min，42 ℃)、0.5×SSC (15 min，42 ℃)、缓冲液Ⅰ(5 min，室温)洗组织切片。

6.2.11 用缓冲液Ⅱ封闭组织切片(500 μL/片)，37 ℃温浴 30 min。

6.2.12 用缓冲液Ⅱ将 AP-抗 DIG 稀释至 0.75 U/mL(1 μL 0.75 U/μL AP-抗 DIG 加到 1 mL 缓冲液Ⅱ中)，把组织切片平放在湿盒中，每片吸 250 μL 已用缓冲液Ⅱ稀释的 AP-抗 DIG 于组织切片上，37 ℃温浴 30 min。

6.2.13 用缓冲液Ⅰ(2 次，10 min/次，室温)、缓冲液Ⅲ(1 次，5 min，室温)洗玻片。

6.2.14 吸 500 μL 显影液于每张组织切片上，室温下黑暗中放置 1 h～3 h。中间可取出短时间在显微镜下观察显色情况，当阳性对照有明显显色时可中止反应，如果阴性对照的组织细胞开始普遍出现非特异性显色，则应立即终止显色。

6.2.15 室温下把组织切片置于缓冲液Ⅳ中 15 min 终止反应。

6.2.16 组织切片上滴加双蒸水(1 次，10 s/次)、0.5%俾斯麦棕 Y(1 次，1 min/次)、95%乙醇(3 次，10 s/次)、无水乙醇(3 次，10 s/次)、二甲苯(4 次，10 s/次)。

6.2.17 滴加 2 滴中性树胶封片。

6.2.18 在明视野显微镜下寻找蓝黑色到黑色的细胞内沉淀物并拍照。

7 结果判定

7.1 受WSSV感染的细胞显示阳性反应，即细胞核内有较深的蓝黑色颗粒沉淀，而阴性结果则无此沉淀。感染程度越深，则着色越明显。对虾甲壳上的显色是非特异性反应所致，如果加有核酸探针和杂交缓冲液的切片在90 ℃～95 ℃平板烘片机上保温6 min～10 min过程中，因缓冲液蒸发而使组织干燥，干燥部分也会出现非特异性反应。

7.2 阳性对照样品不显阳性反应或阴性对照样品出现与阳性显色反应程度相当的非特异性反应，判断检测结果无效，重新取样检测。

附 录 A
（规范性附录）
试剂配方

A.1 20×SSC

氯化钠	175.32 g
柠檬酸三钠·$2H_2O$	88.23 g
加水溶解定容至	1 000 mL
调节 pH 至	7.0

高压蒸汽灭菌后，室温贮存。

A.2 2×SSC

20×SSC	100 mL
水	900 mL

混匀，0.45 μm 滤膜过滤除菌，4 ℃贮存。

A.3 1×SSC

20×SSC	50 mL
水	950 mL

混匀，0.45 μm 滤膜过滤除菌，4 ℃贮存。

A.4 0.5×SSC

20×SSC	50 mL
水	1 950 mL

混匀，0.45 μm 滤膜过滤除菌，4 ℃贮存。

A.5 10×缓冲液Ⅰ

Tris	121.1 g
氯化钠	87.7 g
加水溶解至	800 mL
用浓盐酸调节 pH 至	7.5
加双蒸水定容至	1 000 mL

高压蒸汽灭菌，4 ℃贮存。

A.6 缓冲液Ⅰ

10×缓冲液Ⅰ	100 mL
水	900 mL

混匀，0.45 μm 滤膜过滤除菌，4 ℃贮存。

A.7 10×缓冲液Ⅲ

Tris	121.1 g
氯化钠	58.4 g
加水溶解至	800 mL
用浓盐酸调节 pH 至	9.5
六水氯化镁($MgCl_2 \cdot 6H_2O$)	101.6 g
加双蒸水定容至	1 000 mL

混匀，0.45 μm 滤膜过滤除菌，4 ℃贮存，出现沉淀后丢弃。

A.8 缓冲液Ⅲ

10×缓冲液Ⅲ	100 mL
水	900 mL

混匀，0.45μm 滤膜过滤除菌，4 ℃贮存，出现沉淀后丢弃。

A.9 NBT 贮存液

四氮唑蓝(NBT)	100 mg
二甲基甲酰胺	0.931 mL
水	0.402 mL

避光，－20 ℃贮存。

A.10 BCIP 贮存液

5-溴-4-氯-3-吲哚磷酸-甲苯胺盐(BCIP)	100 mg
二甲基甲酰胺	2 mL

避光，－20 ℃贮存。

A.11 10×TNE

Tris	60.57 g
氯化钠	5.84 g
EDTA·$2H_2O$	3.72 g
加水溶解至	900 mL

用盐酸调 pH 至 7.4
加水定容至 1 000 mL
高压蒸气灭菌后,4 ℃贮存。

A.12 TNE

10×TNE	100 mL
水	900 mL

混匀,0.45 μm 滤膜过滤除菌,4 ℃保存。

A.13 10 mg/mL 蛋白酶 K

蛋白酶 K	100 mg
加水定容至	10 mL

分装于无菌离心管中(0.25 mL/管),−20 ℃下保存。

A.14 100 μg/mL 蛋白酶 K

10 mg/mL 蛋白酶 K	0.25 mL
TNE	24.75 mL

用前临时配制,混匀,4 ℃存放。

A.15 0.4%甲醛

甲醛(37%)	5.4 mL
水	500 mL

倒掉前可重复使用 4 次,用前预冷。

A.16 20×丹哈特氏液(Denhardt's)

牛血清白蛋白(组分 5)	0.4 g
聚蔗糖 400 (ficoll 400)	0.4 g
聚乙烯吡咯烷酮 360 (PVP 360)	0.4 g
加水溶解并定容至	100 mL

0.45 μm 的滤器过滤,5 mL/支分装,−20 ℃贮存。

A.17 25% 硫酸葡聚糖

硫酸葡聚糖(dextran sulfate)	25 g
加水定容至	100 mL

低热搅拌片刻使之溶解,−20 ℃保存。

A.18 10 mg/mL 鲑精 DNA

鲑精 DNA	250 mg
水	25 mL

将鲑精 DNA 钠盐加入水中，用玻璃棒搅拌直至完全溶解。用 6 号针头的注射器反复抽打数次。在 100 ℃水浴中加热 10 min，立即放于冰浴中淬冷，分装于无菌小试管中，－20 ℃保存。使用前在 100 ℃水浴中加热 5 min，然后淬冷。

A.19 杂交缓冲液

20×SSC	10 mL
100％甲酰胺	25 mL
20×丹哈特氏液	2.5 mL
10 mg/mL 鲑精 DNA	2.5 mL
25％硫酸葡聚糖	10 mL

混匀，4 ℃贮存。

A.20 缓冲液Ⅱ

blocking reagent Ⅱ	0.5 g
缓冲液Ⅰ	100 mL

在 60 ℃～80 ℃水浴中溶解，不断晃动，直至颗粒溶解。4 ℃可贮存 2 周。

A.21 10×缓冲液Ⅳ

Tris	12.1 g
EDTA-Na_2·$2H_2O$	3.7 g
加水溶解，并定容至	1 000 mL

用盐酸调 pH 至 8.0，高压灭菌。4 ℃贮存。

A.22 缓冲液Ⅳ

10×缓冲液Ⅳ	100 mL
水	900 mL

混匀，0.45 μm 滤膜过滤除菌。4 ℃贮存。

A.23 10％聚乙烯醇

聚乙烯醇（相对分子质量 30 000～70 000）	10 g
加水溶解并定容至	100 mL

搅拌溶解后，分装 10 mL/管，－20 ℃贮存。

A.24 显影液

缓冲液Ⅲ	90 mL
盐酸左旋咪唑	24 mg
10% 聚乙烯醇	10 mL

4 ℃保存

用前在每毫升上述混合液中加入：

NBT 贮存液	4.5 μL
BCIP 贮存液	3.5 μL

A.25 0.5%俾斯麦棕 Y

俾斯麦棕 Y (Bismark brown Y)	2.5 g
水	500 mL

把染料溶于水中，过滤。室温贮存。

A.26 500 μg/mL 多聚赖氨酸

多聚赖氨酸(相对分子质量 25 000)	5 mg
水	10 mL

溶解后，4 ℃贮存。

A.27 戴维森氏 AFA(Davidson's AFA)固定液

95%乙醇	330 mL
甲醛(37%)	220 mL
冰乙酸	115 mL
海水(用于海洋甲壳类)或自来水	335 mL

混匀，室温密封贮存。

A.28 80%乙醇

95%乙醇	800 mL
加水定容至	950 mL

混匀，室温贮存。

A.29 70%乙醇

95%乙醇	700 mL
加水定容至	950 mL

混匀，室温贮存。

A.30 50%乙醇

95%乙醇	500 mL
加水定容至	950 mL

混匀，室温贮存。

ICS 65.020.30
B 41

中华人民共和国国家标准

GB/T 28630.4—2012

白斑综合征(WSD)诊断规程 第4部分:组织病理学诊断法

**Diagnostic protocols for white spot disease—
Part 4: Histopathology method**

2012-07-31 发布　　2012-11-01 实施

中华人民共和国国家质量监督检验检疫总局
中国国家标准化管理委员会　发布

前 言

GB/T 28630《白斑综合征(WSD)诊断规程》分为五个部分：

——第1部分：核酸探针斑点杂交检测法；

——第2部分：套式PCR检测法；

——第3部分：原位杂交检测法；

——第4部分：组织病理学诊断法；

——第5部分：新鲜组织的T-E染色法。

本部分为GB/T 28630的第4部分。

本部分按照GB/T 1.1—2009给出的规则起草。

本部分由中华人民共和国农业部提出。

本部分由全国水产标准化技术委员会(SAC/TC 156)归口。

本部分起草单位：中国水产科学研究院黄海水产研究所、农业部全国水产技术推广总站。

本部分主要起草人：黄倢、杨冰、陈爱平、宋晓玲、史成银、杨丛海、魏琦、刘莉。

白斑综合征(WSD)诊断规程 第4部分:组织病理学诊断法

1 范围

GB/T 28630 的本部分规定了白斑综合征组织病理学诊断法所需试剂与材料、仪器设备、操作步骤和结果判定。

本部分适用于对发病的对虾或其他敏感宿主的确诊和对怀疑染病宿主的诊断。

本部分不适用于对潜伏性感染或病毒的非感染性携带的标本进行病毒检测。

2 原理

2.1 白斑综合征的病原和病理学特征

白斑综合征(white spot syndrome)又称白斑病(white spot disease)、白斑综合症、对虾暴发性流行病。白斑综合征具有发病急和死亡率高的特征,其症状是发病对虾停止摄食,反应迟钝,或卧于池边或在水面浮游,某些濒死对虾在甲壳上出现白色的斑块,有时伴随对虾腹节微微变红。

白斑综合征的病原是白斑综合征病毒(white spot syndrome virus,WSSV)或称白斑病毒(white spot virus,WSV),它是一种双链 DNA(dsDNA)病毒,能对大多数养殖对虾造成有致命的感染。病毒粒子为长椭圆形,具有囊膜和独特的尾状物,直径 120 nm~150 nm,长 270 nm~290 nm,其基因组大小约 300 kb。病毒在细胞核内复制,不形成封闭体(occlusion body)。

濒死虾在全身外胚层和中胚层起源的组织中呈现出病灶,病毒主要感染的组织包括甲壳下上皮(包括体表和附肢的甲壳下表皮、胃上皮和后肠上皮)、造血组织、鳃、结缔组织、触角腺、血细胞和淋巴器官等。感染早期在核内形成的包涵体(inclusion)呈嗜酸性,随着病毒的快速复制,造成核内染色质边移,细胞核肥大,包涵体的嗜碱性也越来越强。

2.2 技术原理

苏木精-伊红(H-E)染色在组织学和病理学中是一种常规染色方法。通过染色液——苏木精-伊红与组织细胞的不同组分分别相结合,使细胞核、细胞质和细胞内其他结构产生反差明显的蓝紫色和红色,而可清晰地观察到各种不同的组织结构病理变化。

3 试剂和材料

3.1 除非另有说明,在分析中仅使用确认为分析纯的试剂和蒸馏水或去离子水或相当纯度的水。

3.2 石蜡(熔点 52 ℃~54 ℃):切片级。

3.3 二甲苯。

3.4 无水乙醇。

3.5 95%乙醇。

3.6 过滤海水:盐度为 20~30 的海水在室内放置 1 周后,经滤纸和 0.22 μm 滤膜过滤。

3.7 戴维森氏 AFA(Davidson's AFA)固定液:见附录 A 的规定。

3.8 迈尔-班尼特苏木精(Mayer-Bennett Hematoxylin)染色液:见附录A的规定。

3.9 伊红-焰红染色液:见附录A的规定。

3.10 粘片剂:见附录A的规定。

3.11 85%乙醇:见附录A的规定。

3.12 80%乙醇:见附录A的规定。

3.13 75%乙醇:见附录A的规定。

3.14 50%乙醇:见附录A的规定。

3.15 阳性对照为受WSSV感染且显示明显病理变化的对虾组织切片(苏木精-伊红染色)。

3.16 阴性对照为未受WSSV感染的正常的对虾组织切片(苏木精-伊红染色)。

4 仪器设备

4.1 石蜡切片机:满足4 μm~7 μm厚度的石蜡连续切片要求。

4.2 程控组织脱水机或使用手工脱水步骤。

4.3 石蜡包埋机或使用手工包埋步骤:满足石蜡切片机对石蜡块规格的要求。

4.4 程控切片染色机或使用手工染色步骤。

4.5 展片水浴锅:敞口,无盖水浴锅或使用自制保温盒加一定温度的水代替。

4.6 平板烘片机:室温至100 ℃或使用恒温箱代替。

4.7 显微镜:带高倍镜(40×)和油镜(100×)。

4.8 毛笔。

4.9 小镊子。

4.10 载玻片。

4.11 盖玻片。

4.12 玻片架。

5 操作步骤

5.1 样品准备

5.1.1 样品采集的要求和固定方法见附录B的规定。

5.1.2 在制作切片前,按照附录B的方法进行取材修整,应保证标本的胃和鳃能被有效地切片。

5.2 脱水

75%乙醇(105 min)→85%乙醇(105 min)→85%乙醇(105 min)→95%乙醇(45 min)→95%乙醇(45 min)→无水乙醇(45 min)→无水乙醇(45 min)。

5.3 透明

无水乙醇-二甲苯(1:1,25 min)→二甲苯(20 min)→二甲苯(20 min)。

5.4 浸蜡

纯石蜡(80 min)→纯石蜡(80 min)。

5.5 包埋

用石蜡包埋机进行包埋。

5.6 切片

用石蜡切片机切片，厚度 5 μm。对每个石蜡包埋块至少切取两块不连续的切片。

5.7 展片

展片水浴锅(40 ℃)中展片，用涂有一层粘片剂的载玻片捞出，置于平板烘片机上于 45 ℃烘片 2 h。

5.8 染色

二甲苯(5 min)→二甲苯(5 min)→无水乙醇(2 min)→无水乙醇(2 min)→95%乙醇(2 min)→95%乙醇(2 min)→80%乙醇(2 min)→80%乙醇(2 min)→50%乙醇(2 min)→蒸馏水(2 min)→蒸馏水(2 min)→蒸馏水(2 min)→迈尔-班尼特苏木精染色液(5 min)→缓慢流动的自来水(6 min)→伊红-焰红染色液(2 min)→95%乙醇(80 s)→95%乙醇(2 min)→无水乙醇(2 min)→无水乙醇(2 min)→二甲苯(150 s)→二甲苯(150 s)→二甲苯(150 s)。

5.9 封片

滴加 2 滴中性树胶封片。

5.10 观察

明视野显微镜下观察。

6 结果判定

6.1 正常样品的组织切片经 H-E 染色后，核质反差明显，细胞质染成红色，细胞核染成蓝紫色。

6.2 白斑综合征的病灶主要出现在对虾的甲壳下上皮(包括体表和附肢的甲壳下表皮、胃上皮和后肠上皮)、造血组织、结缔组织、鳃、触角腺、血细胞、淋巴器官等组织中，最方便观察的组织是覆盖有甲壳质的胃上皮。在肝胰腺管上皮、中肠上皮和肌肉细胞中无感染病灶，但在这些组织中的结缔组织和血细胞中可见到病灶。

6.3 受感染的细胞，其细胞核的核仁消失，早期感染在核内出现嗜酸性着色(显红色)，晚期感染的细胞核肿大，染色质边移，核内呈不同程度地较均匀的嗜碱性着色(紫色)。核内嗜酸性着色(显红色)，较深且均一。

6.4 诊断结果可疑时，补充核酸探针的原位杂交检测或 PCR 检测进行确诊。

附 录 A
（规范性附录）
试剂配方

A.1 85%乙醇

95%乙醇	850 mL
加水定容至	950 mL

混匀，室温贮存。

A.2 80%乙醇

95%乙醇	800 mL
加水定容至	950 mL

混匀，室温贮存。

A.3 75%乙醇

95%乙醇	750 mL
加水定容至	950 mL

混匀，室温贮存。

A.4 70%乙醇

95%乙醇	700 mL
加水定容至	950 mL

混匀，室温贮存。

A.5 50%乙醇

95%乙醇	500 mL
加水定容至	950 mL

混匀，室温贮存。

A.6 戴维森氏 AFA(Davidson's AFA)固定液

95%乙醇	330 mL
甲醛(37%)	220 mL
冰乙酸	115 mL
海水(用于海洋甲壳类)或自来水	335 mL

混匀，室温密封贮存。

A.7 R-F 固定液

95%乙醇	407 mL
甲醛(37%)	349 mL
海水(用于海洋甲壳类)或自来水	222 mL

混匀,加入氨水(含 28%~30% NH_3)约 22 mL,将 pH 调整到 6.0~7.0。

室温密封贮存。

A.8 迈尔-班尼特苏木精染色液

热水	1 000 mL
苏木素	1.0 g
碘酸钠	0.2 g
钾明矾	90.0 g
柠檬酸	1.0 g
水合三氯乙醛	50.0 g

按上述顺序混合,溶解后即可使用,室温贮存。

A.9 1%伊红贮存液

伊红 Y(水溶性)	5 g
水	500 mL

溶解后置于棕色瓶中,室温贮存。

A.10 1%焰红贮存液

焰红 B(水溶性)	1 g
水	100 mL

溶解后置于棕色瓶中,室温贮存。

A.11 伊红-焰红染色液

1%伊红贮存液	100 mL
1%焰红贮存液	10 mL
95%乙醇	780 mL
冰乙酸	4 mL

混匀后即可使用,室温贮存。

A.12 粘片剂

明胶	1 g
热水	100 mL

溶解后,加入:

苯酚	2 g
甘油	15 mL

混匀,在棕色瓶中室温贮存。

附 录 B
（规范性附录）
甲壳类动物疾病诊断采样原则与方法

B.1 采样目的

甲壳类动物的疾病诊断通常出于三个目的之一：

a） 疾病流行状况的监测；

b） 种苗或场地的健康证书；

c） 疾病发生后的诊断。

对于不同目的进行分析所需的样品类型和数量极不相同。

B.1.1 疾病发生后的诊断

在临床发病的情况下，应从活的或濒死的甲壳类动物中仔细选择带有特征性病灶的高质量标本，强调标本应具有代表性，并且是濒死的或临床发病的。避免采集死后的标本，采样时要根据诊断方法考虑样品所需的保存条件。

要对已发生的疾病进行诊断，建议最少采集 100 个幼体标本，50 个后期幼体（如仔虾、仔蟹）标本、10 个稚体（如幼虾、稚蟹）或成体（如成虾、亲蟹等）的标本。如果临床病症明显，可采集更多的数量。不过，上述推荐的“最少”数量只是一个指导性的参考量，应强调仔细选择标本的质量比随便捡出上百个标本来充数要更有价值得多。

B.1.2 对无症状的甲壳类动物的诊断

要监测疾病流行情况、或检测无症状感染的病原、或核准健康证书，所需的采样数量就应该用统计学方法来确定。先假定感染的检出率大于或等于 2%、5%、10%、20%等，再对不同大小的群体计算所需的最少样品数量，该数量应能使样品中出现感染标本的概率满足 95%的可信限。对不同大小的群体，所需要的采样数量已被计算成预定的表格（参见表 B.1）。

为了监测疾病流行或核准健康证书，对不同大小的群体进行诊断所需的样品数量应与表 B.1 相符，并取其最低的假定检出率，即 2%。

为了诊断群体中似乎存在的无症状感染，可假定检出率高于 5%，从表 B.1 查出所需的采样数量。

表 B.1 各种大小的群体在推测病原检出率不同时满足 95%可信限的采样数量

群体大小	各假定检出率的采样数量						
	2%	5%	10%	20%	30%	40%	50%
50	50	35	20	10	7	5	2
100	75	45	23	10	9	7	6
250	110	50	25	10	9	8	7
500	130	55	26	10	9	8	7
1 000	140	55	27	10	9	9	8
1 500	140	55	27	10	9	9	8

表 B.1（续）

群体大小	各假定检出率的采样数量						
	2%	5%	10%	20%	30%	40%	50%
2 000	145	60	27	10	9	9	8
4 000	145	60	27	10	9	9	8
10 000	145	60	27	10	9	9	8
≥100 000	150	60	30	10	9	9	8
注：表格中的采样数量是指实际被有效分析的样品数，如果所采集到的样品不一定每份都能分析到，则应采集更多样品。例：对于100 000尾仔虾的群体来说，在60尾样品中查出3尾阳性，则该群体存在5%病原检出率的结果具有95%的可信度。							

对不同病原的监测，还应注意最适于采样的生活期有差异。例如，要监测对虾杆状病毒病、斑节对虾杆状病毒病或杆状病毒的中肠腺坏死，最佳采样期是幼体和早期仔虾；要监测涛拉病、白斑综合征和黄头病，最佳采样期是幼虾和亚成年虾；要监测螯虾瘟，最佳采样期是幼螯虾和成年螯虾。

B.2 不同诊断方法所需样品的采集要求

B.2.1 直接显微镜检查或组织印片/涂片染色检查的样品

用于直接镜检的样品应在采集后立即处理，起码要求能做到制备好风干的组织印片或涂片。

待检样品尽可能使用活标本，如果得不到活标本，至少也应使用冰鲜或用缓冲的10%甲醛(37%)固定的标本。

B.2.2 组织学诊断的样品

B.2.2.1 采样时样品要求

采样时，应尽量减轻对动物造成的胁迫，固定前需要运输或临时暂养时要保证水中有充足的含氧量。

B.2.2.2 固定液要求

准备好充足的固定液，一般原则是一体积的组织样品最少应十倍体积的固定液(例如，10 g对虾组织应要100 mL固定液)。

大多数组织学诊断都可使用戴维森氏AFA固定液(见附录A)。该固定液可快速渗透，能有效阻止甲壳类的组织自溶，且其酸性可使甲壳脱钙。

如果样品要准备进行免疫组织化学分析或进行RNA病毒的原位杂交诊断，可采用非酸性的R-F固定液(见附录A)。但R-F固定液不应该用于常规组织学样品的固定，因为它对组织的渗透较慢，且不能使甲壳脱钙，用它固定的组织可能会导致切片和染色困难。

B.2.2.3 不同样品的固定方法

幼体和仔虾：用细筛绢或吸管选取标本。将采集的个体直接浸入10倍体积的固定液中，固定12 h～24 h，然后转移到70%乙醇中长期保存。

大的仔虾和小的幼虾：按上述方法选取并采集标本。用注射针尖或解剖刀尖划破甲壳，将采集的个体直接浸入10倍体积的固定液中,固定12 h~24 h,然后转移到70%乙醇中长期保存。

大的幼虾以及成虾:用注射器将体重5%~10%的固定液注射到活虾体内。先对肝胰腺区域分2处~3处进行注射,然后将固定液注射到第1、第3和第6腹节。头胸部,特别是肝胰腺区域应该多注射一些。注射使虾完全死亡,然后立即用解剖刀片划开甲壳,在头胸区的划口沿着头胸甲中线的右侧,在腹节区的划口沿着腹节右侧的中部。再将个体浸入10倍体积的固定液中,固定24 h,然后转移到70%乙醇中长期保存。

体重大于12 g的虾或蟹:按上述方法注射并划破甲壳,然后将虾体在头胸和腹节连接处的后面横切,如果虾体较大,再在腹节中部横切。将各部分浸入10倍体积的固定液中,固定24 h,如果个体较大或甲壳较硬,应延长固定时间,直到72 h,然后转移到70%乙醇中长期保存。

个体很大的虾或蟹:注射固定液后,对个体解剖,取出应进行组织学分析的组织或器官,分别浸入10倍体积的固定液中,固定12 h~24 h,然后转移到70%乙醇中长期保存。

B.2.2.4 样品编号、登记和标签

在采集样品时应对标本进行编号和登记,并根据编号记载标本的全部说明档案,包括标本种名、龄期、重量或大小、来源、个体症状、群体健康状态以及其他相关信息。

要使用抗水的纸条或毛面塑料纸做样品标签,并用2B铅笔在标签上注明标本登记编号及其主要说明,将标签直接放入与该标本相同的含固定液包装中,不要用钢笔、圆珠笔或记号笔作标签。

B.2.2.5 样品的包装和运输

大体积的固定液或含乙醇溶液不能进行邮寄或运输,样品运输前应进行相应的处理。在运输前12 h,将样品从70%乙醇中转移到50%的乙醇中保存以降低样品中的乙醇含量。

包装前将样品从50%乙醇中取出。幼体、仔虾或小的幼虾标本转移到具密封圈的螺口聚丙烯塑料管中,放入标签,再填充少许吸水纸,然后用50%乙醇浸透,盖紧管帽;较大的标本用3层~5层白色纸巾完全包裹,将纸巾包裹的标本放入一个厚的聚丙烯塑料袋中,用50%乙醇浸透纸巾,在袋内放入标签,将塑料袋用热塑封口机熔封。

将上述塑料管或塑料袋用2层吸水纸包裹,放入一个厚塑料袋中并完全密封。多个小塑料袋再封入一个较大的塑料袋内,最后所有的塑料袋放入一个抗压的运输用包装箱内,填入防压充填物,进行邮寄或运输。

B.2.2.6 组织学标本修整的取材

从50%或70%的乙醇保存液中取出固定好的标本,置于木头或塑料垫板上,根据标本的大小进行修整,以便确保感兴趣的组织能被有效切片。

幼体或仔虾:用擦镜纸将个体包好,放于脱水盒中进行脱水,包埋时去掉擦镜纸,用热镊子调整标本在包埋模具中的位置进行整体包埋。

小于3 cm的幼虾:用单面刀片或解剖刀沿对虾的中线右侧将标本纵剖两半。如果虾体较长,再从第2腹节处横切两半。取包含中线的左侧进行脱水,包埋时纵切面向下包埋。

大于3 cm的幼虾或亚成年虾:用单面刀片或解剖刀从对虾的头胸和腹节连接处切断,再将头胸沿中线右侧纵剖两半。取包含中线的左侧,切去步足80%的长度,剔净胃内容物;如果头胸长度大于1 cm,切取包含胃部和肝胰腺部分的1 cm以下的部分;如果厚度大于0.5 cm,削去高出0.5 cm的部分。再从不含中线的右侧头胸部斜切下鳃区。将切取的含中线左侧头胸部和切下的鳃区放入同一个脱水盒进行脱水,包埋时将含中线左侧头胸部的纵切面向下,鳃区的纵切面向上,前后对错地放入同一个包埋模具中包埋。如果需要对腹节部分进行组织学分析,选取感兴趣的腹节或第1、第3和第6腹节,从第1和第3腹节横切出厚度不超过0.5 cm的段,对第6腹节纵切,分别脱水和包埋。

大于 8 cm 的虾或蟹：参照上述修整方法，按照长宽不超过 1 cm×1 cm，厚度不超过 0.5 cm 的要求对感兴趣的组织所在的区域进行修整；对特定的组织或蟹的组织，也可考虑进行横切，甚至独立地解剖出相应的组织器官，按需要分别进行脱水和包埋，胃和肠道中的内容物应剔除干净以免损伤切片刀。

B.2.3　分子生物学或免疫学诊断的样品

B.2.3.1　样品采集和保存要点

用于 PCR、RT-PCR 或核酸探针斑点杂交检测的样品应注重保护病原的核酸。用于抗体的免疫分析检测的样品应注重保护病原的抗原活性。

用于核酸检测或抗体检测的样品应十分小心地防止各样品间的交叉污染，每个样品应使用新的一次性塑料袋或塑料管和内置标签。

不同的样品采集和保存方法对不同的检测方法的适用性有差异，并且可能应增加一些辅助的样品处理手段，因此在样品采集和运输时要注明曾使用过的保存条件，使实验室能根据其保存条件进行相应处理。

B.2.3.2　不同类型样品的采集和运输

B.2.3.2.1　活标本：活标本可在现场处理或以活体形式运输到诊断实验室。

B.2.3.2.2　血淋巴：许多分子生物学或免疫学检测的首选样品是血淋巴，样品可用注射器从心脏、腹部血窦采集，或切断附肢采集。

B.2.3.2.3　冷藏标本：应经 24 h 以内运输到实验室进行分子生物学或免疫学检测的样品可采用这种方法保藏。运输前，应将各样品独立装袋，用足量的冰将样品塑料袋埋入泡沫塑料箱中，进行合适的包装后运输到实验室。

B.2.3.2.4　深冻标本：采集活标本，用干冰或用低于－20 ℃的冰柜速冻，将标签放入独立的样品包装袋，用足量的干冰将样品包装袋埋入泡沫塑料箱中，进行合适的包装后可满足较苛刻的运输要求。

B.2.3.2.5　乙醇保存的样品：对于难以用冷藏或冷冻方法存放和运输样品的情况，可用 90%～95%的乙醇来保存和运送某些类型的样品。小于 2 g～3 g 的个体、解剖出的组织或抽取的血淋巴可保存于 90%～95%的乙醇中，做好相应标签，运输前 1 h，将保存的标本转移到 50%的乙醇中，然后按 B.2.2.5 的方法进行包装和运输。

B.2.3.2.6　特殊采样液保存的样品：一些特定的分子生物学或免疫学检测方法或试剂盒提供了样品的采集、保存和运输用试剂，可为样品的保存、运输和后续的检测操作提供便利。如 SEMP-SSC 采样液可用于斑点杂交检测的核酸样品的保存和运输、SEMP-Tris 采样液可用于 PCR 和核酸探针检测的核酸样品保存和运输，Trizol™ [1] 可用于 RT-PCR 样品的保存和运输等。但要注意，不同的采样液保存的样品通常只适用于该试剂指定的检测方法，而并不一定适于进行其他的诊断。

---

1)　这是适合的市售产品的实例。给出这一信息是为了方便本标准的使用者，并不表示对这一产品的认可。

ICS 65.020.30
B 41

中华人民共和国国家标准

GB/T 28630.5—2012

白斑综合征(WSD)诊断规程 第5部分:新鲜组织的T-E染色法

Diagnostic protocols for white spot disease—
Part 5: T-E staining method with fresh tissue

2012-07-31 发布　　　　2012-11-01 实施

中华人民共和国国家质量监督检验检疫总局
中国国家标准化管理委员会　发布

前　言

GB/T 28630《白斑综合征(WSD)诊断规程》分为五个部分:

——第1部分:核酸探针斑点杂交检测法;

——第2部分:套式PCR检测法;

——第3部分:原位杂交检测法;

——第4部分:组织病理学诊断法;

——第5部分:新鲜组织的T-E染色法。

本部分为GB/T 28630的第5部分。

本部分按照GB/T 1.1—2009给出的规则起草。

本部分由中华人民共和国农业部提出。

本部分由全国水产标准化技术委员会(SAC/TC 156)归口。

本部分起草单位:中国水产科学研究院黄海水产研究所、农业部全国水产技术推广总站。

本部分主要起草人:黄倢、杨冰、陈爱平、宋晓玲、史成银、杨丛海、魏琦、刘莉。

白斑综合征(WSD)诊断规程
第5部分:新鲜组织的T-E染色法

1 范围

GB/T 28630的本部分规定了白斑综合征新鲜组织的T-E染色法所需试剂与材料、仪器设备、操作步骤和结果判定。

本部分适用于在现场或诊断实验室对患病濒死的对虾仔虾、幼虾或成虾进行快速诊断,不适用于对潜伏性感染或病毒的非感染性携带的标本进行诊断。

2 规范性引用文件

下列文件对于本文件的应用是必不可少的。凡是注日期的引用文件,仅注日期的版本适用于本文件。凡不注日期的引用文件,其最新版本(包括所有修改单)适用于本文件。

GB/T 28630.4—2012 白斑综合征(WSD)诊断规程 第4部分:组织病理学诊断法

3 原理

3.1 白斑综合征的病原和病理学特征

见GB/T 28630.4—2012的2.1。

3.2 技术原理

台盼蓝含有一个弱碱性基团和一个强酸性基团,其弱碱性基团可与核酸相结合,而强酸性基团的存在,使台盼蓝与弱酸性染料伊红互混而不发生沉淀。这样,台盼蓝与伊红的混合液就能一次性地使新鲜组织的细胞核染上蓝色,又能将细胞质染上红色。

4 试剂和材料

4.1 除非另有说明,在分析中仅使用确认为分析纯的试剂和蒸馏水或去离子水或相当纯度的水。

4.2 T-E染色液:见附录A的规定。

5 仪器设备

5.1 解剖刀。

5.2 尖头镊子。

5.3 医用剪刀。

5.4 载玻片。

5.5 盖玻片。

5.6 光学显微镜:带高倍镜(40×)和油镜(100×)。

5.7 吸水纸。

5.8 滴管。

6 操作步骤

6.1 样品采集的要求见 GB/T 28630.4—2012 中附录 B 的规定。

6.2 仔虾及体长小于 3 cm 的幼虾，取其头胸部，在载玻片上用解剖刀切碎；体长大于 3 cm 的幼虾及成虾，揭开头胸甲，以尖头镊子取出对虾胃，置于载玻片上，用解剖刀轻轻刮下其上皮等组织。

6.3 在组织浆上滴加 2 滴 T-E 染色液，混匀，常温放置染色 3 min～5 min。

6.4 盖上盖玻片，覆上数层吸水纸，轻压以吸去多余染液，除去吸水纸，镜下观察。

7 结果判定

7.1 正常的对虾组织细胞经 T-E 染色后，可观察到细胞质为红色，细胞核质为淡蓝色，染色质为深蓝色，核仁为深蓝色或蓝紫色。

7.2 白斑综合征病毒(WSSV)感染发病的濒死对虾细胞核可观察到“空泡化”形态，“空泡化”是由于细胞核肿大，核仁消失，染色质边移，核内出现病毒发生基质或包涵体(inclusion)所致。其形态表现为细胞核周圈染色发蓝而核内蓝色消退，并不同程度地偏红，看上去呈一个蓝色的环。有些“空泡”偏离核的中心，使核的形态呈一戒指状。“空泡化”的细胞核多呈球形，所占比例与对虾发病严重程度有关，在濒死对虾中，可观察到 60%以上的上皮组织、结缔组织细胞核出现空泡化，在空胃而行为较活泼的病虾中，这种形态的细胞核约占这些组织细胞核的 5%以下。在有些发病急、病情重的对虾中，可观察到细胞核严重膨大，核周圈蓝色变窄变淡，而核内着色鲜红。

7.3 在多个视野观察到大量典型的受感染细胞核可作为确诊的依据，诊断结果可疑时，补充组织病理学诊断、核酸探针斑点杂交检测或套式 PCR 检测进行结果确认。

附 录 A
（规范性附录）
试剂配方

A.1 T-E 染色液

台盼蓝	0.6 g
伊红 Y(水溶性)	0.2 g
苯酚	0.5 g
氯化钠	0.5 g
甘油	20 mL
水	80 mL

室温贮存。

ICS 90.100.10
Q 13

中华人民共和国国家标准

GB/T 28631—2012

用于干混砂浆的铝酸钙添加剂

Calcium aluminate agents for dry-mixed mortar

2012-07-31 发布 2013-02-01 实施

中华人民共和国国家质量监督检验检疫总局
中国国家标准化管理委员会 发布

前　言

本标准按照 GB/T 1.1—2009 给出的规则起草。

本标准由中国建筑材料联合会提出。

本标准由全国水泥标准化委员会(SAC/TC 184)归口。

本标准起草单位:中国建筑材料科学研究总院、郑州登峰熔料有限公司。

本标准参加起草单位:凯诺斯(中国)铝酸盐有限公司、福州恩菲建材有限公司。

本标准主要起草人:刁桂芝、王建亭、刘光华、张进生、殷庆立、王志新。

用于干混砂浆的铝酸钙添加剂

1 范围

本标准规定了用于干混砂浆的铝酸钙添加剂的术语和定义，技术要求，试验方法，检验规则，包装、标志、运输和贮存。

本标准适用于各种干混砂浆中使用的铝酸钙类添加剂。

2 规范性引用文件

下列文件对于本文件的应用是必不可少的。凡是注日期的引用文件，仅注日期的版本适用于本文件。凡是不注日期的引用文件，其最新版本(包括所有的修改单)适用于本文件。

GB/T 176 水泥化学分析方法

GB 201 铝酸盐水泥

GB/T 205 铝酸盐水泥化学分析方法

GB/T 1345 水泥细度检验方法 筛析法

GB/T 1346 水泥标准稠度用水量、凝结时间、安定性检验方法

GB/T 2015 白色硅酸盐水泥

GB/T 2419 水泥胶砂流动度测定方法

GB/T 8074 水泥比表面积测定方法 勃氏法

GB 8076—2008 混凝土外加剂

GB 9774 水泥包装袋

GB/T 12573 水泥取样方法

GB/T 17671 水泥胶砂强度检验方法(ISO 法)

JC/T 603—2004 水泥胶砂干缩试验方法

3 术语和定义

下列术语和定义适用于本文件。

3.1

铝酸钙添加剂 Calcium aluminate agents for dry-mixed mortar

以铝酸一钙(CA)为主要矿物成分的采用熔融法或烧结法生产的铝酸钙熟料磨细制成的粉状材料。宜与石膏和外加剂复合使用。铝酸钙添加剂一般按照三氧化二铝的含量进行分类，分为 CAA-50、CAA-70 两个品种，CAA-50 又按细度和强度分为Ⅰ型、Ⅱ型。

4 技术要求

4.1 化学成分

铝酸钙添加剂的化学成分按添加剂质量分数计应符合表 1 要求。

表 1 化学成分

%

品 种	三氧化二铝 Al_2O_3	二氧化硅 SiO_2	碱含量 $Na_2O+0.658K_2O$	氯离子[a] Cl^-
CAA-50	≥50,<55	≤8	≤0.4	≤0.1
CAA-70	≥65,<77	≤1		
[a] 当用户需要时，生产厂商应提供结果和测定方法。				

4.2 细度

铝酸钙添加剂细度应符合表 2 要求。

表 2 铝酸钙添加剂细度要求

品 种		比表面积/(m^2/kg)	0.045 mm 筛余/%
CAA-50	Ⅰ型	≥300,<400	≤20
	Ⅱ型	≥400,<500	
CAA-70		≥400,<500	

4.3 凝结时间

各类型铝酸钙添加剂配制净浆的初凝时间应≥10 min，终凝时间应<120 min。用于有特殊需求的产品中时，凝结时间可由供需双方商定。

4.4 配制砂浆性能

4.4.1 砂浆强度

由铝酸钙添加剂配制的砂浆强度应满足表 3 要求。

表 3 由铝酸钙添加剂配制的砂浆各龄期强度

单位为兆帕

品 种		抗压强度			抗折强度		
		6 h[a]	1 d	3 d	6 h[a]	1 d	3 d
CAA-50	(Ⅰ型)	—	≥10	≥25	—	≥3.0	≥4.0
	(Ⅱ型)	≥10	≥15	≥25	≥3.0	≥4.0	≥5.0
CAA-70		≥12	≥20	≥25	≥4.0	≥5.0	≥6.0
[a] 当用户需要时应提供结果。							

4.4.2 干缩

各种铝酸钙添加剂配制砂浆 28 d 龄期的干缩率<0.15%。

4.5 白度

仅 CAA-70 型铝酸钙添加剂有此要求，该指标值由供需双方协商确定。

5 试验方法

5.1 试验材料

5.1.1 试剂

5.1.1.1 无水硫酸钙,化学纯。

5.1.1.2 二水合柠檬酸三钠(柠檬酸三钠),分析纯。

5.1.2 水泥

符合 GB 8076—2008 附录 A 规定的基准水泥。

5.2 化学成分

氯离子按 GB/T 176 要求进行试验,三氧化二铝、二氧化硅和碱含量按 GB/T 205 要求进行试验。

5.3 细度

5.3.1 比表面积

按 GB/T 8074 要求进行试验。

5.3.2 0.045 mm 筛余

按 GB/T 1345 进行。

5.4 凝结时间

5.4.1 物料配比

每次试验需称取 125 g 铝酸钙添加剂、333 g 基准水泥、42 g 无水硫酸钙和 1 g 柠檬酸三钠。

5.4.2 标准稠度用水量的测定

按标准 GB/T 1346 中标准法进行试验。

5.4.3 净浆制备

先将称量好的物料加入搅拌锅中,将搅拌机搅拌程序打到"手动"位置,慢速搅拌 120 s。按照标准稠度用水量加水后,将搅拌机的搅拌程序达到"自动"位置,按自动程序运行。在中间停转的 15 s 内将粘在锅边的净浆刮到锅中。

5.4.4 凝结时间测定

按 GB/T 1346 要求进行。

5.5 砂浆强度

5.5.1 物料配比

每次试验需称取 112.5 g 铝酸钙添加剂、300 g 基准水泥、37.5 g 无水硫酸钙、0.9 g 柠檬酸三钠和 1 350 g 标准砂。

5.5.2 拌合水的确定

拌合用水量为使砂浆流动度达到 130 mm～150 mm 的用水量，砂浆流动度试验，操作方法按 GB/T 2419 进行。

5.5.3 砂浆制备

按 GB/T 17671 进行试验，将搅拌程序打到“手动”位置。先将标准砂和称量好的无水硫酸钙加入到搅拌锅中，慢速搅拌 60 s。加入水泥、柠檬酸三钠和铝酸钙添加剂，再慢速搅拌 60 s。再将搅拌程序打到“自动”位置，在混合物慢速搅拌 60 s 的过程中加入拌合水，在停止的第一个 15 s 内将叶片和锅壁上的料浆刮入锅中。

5.5.4 试体的成型、养护和破型

试体的成型、养护和破型按 GB 201 进行。

5.6 干缩

5.6.1 胶砂制备和成型

按 JC/T 603—2004 进行，但砂浆组成为 125 g 铝酸钙添加剂、333 g 基准水泥、42 g 无水硫酸钙和 1 g 柠檬酸三钠，搅拌程序与 5.5.3 相同。

5.6.2 试体养护、测量和干缩率计算

试体自加水时算起，在湿气养护箱中养护 24 h 脱模后直接测量初长记为 L_0。然后，将试体放入干缩养护箱养护。28 d 龄期试体长度的测量以及干缩率的计算按 JC/T 603—2004 进行。

5.7 白度

按 GB/T 2015 进行。

6 检验规则

6.1 取样及编号

添加剂出厂前按同品种编号和取样。每一编号为一取样单位。120 t 或一天产量为一个编号，不足 120 t 的也按一个编号计。

取样方法按 GB/T 12573 进行。在每编号的 20 个点上等量取样，取样总量不小于 5 kg，并混合均匀。

6.2 添加剂出厂

经确认添加剂各项技术指标及包装质量符合要求时方可出厂。

6.3 出厂检验

出厂检验项目为 4.1、4.2、4.3、4.4.1。

6.4 判定规则

6.4.1 检验结果符合 4.1、4.2、4.3、4.4.1 为合格品。

6.4.2 检验结果不符合4.1、4.2、4.3、4.4.1中的任何一项技术要求为不合格品。

6.5 检验报告

检验报告内容应包括出厂检验项目和铝酸钙添加剂种类。当用户需要时,生产者应在添加剂发出之日起7 d内寄发各项检验结果。

6.6 交货与验收

6.6.1 交货时添加剂的质量验收可抽取实物试样以其检验结果为依据,也可以生产者同编号添加剂的检验报告为依据。采取何种方法验收由买卖双方商定,并在合同或协议中注明。卖方有告知买方验收方法的责任。当无书面合同或协议,或未在合同、协议中注明验收方法的,卖方应在发货票上注明"以本厂同编号添加剂的检验报告为验收依据"字样。

6.6.2 以抽取实物试样的检验结果为验收依据时,买卖双方应在发货前或交货地共同取样和签封。取样方法按GB/T 12573进行,取样数量为5 kg,缩分为二等份。一份由卖方保存40 d,另一份由买方按本标准规定的项目和方法进行检验。

在40 d以内,买方检验认为产品质量不符合本标准要求,而卖方又有异议时,则双方应将卖方保存的另一份试样送省级或省级以上国家认可的质量监督检验机构进行仲裁检验。

6.6.3 以生产者同编号添加剂的检验报告为验收依据时,在发货前或交货时买方在同编号添加剂中取样,双方共同签封后由卖方保存90 d,或认可卖方自行取样、签封并保存90 d的同编号添加剂的封存样。

在90 d内,买方对添加剂质量有疑问时,则买卖双方应将共同认可的试样送省级或省级以上国家认可的质量监督检验机构进行仲裁检验。

7 包装、标志、运输与贮存

7.1 包装

袋装添加剂每袋净含量为25 kg,且应不少于标志质量的99%;随机抽取40袋总质量(含包装袋)应不少于1 000 kg。其他包装形式由供需双方协商确定,但有关袋装质量要求,应符合上述规定。包装袋应符合GB 9774的规定。

7.2 标志

添加剂包装袋上应清楚标明:执行标准、添加剂品种、代号、生产者名称、出厂编号、包装日期、净含量。其他包装时也应有相同内容的标志,或附有相同内容的卡片。

7.3 运输与贮存

7.3.1 在运输与贮存时,应防止受潮并应与其他类型的水硬性材料分别储运,不得混杂。

7.3.2 在正常仓储条件下,袋装铝酸钙添加剂的保质期为自产品生产之日起三个月。保存超过此时间时应重新检验。

ICS 71.040.40
G 04

中华人民共和国国家标准

GB/T 28632—2012/ISO 18516:2006

表面化学分析　俄歇电子能谱和X射线光电子能谱　横向分辨率测定

Surface chemical analysis—Auger electron spectroscopy and X-ray photoelectron spectroscopy—Determination of lateral resolution

(ISO 18516:2006,IDT)

2012-07-31 发布　　　　2013-02-01 实施

中华人民共和国国家质量监督检验检疫总局
中国国家标准化管理委员会　发布

前　言

本标准按照 GB/T 1.1—2009 给出的规则起草。

本标准采用翻译法等同采用 ISO 18516：2006《表面化学分析　俄歇电子能谱和 X 射线光电子能谱　横向分辨率测定》。

本标准由全国微束分析标准化技术委员会(SAC/TC 38)提出并归口。

本标准起草单位:上海市计量测试技术研究院、纳米技术及应用国家工程研究中心。

本标准主要起草人:徐建、陆敏、吴立敏、朱丽娜、辛立辉、何丹农、张冰。

表面化学分析　俄歇电子能谱和 X射线光电子能谱　横向分辨率测定

1　范围

本标准规定了三种条件下测量俄歇电子能谱仪和X射线光电子能谱仪横向分辨率的方法。直边法适用于横向分辨率预期值大于1 μm的仪器。栅格法适合于横向分辨率预期值大于20 nm，小于1 μm的仪器。金岛法则适用于横向分辨率预期值小于50 nm的仪器。

附录A、附录B和附录C给出了测量横向分辨率的带图的实例。

2　规范性引用文件

下列文件对于本文件的应用是必不可少的。凡是注日期的引用文件，仅注日期的版本适用于本文件。凡是不注日期的引用文件，其最新版本（包括所有的修改单）适用于本文件。

GB/T 22461—2008　表面化学分析　词汇(ISO 18115:2001,IDT)

3　术语、定义、符号和缩略语

3.1　术语和定义

GB/T 22461—2008界定的以及下列术语和定义均适用本文件。

3.1.1

横向分辨率　resolution, lateral

在样品表面平面内或在与成像光轴成直角的平面内，能可信地区分确定成分改变时所测试的距离。

注1：应说明平面的选取。

注2：实际中，横向分辨率可以认识为：(i)样品上非常小的发射点发出的强度分布的半高宽(FWHM)或(ii)沿着样品上与要分辨性质有关的信号且含有意义明确的台阶函数部分进行线扫描时，强度在12%和88%两点之间的距离，对高斯型强度分布而言，这两个值是相等的。对其他分布而言，选择其他参数也许更合适。对台阶函数，在线扫描谱中常应用强度在20%和80%两点之间的距离或16%和84%两点之间的距离。对高斯分布函数，后一对给出2 σ宽度。

GB/T 22461—2008，定义5.255

注3：对本标准而言，首选样品的平面测量。

3.2　符号和缩略语

AES　——俄歇电子能谱；

d　——入射在样品表面上电子束(轴对称)束径；

FWHM　——最大高度一半处的全宽(简称半高宽)；

XPS　——X射线光电子能谱；

χ　——横向分辨率测定所需参数；横向分辨率测量开始于信号强度最大值的χ%，结束于信号强度最大值的$(100-\chi)$%。在$\delta r(50)$情况下，χ为25；

θ　——样品表面上入射电子束或X射线束与表面法线间的夹角。

4 一般信息

4.1 背景信息

AES和XPS通常需要在样品表面上测量与位置相关的组成。通常，分析者希望确定某些感兴趣区域的局部表面组成。此区域可能是位于半导体晶片上的特征物(如不希望出现的缺陷颗粒或沾污)，一个腐蚀坑，一根纤维或是复合材料裸露表面。随着微米和纳米级器件工业制造技术的增长，特别是在半导体工业和纳米技术的应用中，使用横向分辨率小于所关注的特征区域的仪器表征材料，有着日益增长的需求。在这些应用中，通常需要能确定器件是否按照当前的制造方法制造(质量控制)，评估新的或当前的制造方法(工艺开发和过程控制)，以及能鉴定器件在服务期或暴露于不同环境条件下的失效机理(失效分析)。在使用诸如AES和XPS等表征技术对微米、纳米级特征物材料的表面表征时，横向分辨率是一个重要的参数。

为了使特征区易于成像，希望该技术的横向分辨率小于所关注特征区的横向尺寸。当使用AES仪器时，通常，可先用扫描电子显微图像检测感兴趣的特征物；然后，把入射电子束定位在该特征物并记录俄歇谱图；当使用XPS仪器时，通常，关注的特征区必须由成像或线扫描进行检测。在线扫描谱中特定信号(通常为选定的光电子峰强度)作为样品表面位置函数而显示。

在实际应用时，AES和XPS对特征区的检测能力不仅依赖于横向分辨率而且与被测量特征物的信号强度差异(材料对比度)和观察时间(信号强度的统计变化)有关。因此，对特征区的检测能力依赖于仪器特性(横向分辨率)、样品特定组成和测量时间。对一个特征区的可靠检测也依赖于在AES和XPS数据采集时间内仪器的稳定性(特别是AES中入射电子束流，XPS中X射线通量的稳定性，以及样品台位置相对于电子束或X射线束的稳定性)和样品的化学稳定性。

许多作者已经描述和讨论了AES和XPS仪器的横向分辨率(通常称为空间分辨率)。对AES和XPS仪器有用的信息分别见参考文献[1]和[2]。ISO/TR19319给出了有关AES和XPS横向分辨率及其相关参数的指导[3]。

4.2 AES和XPS横向分辨率的测量

对AES和XPS而言，横向分辨率通常取决于入射束特性或能谱仪中所用透镜-分析器-检测器系统特性。在前一种情况下，横向分辨率主要依赖于入射束(AES的电子束或XPS的X射线束)在样品表面的截面尺寸(如束径)。当束径减小时，横向分辨率就会改善。在后一种情况下，横向分辨率主要依赖于透镜-分析器-检测器系统连同电子光路中任何定位光阑的电子光学设计。具体情况如下：

a) 当能谱仪用于透镜确定的小面积XPS检测时；

b) 当成像是通过扫描透镜的接收区域获得时；

c) 当能谱仪把适当能量的光电子经透镜-分析器系统投射到检测器而获得平行成像时。

第5章所描述的方法涉及下述情况下所选AES或XPS谱线特征区域的强度测量，即样品上急剧变化的化学梯度(化学边沿)穿过分析位置(由入射束限定)或分析位置穿过化学边沿。测得的横向分辨率会依赖于仪器设计(即束径或电子-光学设计)或用于测量的化学边自身的固有陡度。并且，对于AES而言，还与背散射电子激发的俄歇信号强度和宽度有关[1]。

4.3 横向分辨率与扫描方向的相关性

测得的横向分辨率取决于样品相对于入射束或能谱仪的平移方向。下列三种情况的任意一种都能引起这种变化：

a) 如果呈圆形截面的X射线束或电子束(即束具有轴对称性)照射在样品上，它与表面法线的角度不是零度，样品上束-强度截面会呈椭圆形，对入射电子束的情况，如图1所示；

b) 如果横向分辨率由分析器或透镜决定，并且样品法线不与分析器入口的轴线平行；

c) 如果入射束为发散束。

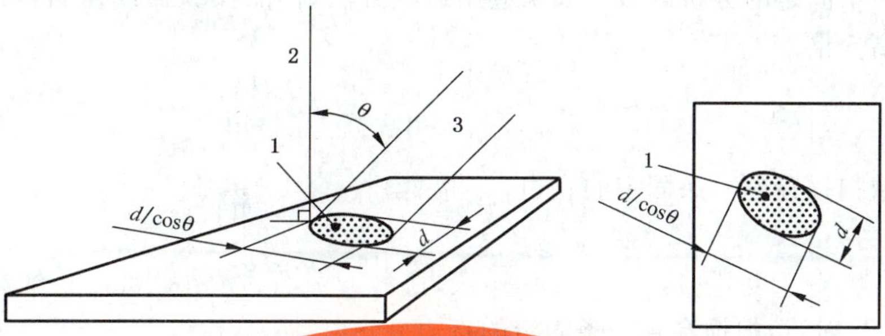

说明：

1——分析区域；

2——表面法线；

3——电子束；

d——束径。

注：样品表面上的椭圆形束斑如右图所示。

图1 与表面法线呈 θ 角度的电子束照射样品示意图

横向分辨率应至少在两个方向测量。在与表面法线呈某个角度入射在样品上的圆形电子束情况下，测量应沿着如图1所示椭圆的短轴和长轴方向进行。在发散束情况下，测量也应至少沿着两个方向进行，在通常情况下，这些方向应相互垂直。如有可能，应选择显示横向分辨率最大值和最小值的方向。

4.4 AES和XPS横向分辨率的测量方法

用于测量AES横向分辨率的方法与待测横向分辨率的大小和实验配置有关。下述为三种可供选择的方法：

a) 若横向分辨率预期大于1 μm，第5章的直边法通常是令人满意的。根据具体的实验配置，直边法有四种不同方法。通常，直边法用于测量XPS仪器的横向分辨率。

b) 若横向分辨率预期大于20 nm，小于5 μm，则第6章的栅格法是适用的。通常，栅格法用于入射束约为100 nm左右的扫描俄歇显微术仪器中，这种方法也可用于XPS仪器。

c) 若横向分辨率预期小于50 nm，则第7章的金岛法是适用的。通常，金岛法用于入射电子束束径在10 nm左右的扫描俄歇显微镜仪器中。

由于直边或是栅格结构中的栅条的缺陷可能与样品上电子束具有相当的尺寸（见图1），因此直边或栅格测量方法不能用于具有高横向分辨率的扫描俄歇显微镜。

值得注意的是，分辨率如果由能谱仪决定，则该分辨率可能依赖或可能并不依赖所测电子能量或操作条件的任何变化。

5 直边法测量横向分辨率

5.1 引言

若横向分辨率预期值大于1 μm，则直边法可以用于AES和XPS仪器横向分辨率的测量。在所有由直边法演变出的方法中，步长或图像中像素间距要小于横向分辨率预期值的20%。

5.2 不同的直边法

四种不同直边法的选用取决于实验配置。

5.2.1 方法 1

一条直边穿过一个固定的分析区域。如果应用这种方法,样品操纵器或样品台位置精度必须至少比被测横向分辨率高 5 倍。

5.2.2 方法 2

分析器接收区域扫描穿越一条固定的直边。

5.2.3 方法 3

入射束(电子或 X 射线)扫描穿越一条固定的直边。

5.2.4 方法 4

使用选定能量的电子以已知的放大倍数对直边成像,并由该直边像测定仪器的横向分辨率。

5.3 直边样品的选择

直边样品必须具有直且陡峭的边,其长度至少比所测量的横向分辨率大 10 倍。材料应尽可能薄,以确保来自直边垂直平面的任何信号的检测达到最小。如果材料有大的光电子或俄歇电子发射截面,其优点是可使产生足够强度信号所需的时间减至最小。材料应为金属导体,以消除对非导体所需荷电补偿条件的改变所可能带来的信号变化。样品表面最好由单一元素组成,以避免扫描表面组分的任何变化所引起的复杂性(如在表面溅射清洁时会发生择优溅射)。推荐使用贵金属样品,这是由于测量过程中发生在贵金属样品表面污染的速率要小于其他金属,因而使电子信号强度出现的不必要特性变化也较小。样品表面尽可能平滑,以使样品形貌改变而引起的信号变化减至最小。

注:用于直边法测量的合适样品为具有一条狭缝的镀银样品,该样品是作为扫描电子显微术的合适样品。此样品可从 Agar Scientific Limited,66a Cambridge Road,Stansted,Essex CM24 8DA,UK 获得,目录号为 G220-S6。样品为直径为 3.05 mm 的圆片,上有 500 μm 宽,2 mm 长的狭缝。该材料的厚度在 12 μm～15 μm。不同宽度狭缝样品也可从以上单位获得。样品也可以从 Structure Probe Inc.,P. O. Box 656,West Chester,PA 19381-0656,USA 和 Ted Pella Inc.,P. O. Box 492477,Redding,CA 96049-2477,USA 获得。

5.4 直边样品的装载

直边样品装载在 AES 或 XPS 仪器的样品台或操纵器上,使样品和能谱仪之间有良好的电接触。若有可能,样品安装时要使直边悬空伸出样台托,使样品不在分析区域之内时,能谱仪接收不到任何样品信号。然后,样品应按照厂商推荐的操作步骤装入谱仪。

5.5 直边样品的清洁

如果直边样品有明显的表面污染,采集数据时间则会很长。在这种情况下,推荐如下操作步骤清洁样品。应以分析纯乙醇擦洗直边样品,并且用干燥的氩气吹干表面,进行 AES 和 XPS 测量直边样品区域应由离子刻蚀清洁(如用能量小于 3 keV 的惰性气体离子溅射),离子剂量应足以使 AES 或 XPS 宽扫谱中任何污染峰的强度降低至小于最强金属峰强度的 2%。通常,氩离子剂量约为 10 $\mu A \cdot min \cdot cm^{-2}$ 就足够了。最常见的污染物为氧和碳。

5.6 仪器操作

AES 或 XPS 仪器应按照厂商操作说明书操作。选择入射束设置(AES 的束能和束流,XPS 的 X 射线源及其功率)。选择横向分辨率测定所必需的或适合要求的能谱仪设置(如分析器工作模式、分析器通能或减速比、光阑、透镜设置、检测倍增器设置)。确保检测器及相关电子系统对所选用信号的计数率处于线性工作范围[4]。

5.7 数据采集

5.7.1 方法 1、方法 2 和方法 3 的数据采集

应用 5.2 中的方法 1、方法 2、方法 3,沿垂直于直边样品的直边方向作线扫描。线扫描应按照厂商说明书进行。

线扫描开始和结束的分析位置应使开始时完全在样品上,结束时完全离开样品。开始或结束的位置到直边(由开始和结束位置信号平均值来判断)的距离应分别至少比预期横向分辨率值大 3 倍,该值由数据分析参数 χ 值(见 5.8)获得。这一要求确保在线扫描的每一端都有足够大接近恒定信号强度区域。线扫描端部接近恒定信号强度的区域称之为“平台”。线扫描步长应至少小于预期横向分辨率的 1/5,这是为了确保直边穿过分析区域时,能有足够的测量点数。如果在线扫描测量后,开始和结束位置或步长不能满足上述条件,则使用调整后的开始和结束位置或步长重新测量。

如果能谱仪传输透镜被用于确定仪器的横向分辨率,其横向分辨率会取决于测量电子动能。在这种情况下,横向分辨率测量必须采用至少两种不同能量的电子。理想地是,选取两种电子能量,使之尽可能接近正常测量能量范围的两端值。实际上,测试样品要选择对测量能提供有足够强度的光电子或俄歇电子信号并且其能量尽可能接近能量两端值。

在线扫描谱上的每一点上采集所选样品信号电子的谱图。谱图应包括直边样品组成元素至少一个主峰(如 XPS 的 $Ag3d_{5/2}$),且谱图记录峰的能量范围应足够大以满足后续的数据处理。谱线的峰强度通常是扣除了合适本底的峰面积,而俄歇谱线则可能是微分强度。然后便可作出表示所测峰强度与样品上位置函数关系的曲线图,如图 2 所示。

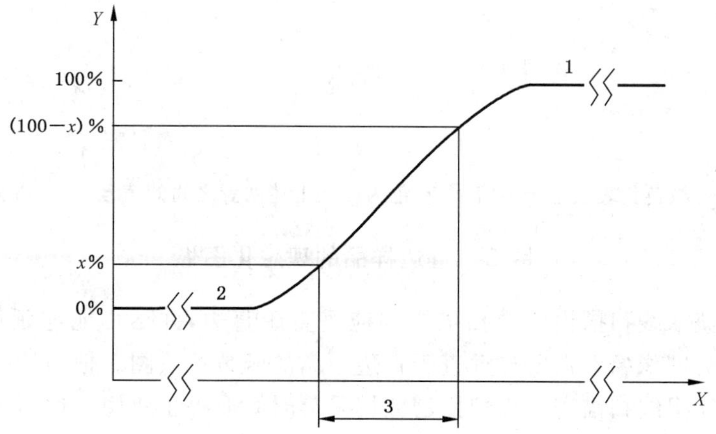

说明:
X——距离;
Y——峰面积,%;
1——上平台;
2——下平台;
3——分辨率。

图 2 峰面积与沿线扫描距离的关系示意图

线扫描谱数据采集时间取决于所用条件,且对于上平台(信号强度最大处)可能存在峰强度的统计离散。数据采集时间应使上平台区的信号强度统计离散的相对标准偏差小于 2%。

5.7.2 方法 4 的数据采集

5.2 中的方法 4 是通过平行成像模式采集数据。谱仪中直边样品的放置要确保直边材料的信号电子图像出现在成像区域中心附近，并根据厂商说明书进行能谱仪设置和操作。所选图像邻接像素的数量应使得在数据分析中根据参数 χ(见 5.8)所预期的横向分辨率的图像距离内至少包含 5 个像素。在成像模式下，所选能谱仪放大倍数应使图像中每条边到直边(由开始和结束位置信号平均值来判断)的距离至少大于根据所选参数 χ 获得横向分辨率的 3 倍。能谱仪放大倍数的校准可采用厂商提供的方法，或使用其他相关可溯源的方法。

图像会显示三个区域，如图 3 的理想化的图像所示，一个区域的信号接近于零，一个区域具有相当均一的信号，第三个区域则是上述二者的过渡区域。显示过渡区域图像的比例取决于图像放大倍数和横向分辨率。获得的图像取决于样品装载方向，可能相对于图 3 的图像旋转一个角度。

1　　　2　　　3

说明：

1——接近于零的信号；

2——过渡区域；

3——均一信号。

注：白色代表强信号，黑色代表接近于零信号，灰色为介于上述两者之间的信号。

图 3　直边样品的理想化图像

可以从直边图像获取线扫描谱。线扫描方向应垂直于直边，并尽可能地延伸至更多的图像区域。这种情况下线扫描谱为图像像素强度与垂直于直边距离的函数关系图。把与接收的信号强度直接成比例的数值作为纵坐标获得线扫描谱。线扫描谱数据采集时间取决于所用条件，且上平台(信号强度为最大值)像素强度会存在统计离散。数据采集时间应使统计离散信号强度的相对标准偏差小于由线扫描上平台中最大信号强度的 2%。如果在线扫描测量结束后，开始和结束位置或步长不能满足上述条件，则使用调整后的开始和结束位置或步长重新测量。

为了减少线扫描谱的统计噪声，垂直于线扫描方向的同方向上多个像素的信号可以叠加，这种扫描通常称为“带扫描”。对于测定横向分辨率目的而言，带扫描也可以认为等同于线扫描。

5.8 数据分析

5.8.1 一般信息

从 5.7 所绘的线扫描谱中可得横向分辨率。这些线扫描谱与图 2 类似，具有下平台和上平台；在每个平台区，信号强度应近似为常数(在预计统计变化范围内)。上平台区和下平台区平均信号强度之差为信号变化 100%。如图 2 所示,在线扫描谱中,沿着扫描方向测定对应于信号强度从 χ% 到(100−χ)%之间的距离,就可以测得横向分辨率。χ 值可以由分析者选择以满足测量要求,可以使用厂商推荐值,或使用文献推荐适合于 AES(χ=20)[5]或 XPS(χ=12)[6]的 χ 值。常用 χ 值为 25,20,16 和 12。这些 χ 值的意义如下面的子项所述。或者,可从线扩展函数的 FWHM 获得横向分辨率,如 5.8.7 所述。

注:如果入射束照射到具有不同厚度的污染薄膜上或照射在具有不同结晶取向的晶粒上,线扫描上平台区的信号强度将会随测量位置发生变化。如果观察到这种变化,要清洁样品或者选择样品上其他区域进行线扫描。

5.8.2 当 χ=25 时

如果 χ 为 25,所得横向分辨率对应于 50% 的信号变化(在线扫描中,总信号强度从 25% 变化到 75%)。由于测量受到主要源于 AES[1]背散射电子造成的线扫描拖尾的影响很小,因而这一选择是方便的。χ 值本身没有物理意义。

5.8.3 当 χ=20 时

如果谱仪的响应在样品上的圆形区域内是均匀的(100%),而在这区域("高帽"分布)之外为 0。并且如果入射束相对宽化,当 χ=20 时(在线扫描中,总信号强度从 20% 变化到 80%)对应的横向分辨率约等于所分析圆形区域的半径(更精确地说,横向分辨率是该区域半径的 0.984 倍)[7]。如果入射束具有"高帽"分布且谱仪响应相对宽化,可得到相同的结果。

5.8.4 当 χ=16 时

如果能谱仪的响应能以高斯函数表示以描述测量强度与样品表面上径向距离之间函数关系,并且入射束相对宽化,可以证明与 χ=16 对应的横向分辨率(在线扫描中,总信号强度从 16% 变化到 84%)相当于高斯函数中标准偏差值的 2 倍[7]。如果入射束具有高斯分布且能谱仪响应相对宽化,可得到相同的结果。

5.8.5 当 χ=12 时

如果能谱仪的响应能以高斯函数表示并且入射束相对宽化时,可以证明与 χ=12(在线扫描中,总信号强度从 12% 变化到 88%)对应的横向分辨率对应于高斯函数的 FWHM[7]。如果入射束具有高斯分布且能谱仪响应相对宽化,可得到相同的结果。

5.8.6 χ 的选择

通常,实际 AES 和 XPS 仪器的能谱仪响应不能用"高帽"或高斯分布来表示[1]。所以,对于实际仪器而言,χ 的特定值(如在 5.8.2,5.8.3,5.8.4 和 5.8.5 中所用的)不大可能具有物理意义。

如果没有明显理由说明选取某一 χ 值优于另一 χ 值,则对 AES 选 χ=20[5]或 XPS 选 χ=12[6]。在横向分辨率测量报告中,χ 值应予以说明。

5.8.7 线扩展函数

对图 2 中的线扫描谱微分后得到线扩展函数,其 FWHM 是横向分辨率的另一种测量方法[1,4],这种方法具有两方面优点:第一,由此所得横向分辨率并不依赖于参数 χ 的经验选择。第二,这一 FWHM 对 AES 中背散射电子的影响不敏感[1]。在横向分辨率测量报告中,用于获得线扩展函数的数值方法及其 FWHM 必须说明。

6 栅格法测量横向分辨率

6.1 引言

如果预期横向分辨率大于 20 nm 而小于 1 μm，可使用栅格法测量 AES 和 XPS 仪器的横向分辨率。此法预计对扫描俄歇显微镜最适用，本条款描述了这种应用的操作步骤。

6.2 栅格样品的选择

此方法推荐样品由细铜栅格组成。栅格栅条沿着正交方向规则排布。由于此类样品已经商品化，所以它们适用于横向分辨率的测量。栅网存在一定范围的网孔尺寸，栅格栅条有明确的边沿，它们可固定在样品托的孔上。在二次电子像和俄歇电子像中会显现出高对比度，且样品有足够的导电性。栅条宽度或直径以及栅条之间距离应至少比预期横向分辨率值大 10 倍。

注 1：合适的铜栅格样品可以从为扫描电子显微镜提供附属品的单位获得。一种途径是从 Agar Scientific Limited，66a Cambridge Road，Stansted，Essex CM24 8DA，UK 获得，目录为 G2785C 是 1 500 网孔（相当于 16.9 μm 的网孔）。此样品适合用于宽范围的横向分辨率测量。不同网孔尺寸的其他样品也可以从 Agar Scientific Ltd. 获得。根据预期横向分辨率值从这些样品中选取最合适的。也可选择镀金或镀银的栅格样品。如要优先选用，这些镀膜栅格样品可以用来取代没有镀膜的铜栅格样品。栅格样品也可以从 Structure Probe Inc.，P. O. Box 656，West Chester，PA 19381-0656，USA 和 Ted Pella Inc.，P. O. Box 492477，Redding，CA 96049-2477，USA 获得。

注 2：另一种铜栅格样品是从 Geller 分析实验室（426e Boston St.，Topsfield，MA 01983-1216，USA.）获得的 MRS-3 和 MRS-4 样品。这些样品是放大倍率的参考标准，可以溯源到美国国家标准与技术研究院（NIST）和英国国家物理实验室（NPL），它们由已知尺寸的图案组成，提供给 AES、XPS、二次电子像和线扫描做比对。

6.3 栅格样品的装载

栅格样品装载在 AES 仪器的样品台或操纵器上，使样品和能谱仪之间有良好的电接触。然后，样品应按厂商推荐的操作步骤装入谱仪。

6.4 栅格样品的清洁

如果使用二次电子信号测量横向分辨率，则栅格样品无需清洁。如果使用俄歇电子信号进行测量，且样品存在明显的表面污染（这种情况下数据采集时间会很长）时，则需对样品进行清洁。在此情况下，推荐使用以下步骤清洁样品。栅格样品应以分析纯乙醇擦洗，并用干燥氩气吹干表面。进行 AES 或 XPS 测量的栅格样品区域必须使用离子刻蚀（如用能量小于 3 keV 的惰性气体离子溅射）清洁。离子剂量必须充足，确保使任何污染峰的强度小于 AES 和 XPS 宽扫描谱中最强金属峰强度的 2%。通常，氩离子剂量约为 10 $\mu A \cdot min \cdot cm^{-2}$ 就足够了。最常见的污染物为氧和碳。

6.5 仪器操作

AES 仪器按照厂商说明书操作。选择入射电子束（束能和束流）设置。选择横向分辨率测定所必需的或适合要求的谱仪设置（如分析器工作模式、分析器通能或减速比、光阑、透镜设置、检测倍增器设置）。确保检测器及相关电子系统对所选信号的计数率处于线性工作范围[4]。使用可溯源的标准，根据厂商说明书测量所显示的选择信号的放大倍数。

6.6 数据采集

6.6.1 一般要求

通过测量二次电子或俄歇电子强度线扫描谱来测定横向分辨率。在每种情况下，确保得到信号电子强度随距离变化的线扫描谱至少覆盖栅格样品所选栅条的一条边沿。

6.6.2 二次电子测量法

应按照厂商说明书记录二次电子像。二次电子像应如此收集，即确保最亮区域不能使检测器饱和，并且也可检测到最暗区域的信号。通过增益和零点调整控制可以达到此条件。二次电子像根据厂商说明书使用聚焦和对中控制进行优化。

在栅格上选择一栅条用作线扫描。二次电子像的距离至少要包含5个邻接像素（在垂直于栅条边沿要进行线扫描的方向上），大于所选栅条在选定参数 χ 值下（见5.8）的预期分辨率。通过测量图像的信号强度与距离的函数关系获得线扫描谱。图4显示了穿过一条栅条的线扫描谱示意图。平台区（见5.7.1）从栅格栅条边沿（用开始和结束位置信号的平均值来判断）延伸的距离至少3倍于所选 χ 值预期的横向分辨率。如果在线扫描测量后，开始和结束位置或步长不能满足上述要求条件，则需使用调整后的开始和结束位置或者步长重新测量。

从二次电子像也可获得线扫描谱，该图像能够用来确定直接获得的线扫描谱的位置和方向。如果需要长的像素驻留时间以得到具有足够小的统计噪声的线扫描谱，这一方法可能是优先的。

如果要从俄歇电子线扫描谱测量横向分辨率，下接6.6.3；否则，直接转至6.7。

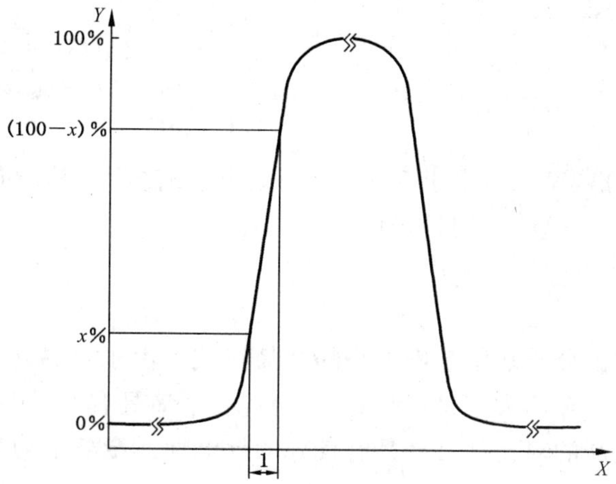

说明：

X——距离；

Y——信号强度，%；

1——横向分辨率。

图4 穿过一条栅条或一个金岛时线扫描谱示意图

（显示二次电子或俄歇电子强度与距离的关系）

6.6.3 俄歇电子测量法

利用6.6.2的二次电子像为线扫描选择一个合适的位置和方向。俄歇电子线扫描实验应选择合适的俄歇跃迁；对于铜栅格样品，推荐使用直录谱模式下参考费米能级峰值约在919 eV的铜 L_3VV 峰[8]。如果使用镀Ag或Au的栅格，则银 M_4NN 跃迁或金 $N_{6,7}VV$ 跃迁是适用的[8]。

按照厂商说明书采集俄歇电子线扫描谱。线扫描谱既可以通过测量线扫描上每个点的谱峰强度及其邻近的本底强度获得，也可以通过线扫描的每个点的谱图得到（由此进行后续的数据处理可获得峰及邻近本底强度）。数据采集时间应达到使邻近栅条中心处峰-峰信号的统计变化小于最大信号的5%。线扫描连同开始、结束位置和步长设置应予记录，如6.6.2所述。

绘制一条俄歇电子线扫描谱曲线，纵坐标为俄歇电子强度，横坐标为距离。纵坐标上的俄歇电子强度可以是测量峰和本底强度之差除以本底信号，也可以是直录谱的峰面积，或是微分谱的峰-峰间幅值。如果在测定俄歇信号时使用本底信号，这个信号应在比峰值动能大 30 eV 处测量。此线扫描谱形状与图 4 类似。

6.7 数据分析

横向分辨率可从 6.6 获得的线扫描谱用类似 5.8 所述直边样品的测量方法进行测量。如图 4 所示，二次电子或俄歇电子信号从平均最小值 0%变化到平均最大值 100%。测量信号强度从 χ%到 $(100-\chi)$%所对应于沿扫描方向的距离即可得到横向分辨率，如图 4 所示。χ 值可以由分析者选择以满足测量要求，可以用厂商推荐值，或用文献推荐适合 AES 的值 $\chi=20$[5]。如 5.8 所述，χ 常用值为 25、20、16 和 12。如果没有明显理由说明选取某一 χ 值优于另一 χ 值，则对 AES 仪器选择 $\chi=20$[5]，对 XPS 仪器选择 $\chi=12$[6]。在横向分辨率测量报告中必须说明 χ 值。

如有要求，微分图 4 中线扫描谱可得到线扩展函数。如 5.8.7 所述，线扩展函数的 FWHM 是测量横向分辨率的另一种方法。用以获得线扩展函数及其 FWHM 的数值方法应在横向分辨率测量报告中说明。

7 金岛法测量横向分辨率

7.1 引言

如果 AES 仪器的横向分辨率预期小于 50 nm，可选用金岛法测量其横向分辨率。此方法对扫描俄歇显微镜最有用，本条款描述了这一应用的操作步骤。

7.2 金岛样品的选择

用于金岛法的测试样品由分散在碳基底上小的金岛组成。由于容易从商业来源获得，因而这类样品适合于横向分辨率的测量。金岛大小具有一定尺寸范围，金岛具有非常明晰的边沿，在二次电子和俄歇电子像中碳和金会显示出高的对比度且样品有良好的导电性。金岛平均粒径至少应该比预期横向分辨率大 10 倍。

注： 适用的碳衬底上的金岛样品可以从为扫描电子显微镜提供附属品的公司获得。一种可能的来源为 Agar Scientific Limited，66a Cambridge Road，Stansted，Essex CM24 8DA，UK，目录号为 S168 的金岛尺寸范围为 5 nm～150 nm。此样品能用于宽范围的横向分辨率测量。其他具有不同金岛尺寸分布的样品也可以从 Agar Scientific Ltd. 获得。从这些样品中选择最适合所预期横向分辨率测量的样品。金岛样品还可以从 Structure Probe Inc.，P. O. Box 656，West Chester，PA 19381-0656，USA 和 Ted Pella Inc.，P. O. Box 492477，Redding，CA 96049-2477，USA 获得。

7.3 金岛样品的装载

金岛样品装载在 AES 仪器的样品台或操纵器上，使样品和能谱仪之间有良好的电接触。然后，样品应按照厂商推荐的操作步骤装入谱仪。

7.4 金岛样品的清洁

如果用二次电子信号测量横向分辨率，则样品无需清洁。如果用俄歇电子信号测量，则需对样品清洁。

如果金岛样品具有明显的表面污染，则所需数据采集时间则会很长。对于这种情况，推荐使用下述操作步骤清洁样品。金岛样品表面上进行俄歇能谱测量区域用离子刻蚀清洁(如用能量小于 1 keV 的氩离子溅射)。气体离子剂量应足够大,确保使金岛中心区 AES 宽扫描谱中任何污染峰的强度小于最强金属峰强度的 2%。通常,氩离子剂量约为 10 μA · min · cm^{-2} 是足够的。最常见的污染物为氧和碳。

7.5 仪器操作

AES 仪器按照厂商说明书进行操作。选择入射束(束能和束流)设置。选择横向分辨率测定所必需的或适合要求的谱仪设置(如分析器工作模式、分析器通能或减速比、光阑、透镜设置、检测倍增器设置)。确保检测器及相关电子系统对所选信号的计数率处于线性工作范围[4]。使用可溯源的标准,根据厂商说明书测量所显示选择信号的放大倍数。

7.6 数据采集

7.6.1 一般要求

通过测量二次电子或俄歇电子强度的线扫描谱可以测定横向分辨率。这两种情况下由信号电子强度与距离的关系所得的线扫描谱应至少穿过所选金岛的一条边沿。

7.6.2 二次电子测量法

7.6.2.1 记录二次电子像

应按照厂商说明书记录二次电子像,图像收集应确保最亮区域不能使检测器饱和,并且也可检测到最暗区域的信号。使用增益和零点调整控制能够达到这一条件。二次电子像要按通常的方法使用聚焦和对中控制进行优化。

7.6.2.2 金岛的选择

选择一个用于线扫描的金岛。金岛尺寸应至少比预期横向分辨率大 10 倍,且金岛间距应至少是预期横向分辨率的 5 倍。如果线扫描穿过较小的金岛或邻近有其他金岛太靠近于所选金岛,则会使测量的横向分辨率偏小。线扫描步长应至少小于根据所选参数 χ 值(见 5.8)所获得的预期横向分辨率的 1/5。

7.6.2.3 从图像采集线扫描谱

通过测量图像中信号强度随距离的变化可以获得线扫描谱。线扫描谱应至少包括 2 个金/碳的边沿。图 4 也显示了穿过单一金岛的线扫描谱形状示意图。线扫描距离至少要包含 5 个邻接像素(在垂直于金岛边沿要进行线扫描的方向上),大于所选金岛在选定参数 χ 值下(见 5.8)的预期分辨率。

平台区(见 5.7.1)应从金岛边沿(通过开始和结束位置信号平均值来判断)延伸的距离至少 3 倍于选取一定 χ 值下所获得的预期横向分辨率。如果在测量线扫描之后,开始和结束位置或步长不能满足上述要求条件时,则需使用调整后的开始和结束位置或步长重新测量。

如果从两个金/碳边沿测得的横向分辨率不同,则在横向分辨率的报告中报出大的测量值。

7.6.2.4 线扫描谱的直接采集

可替代的另一方法是从二次电子像获得线扫描谱,图像可用于确定直接采集线扫描的位置和方向。线扫描谱应如 7.6.2.3 所述的方法测量。如果需要长的像素驻留时间以获得足够小的统计噪音值的线扫描谱,则可优先采用这一方法。

如果要用俄歇电子线扫描谱来测量横向分辨率,下接 7.6.3;否则,直接转至 7.7。

7.6.3 俄歇电子测量法

7.6.3.1 俄歇跃迁的选择

用 7.6.2 的二次电子像为线扫描选择合适的位置和方向。俄歇电子线扫描实验应选用一种合适的俄歇跃迁来进行。一种可供选择的跃迁是测量在直录谱模式下参考费米能量约在 71 eV 的 Au $N_{6,7}VV$ 峰的谱线[8]；另一种可供选择的跃迁是用同一模式下能量约在 2 016 eV 的 Au $M_5N_{67}N_{67}$[8] 跃迁。图 C.2 给出应用这两种跃迁所采集的线扫描谱的比较。该实例表明，选择两种跃迁测量横向分辨率没有明显的差异。为了确定横向分辨率是否依赖于电子能量，对这两种跃迁都需进行测量。如图 C.2 的实例，如果不受电子能量影响，分析者可选取任一种跃迁，并报告所采用的跃迁。如果横向分辨率确实明显依赖于电子能量，则两种俄歇跃迁都要测量并报告各自测量结果。

7.6.3.2 俄歇线扫描谱的采集

按照厂商说明书采集俄歇电子的线扫描谱。线扫描采集既可以通过测量线扫描上每一点的谱峰及邻近本底的强度，也可以采集线扫描每一点的谱图(据此进行后续数据处理可获得峰及附近本底强度)。数据采集时间应达到使邻近金岛中心处峰-峰信号的统计变化小于最大信号的 5%。如果有图像追踪和记录软件，且厂商说明书中横向分辨率测量也是采用这一方法，则可以根据厂商说明书使用这一软件测量横向分辨率。

绘制显示纵坐标俄歇电子强度与横坐标扫描距离关系的俄歇电子线扫描曲线。纵坐标上俄歇电子强度可以是测量的峰强度与本底强度之差除于本底信号的结果，也可以是从直录谱获得的峰面积，或是从微分谱获得的峰-峰幅值。如果本底强度被用于确定俄歇电子强度，则本底强度应在动能比俄歇电子峰的动能大 30 eV 处测量。线扫描距离至少要包含 5 个邻接像素(在垂直于金岛边沿要进行线扫描的方向上)，大于所选金岛在选定参数 χ 值下(见 5.8)的预期分辨率。平台区(见 5.7.1)应从金岛边沿(通过开始和结束区域处信号的平均值来判断) 延伸一段距离，该距离至少为所选 χ 值所获得的预期横向分辨率的 3 倍。如果在线扫描测量之后，开始和结束位置或者步长没有满足上述要求的条件，则需使用调整后的开始和结束位置或步长重新测量。此线扫描曲线应该和图 4 类似。

7.6.3.3 横向漂移

在测量过程中仪器可能发生明显的横向漂移，即样品台可能相对于电子束在样品上的位置移动，因而所测线形与没有漂移情况下的测量相比会有畸变。漂移率可以很方便地从重复测量二次电子像(见 7.6.2)或俄歇电子线扫描谱确定。横向分辨率测量报告应包括对测量的漂移率或对相当于俄歇电子线扫描测量所需时间间隔内观察到的横向漂移幅度的说明。

在俄歇电子线扫描测量过程中，如果横向漂移量大于预期横向分辨率(如厂商的指标)的标定量(如 10%)，那么本次测量的横向分辨率结果无效。如果漂移原因可以确定并消除或者最小化，那么重复俄歇电子线扫描测量可以取得多个横向分辨率测量值。然后将横向分辨率平均值与相应的标准偏差或所得横向分辨率范围一并报告。如果预先不知道横向分辨率预期值，则重复线扫描测量是必需的。如果漂移不能降至令人满意的水平，测得的横向分辨率将会依赖于漂移率和线扫描测量所需时间。

7.7 数据分析

用类似于 5.8 中所述测量直边样品的方法，测量从 7.5 获得的线扫描谱的横向分辨率。如图 4 所示，二次电子或者俄歇电子信号将从最小平均值 0%变化到最大平均值 100%。横向分辨率可从线扫描谱获得，其方法是测定沿着扫描方向对应于信号强度从 χ%变化到(100－χ)%的两点之间距离，如图 4 所示。χ 值可由分析者选择以满足测量要求，可以用厂商推荐值，或用文献推荐适合于 AES 的推荐值

$\chi=20$[5]。如5.8所述，通常χ值为25、20、16和12。如果没有明显理由说明选取某一χ值优于另一χ值，则通常对于AES[5]选用$\chi=20$。χ值应在横向分辨率测量报告中予以说明。

如果对图4所示线扫描谱进行微分，可以得到线扩展函数。如5.8.7所述，线扩展函数的FWHM是横向分辨率的另一种测量方法。用于获得线扩展函数和FWHM的数值方法应在横向分辨率测量报告中说明。

附　录　A
（资料性附录）
带聚焦 X 射线束斑的 XPS 仪器横向分辨率测定

A.1　XPS 线扫描数据的采集

本附录提供了使用可将 X 射线束斑聚焦在样品上的商用的 XPS 仪器（见 5.7.1），扫描银直边所得 XPS 线扫描谱测量横向分辨率的实例。在本实例中，仪器横向分辨率是由 X 射线束斑大小确定的。银直边逐步通过 X 射线束，连续测量的点间距为 40 μm。采集 XPS 谱的 Ag 3d 区域谱图，并扣除适当的本底，在线扫描的每个位置测量 Ag $3d_{5/2}$ 和 Ag $3d_{3/2}$ 的峰面积并加和。然后将加和的 Ag 3d 峰面积对银直边位置作曲线图，如图 A.1 所示。

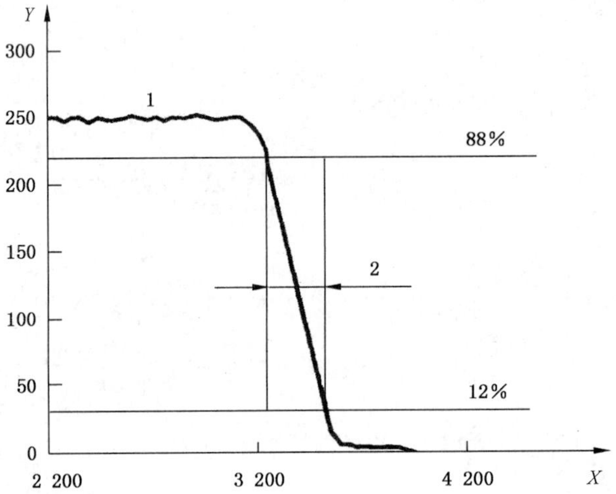

说明：

X——距离，μm；

Y——峰面积，计数 eV/1 000；

1——上平台（=100%）；

2——横向分辨率（=270 μm）。

图 A.1　显示 Ag 3d 峰强度与银直边位置关系的 XPS 线扫描谱图

A.2　横向分辨率测定

测定图 A.1 中上平台区的平均强度。图 A.1 所作水平线相应于上平台平均强度的 12% 和 88%（即相当于 $\chi=12$）。确定信号强度分别等于这两个数值时所对应的样品位置（图 A.1 中的垂直线），并计算出这两位置之间的距离。在图 A.1 的实例中，当 $\chi=12$ 时，横向分辨率为 270 μm。

A.3　补充信息

采用类似 A.2 中测定 $\chi=12\%$ 时横向分辨率的方法，可以测定图 A.1 实例数据在不同 χ 值时的横向分辨率。所得横向分辨率测量结果示于表 A.1。

表 A.1 图 A.1 数据对不同 χ 值所测定的横向分辨率

χ/%	横向分辨率/μm
12	270
16	237
20	204
25	171

附 录 B
（资料性附录）
二次电子线扫描谱横向分辨率测定

B.1 二次电子线扫描的采集

本附录提供了使用商用俄歇电子能谱仪和金岛样品所得的二次电子显微照片测量横向分辨率的实例(见7.6.2)。电子束逐步扫过选定的金岛，连续测量点间距为0.63 nm。采集线扫描每个点的二次电子信号，绘制二次电子强度与样品上电子束位置的关系曲线图，如图B.1所示。在本实例中，入射电子束的能量为20 keV，束流为1.3 nA。

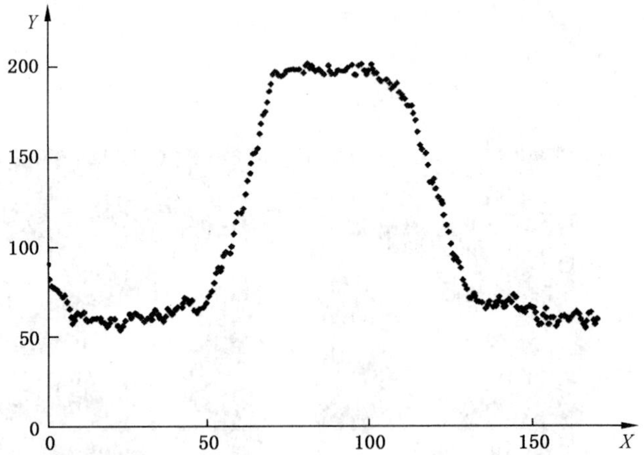

说明：

X——距离，nm；

Y——SEM强度(任意单位)。

图 B.1 当电子束扫描穿越一个金岛时，二次电子信号与样品上电子束位置函数关系图

B.2 横向分辨率测定

采用类似A.2的方法和图B.1中的数据，测定在不同χ值时的横向分辨率。从金岛左右两边沿二次电子信号的变化测定横向分辨率(见表B.1)。

表 B.1 图 B.1 数据对于不同 χ 值测定的金岛左右边沿的横向分辨率

χ/%	横向分辨率/nm	
	左边沿	右边沿
12	17.3	17.9
16	15.4	14.8
20	12.3	13.6
25	9.9	11.1

附 录 C
（资料性附录）
俄歇电子线扫描谱横向分辨率测定

谱仪使用 1.3 nA 束流和 20 keV 高压，所采集碳载金岛样品的二次电子像示于图 C.1。选择合适的金岛和线扫描的位置及范围。对线扫描每一个点采集俄歇谱，先采集 Au N_{67}VV 区域（谱仪扫描从 50 eV 到 110 eV），再采集 Au $M_5N_{67}N_{67}$ 区域（谱仪扫描从 1 940 eV 到 2 050 eV）。采集俄歇谱条件与采集线扫描谱相同。

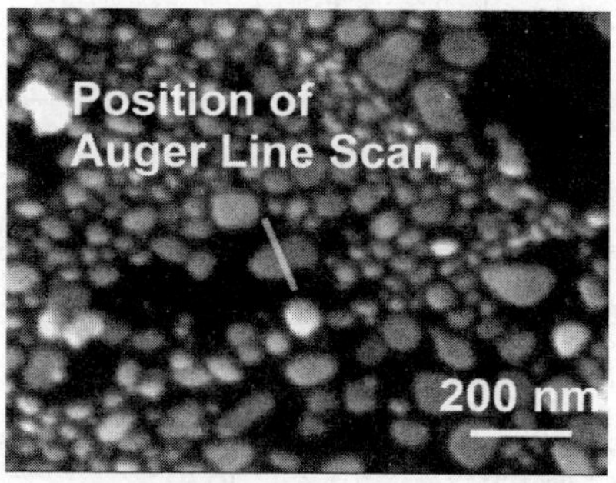

注：图中白线所指为图 C.2 所示俄歇线扫描谱的位置及范围。

图 C.1 金岛样品区域的二次电子像

从采集俄歇谱扣除线性本底后测量俄歇谱峰面积。将归一化后峰面积对沿着线扫描的距离作图。两种俄歇峰的线扫描测量结果示于图 C.2。

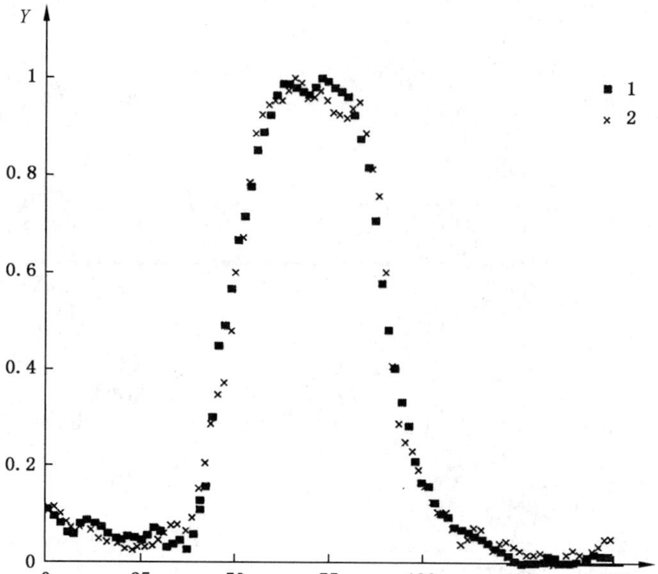

说明：

X——距离，nm；

Y——归一化的信号；

1——Au NVV；

2——Au MNN。

图 C.2 穿过图 C.1 中所示金岛作线扫描，Au N_{67}VV 和 Au $M_5N_{67}N_{67}$ 俄歇峰强度与距离关系的曲线图

由图 C.2 可见，两种俄歇峰的线扫描谱几乎一致，表明横向分辨率测量本质上与所选跃迁（即电子能量）无关。此结果在表 C.1 中已被证实，表 C.1 列出了在不同 χ 值和跃迁下由金岛的不同边沿测定的横向分辨率。由表可见，此样品的横向分辨率并不随电子能量的变化而变化（在预计约为 1 nm 测量不确定度之内），但在其他的 AES 仪器上测量时，横向分辨率可能随着电子能量的变化而变化。

表 C.1　图 C.2 的金岛左、右边沿线扫描谱采用 $N_{67}VV$ 和 $M_5N_{67}N_{67}$ 跃迁及指定 χ 值下的横向分辨率值

χ/%	横向分辨率/nm			
	Au $N_{67}VV$ 左边沿	Au $N_{67}VV$ 右边沿	Au $M_5N_{67}N_{67}$ 左边沿	Au $M_5N_{67}N_{67}$ 右边沿
12	15.7	18.6	15.7	16
16	12.5	12.9	12.4	13.3
20	11.5	11.5	11.1	11.3
25	10.3	10.2	9.9	7.8

参 考 文 献

[1] CAZAUX, J. Minimum detectable dimension, resolving power, and quantification of scanning Auger microscopy at high lateral resolution. Surface and Interface Analysis, 1989, 14(6/7): 354-366

[2] DRUMMOND, I. W. Spatial resolution in X-ray photoelectron spectroscopy. Philosophical Transactions of the Royal Society of London, Series A, 1996, 354(1719): 2667-2682

[3] ISO/TR 19319: 2003 Surface chemical analysis—Auger electron spectroscopy and X-ray photoelectron spectroscopy—Determination of lateral resolution, analysis area, and sample area viewed by the analyzer

[4] ISO 21270: 2004 Surface chemical analysis—X-ray photoelectron and Auger electron spectrometers—Linearity of intensity scale

[5] ISO 15471: 2004 Surface chemical analysis—Auger electron spectroscopy—Description of selected instrumental performance parameters

[6] ISO 15470: 2004 Surface chemical analysis—X-ray photoelectron spectroscopy—Description of selected instrumental performance parameters

[7] SEAH, M. P. Resolution parameters for model functions used in surface analysis. Surface and Interface Analysis, 2002, 33(12): 950-953

[8] SEAH, M. P. AES: Energy calibration of electron spectrometers, IV—A re-evaluation of the reference energies. Journal of Electron Spectroscopy and Related Phenomena, 1998, 97(3): 235-241

ICS 71.040.40
G 04

中华人民共和国国家标准

GB/T 28633—2012/ISO 24237:2005

表面化学分析 X射线光电子能谱 强度标的重复性和一致性

Surface chemical analysis—X-ray photoelectron spectroscopy—Repeatability and constancy of intensity scale

(ISO 24237:2005,IDT)

2012-07-31 发布

2013-02-01 实施

中华人民共和国国家质量监督检验检疫总局
中国国家标准化管理委员会 发布

前　言

本标准按照 GB/T 1.1—2009 给出的规则起草。

本标准采用翻译法等同采用 ISO 24237:2005(E)《表面化学分析　X射线光电子能谱　强度标的重复性和一致性》。

本标准由全国微束分析标准化技术委员会(SAC/TC 38)提出并归口。

本标准起草单位:北京师范大学分析测试中心。

本标准主要起草人:吴正龙。

引　言

X射线光电子能谱(XPS)广泛应用于材料表面分析。从测得的光电子谱中,得到样品表面各元素内能级的结合能,对照元素结合能表鉴别样品中的不同元素(除氢和氦以外)。从测得光电子峰的强度可以得到这些元素的定量信息。应用公式和仪器厂家提供的相对灵敏度因子,就可进行定量计算。灵敏度因子是否适用于仪器是至关重要的,通常在仪器安装后或经合格机构校准仪器的峰强度/能量响应函数后,灵敏度因子才能直接被应用。在本标准中,阐述了影响XPS峰强度测量不确定度的两个重要的仪器因素:(1)峰强度测量的重复性;(2)峰强度随时间的漂移。

对于分析类似样品的变化趋势和差异,重复性是重要的。影响测量重复性的有关仪器方面的因素有:X射线源的稳定性、检测器的设置、仪器对样品位置的敏感性、数据采集参数和数据处理方法。仪器强度标的漂移将影响任何定量结果分析的总体准确度。这种漂移是由于受到仪器部件、电子控制单元和检测器的老化等因素的影响。在XPS仪器中,已经发现仪器在使用中,仪器的强度/能量响应函数会随仪器使用年限而变化。

本标准描述了一种测定仪器强度标的重复性和一致性的简单方法,以便仪器校准,如改进操作步骤、重新设置仪器参数或重新校准强度/能量响应函数。所以,应定期重复使用这种方法检测仪器,如果仪器厂家或合格机构已经检查过仪器能正常工作,则在此期间内本方法是非常有用的。本方法使用纯铜(Cu)样品,适用于非单色铝(Al)或镁(Mg)X射线源的X射线光电子能谱仪,或单色铝(Al)X射线源的X射线光电子能谱仪。

本方法不是阐述仪器所有存在的可能误差,因为这很耗费测试时间,且需要专业知识和设备。而是阐述了XPS仪器强度标的常见基本问题,即重复性和漂移问题。在使用本方法时可同时使用GB/T 22571—2008[1] 校准仪器能量。

表面化学分析 X射线光电子能谱 强度标的重复性和一致性

1 范围

本标准规定了常规分析中一种评估X射线光电子能谱仪强度标的重复性和一致性的方法，采用非单色Al/Mg或单色Al X射线源。本标准只适用于装有溅射离子枪的仪器。本标准不做强度/能量响应函数的校准。此校准应由仪器制造厂家或其他合格机构完成。本标准提供的数据用于评估和确认仪器使用期间强度/能量响应函数保持恒定的准确度。本标准提供了一些可能会影响一致性的仪器设置指导意见。

2 符号及缩略语

A_2	扣除Shirley本底后Cu $2p_{3/2}$峰的平均峰面积
A_{2j}	A_2的一个分量值，为在一组测量中第j次测量的值
A_3	扣除Shirley本底后，Cu 3p峰的平均峰面积
A_{3j}	A_3的一个分量值，为在一组测量中第j次测量的值
i	3个参量其中之一P_i的标识符号
j	独立测量的参量之一P_{ij}的下标
P_i	表示A_2、A_3和A_3/A_2中任一量的平均值参量
P_{ij}	第j次测量的平均值P_i的参量
$U_{95}(P_i)$	置信限95%时P_i平均值的不确定度
XPS	X射线光电子能谱
δ	置信限95%(由分析者设定)时A_3/A_2的一致性容差值
Δ	仪器结合能标尺的能量漂移量，等于被测Cu $2p_{3/2}$峰最大强度的结合能值减去932.7 eV
$\sigma(P_i)$	参量P_i的重复性标准偏差

3 方法概述

此处为方法概述，以便能理解第4章中的详细步骤。在合适的参数下测量Cu $2p_{3/2}$和Cu 3p X射线光电子峰强度，获得并准备铜箔参考物质是必要的，以便用该方法评估X射线电子能谱仪的重复性和一致性。选择这些峰是由于它们靠近实际分析中结合能的高端限和低端限。这些峰都已明确选定，并有相应的参考数据。

初始步骤标准物质准备和仪器参数设置见4.1～4.5，其流程图见图1，图中包含有相关的子标题。

如果以前没有测定过强度的重复性，用户需要从4.6进入到4.7。在4.7中，按顺序重复7次测量Cu $2p_{3/2}$和Cu 3p峰的强度。这些数据给出峰强度重复性标准偏差。重复性源于以下因素：X射线源、能谱仪检测器和电子单元电源的稳定性；峰强度测量对样品位置的敏感性以及谱峰处的统计学噪声。在本方法中，应限定工作条件以保证强度测量统计学噪声相对小。这一点在附录A中进行了讨论。重复性标准偏差的值会取决于样品的定位方法。在4.7.1中，需要运用同一方法定位样品，最终的校准仅对用该方法定位的样品才有效。

在明确的限定条件下两峰绝对强度已知，在原理上可用于确定能谱仪强度/能量响应函数的一部分[2]。然而这些响应函数可能与能量有复杂关系，所以只测量两个能量处的强度还不够。因此，本方法仅限于在由测量重复性计算的不确定度范围之内评估这两个能量处强度/能量响应函数的一致性，即位于这两个能量处的峰强度及其比值的一致性。测量按4.7进行，再根据测量结果按4.8计算，流程图见图1。然后，按4.9首次简单地确定强度一致性。

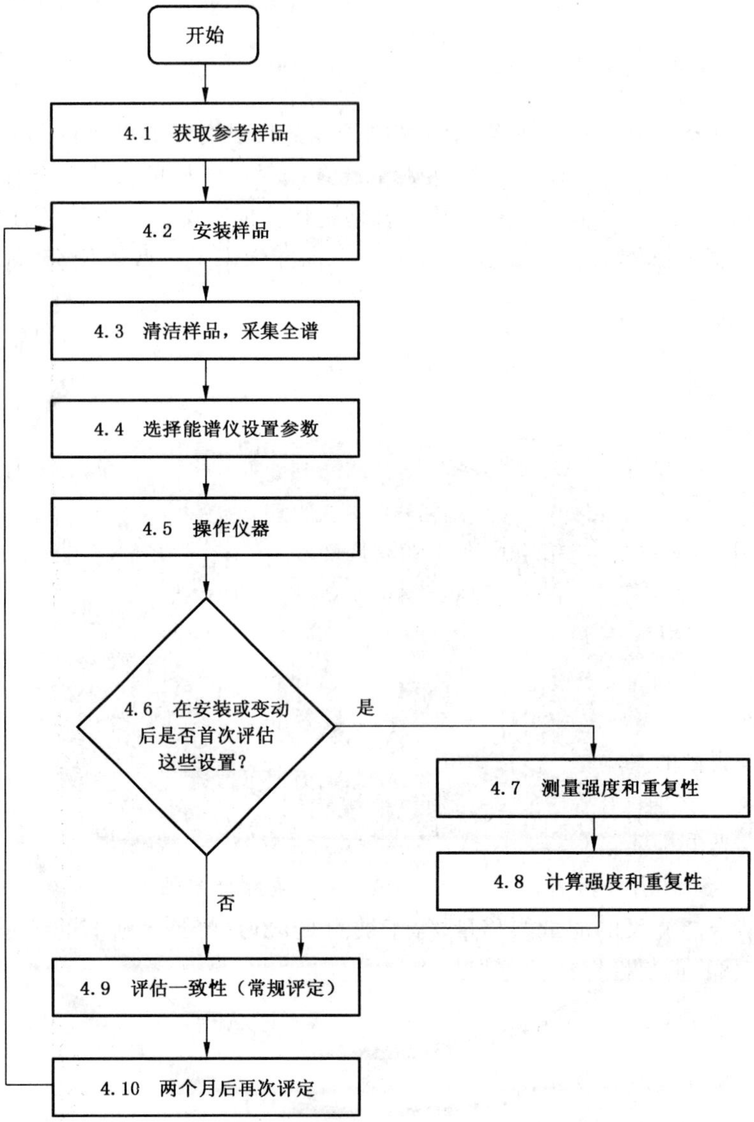

图1 操作方法顺序流程图（引用了正文中的条目序号）

实际上，能谱仪的强度/能量响应函数会随仪器的使用发生明显变化。如果发生这种情况，会改变由谱图得到的定量结果。此时应重点考虑以下几点：

a) 改善样品的定位；

b) 延长预热时间；

c) 重新设置仪器，恢复原来的响应函数；

d) 用实验或计算方法重新确定定量分析用的相对灵敏度因子；

e) 增大原定分析结果的不确定度。

上述方法的选择应取决于测试要求和该方法中所记录的两个强度比值的漂移速率。对于俄歇电子谱仪，工作在固定$\Delta E/E$模式下（也就是所熟知的固定减速比模式），已有测量表明每年漂移率高达

40%。主要变化发生在安装新检测器之后[4]。对于 XPS 谱仪，工作在固定 ΔE 模式下(也就是所熟知的固定分析器能量模式)，认为影响较弱。所以，首次执行 4.9 中的周期性评估后 3 个月或在能谱仪上作任何实质性改动后，重复步骤 4.2～4.5。以后每隔 3 个月重复一次 4.9 所描述的常规评估。

4 评估强度标重复性和一致性的方法

4.1 获取参考样品

应使用纯度至少为 99.8%的多晶 Cu 作为样品。为方便起见，通常采用尺寸为 10 mm×10 mm，厚度为 0.1 mm 的铜箔。

注：如样品需要清洁，可以在 1%的硝酸中蘸一下，随后用蒸馏水淋洗。如果样品在空气中保存了几天以上，将样品浸泡在硝酸中清洗，易得到 4.3.1 中所需的样品。

4.2 安装样品

用固定螺丝或其他金属工具将样品安装在样品托上，以保证电接触。不要用双面胶带。

注 1：隔 3 个月需要重复测量样品。安装样品保存在真空系统中以便使用。

注 2：双面胶带可导致污染，荷电、真空度下降，尤其是在本标准所期望的时间段内。

4.3 清洁样品

4.3.1 维持超高真空，用离子溅射清洁样品以减小污染，直至在全谱中 O1s 和 C1s 峰高均小于最强金属峰高度的 2%。记录全谱(宽扫谱)以确保强峰仅来源于 Cu，不出现样品托的特征峰。这里必须满足对真空质量的要求，无论是到完成 4.7 数据记录时，还是到下班时，O1s 和 C1s 峰高均不得超过最强金属峰的 3%。

注 1：适用于清洗样品的惰性气体离子溅射条件为 5 keV、30 μA 氩离子束溅射 1 min，样品的溅射面积为 1 cm²。由此条件得到离子流密度 1.8 mC/cm²，根据所安装的设备，也可以设置其他条件：束流、溅射时间和溅射面积，得到此条件下的相同流密度。不同仪器离子流密度和溅射面积会有所不同。

注 2：隔 3 个月需要重复一次测量程序。过度的溅射可能会导致发射的绝对强度变化，最终越来越明显。应避免过度溅射，否则样品可能会变得很粗糙，需更换样品。

注 3：Cu XPS 宽扫谱的例子见文献[5]～[8]，谱峰的详细情况见图 2。

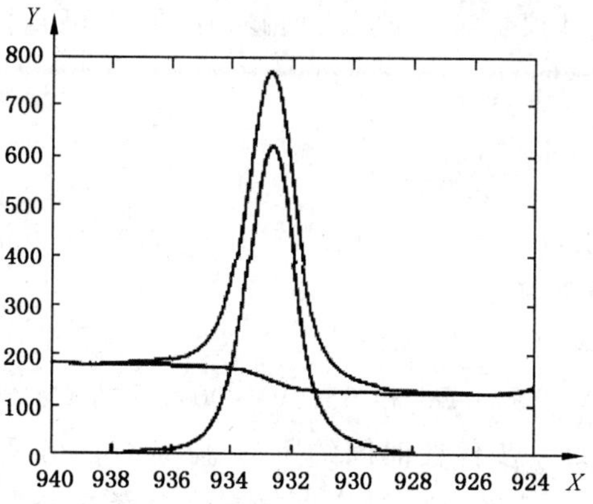

(a) Cu $2p_{3/2}$

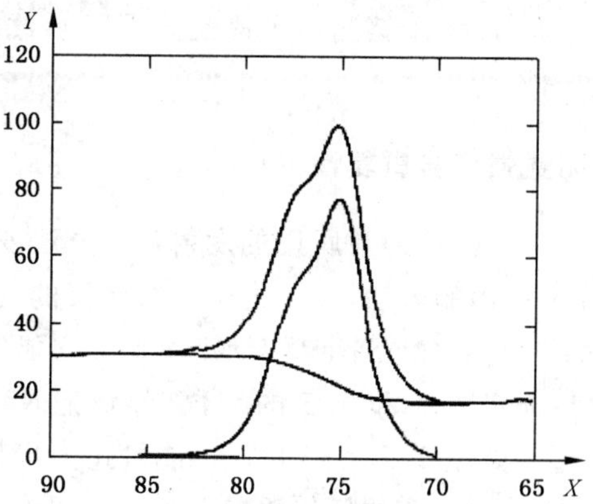

(b) Cu 3p

说明：

X 轴——结合能(eV)；

Y 轴——强度/1 000 计数。

图 2 用非单色 Al X 射线记录 Cu 精细谱的例子，(a)Cu $2p_{3/2}$ 和(b)Cu 3p，能量间隔为 0.1 eV

(每张谱图中上方曲线为采集的数据，S 形曲线为 Shirley 本底，下方曲线为扣除 Shirley 本底后的谱峰)

4.3.2 本标准所要求的测量应在一个工作日内完成。如需一天以上，应在每天工作开始时确认 Cu 样是否清洁。

4.4 选择测定强度稳定性的能谱仪参数设置

选择测定强度稳定性的能谱仪工作参数设置。对于评价强度一致性所需的每组 X 射线源和能谱仪通能、减速比、狭缝、透镜等参数设置，应重复 4.4～4.9 的方法。

注 1：为了进行定量分析，希望保存所选用的参数设置，以后仅需要评价这些参数设置即可。同样，为了测定化学态，希望参照 GB/T 22571—2008[1] 选择校正能量所用的参数设置。如果能量校正的设置参数与所选评价参数相同，当用如下所述的 Cu $2p_{3/2}$ 峰时，则可有效地减少 4.7 和 GB/T 22571—2008[1] 中 5.7 的测量工作量。

注 2：能谱仪及其电路设计各有不同，因而针对某一透镜组参数、狭缝和通能组合[3] 的强度/能量响应函数对其他透镜组、狭缝和通能未必有效。许多谱学家在一组最佳条件下精确测量强度，仅需评价分析器的这一组设置条件。任何评价只对所用的设置组合有效。

注 3：强度标的重复性以及绝对强度随所用设置组合而变化。通常当使用大狭缝和较低能量分辨时，重复性最好。

4.5 操作仪器

按照仪器厂家的说明书操作仪器。仪器在烘烤后应充分冷却。确保操作参数在厂家推荐的范围内，包括 X 射线功率、计数率、能谱仪扫描速度和厂家指定的其他任何参数。检查倍增器参数是否正确调整。对于多道探测器系统，应确保在使用此方法前，先进行任何必要的参数优化或厂家指明的检查。列出参数表，并记录其数值。

注 1：许多仪器厂家推荐控制电子单元和高压电子单元通电预热至少 4 h，以确保足够的稳定性。为了减少漂移和变化，也有必要在测量前使 X 射线源工作一段时间，如 1 h。

注 2：单色器可能需要一段预热时间，出射的 X 射线能量可能与环境温度或单色器周围的温度有关。记录这些温度值，有助于诊断所观察到的任何强度漂移问题。

注 3：高计数率[9] 或探测器电压不正确[9,10] 会引起峰的畸变，使峰强测量产生误差。

4.6 初始或后续的评估测量选项

为了评估一台仪器强度标的一致性，需要测定峰强重复性。如尚未测定，则按如下步骤进行。如果之前已经应用此步骤测定了该仪器设置参数的重复性，并且仪器未经改装、大修、移动，则可直接执行 4.9，如图 1 所示。

4.7 测量强度和重复性

4.7.1 将铜样按通常所用的发射角和方法安装在分析位置上。记录下此发射角。样品定位方法应为通常分析所用的方法，应该遵循厂家建议的规程，确保清晰完整。

注：对于某些配有单色 X 射线源的谱仪，可能需要专门的样品定位方法[11]。

4.7.2 选定 4.4 和 4.5 的参数，分别记录结合能 924 eV～940 eV 和 65 eV～90 eV 的 Cu $2p_{3/2}$ 和 Cu 3p 谱，如图 2(a)和(b)所示，能量扫描步长约 0.1 eV，每一步停留时间约 1 s。除结合能区间外，不能改变这两个谱峰的任何采集条件。如果 Cu 3p 峰计数小于 100 000，则应增加这两个峰的采集时间，以获得更好的结果。应综合考虑数据质量和工作时间，选定最终停留时间。记录这些参数。

注 1：样品定位方法是获得强度一致性的关键。定位方法必须确保被分析的电子来自 Cu 样且仅分析 Cu 样。

注 2：附录 A 中讨论了不同计数水平下能获得的最优重复性。

4.7.3 将样品从分析位置上取下，然后重新放置，并重复 4.7.1。采用规定的样品定位方法。不要简单地将样品放回相同的样品托位置，除非方法要求放回原处。每次测量时重复样品移走和重放操作，直到每个峰记录 7 张谱为止。

4.8 计算峰面积强度、强度比和不确定度

4.8.1 确认 Cu $2p_{3/2}$ 峰强度最大值结合能在 932.7 eV±0.1 eV 范围。否则，计算它与仪器结合能标的能量偏移 Δ，最接近于 0.1 eV，该偏移等于所测能量减去 932.7 eV；或者用 GB/T 22571—2008[1] 重新校准仪器结合能标。记录所采用的方法，若测定了 Δ，应记录 Δ。

4.8.2 每个峰测量了 7 张谱，对于每张谱，确定如图 2 所示的 Shirley 本底，可以通过曲线拟合所测量的整个谱，或者拟合峰的高、低结合能端区间。通过曲线拟合或从谱中扣除 Shirley 本底，测定并记录峰面积 A_{2j}（对于每张 Cu $2p_{3/2}$ 谱）和 A_{3j}（对于每张 Cu3p 谱）。对于一台结合能标按 GB/T 22571—2008[1] 校正过的能谱仪，表 1 给出了确定 Shirley 本底的端点设置值。如 4.8.1 中 Δ 值不为零，则将表 1 中的端点数值加 Δ 后用于该仪器。如果在设置的这些端点中，数据系统可在小的能量区间内对本底求平均，则可以选择 3 点、4 点或 5 点求平均。分别记录 Cu $2p_{3/2}$ 和 Cu 3p 的面积 A_{2j} 和 A_{3j}，以及在端点取平均值所用的点数。

注 1：Shirley 本底的具体算法见文献[12]。能量校正细节见文献[13]和 GB/T 22571—2008[1]。

注 2：数据系统给出的强度数据可以是计数或者每秒计数。通过数值求和或将每个数值与通道宽度的乘积求和测定面积。所以，给出的面积可以是计数(counts)、每秒计数(counts/s)、计数电子伏(counts·eV)或每秒计数电子伏(counts·eV/s)。按 4.7 记录数据，若两个峰选择的峰强单位相同，则峰面积表示的差别并不重要。记录测定峰面积所用的单位。

注 3：附录 A 讨论求 Shirley 本底时，计算端点平均强度所用点数的作用。结果表明取平均能明显改善强度的重复性。

表 1 用于 Shirley 本底扣除[11]的结合能上、下限值

单位为电子伏

峰	X 射线源		
	非单色 Mg	非单色 Al	单色 Al
$2p_{3/2}$	926.4 和 938.4	925.1 和 938.4	925.1 和 938.4
3p	68.2 和 84.6	68.2 和 84.6	67.5 和 84.6

4.8.3 两个峰中每个峰的面积都有 7 个数据，观察这些数据是否存在按采集顺序随时间的系统变化。这些变化可能说明预热不充分、实验室温度变化、检测器电压不适当或存在其他漂移源。若是这种情况，则应采取适当措施(如增加预热时间)，再重复 4.7。

4.8.4 对每一对谱计算 A_{3j}/A_{2j} 比值，7 对 $2p_{3/2}$ 和 3p 谱中每一对总共有 3 个 P_{ij} 参量。此处 i 为 3 个 P_i 参量 A_2、A_3 和 A_2/A_3 中之一的标识符，j 为 7 次独立测量参量之一的标识符。计算每个 i 参量的 P_i 平均值，并用式(1)计算相对标准偏差1) $\sigma(P_i)$：

$$[\sigma(P_i)]^2 = \sum_{j=1}^{7} \frac{(P_{ij} - P_i)^2}{6P_i^2} \qquad \cdots\cdots\cdots\cdots\cdots\cdots (1)$$

记录三种参量中每一种量的平均值和相对标准偏差。如果任一相对标准偏差超过 3%，可能需要重新检查样品定位方法。此相对标准偏差是仪器重复性的量度。

注：三种参量的相对标准偏差主要依赖于样品定位方法。例如，在有单色器的系统中，样品位置偏移 0.3mm 可能会引起 10% 的强度变化[11]。

4.9 强度标一致性的常规评估方法

4.9.1 为了常规评估能谱仪的一致性，需对 Cu $2p_{3/2}$ 和 Cu 3p 峰进行 j 为 1 次或 2 次测量。如进行 2 次测量，测量顺序应为 $2p_{3/2}$、3p、$2p_{3/2}$ 和 3p。进行每对测量前按 4.7.1 样品定位方法重新放置样品。应按 4.4、4.5 和 4.7 选择和记录能谱仪工作条件和样品方位。

---

1) 原文公式(1)有误，已将原公式中 $6P_i$ 改正为 $6P_i^2$。

4.9.2 按4.8.2和4.8.4所描述的方法确定 A_2、A_3 和 A_3/A_2 比值。如对 A_2 和 A_3 测量了2次，则计算每个参量和比值 A_3/A_2 的平均值，并在下述分析中，使用 A_2、A_3 和 A_3/A_2 平均值。

4.9.3 在置信限95%时，参量 P_i 的相对不确定度 $U_{95}(P_i)$，由式(2)和式(3)给出：

对于2次测量：

$$U_{95}(P_i)=2.6\sigma(P_i) \quad \cdots\cdots(2)$$

对于1次测量：

$$U_{95}(P_i)=3.7\sigma(P_i) \quad \cdots\cdots(3)$$

式中 $\sigma(P_i)$ 已经由4.8.4中式(1)计算出。测量次数随仪器一致性评估精度要求和测量所用时间而定。

注：式(2)和式(3)的推导见参考文献[1]和[13]。

4.9.4 以图3为例，作出比值 A_3/A_2 的控制图。根据定量分析所要求的一致性，确定容许限 $\pm\delta$。对所选的 A_3/A_2 百分比变化，将控制限标绘在相关的控制图上，如图3所示。将 $\pm0.7\delta$ 处设定的警戒限和用式(2)或式(3)计算所得 $U_{95}(A_3/A_2)$ 的相应绝对不确定度添加到 A_3/A_2 数据图中。

注1：典型的容差限范围为2%～6%，因此图3中 δ 范围应为0.004～0.012。

注2：A_2 和 A_3 控制图[14,15]能分别帮助诊断能谱仪的变化。如果这两个值随时间减小，而比值 A_3/A_2 仍保持相对恒定，则X射线阳极可能受到污染，或检测器设置参数需要调整。按照厂家方法检查，可能需要增加检测器电压或减小甄别器阈值。

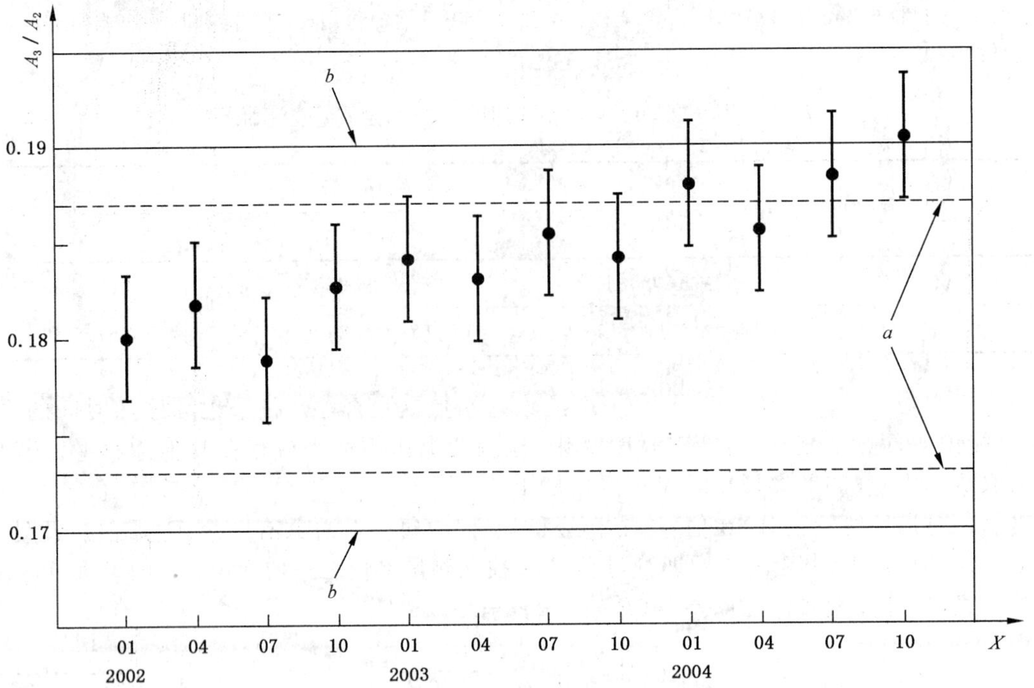

说明：

X——测量日期(月份)；

01——1月；

04——4月；

07——7月；

10——10月；

a——警戒限；

b——95%容许限。

图3 监测仪器强度一致性的控制图示例[14,15]，容许限设为6%的漂移

(图中数据点为比值 A_3/A_2，表明仪器自2002年1月启用以来从未调整过。在2004年1月第一次超出容许限，本应采取措施，因为2003年1月已越过警戒限。图中每个数据点上给出了置信限为95%的不确定度 $U_{95}(A_3/A_2)$，此处 $\sigma(A_3/A_2)$ 取0.6%。)

4.10 再次评估

在对仪器进行重大改造或调整后，或仪器每使用3个月后，应使用与4.4、4.5、4.7和4.8中所规定的相同条件，重复4.2～4.5和4.9，将测得数据添加到控制图中。如果A_3/A_2与$U_{95}(A_3/A_2)$相应绝对不确定度之和达到警戒限，则需要检查和调整仪器或者修改校准方法，使获得的新测量结果A_3/A_2及其$U_{95}(A_3/A_2)$完全在可接受区域内。如果无法得到满意的结果，则应增加容许限$\pm\delta$，重新校准强度标，或重新测定灵敏度因子。

注：灵敏度因子测量方法见 ISO 18118[16]。

附 录 A
（资料性附录）
非单色 MgK_α X 射线源的商品 X 射线光电子能谱仪强度重复性测量和计算实例

A.1 符号

B ——B_q 和 B_r 的平均值；
B_c ——位于通道 c 处的本底计数；
B_q ——位于通道 q 处的本底计数；
B_r ——位于通道 r 处的本底计数；
c ——通道序数，原点位于扫描起始点；
N_c ——位于通道 c 处计数；
q ——包含感兴趣峰的最低通道数；
r ——包含感兴趣峰的最高通道数；
t ——谱峰区域每端取本底平均值的通道数目；
X ——本底以上谱峰总面积；
σ ——X 的标准不确定度；
σ_B ——本底估算的标准不确定度；
$\sigma(X)$——算得的 X 的标准不确定度。

A.2 商品 X 射线光电子能谱仪强度重复性测量和计算实例

本例中，在标称谱仪能量分辨率为 0.4 eV、样品表面分析区域为 5 mm×2 mm 的条件下，采集的谱类似于图 2。Cu $2p_{3/2}$ 和 Cu 3p 峰强度分别为 1.8 兆计数(Mconnts)和 95 千计数(kcounts)。两峰的半宽度小于图 2 中峰的半宽度。

此处，首先考虑仅限于泊松计数统计学引起的不确定度的最佳重复性。如果在通道 q 到 r 的范围内，定义位于通道 c 处谱峰计数值为 N_c，同时测得本底计数值为 B_c，则峰面积可写为 X，见式(A.1)：

$$X=\sum_{c=q}^{r}(N_c-B_c) \qquad \cdots\cdots(A.1)$$

同样，此测量中标准不确定度为 σ，见式(A.2)：

$$\sigma^2=\sum_{c=q}^{r}N_c+\sum_{c=q}^{r}B_c \qquad \cdots\cdots(A.2)$$

但是，无需测出所有通道的本底 B_c，而只要测出谱峰区域每端 t 个通道的本底 B_c。由于两端的强度 B_q 和 B_r 大约相同，则本底标准不确定度为 σ_B，见式(A.3)：

$$\sigma_B^2=\frac{0.5(B_q+B_r)}{2t} \qquad \cdots\cdots(A.3)$$

$c=q$ 至 r 的每一通道对 B_c 的本底不确定度的贡献不是 X 值的随机相加，即如式(A.2)中求和那样，而是线性相加，这是因为它们都是从相同的两个值 B_q 和 B_r 导出。于是如式(A.4)所示：

$$[\sigma(X)]^2=\sum_{c=q}^{r}N_c+(r-q+1)^2\,\frac{B_q+B_r}{4t} \qquad \cdots\cdots(A.4)$$

如 t 增加到 $(r-q+1)/2$，式(A.4)近似简化成式(A.2)。用平均值 B 代替 B_q 和 B_r，得到式(A.5)：

$$[\sigma(X)]^2=\sum_{c=q}^{r}N_c+(r-q+1)^2\frac{B}{2t} \qquad \cdots\cdots(A.5)$$

本例中，所用的参数见表 A.1。本例给出 Cu $2p_{3/2}$ 峰的 $\sum N_c$ 大约为 200B，Cu 3p 峰大约为 300B。所以，在式(A.5)中，如果

$$t<6 \qquad \cdots\cdots(A.6)$$

则 $\sum N_c$ 项小于第二项的 1/6，对 $\sigma(X)$ 的贡献小于 8%。通常 t 在 1～5 之间，所以 $\sigma(X)$ 近似表示为式(A.7)：

$$\sigma(X)=(r-q+1)\left(\frac{B}{2t}\right)^{0.5} \qquad \cdots\cdots(A.7)$$

显然，不确定度主要取决于所选定的 t 值。t 为 11 的不确定度优于 t 等于 1 的 3.3 倍，而与绝对信号水平无关。表 A.2 给出了对于 $t=1$、3 和 11，式(A.1)和式(A.5)计算出 Cu $2p_{3/2}$ 和 Cu3p 峰强度的相对标准不确定度。表 A.2 也给出了 3p 和 $2p_{3/2}$ 峰面积比值的相对标准不确定度。

表 A.1　用于不确定度分析的 Cu $2p_{3/2}$ 和 Cu 3p 测量参数

谱峰	X	B	$r-q+1$	$\sum N_c$
$2p_{3/2}$	24 850 000	296 000	121	60 666 000
3p	3 130 000	23 920	165	7 076 800

表 A.2　对于表 A.1 数据和选定的 t 值，用式(A.5)算得的 Cu $2p_{3/2}$ 和 Cu 3p 峰强度及其比值的相对标准不确定度

谱峰参数	t		
	1	3	11
$2p_{3/2}$	0.19%	0.11%	0.06%
3p	0.58%	0.34%	0.19%
比值 $3p/2p_{3/2}$	0.61%	0.36%	0.20%

表 A.3 列出了通能为 20 eV 和能谱仪分辨率为 0.4 eV 时相应的实验数据。运用式(1)及 4.7 和 4.8 所描述的测量分析方法(即 7 次重复放置样品)，用表 A.2 中 3 个 t 值计算 $\sigma(P_i)$ 值。在这种情况下，由于表 A.3 中实验的不确定度接近于表 A.2 中算得的不确定度，显然，这里不存在其他显著的不确定度来源。在分析期间 X 射线强度发生变化或对中是关键的场合，可能会发现 Cu $2p_{3/2}$ 和 3p 峰绝对强度发生变化，但强度比值仍保持在由上述泊松统计分布所描述的离散区内。在表 A.3 情形中，X 射线强度可能发生小于 0.1% 的改变，这限定了 $2p_{3/2}$ 峰强度测量的不确定度。

表 A.3　Cu $2p_{3/2}$ 和 Cu 3p 峰强度及其比值的实验相对标准不确定度。同一样品经过 7 次重置再测量，峰强度由表 A.1 给出，选择不同 t 值采用式(1)计算

谱峰参数	t		
	1	3	11
$2p_{3/2}$	0.17%	0.13%	0.18%
3p	0.65%	0.33%	0.12%
比值 $3p/2p_{3/2}$	0.78%	0.40%	0.24%

在采集的数据集中，峰强增加，同时峰强比恒定，可能由X射线源预热期间漂移引起。峰强下降可能由于样品被污染、真空条件差而导致的X射线源受污染、或因使用高计数率而导致检测器效率降低所致。超出预期的数据离散可能是由X射线源或能谱仪电源的不稳定引起的。

参 考 文 献

[1] GB/T 22571—2008 表面化学分析 X射线光电子能谱仪 能量标校正(ISO 15472:2001 Surface chemical analysis—X-ray photoelectron spectrometers—Calibration of energy scales)

[2] SEAH M P. A system for the intensity calibration of electron spectrometers. Journal of Electron Spectroscopy, 1995,71(3):191-204

[3] SEAH M P. XPS reference procedure for the accurate intensity calibration of electron spectrometers—Results of a BCR intercomparison co-sponsored by the VAMAS SCA TWA. Surface and Interface Analysis,1992,20(3):243-266

[4] SEAH M P. VAMAS study of intensity stability of cylindrical mirror analyser based Auger electron spectrometers. Journal of Electron Spectroscopy,1992,58(4):345-367

[5] BRIGGS, D and SEAH M P. Practical Surface Analysis—Vol. 1:Auger and X-ray Photoelectron Spectroscopy Wiley 1990

[6] WAGNER C D, RIGGS W M, DAVIS L E, MOULDER J F and MULENBERG G E. Handbook of X-ray Photoelectron Spectroscopy, Perkin Elmer Corp, Eden Prairie, MN, USA, 1979

[7] IKEO N, IIJIMA Y, NIIMURA N, SIGEMATSU M, TAZAWA T, MATSUMOTO S, KOJIMA K and NAGASAWA Y. Handbook of X-ray Photoelectron Spectroscopy, JEOL, Tokyo, 1991

[8] MOULDER J F, STICKLEW F, SOBOL P E and BOMBEN K D. Handbook of X-ray Photoelectron Spectroscopy Perkin Elmer Corp Eden Prairie, MN, USA, 1992

[9] SEAH M P and TOSA M. Linearity in electron counting and detection systems. Surface and Interface Analysis,1992,18(3):240-246

[10] SEAH M P, LIMC S and TONG K L. Channel electron multiplier efficiencies—The effect of the pulse height distribution on Spectrum shape in Auger electron spectroscopy. Journal of Electron Spectroscopy,1989,48(3):209-218

[11] SEAH M P, SPENCER S J, BODINO F and PIREAUX J J. The alignment of spectrometers and quantitative measurements in X-ray photoelectron spectroscopy. Journal of Electron Spectroscopy December, 1997,82(2):159-167

[12] SHIRLEY D A. High resolution X-ray photoemission spectrum of the valence bands of gold, Physical Review B,1972,5(12):4709-4714

[13] SEAH M P, GILMORE, I S and SPENCER, S J. XPS—Binding energy calibration of electron spectrometers—4 Assessment of effects for different X-ray sources analyser resolutions angles of emission and of the overall uncertainties. Surface and Interface Analysis, 1998, 26(9): 617-641

[14] ISO 7870 Control charts—General guide and introduction

[15] ISO7873 Control charts of arithmetic average with warming limits

[16] ISO18118 Surface chemical analysis—Auger electron spectroscopy and X-ray photoelectron spectroscopy—Guide to the use of experimentally determined relative sensitivity factors for the quantitative analysis of homogeneous material

ICS 71.040.99
N 53

中华人民共和国国家标准

GB/T 28634—2012/ISO 22489:2006

微束分析 电子探针显微分析 块状试样波谱法定量点分析

Microbeam analysis—Electron probe microanalysis—Quantitative point analysis for bulk specimen using wavelength dispersive X-ray spectroscopy

(ISO 22489:2006,IDT)

2012-07-31 发布

2013-02-01 实施

中华人民共和国国家质量监督检验检疫总局
中国国家标准化管理委员会
发布

前　言

本标准按照 GB/T 1.1—2009 给出的规则编写。

本标准使用翻译法等同采用 ISO 22489:2006《微束分析　电子探针显微分析　块状试样波谱法定量点分析》(英文版)。

本标准做了下列编辑性修改:

用 10^{-6} 替代 ppm。

本标准由全国微束分析标准化技术委员会(SAC/TC 38)提出并归口。

本标准主要起草单位:中国科学院上海硅酸盐研究所。

本标准主要起草人:曾毅、李香庭、吴伟。

引　　言

电子探针显微分析已经广泛应用于材料的化学成分定量分析。这是一种有代表性的仪器分析，电子探针仪使用的方便性已经得到了很大改善。要用这种有力的工具获得准确的定量结果，需要正确地使用仪器。为了获得可靠的数据，还需要最佳的操作程序：例如试样制备、特征X射线强度测量和由X射线强度计算浓度等，本标准给出了这些标准操作程序。如果应用不正确的定量分析方法会产生错误的结果，因此，为了获得准确的结果需要制定定量分析的标准方法。

微束分析　电子探针显微分析
块状试样波谱法定量点分析

1　范围

本标准规定了应用电子探针或者扫描电镜(SEM)的波谱仪(WDS),通过电子束与试样相互作用产生的X射线对试样微米尺度体积内的元素进行定量分析的要求。

内容包括:

——定量分析原理;

——本方法涉及的元素、质量分数和标准物质的一般范围;

——仪器的一般要求;

——有关试样制备、实验条件的选择、分析测量等的基本过程及报告。

本标准适用于电子束垂直入射,要求定量分析的块状试样表面平滑、均匀。对仪器和数据处理软件没有特殊的要求。使用者应该从仪器制造厂家获得仪器安装条件、详细的操作程序及仪器说明书。

2　规范性引用文件

下列文件对于本文件的应用是必不可少的。凡是注日期的引用文件,仅注日期的版本适用于本文件。凡是不注日期的引用文件,其最新版本(包括所有的修改单)适用于本文件。

GB/T 4930　电子探针分析标准样品技术条件导则(ISO 14595,IDT)

GB/T 17359—2012　微束分析　能谱法定量分析(ISO 22309,IDT)

GB/T 27025—2006　波谱法定性点分析电子探针显微分析导则(ISO 17470:2004,IDT)

GB/T 27025—2008　检测和校准实验室能力的通用要求(ISO/IEC 17025:2005,IDT)

ISO 14594　微束分析　电子探针显微分析　波谱法实验参数的测定导则(Guidelines for the determination of experimental parameters for wavelength dispersive spectroscopy)

3　缩略语

EPMA	electron probe microanalyser	电子探针显微分析仪
PHA	pulse height analyser	脉冲高度分析器
P/B	peak to background ratio	峰背比

4　定量过程

4.1　定量显微分析过程

4.1.1　定量显微分析的原理与分析过程

电子束与固体相互作用产生的特征X射线强度,近似正比于作用体积内所含元素的质量分数。通过测量特征X射线强度,即可测量试样中元素的质量分数。定量分析是在相同的实验条件下,通过比较试样和已知元素含量的标准物质中元素的特征 X 射线强度来完成。强度和质量分数的关系在很宽的质量分数范围内是非线性的，因此，试样和标准物质之间的含量关系进行校正计算。

由于在试样和标准物质中的 X 射线吸收，导致发射强度低于产生强度，因此对吸收进行校正。分析体积内的特征 X 射线荧光和由于电子背散射使 X 射线强度降低的影响也要进行校正。当电子进入试样时，由于和组成试样的原子相互作用而损失能量，能量损失率依赖于电子能量，是平均原子序数的函数。基体校正过程包括原子序数(Z)、吸收(A)和特征荧光(F)校正。定量分析的准确度依赖于标准物质、试样制备过程、测量条件和测量方法、仪器稳定性和仪器校准及选用的定量校正模型。

4.1.2 定量分析范围

标准物质和试样应满足如下条件：

——在电子束轰击下和真空中稳定；

——表面平滑、垂直于入射电子束；

——分析区域内均质；

——无磁性。

分析体积见 ISO 14594 标准(分析面积、分析深度和分析体积)。

能对原子序数 $Z \geqslant 4$(Be)的元素进行定量分析。定量分析的探测限依赖于很多因素，例如 X 射线的选择、基体、操作条件(束流强度、加速电压和计数参数)等，探测限从百万分之几到百万分之几百。

注 1：探测限参见国际标准 GB/T 20725—2006。

注 2：轻元素分析或者有强烈吸收 X 射线的条件下，探测限可能大于 1%(例如，在 Si 基体中的 B Kα)。分析准确度是由质量分数、测量条件和校正计算方法确定。一般情况下，主元素的精度和准确度分别优于 1%和 2%。

注 3：对于标准物质与试样组分不匹配并有强烈基体吸收的元素分析，准确度明显劣于 2%。

4.1.3 标准物质的选择

标准物质应该根据 GB/T 4930 选择。一般情况下，应使用纯元素。当标准物质的组分和试样的组分接近时，基体校正的影响最小。

当试样需要镀膜时(见 4.2)，标准物质也应在相同条件下镀膜。

4.2 试样制备

标准物质和试样应该清洁、无灰尘、表面平滑。假如需要，试样应该用导电介质包埋并进行金相抛光。试样应该有好的电导，对电子束照射下有荷电的试样，可蒸镀非常薄的合适导电膜以避免荷电，导电膜应使试样表面和金属试样座之间形成导电通路。

导电膜通常用碳镀层，但在特殊情况下(例如轻元素分析)，可以考虑其他材料(Au、Al 等)，碳膜的厚度约为 20 nm。标准物质和试样应该蒸镀相同元素和相同厚度的导电膜。

4.3 仪器校准

4.3.1 加速电压

检查加速电压是否准确，这对准确定量分析非常重要。如果加速电压不准确和不稳定，会产生定量误差，应该校准加速电压并使其稳定。

注：如果 EPMA 安装了 EDS，通过 Duane-Hunt 限的测量能获得真实的加速电压值，如果没有 EDS 系统，一般没有其他校准方法。厂商应该定期检查加速电压值。

4.3.2 探针电流

如果探针电流不准确和稳定性低时，将引起定量误差，所以探针电流应该稳定并准确监控，探针电流通常用法拉第杯测量。

4.3.3 X射线谱仪

谱仪测量前，确保X射线谱仪已准确校准。通过仪器厂家的说明书对所有谱仪和晶体进行校准，检查X射线探测器的正比性。

注：X射线探测器的正比性见GB/T 4930。

4.3.4 死时间

校正由于死时间引起的X射线计数损失。死时间的校正曲线应该根据ISO 14594标准的规定确定。

4.4 分析条件

4.4.1 加速电压

典型的加速电压在5 kV～30 kV之间，应该根据如下原则选择：

——加速电压应超过大部分所分析元素的X射线临界激发能的1.5倍；

——分析的体积应大于X射线的激发体积；

——选用高加速电压时，不应使试样产生热损伤、静电损伤或者产生大的吸收校正值。

对标准物质和试样中的每个元素，都应该用相同的加速电压分析。然而，在特殊情况下，为了优化同样能量范围内元素的X射线强度，可用不同加速电压完成定量分析。

4.4.2 探针电流

探针电流应按如下原则选择：

——为了得到准确的定量结果，应该有足够高的X射线强度；

——高X射线强度不应使X射线探测器达到饱和；

——确保使试样的污染最小、热和静电损伤最小。

测量前应对探针电流稳定度进行检查。

含Na、K等碱金属的玻璃和矿物(例如斜长石)，在聚焦电子束分析时Na、K等碱金属元素会产生迁移，因此，在分析这类试样时应该用散焦电子束。

4.4.3 分析位置

如果仪器有光学显微镜，所分析的部位应该定位在光学显微镜视野的中心，并且调节试样高度使其聚焦。另外，操作者确保探针位置的稳定。

谱仪聚焦点调节到和光学显微镜聚焦点相同，该聚焦点是光学显微镜中心和电子图像的中心。

对垂直安装的谱仪，如果试样高度不正确，谱仪灵敏度会快速下降。所以仪器用光学显微镜，因为它的小景深保证了在观察到清楚图像时，试样即为正确的聚焦位置。倾斜谱仪通常与SEM相组合，谱仪灵敏度随垂直方向的变化非常小，足以在100 μm之内定位试样。

SEM/WDS没有光学显微镜，可按如下方法操作：首先，在标准物质(试样座)中选择一个位置，该位置作为已知分析工作距离的WDS聚焦点，驱动试样座到正确的工作距离，选择二次电子或者背散射电子成像方式，将图像在高倍下正确聚焦。然后，将试样置于电子束下并只通过调节试样高度使电子图像聚焦。

4.4.4 探针直径

为了获得准确的分析结果，探针直径应尽量小。测量标准物质和试样的探针直径应相同，假如需要，探针直径可以扩大，以减小污染和避免对试样的损伤。

注：探针直径和分析体积见 ISO 14594。

因为碱金属，例如 Na，K 等在聚焦电子束下迁移，所以在分析这些元素时应该用散焦电子束分析。

4.4.5 聚焦电子束扫描

当希望分析的区域大于常规点的尺寸时，可用扩大电子束直径，或者用扫描的方式分析。如果用扫描的方式，分析过程与点分析相同。分析区域应该在谱仪灵敏度最大的范围内，如果扫描范围太大，谱仪灵敏度将在扫描区域的边缘下降，因此，点分析方式适合于高准确度分析。

4.4.6 试样表面

定量显微分析中，试样表面应抛光成尽可能无划痕的平面并垂直于入射电子束。标准物质和试样都应该清洁、无灰尘。标准物质和试样都应在未腐蚀条件下分析，以免改变表面的形貌和成分。

注：如果准确知道试样的倾角，并使用专用的试样倾斜校正模型，也可以对倾斜试样进行定量分析。

4.4.7 X 射线的选择

选择分析的 X 射线应考虑如下原则：

a) 选择高强度和高 P/B 比谱峰；

b) 选择能连续测量的背底；

c) 在可能的情况下，应该选择无重叠峰的谱峰。

如果重叠峰不可避免，可用如下的有效方法：

——当重叠峰是高次线时，应该用脉冲高度分析器排除重叠峰（PHA 的操作见 GB/T 20725—2006 和 GB/T 4930）；

——一级衍射线重叠时，可用谱峰去卷积的特殊程序进行谱峰剥离，但该过程会影响结果的准确度[7]。

4.4.8 谱仪

谱仪、分析晶体和探测器应根据所分析的元素和选用的 X 射线进行选择。除不适合分析的特殊条件外，应该根据厂商的说明书选择。

分析晶体应该根据仪器所带的晶体材料进行选择，力求用一个共同的衍射晶体测定一组相关元素，以减小谱仪位置重复误差。

如果 X 射线探测器有可调节的入口狭缝，分析时应该选择合适的狭缝尺寸。轻元素测量应该选择宽狭缝，但高分辨率 X 射线谱的测量需要窄狭缝。

4.4.9 X 射线峰值强度的测量方法

4.4.9.1 波长位置

为了测量试样 X 射线峰值强度，谱仪应该定位在用标准物质所测量的最大强度的峰位处。

在分析低能量（<1 keV）谱峰时，试样和标准物质的峰位和峰形状可能不同，此时，应选择一个合适的分析方法（见附录 C）。

4.4.9.2 计数时间

谱峰和背底的计数时间是根据所需要的灵敏度、探测限和统计误差确定。上述三项都可以通过增加计数时间来改善，但是，要受到电子束损伤和污染的限制。微量和痕量元素分析的计数时间长于主元素计数时间，峰值和背底计数时间应该尽可能相同。

为了减小计数过程的统计误差，选择合适的计数时间。因为X射线计数的统计规律服从泊松(Poisson)分布，所以峰值净计数 N 的标准偏差(σ)为 $\sqrt{N}$。净计数 N 是通过峰值(P)和背底(B)测量，$N(N=P-B)$ 的标准偏差见式(1)：

$$\sigma_N=\sqrt{\sigma_P^2+\sigma_B^2}=\sqrt{(P+B)} \qquad \cdots\cdots\cdots\cdots(1)$$

电子束损伤是指离子(元素)迁移和碳污染。为了减小元素迁移和污染，应该正确选择计数时间。由于同样原因，应该先测量谱峰后测量背底。

4.4.10 背底强度的测量方法

背底测量过程见ISO 14594。

4.5 不同分析模型的校正方法

4.5.1 原理

对一级近似，测量的X射线强度近似正比于元素的质量分数，如式(2)所示：

$$k_A=I_A^{unk}/I_A^{std}\cong C_A^{unk}/C_A^{std} \qquad \cdots\cdots\cdots\cdots(2)$$

式中：

I_A^{unk}、I_A^{std} ——分别为试样和标准物质中元素A发射的特征X射线强度，I_A^{unk} 和 I_A^{std} 均为峰值强度和背底强度之差；

C_A^{unk}、C_A^{std} ——分别为试样和标准物质中A元素的质量分数；

k_A ——X射线强度比，通常称 k 比值。

当试样和标准物质的质量分数和原子序数互相接近时，式(1)才正确。在通常的应用中，这些质量分数可能相差很大，所以测量强度应该乘上一个校正系数项进行基体校正。

此时 k 比值表达式见式(3)：

$$k_A=C_A^{unk}/C_A^{std}\times ZAF_A^{unk}/ZAF_A^{std} \qquad \cdots\cdots\cdots\cdots(3)$$

ZAF_A^{unk} 和 ZAF_A^{std} 分别为试样和标准物质的校正系数，通常用ZAF表示总的校正系数项，它是1951年由Castaing[2]首次提出的基体校正模型。

校正系数是根据电子与固体的相互作用的物理效应导出(见附录A)。最常用的校正模型有ZAF、Phi-Rho-Z和Bence-Albee (B-A)。在相同的分析过程中，根据选择的模型，或者程序不同，分析结果可能不同。一般情况下，现代校正模型的准确度优于2%。这些校正模型适用于很宽的X射线能量范围(100 eV～30 keV)和电子束能量范围(1 keV～50 keV)。

4.5.2 校正模型

基体效应的校正系数可以通过三个参数计算：原子序数项(Z)、吸收项(A)和荧光项(F)(见附录A)。在ZAF方法中这三种影响是分别进行计算，由式(3)计算出 k 比值，再由 k 比值通过迭代计算求出质量分数。

在 $\varphi—\rho—Z$ 方法中，从试样产生的X射线强度，即 $\varphi(\rho z)$ 函数，是由原子序数项(Z)和吸收项(A)[3]确定。从80年代开始，已发展了几种 $\varphi—\rho—Z$ 模型，这些方法考虑的物理过程比ZAF方法更符合实际，特别是对轻元素的分析过程。

Bence-Albee 方法最初是用于硅酸盐矿物中氧化物组分的分析。该方法假定在二元氧化物系统中 k 比值和质量分数之间有一个简单的双曲线关系，方法中忽略了荧光效应，校正因子称 α-因子。对三元和多元复杂氧化物系统，质量分数和 k 比值的关系能用线性组合的 α-因子确定。α-因子能用实验方法测定，即通过分析一组已知成分的硅酸盐和氧化物标准物质系列来测定，或者通过 ZAF 或者 Phi-Rho-Z 模型理论测定。

4.6 校正曲线法

4.6.1 原理

本方法通常用于试样基体中的微量元素或者痕量元素的分析。质量分数直接由所分析元素发射的 X 射线强度通过校正曲线求出。校正曲线是由具有不同质量分数的一组标准物质建立，这些标准物质的质量分数接近于试样的质量分数，其基体与试样相同。将每个标准物质中被测元素的特征 X 射线强度与相应质量分数绘制成曲线。应用该方法既不要校正计算，也不需要扣除背底。

4.6.2 标准物质的选择

为了建立校正曲线，标准物质应该按 GB/T 4930 标准选择。标准物质中的主元素成分，应该与试样中主元素成分类似。标准物质最少需要三个不同的质量分数，以便建立校正曲线。选择的标准物质中分析元素的质量分数范围，应该适合于试样的元素质量分数的测量范围。

4.6.3 分析过程

为了减小不确定度，应该计算每个标准物质选择的计数时间。在校正曲线中，具有小误差范围的实验曲线准确度高。为了使这些实验曲线有满意的回归系数(理想拟合为 100%)，校正曲线通过直线拟合、低次多项式或者其他分析函数拟合获得回归系数。低回归系数值表明缺乏合适的标准物质，或者/和在测量 X 射线强度中统计精度低。试样的成分能应用测量的特征 X 射线强度和校正曲线相应的质量分数来获得。

试样和标准物质应在相同的分析条件(探针电流、束斑尺寸、加速电压和计数参数等)下测量。

4.7 不确定度

试样制备、仪器校准、分析条件、标准物质的选择、校正方法和其他因素都会影响测量的不确定度。关于影响不确定度的因素，见 GB/T 17359—2012 和附录 C。

5 实验报告

应该保存仪器记录和每个实验结果，如果需要，实验报告应符合 GB/T 27025—2008 中 5.10 的要求。报告至少包含如下信息：

a) 应用的标准方法名称；

b) 完成校准或者测试的实验室名称和地址(如果校准或者测试完成的地址与实验室地址不同)；

c) 客户的名称和地址；

d) 校准项目或者测试项目的接收日期和校准或者测试完成日期；

e) 仪器型号；

f) 采样过程；

g) 加速电压；

h) 探针电流；

i) 探测的 X 射线谱峰；

j) 应用的分光晶体和 PHA 的设定(积分或者微分)；

k) 仪器的检出角；

l) 相关分析体积的估算方法；

m) 估算校正或者测试结果的不确定度；

n) 应用的校正方法；

o) 报告的名称、标题、签名、报告的发出日期。

附　录　A
（资料性附录）
物理效应和校正

A.1　概述

测量的 A 元素 k 比值（k_A）和质量分数 C_A 与由基体效应计算的三个校正参数的乘积有关。

A.2　原子序数项，Z

Z 分成两个因子：阻止本领因子 S 和背散射校正因子 R。S 从 Bethe 理论[15]导出，它依赖于：

（1）　测量的 X 射线相关的原子 j 能级的离化截面 Q_j^A；

（2）　电子束进入试样时的能量损失。

R 是考虑在电离过程中，由于试样出射的背散射电子能量高于试样原子 j 能级的电离能时，而损失的电离数。R 的数学表达式由 Duncumb、Reed 和 Bishop 提出[11-12]，Z 通过 $Z=R/S$ 得出。

A.3　吸收项，A

通过谱仪测量的 X 射线强度只是试样产生的 X 射线的一部分，这是由于 X 射线在试样中的吸收所致。吸收项 A 在校正过程中通常是主要校正项，A 用函数 $f(\chi)$ 表示：

$$f(\chi)=\left[\int\varphi(\rho z)\exp(-\chi.\rho z)\mathrm{d}(\rho z)\right]/\int\varphi(\rho z)\mathrm{d}(\rho z) \qquad \text{(A.1)}$$

式中：

$$\chi=(\mu/\rho).\operatorname{cosec}\theta \qquad \text{(A.2)}$$

$\varphi(\rho z)$——试样中深度为 ρz 处一个薄层厚度 $\mathrm{d}(\rho z)$ 产生的 X 射线强度与厚度为 $\mathrm{d}(\rho z)$ 的孤立薄膜的 X 射线强度之比；

θ　——检出角；

(μ/ρ)——试样中测量的 X 射线能量的平均质量吸收系数。

$f(\chi)$ 有几种不同的表达式，其中从 Philibert 吸收模型[4]导出的表达式被广泛应用。

A.4　荧光项，F

A 元素发射的特征 X 射线强度，可以由试样中其他邻近元素的特征线强度产生，导致 A 元素的二次荧光发射。理论上，当试样中其他元素峰值能量超过 A 元素原子 j 能级的临界能，其比值在 1 和 1.25 之间时，二次荧光发射现象明显。例如，不锈钢试样中 Fe 和 Ni 的 K 发射线激发 Cr Kα 线，为二次荧光发射。背底连续 X 射线也是二次荧光的来源，但通常很弱，对块状试样分析时可忽略。二次荧光一般用 Reed[11]提出的荧光校正因子 F 来校正。

附 录 B
（资料性附录）
不同校正方法概述

B.1 ZAF 模型

如前所述，在该模型中 Z、A 和 F 项是分别计算。k 比值与质量分数的关系为：

$$k_A = (C_A^{unk}/C_A^{std}) \cdot G_Z \cdot G_A \cdot G_F \qquad \cdots\cdots(B.1)$$

式中：

$G_Z = (R/S)^{unk}/(R/S)^{std}$；

$G_A = f(\chi)^{unk}/f(\chi)^{std}$；

G_F 一般很小，最大为百分之几。

R,S,$f(\chi)$和 G_F 的不同表达式可以从文献中查到。

B.2 $\varphi-\rho-Z$(Phi-Rho-Z)模型

该方法的出发点，是尽可能准确地表示 X 射线强度的深度分布，即方程(A.1)中的 $\varphi(\rho z)$函数。$\varphi(\rho z)$ 的形状通常用简单的分析函数近似描述，例如，双抛物线(Pouchou and Pichoir)[5]、高斯曲线(Packwood & Brown)[9]和(Bastin)[6]、或者双高斯曲线(Merlet)[7]等。这些不同分析函数中的参数(例如，Bastin 模型中应用的高斯函数 $\gamma^{exp}[-\alpha^2(\rho Z)^2]$中的参数 γ 和 α)依赖于原子序数 Z 和表面离化函数 $\varphi(0)$值。精确的 $\varphi(\rho z)$函数的形状，可以用示踪实验数据或者蒙特卡罗理论模拟数据计算获得。关于 $\varphi(\rho z)$方法的特点是：Z_G 和 A_G 因子不再是分开计算。k 比值用式(B.2)表示：

$$k_A = (C_A^{unk}/C_A^{std}) \cdot \left[\int \varphi_A^{unk}(\rho Z) \cdot \exp(-\chi_A^{unk} \cdot \rho Z) d(\rho Z)\right] / \left[\int \varphi_A^{std}(\rho Z) \cdot \exp(-\chi_A^{std} \cdot \rho Z) d(\rho Z)\right] \qquad \cdots\cdots(B.2)$$

上述方程是数字积分，很容易用现代计算机完成计算。

B.3 Bence 和 Albee 方法

对于二次荧光不严重的简单 AB 二元系统，元素 A 的质量分数 C_A^{AB} 与 k_A^{AB}(k 比值)关系的表达式见式(B.3)：

$$C_A^{AB}/k_A^{AB} = \alpha_A^{AB} + (1-\alpha_A^{AB})C_A^{AB} \qquad \cdots\cdots(B.3)$$

式中：α_A^{AB} 为从测量的多个不同 A 和 B 组成的标准物质得出的经验系数，α_A^{AB} 可以通过 ZAF 或者 Phi-Rho-Z 模型求出。实际上 α_A^{AB} 是基体效应的总和。扩展到多组分系统，可通过组成加权的二元 α-系数得到：

$$\alpha_A^{ABCD\cdots} = C_A^{AB}\alpha_A^{AB} + C_A^{AC}\alpha_A^{AC} + C_A^{AD}\alpha_A^{AD} + \cdots$$

该方法是由 Bence 和 Albee[13]应用到硅酸盐分析中。此时，α-因子扩展为氧化物质量分数的函数，例如：$\alpha_{Si}^{SiO_2,Al_2O_3}$，$\alpha_{Al}^{Al_2O_3,MgO}$。

该近似法能对很多矿物进行分析。

附 录 C
（规范性附录）
有“化学效应”的 k 比值测量

“化学效应”是指试样和标准物质之间所分析元素的峰形变化和能量位移。化学效应主要影响低能量峰（例如，原子序数低于10的元素发射的 Kα 峰）或者较高原子序数元素的 L 线系峰。化学效应是由于发射 X 射线原子的化学结合状态不同的影响，导致谱峰的能量和形状依赖于基体的元素组成。有化学效应的情况下，为了对 k 比值和最大峰值的测量进行校正，应按如下方法操作：

——通过分析晶体在谱峰的波长范围内连续位移，对整个峰面积进行积分。应用此方法时，试样和标准物质应该用相同的条件；

——先将峰位设定在标准物质发射的最大峰值强度处，然后适当移动分光晶体测量试样发射的最大峰强度，再将获得的峰 k 比值乘上一个峰面积因子系数（APF）。APF 是从试样和标准物质测定的峰面积比。该系数是在分析前通过处理所记录的两个谱峰得到。

第一种方法比第二种方法需要更长的时间，但在分析不同成分的试样时更灵活。应用第二种方法时，应该测定每个不同材料中所分析相的 APF 值。

参考文献

[1] ISO 23833, Microbeam analysis—Electron probe microanalysis (EPMA)—Vocabulary

[2] Castaing, R. Thèse, Université de Paris, 1951

[3] POUCHOU, J. L. and PICHOIR, F. Electron probe quantitation, Eds. Heinrich and Newbury, Plenum Press, New York, 1991:31-75

[4] PHILIBERT, J. Métaux, Corrosion, Industries, 1964:465

[5] POUCHOU, J. L. and PICHOIR, F. Proc. 11th ICXOM, London (Ontario), Eds Brown and Packwood, Pub. University of Western Ontario, 1987:249

[6] BASTIN, G. F., DIJKSTRA, J., HEIJLIGERS, H. J. M. and KLEPPER, D. Microbeam Analysis, 1993:2, 29

[7] MERLET, C. in Proceedings of Microbeam Analysis, Edited by E. S. Etz, VCH Publishers, 1995:203

[8] HEINRICH, K. F. J. Electron Beam X-Ray Microanalysis, Van Nostrand Reinhold Company, 1981:327

[9] PACKWOOD, R. H. and BROWN, J. D. X-ray spectrometry, 1981:10, 138

[10] JANSSON, P. A. Deconvolution with Applications in Spectroscopy, Academic Press, 1986

[11] DUNCUMB, P. and REED, S. J. B. Quantitative Electron Probe Microanalysis, NBS special Pub., 1968:133

[12] BISHOP, H. E. Proc. 4th ICXOM, (Orsay, 1965), 153

[13] BENCE, A. E. and ALBEE, A. L. J. Geology, 1968:76, 382

[14] BISHOP, H. E. Proc. Phys. Soc., 1965:85, 855

[15] BETHE, H. A. Ann. Phys. (Leipz.), 1930:5, 325

[16] LOVE, G. and SCOTT, V. D. J. Phys. D (Appl. Phys.), 1978:11, 7

[17] CASTAING, R. and DESCAMPS, J. J. Phys. Rad., 1955:16, 304

[18] GREEN, M. Proc. 3rd ICXOM (Stanford, 1962), 612

[19] PHILIBERT, J. and TIXIER, R. J. Phys. D (Appl. Phys.), 1968:1, 685

ICS 91.100.30
Q 14

中华人民共和国国家标准

GB 28635—2012

混凝土路面砖

Precast concrete paving units

2012-07-31 发布　　2013-06-01 实施

中华人民共和国国家质量监督检验检疫总局
中国国家标准化管理委员会　发布

前　言

本标准中的6.3和6.4中的耐磨性、抗冻性与防滑性为强制性条款，其余是推荐性的。

本标准按照GB/T 1.1—2009的规定编写。

本标准参考ASTM C902—2009《人行及轻型交通路面砖》、ASTM C936—2009《混凝土实心联锁路面砖》、EN 1338:2003《混凝土路面砖　要求和试验方法》、EN 1339:2003《混凝土路面板　要求和试验方法》。

本标准由中国建筑材料联合会提出。

本标准由全国墙体屋面及道路用建筑材料标准化技术委员会(SAC/TC 285)归口。

本标准负责起草单位：辽宁省建筑材料科学研究所、建筑材料工业技术监督研究中心、中国建材西安墙体材料研究设计院、中国建筑砌块协会。

本标准参加起草单位：深圳珠江均安水泥制品有限公司、群峰智能机械股份公司、上海市市政公路工程行业协会、上海市建筑科学研究院(集团)有限公司、北京市市政工程研究院、浙江嘉兴三塔建材股份有限公司、新立基(北京)建材有限公司、上海舒布洛克建材有限公司、苏州百岁水泥制品有限公司、重庆市公路工程质量检测中心、昆山通海建材科技有限公司、浙江长三角建材有限公司、建德市新世纪装饰材料有限公司、海南路达新型建筑材料有限公司、瑞尔斯达(天津)现代建材有限公司、天津新实丰液压机械有限公司、宁波科德建材有限公司、上海昱隆步道石制品有限公司、新疆城建材料有限责任公司、福建省卓越鸿昌建材装备股份有限公司、天津市塘沽区裕川建筑材料制品有限公司、凌源鸿凌新型建材有限责任公司、泉州德科达机械制造有限公司、北京金阳新建材有限公司、郑州市政工程管理处、嘉兴市欣盛新型墙体材料有限责任公司、天津市嘉禾弘基建材有限公司。

本标准主要起草人：由世宽、杨斌、周炫、杜建东、蒋宝群、徐清辉、闫飞、陈斌、吴初航、叶惠定、王军民、屠法明、杨高强、刘鹰、詹月祥、姚峰元、朱斌、洪鸣远、聂里、郑怡、邱连强、路晓斌、姚茂国、王乃利、陈伯奎、杨振峰、杨其根、齐广和、傅志昌、刘晶、张志勇、黄康明、王耀昀、王世民、彭忠其、沈小俊、沈晓萍、胡来娟、于德祥。

混凝土路面砖

1 范围

本标准规定了混凝土路面砖的术语和定义、分类、一般要求、技术要求、试验方法、检验规则、标志、使用说明书、包装、运输、贮存等。

本标准适用于路面和地面铺装的混凝土砖。

2 规范性引用文件

下列文件对于本文件的应用是必不可少的。凡是注日期的引用文件，仅注日期的版本适用于本文件。凡是不注日期的引用文件，其最新版本(包括所有的修改单)适用于本文件。

GB 175 通用硅酸盐水泥

GB/T 1596 用于水泥和混凝土中的粉煤灰

GB/T 2015 白色硅酸盐水泥

GB 6566 建筑材料放射性核素限量

GB 8076 混凝土外加剂

GB/T 12988 无机地面材料耐磨性能试验方法

GB/T 14684 建设用砂

GB/T 14685 建设用卵石、碎石

GB/T 16925 混凝土及其制品耐磨性试验方法(滚珠轴承法)

GB/T 18046 用于水泥和混凝土中的粒化高炉矿渣粉

JC/T 539 混凝土和砂浆用颜料及其试验方法

JC/T 870 彩色硅酸盐水泥

JGJ 63 混凝土用水标准

3 术语和定义

下列术语和定义适用于本文件。

3.1

混凝土路面砖 precast concrete paving units

以水泥、集料和水为主要原料，经搅拌、成型、养护等工艺在工厂生产的，未配置钢筋的，主要用于路面和地面铺装的混凝土砖。

3.2

普形混凝土路面砖(N) normal precast concrete paving units

长方形、正方形或正多边形的混凝土路面砖。

3.3

异形混凝土路面砖(I) interlock precast concrete paving units

除长方形、正方形或正多边形以外的混凝土路面砖。

3.4

带面层混凝土路面砖(C)　precast concrete paving units with colored surface

由面层和主体两种不同配比材料制成的混凝土路面砖。

3.5

通体混凝土路面砖(F)　full color precast concrete paving units

同一种配比材料制成的混凝土路面砖。

3.6

防滑性能　non-slip nature

抵抗行人鞋底或其他移动物体与混凝土路面砖接触表面相对滑动的性能。

3.7

定位肋　positioning nibs

为方便安装和维修,在侧立面固定位置的突出棱。

4　分类

4.1　类别

4.1.1　按形状分为普形混凝土路面砖(N)和异形混凝土路面砖(I)。

4.1.2　按混凝土路面砖成型材料组成,分为带面层混凝土路面砖(C)和通体混凝土路面砖(F)。

4.2　规格

4.2.1　混凝土路面砖的公称厚度规格尺寸(mm)分为60、70、80、90、100、120、150。

4.2.2　其他规格尺寸及几何形状可根据用户与设计的要求,由供需双方协商确定。

4.3　强度等级

4.3.1　抗压强度等级

混凝土路面砖的抗压强度(MPa)分为C_c40、C_c50、C_c60三个等级。

4.3.2　抗折强度等级

混凝土路面砖的抗折强度(MPa)分为$C_f4.0$、$C_f5.0$、$C_f6.0$三个等级。

4.4　标记

砖的产品标记按产品形状、成型材料组成、厚度、强度等级和标准编号顺序编写。

示例:厚度为60 mm,抗压强度等级为C_c40的异形通体的混凝土路面砖标记为:

I F 60 C_c40 GB 28635—2012

5　一般要求

5.1　原材料

5.1.1　水泥宜符合GB 175中的硅酸盐水泥、普通硅酸盐水泥、GB/T 2015和JC/T 870相应的规定。

5.1.2　细集料应符合GB/T 14684的规定。

5.1.3　粗集料应符合GB/T 14685的规定。

5.1.4　粉煤灰应符合GB/T 1596的规定。

5.1.5　矿渣粉应符合 GB/T 18046 的规定。

5.1.6　工业废渣应符合我国相关标准与规范的要求。不应对人、生物、环境及混凝土路面砖的耐久性产生有害的影响。

5.1.7　混凝土外加剂应符合 GB 8076 的规定。

5.1.8　拌和用水和养护用水应符合 JGJ 63 的规定。

5.1.9　颜料应符合 JC/T 539 的规定。

5.1.10　原材料的放射性应符合 GB 6566 的规定。

5.2　带面层的混凝土路面砖饰面层厚度不宜小于 8 mm；表面修饰沟槽深度不应超过面层（料）的厚度。

5.3　混凝土路面砖的上表面棱宜有倒角。

5.4　混凝土路面砖宜有定位肋。

6　技术要求

6.1　外观质量

混凝土路面砖的外观质量应符合表 1 的规定。

表 1　外观质量

序号	项　　目		要　　求
1	铺装面粘皮或缺损的最大投影尺寸/mm	≤	5
2	铺装面缺棱或掉角的最大投影尺寸/mm	≤	5
3	铺装面裂纹		不允许
4	色差、杂色		不明显
5	平整度/mm	≤	2.0
6	垂直度/mm	≤	2.0

6.2　尺寸允许偏差

混凝土路面砖的尺寸允许偏差应符合表 2 的规定。

表 2　尺寸允许偏差　　单位为毫米

序号	项　　目		要　　求
1	长度、宽度、厚度		±2.0
2	厚度差	≤	2.0

6.3　强度等级

根据混凝土路面砖公称长度与公称厚度的比值确定进行抗压强度或抗折强度试验。公称长度与公称厚度的比值小于或等于 4 的，应进行抗压强度试验；公称长度与公称厚度的比值大于 4 的，应进行抗折强度试验。

混凝土路面砖的抗压/抗折强度等级应符合表 3 的规定。

表 3　强度等级

单位为兆帕

抗压强度			抗折强度		
抗压强度等级	平均值	单块最小值	抗折强度等级	平均值	单块最小值
C_c40	≥40.0	≥35.0	$C_f4.0$	≥4.00	≥3.20
C_c50	≥50.0	≥42.0	$C_f5.0$	≥5.00	≥4.20
C_c60	≥60.0	≥50.0	$C_f6.0$	≥6.00	≥5.00

6.4　物理性能

混凝土路面砖的物理性能应符合表 4 的规定。

表 4　物理性能

序号	项　目			指　标
1	耐磨性[a]	磨坑长度/mm	≤	32.0
		耐磨度	≥	1.9
2	抗冻性 严寒地区 D50； 寒冷地区 D35； 其他地区 D25	外观质量		冻后外观无明显变化，且符合表 1 的规定
		强度损失率/%	≤	20.0
3	吸水率/%		≤	6.5
4	防滑性/BPN		≥	60
5	抗盐冻性[b]（剥落量）/(g/m²)			平均值≤1 000，且最大值<1 500

[a] 磨坑长度与耐磨度任选一项做耐磨性试验。

[b] 不与融雪剂接触的混凝土路面砖不要求此项性能。

7　试验方法

7.1　外观质量

外观质量试验方法见附录 A。

7.2　尺寸允许偏差

尺寸允许偏差试验方法见附录 B。

7.3　强度

7.3.1　抗压强度

抗压强度试验方法见附录 C。

7.3.2　抗折强度

抗折强度试验方法见附录 D。

7.4 物理性能

7.4.1 耐磨性

7.4.1.1 磨坑长度

磨坑长度试验方法按 GB/T 12988 的规定进行，但摩擦时间为 1 min。

7.4.1.2 耐磨度

耐磨度试验方法按 GB/T 16925 的规定进行。

7.4.2 抗冻性

抗冻性试验方法见附录 E。

7.4.3 吸水率

吸水率试验方法见附录 F。

7.4.4 防滑性能

防滑性能试验方法见附录 G。

7.4.5 抗盐冻性

抗盐冻性试验方法见附录 H。

8 检验规则

8.1 检验分类

产品检验分为出厂检验和型式检验。

8.1.1 出厂检验项目

出厂检验项目为外观质量、尺寸允许偏差和强度。

8.1.2 型式检验项目

8.1.2.1 型式检验项目为第 6 章规定的全部项目。

8.1.2.2 有下列情况之一时，应进行型式检验：

a) 新产品试制定型鉴定或老产品转厂生产时；

b) 生产中如原材料、类别、混凝土配合比或工艺有较大改变时；

c) 正常生产时，每半年进行一次；

d) 出厂检验结果与上次型式检验结果有较大差异时；

e) 产品长期停产后，恢复生产时。

8.2 批量

每批混凝土路面砖应为同一类别、同一规格、同一强度等级，铺装面积 3 000 m^2 为一批量，不足 3 000 m^2 亦可按一批量计。

8.3 抽样方法

8.3.1 随机抽样。在抽样前，确定抽样方法，使所抽取的试件有代表性。

8.3.2 外观质量采取正常检验二次抽样方案。

8.3.3 尺寸允许偏差采取正常检验一次抽样方案。

8.3.4 强度等级和物理性能应从外观质量与尺寸允许偏差合格的试件中抽取。

8.4 抽样数量

8.4.1 外观质量

外观质量抽样数量50块。

8.4.2 尺寸允许偏差

尺寸允许偏差抽样数量20块。

8.4.3 强度等级

强度等级试验每组10块试件。

8.4.4 物理性能

物理性能试验抗冻性能每组10块试件，其他性能每组五块试件。

8.5 判定规则

8.5.1 外观质量

根据第一次抽样检验不合格品数(K_1)及二次抽样检验中不合格品(包括第一次检验不合格品数)数(K_2)进行判定。

若 $K_1 \leqslant 3$，可验收；若 $K_1 \geqslant 7$，拒绝验收；若 $4 \leqslant K_1 \leqslant 6$，则允许按8.3和8.4.1规定进行第二次抽样检验。

若 $K_2 \leqslant 8$，可验收；若 $K_2 \geqslant 9$，拒绝验收。

8.5.2 尺寸允许偏差

根据一次抽样检验不合格品数(K_1)进行判定。

若 $K_1 \leqslant 2$，可验收；$K_1 \geqslant 3$，拒绝验收。

8.5.3 强度等级

强度试验结果符合6.3的规定与供货方明示等级时，则判定该批产品符合相应强度等级。

8.5.4 物理性能

物理性能试验结果均符合6.4规定时，则判定该批产品物理性能合格。

试验结果中，若有一项(含一项以上)物理性能不符合6.4的规定，则判定该批产品物理性能不合格。

若对采用两种耐磨性方法测定的试验结果有争议时，以GB/T 12988方法测定的值作为最终试验结果。

8.5.5 总判定

所有试验结果均符合第6章要求时，则判定该批产品为合格；若有一项(含一项以上)试验结果不符合第6章要求时，则判定该批产品不合格。

9 标志、使用说明书

9.1 标志

出厂产品中至少有0.5%的混凝土路面砖宜有明显的标志。

标志内容应包括制造厂的厂名或注册商标、产品标记、生产日期及检验合格标识等。

9.2 产品质量合格证

产品出厂时，应提供产品质量合格证。产品质量合格证主要包括生产企业名称、产品标记、商标、批量编号、证书编号，并由试验员和检验单位签章。

9.3 使用说明书

为方便使用，供方应提供混凝土路面砖的使用说明书，说明现场施工方法、要求、参考使用数量和注意事项等。

产品形状、规格尺寸、铺装面积等应在说明书中和订购合同中明示用户。

10 包装、运输、贮存

10.1 包装

宜用吊装托架包装、运输，应捆扎牢固。

10.2 运输

产品装、卸时应轻拿轻放，严禁抛、掷。运输时应避免碰撞。

10.3 贮存

贮存场地应平整、坚实。应按批次、类别、规格、强度等级分别码放和贮存。散装堆垛高度不应超过1.5 m。

附　录　A
（规范性附录）
外观质量试验方法

A.1　量具

A.1.1　砖用卡尺

砖用卡尺（如图 A.1）或精度不低于 0.5 mm 的其他量具。

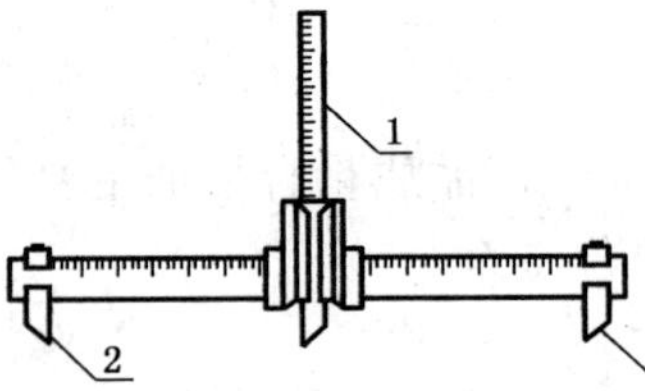

说明：
1——垂直尺；
2——支脚。

图 A.1　砖用卡尺

A.1.2　切口直尺和量规

切口直尺和量规均为钢质材料（如图 A.2），测量±1 mm 时，能满足精度 0.1 mm。切口直尺和量规规格见表 A.1。

单位为毫米

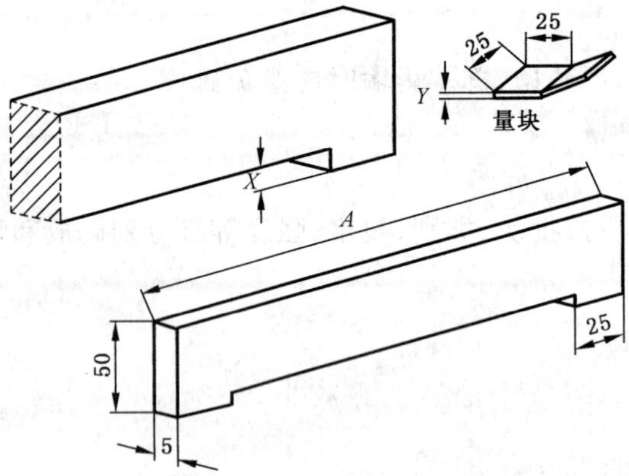

图 A.2　切口直尺和量规示例

表 A.1　切口直尺和量规规格表　　单位为毫米

A 规格	*X* 规格	*Y* 规格
300	1.5	2.5
400	2.0	3.5

A.2 测量方法

A.2.1 铺装面粘皮或缺损的最大投影尺寸

测量铺装面粘皮或缺损处对应混凝土路面砖边的长、宽两个投影尺寸，精确至 0.5 mm(如图 A.3)。

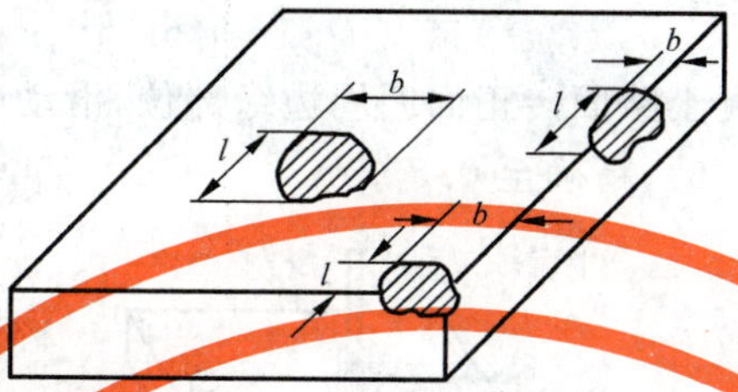

说明：

l——粘皮或缺陷在长度方向的投影尺寸；

b——粘皮或缺陷在宽度方向的投影尺寸。

图 A.3 铺装面粘皮及缺损测量方法

A.2.2 缺棱或掉角的最大投影尺寸

测量缺棱或掉角处对应混凝土路面砖棱边的长、宽、高三个投影尺寸，精确至 0.5 mm(如图 A.4)。

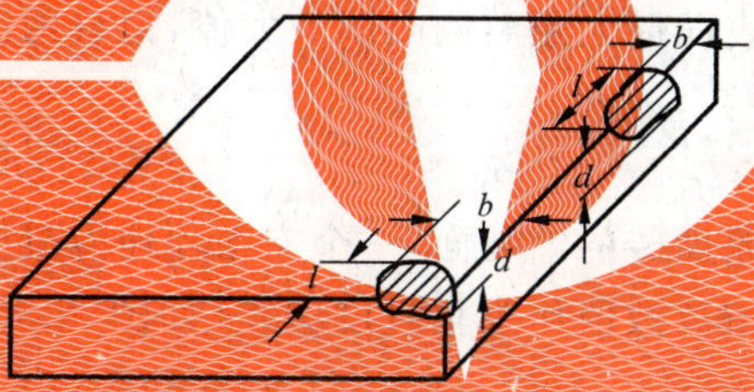

说明：

l ——缺棱或掉角在长度方向的投影尺寸；

b ——缺棱或掉角在宽度方向的投影尺寸；

d ——缺棱或掉角在高度方向的投影尺寸。

图 A.4 缺棱或掉角最大投影尺寸的测量方法

A.2.3 裂纹

测量裂纹所在面上的最大投影长度，若裂纹由一个面延伸至其他面时，测量其延伸的投影长度，精确至 0.5 mm(如图 A.5)。

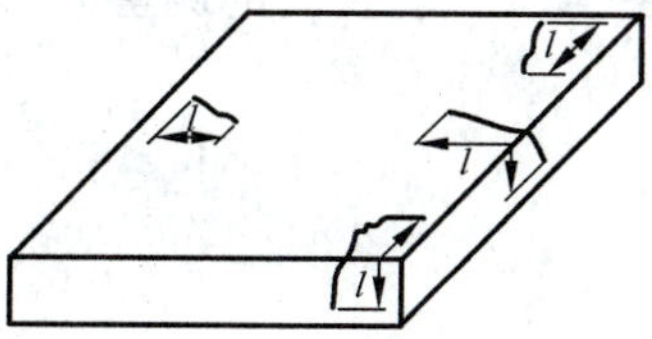

说明：

l——裂纹投影尺寸。

图 A.5 裂纹长度的测量方法

A.2.4　色差、杂色

在平坦地面上，将混凝土路面砖铺装成不小于 1 m^2 的正方形，在自然光照或功率不低于 40 W 日光灯下，正常视力的人距 1.5 m 处用肉眼垂直向下观察检验。

A.2.5　平整度

A.2.5.1　普形混凝土路面砖平整度

砖用卡尺支角任意放置在混凝土路面砖正面四周边缘部位，滑动砖用卡尺中间测量尺，测量混凝土路面砖表面上最大凸凹处(如图 A.6)，精确至 0.5 mm。

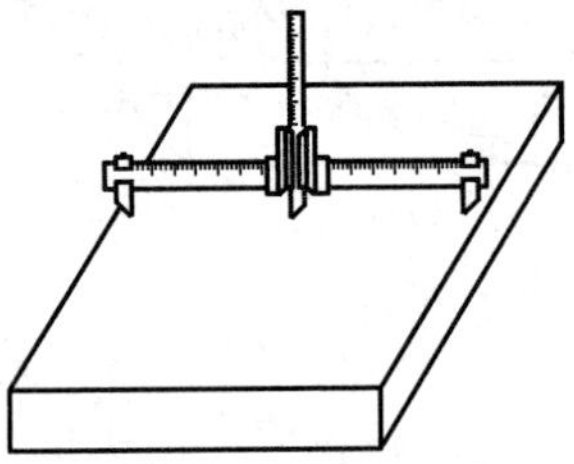

图 A.6　普形混凝土路面砖平整度的测量方法

A.2.5.2　异形混凝土路面砖平整度

在两个对角线方向的表面或表面最大距离测凸凹最大值，记录两次测量结果，精确到 0.1 mm。

A.2.6　垂直度

使砖用卡尺尺身紧贴混凝土路面砖的铺装面，一个支角顶住混凝土路面砖底的棱边，从尺身上读出混凝土路面砖铺装面对应棱边的偏离数值作为垂直度偏差(如图 A.7)。每一棱边测量两次，记录最大值，精确至 0.5 mm。

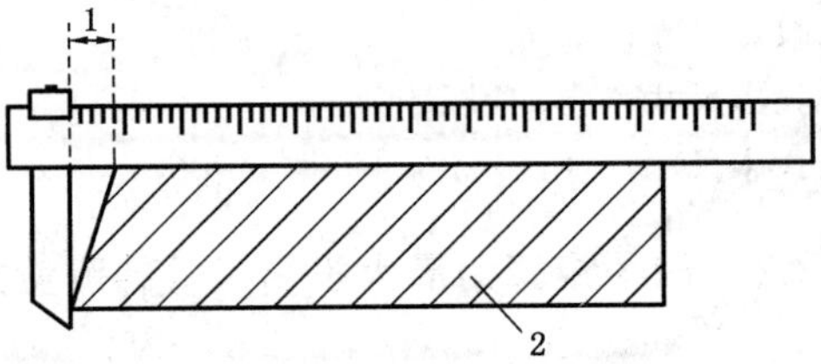

说明：

1——垂直度；

2——混凝土路面砖。

图 A.7　垂直度的测量方法

附　录　B
（规范性附录）
尺寸允许偏差试验方法

B.1　量具

量具同本标准 A.1。

B.2　测量方法

测量前应除掉粘附在试件测量部位的松动颗粒或粘渣。测量普形混凝土路面砖的长度和宽度时，在铺装面上距离端面棱线 10 mm 并且与其平行的位置（如图 B.1），分别测量两个侧面之间的长度值和宽度值；测量异形混凝土路面砖时，在供货方提供混凝土路面砖标称尺寸的测量部位测量。

单位为毫米

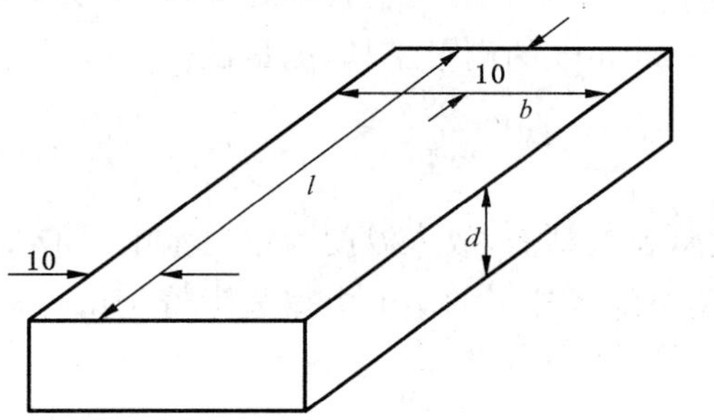

说明：
l ——长度；
b ——宽度；
d ——厚度。

图 B.1　长度、宽度、厚度的测量方法

B.3　厚度和厚度差

在混凝土路面砖长度和宽度方向上的中间位置并且距棱线 10 mm 处分别测量其厚度。两厚度测量值之差为厚度差（如图 B.1）。测量值精确至 0.5 mm。

附 录 C
(规范性附录)
抗压强度试验方法

C.1 试验设备

C.1.1 试验机

试验机可采用压力试验机或万能试验机。试验机的精度(示值相对误差)应不大于±1%。试件的预期破坏荷载值为量程的20%～80%。试验机的上下压板尺寸应大于试件的尺寸。

C.2 试样

C.2.1 每组试件数量为10块。

C.2.2 试件的两个受压面应平行、平整。否则应找平处理,找平层厚度小于或等于5 mm。

C.2.3 试验前用精度不低于0.5 mm的测量工具,测量试件实际受压面积或上表面受压面积。

C.3 试验步骤

C.3.1 清除试件表面的松动颗粒或粘渣,放入温度为室温水中浸泡24 h±0.25 h。

C.3.2 将试件从水中取出,用海绵或拧干的湿毛巾擦去附着于试件表面的水,放置在试验机下压板的中心位置(如图C.1所示)。

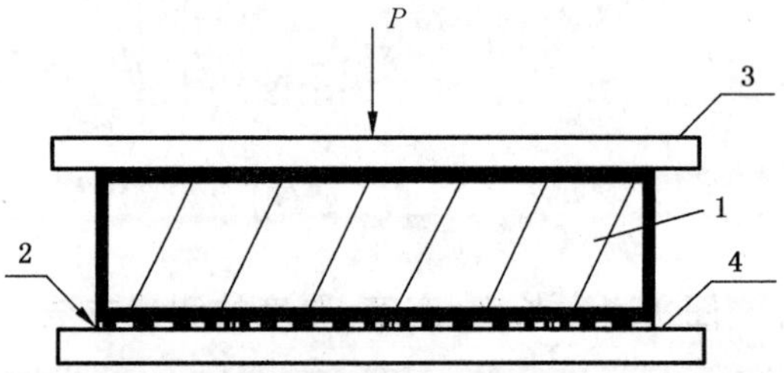

说明:

1——试件;

2——抹面找平面;

3——试验机上压板;

4——试验机下压板。

图C.1 抗压强度试验方法示意图

C.3.3 启动试验机,连续、均匀地加荷,加荷速度为0.4 MPa/s～0.6 MPa/s,直至试件破坏,记录破坏荷载(P)。

C.4 试验结果的计算与评定

抗压强度按式(C.1)计算:

$$C_c = \frac{P}{A} \qquad \cdots\cdots(C.1)$$

式中：

C_c ——试件抗压强度，单位为兆帕（MPa）；

P ——试件破坏荷载，单位为牛顿（N）；

A ——试件实际受压面积，或上表面受压面积，单位为平方毫米（mm^2）。

试验结果以10块试件抗压强度的算术平均值和单块最小值表示，计算结果精确至0.1 MPa。

附 录 D
（规范性附录）
抗折强度试验方法

D.1 试验设备

D.1.1 试验机

试验机可采用抗折试验机、万能试验机或带有抗折试验架的压力试验机。试验机的精度和量程要求与C.1.1的规定相同。

D.1.2 支座和加压棒

支座的两个支承棒和加压棒的直径为25 mm～40 mm的钢棒，其中一个支承棒应能滚动并可自由调整水平。

D.2 试样

每组试件数量为10块。

D.3 试验步骤

D.3.1 清除试件表面的松动颗粒或粘渣，放入温度为室温水中浸泡24 h±0.25 h。

D.3.2 将试件从水中取出，用海绵或拧干的湿毛巾擦去附着于试件表面的水，沿着长度方向放在支座上（如图D.1所示）。抗折支距（即两支座的中心距离）为试件公称长度减去50 mm，两支座的两端面中心距试件端面为25 mm±5 mm。在支座和加压棒与试件接触面之间应垫有4 mm±1 mm厚的胶合板垫层。

支座和加压棒的长度应满足试验的要求。

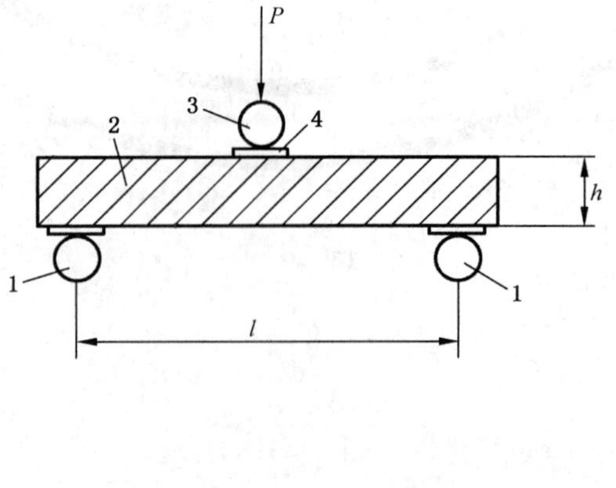

说明：

1——支座；

2——试件；

3——加压棒；

4——胶合板垫片。

图 D.1 抗折强度试验方法示意图

D.3.3 启动试验机，连续、均匀地加荷，加荷速度为 0.04 MPa/s～0.06 MPa/s，直至试件破坏。记录破坏荷载(P)。

D.3.4 试验结果的计算与评定

抗折强度按式(D.1)计算：

$$C_f = \frac{3Pl}{2bh^2} \qquad \text{(D.1)}$$

式中：

C_f ——试件抗折强度，单位为兆帕(MPa)；

P ——试件破坏荷载，单位为牛顿(N)；

l ——两支座间距离，单位为毫米(mm)；

b ——试件宽度，单位为毫米(mm)；

h ——试件厚度，单位为毫米(mm)。

试验结果以 10 块试件抗折强度的算术平均值和单块最小值表示，计算结果精确至 0.01 MPa。

附　录　E
（规范性附录）
抗冻性试验方法

E.1　设备

E.1.1　冷冻箱(室):装入试件后能使冷冻箱(室)内温度保持在$-15_{-5}^{\ 0}$℃范围以内。

E.1.2　水槽:装入试件后能使水温度保持10 ℃～30 ℃范围以内。

E.2　试件

每组试件数量为10块,其中五块进行冻融试验,五块作对比试件。

E.3　试验步骤

E.3.1　总则

应采用外观质量完好、合格的试件。如有缺损、裂纹,应记录其缺损、裂纹情况,并在缺损、裂纹处作标记。

E.3.2　将试件放入温度为10 ℃～30 ℃的水中浸泡$24_{\ 0}^{+0.25}$ h。浸泡时水面应高出试件约20 mm。

E.3.3　从水中取出试件,用海绵或拧干的湿毛巾擦去附着于表面的水,即可放入预先降温至$-15_{-5}^{\ 0}$℃的冷冻箱(室)内,试件之间间隔不应小于20 mm。待冷冻箱(室)温度重新达到-15 ℃时计算冷冻时间,每次从装完试件到温度达到-15 ℃所需时间不应大于2 h。在-15 ℃下的冷冻时间为不少于4 h。然后,取出试件立即放入10 ℃～30 ℃水中融解不少于2 h。此过程为一次冻融循环。依据表4选择冻融循环次数。

E.3.4　完成规定次数冻融循环后,从水中取出试件,用海绵或拧干的湿毛巾擦去附着于表面的水,检查并记录试件表面剥落、分层、裂纹及裂纹延长的情况。然后按附录C或附录D进行强度试验。

E.4　结果计算

冻融试验后强度损失率按式(E.1)计算:

$$\Delta R=\frac{R-R_{\mathrm{D}}}{R}\times 100 \qquad \cdots\cdots(\text{E.1})$$

式中:

ΔR ——试件冻融循环后的强度损失,(%);

R ——按照附录C或附录D冻融试验前,试件强度试验结果的算术平均值,单位为兆帕(MPa);

R_{D} ——按照附录C或附录D冻融试验后,试件强度试验结果的算术平均值,单位为兆帕(MPa)。

试验结果以五块试件的算术平均值表示,计算结果精确至0.1%。

附 录 F
(规范性附录)
吸水率试验方法

F.1 试验设备

F.1.1 天平:称量范围满足要求,感量为 1 g。

F.1.2 烘箱:能使温度控制在 105 ℃±5 ℃。

F.2 试样

每组试件数量为五块。

F.3 试验步骤

F.3.1 将试件置于温度为 105 ℃±5 ℃的烘箱内烘干,每隔 4 h 将试件取出分别称量一次,直至两次称量差小于试件最后质量的 0.1%时,视为试件干燥质量(m_0)。

F.3.2 将试件冷却至室温后,侧向直立在水槽中,注入温度为 10 ℃～30 ℃的洁净水,浸泡时水面应高出试件约 20 mm。

F.3.3 浸水 $24^{+0.25}_{0}$ h 将试件从水中取出,用海绵或拧干的湿毛巾擦去表面附着水,分别称量,为试件吸水 24 h 质量(m_1)。

F.4 试验结果的计算与评定

吸水率按式(F.1)计算:

$$\omega=\frac{m_1-m_0}{m_0}\times 100 \qquad \text{(F.1)}$$

式中:

ω ——试件吸水率,(%);

m_1 ——试件吸水 24 h 的质量,单位为克(g);

m_0 ——试件干燥的质量,单位为克(g)。

试验结果以五块试件的算术平均值表示,计算结果精确至 0.1%。

附 录 G
（规范性附录）
防滑性能试验方法

G.1 设备与材料

G.1.1 设备

如图 G.1 所示摆式摩擦系数测定仪。摆及摆的连接部分总质量为 1 500 g±30 g，摆动中心至摆的重心距离为 410 mm±5 mm，测定时摆在混凝土路面砖上滑动长度为 126 mm±1 mm，摆上橡胶片端部距摆动中心的距离为 508 mm，橡胶片对混凝土路面砖的正向静压力为 22.3 N±0.5 N。

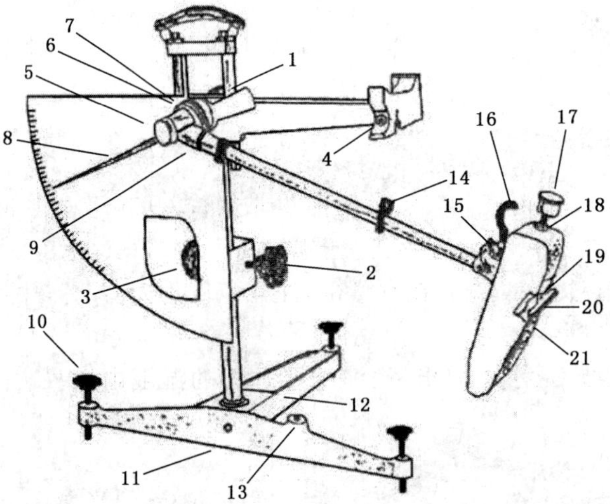

说明：

1、2——紧固把手；	9——连接螺母；	16——举升柄；
3——升降把手；	10——调平螺栓；	17——平衡锤；
4——释放开关；	11——底座；	18——并紧螺母；
5——转向节螺盖；	12——垫块；	19——滑溜块；
6——调节螺母；	13——水准泡；	20——橡胶片；
7——针簧片或毡垫；	14——卡环；	21——止滑螺丝。
8——指针；	15——定位螺丝；	

图 G.1 摆式仪结构图

G.1.2 标准量尺

标准量尺长 126 mm。

G.1.3 橡胶片

橡胶片的尺寸为 6.35 mm×25.4 mm×76.2 mm，橡胶片的质量应符合表 G.1 的要求。当橡胶片使用后，端部在长度方向上磨耗超过 1.6 mm 或边缘在宽度方向上磨耗超过 3.2 mm，或有油类污染时，即应更换新橡胶片。新橡胶片应先在干燥混凝土路面砖上测试 10 次后再试验。橡胶片的有效使用期为一年。

表 G.1 橡胶片物理性质

性质指标	温度/℃				
	0	10	20	30	40
弹性/%	43～49	58～65	66～73	71～77	74～79
硬度	55±5				

G.1.4 辅助工具

洒水壶、橡胶刮板、分度不大于1℃的路面温度计、皮尺或钢卷尺、扫帚、粉笔等。

G.2 试样

每组试件数量为5块。

G.3 试验环境

试验温度为20℃±2℃。

G.4 试验步骤

G.4.1 试验准备

按照仪器设备使用说明书要求，调整好设备。

应去除试件铺装面的松动颗粒和粘渣。

G.4.2 试验

G.4.2.1 用洒水壶向试件表面洒水，并用橡胶刮板把表面泥浆等附着物刮除干净。

G.4.2.2 把试件固定好，调整摆锤高度，使橡胶片在测试面的滑动长度为126 mm±1 mm。

G.4.2.3 再次向试件表面洒水，保持试件表面潮湿。把橡胶片清理干净后按下释放开关，使摆锤在试件表面滑过，指针即可指示出测量值。

G.4.2.4 第一次测量值，不做记录。再按G.4.2.3重复操作五次，并做记录。5个数值的极差若大于3 BPN，应检查原因，重复操作，直至5个测量值的极差不大于3 BPN为止。

G.5 试验结果的计算与评定

记录每次试验结果，精确至1 BPN。

取五次测量值的平均值作为每个试件的测定值，计算结果精确至1 BPN。

试验结果取五块试件测定值的算术平均值，计算结果精确至1 BPN。

附 录 H
（规范性附录）
抗盐冻性试验方法

H.1 试验设备

H.1.1 冷冻室（箱）：冷冻温度可达－20 ℃以下，控制精度±1 ℃。

H.1.2 干燥箱：能自动控制温度达105 ℃±2 ℃。

H.1.3 天平：称量范围满足要求，感量为1 mg。

H.1.4 混凝土切割机。

H.2 试验材料

H.2.1 粘结剂

应具备防水、防冻的功能，能将橡胶片（或聚乙烯薄片等）和混凝土路面砖表面粘结牢固。

H.2.2 橡胶片（或聚乙烯薄片）

试件周边围框的薄片，厚度不小于0.5 mm。

H.2.3 密封材料

用30%～40%松香与60%～70%石蜡熬化混合而成，或采用硅胶等密封材料。

H.2.4 冷冻介质

用饮用水配制成3%NaCl溶液。

H.2.5 绝热材料

厚为30 mm～50 mm聚苯乙烯泡沫塑料或其他绝热材料。

H.2.6 覆盖材料

聚乙烯薄膜。

H.2.7 其他

刷子、硬毛刷等。

H.3 试件

每组试件数量为5块。

H.4 试件制备

H.4.1 试件的铺装面作为试验面，面积应大于7 500 mm²、小于25 000 mm²，且最厚处不应超过

100 mm。龄期应是养护 28 d 以上。

H.4.2 若试件面积不符合上述要求时,应用混凝土切割机对试件进行切割加工。

H.4.3 试件的周边应平整,并应清除松动的颗粒或粘渣,以便粘结密封。如图 H.1 所示。

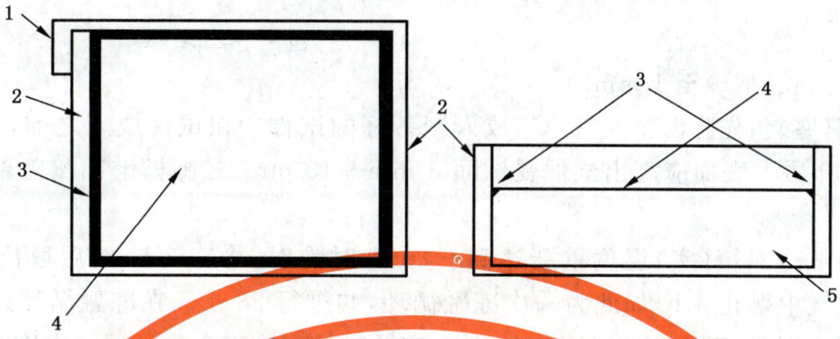

说明:

1——搭接部分;

2——橡胶片材;

3——密封带;

4——试验表面;

5——试件。

图 H.1 粘有橡胶片材和密封带的试件横截面示例(右图)及试件俯视图(左图)

H.4.4 将试件置于温度不高于 80 ℃干燥箱中烘至表面干燥后取出,用粘结剂将橡胶片或其他防水性薄片与试件粘牢,其粘结幅度不小于 30 mm。橡胶片或防水性薄片应高出受试面约 20 mm～30 mm,以形成不渗透的贮盛冷冻介质的围框。

H.4.5 除受试面以外的各表面用密封材料封闭,并与绝热材料粘结,其缝隙应以密封材料填满。如图 H.2 所示。

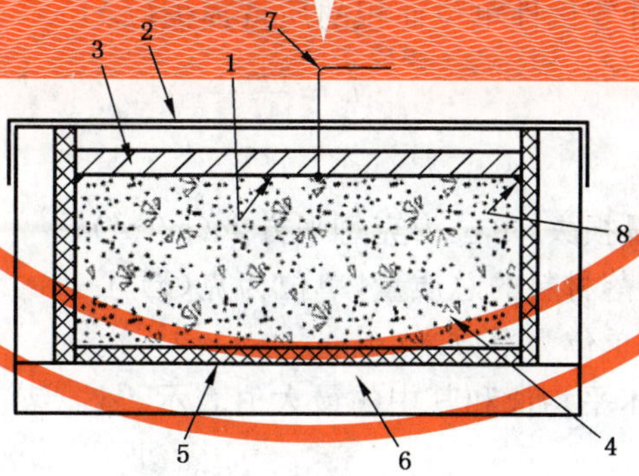

说明:

1——试验面;

2——聚乙烯薄膜;

3——冷冻介质(NaCl 溶液);

4——样品;

5——橡胶片;

6——绝热材料;

7——测温装置;

8——密封带。

图 H.2 抗盐冻试验构造示意图

H.4.6 在试件受试表面与橡胶片围框相邻的周边用密封材料封闭。然后注入冷冻介质（NaCl 溶液），液面的高度为 10 mm，再在围框上部覆盖聚乙烯薄膜，以避免溶液蒸发。存放 48 h，检验其密封性。

H.5 试验步骤

H.5.1 测量试件边长，精确至 1 mm。

H.5.2 将冷冻箱（室）预先降温至 −20 ℃，放入制备好的试件。在试件放入之前，再次检查冷冻介质的液面高度，冷冻介质上表面应高出试件受试面 5 mm～10 mm，在围框上部覆盖聚乙烯薄膜，以避免溶液蒸发。

H.5.3 冷冻时间从冷冻箱（室）温度重新达到 −20 ℃时计时，冷冻 7 h，然后取出试件，置于室温为 10 ℃～30 ℃的空气中融化 4 h，如此为一次冻融循环，共进行 28 次。在冻融循环过程中，应在融冻过程中检查冷冻介质的液面高度，如高度不符合要求应及时补充冷冻介质。试验应连续进行，如果试验过程被迫终止，可将样品在 −16 ℃～−20 ℃的温度条件下保持冷冻状态，如果循环终止超过 3 d，则此次试验无效。

H.5.4 28 次冻融循环结束后，将试件围框中的溶液及剥落的渣粒倒入容器盘中，再加清水用硬毛刷洗刷试件受试面剥落的残留渣粒，放置在容器盘中。记录受试面的破损状况。

H.5.5 缓缓地倒出容器盘中的冷冻介质，使试件剥落的渣粒物质存留盘中。再加入饮用水 1 L～2 L，浸泡 2 h，倒出浸泡的水。在整个收集剥落渣粒和清洗过程中，应注意避免渣粒物质丢失。

H.5.6 将容器盘连同盘中收集的渣粒物质置于 105 ℃±2 ℃的干燥箱中烘干至恒重，每隔 1 h 从干燥箱中取出容器盘，放入干燥器中冷却，然后称量一次，直至相邻两次称量差值小于 0.2%时，可视为恒重。测定收集的渣粒物质的质量（m），精确至 1 mg。

H.6 试验结果的计算与评定

抗盐冻性试验按式（H.1）计算试件单位面积的质量损失（L）：

$$L=\frac{m}{A} \qquad \cdots\cdots\cdots(\text{H.1})$$

式中：

L——试件单位面积的质量损失，单位为克每平方米（g/m^2）；

m——试件 28 次循环后剥落材料的总质量，单位为克（g）；

A——试件试验面的面积，单位为平方米（m^2）。

试验结果以五块试件的算术平均值和其中的最大值表示。

ICS 91.140.01
P 46

中华人民共和国国家标准

GB/T 28636—2012

采暖与空调系统水力平衡阀

Heating and air conditioning system hydraulic balance valve

2012-07-31 发布　　2013-02-01 实施

中华人民共和国国家质量监督检验检疫总局
中国国家标准化管理委员会　发布

前　言

本标准按照 GB/T 1.1—2009 给出的规则起草。

本标准由中华人民共和国住房和城乡建设部提出。

本标准由全国暖通空调及净化设备标准化技术委员会(SAC/TC 143)归口。

本标准负责起草单位:中国建筑科学研究院。

本标准参加起草单位:中国建筑设计研究院、上海建筑设计研究院有限公司、北京市建筑设计研究院、中国建筑东北设计研究院、中南建筑设计院、广东永泉阀门科技有限公司、欧文托普阀门系统(北京)有限公司、北京霍尼韦尔节能设备有限公司、河北平衡阀门制造有限公司、毅智机电系统(北京)有限公司、北京爱康环境技术开发公司、埃迈贸易(上海)有限公司、上海唯之嘉水暖器材有限公司、浙江盛世博扬阀门工业有限公司。

本标准主要起草人:黄维、郎四维、潘云钢、寿炜炜、万水娥、金丽娜、马友才、陈键明、马学东、张军工、刘万岭、丁世明、卜维平、冯铁栓、孔祥智、黄军、周玉图。

采暖与空调系统水力平衡阀

1 范围

本标准规定了采暖与空调系统水力平衡阀(以下简称平衡阀)的术语和定义,结构、分类、规格、公称压力与型号,材料,要求,试验方法,检验规则,以及标志、使用说明书及合格证、包装、运输和贮存等。

本标准适用于在集中供暖和空调循环水(或乙二醇水溶液)系统中,通过手动改变局部阻力调节循环水系统水力平衡的平衡阀;其工作压力不大于 2.5 MPa,公称通径为 DN15～DN400,工作温度为 −10 ℃～130 ℃。

2 规范性引用文件

下列文件对于本文件的应用是必不可少的。凡是注日期的引用文件,仅注日期的版本适用于本文件。凡是不注日期的引用文件,其最新版本(包括所有的修改单)适用于本文件。

GB/T 1047 管道元件 DN(公称尺寸)的定义和选用

GB/T 1220 不锈钢棒

GB/T 1414 普通螺纹 管路系列

GB/T 2828.1 计数抽样检验程序 第1部分:按接收质量限(AQL)检索的逐批检验抽样计划

GB/T 9112 钢制管法兰 类型与参数

GB/T 9969 工业产品使用说明书 总则

GB/T 12220 通用阀门 标志

GB/T 12221 金属阀门 结构长度

GB/T 12225 通用阀门 铜合金铸件技术条件

GB/T 12226 通用阀门 灰铸铁件技术条件

GB/T 12227 通用阀门 球墨铸铁件技术条件

GB/T 13808 铜及铜合金挤制棒

GB/T 13927—2008 工业阀门 压力试验

3 术语和定义

下列术语和定义适用于本文件。

3.1

采暖与空调系统水力平衡阀 heating and air conditioning system hydraulic balance valve

集中供暖/空调循环水系统中,能够使用流量测量仪表测量流经阀门的流量,通过手动调节阀门阻力,使水力管网达到系统水力平衡的专用调节阀门。

3.2

流通能力 flow capacity

采暖与空调系统水力平衡阀在某一开度下、阀门两端压差为 0.1 MPa、流体温度为 5 ℃～40 ℃时,所通过的流体体积流量。

3.3

最大流通能力　maximal flow capacity

采暖与空调系统水力平衡阀全开时的流通能力。

3.4

中间开度　middle of opening

采暖与空调系统水力平衡阀全开度的中间位置。

3.5

相对开度　relative opening

采暖与空调系统水力平衡阀实际开度与全开时开度的比值。

3.6

回差　hysteresis

在开启和关闭过程中，分别测得采暖与空调系统水力平衡阀在中间开度对应的流通能力，其差值与最大流通能力的比值。

3.7

测压嘴　pressure measuring taps

采暖与空调系统水力平衡阀阀体上用以测量阀体内流体压差的具有自密封功能的部件。

3.8

流量测量仪表　flow measuring meter

内部存储有相应采暖与空调系统水力平衡阀的阻力特性数据，能够测量采暖与空调系统水力平衡阀测压嘴压差并计算出流量值的采暖与空调系统水力平衡阀专用仪表。

3.9

开度限位　limit stop

采暖与空调系统水力平衡阀上的一个特殊机构，能够在任意位置锁定阀门的最大开度，且不影响阀门的正常关闭。

4　结构、分类、规格、公称压力与型号

4.1　结构

平衡阀由手轮和阀体两部分组成，见图1。

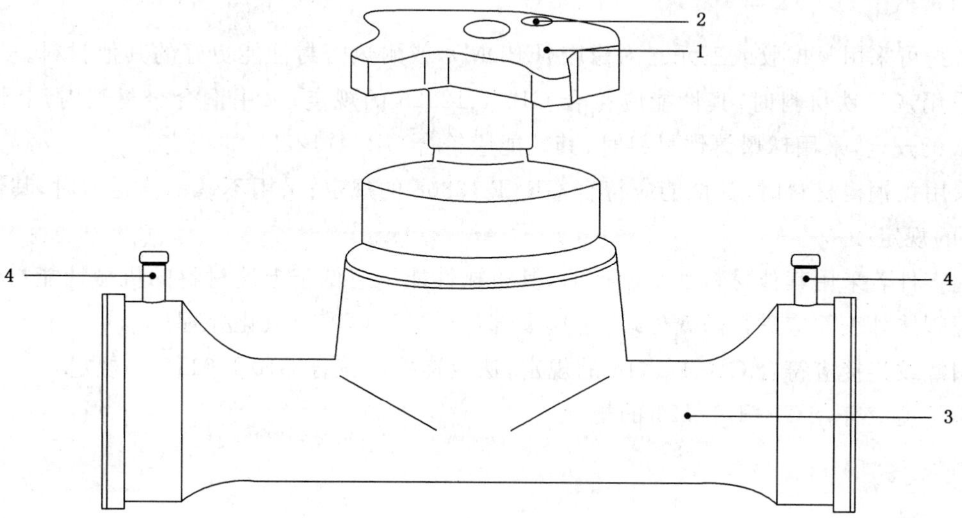

1——手轮；
2——开度显示；
3——阀体；
4——测压嘴。

图 1 平衡阀外观示意图

4.2 分类

平衡阀按照连接方式分类，分为螺纹连接和法兰连接两种。

4.3 规格

平衡阀公称通径的规格系列应符合 GB/T 1047 的规定，规格系列表示为 DN15、DN20、DN25、DN32、DN40、DN50、DN65、DN80、DN100、DN125、DN150、DN200、DN250、DN300 和 DN400。

4.4 公称压力

平衡阀公称压力按等级分为 PN10、PN16、PN25。

4.5 型号

PHF -□-□-□

- □ 公称压力
- □ 连接方式，L— 螺纹连接，F— 法兰连接
- □ 数字表示公称通径
- PHF 水力平衡阀，用“平衡阀”汉语拼音大写字头表示

示例：

PHF-50-L-16：公称压力为 1.6 MPa，采用螺纹连接的 DN50 平衡阀。

5 材料

5.1 阀门密封可采用氟橡胶或三元乙丙橡胶(EPDM),或耐热密封性能更好的其他材料。

5.2 阀体采用灰铸铁材料时,其性能应符合 GB/T 12226 的规定;采用铜合金材料时,其性能应符合 GB/T 12225 的规定,采用球墨铸铁材料时,其性能应符合 GB/T 12227 的规定。

5.3 阀杆采用黄铜棒材料时,其性能应符合 GB/T 13808 的规定;采用不锈钢棒材料时,其性能应符合 GB/T 1220 的规定。

5.4 平衡阀零件若采用其他材料加工制造时,其机械性能不应低于上述材料的机械性能指标。

5.5 平衡阀阀体外表面应进行防腐处理,金属零部件应进行电镀或氧化处理。

5.6 平衡阀螺纹连接应符合 GB/T 1414 的规定,法兰连接应符合 GB/T 9112 的规定。

5.7 平衡阀长度应符合 GB/T 12221 的规定。

6 要求

6.1 外观和动作要求

6.1.1 平衡阀的外观,要求表面应光洁,色泽一致,涂漆表面应均匀。无起皮、龟裂、气泡等缺陷并无明显的磕碰伤和锈蚀。

6.1.2 文字、图形符号、型号、示值和刻度线应清晰、端正和牢固,流向标志箭头、标志牌完整清晰。

6.1.3 阀门手轮或手柄不应松动,启闭应轻松、均匀,不应有卡阻现象。

6.1.4 平衡阀厂家应提供平衡阀专用流量测量仪表和工具,用于测量两个测压嘴的压差和流经平衡阀的瞬时流量。

6.1.5 平衡阀的开度应有清晰准确的数字显示,显示精度不宜低于 1/10 圈。

6.1.6 平衡阀在关闭状态下,开度显示应归零。

6.1.7 平衡阀应该具有开度限位的功能,开度限位只能通过专用工具改变。

6.2 机械性能要求

6.2.1 阀体强度

平衡阀在开启状态下,在试验液体压力为阀门最大工作压力 1.5 倍时,阀体不应发生结构损伤或液体渗漏。

6.2.2 上密封性能

平衡阀在全开状态下,在试验液体压力为阀门最大工作压力 1.1 倍时,阀杆处不应出现可见渗漏。

6.2.3 密封性能

平衡阀在关闭状态下,在阀门上游方向施加 1.1 倍工作压力(试验介质为液体),阀门不应发生结构损伤,最大允许泄漏量应符合 GB/T 13927—2008 中表 4 要求。

6.3 流量测量仪表准确度

使用生产厂家提供的流量测量仪表的流量测量误差不应大于±10%。

6.4 调节性能要求

6.4.1 最大流通能力

平衡阀的实测最大流通能力与设计最大流通能力之间的偏差不应大于±10%。

6.4.2 流量调节性能

平衡阀在三种不同开度下的流通能力，应符合以下要求：

a) 平衡阀相对开度为20%时的流通能力，应在实测最大流通能力的5%～30%之间；

b) 平衡阀相对开度为50%时的流通能力，应在实测最大流通能力的20%～65%之间；

c) 平衡阀相对开度为80%时的流通能力，应在实测最大流通能力的60%～90%之间。

6.4.3 回差

回差不应大于10%。

7 试验方法

7.1 外观和动作检查

外观和动作检查采用目测和手动方式检查，检查结果应符合6.1的规定。

7.2 机械性能试验

7.2.1 阀体强度试验

平衡阀在开启状态下，在试验液体压力为阀门最大工作压力1.5倍时，保持试验压力的最短时间应符合GB/T 13927—2008中表2的规定，试验结果应符合6.2.1的规定。

7.2.2 上密封性能试验

平衡阀在全开状态下，在试验液体压力为阀门最大工作压力1.1倍时，保持试验压力的最短时间应符合GB/T 13927—2008中表2的规定，试验结果应符合6.2.2的规定。

7.2.3 密封性能试验

平衡阀在关闭状态下，在阀门上游方向施加1.1倍工作压力(试验介质为液体)，保持试验压力的最短时间应符合GB/T 13927—2008中表2的规定，试验结果应符合6.2.3的规定。

7.3 流量测量仪表准确度试验

7.3.1 试验方法应符合附录A的规定。

7.3.2 试验步骤为任取三个开度值，通过生产厂家提供的流量测量仪表，分别测量记录平衡阀的压差和流量，与试验装置上的仪表读数进行比对，结果应符合6.3的规定，测量仪表应满足附录B的要求。

7.4 调节性能试验

7.4.1 最大流通能力试验

平衡阀在全开状态时，按照附录A中规定的试验方法，测量平衡阀的流通能力，应按6.4.1的要求进行检查。

7.4.2 流量调节性能试验

平衡阀在开启过程中，应按附录A规定的试验方法，分别测得相对开度为20%、50%和80%时的流通能力，应按6.4.2的要求进行检查。

7.4.3 回差试验

在开启和关闭过程中，分别测得平衡阀在中间开度的流通能力，计算出回差，应按6.4.3的要求进行检查。

8 检验规则

8.1 检验分类

产品检验分为出厂检验和型式检验。

8.2 出厂检验

检验项目按表1的规定执行，抽样方法及合格判定应符合GB/T 2828.1的规定，并应有产品质量合格证。

表1 检验项目

序 号	检验项目	出厂检验	型式检验	要 求	试验方法
1	外观和动作	√	√	6.1	7.1
2	阀体强度	√	√	6.2.1	7.2.1
3	上密封性能		√	6.2.2	7.2.2
4	密封性能		√	6.2.3	7.2.3
5	流量测量仪表准确度		√	6.3	7.3
6	最大流通能力		√	6.4.1	7.4.1
7	流量调节性能		√	6.4.2	7.4.2
8	回差		√	6.4.3	7.4.3

8.3 型式检验

8.3.1 凡有下列情况之一时，应进行型式检验。

a) 新产品批量投产前；

b) 产品在设计、工艺、材料上有较大改变时；

c) 停产满一年再次生产时；

d) 正常生产时每两年进行一次；

e) 出厂检验结果与上次型式检验有较大差异时；

f) 国家质量监督部门提出要求时。

8.3.2 检验项目应按表1的规定执行。

8.3.3 抽样方案、方法及判定

型式检验及其他检验时，检验项目应按照GB/T 2828.1的规定进行抽样、检验。

一般检验水平Ⅰ,采用正常检验二次抽样方案,其检验项目、接受质量限应符合表2的规定。批量范围不在表2规定范围时,可参照GB/T 2828.1规定进行抽样检验。

表2 平衡阀接受质量限

批量/个	样本量字码	样本	样本量/个	累计样本量/个	接受质量限(AQL)											
					阀体强度		密封性能		流量测量仪表准确度		最大流通能力		流量调节性能		滞后	
					1.0		4.0		4.0		2.5		2.5		6.5	
					Ac	Re	Ac	Re	Ac	Re	Ac	Re	Ac	Re	Ac	Re
91-150	D	第一	5	5	0	1	0	2	0	2	0	1	0	1	0	2
		第二	5	10	—	—	1	2	1	2	—	—	—	—	1	2
151-280	E	第一	8	8	0	1	0	2	0	2	0	2	0	2	0	3
		第二	8	16	—	—	1	2	1	2	1	2	1	2	3	4
281-500	F	第一	13	13	0	1	0	3	0	3	0	2	0	2	1	3
		第二	13	26	—	—	3	4	3	4	1	2	1	2	4	5

9 标志、使用说明书及合格证

9.1 标志

9.1.1 平衡阀应在明显部位设置清晰、牢固的型号标牌,型号标牌材料应用不锈钢、铜合金或铝合金制造,其内容应包括:

a) 平衡阀型号;

b) 平衡阀的工作压力;

c) 厂名和商标;

d) 生产日期。

9.1.2 产品应带有标签,标签上标明产品名称、标准编号、商标、生产企业名称、地址、种类和型号。

9.1.3 阀门标志应符合GB/T 12220的规定。

9.2 使用说明书

使用说明书应符合GB/T 9969的规定,其内容至少包括:

a) 制造厂名和商标;

b) 工作原理和结构说明;

c) 工作压力、公称通径、适用介质和温度;

d) 主要零件的材料;

e) 技术参数、重量及外型尺寸和连接尺寸;

1) 最大允许的静压;

2) 最大允许的压差;

3) 最大允许的热水温度(若小于130 ℃);

4) 最大流通能力;

5） 阀门各开度值与阀门流通能力值的对应表格或曲线。

f） 平衡阀选型计算方法；

g） 维护、保养、安装和使用说明；

h） 水力平衡调试（平衡阀的应用项目）服务承诺和准备条件；

i） 常见故障及排除方法。

9.3 合格证内容包括：

a） 制造厂名和出厂日期；

b） 产品型号、规格；

c） 执行标准编号；

d） 产品编号、合格证号、检验日期、检验员标记。

10 包装、运输和贮存

10.1 包装

10.1.1 平衡阀的包装应保证产品在正常运输中不致损坏。

10.1.2 平衡阀两端应用端盖加以保护，且易于装拆。

10.1.3 出厂包装外面应注明：

a） 产品名称、型号及数量；

b） 制造厂名及地址。

10.1.4 平衡阀包装时，应附有使用说明书和产品质量合格证。

10.2 运输

平衡阀在运输过程中，应防止剧烈震动，严禁抛掷、碰撞等，防止雨淋及化学物品的侵蚀。

10.3 贮存

平衡阀及其配件应贮存在干燥通风无腐蚀性介质的室内，并有入库登记。

附 录 A
（规范性附录）
采暖与空调系统水力平衡阀流量特性试验方法

A.1 试验装置原理图

采暖与空调系统水力平衡阀流量特性试验装置原理图，如图 A.1 所示。

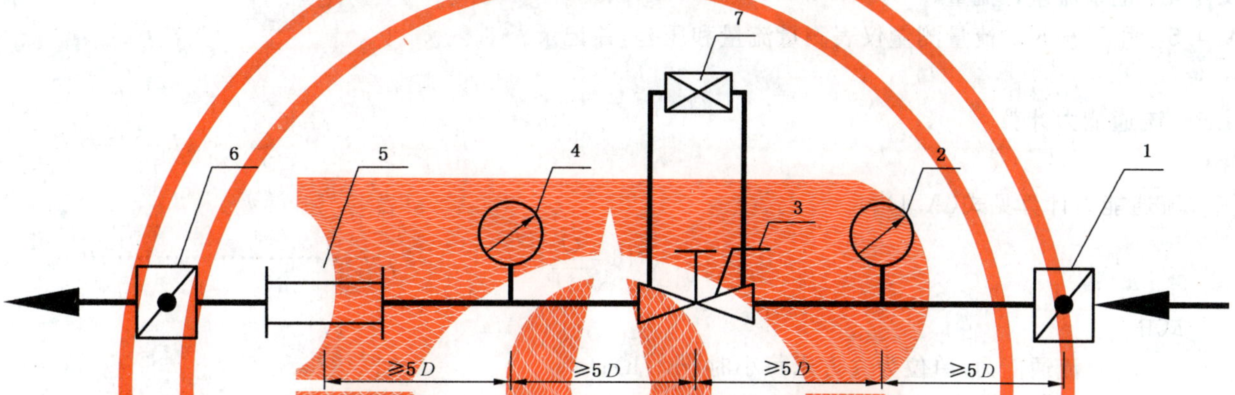

1、6——调节阀；
2、4——压力传感器；
3——被测平衡阀；
5——流量计；
7——流量测量仪表；
D——进、出口连接管公称直径。

图 A.1 采暖与空调系统水力平衡阀流量特性试验装置原理图

A.2 试验仪表

试验用的各类测量仪器仪表应在计量鉴定有效期内，其准确度应符合表 A.1 的规定。

表 A.1 测量仪表

测量参数	测量仪表		仪表准确度
压力	压力表	kPa	准确度应为 1.5 级以上
流量	流量计	%	量程内允许偏差不应大于 1%
		m^3/h	1

A.3 试验条件

A.3.1 试验介质为 5 ℃～40 ℃的水。

A.3.2 平衡阀前后压差：0.02 MPa～0.20 MPa

A.4 试验方法

A.4.1 系统满水，开启循环泵；

A.4.2 按照试验要求调节平衡阀的开度；

A.4.3 调节平衡阀前后的调节阀，使得压力表压差在 0.02 MPa～0.20 MPa 范围之内；

A.4.4 记录流量计流量；

A.4.5 用平衡阀的流量测量仪表测量流量和压差，并记录。

A.5 流通能力计算

流通能力计算见式(A.1)。

$$C = 316\frac{Q}{\sqrt{\Delta P}} \qquad \cdots\cdots\cdots\cdots(\text{A.1})$$

式中：

C ——流通能力，单位为立方米每小时(m^3/h)；

Q ——通过平衡阀的介质流量，单位为立方米每小时(m^3/h)；

ΔP——平衡阀前后压差，单位为帕斯卡(Pa)。

附 录 B
（规范性附录）
采暖与空调系统水力平衡阀流量测量仪表性能要求

B.1 流量测量仪表应具有压差旁通或者过压保护功能，在测量压差过程中，避免单向压力过高损坏压差传感器。

B.2 流量测量仪表应具有压差归零的操作功能，以避免压差传感器漂移带来测量误差。

B.3 流量测量仪表压差测量范围应至少满足－8 kPa～200 kPa。

B.4 流量测量仪表应能在－10 ℃～130 ℃液体介质温度范围内工作。

ICS 91.060.99
Q 73

中华人民共和国国家标准

GB/T 28637—2012

电动采光排烟天窗

Electric daylighting exclude smoke skylight

2012-07-31 发布　　　　2013-02-01 实施

中华人民共和国国家质量监督检验检疫总局
中国国家标准化管理委员会　发布

前 言

本标准按照 GB/T 1.1—2009 给出的规则起草。

本标准由中华人民共和国住房和城乡建设部提出并归口。

本标准负责起草单位:长春阔尔科技股份有限公司。

本标准参加起草单位:机械工业第九设计研究院、机械工业第四设计研究院、深圳市秦泰智能窗控技术有限公司。

本标准主要起草人:刘建宏、吕宏伟、曲志才、王喜邦、杨平、宋新平。

电动采光排烟天窗

1 范围

本标准规定了电动采光排烟天窗的术语和定义、分类、代号和规格、材料、要求、试验方法、检验规则、标志、包装、运输和贮存。

本标准适用于工业与民用建筑自然采光、排烟、通风天窗。

2 规范性引用文件

下列文件对于本文件的应用是必不可少的。凡是注日期的引用文件，仅注日期的版本适用于本文件。凡是不注日期的引用文件，其最新版本(包括所有的修改单)适用于本文件。

GB 191 包装储运图示标志

GB/T 2423.1 电工电子产品环境试验 第2部分：试验方法 试验A：低温

GB/T 2423.2 电工电子产品环境试验 第2部分：试验方法 试验B：高温

GB/T 2423.4 电工电子产品环境试验规程 试验Db：交变湿热(12 h+12 h循环)

GB/T 6343 泡沫塑料和橡胶表观密度的测定

GB/T 6388 运输包装收发货标志

GB/T 7106 建筑外门窗抗风压及气密、水密、抗风压性能分级及检测方法

GB/T 8484 建筑外门窗保温性能分级及检测方法

GB 8624 建筑材料及制品燃烧性分级

GB 9962 夹层玻璃

GB/T 11976 建筑外窗采光性能分级及检测方法

GB/T 12754 彩色涂层钢板及钢带

GB/T 14206 玻璃纤维增强聚酯波纹板

GB 50189 公共建筑节能设计标准

JG/T 116 聚碳酸酯(PC)中空板

JG/T 187 建筑门窗用密封胶条

JG/T 212 建筑门窗五金件 通用要求

3 术语和定义

下列术语和定义适用于本文件。

3.1

电动采光排烟天窗 electric day lighting exclude smoke skylight

用于建筑屋顶上自然采光、排烟、通风的电动排烟天窗。(以下简称“排烟天窗”)

3.2

天窗机械传动系统 mechanical transmit system for smoke excluding skylight

用于启闭天窗窗扇的机构。(以下简称“传动系统”)

4 分类、代号和规格

4.1 分类、代号

4.1.1 构造分类、代号

按构造共分为五类：

a) 三角型天窗的代号为Ⅰ，见附录 A 图 A.1；

b) 平天窗的代号为Ⅱ，见附录 A 图 A.2；

c) 圆拱型天窗的代号为Ⅲ，见附录 A 图 A.3；

d) 避风型天窗的代号为Ⅳ，见附录 A 图 A.4；

e) 侧开型天窗的代号为Ⅴ，见附录 A 图 A.5。

4.1.2 控制方式分类、代号

按控制方式共分为三类：

a) 通用控制型的代号为 T；

b) 自动控制型的代号为 Z；

c) 智能网络控制型的代号为 ZW。

4.2 标记、示例

4.2.1 标记

排烟天窗标记由排烟天窗代号、构造分类代号、控制方式分类代号、洞口宽度、洞口长度组成，其标记方法如下：

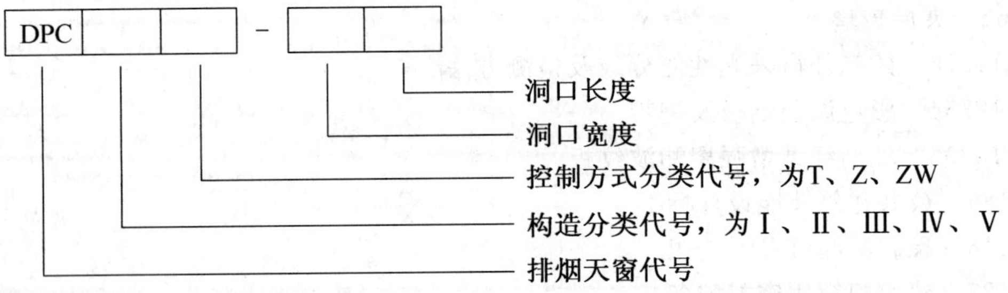

4.2.2 示例

示例：通用控制三角型电动采光排烟天窗，洞口宽度为 1 000 mm(标记为 10)，洞口长度为 1 500 mm(标记为 15)，标记示例为 TPCⅠT-1015。

4.3 型号规格

参见附录 A。

5 材料

5.1 天窗主要材料燃烧性能应符合 GB 8624 中 B 级的规定。

5.2 窗体材料宜采用建筑彩色涂层钢板，应符合 GB/T 12754 的规定。
5.3 窗体保温材料宜采用硬质聚氨酯组合料，应符合 GB/T 6343 的规定。
5.4 窗用采光材料应符合 GB/T 14206、GB 9962 和 JG/T 116 的规定。
5.5 窗用密封胶条应符合 JG/T 187 的规定
5.6 窗用五金附件应符合 JG/T 212 的规定。

6 要求

6.1 结构

6.1.1 窗框及窗扇

6.1.1.1 窗框架型材及窗扇应采用隔热的断桥结构。
6.1.1.2 窗框与聚碳酸酯中空板接触处应采用胶条密封。
6.1.1.3 窗框应具有排水构造。

6.1.2 传动系统

6.1.2.1 传动系统各铰接点应有润滑功能，转动灵活。
6.1.2.2 传动系统应按防烟分区独立设置。

6.2 尺寸偏差

尺寸偏差应符合表 1 的规定。

表 1 尺寸偏差

单位为毫米

项　目	尺寸范围	偏差值
窗框宽度(W)	≤3 000	±4
	3 000<W≤6 000	±8
窗框长度(L)	≤3 000	±4
	3 000<L≤6 000	±8
窗框对角线尺寸	<6 000	≤8
	>6 000	≤12
窗扇宽度	≤1 200	−3
窗扇长度	≤3 000	−5
窗扇对角线尺寸	<3 000	≤5
	>3 000	≤8

6.3 外观质量

6.3.1 天窗表面不应有污渍。
6.3.2 窗体构件着色表面颜色不应有明显色差。
6.3.3 窗体表面不应有明显损伤和影响性能的质量缺陷。

6.4 性能

6.4.1 物理性能

排烟天窗的性能应根据建筑物所在地区的地理、气候和周围环境以及建筑物的高度、体型、重要性等选定。

6.4.1.1 抗风压、气密、水密性能应符合 GB/T 7106 的规定。

6.4.1.2 保温性能应符合 GB 50189 和 GB/T 8484 的规定。

6.4.1.3 采光性能应符合 GB/T 11976 的规定。

6.4.2 机械性能

6.4.2.1 应具有机械自锁功能。

6.4.2.2 应具有窗扇关闭拉紧功能，当窗扇处于关闭时，窗扇和窗框之间胶条的压缩量不应小于 3 mm。

6.4.2.3 应具有机械过载保护功能。

6.4.2.4 反复启闭功能：连续启闭 5 次～10 次无异常，无障碍，运行噪声不应大于 65 dB。

6.4.2.5 控制系统失控且环境温度达到设定值时，辅助开启机构应自动运行，窗扇开启。

6.4.2.6 窗扇应在 60 s 内达到设计开启角度。

6.4.3 电气性能

6.4.3.1 通用控制型性能

6.4.3.1.1 电源宜选择 AC220/380 V 或 DC24 V。电压幅值波动范围不应超过额定值的±10%。

6.4.3.1.2 供电系统应符合国家有关消防安全的规定。

6.4.3.1.3 应满足消防联控功能。通过消防控制装置可直接控制排烟天窗的开启或关闭并有感应信号传递到消防控制装置。在任何状态下都应满足消防优先原则。

6.4.3.1.4 带电体与不带电体之间的绝缘电阻应不小于 2 MΩ。

6.4.3.1.5 应具有成组控制功能，同一组排烟天窗应能同时开启或关闭。

6.4.3.1.6 应具有天窗启闭状态显示和失电记忆功能。

6.4.3.1.7 应具有关窗拉紧与保护功能。

6.4.3.1.8 环境温度为－25 ℃～＋85 ℃条件下应能正常工作。

6.4.3.1.9 最大相对湿度为 90%RH 条件下应能正常工作。

6.4.3.2 自动控制型性能

6.4.3.2.1 应同时满足 6.4.3.1 中的规定。

6.4.3.2.2 应具有多种启闭角度的设置功能，实际开启角度与设置开启角度误差不应大于 10%。

6.4.3.2.3 应具有选择启闭功能，可任意选择本组单台或多台开窗机运行，且运行无误。

6.4.3.2.4 应能够显示排烟天窗的运行状态、传感器报警信息、排烟天窗故障信息。

6.4.3.2.5 应设有烟雾、风雨、温度、湿度、粉尘、有害气体等多种传感器接口，实现排烟天窗的自动控制。

6.4.3.3 智能网络控制型性能

6.4.3.3.1 应同时满足 6.4.3.2 中的规定。

6.4.3.3.2 通过网络实现对全区域内排烟天窗远程集中控制，应能实现对任意一组或多组排烟天窗的选择启闭控制。

6.4.3.3.3 通过网络实现对全区域内排烟天窗远程集中监测，应能实现全区域内排烟天窗信息的采集、分析、处理、记录、显示、报警等综合监控功能。

7 试验方法

7.1 结构检验

对6.1内容用目测法检验。

7.2 尺寸检验

对6.2内容用钢卷尺检验。

7.3 外观检验

对6.3内容检验，在自然光或等同光源的条件下，距被测物40 cm～50 cm处用目测法及钢卷尺进行检验。

7.4 性能检验

7.4.1 物理性能检验

对6.4.1.1～6.4.1.3内容依据GB/T 7106、GB/T 8484、GB/T 11976检验。

7.4.2 机械性能检验

7.4.2.1 对6.4.2.1内容检验

在窗扇静止状态下，对窗扇开启边中间位置施加外力，在非破坏力作用下窗扇位置不发生变化。

7.4.2.2 对6.4.2.2内容检验

启动开窗机，使窗扇从开启到关闭状态，当窗扇处于关闭时，检查窗扇和窗框之间胶条的压缩量，连续试验3次。

7.4.2.3 对6.4.2.3内容检验

启动开窗机，在窗扇开启或关闭过程中，对窗扇施加反向外力迫使窗扇停止开启或关闭，窗扇不被破坏。连续试验3次。

7.4.2.4 对6.4.2.4内容检验

启动开窗机，自动运行停止10 s～30 s后再次启动，连续往复运行5次～10次无异常。在正常工作状态下，用A声级噪声测量仪距开窗机1 m处测量噪声，连续测3次，取其平均值。

7.4.2.5 对6.4.2.5内容检验

在温控室中对辅助开启机构进行加温测试，当升温至设定值时，辅助机构应自动运行。

7.4.2.6 对6.4.2.6内容检验

启动开窗机的同时用秒表开始计时,天窗达到设计开启角度并自动停止时结束计时,计时结果不应大于60 s。

7.4.3 电气性能检验

7.4.3.1 通用性能检验

7.4.3.1.1 对6.4.3.1.1内容检验,接入与控制器相适应的电源用电压表检验。

7.4.3.1.2 对6.4.3.1.2内容根据消防要求检验。

7.4.3.1.3 对6.4.3.1.3内容检验,在产品出厂前模拟试验10次以上,均应可靠无误。

7.4.3.1.4 对6.4.3.1.4内容采用绝缘电阻测试仪测量方法检验。

7.4.3.1.5 对6.4.3.1.5内容检验应与7.4.2.4同时进行。

7.4.3.1.6 对6.4.3.1.6内容检验,关断电源开关5 s后,重新合闸供电,控制器开、关状态指示灯所显示状态应与排烟天窗的实际开、关状态相一致。

7.4.3.1.7 对6.4.3.1.7内容检验,用拉力计模拟窗扇和开窗机连接,调整开窗机拉力至关窗拉紧设定值,连续试验5次～10次,其自动停止时的拉力值应不应超过设定值20 N,其安全断电功能应保证可靠无误。

7.4.3.1.8 对6.4.3.1.8、6.4.3.1.9内容检验,依据GB/T 2423.1试验Ab、GB/T 2423.2试验Bb和GB/T 2423.4试验Db规定的测试方法进行试验,应能正常工作。

7.4.3.2 自动控制性能检验

7.4.3.2.1 对6.4.3.2.2内容检验,开启窗扇至设定角度,用钢卷尺测量排烟天窗开口宽度等尺寸,将测量值换算为窗扇启闭角度值。

7.4.3.2.2 对6.4.3.2.3内容检验,在控制器上选择任意樘天窗,操作开启和关闭键,连续运行5次～10次,天窗应正常运行无误。

7.4.3.2.3 对6.4.3.2.4和6.4.3.2.5内容检验,模拟传感器信号输入控制器,用目测法检验。

7.4.3.3 智能网络控制性能检验

对6.4.3.3.2和6.4.3.3.3内容检验,建立网络模拟环境实验区,网络模拟试验环境检验见附录B。分别对排烟天窗的信息采集、分析、处理、记录、显示、报警等综合监控功能进行检测。

8 检验规则

8.1 检验分类

产品检验分出厂检验、型式检验和交付检验。

8.2 出厂检验

8.2.1 检验项目

出厂检验项目应符合表2的规定。产品须经制造厂质量检验部门检验合格,应有合格证方可出厂。

表 2　检验项目

序　号	项目名称	型式检验	交付检验	出厂检验	要　求	检验方法
1	结构	√	—	√	6.1	7.1
2	尺寸偏差	√	—	√	6.2	7.2
3	外观质量	√	—	√	6.3	7.3
4	抗风压、气密、水密性能	√	—	—	6.4.1.1	7.4.1
5	保温性能	√	—	—	6.4.1.2	7.4.1
6	采光性能	√	—	—	6.4.1.3	7.4.1
7	机械自锁性能	√	—	√	6.4.2.1	7.4.2.1
8	窗扇关闭拉紧功能	√	—	√	6.4.2.2	7.4.2.2
9	机械过载保护功能	√	—	√	6.4.2.3	7.4.2.3
10	反复启闭功能	√	—	√	6.4.2.4	7.4.2.4
11	开启状态	√	√	√	6.4.2.6	7.4.2.6
12	电控系统失控火灾自动开启功能	√*	—	—	6.4.2.5	7.4.2.5
13	电源 AC220/380 V 或 DC24 V	√	—	√	6.4.3.1.1	7.4.3.1.1
14	消防要求	√	√	√	6.4.3.1.2	7.4.3.1.2
15	消防联控功能	—	√	√*	6.4.3.1.3	7.4.3.1.3
16	带电体与不带电体之间的绝缘电阻应大于或等于 2 MΩ	√	—	√	6.4.3.1.4	7.4.3.1.4
17	成组控制功能	√	√	√*	6.4.3.1.5	7.4.3.1.5
18	窗启闭状态显示和失电记忆功能	√	—	√	6.4.3.1.6	7.4.3.1.6
19	关窗拉紧与保护功能	√	—	√	6.4.3.1.7	7.4.3.1.7
20	温度环境适应功能	√	—	√	6.4.3.1.8	7.4.3.1.8
21	多种启闭角度的设置功能	√	√	√	6.4.3.2.2	7.4.3.2.1
22	同时启闭、选择启闭的控制功能	√	√	√	6.4.3.2.3	7.4.3.2.2
23	显示排烟天窗的运行状态、传感器报警信息、排烟天窗故障信息	√	—	√	6.4.3.2.4	7.4.3.2.3
24	传感器接口功能检验	√	—	√	6.4.3.2.5	7.4.3.2.4
25	智能网络控制型性能	√	—	—	6.4.3.3	7.4.3.3
26	远程集中控制	√	√	√*	6.4.3.3.2	7.4.3.3.1
27	远程集中监测	√	√	√*	6.4.3.3.3	7.4.3.3.2

注： * 表示模拟试验。

8.2.2　抽样方法与判定规则

从每项工程中不同品种、规格分别随机抽取5%且不应少于三樘，检验结果应全部合格，判定出厂检验合格；如有一项不合格，应加倍抽检，仍不合格，则判定出厂检验不合格。

8.3 型式检验

8.3.1 检验项目

产品型式检验项目应符合表3的规定。

8.3.2 检验时机

有下列情况之一时，应进行型式检验：

a) 新产品定型鉴定或老产品转厂试生产时；
b) 正常生产，当产品的结构、材料、工艺有较大改变，可能影响产品性能时；
c) 产品停产2年以上再恢复生产时；
d) 正常生产时每三年检验一次；
e) 发生重大质量事故时；
f) 国家质量监督机构提出型式检验要求时。

8.3.3 抽样方法与判定规则

从出厂检验合格的产品中随机抽取5%且不应少于三樘，检验结果应全部合格，判定型式检验合格；如有一项不合格，应加倍抽检，仍不合格，则判定型式检验不合格。

8.4 交付检验

应符合附录C的规定。

9 标志、包装、运输和贮存

9.1 标志

在产品明显位置固定产品标牌，标牌上应注明下列内容：

a) 产品名称、规格型号；
b) 产品标准代号；
c) 产品编号及出厂日期；
d) 制造厂名称。

9.2 包装

产品出厂采取分体包装，包装箱外表面标志应符合GB 191的规定，机械传动件应做好防锈处理，包装箱内应附有使用说明书、产品合格证、装箱清单，包装箱外壁应注明：

a) 产品名称、规格型号；
b) 有“小心轻放”、“防潮”、“防雨”等标志；
c) 发站、到站及收货单位。

9.3 运输

产品运输、收发标志按GB/T 6388的规定，在运输过程中不得摔撞，防止雨雪淋湿，窗体组件及窗扇应水平放置。

9.4 贮存

产品及配套件贮存于良好通风的库房中，堆放高度适宜，堆放位置离墙及地面的距离不应小于100 mm。

附 录 A
（资料性附录）
天窗窗型和规格

A.1 天窗窗型示意图

A.1.1 三角型天窗见图 A.1。

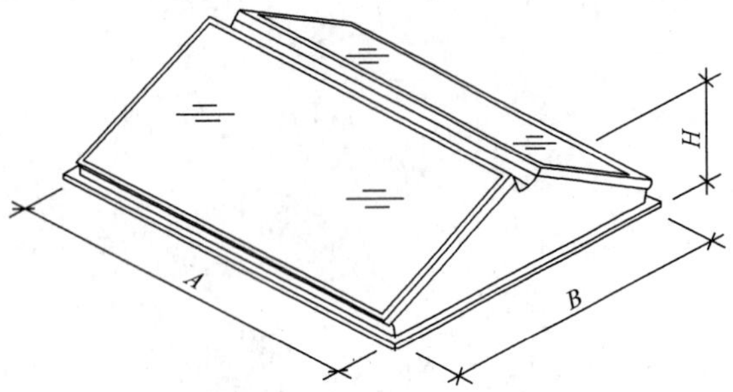

a） 关闭状态

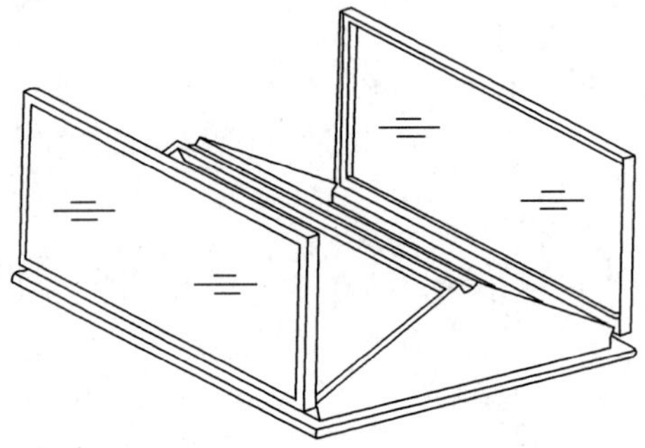

b） 开启状态

说明：
A ——长度；
B ——宽度；
H ——高度。

图 A.1 三角型天窗

A.1.2 平开型天窗见图 A.2。

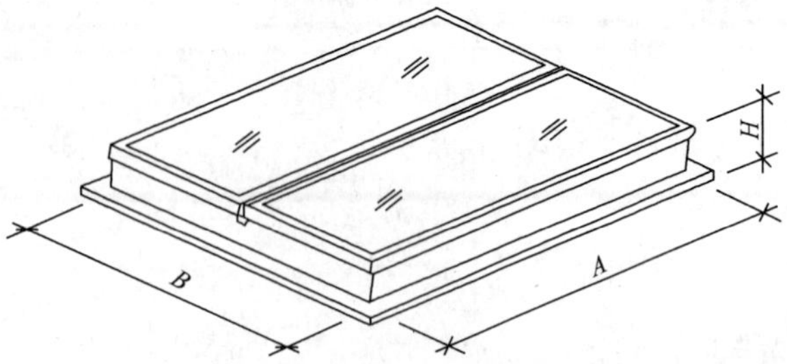

a） 关闭状态

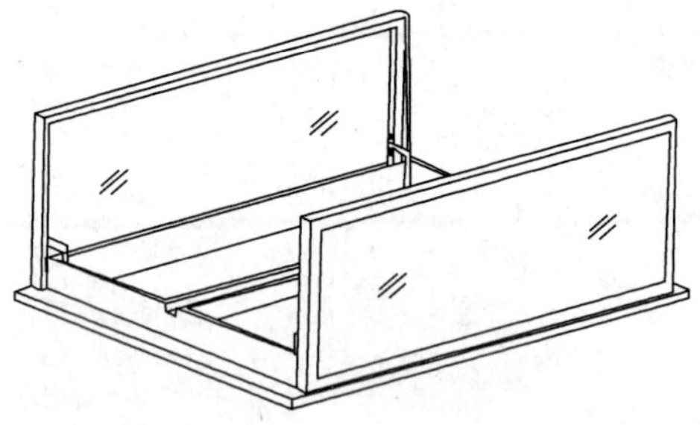

b） 开启状态

说明：
A ——长度；
B ——宽度；
H ——高度。

图 A.2 平型天窗

A.1.3 圆拱型天窗见图 A.3。

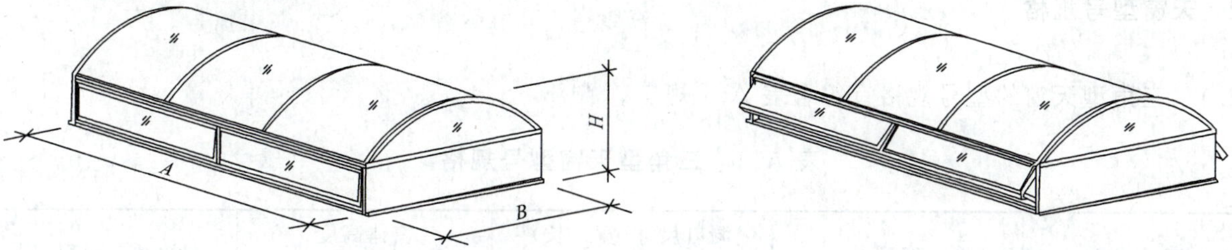

a) 关闭状态　　　　b) 开启状态

说明：

A ——长度；

B ——宽度；

H ——高度。

图 A.3 圆拱型天窗

A.1.4 避风型天窗见图 A.4。

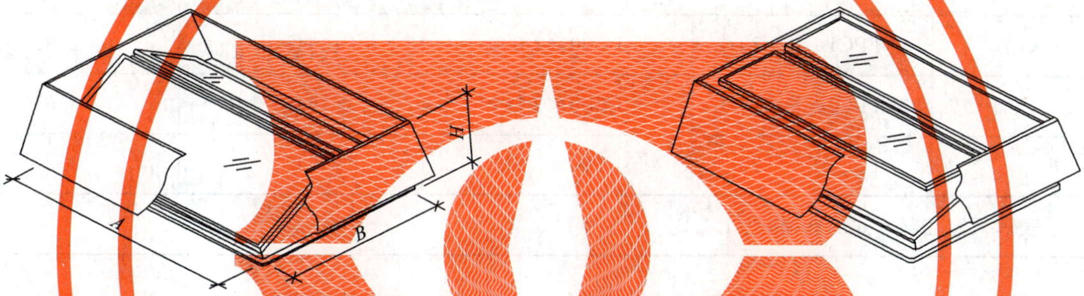

a) 关闭状态　　　　b) 开启状态

说明：

A ——长度；

B ——宽度；

H ——高度。

图 A.4 避风型天窗

A.1.5 侧开型天窗示意见图 A.5。

图 A.5 侧开型天窗示意

A.2 天窗型号规格

A.2.1 三角型天窗的型号规格宜符合表 A.1 规定。

表 A.1 三角型天窗型号规格

序 号	天窗型号	洞口尺寸(宽×长) $B \times A$/mm	窗体高度 H/mm	有效开口面积/m^2
1	TPC1 □-1015	1 000×1 500	500	1.36
2	TPC1 □-1020	1 000×2 000	500	1.82
3	TPC1 □-1215	1 200×1 500	558	1.66
4	TPC1 □-1220	1 200×2 000	558	2.22
5	TPC1 □-1225	1 200×2 500	558	2.80
6	TPC1 □-1520	1 500×2 000	645	2.82
7	TPC1 □-1525	1 500×2 500	645	3.55
8	TPC1 □-1530	1 500×3 000	645	4.20
注：□表示天窗控制方式的选择，见 4.1.2。				

A.2.2 平开型天窗的型号规格宜符合表 A.2 规定。

表 A.2 平开型天窗型号规格

序 号	天窗型号	洞口尺寸(宽×长) $B \times A$/mm	窗体高度 H/mm	有效开口面积/m^2
1	TPC2 □-1015	1 000×1 500	270	1.31
2	TPC2 □-1020	1 000×2 000	270	1.74
3	TPC2 □-1215	1 200×1 500	270	1.61
4	TPC2 □-1220	1 200×2 000	270	2.14
5	TPC2 □-1225	1 200×2 500	270	2.68
6	TPC2 □-1520	1 500×2 000	270	2.74
7	TPC2 □-1525	1 500×2 500	270	3.43
8	TPC2 □-1530	1 500×3 000	270	4.11
注：□表示天窗控制方式的选择，见 4.1.2。				

A.2.3 圆拱型天窗的型号规格宜符合表 A.3 规定。

表 A.3 圆拱型天窗型号规格

序号	天窗型号	洞口尺寸(宽×长) $B \times A$/mm	窗体高度 H/mm	有效开口面积/m²
1	TPC3 □-3060	3 000×6 000	1 260	1.98
2	TPC3 □-3090	3 000×9 000	1 260	2.97
3	TPC3 □-30120	3 000×12 000	1 260	3.96
4	TPC3 □-30180	3 000×18 000	1 260	5.94
5	TPC3 □-4060	4 000×6 000	1 470	2.28
6	TPC3 □-4090	4 000×9 000	1 470	3.42
7	TPC3 □-40120	4 000×12 000	1 470	4.56
8	TPC3 □-40180	4 000×18 000	1 470	6.84
9	TPC3 □-6060	6 000×6 000	1 714	3.12
10	TPC3 □-6090	6 000×9 000	1 714	4.68
11	TPC3□－60120	6 000×12 000	1 714	6.24
12	TPC3 □-60180	6 000×18 000	1 714	9.36
注：□表示天窗控制方式的选择，见 4.1.2。				

A.2.4 避风型天窗的型号规格宜符合表 A.4 规定。

表 A.4 避风型天窗的型号规格

序号	天窗型号	洞口尺寸(宽×长) $B \times A$/mm	窗体高度 H/mm	有效开口面积/m²
1	TPC4 □-1015	1 000×1 500	530	0.98
2	TPC4 □-1020	1 000×2 000	530	1.31
3	TPC4 □-1215	1 200×1 500	588	1.16
4	TPC4 □-1220	1 200×2 000	588	1.55
5	TPC4 □-1225	1 200×2 500	588	1.94
6	TPC4 □-1520	1 500×2 000	675	1.94
7	TPC4 □-1525	1 500×2 500	675	2.39
8	TPC4 □-1530	1 500×3 000	675	2.84
注：□表示天窗控制方式的选择，见 4.1.2。				

A.2.5 侧开型天窗型号规格宜符合表 A.5 的规定。

表 A.5 侧开型天窗型号规格

序　号	天窗型号	洞口高度/mm	窗扇高度/mm	有效开口面积/m^2
1	TPC5 □-1260n	1 200	2×450	0.70×6n
2	TPC5 □-1560n	1500	2×600	0.92×6n
3	TPC5 □-1860n	1 800	2×750	1.15×6n
4	TPC5 □-2460n	2 400	4×450	1.40×6n
5	TPC5 □-3060n	3 000	4×600	1.84×6n

注 1：n 为天窗洞口长度 6 m 的整倍数。

注 2：□表示天窗控制方式的选择，见 4.1.2。

附 录 B
（资料性附录）
网络模拟试验环境检验

B.1 网络模拟环境试验区见图 B.1。

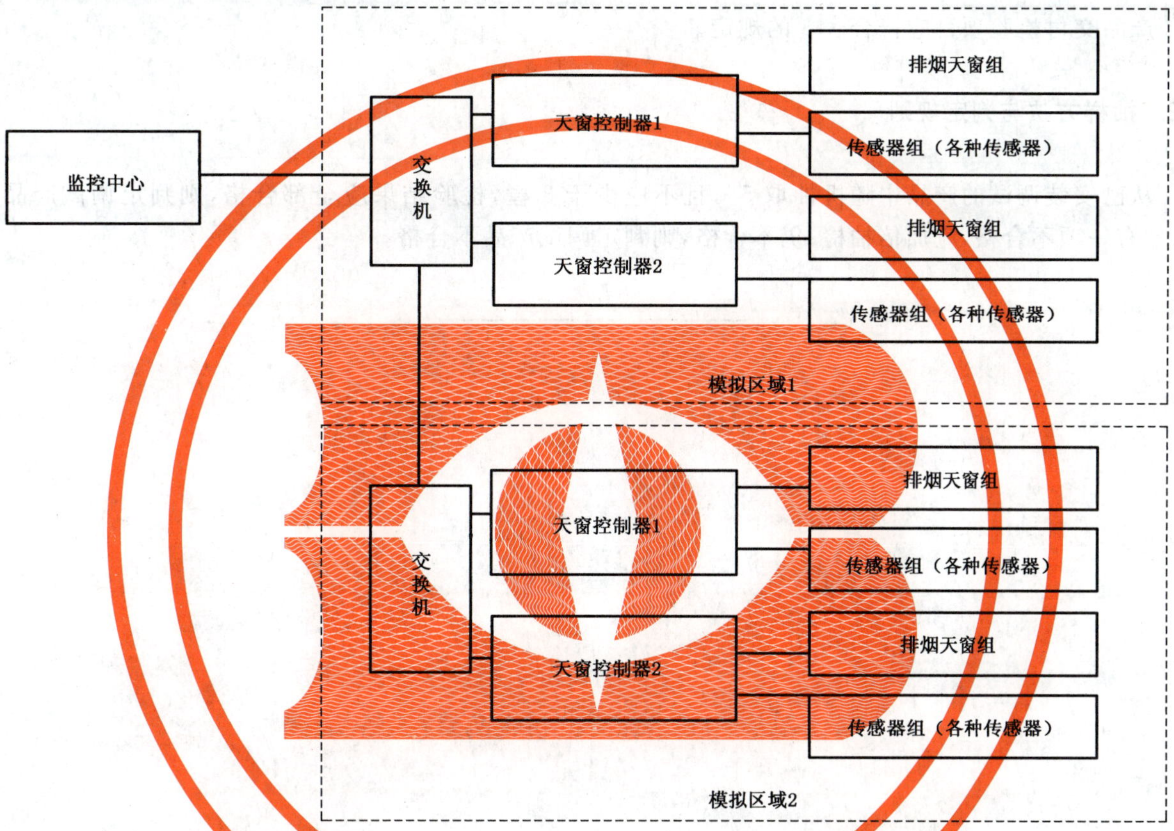

图 B.1 网络模拟环境试验区示意

附　录　C
（规范性附录）
交付检验

C.1　检验项目

产品交付检验项目应符合表3的规定。

C.2　抽样方法与判定规则

从已安装调试的产品中随机抽取5%且不应少于3樘，检验结果应全部合格，则判定调试产品合格；如有一项不合格，应加倍抽检；仍不合格，则判定调试产品不合格。

ICS 91.140.60
P 40

中华人民共和国国家标准

GB/T 28638—2012

城镇供热管道保温结构散热损失测试与保温效果评定方法

Heat loss test for thermal insulation structure and evaluation methods for thermal insulation efficiency of district heating pipes

2012-07-31 发布　　2013-02-01 实施

中华人民共和国国家质量监督检验检疫总局
中国国家标准化管理委员会　发布

前　言

本标准按照GB/T 1.1—2009给出的规则起草。

本标准由中华人民共和国住房和城乡建设部提出。

本标准由全国城镇供热标准化技术委员会(SAC/TC 455)负责归口。

本标准主要起草单位:北京市公用事业科学研究所、北京市建设工程质量第四检测所、北京豪特耐管道设备有限公司、天津市管道工程集团有限公司保温管厂、大连益多管道有限公司、天津建塑供热管道设备工程有限公司、天津市宇刚保温建材有限公司、唐山兴邦管道工程设备有限公司、天津天地龙管业有限公司、北京市直埋保温管厂、青岛热电集团有限责任公司、北京鼎超供热管有限公司、青岛富莱特管道有限公司、河北华孚管道防腐保温有限公司、中国中元国际工程公司。

本标准主要起草人:杨金麟、白冬军、贾丽华、周曰从、刘瑾、江彪、叶连基、阎必行、刘秀清、于春清、李岩曙、冯文亮、邱华伟、叶锡豪、陈洁、王慕翔、段文波、陆君利、胡全喜、高雪、沈旭。

城镇供热管道保温结构散热损失测试与保温效果评定方法

1 范围

本标准规定了城镇供热管道保温结构散热损失测试与保温效果评定的术语和定义、测试方法、测试分级和条件、测试程序、数据处理、测试误差、测试结果评定及测试报告。

本标准适用于供热介质温度小于或等于 150 ℃的热水、供热介质温度小于或等于 350 ℃的蒸汽的城镇供热管道、管路附件以及管道接口部位保温结构散热损失测试与保温效果评定。

2 规范性引用文件

下列文件对于本文件的应用是必不可少的。凡是注日期的引用文件，仅注日期的版本适用于本文件。凡是不注日期的引用文件，其最新版本(包括所有的修改单)适用于本文件。

GB/T 4132 绝热材料及相关术语

GB/T 4272—2008 设备及管道绝热技术通则

GB/T 8174 设备及管道绝热效果的测试与评价

GB/T 10295 绝热材料稳态热阻及有关特性的测定 热流计法

GB/T 10296 绝热层稳态传热性质的测定 圆管法

GB/T 17357 设备及管道绝热层表面热损失现场测定 热流计法和表面温度法

GB 50411 建筑节能工程施工质量验收规范

JJF 1059—1999 测量不确定度评定与表示

EN 12828:2003 建筑物热水供热系统设计(Heating systems in buildings—Design for water-based heating systems)

3 术语和定义

GB/T 4132 和 GB/T 8174 界定的以及下列术语和定义适用于本文件。

3.1

热流传感器的亚稳态 pseudo steady state of heat flux transducer

在两个连续的 5 min 周期内，热流传感器的读数平均值相差不超过 2%时的传热状态。

3.2

实验室测试 test in laboratory

实验室中，模拟供热管道的环境条件和运行工况，所进行的管道保温结构散热损失测试。

3.3

供热管道保温结构表观导热系数 equivalent thermal conductivity of thermal insulation construction for heating pipeline

实验室测试时，由供热管道上测定的热流密度、工作管表面温度和外护管表面温度计算所得的保温结构绝热层导热系数。

4 测试方法

4.1 热流计法

4.1.1 采用热阻式热流传感器(热流测头)和测量指示仪表,直接测量供热管道保温结构的散热热流密度。当热流 Q 垂直流过热流传感器时,散热热流密度按式(1)计算:

$$q = c \times E \qquad \cdots\cdots(1)$$

式中:

q——散热热流密度,单位为瓦每平方米(W/m^2);

c——测头系数,单位为瓦每平方米毫伏[$W/(m^2 \cdot mV)$];

E——热流传感器的输出电势,单位为毫伏(mV)。

4.1.2 测头系数值应按 GB/T 10295 的方法,经标定后给出。可绘制出系数 $c(c=q/E)$ 与被测表面温度(视作热流传感器的温度)的标定曲线,该曲线应表示出工作温度和热流密度的范围。

4.1.3 热流计法的使用范围应符合下列规定:

a) 适用于现场和实验室的测试;

b) 适用于架空、地沟和直埋敷设的供热管道的测试;

c) 适用于保温结构内外表面存在一定温差、环境条件变化对测试结果产生的影响小、保温结构散热较均匀的代表性管段上进行的测试。

4.1.4 测试方法应按 GB/T 17357 的规定执行。

4.1.5 热流传感器的贴附应符合下列规定:

a) 热流传感器应与热流方向垂直,且热流传感器表面应处于等温面中;

b) 热流传感器宜预先埋设在保温结构的内部,不具备内部设置条件时,可贴附在保温结构的外表面;

c) 在保温结构外表面贴附时,热流传感器与被测表面的接触应良好。贴附表面应平整、无间隙和气泡;

d) 贴附前应清除贴附表面的尘土,在贴附面涂敷适量减小附着热阻的热接触材料,并可使用压敏胶带或弹性圈等材料压紧。热接触材料可采用黄油、硅脂、导热脂、导热环氧树脂等;

e) 在架空或管沟敷设的供热管道保温结构外表面贴附时,热流传感器表面的热发射率(表面黑度)应与被测管道表面的热发射率保持一致。当热流传感器表面的热发射率与被测管道表面的热发射率不一致时,可在传感器表面涂敷与被测表面热发射率相近的涂料或贴附热发射率相近的薄膜;当不能用上述方法进行处理时,则应按附录 A 给出的修正系数和公式对测试结果进行修正;

f) 保温结构外表面热发射率宜采用实际测试值,也可参照附录 B 的列表选定;

g) 直埋供热管道散热损失测试时,宜将传感器设置在保温结构外护管内。当地下水位较高,且在保温结构外表面贴附传感器时,应对热流传感器及其接线处采取防水措施,热接触面间不得有水渗入。

4.1.6 当热流传感器贴附部位的温度高于或低于传感器标定的温度时,应按产品检定证书给定的标定系数,按式(2)对仪表显示的热流密度值进行修正:

$$q_t = s \times q' \qquad \cdots\cdots(2)$$

式中:

q_t——实际热流密度,单位为瓦每平方米(W/m^2);

s——热流传感器产品检定证书给定的与标定温度偏离时的修正系数;

q'——仪表显示的热流密度值，单位为瓦每平方米(W/m^2)。

4.1.7 热流传感器输出电势的测量指示仪表或计算机输入转换模块的准确度应与热流传感器的准确度相匹配。当测定的热流密度因环境影响而波动时，宜使用累积式仪表。

4.1.8 现场应用热流传感器测定热流密度时，应符合下列规定：

a) 测试应在一维稳态传热条件下进行；

b) 应在达到亚稳态条件时读取测定数据；

c) 现场风速不应大于 0.5 m/s，不能满足时应设挡风装置；

d) 传感器不应受阳光直接辐射，宜选择阴天或夜间进行测定，或加装遮阳装置；

e) 不应在雨雪天气时进行测定。

4.1.9 测试现场环境温度、湿度的测点应在距热流密度测定位置 1 m 远处，且不得受其他热源的影响。

4.1.10 测试现场地温的测点应在距热流密度测定位置 10 m 远处，且在相同埋深的自然土壤中。

4.2 表面温度法

4.2.1 通过测定保温结构外表面温度、环境温度、风向和风速、表面热发射率及保温结构外形尺寸，散热热流密度按式(3)计算：

$$q=\alpha(t_W-t_F) \qquad \cdots\cdots(3)$$

式中：

α——总放热系数，单位为瓦每平方米·开[$W/(m^2 \cdot K)$]；

t_W——保温结构外表面温度，单位为开(K)；

t_F——环境温度，单位为开(K)。

4.2.2 总放热系数应按附录 C 的规定计算。

4.2.3 表面温度法的使用范围应符合下列规定：

a) 适用于现场和实验室的测定；

b) 适用于架空、地沟敷设的供热管道的测试。

4.2.4 测试方法应按 GB/T 17357 的规定执行。

4.2.5 保温结构外表面温度的测定可采用表面温度计法、热电偶法、热电阻法或红外辐射测温仪法。

4.2.5.1 表面温度计法直接测定保温结构的外表面温度应符合下列规定：

a) 表面温度计应采用热容小、反应灵敏、接触面积大、热阻小、时间常数小于 1 s 的传感器；

b) 表面温度计的传感器应与被测表面保持紧密接触；

c) 应减少对传感器周围被测表面温度场的干扰。

4.2.5.2 热电偶法应符合下列规定：

a) 热电偶丝的直径不应大于 0.4 mm，其表面应有良好绝缘层；

b) 热电偶与被测表面的接触良好，应采用以下的贴附方式：

1) 加集热铜片的贴附方式：将热电偶焊接在导热性好的集热铜片上，再将其整体贴附在被测表面上，如图 1a)所示；

2) 表面接触贴附方式：将热电偶沿被测表面紧密接触 10 mm～20 mm，如图 1b)所示；

3) 嵌入贴附方式：将热电偶嵌入被测表面上开凿的紧固槽或孔中，如图 1c)所示；

4) 埋入贴附方式：将热电偶端部的结点埋入被测体 3 mm～5 mm，如图 1d)所示。

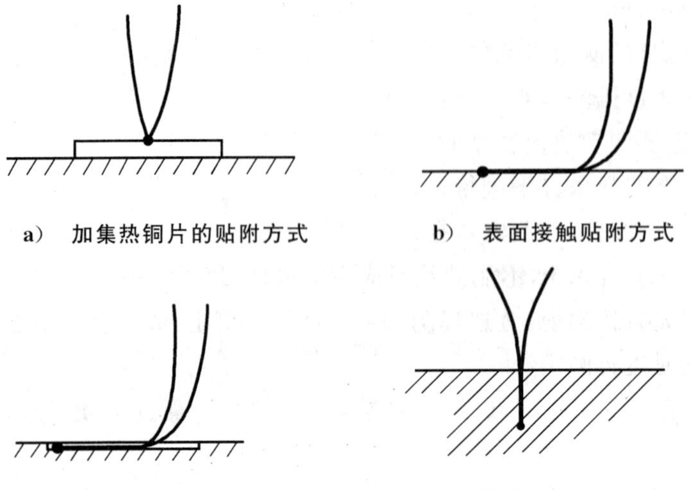

a） 加集热铜片的贴附方式　　b） 表面接触贴附方式

c） 嵌入贴附方式　　d） 埋入贴附方式

图 1　热电偶贴附方式

c） 应采用毫伏计、电位差计或计算机输入转换摸块读取测定值，并应进行参比端温度补偿。

4.2.5.3　热电阻法应符合下列规定：

a） 热电阻护套应紧密贴附在被测温度表面，使热电阻与被测表面接触良好；

b） 采用三线制测量线路，接入桥式或电位差的二次显示仪表，或接入计算机输入转换模块读取测定值。

注：热电阻法宜采用 Pt100B 级工业用热电阻。

4.2.5.4　红外辐射测温仪法应符合下列规定：

a） 采用非接触式红外辐射测温仪测定保温结构外表面温度时，应按仪表使用要求正确选择测温仪与被测点的距离及发射角；

b） 当保温结构外表面为有机材料或油漆和氧化表面时，应对被测表面比辐射率及环境辐射进行修正，应按仪表使用要求调整仪表的发射率读数。

4.2.6　环境温度的测定应使用符合精度等级要求的温度计，同步测定保温结构表面温度和环境温度，并按下列条件选择环境温度测点位置：

a） 架空敷设的供热管道，环境温度应在距保温结构外表面 1 m 处测定空气的温度；

b） 地沟敷设的供热管道，环境温度应在环地沟内壁附近测定平均空气温度。

4.2.7　环境风速测定应使用符合精度等级要求的风速仪，在测量保温结构外表面温度时，同步测量风向和风速。

4.3　温差法

4.3.1　通过测定供热管道保温结构各层材料厚度、各层分界面上的温度、以及各层材料在使用温度下的导热系数，计算保温结构的散热热流密度。

4.3.1.1　架空和地沟敷设的单层保温结构供热管道，散热热流密度和单位长度线热流密度按式(4)和式(5)计算：

$$q=\frac{q_1}{\pi D} \quad \cdots\cdots(4)$$

$$q_1=\frac{(t-t_W)}{\frac{1}{2\pi\lambda}\times\ln(\frac{D}{d})} \quad \cdots\cdots(5)$$

式中：

q_l ——单位长度线热流密度，单位为瓦每米(W/m)；

λ ——保温材料在使用温度下的导热系数，单位为瓦每米·开[W/(m·K)]；

t ——工作钢管中介质温度，单位为开(K)；

d ——保温层内径(可视为工作钢管外径)，单位为米(m)；

D ——保温结构外径，单位为米(m)。

4.3.1.2 架空和地沟敷设的多层保温结构供热管道，热流密度和单位长度线热流密度按式(4)和式(6)计算：

$$q_l = \frac{t - t_W}{\sum_{i=1}^{n} \frac{1}{2\pi\lambda_i} \ln \frac{d_i}{d_{i-1}}} \qquad \cdots\cdots(6)$$

式中：

λ_i ——第 i 层保温材料在使用温度下的导热系数，单位为瓦每米·开[W/(m·K)]；

d_i ——第 i 层保温材料外径，单位为米(m)；

d_{i-1}——第 i 层保温材料内径，单位为米(m)；

n ——保温材料层数。

4.3.1.3 直埋供热管道的保温结构，热流密度和单位长度线热流密度计算，按式(4)和式(7)计算：

$$q_l = \frac{t - t_{SE}}{R_l + R_E} \qquad \cdots\cdots(7)$$

式中：

t_{SE} ——直埋管道周边环境温度(当 $H_E/D \leqslant 2$ 时，取地表大气温度；当 $H_E/D > 2$ 时，取直埋管道中心处地温)，单位为开(K)；

H_E ——直埋管道中心至地表面深度，单位为米(m)；

R_l ——管道保温结构综合热阻，单位为米·开每瓦(m·K/W)；

R_E ——直埋管道周围土壤热阻，单位为米·开每瓦(m·K/W)。

a) 管道保温结构综合热阻按式(8)计算：

$$R_l = \frac{1}{2\pi} \times \sum_{i=1}^{n} \left(\frac{1}{\lambda_i} \times \ln \frac{d_i}{d_{i-1}} \right) \qquad \cdots\cdots(8)$$

b) 直埋管道周围土壤热阻按式(9)和式(10)计算：

1) 当 $H_E/D \leqslant 2$ 时：

$$R_E = \frac{1}{2\pi \times \lambda_E} \times \operatorname{ar\,cosh} \frac{2H_E}{D} \qquad \cdots\cdots(9)$$

2) 当 $H_E/D > 2$ 时，可简化为：

$$R_E = \frac{1}{2\pi \times \lambda_E} \times \ln \frac{4 \times H_E}{D} \qquad \cdots\cdots(10)$$

式中：

λ_E ——实测土壤导热系数，单位为瓦每米·开[W/(m·K)]。

4.3.2 温差法的使用范围应符合下列规定：

a) 适用于现场和实验室的测试；

b) 适用于供热管道保温结构预制时及现场施工时预埋测温传感器的测试。

4.3.3 稳态传热时，保温材料首层内表面与工作钢管接触良好的条件下，供热管道内的介质温度可视为保温材料首层内表面温度。

4.3.4 当保温结构外护管较厚时，应将外护管作为保温结构中的一层来计算热流密度。

4.3.5 保温结构各层界面的温度可采用预埋的热电偶或热电阻测量，并应符合4.2.5.2和4.2.5.3的规定。测得的各层温度平均值，可作为该层保温材料导热系数实测时的使用温度。

4.3.6 直埋供热管道保温结构中温度传感器在外护管上的引线穿孔应进行密封，不得渗漏。

4.3.7 保温结构的各层外径，应为测试截面处的实际结构尺寸。

4.3.8 保温结构各层保温材料导热系数的确定，应在实际被测供热管道的保温结构中取样，并分别按实际平均工作温度测定。

4.3.9 直埋供热管道的土壤导热系数，应取管道工程现场的土壤试样测定。

4.4 热平衡法

4.4.1 在供热管道稳定运行工况下，现场测定被测管段的介质流量、管段起点和终点的介质温度和(或)压力，根据焓差法或能量平衡原理，计算该管段的全程散热损失值。

4.4.1.1 对于管段全程均为过热蒸汽的供热管道，全程散热损失按式(11)计算：

$$Q=0.278\ G_q\times(h_1-h_2) \qquad \cdots\cdots(11)$$

式中：

Q ——管段的全程散热损失，单位为瓦(W)；

G_q ——蒸汽质量流量，单位为千克每小时(kg/h)；

h_1、h_2——据蒸汽参数查得的被测管段进出口蒸汽比焓，单位为千焦每千克(kJ/kg)。

4.4.1.2 对于管段中有饱和蒸汽及冷凝水的供热管道，全程散热损失(冷凝水回收时，按实际计量的回收热量确定)按式(12)计算：

$$Q=0.278\times(G_{q1}\times h_1-G_{q2}\times h_2) \qquad \cdots\cdots(12)$$

式中：

G_{q1}、G_{q2}——管段进出口处测得的蒸汽质量流量，单位为千克每小时(kg/h)。

4.4.1.3 对于热水供热管道，可用测定的热水流量和管段进、出口热水温度和焓值，按式(11)计算全程散热损失，也可按式(13)计算：

$$Q=0.278\ G_s\times(c_1\times t_1-c_2\times t_2) \qquad \cdots\cdots(13)$$

式中：

G_s ——热水质量流量，单位为千克每小时(kg/h)；

c_1、c_2——据热水温度查得的被测管段进出口热水比热容，单位为千焦每千克·开[kJ/(kg·K)]；

t_1、t_2——被测管段进出口热水温度，单位为开(K)。

4.4.2 热平衡法的使用范围应符合下列规定：

a) 无支管、无途中泄漏和排放的供热管线或管段；

b) 架空、地沟和直埋敷设的供热管道保温结构散热损失测试；

c) 具有一定传输长度和一定介质温降的供热管道保温结构散热损失的现场测试，对于管段全程温降较小，测温传感器精度和分辨率不满足要求时，不应采用热平衡法。

4.4.3 被测管段进出口处应按测试等级精度要求设置流量、温度和(或)压力测量仪表。当使用管段进出口处已安装的仪表时，应检验其精度和有效性。

4.5 实验室测试

4.5.1 实验室模拟环境和运行条件下的供热管道保温结构散热损失测试方法，应按GB/T 10296的规定执行。

4.5.2 实验室测试的使用范围应符合下列规定：

a) 适用于架空、地沟和直埋敷设的供热管道保温结构散热损失的模拟测试，可作为提供保温结构设计计算和材料选择的依据；

b) 适用于对工程现场所采用的保温管道产品进行保温效果的检验测试和评定；

c) 适用于对保温管道生产企业的保温管道产品进行型式检验，可用作管道保温性能和加速老化性能测试。

4.5.3 实验室测试系统的加热热源，应设置对工作钢管内的介质温度调节、控制装置，并应符合下列规定：

a) 最高温度应大于或等于 350 ℃；

b) 温度控制精度应小于或等于±0.5 ℃。

4.5.4 实验室测试系统的恒温小室应符合下列规定：

a) 室内空气温度调节范围为 10 ℃～35 ℃，控制精度应小于或等于±1 ℃；

b) 室内空气相对湿度的调节范围为 30%RH～60%RH，控制精度应小于或等于±5%；

c) 测试段处的风速应小于或等于 0.5 m/s。

4.5.5 当被试验管道工作管的直径小于 500 mm 时，试验管段长度宜为 3 m；当工作管直径大于或等于 500 mm 时，试验管段长度应大于或等于 5 m。

4.5.6 在被试验管段保温结构的两端，距端头大于或等于 0.5 m 处，应按 GB/T 10296 的规定，采取隔缝防护。

4.5.7 在被试验管段中间选择 1 个～2 个垂直于管段轴线的测试截面，2 个测试截面的间距应为 100 mm～200 mm。

4.5.8 选择并列 2 个测试截面时，管段散热损失应取 2 个截面测试结果的平均值。

4.5.9 实验室模拟环境和运行条件下，宜采用热流计法直接测得架空、地沟敷设管道保温结构的散热损失。

4.5.10 对于直埋供热管道，实验室测试的结果还应按下列方法换算为直埋供热管道的散热损失，并应符合下列规定：

a) 由实验室测试中测得的管道保温结构单位长度线热流密度可用式(14)表达，并按式(15)计算保温结构的表观导热系数：

$$q_{l,av}=\frac{t-t_w}{\frac{1}{2\pi\lambda_p}\times\ln(\frac{D}{d})} \quad \cdots\cdots(14)$$

$$\lambda_p=\frac{q_{l,av}\times\ln(\frac{D}{d})}{2\pi\times(t-t_w)} \quad \cdots\cdots(15)$$

式中：

$q_{l,av}$——试验管段单位长度线热流密度，单位为瓦每米(W/m)；

λ_p ——试验管段保温结构的表观导热系数，单位为瓦每米·开[W/(m·K)]。

b) 直埋供热管道单管敷设时，散热损失按式(7)计算；

1) 管道保温结构综合热阻 R_l 按式(16)计算：

$$R_l=\frac{1}{2\pi\lambda_p}\times\ln\frac{D}{d} \quad \cdots\cdots(16)$$

2) 土壤热阻 R_E 应按式(9)或式(10)计算。

c) 直埋供热管道双管敷设时，散热损失按式(17)计算：

$$q_l=\frac{t-t_{SE}}{R_l+R_E+R_S} \quad \cdots\cdots(17)$$

式中：

R_S ——直埋管道双管敷设，因相互间温度场的影响产生的附加热阻，单位为米·开每瓦(m·K/W)。

1) 两条管道的附加热阻按式(18)和式(19)计算。

第一条管道的附加热阻：

$$R_{S1}=\frac{(t_{O2}-t_g)\times R_{I1}-(t_{O1}-t_g)\times R_{S12}}{(t_{O1}-t_g)\times R_{I2}-(t_{O2}-t_g)\times R_{S12}}\times R_{S12} \qquad (18)$$

式中：

R_{S1} ——第一条管道的附加热阻,单位为米·开每瓦(m·K/W)；

t_{O1} ——第一条管道的介质温度,单位为开(K)；

t_{O2} ——第二条管道的介质温度,单位为开(K)；

t_g ——直埋管道中心埋深处的土壤自然温度,单位为开(K)；

R_{I1} ——第一条管道保温结构综合热阻,单位为米·开每瓦(m·K/W)；

R_{I2} ——第二条管道保温结构综合热阻,单位为米·开每瓦(m·K/W)；

R_{S12} ——双管敷设相互影响系数,单位为米·开每瓦(m·K/W)。

第二条管道的附加热阻：

$$R_{S2}=\frac{(t_{O1}-t_g)\times R_{I2}-(t_{O2}-t_g)\times R_{S12}}{(t_{O2}-t_g)\times R_{I1}-(t_{O1}-t_g)\times R_{S12}}\times R_{S12} \qquad (19)$$

式中：

R_{S2}——第二条管道的附加热阻,单位为米·开每瓦(m·K/W)。

2) 双管敷设相互影响系数按式(20)和式(21)计算：

两条管道埋深相同时：

$$R_{S12}=\frac{\ln\sqrt{1+(2H_E/S)^2}}{2\pi\lambda_E} \qquad (20)$$

式中：

S ——两条管道的中心距,单位为米(m)。

两条管道埋深不同时：

$$R_{S12}=\frac{\ln\sqrt{[S^2+(H_{E1}+H_{E2})^2]/[S^2+(H_{E1}-H_{E2})^2]}}{2\pi\lambda_E} \qquad (21)$$

式中：

H_{E1}——第一条管道中心至地表深度,单位为米(m)；

H_{E2}——第二条管道中心至地表深度,单位为米(m)。

4.5.11 管道直埋时的实际保温结构外护管的表面温度,可根据实验室测试结果按式(22)计算：

$$t_W=t-q_1\times R_1 \qquad (22)$$

5 测试分级和条件

5.1 测试分级

5.1.1 现场测试选级应符合下列规定：

a) 采用新技术、新材料、新结构的供热管道鉴定测试,执行一级测试；

b) 供热管道新建、改建、扩建及大修工程的验收测试,执行二级以上的测试；

c) 供热工程的普查和定期监测,执行三级以上的测试。

5.1.2 实验室测试选级应符合下列规定：

a) 预制供热管道的生产鉴定,执行一级测试；

b) 预制供热管道的现场(包括施工和生产)抽样检测,执行二级以上的测试。

5.2 测试条件

5.2.1 一级测试应采用不少于两种的测试方法，并对照、同步进行；二级、三级测试可采用一种测试方法。

5.2.2 一级测试的测试截面和传感器的布置密度应相对二、三级测试的大。

5.2.3 不同等级的测试应选用相应等级准确度要求的测试仪器、仪表。

5.3 测试仪器、仪表

不同测试等级所选用的仪器、仪表及其准确度应符合表1的规定。

表1 测试用仪器、仪表的准确度

测试项目	测试仪器、仪表	单位	准确度		
			一级	二级	三级
外形尺寸	钢直尺、钢卷尺	mm	0.5	1.0	1.0
介质温度	温度计	℃	0.1	0.2	0.5
介质压力	压力表	%	0.4	1.0	1.0
热水流量	流量计	%	0.5	1.0	1.5
蒸汽流量	流量计	%	1.0	1.5	1.5
保温层厚度	游标卡尺	mm	0.02	0.02	0.02
保温层界面温度	热电偶、热电阻	℃	0.5	1.0	1.0
保温材料导热系数	导热仪	%	3	5	5
材料重量	天平，秤	g	0.1	0.5	1.0
外表面温度	热电偶、热电阻	℃	0.5	1.0	1.0
	表面温度计	℃	0.5	1.0	1.0
	红外测温仪	℃	0.5	1.0	1.0
材料辐射率	辐射率测量仪	%	2.0	2.0	2.0
热流密度	热流计	%	4	6	8
环境温度、地温	温度计	℃	0.5	1.0	1.0
空气相对湿度	湿度仪	%	5	10	10
环境风速	风速仪	%	5	10	10

6 测试程序

6.1 测试准备

6.1.1 按测试任务性质和要求确定测试等级。

6.1.2 对现场测试的供热管道进行调查，内容包括敷设方式、管线布置、保温结构类型与尺寸、管道总长度、管道运行工况和参数、施工及投产日期、土壤条件、气象资料等，并将相关资料录入附录D的表中。

6.1.3 结合测试任务及现场调查结果制订测试方案，并应符合下列规定：

a) 制订测试计划、确定测试人员；

b) 确定测试方法及相应测定参数；

c) 确定测试截面位置和测点传感器布置方案。

6.1.4 编制测试程序软件和记录表格。

6.2 现场测试截面和测点布置

6.2.1 测试截面的布置应符合下列规定：

a) 对于较复杂的供热管网，应按管道直径、分支情况、保温结构类型，分成不同的测试管段。每一管段应在首末端各设置一个直管段测试截面，并按管段实际长度、保温结构状况和测试等级要求，在其间再选择若干个直管段测试截面；

b) 每一管段中的管道接口处测试截面和管路附件处测试截面不应少于一个；

c) 架空敷设的水平和竖直供热管道，应分别选取测试截面。

6.2.2 每一测试截面上沿管道周向的测点布置应符合下列规定：

a) 供热管道架空敷设时，测点布置如图2所示；

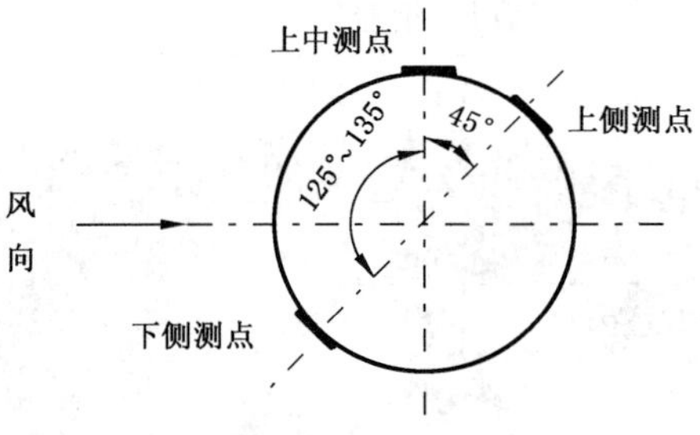

图2 架空敷设测点布置

b) 供热管道地沟敷设或直埋单管敷设时，测点布置可按图2或其垂直对称位置布置；

c) 供热管道双管敷设时，测点布置如图3所示；

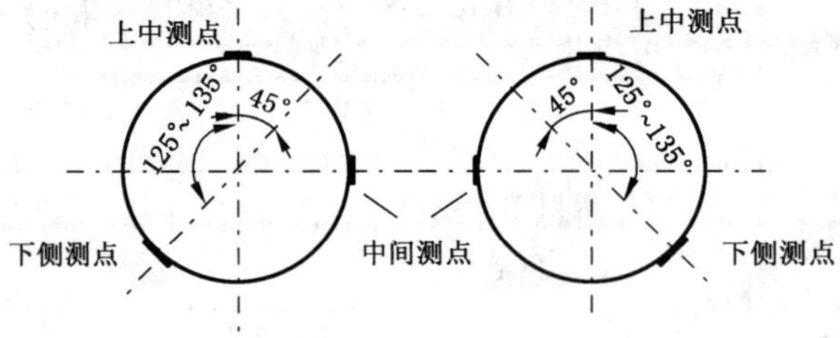

图3 双管敷设测点布置

d) 一级测试和被测管道的工作管直径大于500 mm时，应预先选择不少于一个有代表性的测试截面，沿周向均匀设置8个测点，布置测试传感器进行预备测试。依照预备测试得出的管道保温结构表面热流和温度场分布结果，按热流密度平均值相等的原则合理确定测点的数量和位置。对于管道工作管直径大于500 mm的二、三级测试，可采用在图2和图3上各测点的对称位置处，增加3个测点的布置方案。

6.2.3 选配测试仪表，并校核其计量检定有效性。

6.2.4 清理管道的测点位置表面，测试传感器的设置过程中应保持保温结构的原来状态。对于现场开挖或剖开保温结构设置传感器的直埋管道，应按原始状态恢复保温结构，并按填埋要求及时回填。

6.3 实验室测试的测点布置

6.3.1 当被测管道的工作管直径小于500 mm时，应在测试管段中间相距100 mm～200 mm处选取两个测试截面，按6.2.2a)或b)的要求布置测点。

6.3.2　当被测管道的工作管直径大于或等于500 mm时，应在测试管段中间相距500 mm处选取两个测试截面，沿周向均匀设置8个测点。

6.4　稳态传热条件下的测试

6.4.1　各测试截面的测试传感器贴附完毕后(对于直埋管道还应符合6.2.4的规定)，管道应按设计的额定工况(或接近额定工况)稳定连续运行不少于72 h。

6.4.2　连接测试数据采集系统，检查管道运行工况和测试截面处的测定数据是否稳定。可选择有代表性的测试截面进行预备测试，读取热流传感器的数据，观察测定数据的变化情况。

6.4.3　确认已达到亚稳态条件后，开始正式测试，采集和记录数据。

6.4.4　数据采集应每分钟1次，连续记录10 min。

7　数据处理

7.1　数据整理

7.1.1　应将采集的可疑数据剔出，并标明原因。

7.1.2　同一测试截面相同参数所测数据，应按算术平均值的方法计算该参数值。

7.1.3　不同的测试方法应按对应的计算公式计算各测试截面处的平均热流密度值。

7.2　结果计算

7.2.1　被测同一管径管道直管段全长的平均线热流密度为该管道各个直管段测试截面处的线热流密度平均值和该管道直管段全长上的散热损失，分别按式(23)和式(24)计算：

$$\bar{q}_1=\frac{\sum_{i}^{j}\pi D\times q_i}{j} \qquad \cdots\cdots(23)$$

$$Q_1=\bar{q}_1\times L_1 \qquad \cdots\cdots(24)$$

式中：

$\bar{q}_1$——直管段全长的平均线热流密度，单位为瓦每米(W/m)；

q_i——第i个直管段测试截面处的平均热流密度，单位为瓦每平方米(W/m²)；

j——直管段测试截面个数；

Q_1——被测管道直管段全长上的散热损失，单位为瓦(W)；

L_1——被测直管段全长，单位为米(m)。

7.2.2　同一管径管道接口处保温结构的散热损失测试，应在测得被测接口处的热流密度q_r后，全管段接口处的总散热损失按式(25)计算：

$$Q_{r,1}=\pi D\times q_r\times l\times m \qquad \cdots\cdots(25)$$

式中：

$Q_{r,1}$——全管段接口处总散热损失，单位为瓦(W)；

q_r——被测接口处热流密度，单位为瓦每平方米(W/m²)；

l——一个接口处保温结构长度，单位为米(m)；

m——接口数量。

7.2.3　供热管道中的阀门、管路附件的热流密度计算应符合下列规定：

a)　当采用热流计法时，直接测得散热热流密度；

b)　当测得的数据是阀门、管路附件的表面温度时，应符合下列规定：

1） 对于架空和管沟敷设的管道可采用实测的表面温度算术平均值，按表面温度法计算热流密度；

2） 对于直埋的阀门、管路附件可采用实测的表面温度算术平均值和实测的土壤温度、土壤导热系数值，按温差法计算出热流密度，再按阀门、管路附件的实际表面积折算出相对于该管道的当量长度，计算出该当量长度上的散热热流密度。并按实际数量计算出所有阀门、管路附件的总散热损失。

7.2.4 供热管道保温结构局部破损处的散热损失，应根据破损面积和实测表面温度的算术平均值，按表面温度法计算出热流密度和散热损失。

7.2.5 热平衡法测试结果即为管段全长的散热损失，其平均线热流密度按式(26)、式(27)和式(28)计算：

a） 蒸汽管道：

$$\bar{q}_l = \frac{0.278\, G_q(h_1 - h_2)}{L} \qquad \cdots\cdots(26)$$

或

$$\bar{q}_l = \frac{0.278 \times (G_{q1} \times h_1 - G_{q2} \times h_2)}{L} \qquad \cdots\cdots(27)$$

式中：

L ——被测管段长度，单位为米(m)。

b） 热水管道：

$$\bar{q}_l = \frac{0.278\, G_s(c_1 t_1 - c_2 t_2)}{L} \qquad \cdots\cdots(28)$$

7.2.6 年或供热周期平均温度条件下的热流密度值，应根据实测的热流密度、介质温度和环境温度，按式(29)计算：

$$q_m = q_0 \times \frac{t_0 - t_m}{t_0' - t_n} \qquad \cdots\cdots(29)$$

式中：

q_m ——年或供热周期平均温度条件下的热流密度相应值，单位为瓦每平方米(W/m^2)；

q_0 ——实测热流密度，单位为瓦每平方米(W/m^2)；

t_0 ——当地年或供热周期内平均介质温度，单位为开(K)；

t_0' ——测试时的介质温度，单位为开(K)；

t_m ——当地年或供热周期内平均环境温度(空气温度或地温)，单位为开(K)；

t_n ——测试时的环境温度(空气温度或地温)，单位为开(K)。

7.2.7 被测管段总散热损失按式(30)计算：

$$Q_b = Q_l + Q_{r,1} + Q_{r,2} + Q_{r,3} \qquad \cdots\cdots(30)$$

式中：

Q_b ——被测管段总散热损失，单位为瓦(W)；

$Q_{r,2}$ ——被测管段上全部阀门、管路附件的散热损失，单位为瓦(W)；

$Q_{r,3}$ ——被测管段保温结构破损处的散热损失，单位为瓦(W)。

7.2.8 管网总散热损失应为各管段散热损失之和，按式(31)计算：

$$Q_m = \sum_{i=1}^{k} Q_{bi} \qquad \cdots\cdots(31)$$

式中：

Q_m ——管网总散热损失，单位为瓦(W)；

Q_{bi} ——第 i 管段的散热损失，单位为瓦(W)；

k ——管网中的被测管段数。

7.2.9 将经过误差分析的测试结果和计算值录入附录E数据表中。

8 测试误差

8.1 误差分析

8.1.1 测试误差来源于仪表误差、测试方法误差、测试操作及读数误差、运行工况不稳定及环境条件变化形成的误差等。

8.1.2 若出现的误差较大,又较难做出分析时,应采用多种测试方法对比测试,或一种测试方法的重复测试,以确定测试误差和重复性误差。

8.2 误差范围

8.2.1 一级测试应按JJF 1059—1999对各参数的测定做出测量不确定度分析,按照A类和B类评定方法计算合成不确定度,并给出扩展不确定度评定。测试结果的综合误差不应超过10%,重复性测试误差不应超过5%。

8.2.2 二级测试应做出误差估计,测试结果的综合误差不应超过15%,重复性测试误差不应超过8%。

8.2.3 三级测试可不作误差分析和误差估计,但重复性测试误差不应超过10%。

9 测试结果评定

9.1 评定依据

9.1.1 供热管道保温结构散热损失测试结果的评定,以下列三条要求中的一条为依据。

9.1.1.1 供热管道设计对保温结构最大允许散热损失值的要求。

9.1.1.2 测试委托协议或合同书中确定的对供热管道保温结构最大允许散热损失要求。

9.1.1.3 附录F中列出的供热管道保温结构允许最大散热损失值。

9.1.2 管网热输送效率应符合GB 50411的规定。

9.2 合格评定

同时符合以下两条时,评定为合格:

a) 经误差分析的管道保温结构散热损失测试结果,按照测试任务书和测试等级的要求,与9.1.1中的评定要求进行比较,未超过允许最大散热损失值。

b) 按测定的实际供热负荷和总散热损失值,核算其热输送效率,热输送效率应大于或等于0.92。

10 测试报告

10.1 报告内容

测试报告应包括以下内容:

a) 测试任务书及测试项目概况,测试目的及测试等级要求;
b) 测试项目的实际运行参数、测试现场及气象条件调查;
c) 测试方案,测试主要参数,主要测试仪器、仪表及精度;
d) 测试日期,测试工作安排及主要技术措施;
e) 测试数据处理,计算公式,测量不确定度分析;

f) 测试结果评定和分析，提出建议。

10.2 资料保存

原始记录、数据处理资料及测试报告应及时存档备查。

附 录 A
（规范性附录）
热流传感器表面热发射率修正系数

A.1 修正系数

热流传感器表面热发射率与被测表面发射率不一致时的修正系数见表 A.1。

表 A.1 热流传感器表面热发射率修正系数

被测表面发射率	热流传感器表面热发射率修正系数							适用条件
	被测表面温度/℃							
	50	100	150	200	300	400	500	
0.4	0.73	0.73	0.72	—	—	—	—	适用于硅橡胶热流传感器（表面热发射率 0.9）
0.5	0.78	0.78	0.78	—	—	—	—	
0.6	0.85	0.85	0.84	—	—	—	—	
0.7	0.89	0.89	0.88	—	—	—	—	
0.8	0.96	0.96	0.95	—	—	—	—	
0.9	1.0	1.0	1.0	—	—	—	—	
0.9	1.41	1.41	1.45	1.50	1.58	1.68	1.76	适用于金属热流传感器（表面热发射率 0.4）
0.8	1.33	1.33	1.35	1.40	1.48	1.53	1.60	
0.7	1.25	1.25	1.28	1.30	1.34	1.40	1.47	
0.6	1.17	1.17	1.18	1.20	1.24	1.28	1.30	
0.5	1.09	1.09	1.10	1.11	1.12	1.13	1.16	
0.4	1.00	1.00	1.00	1.00	1.00	1.00	1.00	

A.2 测试值修正

热流计测试结果应按式(A.1)进行修正：

$$q_s = f \times q_A \qquad \cdots\cdots (A.1)$$

式中：

q_s ——经修正的热流密度值，单位为瓦每平方米（W/m^2）；

q_A ——热流计实测热流密度值，单位为瓦每平方米（W/m^2）；

f ——热发射率修正系数。

附　录　B
（资料性附录）
外护管材料表面热发射率

表 B.1　外护管材料的表面热发射率

外护管材料和表面状况	表面温度 t/℃	表面热发射率(ε)
粗制铝板	40	0.07
工业用铝薄板	100	0.09
严重氧化的铝	94～505	0.20～0.31
铝粉涂料	100	0.20～0.40
轧制钢板	40	0.66
极粗氧化面钢板	40	0.80
有光泽的镀锌铁皮	28	0.228
有光泽的黑漆	25	0.875
无光泽的黑漆	40～95	0.90～0.98
色薄油漆涂层	37.8	0.85
砂浆、灰泥、红砖	20	0.93
石棉板	40	0.96
胶结石棉	40	0.96
沥青油毡纸	20	0.93
粗混凝土	40	0.94
石灰浆粉刷层	10～38	0.91
油纸	21	0.91
硬质橡胶	40	0.94

附 录 C
（规范性附录）
供热管道保温结构外表面总放热系数及其近似计算

C.1 基本要求

应根据测试等级的要求，分别进行总放热系数的计算。一级测试按式（C.2）的方法计算；二级、三级测试按式（C.3）的方法计算。

C.2 外表面总放热系数

外表面总放热系数按式（C.1）计算：

$$\alpha = \alpha_r + \alpha_c \quad \cdots\cdots\cdots\cdots (C.1)$$

式中：

α ——总放热系数，单位为瓦每平方米·开[W/(m²·K)]；

α_r——辐射放热系数，单位为瓦每平方米·开[W/(m²·K)]；

α_c——对流放热系数，单位为瓦每平方米·开[W/(m²·K)]。

C.2.1 辐射放热系数取决于表面的温度和热发射率，材料表面热发射率定义为表面辐射系数与黑体辐射常数之比。辐射放热系数按式（C.2）、式（C.3）和式（C.4）计算。

$$\alpha_r = a_r \times C_r \quad \cdots\cdots\cdots\cdots (C.2)$$

式中：

a_r ——温度因子，单位为3次方开（K^3）。

a） 温度因子可按式（C.3）计算：

$$a_r = \frac{(T_W)^4 - (T_F)^4}{T_W - T_F} \quad \cdots\cdots\cdots\cdots (C.3)$$

式中：

T_W ——保温结构外表面绝对温度，单位为开（K）；

T_F ——环境或相邻辐射表面的表面绝对温度，单位为开（K）。

b） 当温差不大于200 K时，温度因子可按式（C.4）近似计算：

$$a_r \approx 4 \times T_{av}^3 \quad \cdots\cdots\cdots\cdots (C.4)$$

式中：

T_{av}——保温结构外表面绝对温度与环境绝对温度的平均温度，单位为开（K）；

C_r ——材料表面辐射系数，单位为瓦每平方米4次方开[W/(m²·K⁴)]；由 $C_r = \varepsilon \times \sigma$ 求出，也可从表C.1中选取；

ε ——保温结构外表面材料的热发射率；

σ ——斯蒂芬·玻尔兹曼常数，$\sigma = 5.67 \times 10^{-8}$，单位为瓦每平方米4次方开[W/(m²·K⁴)]。

C.2.2 对流放热系数通常取决于多种因素，诸如空气的流动状态、空气的温度、表面的相对方位、表面材料种类以及其他因素。对流放热系数的确定，应区分是建筑或管沟内部管道表面的对流放热系数，还是外部空间管道对空气的对流放热系数；也要区分是管道内表面的对流放热系数还是外表面的对流放热系数。

C.2.2.1 在建筑物或管沟内等内部空间敷设的管道，外表面对流放热系数的计算应符合下列规定。

a) 垂直管道，且空气为层流状态时（$H_e^3 \times \Delta t \leqslant 10\ m^3 \cdot K$），放热系数可按式（C.5）计算：

$$\alpha_c = 1.32 \times \sqrt[4]{\frac{\Delta t}{H_e}} \qquad \cdots\cdots (C.5)$$

$$\Delta t = | t_w - t_F |$$

式中：

Δt ——保温结构外表面温度与环境空气温度的温差，单位为开（K）；

H_e——垂直管道高度，单位为米（m）。

b) 垂直管道，且空气为紊流状态时（$H_e^3 \times \Delta t > 10\ m^3 \cdot K$），放热系数可按式（C.6）计算：

$$\alpha_c = 1.74 \times \sqrt[3]{\Delta t} \qquad \cdots\cdots (C.6)$$

c) 水平管道，且空气为层流状态时（$D_e^3 \times \Delta t \leqslant 10\ m^3 \cdot K$），放热系数可按式（C.7）计算：

$$\alpha_c = 1.25 \times \sqrt[4]{\frac{\Delta t}{D_e}} \qquad \cdots\cdots (C.7)$$

式中：

D_e ——保温管道外护管直径，单位为米（m）。

d) 水平管道，且空气为紊流状态时（$D_e^3 \times \Delta t > 10\ m^3 \cdot K$），放热系数可按式（C.8）计算：

$$\alpha_c = 1.21 \times \sqrt[3]{\Delta t} \qquad \cdots\cdots (C.8)$$

C.2.2.2 在外部空间敷设的管道，外表面对流放热系数的计算应符合下列规定：

a) 空气为层流状态时（$v \times D_e \leqslant 8.55 \times 10^{-3}\ m^2/s$），可按式（C.9）计算：

$$\alpha_c = \frac{8.1 \times 10^{-3}}{D_e} + 3.14 \times \sqrt{\frac{v}{D_e}} \qquad \cdots\cdots (C.9)$$

式中：

v ——风速，单位为米每秒（m/s）。

b) 空气为紊流状态时（$v \times D_e > 8.55 \times 10^{-3}\ m^2/s$），可按式（C.10）计算：

$$\alpha_c = 8.9 \times \frac{v^{0.9}}{D_e^{0.1}} \qquad \cdots\cdots (C.10)$$

C.3 外表面总放热系数的近似值

C.3.1 供热管道外表面总放热系数近似值，可按式（C.11）和式（C.12）计算：

a) 水平管道：

$$\alpha = C_A + 0.05 \times \Delta t \qquad \cdots\cdots (C.11)$$

式中：

C_A ——水平管道外表面总放热系数近似值计算系数。

b) 垂直管道：

$$\alpha = C_B + 0.09 \times \Delta t \qquad \cdots\cdots (C.12)$$

式中：

C_B ——垂直管道外表面总放热系数近似值计算系数。

水平管道的计算公式适用于保温结构外直径为 0.25 m～1.0 m 的供热管道；垂直管道的计算公式适用于所有管径。

C.3.2 系数 C_A、C_B 和热发射率 ε、辐射系数 C_r 可按表 C.1 取值。

表 C.1　常用管道保温结构外表面总放热系数近似值计算系数和 ε、C_r 值

表面材料		C_A	C_B	ε	C_r $\times 10^{-8}$ W/(m^2·K^4)
铝材	光亮表面	2.5	2.7	0.05	0.28
	氧化表面	3.1	3.3	0.13	0.74
电镀金属薄板	洁净表面	4.0	4.2	0.26	1.47
	积满灰尘	5.3	5.5	0.44	2.49
奥氏体薄钢板		3.2	3.4	0.15	0.85
铝锌薄板		3.4	3.6	0.18	1.02
非金属表面材料		8.5	8.7	0.94	5.33

附 录 D
（资料性附录）
供热管道沿线情况及气象资料调查表

D.1 沿线情况调查表

供热管道沿线情况调查表可按表D.1的样式制定。

表D.1 供热管道沿线情况调查表

管道名称：________________

调查日期：______年____月____日　　调查人：________　　审核人：________

管段序号	起点位置	终点位置	间距/m	敷设方式	高程或埋深/m	土壤类型	穿(跨)越/m		
							河流桥梁长度	公路铁路长度	地上建筑长度

D.2 气象资料调查表

气象资料调查表可按表D.2的样式制定。

表D.2 供热管道沿线年或供热季历年气象资料调查表

管道名称：________________

调查日期：______年____月____日　　调查人：________　　审核人：________

日期	最高气温/℃	最低气温/℃	平均气温/℃	降雨量/mm	降雪量/mm	管道埋深处地温/℃

附　录　E
（资料性附录）
供热管道保温结构散热损失测试数据表

E.1　热平衡法散热损失测试数据表

供热管道热平衡法散热损失测试数据表可按表E.1的样式制定。

表E.1　供热管道热平衡法散热损失测试数据表

管道名称：________________

测试人员：________　测试日期：________

日期	时间	始端介质参数				终端介质参数				气温/℃	地温/℃
		供流量/(kg/h)	供温度/℃	供压力/MPa	回温度/℃	供流量/(kg/h)	供温度/℃	供压力/MPa	回温度/℃		

E.2　散热损失测试报告数据表

供热管道保温结构散热损失测试报告数据表可按表E.2的样式制定。

表E.2　供热管道保温结构散热损失测试报告数据表

管道名称：________________

测试人员：________　测试日期：________

结构层各外径	mm	钢管 d_0	保温一层 d_1	保温二层 d_2	保温三层 d_3	外护层 d_w
各界面温度	℃	钢管外表或介质 t_0	一层外表 t_1	二层外表 t_2	三层外表 t_3	护壳外表 t_w
各层导热系数	W/(m·K)	保温一层 λ_1	保温二层 λ_2	保温三层 λ_3	外护层 λ_w	土壤层 λ_E

表 E.2（续）

热流密度	W/m^2	
管道长度	m	
折算当地年或供热季平均温度下的热流密度	W/m^2	
线热流密度	W/m	
接口处散热损失	W	
阀门、管件设备处散热损失	W	
保温结构破损处散热损失	W	
环境空气温度	℃	
自然地温	℃	
全程散热损失	W	

附 录 F
（资料性附录）
供热管道保温结构的最大允许散热损失值

F.1 GB/T 4272—2008 对供热管道保温结构允许最大散热损失值的要求。

F.1.1 季节运行工况最大允许散热损失值见表 F.1。

表 F.1 季节运行工况最大允许散热损失值

工作钢管外表面温度	K	323	373	423	473	523	573
	℃	50	100	150	200	250	300
允许最大散热损失	W/m^2	104	147	183	220	251	272
	kcal/(m^2·h)	89	126	157	189	216	234

F.1.2 常年运行工况最大允许散热损失值见表 F.2。

表 F.2 常年运行工况最大允许散热损失值

工作钢管外表面温度	K	323	373	423	473	523	573	623	673	723	773
	℃	50	100	150	200	250	300	350	400	450	500
允许最大散热损失	W/m^2	52	84	104	126	147	167	188	204	220	236
	kcal/(m^2·h)	45	72	89	108	126	144	162	175	189	203

F.2 EN 12828:2003 对热水供热管道保温结构最大允许散热损失值的要求。

F.2.1 对应于热水供热管道保温结构不同等级、不同管道直径的最大散热损失系数见表 F.3。

表 F.3 保温结构等级与最大散热损失系数

保温结构等级	最大散热损失系数	
	外径 $D_e \leqslant 0.4$ m 的管道 /(W/m·K)[a]	外径 $D_e > 0.4$ m 的管道或平板表面[b] /(W/m^2·K)[c]
0	—	—
1	$3.3\ D_e + 0.22$	1.17
2	$2.6\ D_e + 0.20$	0.88
3	$2.0\ D_e + 0.18$	0.66
4	$1.5\ D_e + 0.16$	0.49
5	$1.1\ D_e + 0.14$	0.35
6	$0.8\ D_e + 0.12$	0.22

[a] 单位管道长度的散热损失系数；

[b] 包括箱体和其他具有平面或曲面装置的表面，以及非圆截面的大口径管道表面；

[c] 管道单位表面积的散热损失系数。

F.2.2 按照规定的最大散热损失系数，计算各个等级、各种管径在保温结构内外温差为 30 ℃～120 ℃ 时的最大允许散热损失值。1 级～6 级各种管径的最大允许散热损失值见表 F.4。

表 F.4　1 级～6 级各种管径的最大允许散热损失值

保温结构等级	保温结构内外温差/℃	最大允许散热损失值/(W/m²)								
		工作钢管外径/保温结构外径/(mm)[a]								保温结构外径[c]
		57/140	76/160	89/180	108/200	133/225	159/250	219/315	273/400[b]	>0.4 m
1 级	30	46.52	44.64	43.18	42.02	40.85	39.92	38.18	36.76	35.10
	50	77.53	74.40	71.97	70.03	68.08	66.53	63.64	61.27	58.50
	80	124.05	119.05	115.16	112.05	108.93	106.44	101.82	98.04	93.60
	100	155.06	148.81	143.95	140.06	136.17	133.05	127.27	122.55	117.0
	120	186.07	178.57	172.74	168.07	163.40	159.66	152.73	147.06	140.40
2 级	30	38.47	36.76	35.44	34.38	33.32	32.47	30.89	29.60	26.40
	50	64.12	61.27	59.06	57.30	55.53	54.11	51.49	49.34	44.0
	80	102.59	98.04	94.50	91.67	88.84	86.58	82.38	78.94	70.40
	100	128.23	122.55	118.13	114.59	111.05	108.23	102.97	98.68	88.0
	120	153.88	147.06	141.75	137.51	133.27	129.87	123.56	118.41	105.60
3 级	30	31.38	29.84	28.65	27.69	26.74	25.97	24.56	23.40	19.80
	50	52.29	49.74	47.75	46.15	44.56	43.29	40.93	38.99	33.0
	80	83.67	79.58	76.39	73.85	71.30	69.26	65.48	62.39	52.80
	100	104.59	99.47	95.49	92.31	89.13	86.58	81.85	77.99	66.0
	120	125.51	119.37	114.59	110.77	106.95	103.90	98.22	93.58	79.20
4 级	30	25.24	23.87	22.81	21.96	21.11	20.44	19.17	18.14	14.70
	50	42.06	39.79	38.02	36.61	35.19	34.06	31.96	30.24	24.50
	80	67.30	63.66	60.83	58.57	56.31	54.49	51.13	48.38	39.20
	100	84.12	79.58	76.04	73.21	70.38	68.12	63.91	60.48	49.0
	120	100.95	95.49	91.25	87.85	84.46	81.74	76.70	72.57	58.80
5 级	30	20.05	18.86	17.93	17.19	16.45	15.85	14.75	13.85	10.50
	50	33.42	31.43	29.89	28.65	27.41	26.42	24.58	23.08	17.50
	80	53.48	50.29	47.82	45.84	43.86	42.27	39.33	36.92	28.0
	100	66.85	62.87	59.77	57.30	54.82	52.84	49.16	46.15	35.0
	120	80.21	75.44	71.73	68.75	65.78	63.41	58.99	55.39	42.0
6 级	30	15.82	14.80	14.01	13.37	12.73	12.22	11.28	10.50	6.60
	50	26.37	24.67	23.34	22.28	21.22	20.37	18.80	17.51	11.0
	80	42.20	39.47	37.35	35.65	33.95	32.59	30.07	28.01	17.60
	100	52.75	49.34	46.69	44.56	42.44	40.74	37.59	35.01	22.0
	120	63.30	59.21	56.02	53.48	50.93	48.89	45.11	42.02	26.40

[a] 最大允许散热损失值按保温结构等级和实际外径由表 F.3 的散热损失系数计算；

[b] 当保温结构外径 *De*>0.4 m 时，均按 *De*=0.4 m 的散热损失系数计算允许最大散热损失值；

[c] 表中列出的 *De*>0.4 m 计算值供参考。

F.3 直埋蒸汽供热管道最大允许散热损失值

统计分析我国城镇供热直埋蒸汽管道散热损失测试的结果，归纳出的直埋蒸汽管道最大允许散热损失值见表 F.5。

表 F.5 直埋蒸汽供热管道最大允许散热损失值

工作钢管介质温度	K	423	473	523	573	623
	℃	150	200	250	300	350
允许最大散热损失	W/m^2	58	70	90	112	146
	$kcal/(m^2 \cdot h)$	50	60	77	96	126

ICS 07.080
A 40

中华人民共和国国家标准

GB/T 28639—2012

DNA 微阵列芯片通用技术条件

General technical requirement for DNA microarray

2012-07-31 发布　　2012-11-01 实施

中华人民共和国国家质量监督检验检疫总局
中国国家标准化管理委员会　发布

前　言

本标准按照 GB/T 1.1—2009 给出的规则起草。

请注意本文件的某些内容可能涉及专利。本文件的发布机构不承担识别这些专利的责任。

本标准由全国生物芯片标准化技术委员会(SAC/TC 421)提出并归口。

本标准起草单位:生物芯片北京国家工程研究中心、北京出入境检验检疫局技术中心、博奥生物有限公司。

本标准主要起草人:高华方、汪琳、蒋迪、周琦、王国青、郭永、赵智贤、邢婉丽。

DNA 微阵列芯片通用技术条件

1 范围

本标准规定了点印法制备的 DNA 微阵列芯片的术语和定义、性能要求、试验方法、标志、标签、运输和贮存。

本标准适用于以基片为载体的用于定性检测的 DNA 微阵列芯片产品。

2 规范性引用文件

下列文件对于本文件的应用是必不可少的。凡是注日期的引用文件，仅注日期的版本适用于本文件。凡是不注日期的引用文件，其最新版本(包括所有的修改单)适用于本文件。

GB/T 191 包装储运图示标志

GB/T 27990—2011 生物芯片基本术语

3 术语和定义

GB/T 27990—2011 界定的以及下列术语和定义适用于本文件。

3.1

子阵列 subarray

DNA 微阵列芯片上特定区域内由多个扩增产物、寡核苷酸或类 DNA 探针以特定的排列方式所组成的微阵列单元。

注：每张基片上可以设置多个这样的单元，一般每个单元用于检测一份待测样品。不同的阵列可以通过橡胶或其他材料制作的围栏分割成不同的区域。

3.2

表面化学修饰质控探针 surface modification control probe

DNA 微阵列芯片上用来质控基片的表面化学修饰质量的探针。

注：该探针是一条带有可检测标记的与靶标序列不存在同源关系的寡核苷酸片段，其信号只与基片的表面化学修饰质量相关。

3.3

内标质控探针 internal control probe

DNA 微阵列芯片上用来质控检测过程中核酸提取、扩增反应、芯片杂交反应等过程是否正常的探针。

注：一般使用与待检样品核酸序列中保守片段互补的一段寡核苷酸作为探针。

4 性能要求

4.1 外观

芯片有效子阵列范围内无影响产品质量的特征，芯片整体完整无缺。

4.2 点重复

芯片上每个子阵列内每个探针需要重复3个样点以上(含3个点)。

4.3 点形状

在正常检测条件下,样点应形状规则,且大小均一,无拖尾。

4.4 质控设置

每个阵列中应设计表面化学修饰质控探针、阳性质控探针、阴性质控探针、内标质控探针以及空白对照。

4.5 检测灵敏度

用灵敏度参考品进行测定,测定结果应符合相应产品标准的要求。

4.6 阳性符合率

用阳性参考品进行测定,测定结果应符合相应产品标准的要求。

4.7 阴性符合率

用阴性参考品进行测定,测定结果应符合相应产品标准的要求。

4.8 批内重复性

用重复性参考品对同一批生产的至少2张芯片的10个子阵列平行测定,各次测定结果应正确一致。

5 试验方法

5.1 外观

目测,检测结果应符合4.1的要求。

5.2 点重复

根据生产厂家提供的芯片阵列排布图,通过阳性符合率的实验结果来观察每个子阵列中探针的点重复数,应满足4.2的要求。

5.3 点形状

根据生产厂家提供的芯片阵列排布图,通过阳性符合率的实验结果来观察阵列中的所有阳性信号点的点形状,应满足4.3的要求。

5.4 质控设置

根据生产厂家提供的芯片阵列排布图,通过阳性符合率和阴性符合率的实验结果来观察阵列中质控设置是否包括了表面化学修饰质控探针、阳性质控探针、阴性质控探针、内标质控探针以及空白对照,应满足4.4的要求。

5.5 检测灵敏度

按产品说明书要求，用灵敏度参考品对抽检的DNA微阵列芯片进行测定，测定结果应满足4.5的要求。

5.6 阳性符合率

按产品说明书要求，用阳性参考品对抽检的DNA微阵列芯片进行测定，测定结果应满足4.6的要求。阳性参考品可以是单份样品，也可以是由多份样品混合组成的混合样品；可以含单个或多个检测指标。

5.7 阴性符合率

按产品说明书要求，用阴性参考品对抽检的DNA微阵列芯片进行测定，测定结果应满足4.7的要求。阴性参考品可以是单份样品，也可以是由多份样品混合组成的混合样品；可以含单个或多个检测指标。

5.8 批内重复性

按产品说明书要求，用重复性参考品（一份或多份）对抽检的同一批至少2张DNA微阵列芯片进行测定，同一份标本从杂交开始，进行10次平行实验，测定结果应满足4.8的要求。

6 标志和标签

产品的包装箱（盒）上的标志和标签应符合GB/T 191的有关规定。

7 运输和贮存

7.1 运输

运输应满足产品储存条件，保证产品包装在长途运输过程中不受自然损坏，试剂不得泄漏。

7.2 贮存

2 ℃～8 ℃避光贮存，或按产品标准执行。

ICS 67.120.10
B 45

中华人民共和国国家标准

GB/T 28640—2012

畜禽肉冷链运输管理技术规范

Practices for cold-chain transportation of livestock & poultry meat

2012-07-31 发布

2012-11-01 实施

中华人民共和国国家质量监督检验检疫总局
中国国家标准化管理委员会 发布

前　言

本标准按照 GB/T 1.1—2009 给出的规则起草。

本标准由中华人民共和国商务部提出并归口。

本标准起草单位：全国城市农贸中心联合会、大连熟食品交易中心、江苏雨润食品产业集团有限公司。

本标准主要起草人：马增俊、侯仰标、纳绍平、刘旭波、闵成军。

畜禽肉冷链运输管理技术规范

1 范围

本标准规定了畜禽肉的冷却冷冻处理、包装及标识、贮存、装卸载、运输、节能要求以及人员的基本要求。

本标准适用于生鲜畜禽肉从运输准备到实现最终消费前的全过程冷链运输管理。

2 规范性引用文件

下列文件对于本文件的应用是必不可少的。凡是注日期的引用文件，仅注日期的版本适用于本文件。凡是不注日期的引用文件，其最新版本(包括所有的修改单)适用于本文件。

GB/T 191 包装储运图示标志

GB/T 4456 包装用聚乙烯吹塑薄膜

GB 6388 运输包装收发货标志

GB/T 6543 运输包装用单瓦楞纸箱和双瓦楞纸箱

GB/T 7392 系列1：集装箱的技术要求和试验方法保温集装箱

GB 7718 预包装食品标签通则

GB 9687 食品包装用聚乙烯成型品卫生标准

GB 9688 食品包装用聚丙烯成型品卫生标准

GB 9689 食品包装用聚苯乙烯成型品卫生标准

QC/T 450 保温车、冷藏车技术条件

3 术语和定义

下列术语和定义适用于本文件。

3.1

冷却畜禽肉 chilled meat

经冷却加工，并在运输和销售中始终保持低温(中心温度0 ℃～4 ℃)而不冻结的畜禽肉。

3.2

冷冻畜禽肉 frozen meat of livestock and poultry

冷却后的畜禽胴体经低温冻结处理，并在加工、运输、销售过程中保持其中心温度不超过－15 ℃的畜禽肉。

3.3

冷链 cold-chain

根据产品特性，为保持其品质而采用的配有相应设施设备、从生产到消费各环节始终使产品处于低温状态的物流网络。

4 冷却冷冻处理

4.1 畜禽肉冷却处理

4.1.1 畜禽宰后冷却处理

4.1.1.1 片猪肉

宰后片猪肉应在击昏45 min内进入0 ℃～4 ℃冷却间，并在24 h内使其后腿肌肉深层中心温度降至0 ℃～7 ℃。

4.1.1.2 片牛肉

宰后片牛肉应在击昏45 min内进入0 ℃～4 ℃冷却间，并在36 h内使其后腿部及肩胛部肌肉深层中心温度降至0 ℃～7 ℃。

4.1.1.3 羊胴体

宰后羊胴体应在击昏1 h内进入0 ℃～4 ℃冷却间，并在10 h内使其后腿部及肩胛部深层中心温度降至0 ℃～7 ℃。

4.1.1.4 鸡胴体

冷却介质的温度控制在0 ℃～4 ℃，冷却时间控制在45 min以内，冷却后鸡胴体中心温度达到7 ℃以下。

4.1.1.5 其他

其他畜禽胴体的冷却操作要求参照上述过程的控制要求执行。

4.1.2 畜禽产品的冷分割

冷却后的畜禽产品应在良好卫生条件和车间温度低于12 ℃的环境中进行分割，分割后肉的中心温度应不高于7 ℃。

4.2 畜禽肉冷冻处理

4.2.1 分割猪肉应在24 h内使其肌肉深层中心温度降至−15 ℃以下。

4.2.2 片牛肉及分割牛肉应分别在72 h和36 h内使其肌肉深层中心温度降至−15 ℃以下。

4.2.3 分割羊肉应在16 h内使其肌肉深层中心温度降至−15 ℃以下。

4.2.4 鸡胴体及其分割产品应在12 h内使其肌肉深层中心温度降至−18 ℃以下。

4.2.5 其他畜禽产品的冻结参照上述要求执行。

5 包装及标识

5.1 包装

5.1.1 冷却畜禽肉应在良好卫生条件和包装间温度不超过12 ℃的环境中进行包装。

5.1.2 冷冻畜禽肉应在良好卫生条件和包装间温度不超过0 ℃的环境中进行包装。

5.1.3 内包装材料应符合GB/T 4456、GB 9687、GB 9688和GB 9689等标准的相关规定，薄膜不得重复使用。外包装材料应符合 GB/T 6543 的规定。

5.1.4 运输包装应能满足畜禽肉安全运输的要求。

5.2 标识

5.2.1 预包装畜禽肉的标签应符合 GB 7718 的规定。

5.2.2 运输包装的收发货标志和图示应符合 GB 6388 和 GB/T 191 的规定，至少应有"温度极限"标识。

6 贮存

6.1 贮存库应根据产品要求配备相应的制冷设备、温(湿)度测量装置、监控装置等，定期维护、校准。

6.2 临时贮藏的冷却畜禽肉应贮存于 0 ℃～4 ℃、相对湿度 75%～84%的冷却间。

6.3 冷冻畜禽肉应贮存于−18 ℃以下、相对湿度 95%以上的冷冻间，冷冻间温度昼夜波动不得超过±1 ℃。

6.4 畜禽肉应按产品大类分区存放，产品贮存应遵循先进先出的原则。

6.5 畜禽肉和副产品混合贮存时，应该分别密闭包装并分区存放。

6.6 应详细记录畜禽肉的出入库时间、数量、贮存温度等信息。

6.7 供特定宗教信仰人员使用的畜禽肉产品在满足上述要求的同时，还应满足其特定贮存要求。清真产品应存放在经过认可的专用库内，不得与其他畜禽肉产品混贮。

7 装卸载

7.1 装卸载设施设备要求

7.1.1 应根据企业实际需求配备电瓶叉车、货架、托盘等装卸载设施设备。

7.1.2 企业宜统一使用 1 200 mm×1 000 mm 规格的托盘。

7.1.3 装卸载设施设备应保持清洁卫生，并定期消毒。

7.1.4 宜配备封闭式站台进行装卸载活动。

7.2 畜禽肉装车摆放要求

7.2.1 同一运输车厢内不得摆放不同温度要求的畜禽肉或其他产品。

7.2.2 清真畜禽肉产品应专车运输。

7.2.3 冷却畜肉胴体应吊挂运输。

7.2.4 冷却肉进入车厢内应采取一定装置和措施防止过度挤压。包装好的畜禽肉应摆放整齐有序。

7.3 作业管理要求

7.3.1 企业应制定装卸载监管制度，做到票物相符，做好相关记录并存档。装载前应查验检疫证明、检疫证章是否齐全，片胴体是否加盖检疫合格验讫印章，并核对数量是否一致；卸载前应检查产品色泽是否新鲜，包装是否完整，生产日期是否清晰并确保畜禽肉在保质期范围内。

7.3.2 本环节中应保证冷却畜禽肉脱离冷链时间不超过 30 min，冷冻畜禽肉脱离冷链时间不超过 15 min。

8 运输

8.1 运输前准备

8.1.1 应检查畜禽肉温度是否符合规定要求，冷却畜禽肉中心温度应在 0 ℃～4 ℃，冷冻畜禽肉中心温度应低于－18 ℃。

8.1.2 应检查车厢温度，在温度高于产品温度时，应提前制冷，将温度降低到相应的温度。运输冷却畜禽肉时车厢温度应低于 7 ℃，运输冷冻畜禽肉时车厢温度应低于－15 ℃。

8.2 运输工具

8.2.1 应采用冷藏车、保温车、冷藏集装箱、冷藏船、冷藏火车（专列）和附带保温箱的运输设备。保温集装箱应符合 GB/T 7392 的规定，运输车辆应符合 QC/T 450 的规定。

8.2.2 运输工具应配备温湿度传感器和温湿度自动记录仪，实时监测和记录温湿度。

8.2.3 所有的运输装置都应处于良好的技术状态，如顶部的通风孔要处于工作状态，车厢排水应良好，并设有确保空气循环的货垫等。

8.3 运输条件

8.3.1 运输参数应符合 6.2 和 6.3 的规定。

8.3.2 运输过程温度应与运输产品所需温度环境相匹配。

8.4 监测与记录

8.4.1 企业应建立产品运输跟踪系统，做好记录并存档。

8.4.2 运输过程中应定时监测和记录车厢内温湿度值，如超出允许的波动范围应按相关规定及时处理。

9 节能要求

在畜禽肉冷却、冷冻、贮存、冷链运输中宜选用节能设备，并采用节能方法和技术。

10 人员

10.1 设备操作人员应经培训，持证上岗。

10.2 患有痢疾、伤寒、病毒性肝炎等消化道传染病的人员，以及患有活动性肺结核、化脓性或者渗出性皮肤病等有碍食品安全的疾病的人员，不得直接接触食品及其包装物。

ICS 07.080
A 40

中华人民共和国国家标准

GB/T 28641—2012

蛋白质微阵列芯片通用技术条件

General technical requirement for protein microarray

2012-07-31 发布　　2012-11-01 实施

中华人民共和国国家质量监督检验检疫总局
中国国家标准化管理委员会　发布

前　言

本标准按照 GB/T 1.1—2009 给出的规则起草。

本标准由全国生物芯片标准化技术委员会(SAC/TC 421)提出并归口。

本标准起草单位:生物芯片北京国家工程研究中心、北京出入境检验检疫局技术中心、博奥生物有限公司、北京市医疗器械检验所。

本标准主要起草人:周琦、王国青、汪琳、高华方、郭永、赵智贤、邢婉丽、贺学英。

蛋白质微阵列芯片通用技术条件

1 范围

本标准规定了蛋白质微阵列芯片产品的要求、试验方法、标志、标签、运输和贮存。

本标准适用于以基片为载体的用于定性检测的蛋白质微阵列芯片产品。

2 规范性引用文件

下列文件对于本文件的应用是必不可少的。凡是注日期的引用文件,仅注日期的版本适用于本文件。凡是不注日期的引用文件,其最新版本(包括所有的修改单)适用于本文件。

GB/T 191 包装储运图示标志

GB/T 27990—2011 生物芯片基本术语

3 术语和定义

GB/T 27990—2011 界定的以及下列术语和定义适用于本文件。

3.1

子阵列 subarray

蛋白质微阵列芯片上特定区域内由多个蛋白质探针以特定的排列方式所组成的单元组合。

注:每张基片上可以设置多个这样的单元,一般每个单元用于检测一份待测样品。不同的阵列可以通过橡胶或其他材料制作的围栏分割成不同的区域。

3.2

表面化学修饰质控探针 surface modification control probe

蛋白质微阵列芯片上用来质控基片的表面化学修饰质量的探针。

注:该探针是一种带有可检测标记的且不会与靶标发生特异性反应的蛋白或多肽,其信号只与基片的表面化学修饰质量相关。

4 要求

4.1 外观

在芯片子阵列内无影响产品质量的特征,芯片整体完整无缺。

4.2 点重复

芯片上每个子阵列内每个蛋白质探针的重复次数应符合产品设计的要求,宜不少于3个点。

4.3 点形状

样品点形状规则,无明显拖尾。

4.4 质控设置

每个阵列中应至少设计表面化学修饰质控探针、阳性质控探针和阴性质控探针。

4.5 灵敏度

应符合相应产品标准的要求。

4.6 阳性符合率

用阳性参考品进行检测,测定结果应符合相应产品标准的要求。

4.7 阴性符合率

用阴性参考品进行检测,测定结果应符合相应产品标准的要求。

4.8 重复性

用重复性参考品对同一批芯片进行10次平行测定,各项测定结果应一致。

4.9 稳定性

37 ℃放置3 d,检测结果应符合4.4～4.7的要求。

5 试验方法

5.1 外观

目测,检测结果应符合4.1的要求。

5.2 点重复

由生产厂家提供芯片的阵列排布图,并提供能表明阵列中点重复数的资料,通过阳性符合率的实验结果对点重复进行统计,点的重复数应满足4.2的要求。

5.3 点形状

根据生产厂家提供的芯片阵列排布图,通过阳性符合率的实验结果来观察阵列中的所有阳性信号点的点形状是否满足4.3的要求。

5.4 质控设置

根据生产厂家提供的芯片阵列排布图,通过阳性符合率和阴性符合率的实验结果来观察阵列中质控设置是否满足4.4的要求。

5.5 灵敏度

按产品说明书要求,用灵敏度参考品对抽检的蛋白质微阵列芯片进行测定,测定结果应满足4.5的要求。

5.6 阳性符合率

按产品说明书要求,用阳性参考品对抽检的蛋白质微阵列芯片进行测定,测定结果应满足4.6的要求。阳性参考品可以是单份样品,也可以是由多份样品混合组成的混合样品;可以含单个或多个检测指标。

5.7 阴性符合率

按产品说明书要求，用阴性参考品对抽检的蛋白质微阵列芯片进行测定，测定结果应满足4.7的要求。阴性参考品可以是单份样品，也可以是由多份样品混合组成的混合样品；可以含单个或多个检测指标。

5.8 重复性

用重复性样品对同一批芯片进行10次平行测定，测定结果应满足4.8的要求。

5.9 稳定性

37 ℃放置3 d后，重复5.5～5.8的操作，检测结果应符合4.5～4.8的要求。

6 标志和标签

产品的包装箱(盒)上的标志和标签应符合GB/T 191的有关规定。

7 运输和贮存

7.1 运输

运输条件应根据具体产品的储存条件，保证产品包装在长途运输过程中不受自然损坏，试剂不得泄漏。

7.2 贮存

按产品生产企业规定条件执行。

ICS 65.120
B 46

中华人民共和国国家标准

GB/T 28642—2012

饲料中沙门氏菌的快速检测方法 聚合酶链式反应(PCR)法

Rapid determination of *Salmonella* spp. in animal feeding stuffs—PCR method

2012-07-31 发布

2012-11-01 实施

中华人民共和国国家质量监督检验检疫总局
中国国家标准化管理委员会 发布

前　言

本标准按照 GB/T 1.1—2009 给出的规则起草。

本标准由全国饲料工业标准化技术委员会(SAC/TC76)归口。

本标准起草单位:农业部饲料质量及畜产品安全监督检验测试中心(沈阳)。

本标准主要起草人:张秀芹、张建勋、杜柏林、李欣南、杨希国、马俊驰、陈晓月。

饲料中沙门氏菌的快速检测方法 聚合酶链式反应(PCR)法

1 范围

本标准规定了饲料中沙门氏菌的快速检测的PCR方法。

本标准适用于饲料中沙门氏菌的定性筛选。

2 规范性引用文件

下列文件对于本文件的应用是必不可少的。凡是注日期的引用文件,仅注日期的版本适用于本文件。凡是不注日期的引用文件,其最新版本(包括所有的修改单)适用于本文件。

GB/T 6682 分析实验室用水规格和试验方法

GB/T 13091 饲料中沙门氏菌的检测方法

GB/T 14699.1 饲料 采样

GB 19489 实验室 生物安全通用要求

SN/T 1193 基因检验实验室技术要求

SN/T 1870 食品中致病菌检测方法 实时PCR法

3 原理

利用沸水浴使菌体细胞破裂,释放基因组DNA,离心使细胞壁等有形物沉淀,以上清液为模板进行扩增,琼脂糖凝胶电泳检测PCR扩增产物。

4 试剂和材料

除另有规定外,试剂为分析纯或生化试剂,试验用水符合GB/T 6682的要求。

4.1 沙门氏菌检测用引物(对)序列为:

Sal F:5′-TCG CAC CGT CAA AGG AAC CGT AAA GC-3′

Sal R:5′-GCA TTA TCG ATC AGT ACC AGC CGT CT-3′

4.2 Premix *Taq* 缓冲液(2×):内含 *Taq* DNA 聚合酶 1.25 U/25 μL,4 mmol Mg^{2+},dNTP 各0.4 mmol。

4.3 琼脂糖:电泳级。

4.4 Marker 2000。

4.5 缓冲蛋白胨水(BPW):见A.1。

4.6 大豆蛋白胨肉汤(RVS):见A.2。

4.7 亚硒酸盐胱氨酸增菌液(SC):见A.3。

4.8 10倍上样缓冲液(10×loading buffer):0.05%的溴酚蓝,50%丙三醇溶液,1%的SDS。

4.9 质控菌株:沙门氏菌阳性标准菌株。

4.10 50×TAE缓冲液:见A.4。

4.11 1×TAE 缓冲液：见 A.5。

4.12 溴化乙锭(5 mg/mL)：见 A.6。

注：4.2 和 4.8 缓冲液为商品化成品。以上用于 PCR 反应及电泳试验的试剂可用功能相当的其他产品替代。

5 仪器设备

5.1 PCR 仪。

5.2 恒温水浴锅。

5.3 离心机：离心转速 12 000 *g*。

5.4 微量移液器。

5.5 电泳仪。

5.6 凝胶成像仪。

5.7 天平：感量 0.01 g。

5.8 电热恒温培养箱。

6 试样选取与制备

按照 GB/T 14699.1 采样，将实验室样品充分混匀后密封低温保存待用，注意整个过程中不要将样品人为污染。

7 检验步骤

7.1 样品的增菌及模板的制备

取 25 g 样品于 225 mL 的缓冲蛋白胨水(BPW，4.5)中，37 ℃±1 ℃培养 18 h±2 h 进行预增菌，取 0.1 mL 预增菌液转移至 10 mL 大豆蛋白胨肉汤(RVS，4.6)培养基内，41.5 ℃±1 ℃培养 24 h±3 h。同时取 10 mL 预增菌液于 100 mL 亚硒酸盐胱氨酸增菌液(SC，4.7)中 37 ℃±1 ℃培养 24 h±3 h，进行选择性增菌，取选择性增菌液 1 mL 于离心管中 10 000 *g* 离心 10 min，弃上清，1 mL 无菌去离子水悬浮离心 10 min，弃上清，再用 0.2 mL 无菌去离子水悬浮，95 ℃水浴 20 min，将离心管迅速转移至冰浴中使其迅速冷却，用涡旋仪混匀裂解物，20 ℃～25 ℃下 10 000 *g* 离心 3 min，转移上清至新鲜管中备用(模板制备可选用商业试剂盒)。检测过程中分别设阳性对照和阴性对照，用添加沙门氏菌阳性标准菌株的样品作阳性对照，用不含沙门氏菌的样品作阴性对照。

7.2 PCR 扩增

50 μL 的反应体系，在 0.2 mL 的反应管中，Premix *Taq* 缓冲液(4.2)25 μL，模板 4 μL，浓度为 20 μmol/L 的上下游引物各 1 μL，去离子水 19 μL。

反应程序为：94 ℃预变性 2 min，30 个循环：94 ℃变性 1 min，58.4 ℃退火 40 s，72 ℃延伸 30 s；72 ℃终延伸 7 min 后 4 ℃保存。

7.3 电泳检测 PCR 扩增产物

取 1.5 g 琼脂糖(4.3)，于 100 mL 1×TAE 缓冲液(4.11)中加热，充分熔化，冷至 65℃左右的时候，加入 10 μL 溴化乙锭(4.12)，充分混匀，根据需要在模板内放入合适的梳子，制成约 5 mm 厚的胶块。在电泳槽中加入 1×TAE 缓冲液，使液面没过凝胶 2 mm～3 mm。将 6 μL～8 μL 的 PCR 扩增产物与 1 μL 10 倍上样缓冲液(4.8)混合后点样，取 6 μL Marker 2000 (4.4)点样。5 V/cm～8 V/cm 恒压电泳，直至溴酚蓝指示剂迁移至凝胶中部，用成像仪进行凝胶成像。

8 结果表述

在阴性对照于 330 bp 处未出现条带，而阳性对照在 330 bp 处出现扩增条带的条件下，如待测样品在 330 bp 处未出现相应大小的扩增条带，则可报告待测样品未检出沙门氏菌；如待测样品在相应处出现扩增条带，则为疑似阳性样品，此时需用 GB/T 13091 进行确证，最终结果以后者检测结果为准。对于疑似阳性样品，可以对其扩增产物进行测序，结果参照附录 B。

如果阴性对照出现条带和(或)阳性对照未出现预期大小的扩增条带，本次待测样品的结果无效，应重新进行检测，并排除污染因素。

9 检测过程中防止交叉污染的措施

按照 SN/T 1193、SN/T 1870 和 GB 19489 的要求执行。

10 废弃物处理

检测过程中的废弃物及一切可能被污染的物品均应做无害化处理。

附 录 A
（规范性附录）
培养基及缓冲液的配制

A.1 缓冲蛋白胨水(BPW)

A.1.1 成分

蛋白胨	10.0 g
氯化钠	5.0 g
磷酸氢二钠	9.0 g
磷酸二氢钾	1.5 g
蒸馏水	1 000 mL
pH7.0	

A.1.2 制法

按上述成分分配好，校正 pH，分装于大瓶中，121 ℃高压灭菌 20 min，临用时分装在 500 mL 无菌瓶中，每瓶 225 mL，或配好后校正 pH，分装于 500 mL 瓶中，每瓶 225 mL，121 ℃高压灭菌 20 min，冷却备用。

A.2 大豆蛋白胨肉汤(RVS)

A.2.1 溶液 A

A.2.1.1 成分

蛋白胨	5.0 g
氯化钠	8.0 g
磷酸二氢钾	1.4 g
磷酸氢二钾	0.2 g
蒸馏水	1 000 mL
pH7.0	

A.2.1.2 制法

将各成分加入蒸馏水中，加热至约 70℃溶解。此溶液需当天使用。

A.2.2 溶液 B

A.2.2.1 成分

氯化镁	400.0 g
蒸馏水	1 000 mL

A.2.2.2 制法

将氯化镁溶于水中。

A.2.3 溶液 C

A.2.3.1 成分

孔雀绿	0.4 g
蒸馏水	100 mL

A.2.3.2 制法

将孔雀绿溶于水中。溶液可室温保存于棕色玻璃瓶中。

A.2.4 完全培养基

A.2.4.1 成分

溶液 A	1 000 mL
溶液 B	100 mL
溶液 C	10 mL

A.2.4.2 制法

按上述比例配制，校正 pH，使灭菌后 pH 为 5.2，分装于试管中，每管 10 mL。115 ℃高压灭菌 15 min。

冰箱保存。

A.3 亚硒酸盐胱氨酸增菌液(SC)

A.3.1 基础液

A.3.1.1 成分

胰蛋白胨	5.0 g
乳糖	4.0 g
磷酸氢二钠	10.0 g
亚硒酸钠	4.0 g
蒸馏水	1 000 mL
pH7.0	

A.3.1.2 制法

溶解前三种成分于水中，煮沸 5 min，冷却后，加入亚硒酸钠，校正 pH 后分装，每瓶 1 000 mL。

A.3.2 L-胱氨酸溶液

A.3.2.1 成分

L-胱氨酸	0.1 g
1 mol/L 氢氧化钠溶液	15 mL

A.3.2.2 制法

在无菌环境中，用灭菌水将上述成分稀释到 100 mL，毋须蒸汽灭菌。

A.3.3 完全培养基制备

基础液	1 000 mL
L-胱氨酸溶液	10 mL
pH7.0	

基础液冷却后，以无菌操作加L-胱氨酸溶液，将培养基分装于适当容量的灭菌瓶中，每瓶100 mL。

注：培养基在配制当日使用。

A.4 50×TAE缓冲液

A.4.1 0.5 mol/L EDTA (pH8.0)

取二水乙二胺四乙酸二钠186.1 g，加入800 mL蒸馏水充分搅拌，加10 mol/L的氢氧化钠调解pH至8.0，待完全溶解后，定容至1 L。高压灭菌。

A.4.2 制法

Tris碱242.0 g溶于700 mL的水中，加入0.5 mol/L EDTA (pH8.0) 100 mL，冰乙酸57.1 mL，充分溶解，用水定容至1 L。

A.5 1×TAE缓冲液

取20 mL 50×TAE，加水定容至1 000 mL。Tris-乙酸终浓度为0.04 mol/L，EDTA终浓度为0.001 mol/L。

A.6 溴化乙锭(5 mg/mL)

取溴化乙锭0.050 0 g溶于10 mL水中。

附 录 B
（资料性附录）
PCR 产物测序结果

沙门氏菌阳性菌株 PCR 产物测序结果(331 bp)如下：

TCGCACCGTCAAAGGAACCGTAAAGCTGGCTTTCTCTTTCCAGTACGCTT
CGCCGTTCGCGCGGCATCCGCATCAATAATACCGGCCTTCAAATCGGC
ATCAATACTCATCTGTTTACCGGGCATACCATCCAGAGAAAATCGGGCCG
CGACTTCCGCGACGCGTTCTGAACCTTTGGTAATAACGATAAACTGGACC
ACGGTGACAATAGAGAAGACAACAAAACCCACCGCCAGGCTATCGCCAAT
AACGAATTGCCCGAACGTGGCGATAATTTCACCGGCATCAGCTTCAATCA
AGATAAGACGGCTGGTACTGTCCGATAATGC

ICS 65.120
B 46

中华人民共和国国家标准

GB/T 28643—2012

饲料中二噁英及二噁英类多氯联苯的测定 同位素稀释-高分辨气相色谱/高分辨质谱法

Determination of PCDD/Fs and dioxin-like PCBs in feeds—Isotope dilution HRGC/HRMS

2012-07-31 发布　　2012-11-01 实施

中华人民共和国国家质量监督检验检疫总局
中国国家标准化管理委员会　发布

前　言

本标准按照 GB/T 1.1—2009 给出的规则起草。

本标准主要参考了美国环境规划署(US EPA)颁布的 1613B (Tetra-through octa-chlorinated dioxins and furans by isotope dilution HRGC/HRMS,1997)和 1668A(Chlorinated biphenyl congeners in water, soil, sediment, and tissue by HRGC/HRMS,1999)方法,以及《欧盟关于饲料的分类及其中二噁英和二噁英类多氯联苯的限量标准》(Directive 2002/32/EC,last amended in 3 February 2006)文件。油脂类样品中二噁英和二噁英类多氯联苯的测定参考 GB/T 5009.205—2007《食品中二噁英及其类似物毒性当量的测定》。

本标准由全国饲料工业标准化技术委员会(SAC/TC 76)归口。

本标准起草单位:中国科学院生态环境研究中心、中国农业科学院农业质量标准与检测技术研究所[国家饲料质量监督检验中心(北京)]、国家环境分析测试中心、中国科学院大连化学物理研究所。

本标准主要起草人:张庆华、杨曙明、刘爱民、倪余文、王璞、李兰、贾铮、李英明。

饲料中二噁英及二噁英类多氯联苯的测定 同位素稀释-高分辨气相色谱/高分辨质谱法

1 范围

本标准规定了用同位素稀释-高分辨气相色谱/高分辨质谱法测定饲料中 17 种 2,3,7,8-氯取代的多氯代二苯并二噁英(PCDDs)和多氯代二苯并呋喃(PCDFs)(以下简称 PCDD/Fs)以及 12 种二噁英类多氯联苯(DL-PCBs)(见表 A.1 和表 A.2)的方法。

本标准适用于饲料原料、配合饲料、浓缩饲料、精料补充料、添加剂预混合饲料以及饲料添加剂。

本标准方法分析饲料中 PCDD/Fs 和 DL-PCBs 的检测限见表 B.1。

2 规范性引用文件

下列文件对于本文件的应用是必不可少的。凡是注日期的引用文件,仅注日期的版本适用于本文件。凡是不注日期的引用文件,其最新版本(包括所有的修改单)适用于本文件。

GB/T 5009.205—2007 食品中二噁英及其类似物毒性当量的测定

GB/T 6682 分析实验室用水规格和试验方法

GB/T 8170 数值修约规则与极限数值的表示和判定

GB/T 14699.1 饲料 采样

GB/T 20195 动物饲料 试样的制备

3 原理

应用加速溶剂提取和索氏提取等技术提取样品中的 PCDD/Fs 和 DL-PCBs,提取液经过复合硅胶柱、碱性氧化铝柱等填装色谱柱净化、浓缩后,用高分辨气相色谱/高分辨质谱进行分析检测,同位素稀释法定量;根据各目标化合物的毒性当量因子(TEF)与所测得含量相乘后累加,计算样品中 PCDD/Fs 和 DL-PCBs 的毒性当量(TEQ)。

4 试剂和材料

除非另有规定,在分析中均使用农残级(pesticide residue)试剂和符合 GB/T 6682 规定的一级用水。

4.1 正己烷。

4.2 二氯甲烷。

4.3 甲苯。

4.4 壬烷。

4.5 浓硫酸(优级纯)。

4.6 氢氧化钠(优级纯)。

4.7 标准溶液。

4.7.1 PCDD/Fs同位素标记定量内标标准溶液：PCDD/Fs的同位素标记定量内标溶液浓度见表C.1，分析测试中可直接使用，无需稀释。

4.7.2 PCDD/Fs同位素标记的回收率内标标准溶液：PCDD/Fs的同位素标记回收率内标溶液(^{13}C-1,2,3,4-TCDD和^{13}C-1,2,3,7,8,9-HxCDD)浓度见表C.2，分析测试中可直接使用。

4.7.3 PCDD/Fs精密度和回收率检查标准溶液(PAR)：用壬烷配制的含天然PCDD/Fs溶液(见表C.3)，用于检测过程中精密度和回收率试验(OPR)。

4.7.4 PCDD/Fs校正标准溶液：为含有天然和同位素标记的PCDD/Fs系列校正溶液(见表C.4)。测定校正标准溶液，可以获得天然与同位素标记PCDD/Fs的相对响应因子(RRF)。CS3可用于已建立RRF的日常校正和校正曲线校验；CS1可用于检查HRGC/HRMS应具备的灵敏度。

4.7.5 DL-PCBs同位素标记定量内标标准溶液：DL-PCBs的同位素标记定量内标溶液浓度见表C.5。分析测试中应稀释后使用。

4.7.6 DL-PCBs同位素标记的回收率内标标准溶液：DL-PCBs的同位素标记回收率内标溶液浓度见表C.6。分析测试中应稀释后使用。

4.7.7 DL-PCBs精密度和回收率检查标准溶液(PAR)：用壬烷配制的含天然DL-PCBs溶液(见表C.7)，用于检测过程中精密度和回收率试验(OPR)。

4.7.8 DL-PCBs校正标准溶液：为含有天然和同位素标记的DL-PCBs系列校正溶液(见表C.8)。其中CS3可用于已建立RRF的日常校正和校正曲线校验，CS1可用于检查HRGC/HRMS应具备的灵敏度。

4.8 硅胶。

4.8.1 活性硅胶：使用前在550 ℃下活化12 h，于干燥器中密封保存，1个月内使用。

4.8.2 酸性硅胶(质量分数为40%)：称取60 g活性硅胶(4.8.1)于烧瓶中，用滴管逐滴加入40 g浓硫酸(4.5)并不断摇动使其较均匀混合，再将烧瓶加塞后固定于摇床上进行振荡，直至硅胶呈均匀流动状态，密封保存于干燥器中，1个月内使用。

4.8.3 酸性硅胶(质量分数为30%)：称取70 g活性硅胶(4.8.1)于烧瓶中，用滴管逐滴加入30 g浓硫酸(4.5)并不断摇动使其较均匀混合，再将烧瓶加塞后固定于摇床上进行振荡，直至硅胶呈均匀流动状态，密封保存于干燥器中，1个月内使用。

4.8.4 碱性硅胶：称取100 g活性硅胶(4.8.1)于烧瓶中，称取1.2 g氢氧化钠(4.6)于烧杯中，并加入30 mL水，混匀后用滴管逐滴加入到硅胶中，再将烧瓶加塞后振荡至硅胶呈均匀流动状态，密封保存于干燥器中，1个月内使用。

4.9 碱性氧化铝：使用前在600 ℃下活化24 h。于干燥器中密封保存，1个月内使用。

4.10 弗罗里土：60目～100目，使用前在140 ℃下烘烤至少7 h，取出后1 h内使用。

4.11 活性炭(质量分数为18%)：

活性炭：Carbopack C，Supelco 10258[1)]，或其他等同类型。

分散剂：Celite 545 coarse，Fluka 22140[1)]，或其他等同类型。

称取9.0 g Carbopack C和41.0 g Celite 545 coarse充分混和，在130 ℃下活化至少6 h，于干燥器中密封保存，1个月内使用。

4.12 无水硫酸钠：在660 ℃下灼烧至少6 h，于干燥器中密封保存，1个月内使用。

5 仪器与设备

实验室常用仪器设备及以下设备：

5.1 高分辨气相色谱/高分辨质谱仪(HRGC/HRMS)。

---

1) 给出这一信息是为了方便本标准的使用者，并不表示对该产品的认可。如果其他等效产品具有相同的效果，则可使用这些等效产品。

5.2 旋转蒸发器。

5.3 氮气浓缩器。

5.4 超声波清洗器。

5.5 振荡器(摇床)。

5.6 加速溶剂提取仪,压力:10.3 MPa(1 500 psi)～13.7 MPa(2 000 psi),温度:100 ℃～200 ℃。

5.7 天平:感量 0.01 g;0.1 mg。

5.8 烘箱:能够在 105 ℃～250 ℃范围内保持恒温(±5 ℃)。

5.9 马弗炉:能够在 200 ℃～700 ℃范围内保持恒温(±10 ℃)。

5.10 玻璃层析柱:带聚四氟乙烯柱塞,底部装有砂芯,150 mm×8 mm(内径),300 mm×15 mm(内径)。

5.11 自动凝胶渗透色谱(GPC):净化柱(内径 15 mm～20 mm),内装 70 g S-X3 凝胶(200 目～400 目)。

6 采样和试样制备

按 GB/T 14699.1 进行样品采集;按 GB/T 20195 制备试样,过 0.28 mm 孔筛。

7 分析步骤

7.1 提取

7.1.1 饲料原料、配合饲料、浓缩饲料、精料补充料、添加剂预混合饲料和饲料添加剂(提供铜源的饲料添加剂及其预混合饲料除外)的提取

样品的提取采用加速溶剂提取法。称取样品 10.0 g(准确至 0.01 g),与 10 g 无水硫酸钠(4.12)混合均匀,转移至加速溶剂提取仪(5.6)的不锈钢萃取池中,分别加入 PCDD/Fs 和 DL-PCBs 的 ^{13}C 标记定量内标(4.7.1 和 4.7.5),进行提取。

提取条件:

a) 提取溶剂:正己烷(4.1):二氯甲烷(4.2)=1:1(体积比),100 mL;

b) 压力:10.3 MPa(1 500 psi);

c) 温度:120 ℃;

d) 加热时间:7 min;静态提取时间:8 min;吹扫时间:2 min;

e) 循环 3 次;

f) 样品收集于 250 mL 接收瓶中。

也可采用其他等效的提取方法。

7.1.2 提供铜源的饲料添加剂及其预混合饲料的提取

样品提取采用索氏提取法。称取样品 20.0 g(准确至 0.01 g),与 10 g 无水硫酸钠(4.12)混合均匀,转移至垫有 1 cm 活性硅胶(4.8.1)的索氏提取筒中,分别加入 PCDD/Fs 和 DL-PCBs 的 ^{13}C 标记定量内标(4.7.1 和 4.7.5),置于索氏提取器中进行提取。

提取条件:

a) 提取溶剂:正己烷(4.1):二氯甲烷(4.2)=1:1(体积比),250 mL;

b) 提取时间:18 h～24 h;

c) 回流速度:3 次/h～4 次/h。

7.1.3 饲料用油脂的提取

按 GB/T 5009.205—2007 中 5.2.6 进行样品的提取。

7.2 净化及浓缩

7.2.1 饲料原料、配合饲料、浓缩饲料、精料补充料、添加剂预混合饲料的净化

7.2.1.1 酸性硅胶净化

在样品提取液中缓缓加入酸性硅胶(4.8.2),并不断摇晃,然后静置,直至提取液上清液颜色澄清。酸性硅胶(4.8.2)加入量不超过 40 g。用无水硫酸钠(4.12)玻璃柱进行过滤,并用 10 mL 正己烷(4.1)对玻璃瓶进行洗涤,将洗涤液一并加入到无水硫酸钠玻璃柱中;重复 3 次,最后将过滤液用旋转蒸发器(5.2)浓缩至 3 mL～5 mL,供下一步净化用。

7.2.1.2 自动凝胶渗透色谱净化

与 7.2.1.1 方法可替换使用。

自动凝胶渗透色谱(GPC,5.11)流动相采用二氯甲烷(4.2),流速 5 mL/min。收集目标组分后浓缩至 3 mL～5 mL,供下一步净化用。

注:凝胶柱放置时,溶剂不得流空。

7.2.1.3 复合硅胶柱净化

色谱柱填充:取内径为 15 mm 的玻璃层析柱(5.10),依次装入 1 g 活性硅胶(4.8.1)、4 g 碱性硅胶(4.8.4)、1 g 活性硅胶(4.8.1)、8 g 酸性硅胶(4.8.3)、2 g 活性硅胶(4.8.1)和 2 cm 无水硫酸钠(4.12)。干法装柱,轻敲色谱柱,使其填充均匀。

用 80 mL 正己烷(4.1)预淋洗色谱柱。当液面降至无水硫酸钠层上方约 2 mm 时,关闭柱阀,弃去淋洗液,柱下放置心形瓶准备接收。检查色谱柱,如果出现沟流现象应重新装柱。

将浓缩液(7.2.1.1 或 7.2.1.2)加入柱中,打开柱阀。用约 3 mL 正己烷(4.1)对烧瓶清洗 3 次,清洗液一并加入柱中。

用 100 mL 正己烷(4.1)对色谱柱进行洗脱,洗脱液全收集。

将收集的洗脱液用旋转蒸发器(5.2)浓缩至 3 mL～5 mL,供下一步净化用。

7.2.1.4 碱性氧化铝柱净化

色谱柱填充:取内径为 15 mm 的玻璃层析柱(5.10),依次装入 6 g 碱性氧化铝(4.9)、2 cm 无水硫酸钠(4.12)。干法装柱,轻敲色谱柱,使吸附剂填充均匀。

用 40 mL 正己烷(4.1)预淋洗色谱柱,当液面降至无水硫酸钠层上方约 2 mm 时,关闭柱阀,弃去淋洗液,柱下放置心形瓶。检查色谱柱,如果出现沟流现象应重新装柱。

将浓缩液(7.2.1.3)加入柱中,打开柱阀,对烧瓶清洗 3 次,方法同 7.2.1.3。

用 40 mL 正己烷(4.1)∶二氯甲烷(4.2)=1∶1(体积比)进行洗脱,洗脱液全收集并浓缩,方法同 7.2.1.3。

7.2.1.5 活性炭柱净化

色谱柱填充:取内径为 15 mm 的玻璃层析柱(5.10),依次装入 1.5 g 活性炭(4.11)、2 cm 无水硫酸钠(4.12)。干法装柱,轻敲色谱柱,使吸附剂填充均匀。

用 10 mL 甲苯(4.3)预淋洗色谱柱,再用 10 mL 正己烷(4.1)预淋洗,当液面降至无水硫酸钠层上

方约 2 mm 时，关闭柱阀。

将浓缩液(7.2.1.4)加入柱中，打开柱阀，对烧瓶清洗 3 次，方法同 7.2.1.3。

依次用 50 mL 正己烷(4.1)和 80 mL 甲苯(4.3)分别洗脱 DL-PCBs 和 PCDD/Fs 组分，分别接收到两个心形瓶中。

7.2.1.6 **弗罗里土柱净化**

与 7.2.1.5 方法可替换使用。

取内径为 8 mm 的玻璃层析柱(5.10)，依次装入 1.0 g 弗罗里土(4.10)、2 cm 无水硫酸钠(4.12)。干法装柱，轻敲色谱柱，使吸附剂填充均匀。

用 50 mL 二氯甲烷(4.2)预淋洗色谱柱，淋洗液流干后，取下聚四氟乙烯柱塞，将柱子放入烘箱(5.8)中，于 140 ℃烘烤至少 7 h。取出后 1 h 内使用。

注：如不使用则放在 140 ℃下保存。

用 50 mL 正己烷(4.1)预淋洗，当液面降至无水硫酸钠层上方约 2 mm 时，关闭柱阀。

将浓缩液(7.2.1.4)加入柱中，打开柱阀，对烧瓶清洗 3 次，方法同 7.2.1.3。

依次用 30 mL 二氯甲烷(4.2)：正己烷(4.1)=1：19(体积比)和 40 mL 二氯甲烷(4.2)分别洗脱 DL-PCBs 和 PCDD/Fs 组分，分别接收到两个心形瓶中。

7.2.1.7 **微量浓缩及溶剂置换**

洗脱液(7.2.1.5 或 7.2.1.6)分别用旋转蒸发器(5.2)浓缩至 2 mL～3 mL，转移到 K-D 浓缩器中并在氮吹仪(5.3)上浓缩至 0.2 mL～0.3 mL，最后转移至带有衬管的进样小瓶中，在氮气流下吹至近干，加入 20 μL 壬烷溶液(4.4)，再分别加入 PCDD/Fs 和 DL-PCBs 回收率内标标准溶液(4.7.2 和 4.7.6)，准备进 HRGC/HRMS(5.1)分析检测。

7.2.2 **饲料添加剂的净化**

7.2.2.1 **复合硅胶柱净化**

同 7.2.1.3。

7.2.2.2 **碱性氧化铝柱净化**

同 7.2.1.4。

7.2.2.3 **微量浓缩及溶剂置换**

同 7.2.1.7。

7.2.3 **饲料用油脂的净化**

按 GB/T 5009.205—2007 中的 5.3 进行样品的净化。

8 仪器分析

8.1 PCDD/Fs 分析条件

8.1.1 HRGC 的色谱条件

a) 色谱柱：DB-5MS 柱(含 5%二苯基-95%二甲基聚硅氧烷)，60 m×0.25 mm(内径)×0.25 μm(液膜厚度)，或其他等效色谱柱。2,3,7,8-TCDF 有检出时需要换用 DB-225 进行确认。

b) 进样口温度:270 ℃。

c) 进样方式:无分流模式。

d) 传输线温度:270 ℃。

e) 柱温:初始温度为 150 ℃保持 3 min,以 20 ℃/min 的速度升到 230 ℃,保持 18 min,然后以 5 ℃/min 的速度升到 235 ℃并保持 10 min,以 4 ℃/min 升到 330 ℃并保持 3 min。

f) 载气:高纯氦气(>99.999%),流速:1.0 mL/min。

8.1.2 HRMS 的质谱条件

a) 电离模式:电子轰击(EI^+)。

b) 电子能量:35 eV。

c) 分辨率:≥10 000。

d) 源温:270 ℃。

e) 扫描模式:电压选择离子模式(VSIR)。

f) 质谱采集质量碎片类型:见表 D.1。

8.2 DL-PCBs 分析条件

8.2.1 HRGC 的色谱条件

a) 色谱柱:同 8.1.1。

b) 进样口温度:290 ℃。

c) 进样方式:无分流模式。

d) 传输线温度:270 ℃。

e) 柱温:初始温度为 80 ℃保持 3 min,以 15 ℃/min 的速度升到 150 ℃保持 2 min,然后以 2.5 ℃/min 的速度升到 270 ℃并保持 3 min,以 15 ℃/min 升到 330 ℃并保持 13 min。

f) 载气:高纯氦气(>99.999%),流速:1.0 mL/min。

g) 质谱采集质量碎片类型:见表 D.2。

8.2.2 HRMS 的质谱条件

同 8.1.2。

8.3 定性、定量测定

8.3.1 定性定量的原则

在给定色谱/质谱条件下获取样品分析的色谱/质谱峰,以保留时间和精确质量测定的两个质量碎片离子的理论丰度比进行定性,以平均响应因子法进行定量计算。PCDD/Fs 和 DL-PCBs 的分析质量色谱图参见图 E.1~图 E.9。配合饲料中 PCDD/Fs 和 DL-PCBs 的分析质量色谱图参见图 F.1~图 F.5。

各目标化合物的相对保留时间应符合表 D.3 和表 D.4 的规定。

监测的两个质量数离子的峰面积比值应符合表 D.5 的要求,或在校正标准 CS3 中相应两个质量数离子的峰面积比值的±10%范围内。

由校正溶液(CS 系列,见表 C.4 和表 C.8)的分析结果,绘制天然化合物与标记化合物之间的校正曲线。由 5 个校正标准溶液测定各化合物的 RRF 或响应因子(RF),并计算其平均值,获得平均响应因子。

由于使用^{13}C-1,2,3,7,8,9-HxCDD 作为回收率内标,因此 1,2,3,7,8,9-HxCDD 的定量不能采用

严格的同位素稀释法，而采用1,2,3,4,7,8-HxCDD和1,2,3,6,7,8-HxCDD的^{13}C标记定量内标平均响应进行定量计算。

8.3.2 相对响应因子

相对响应因子是天然的PCDD/Fs和DL-PCBs与同位素标记的PCDD/Fs和DL-PCBs的仪器响应之比。适用于除1,2,3,7,8,9-HxCDD和OCDF外的其他PCDD/Fs和所有DL-PCBs与对应标记定量内标之间。

根据表D.1和表D.2中第一和第二个精确质量数离子的响应峰面积，按式(1)计算各化合物相对于其标记化合物的RRF。

$$\mathrm{RRF}=\frac{(A1_{\mathrm{n}}+A2_{\mathrm{n}})\times c_1}{(A1_{\mathrm{l}}+A2_{\mathrm{l}})\times c_{\mathrm{n}}} \qquad \cdots\cdots(1)$$

式中：

RRF ——除1,2,3,7,8,9-HxCDD和OCDF外的其他PCDD/Fs和DL-PCBs的相对响应因子；

$A1_{\mathrm{n}}$和$A2_{\mathrm{n}}$——PCDD/Fs和DL-PCBs的第一个和第二个质量数离子的峰面积；

c_1 ——校正标准中标记定量内标化合物的浓度，单位为纳克每毫升(ng/mL)；

$A1_{\mathrm{l}}$和$A2_{\mathrm{l}}$——标记定量内标化合物的第一个和第二个质量数离子的峰面积；

c_{n} ——校正标准中目标化合物的浓度，单位为纳克每毫升(ng/mL)。

8.3.3 响应因子

8.3.3.1 响应因子适用范围

响应因子是PCDD/Fs及DL-PCBs与其对应内标(非同位素内标)的仪器响应之比。适用于1,2,3,7,8,9-HxCDD和OCDF与其对应定量内标之间，以及所有PCDD/Fs和DL-PCBs的定量内标与其回收率内标之间。

8.3.3.2 1,2,3,7,8,9-HxCDD与其定量内标之间的响应因子

根据表D.1中第一和第二个精确质量数离子的响应峰面积，按式(2)计算1,2,3,7,8,9-HxCDD的$\mathrm{RF_h}$。

$$\mathrm{RF_h}=\frac{(A1_{\mathrm{h}}+A2_{\mathrm{h}})\times(c_{\mathrm{hl\text{-}1}}+c_{\mathrm{hl\text{-}2}})}{[(A1_{\mathrm{hl\text{-}1}}+A2_{\mathrm{hl\text{-}1}})+(A1_{\mathrm{hl\text{-}2}}+A2_{\mathrm{hl\text{-}2}})]\times c_{\mathrm{h}}} \qquad \cdots\cdots(2)$$

式中：

$\mathrm{RF_h}$ ——1,2,3,7,8,9-HxCDD的响应因子；

$A1_{\mathrm{h}}$和$A2_{\mathrm{h}}$ ——1,2,3,7,8,9-HxCDD的第一个和第二个质量数离子的峰面积；

$c_{\mathrm{hl\text{-}1}}$和$c_{\mathrm{hl\text{-}2}}$ ——^{13}C-1,2,3,4,7,8-HxCDD和^{13}C-1,2,3,6,7,8-HxCDD的浓度，单位为纳克每毫升(ng/mL)；

$A1_{\mathrm{hl\text{-}1}}$和$A2_{\mathrm{hl\text{-}1}}$ ——^{13}C-1,2,3,4,7,8-HxCDD的第一个和第二个质量数离子的峰面积；

$A1_{\mathrm{hl\text{-}2}}$和$A2_{\mathrm{hl\text{-}2}}$ ——^{13}C-1,2,3,6,7,8-HxCDD的第一个和第二个质量数离子的峰面积；

c_{h} ——校正标准中1,2,3,7,8,9-HxCDD的浓度，单位为纳克每毫升(ng/mL)。

8.3.3.3 OCDF与其对应定量内标之间，以及所有PCDD/Fs和DL-PCBs的定量内标与其回收率内标之间的响应因子

根据表D.1和表D.2中第一和第二个精确质量数离子的响应峰面积，按式(3)计算各化合物相对于其内标化合物的RF。

$$\mathrm{RF}=\frac{(A1_{\mathrm{s}}+A2_{\mathrm{s}})\times c_{\mathrm{is}}}{(A1_{\mathrm{is}}+A2_{\mathrm{is}})\times c_{\mathrm{s}}} \qquad \cdots\cdots(3)$$

式中：

RF ——PCDD/Fs 和 DL-PCBs 的定量内标以及 OCDF 的相对因子；

$A1_{\mathrm{s}}$和$A2_{\mathrm{s}}$ ——OCDF 及所有 PCDD/Fs 和 DL-PCBs 定量内标的第一个和第二个质量数离子的峰面积；

c_{is} ——对应内标化合物的浓度，单位为纳克每毫升(ng/mL)；

$A1_{\mathrm{is}}$和$A2_{\mathrm{is}}$ ——对应内标化合物的第一个和第二个质量数离子的峰面积；

c_{s} ——OCDF 及所有 PCDD/Fs 和 DL-PCBs 定量内标的浓度，单位为纳克每毫升(ng/mL)。

9 结果计算与报告

9.1 样品定量

9.1.1 同位素稀释定量

适用于除 1,2,3,7,8,9-HxCDD 和 OCDF 外的其他 PCDD/Fs 和所有 DL-PCBs 的定量。

在样品提取前，定量添加^{13}C 标记的定量内标，对 PCDD/Fs 和 DL-PCBs 进行计算。根据测定的相对响应和样品取样量与^{13}C 标记定量内标加入量，按式(4)计算样品中目标化合物的浓度：

$$c_{\mathrm{ex}}=\frac{(A1_{\mathrm{n}}+A2_{\mathrm{n}})\times m_1}{(A1_{\mathrm{l}}+A2_{\mathrm{l}})\times \mathrm{RRF}\times m_2} \qquad \cdots\cdots(4)$$

式中：

c_{ex} ——样品中 PCDD/Fs 和 DL-PCBs 的浓度，单位为皮克每克(pg/g)；

$A1_{\mathrm{n}}$和$A2_{\mathrm{n}}$——PCDD/Fs 和 DL-PCBs 的第一个和第二个质量数离子的峰面积；

m_1 ——样品提取前加入的^{13}C 标记定量内标量，单位为皮克(pg)；

$A1_{\mathrm{l}}$和$A2_{\mathrm{l}}$ ——^{13}C 标记定量内标的第一个和第二个质量数离子的峰面积；

RRF ——除 1,2,3,7,8,9-HxCDD 和 OCDF 外的其他 PCDD/Fs 和 DL-PCBs 的相对响应因子；

m_2 ——试样量，单位为克(g)。

9.1.2 内标定量

9.1.2.1 1,2,3,7,8,9-HxCDD 的定量

样品中 1,2,3,7,8,9-HxCDD 以 1,2,3,4,7,8-HxCDD 和 1,2,3,6,7,8-HxCDD 的^{13}C 标记内标为定量内标，按式(5)计算：

$$c_{\mathrm{ex}}=\frac{(A1_{\mathrm{h}}+A2_{\mathrm{h}})\times(m_{\mathrm{hl\text{-}1}}+m_{\mathrm{hl\text{-}2}})}{[(A1_{\mathrm{hl\text{-}1}}+A2_{\mathrm{hl\text{-}1}})+(A1_{\mathrm{hl\text{-}2}}+A2_{\mathrm{hl\text{-}2}})]\times \mathrm{RF_h}\times m_3} \qquad \cdots\cdots(5)$$

式中：

c_{ex} ——样品中 1,2,3,7,8,9-HxCDD 的浓度，单位为皮克每克(pg/g)；

$A1_{\mathrm{h}}$和$A2_{\mathrm{h}}$ ——1,2,3,7,8,9-HxCDD 的第一个和第二个质量数离子的峰面积；

$m_{\mathrm{hl\text{-}1}}$和$m_{\mathrm{hl\text{-}2}}$ ——样品提取前加入^{13}C-1,2,3,4,7,8-HxCDD 和^{13}C-1,2,3,6,7,8-HxCDD 的量，单位为皮克(pg)；

$A1_{\mathrm{hl\text{-}1}}$和$A2_{\mathrm{hl\text{-}1}}$ ——^{13}C-1,2,3,4,7,8-HxCDD 的第一个和第二个质量数离子的峰面积；

$A1_{\mathrm{hl\text{-}2}}$和$A2_{\mathrm{hl\text{-}2}}$ ——^{13}C-1,2,3,6,7,8-HxCDD 的第一个和第二个质量数离子的峰面积；

RF_h ——1,2,3,7,8,9-HxCDD 的响应因子；

m_3 ——试样量，单位为克(g)。

9.1.2.2 **OCDF 的定量**

样品中 OCDF 以 OCDD 的同位素标记内标为定量内标，按式(6)计算：

$$c_{ex} = \frac{(A1_s + A2_s) \times m_{is}}{(A1_{is} + A2_{is}) \times RF \times m_4} \quad \cdots\cdots (6)$$

式中：

c_{ex} ——样品中 OCDF 的浓度，单位为皮克每克(pg/g)；

$A1_s$和 $A2_s$ ——OCDF 的第一个和第二个质量数离子的峰面积；

m_{is} ——^{13}C-OCDD 的量，单位为皮克(pg)；

$A1_{is}$和 $A2_{is}$ ——^{13}C-OCDD 的第一个和第二个质量数离子的峰面积；

RF ——OCDF 的响应因子；

m_4 ——试样量，单位为克(g)。

9.1.3 回收率计算

样品提取液中^{13}C 标记定量内标的量采用测定的响应因子，按式(7)计算：

$$m_s = \frac{(A1_s + A2_s) \times m_{is}}{(A1_{is} + A2_{is}) \times RF} \quad \cdots\cdots (7)$$

式中：

m_s ——测定结果，单位为皮克(pg)；

$A1_s$和 $A2_s$ ——^{13}C 标记定量内标的第一个和第二个质量数离子的峰面积；

m_{is} ——^{13}C 标记回收率内标的量，单位为皮克(pg)；

$A1_{is}$和 $A2_{is}$ ——^{13}C 标记回收率内标的第一个和第二个质量数离子的峰面积；

RF ——PCDD/Fs 和 DL-PCBs 定量内标的响应因子。

由上述定量结果，按式(8)计算^{13}C 标记定量内标的回收率：

$$X = \frac{m_s}{m_5} \times 100\% \quad \cdots\cdots (8)$$

式中：

X ——回收率，%；

m_s ——测定结果，单位为皮克(pg)；

m_5 ——加入量，单位为皮克(pg)。

9.2 毒性当量的计算

按照世界卫生组织(WHO)规定的 PCDD/Fs 和 DL-PCBs 的 TEF(见表 A.1)和式(9)计算样品中的 PCDD/Fs 和 DL-PCBs 的 TEQ。

$$TEQ_i = TEF_i \times c_i \quad \cdots\cdots (9)$$

式中：

TEQ_i——样品中 PCDD/Fs 或 DL-PCBs 的毒性当量浓度，单位为皮克毒性当量每克(pg TEQ/g)；

TEF_i ——PCDD/Fs 或 DL-PCBs 的毒性当量因子；

c_i ——样品中 PCDD/Fs 或 DL-PCBs 的浓度，单位为皮克每克(pg/g)。

9.3 结果报告

9.3.1 样品中的 PCDD/Fs 和 DL-PCBs 结果需要报告测定的 17 种 PCDD/Fs 和 12 种 DL-PCBs 的浓

度、检测限和各自的 TEQ 值，以及 TEQ_{PCDDs}、TEQ_{PCDFs}、$TEQ_{PCDD/Fs}$ 和 $TEQ_{PCDD/Fs+DL-PCBs}$。

9.3.2 报告检测限按 GB/T 8170 中数据修约规则修约为 1 位或 2 位有效数字。浓度和 TEQ 结果大于 100 时，按 GB/T 8170 中数据修约规则只保留整数部分；结果介于 1 和 100 之间时，结果保留三位有效数字；结果低于 1 时，按 GB/T 8170 中数据修约规则修约为 1 位或 2 位有效数字。浓度和 TEQ 结果的小数位数应不多于检测限位数。

9.3.3 以样品原始重量报告结果。

9.3.4 在检测限及其以上的结果以实际结果报告；低于检测限的结果可以报告“未检出”或注明小于检测限。

10 检测方法的精密度和回收率

10.1 精密度

本标准方法的批内变异系数 CV≤10%，实验室间分析结果的相对偏差 RD＜20%。

10.2 回收率

本标准方法对于 PCDD/Fs 和 DL-PCBs 标记内标的回收率分别在 40%～144%和 50%～141%。

11 质量保证/质量控制(QA/QC)

11.1 PCDD/Fs 和 DL-PCBs 分析中均使用有资质的厂家提供的标准品。

11.2 分析所用有机试剂浓缩 10 000 倍不得检出 PCDD/Fs 及 DL-PCBs。

11.3 方法线性试验：在测试的 5 个标准溶液的浓度范围内，如果各化合物的 RRF(或 RF)结果稳定(RRF 变异系数＜20%，RF 变异系数＜35%)，则可以采用 RRF 和 RF 的均值进行计算；否则，需要重新进行标准曲线的制作和校正。

11.4 实际样品均应添加内标进行定量分析。

附 录 A
（规范性附录）
17 种 PCDD/Fs 和 12 种 DL-PCBs 及其对应的毒性当量因子列表

表 A.1 PCDD/Fs 及其毒性当量因子

化合物			WHO-TEF(1998)	CAS 编号
PCDD/Fs	2,3,7,8-TCDD		1.0	1746-01-6
	2,3,7,8-TCDF		0.1	51207-31-9
	1,2,3,7,8-PeCDD		1.0	40321-76-4
	1,2,3,7,8-PeCDF		0.05	57117-41-6
	2,3,4,7,8-PeCDF		0.5	57117-31-4
	1,2,3,4,7,8-HxCDD		0.1	39227-28-6
	1,2,3,6,7,8-HxCDD		0.1	57653-85-7
	1,2,3,7,8,9-HxCDD		0.1	19408-74-3
	1,2,3,4,7,8-HxCDF		0.1	70648-26-9
	1,2,3,6,7,8-HxCDF		0.1	57117-44-9
	1,2,3,7,8,9-HxCDF		0.1	72918-21-9
	2,3,4,6,7,8-HxCDF		0.1	60851-34-5
	1,2,3,4,6,7,8-HpCDD		0.01	35822-46-9
	1,2,3,4,6,7,8-HpCDF		0.01	67562-39-4
	1,2,3,4,7,8,9-HpCDF		0.01	55673-89-7
	OCDD		0.000 1	3268-87-9
	OCDF		0.000 1	39001-02-0
	同位素标记的 PCDD/Fs	^{13}C-2,3,7,8-TCDD	—	76523-40-5
		^{13}C-2,3,7,8-TCDF	—	89059-46-1
		^{13}C-1,2,3,7,8-PeCDD	—	109719-79-1
		^{13}C-1,2,3,7,8-PeCDF	—	109719-77-9
		^{13}C-2,3,4,7,8-PeCDF	—	116843-02-8
		^{13}C-1,2,3,4,7,8-HxCDD	—	109719-80-4
		^{13}C-1,2,3,6,7,8-HxCDD	—	109719-81-5
		^{13}C-1,2,3,7,8,9-HxCDD	—	109719-82-6
		^{13}C-1,2,3,4,7,8-HxCDF	—	114423-98-2
		^{13}C-1,2,3,6,7,8-HxCDF	—	116843-03-9
		^{13}C-1,2,3,7,8,9-HxCDF	—	116843-04-0
		^{13}C-2,3,4,6,7,8-HxCDF	—	116843-05-1
		^{13}C-1,2,3,4,6,7,8-HpCDD	—	109719-83-7
		^{13}C-1,2,3,4,6,7,8-HpCDF	—	109719-84-8
		^{13}C-1,2,3,4,7,8,9-HpCDD	—	109719-94-0
		^{13}C-OCDD	—	114423-97-1

注：WHO-TEF 为 WHO 规定的具有二噁英毒性的当量因子，TCDD：四氯代二苯并二噁英，TCDF：四氯代二苯并呋喃，PeCDD：五氯代二苯并二噁英，PeCDF：五氯代二苯并呋喃，HxCDD：六氯代二苯并二噁英，HxCDF：六氯代二苯并呋喃，HpCDD：七氯代二苯并二噁英，HpCDF：七氯代二苯并呋喃，OCDD：八氯代二苯并二噁英，OCDF：八氯代二苯并呋喃。

表 A.2 DL-PCBs 及其毒性当量因子

化合物			WHO-TEF(1998)	IUPAC 编号
DL-PCBs		3,3′,4,4′-TeCB	0.000 1	77
DL-PCBs		3,4,4′,5-TeCB	0.000 1	81
DL-PCBs		2,3,3′,4,4′-PeCB	0.000 1	105
DL-PCBs		2,3,4,4′,5-PeCB	0.000 5	114
DL-PCBs		2,3′,4,4′,5-PeCB	0.000 1	118
DL-PCBs		2′,3,4,4′,5-PeCB	0.000 1	123
DL-PCBs		3,3′,4,4′,5-PeCB	0.1	126
DL-PCBs		2,3,3′,4,4′,5-HxCB	0.000 5	156
DL-PCBs		2,3,3′,4,4′,5′-HxCB	0.000 5	157
DL-PCBs		2,3′,4,4′,5,5′-HxCB	0.000 01	167
DL-PCBs		3,3′,4,4′,5,5′-HxCB	0.01	169
DL-PCBs		2,3,3′,4,4′,5,5′-HxCB	0.000 1	189
DL-PCBs	同位素标记的 DL-PCBs	^{13}C-3,3′,4,4′-TeCB	—	77L
DL-PCBs	同位素标记的 DL-PCBs	^{13}C-3,4,4′,5-TeCB	—	81L
DL-PCBs	同位素标记的 DL-PCBs	^{13}C-2,3,3′,4,4′-PeCB	—	105L
DL-PCBs	同位素标记的 DL-PCBs	^{13}C-2,3,4,4′,5-PeCB	—	114L
DL-PCBs	同位素标记的 DL-PCBs	^{13}C-2,3′,4,4′,5-PeCB	—	118L
DL-PCBs	同位素标记的 DL-PCBs	^{13}C-2′,3,4,4′-PeCB	—	123L
DL-PCBs	同位素标记的 DL-PCBs	^{13}C-3,3′,4,4′,5-PeCB	—	126L
DL-PCBs	同位素标记的 DL-PCBs	^{13}C-2,3,3′,4,4′,5-HxCB	—	156L
DL-PCBs	同位素标记的 DL-PCBs	^{13}C-2,3,3′,4,4′,5′-HxCB	—	157L
DL-PCBs	同位素标记的 DL-PCBs	^{13}C-2,3′,4,4′,5,5′-HxCB	—	167L
DL-PCBs	同位素标记的 DL-PCBs	^{13}C-3,3′,4,4′,5,5′-HxCB	—	169L
DL-PCBs	同位素标记的 DL-PCBs	^{13}C-2,3,3′,4,4′,5,5′-HpCB	—	189L

注：WHO-TEF 为 WHO 规定的具有二噁英毒性的当量因子，TeCB：四氯联苯，PeCB：五氯联苯，HxCB：六氯联苯，HpCB：七氯联苯。

附　录　B
（规范性附录）
样品检测限

表 B.1　PCDD/Fs 和 DL-PCBs 的检测限

化合物		配合饲料(pg/g)	预混合饲料/(pg/g)	浓缩饲料/(pg/g)	饲料添加剂/(pg/g)
PCDD/Fs	2,3,7,8-TCDF		0.08	0.09	0.02
	1,2,3,7,8-PeCDF		0.07	0.10	0.02
	2,3,4,7,8-PeCDF		0.07	0.08	0.03
	1,2,3,4,7,8-HxCDF		0.04	0.07	0.02
	1,2,3,6,7,8-HxCDF		0.04	0.06	0.02
	2,3,4,6,7,8-HxCDF		0.04	0.06	0.02
	1,2,3,7,8,9-HxCDF		0.04	0.07	0.02
	1,2,3,4,6,7,8-HpCDF		0.03	0.06	0.02
	1,2,3,4,7,8,9-HpCDF		0.03	0.08	0.02
	OCDF		0.04	0.12	0.05
	2,3,7,8-TCDD	0.05	0.03	0.10	0.02
	1,2,3,7,8-PeCDD		0.09	0.13	0.04
	1,2,3,4,7,8-HxCDD		0.04	0.10	0.02
	1,2,3,6,7,8-HxCDD		0.04	0.09	0.02
	1,2,3,7,8,9-HxCDD		0.04	0.10	0.02
	1,2,3,4,6,7,8-HpCDD		0.05	0.12	0.02
	OCDD		0.06	0.14	0.06
	WHO-TEQ(PCDD/Fs)	0.05	0.19	0.34	0.08
DL-PCBs	3,3′,4,4′-TeCB	0.46	0.03	0.27	0.02
	3,4,4′,5-TeCB	0.51	0.03	0.24	0.02
	2,3,3′,4,4′-PeCB	0.26	0.03	0.12	0.02
	2,3,4,4′,5-PeCB	0.29	0.02	0.12	0.02
	2,3′,4,4′,5-PeCB	0.32	0.03	0.12	0.02
	2′,3,4,4′,5-PeCB	0.29	0.03	0.12	0.02
	3,3′,4,4′,5-PeCB	0.29	0.02	0.14	0.02
	2,3,3′,4,4′,5-HxCB	0.67	0.02	0.11	0.01
	2,3,3′,4,4′,5′-HxCB	0.65	0.02	0.11	0.01
	2,3′,4,4′,5,5′-HxCB	0.61	0.02	0.1	0.01
	3,3′,4,4′,5,5′-HxCB	0.77	0.03	0.12	0.01
	2,3,3′,4,4′,5,5′-HxCB	0.71	0.03	0.16	0.02
	WHO-TEQ(DL-PCBs)	0.04	0.003	0.015	0.002

附 录 C
（规范性附录）
标准溶液

表 C.1 至表 C.4 给出了 PCDD/Fs 的标准溶液。

表 C.5 至表 C.8 给出了 DL-PCBs 的标准溶液。

表 C.1 PCDD/Fs 同位素标记定量内标标准溶液

内标化合物		浓度/(μg/L)
PCDDs	^{13}C-2,3,7,8-TCDD	100
	^{13}C-1,2,3,7,8-PeCDD	100
	^{13}C-1,2,3,4,7,8-HxCDD	100
	^{13}C-1,2,3,6,7,8-HxCDD	100
	^{13}C-1,2,3,4,6,7,8-HpCDD	100
	^{13}C-OCDD	200
PCDFs	^{13}C-2,3,7,8-TCDF	100
	^{13}C-1,2,3,7,8-PeCDF	100
	^{13}C-2,3,4,7,8-PeCDF	100
	^{13}C-1,2,3,4,7,8-HxCDF	100
	^{13}C-1,2,3,6,7,8-HxCDF	100
	^{13}C-1,2,3,7,8,9-HxCDF	100
	^{13}C-2,3,4,6,7,8-HxCDF	100
	^{13}C-1,2,3,4,6,7,8-HpCDF	100
	^{13}C-1,2,3,4,7,8,9-HpCDF	100

表 C.2 PCDD/Fs 同位素标记的回收率内标标准溶液

内标化合物	浓度/(μg/L)
^{13}C-1,2,3,4-TCDD	200±10
^{13}C-1,2,3,7,8,9-HxCDD	200±10

表 C.3　PCDD/Fs 精密度和回收率检查标准溶液(PAR)

天然化合物		浓度/(μg/L)
PCDDs	2,3,7,8-TCDD	40
	1,2,3,7,8-PeCDD	200
	1,2,3,4,7,8-HxCDD	200
	1,2,3,6,7,8-HxCDD	200
	1,2,3,7,8,9-HxCDD	200
	1,2,3,4,6,7,8-HpCDD	200
	OCDD	400
PCDFs	2,3,7,8-TCDF	40
	1,2,3,7,8-PeCDF	200
	2,3,4,7,8-PeCDF	200
	1,2,3,4,7,8-HxCDF	200
	1,2,3,6,7,8-HxCDF	200
	1,2,3,7,8,9-HxCDF	200
	2,3,4,6,7,8-HxCDF	200
	1,2,3,4,6,7,8-HpCDF	200
	1,2,3,4,7,8,9-HpCDF	200
	OCDF	400

表 C.4　PCDD/Fs 校正标准溶液(CS1～CS5)

化合物	CS1/(μg/L)	CS2/(μg/L)	CS3/(μg/L)	CS4/(μg/L)	CS5/(μg/L)
2,3,7,8-TCDF	0.5	2	10	40	200
1,2,3,7,8-PeCDF	2.5	10	50	200	1 000
2,3,4,7,8-PeCDF	2.5	10	50	200	1 000
1,2,3,4,7,8-HxCDF	2.5	10	50	200	1 000
1,2,3,6,7,8-HxCDF	2.5	10	50	200	1 000
2,3,4,6,7,8-HxCDF	2.5	10	50	200	1 000
1,2,3,7,8,9-HxCDF	2.5	10	50	200	1 000
1,2,3,4,6,7,8-HpCDF	2.5	10	50	200	1 000
1,2,3,4,7,8,9-HpCDF	2.5	10	50	200	1 000
OCDF	5	20	100	400	2 000
2,3,7,8-TCDD	0.5	10	50	200	1 000
1,2,3,7,8-PeCDD	2.5	10	50	200	1 000
1,2,3,4,7,8-HxCDD	2.5	10	50	200	1 000
1,2,3,6,7,8-HxCDD	2.5	10	50	200	1 000

表 C.4（续）

化合物	CS1/(μg/L)	CS2/(μg/L)	CS3/(μg/L)	CS4/(μg/L)	CS5/(μg/L)
1,2,3,7,8,9-HxCDD	2.5	10	50	200	1 000
1,2,3,4,6,7,8-HpCDD	2.5	10	50	200	1 000
OCDD	5	20	100	400	2 000
^{13}C-2,3,7,8-TCDF	100	100	100	100	100
^{13}C-1,2,3,7,8-PeCDF	100	100	100	100	100
^{13}C-2,3,4,7,8-PeCDF	100	100	100	100	100
^{13}C-1,2,3,4,7,8-HxCDF	100	100	100	100	100
^{13}C-1,2,3,6,7,8-HxCDF	100	100	100	100	100
^{13}C-2,3,4,6,7,8-HxCDF	100	100	100	100	100
^{13}C-1,2,3,7,8,9-HxCDF	100	100	100	100	100
^{13}C-1,2,3,4,6,7,8-HpCDF	100	100	100	100	100
^{13}C-1,2,3,4,7,8,9-HpCDF	100	100	100	100	100
^{13}C-2,3,7,8-TCDD	100	100	100	100	100
^{13}C-1,2,3,7,8-PeCDD	100	100	100	100	100
^{13}C-1,2,3,4,7,8-HxCDD	100	100	100	100	100
^{13}C-1,2,3,6,7,8-HxCDD	100	100	100	100	100
^{13}C-1,2,3,4,6,7,8-HpCDD	100	100	100	100	100
^{13}C-OCDD	100	100	100	100	100
^{13}C-1,2,3,4-TCDD	100	100	100	100	100
^{13}C-1,2,3,7,8,9-HxCDD	100	100	100	100	100

表 C.5　DL-PCBs 的同位素标记定量内标标准溶液

内标化合物	IUPAC 编号	浓度/(mg/L)
^{13}C-3,3′,4,4′-TeCB	77L	1.0
^{13}C-3,4,4′,5-TeCB	81L	1.0
^{13}C-2,3,3′,4,4′-PeCB	105L	1.0
^{13}C-2,3,4,4′,5-PeCB	114L	1.0
^{13}C-2,3′,4,4′,5-PeCB	118L	1.0
^{13}C-2′,3,4,4′,5-PeCB	123L	1.0
^{13}C-3,3′,4,4′,5-PeCB	126L	1.0
^{13}C-2,3,3′,4,4′,5-HxCB	156L	1.0
^{13}C-2,3,3′,4,4′,5′-HxCB	157L	1.0
^{13}C-2,3′,4,4′,5,5′-HxCB	167L	1.0
^{13}C-3,3′,4,4′,5,5′-HxCB	169L	1.0
^{13}C-2,3,3′,4,4′,5,5′-HpCB	189L	1.0

表 C.6　PCBs 同位素标记的回收率内标标准溶液

内标化合物	IUPAC 编号	浓度/(mg/L)
^{13}C-2,2′,5,5′-TeCB	52L	5.0
^{13}C-2,2′,4,5,5′-PeCB	101L	5.0
^{13}C-2,2′,3′,4,4′,5′-HxCB	138L	5.0
^{13}C-2,2′,3,3′,4,4′,5,5′-OcCB	194L	5.0

表 C.7　DL-PCBs 精密度和回收率检查标准溶液(PAR)

天然的化合物	IUPAC 编号	浓度/(mg/L)
3,3′,4,4′-TeCB	77	2.0
3,4,4′,5-TeCB	81	2.0
2,3,3′,4,4′-PeCB	105	2.0
2,3,4,4′,5-PeCB	114	2.0
2,3′,4,4′,5-PeCB	118	2.0
2′,3,4,4′,5-PeCB	123	2.0
3,3′,4,4′,5-PeCB	126	2.0
2,3,3′,4,4′,5-HxCB	156	2.0
2,3,3′,4,4′,5′-HxCB	157	2.0
2,3′,4,4′,5,5′-HxCB	167	2.0
3,3′,4,4′,5,5′-HxCB	169	2.0
2,3,3′,4,4′,5,5′-HpCB	189	2.0

表 C.8　DL-PCBs 校正标准溶液(CS1～CS5)

化合物	IUPAC 编号	CS1/(μg/L)	CS2/(μg/L)	CS3/(μg/L)	CS4/(μg/L)	CS5/(μg/L)
3,3′,4,4′-TeCB	77	1	5	50	400	2 000
3,4,4′,5-TeCB	81	1	5	50	400	2 000
2,3,3′,4,4′-PeCB	105	1	5	50	400	2 000
2,3,4,4′,5-PeCB	114	1	5	50	400	2 000
2,3′,4,4′,5-PeCB	118	1	5	50	400	2 000
2′,3,4,4′,5-PeCB	123	1	5	50	400	2 000
3,3′,4,4′,5-PeCB	126	1	5	50	400	2 000
2,3,3′,4,4′,5-HxCB	156	1	5	50	400	2 000
2,3,3′,4,4′,5′-HxCB	157	1	5	50	400	2 000
2,3′,4,4′,5,5′-HxCB	167	1	5	50	400	2 000
3,3′,4,4′,5,5′-HxCB	169	1	5	50	400	2 000

表 C.8（续）

化合物	IUPAC 编号	CS1/(μg/L)	CS2/(μg/L)	CS3/(μg/L)	CS4/(μg/L)	CS5/(μg/L)
2,3,3′,4,4′,5,5′-HpCB	189	1	5	50	400	2 000
^{13}C-3,3′,4,4′-TeCB	77L	100	100	100	100	100
^{13}C-3,4,4′,5-TeCB	81L	100	100	100	100	100
^{13}C-2,3,3′,4,4′-PeCB	105L	100	100	100	100	100
^{13}C-2,3,4,4′,5-PeCB	114L	100	100	100	100	100
^{13}C-2,3′,4,4′,5-PeCB	118L	100	100	100	100	100
^{13}C-2′,3,4,4′,5-PeCB	123L	100	100	100	100	100
^{13}C-3,3′,4,4′,5-PeCB	126L	100	100	100	100	100
^{13}C-2,3,3′,4,4′,5-HxCB	156L	100	100	100	100	100
^{13}C-2,3,3′,4,4′,5′-HxCB	157L	100	100	100	100	100
^{13}C-2,3′,4,4′,5,5′-HxCB	167L	100	100	100	100	100
^{13}C-3,3′,4,4′,5,5′-HxCB	169L	100	100	100	100	100
^{13}C-2,3,3′,4,4′,5,5′-HpCB	189L	100	100	100	100	100
^{13}C-2,2′,5,5′-TeCB	52L	100	100	100	100	100
^{13}C-2,2′,4,5,5′-PeCB	101L	100	100	100	100	100
^{13}C-2,2′,3′,4,4′,5′-HxCB	138L	100	100	100	100	100
^{13}C-2,2′,3,3′,4,4′,5,5′-OcCB	194L	100	100	100	100	100

附 录 D
（规范性附录）
PCDD/Fs 和 DL-PCBs 的定性定量参数

表 D.1 PCDD/Fs 的时间窗口、m/z 精确质量数、m/z 类型和元素组成

时间窗口/氯取代数		m/z 精确质量数	m/z 类型	元素组成	化合物
PCDD/Fs	Fn-1 Cl-4	292.982 5	锁定	C_7F_{11}	PFK
		303.901 6	M	$C_{12}H_4{}^{35}Cl_4O$	TCDF
		305.898 7	M+2	$C_{12}H_4{}^{35}Cl_3{}^{37}ClO$	TCDF
		315.941 9	M	${}^{13}C_{12}H_4{}^{35}Cl_4O$	${}^{13}C$-TCDF
		317.938 9	M+2	${}^{13}C_{12}H_4{}^{35}Cl_3{}^{37}ClO$	${}^{13}C$-TCDF
		319.896 5	M	$C_{12}H_4{}^{35}Cl_4O_2$	TCDD
		321.893 6	M+2	$C_{12}H_4{}^{35}Cl_3{}^{37}ClO_2$	TCDD
		327.884 7	M	$C_{12}H_4{}^{37}Cl_4O_2$	TCDD
		330.979 2	QC	C_7F_{13}	PFK
		331.936 8	M	${}^{13}C_{12}H_4{}^{35}Cl_4O_2$	${}^{13}C$-TCDD
		333.933 9	M+2	${}^{13}C_{12}H_4{}^{35}Cl_3{}^{37}ClO_2$	${}^{13}C$-TCDD
		375.836 4	M+2	$C_{12}H_4{}^{35}Cl_5{}^{37}ClO$	HxCDPE
	Fn-2 Cl-5	339.859 7	M+2	$C_{12}H_3{}^{35}Cl_4{}^{37}ClO$	PeCDF
		341.856 7	M+4	$C_{12}H_3{}^{35}Cl_3{}^{37}Cl_2O$	PeCDF
		351.900 0	M+2	${}^{13}C_{12}H_3{}^{35}Cl_4{}^{37}ClO$	${}^{13}C$-PeCDF
		353.897 0	M+4	${}^{13}C_{12}H_3{}^{35}Cl_3{}^{37}Cl_2O$	${}^{13}C$-PeCDF
		354.979 2	锁定	C_9F_{13}	PFK
		355.854 6	M+2	$C_{12}H_3{}^{35}Cl_4{}^{37}ClO_2$	PeCDD
		357.851 6	M+4	$C_{12}H_3{}^{35}Cl_3{}^{37}Cl_2O_2$	PeCDD
		367.894 9	M+2	${}^{13}C_{12}H_3{}^{35}Cl_4{}^{37}ClO_2$	${}^{13}C$-PeCDD
		369.891 9	M+4	${}^{13}C_{12}H_3{}^{35}Cl_3{}^{37}Cl_2O_2$	${}^{13}C$-PeCDD
		409.797 4	M+2	$C_{12}H_3{}^{35}Cl_6{}^{37}ClO$	HpCDPE
	Fn-3 Cl-6	373.820 8	M+2	$C_{12}H_2{}^{35}Cl_5{}^{37}ClO$	HxCDF
		375.817 8	M+4	$C_{12}H_2{}^{35}Cl_4{}^{37}Cl_2O$	HxCDF
		383.863 9	M	${}^{13}C_{12}H_2{}^{35}Cl_6O$	${}^{13}C$-HxCDF
		385.861 0	M+2	${}^{13}C_{12}H_2{}^{35}Cl_5{}^{37}ClO$	${}^{13}C$-HxCDF
		389.815 7	M+2	$C_{12}H_2{}^{35}Cl_5{}^{37}ClO_2$	HxCDD
		391.812 7	M+4	$C_{12}H_2{}^{35}Cl_4{}^{37}Cl_2O_2$	HxCDD
		392.976 0	锁定	C_9F_{15}	PFK
		401.855 9	M+2	${}^{13}C_{12}H_2{}^{35}Cl_5{}^{37}ClO_2$	${}^{13}C$-HxCDD
		403.852 9	M+4	${}^{13}C_{12}H_2{}^{35}Cl_4{}^{37}Cl_2O_2$	${}^{13}C$-HxCDD
		430.972 9	QC	C_9F_{17}	PFK
		445.755 5	M+4	$C_{12}H_2{}^{35}Cl_6{}^{37}Cl_2O$	OCDPE

表 D.1（续）

时间窗口/氯取代数		m/z 精确质量数	m/z 类型	元素组成	化合物
PCDD/Fs	Fn-4 Cl-7	407.781 8	M+2	$C_{12}H^{35}Cl_6{}^{37}ClO$	HpCDF
		409.778 9	M+4	$C_{12}H^{35}Cl_5{}^{37}Cl_2O$	HpCDF
		417.825 3	M	$^{13}C_{12}H^{35}Cl_7O$	^{13}C-HpCDF
		419.822 0	M+2	$^{13}C_{12}H^{35}Cl_6{}^{37}ClO$	^{13}C-HpCDF
		423.776 6	M+2	$C_{12}H^{35}Cl_6{}^{37}ClO_2$	HpCDD
		425.773 7	M+4	$C_{12}H^{35}Cl_5{}^{37}Cl_2O_2$	HpCDD
		430.972 9	锁定	C_8F_{17}	PFK
		435.816 9	M+2	$^{13}C_{12}H^{35}Cl_6{}^{37}ClO_2$	^{13}C-HpCDD
		437.814 0	M+4	$^{13}C_{12}H^{35}Cl_5{}^{37}Cl_2O_2$	^{13}C-HpCDD
		479.716 5	M+4	$C_{12}H^{35}Cl_7{}^{37}Cl_2O$	NCDPE
	Fn-5 Cl-8	441.742 8	M+2	$C_{12}{}^{35}Cl_7{}^{37}ClO$	OCDF
		442.972 8	锁定	$C_{10}F_{17}$	PFK
		443.739 9	M+4	$C_{12}{}^{35}Cl_6{}^{37}Cl_2O$	OCDF
		457.737 7	M+2	$C_{12}{}^{35}Cl_7{}^{37}ClO_2$	OCDD
		459.734 8	M+4	$C_{12}{}^{35}Cl_6{}^{37}Cl_2O_2$	OCDD
		469.777 9	M+2	$^{13}C_{12}{}^{35}Cl_7{}^{37}ClO_2$	^{13}C-OCDD
		471.775 0	M+4	$^{13}C_{12}{}^{35}Cl_6{}^{37}Cl_2O_2$	^{13}C-OCDD
		513.677 5	M+4	$C_{12}{}^{35}Cl_8{}^{37}Cl_2O$	DCDPE

注 1：原子核质量：H =1.007 825，O =15.944 915，C = 12.000 00，^{35}Cl=34.968 853，^{13}C=13.003 355，^{37}Cl=36.995 903，F=18.998 4。

注 2：HxCDPE：六氯代二苯并醚，HpCDPE：七氯代二苯并醚，DCDPE：八氯代二苯并醚，NCDPE：九氯代二苯并醚，OCDPE：十氯代二苯并醚，PFK：全氟煤油。

表 D.2　DL-PCBs 的时间窗口、m/z 精确质量数、m/z 类型和元素组成

时间窗口/氯取代数		m/z 精确质量数	m/z 类型	元素组成	化合物
DL-PCBs	Fn-1 Cl-3,4	255.961 3	M	$C_{12}H_7{}^{35}Cl_3$	TrCB
		257.958 4	M+2	$C_{12}H_7{}^{35}Cl_2{}^{37}Cl$	TrCB
		259.955 4	M+4	$C_{12}H_7{}^{35}Cl{}^{37}Cl_2$	TrCB
		268.001 6	M	$^{13}C_{12}H_7{}^{35}Cl_3$	^{13}C-TrCB
		269.998 6	M+2	$^{13}C_{12}H_7{}^{35}Cl_2{}^{37}Cl$	^{13}C-TrCB
		280.982 5	锁定	C_6F_{11}	PFK
		289.922 4	M	$C_{12}H_6{}^{35}Cl_4$	TeCB
		291.919 4	M+2	$C_{12}H_6{}^{35}Cl_3{}^{37}Cl$	TeCB
		293.916 5	M+4	$C_{12}H_6{}^{35}Cl_2{}^{37}Cl_2$	TeCB
		301.962 6	M	$^{13}C_{12}H_6{}^{35}Cl_4$	^{13}C-TeCB
		303.959 7	M+2	$^{13}C_{12}H_6{}^{35}Cl_3{}^{37}Cl$	^{13}C-TeCB
	Fn-2 Cl-4,5,6	289.922 4	M	$C_{12}H_6{}^{35}Cl_4$	TeCB
		291.919 4	M+2	$C_{12}H_6{}^{35}Cl_3{}^{37}Cl$	TeCB
		293.916 5	M+4	$C_{12}H_6{}^{35}Cl_2{}^{37}Cl_2$	TeCB
		301.962 6	M+2	$^{13}C_{12}H_6{}^{35}Cl_3{}^{37}Cl$	^{13}C-TeCB
		303.959 7	M+4	$^{13}C_{12}H_6{}^{35}Cl_2{}^{37}Cl_2$	^{13}C-TeCB
		323.883 4	M	$C_{12}H_5{}^{35}Cl_5$	PeCB
		325.880 4	M+2	$C_{12}H_5{}^{35}Cl_4{}^{37}Cl$	PeCB
		327.877 5	M+4	$C_{12}H_5{}^{35}Cl_3{}^{37}Cl_2$	PeCB
		330.979 2	锁定	C_7F_{15}	PFK
		337.920 7	M+2	$^{13}C_{12}H_5{}^{35}Cl_4{}^{37}Cl$	^{13}C-PeCB
		339.917 8	M+4	$^{13}C_{12}H_5{}^{35}Cl_3{}^{37}Cl_2$	^{13}C-PeCB
		359.841 5	M+2	$C_{12}H_4{}^{35}Cl_5{}^{37}Cl$	HxCB
		361.838 5	M+4	$C_{12}H_4{}^{35}Cl_4{}^{37}Cl_2$	HxCB
		363.835 6	M+6	$C_{12}H_4{}^{35}Cl_3{}^{37}Cl_3$	HxCB
		371.881 7	M+2	$^{13}C_{12}H_4{}^{35}Cl_5{}^{37}Cl$	^{13}C-HxCB
		373.878 8	M+4	$^{13}C_{12}H_4{}^{35}Cl_4{}^{37}Cl_2$	^{13}C-HxCB
	Fn-3 Cl-5,6,7	323.883 4	M	$C_{12}H_5{}^{35}Cl_5$	PeCB
		325.880 4	M+2	$C_{12}H_5{}^{35}Cl_4{}^{37}Cl$	PeCB
		327.877 5	M+4	$C_{12}H_5{}^{35}Cl_3{}^{37}Cl_2$	PeCB
		337.920 7	M+2	$^{13}C_{12}H_5{}^{35}Cl_4{}^{37}Cl$	^{13}C-PeCB
		339.917 8	M+4	$^{13}C_{12}H_5{}^{35}Cl_3{}^{37}Cl_2$	^{13}C-PeCB
		354.979 2	锁定	C_9F_{13}	PFK
		359.841 5	M+2	$C_{12}H_4{}^{35}Cl_5{}^{37}Cl$	HxCB

表 D.2（续）

时间窗口/氯取代数		m/z 精确质量数	m/z 类型	元素组成	化合物
DL-PCBs	Fn-3 Cl-5,6,7	361.838 5	M+4	$C_{12}H_4{}^{35}Cl_4{}^{37}Cl_2$	HxCB
		363.835 6	M+6	$C_{12}H_4{}^{35}Cl_3{}^{37}Cl_3$	HxCB
		371.881 7	M+2	$^{13}C_{12}H_4{}^{35}Cl_5{}^{37}Cl$	^{13}C-HxCB
		373.878 8	M+4	$^{13}C_{12}H_4{}^{35}Cl_4{}^{37}Cl_2$	^{13}C-HxCB
		393.802 5	M+2	$C_{12}H_3{}^{35}Cl_6{}^{37}Cl$	HpCB
		395.799 5	M+4	$C_{12}H_3{}^{35}Cl_5{}^{37}Cl_2$	HpCB
		397.796 6	M+6	$C_{12}H_3{}^{35}Cl_4{}^{37}Cl_3$	HpCB
		405.842 8	M+2	$^{13}C_{12}H_3{}^{35}Cl_6{}^{37}Cl$	^{13}C-HpCB
		407.839 8	M+4	$^{13}C_{12}H_3{}^{35}Cl_5{}^{37}Cl_2$	^{13}C-HpCB
	Fn-4 Cl-7,8,9,10	454.972 8	QC	$C_{11}F_{17}$	PFK
		393.802 5	M+2	$C_{12}H_3{}^{35}Cl_6{}^{37}Cl$	HpCB
		395.799 5	M+4	$C_{12}H_3{}^{35}Cl_5{}^{37}Cl_2$	HpCB
		397.796 6	M+6	$C_{12}H_3{}^{35}Cl_4{}^{37}Cl_3$	HpCB
		405.842 8	M+2	$^{13}C_{12}H_3{}^{35}Cl_6{}^{37}Cl$	^{13}C-HpCB
		407.839 8	M+4	$^{13}C_{12}H_3{}^{35}Cl_5{}^{37}Cl_2$	^{13}C-HpCB
		427.763 5	M+2	$C_{12}H_2{}^{35}Cl_7{}^{37}Cl$	OcCB
		429.760 6	M+4	$C_{12}H_2{}^{35}Cl_6{}^{37}Cl_2$	OcCB
		431.757 6	M+6	$C_{12}H_2{}^{35}Cl_5{}^{37}Cl_3$	OcCB
		439.803 8	M+2	$^{13}C_{12}H_2{}^{35}Cl_7{}^{37}Cl$	^{13}C-OcCB
		441.800 8	M+4	$^{13}C_{12}H_2{}^{35}Cl_6{}^{37}Cl_2$	^{13}C-OcCB
		442.972 8	QC	$C_{10}F_{13}$	PFK
		454.972 8	锁定	$C_{11}F_{13}$	PFK
		461.724 6	M+2	$C_{12}H_1{}^{35}Cl_8{}^{37}Cl$	NoCB
		463.721 6	M+4	$C_{12}H_1{}^{35}Cl_7{}^{37}Cl_2$	NoCB
		465.718 7	M+6	$C_{12}H_1{}^{35}Cl_6{}^{37}Cl_3$	NoCB
		473.764 8	M+2	$^{13}C_{12}H_1{}^{35}Cl_8{}^{37}Cl$	^{13}C-NoCB
		475.761 9	M+4	$^{13}C_{12}H_1{}^{35}Cl_7{}^{37}Cl_2$	^{13}C-NoCB
		495.685 6	M+2	$C_{12}{}^{35}Cl_9{}^{37}Cl$	DeCB
		497.682 6	M+4	$C_{12}{}^{35}Cl_8{}^{37}Cl_2$	DeCB
		499.679 7	M+6	$C_{12}{}^{35}Cl_7{}^{37}Cl_3$	DeCB
		507.725 8	M+2	$^{13}C_{12}{}^{35}Cl_9{}^{37}Cl$	^{13}C-DeCB
		509.722 9	M+4	$^{13}C_{12}{}^{35}Cl_8{}^{37}Cl_2$	^{13}C-DeCB
		511.719 9	M+6	$^{13}C_{12}{}^{35}Cl_7{}^{37}Cl_3$	^{13}C-DeCB

注 1：原子核质量：H =1.007 825，O =15.944 915，C = 12.000 00，^{35}Cl=34.968 853，^{13}C=13.003 355，^{37}Cl=36.995 903，F=18.998 4。

注 2：PFK：全氟煤油，TrCB：三氯联苯，TeCB：四氯联苯，PeCB：五氯联苯，HxCB：六氯联苯，HpCB：七氯联苯，OcCB：八氯联苯，NoCB：九氯联苯，DeCB：十氯联苯。

表 D.3 PCDD/Fs 的相对保留时间

化合物			定量参考物	相对保留时间
PCDD/Fs	以^{13}C-1,2,3,4-TCDD 作为回收率内标	2,3,7,8-TCDF	^{13}C-2,3,7,8-TCDF	0.999～1.003
		2,3,7,8-TCDD	^{13}C-2,3,7,8-TCDD	0.999～1.002
		1,2,3,7,8-PeCDF	^{13}C-1,2,3,7,8-PeCDF	0.999～1.002
		2,3,4,7,8-PeCDF	^{13}C-2,3,4,7,8-PeCDF	0.999～1.002
		1,2,3,7,8-PeCDD	^{13}C-1,2,3,7,8-PeCDD	0.999～1.002
		^{13}C-2,3,7,8-TCDF	^{13}C-1,2,3,4-TCDD	0.923～1.103
		^{13}C-2,3,7,8-TCDD	^{13}C-1,2,3,4-TCDD	0.976～1.103
		^{13}C-2,3,7,8-TCDD	^{13}C-1,2,3,4-TCDD	0.989～1.052
		^{13}C-1,2,3,7,8-PeCDF	^{13}C-1,2,3,4-TCDD	1.000～1.425
		^{13}C-2,3,4,7,8-PeCDF	^{13}C-1,2,3,4-TCDD	1.001～1.526
		^{13}C-1,2,3,7,8-PeCDF	^{13}C-1,2,3,4-TCDD	1.000～1.567
	以^{13}C-1,2,3,7,8,9-HxCDD 作为回收率内标	1,2,3,4,7,8-HxCDF	^{13}C-1,2,3,4,7,8-HxCDF	0.999～1.001
		1,2,3,6,7,8-HxCDF	^{13}C-1,2,3,6,7,8-HxCDF	0.997～1.005
		1,2,3,7,8,9-HxCDF	^{13}C-1,2,3,7,8,9-HxCDF	0.999～1.001
		2,3,4,6,7,8-HxCDF	^{13}C-2,3,4,6,7,8-HxCDF	0.999～1.001
		1,2,3,4,7,8-HxCDD	^{13}C-1,2,3,4,7,8-HxCDD	0.999～1.001
		1,2,3,6,7,8-HxCDD	^{13}C-1,2,3,6,7,8-HxCDD	0.998～1.004
		1,2,3,7,8,9-HxCDD	*[a]	1.000～1.019
		1,2,3,4,6,7,8-HpCDF	^{13}C-1,2,3,4,6,7,8-HpCDF	0.999～1.001
		1,2,3,4,7,8,9-HpCDF	^{13}C-1,2,3,4,7,8,9-HpCDF	0.999～1.001
		1,2,3,4,6,7,8-HpCDD	^{13}C-1,2,3,4,6,7,8-HpCDD	0.999～1.001
		OCDF	^{13}C-OCDD	1.003～1.004
		OCDD	^{13}C-OCDD	0.999～1.001
		^{13}C-1,2,3,4,6,7,8-HxCDF	^{13}C-1,2,3,7,8,9-HxCDD	0.949～0.945
		^{13}C-1,2,3,7,8,9-HxCDF	^{13}C-1,2,3,7,8,9-HxCDD	0.977～1.047
		^{13}C-2,3,4,6,7,8-HxCDF	^{13}C-1,2,3,7,8,9-HxCDD	0.959～1.021
		^{13}C-1,2,3,4,7,8-HxCDF	^{13}C-1,2,3,7,8,9-HxCDD	0.997～1.000
		^{13}C-1,2,3,6,7,8-HxCDF	^{13}C-1,2,3,7,8,9-HxCDD	0.981～1.003
		^{13}C-1,2,3,4,6,7,8-HxCDF	^{13}C-1,2,3,7,8,9-HxCDD	1.043～1.085
		^{13}C-1,2,3,4,7,8,9-HxCDF	^{13}C-1,2,3,7,8,9-HxCDD	1.057～1.151
		^{13}C-1,2,3,4,6,7,8-HxCDF	^{13}C-1,2,3,7,8,9-HxCDD	1.086～1.110
		^{13}C-OCDD	^{13}C-1,2,3,7,8,9-HxCDD	1.032～1.311

[a] 1,2,3,7,8,9-HxCDD 的保留时间是以^{13}C-1,2,3,4,7,8-HxCDD 和^{13}C-1,2,3,6,7,8-HxCDD 共同参照确定。

表 D.4 DL-PCBs 的相对保留时间

<table>
<tr><th colspan="3">化合物</th><th>定量参考物</th><th>相对保留时间</th></tr>
<tr><td rowspan="24">DL-PCBs</td><td rowspan="4">以 52L
(^{13}C-2,2′,5,5′-TeCB)
作为回收率内标</td><td>81</td><td>81L</td><td>0.999～1.002</td></tr>
<tr><td>77</td><td>77L</td><td>0.999～1.002</td></tr>
<tr><td>81L</td><td>52L</td><td>1.324～1.336</td></tr>
<tr><td>77L</td><td>52L</td><td>1.347～1.358</td></tr>
<tr><td rowspan="10">以 101L
(^{13}C-2,2′,4,5,5′-PeCB)
作为回收率内标</td><td>123</td><td>123L</td><td>0.999～1.002</td></tr>
<tr><td>118</td><td>118L</td><td>0.999～1.002</td></tr>
<tr><td>114</td><td>114L</td><td>0.999～1.002</td></tr>
<tr><td>105</td><td>105L</td><td>0.998～1.001</td></tr>
<tr><td>126</td><td>126L</td><td>0.999～1.002</td></tr>
<tr><td>123L</td><td>101L</td><td>1.133～1.142</td></tr>
<tr><td>118L</td><td>101L</td><td>1.142～1.152</td></tr>
<tr><td>114L</td><td>101L</td><td>1.159～1.168</td></tr>
<tr><td>105L</td><td>101L</td><td>1.181～1.190</td></tr>
<tr><td>126L</td><td>101L</td><td>1.270～1.279</td></tr>
<tr><td rowspan="8">以 138L
(^{13}C-2,2′,3′,4,4′,5′-HxCB)
作为回收率内标</td><td>156</td><td>156L</td><td>0.998～1.000</td></tr>
<tr><td>157</td><td>157L</td><td>0.998～1.000</td></tr>
<tr><td>167</td><td>167L</td><td>0.999～1.001</td></tr>
<tr><td>169</td><td>169L</td><td>0.994～0.996</td></tr>
<tr><td>167L</td><td>138L</td><td>1.066～1.074</td></tr>
<tr><td>156L</td><td>138L</td><td>1.097～1.100</td></tr>
<tr><td>157L</td><td>138L</td><td>1.096～1.103</td></tr>
<tr><td>169L</td><td>138L</td><td>1.174～1.176</td></tr>
<tr><td rowspan="2">以 194L(^{13}C-2,2′,3,3′,4,4′,5,5′-OcCB)
作为回收率内标</td><td>189</td><td>189L</td><td>0.999～1.001</td></tr>
<tr><td>189L</td><td>194L</td><td>0.959～0.965</td></tr>
</table>

表 D.5　PCDD/Fs 和 DL-PCBs 的理论离子丰度比和 QC 限值

氯原子数		m/z 构成比	理论比值	QC 限值[a]	
				低	高
PCDD/Fs	4	M/(M+2)	0.77	0.65	0.89
	5	(M+2)/(M+4)	1.55	1.32	1.78
	6	(M+2)/(M+4)	1.24	1.05	1.43
	6[b]	M/(M+2)	0.51	0.43	0.59
	7	(M+2)/(M+4)	1.05	0.88	1.20
	7[c]	M/(M+2)	0.44	0.37	0.51
	8	(M+2)/(M+4)	0.89	0.76	1.02
DL-PCBs	1	M/(M+2)	3.13	2.66	3.60
	2	M/(M+2)	1.56	1.33	1.79
	3	M/(M+2)	1.04	0.88	1.20
	4	M/(M+2)	0.77	0.65	0.89
	5	(M+2)/(M+4)	1.55	1.32	1.78
	6	(M+2)/(M+4)	1.24	1.05	1.43
	7	(M+2)/(M+4)	1.05	0.89	1.21
	8	(M+2)/(M+4)	0.89	0.76	1.02
	9	(M+2)/(M+4)	0.77	0.65	0.89
	10	(M+2)/(M+4)	0.69	0.59	0.79

[a] QC 限值为理论离子丰度±15%。

[b] 只用于^{13}C-HxCDF。

[c] 只用于^{13}C-HpCDF。

附　录　E
（资料性附录）
标准溶液（CS3）中 PCDD/Fs 和 DL-PCBs 分析质量色谱图

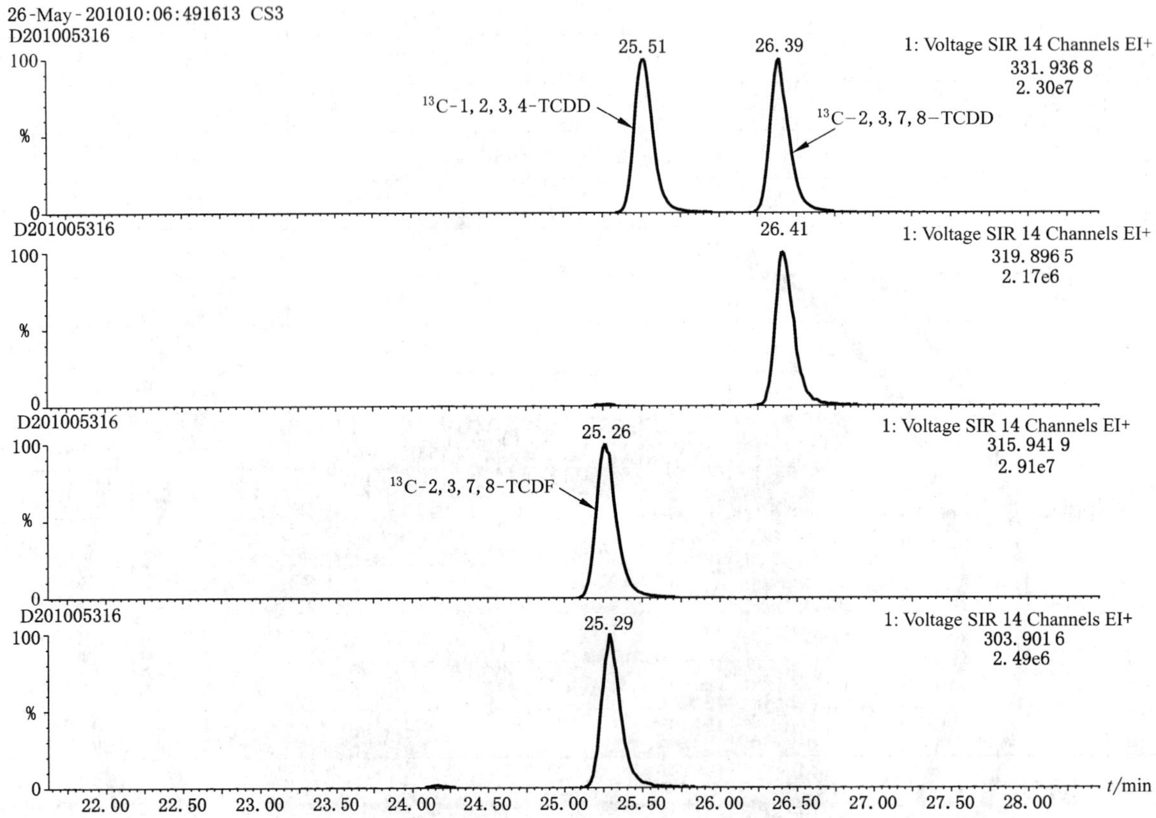

图 E.1　TCDD/Fs 质量色谱图

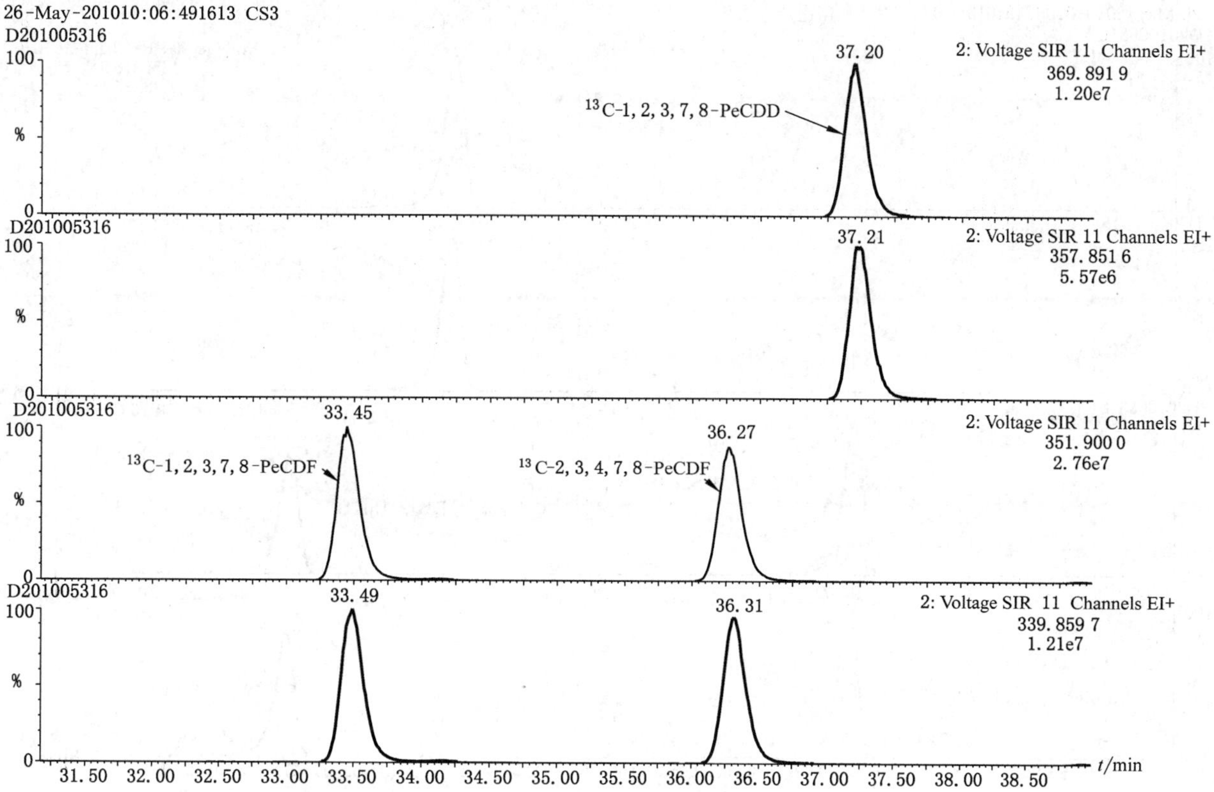

图 E.2 PeCDD/Fs 质量色谱图

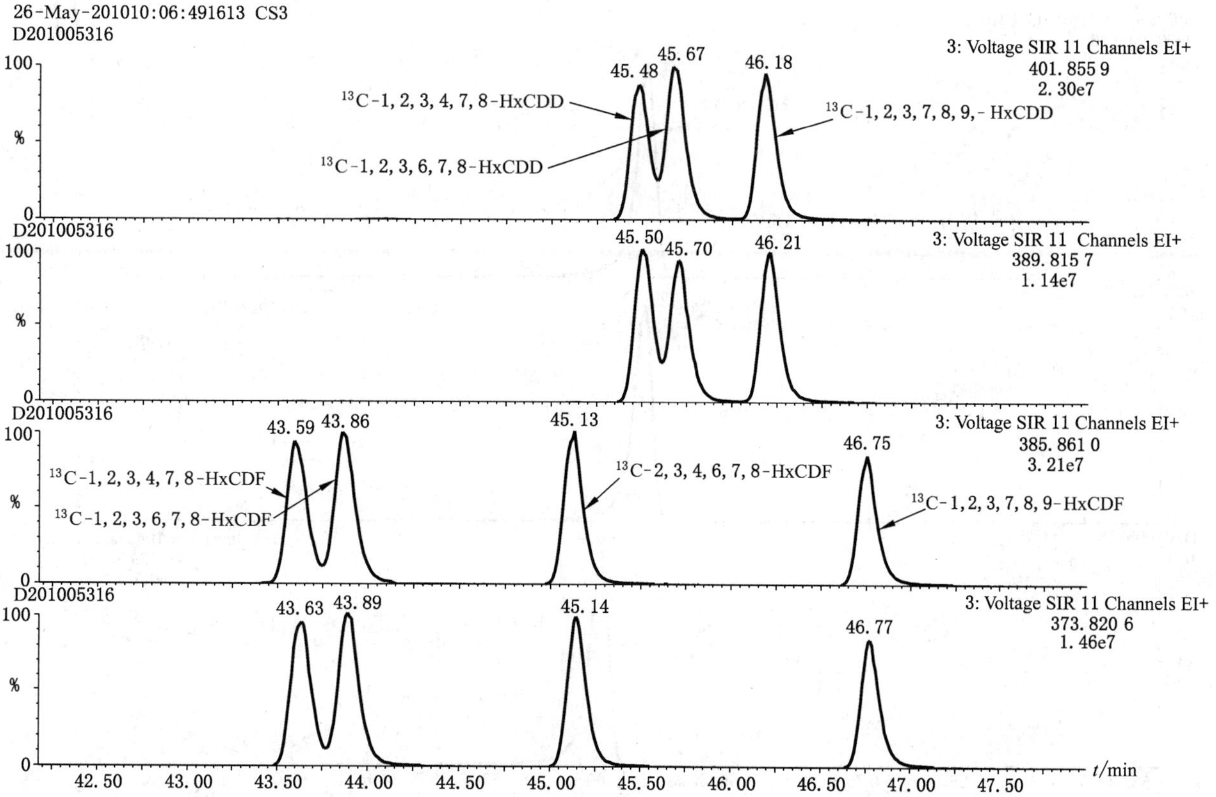

图 E.3 HxCDD/Fs 质量色谱图

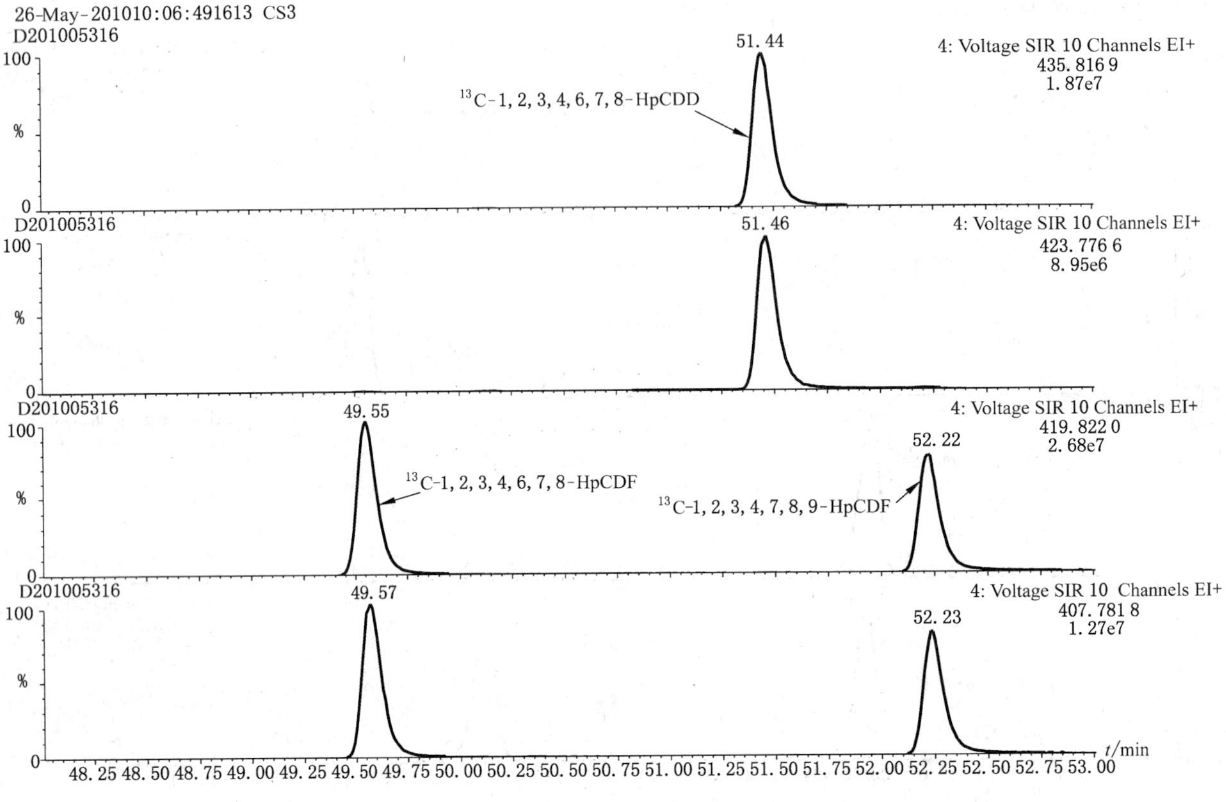

图 E.4 **HpCDD/Fs 质量色谱图**

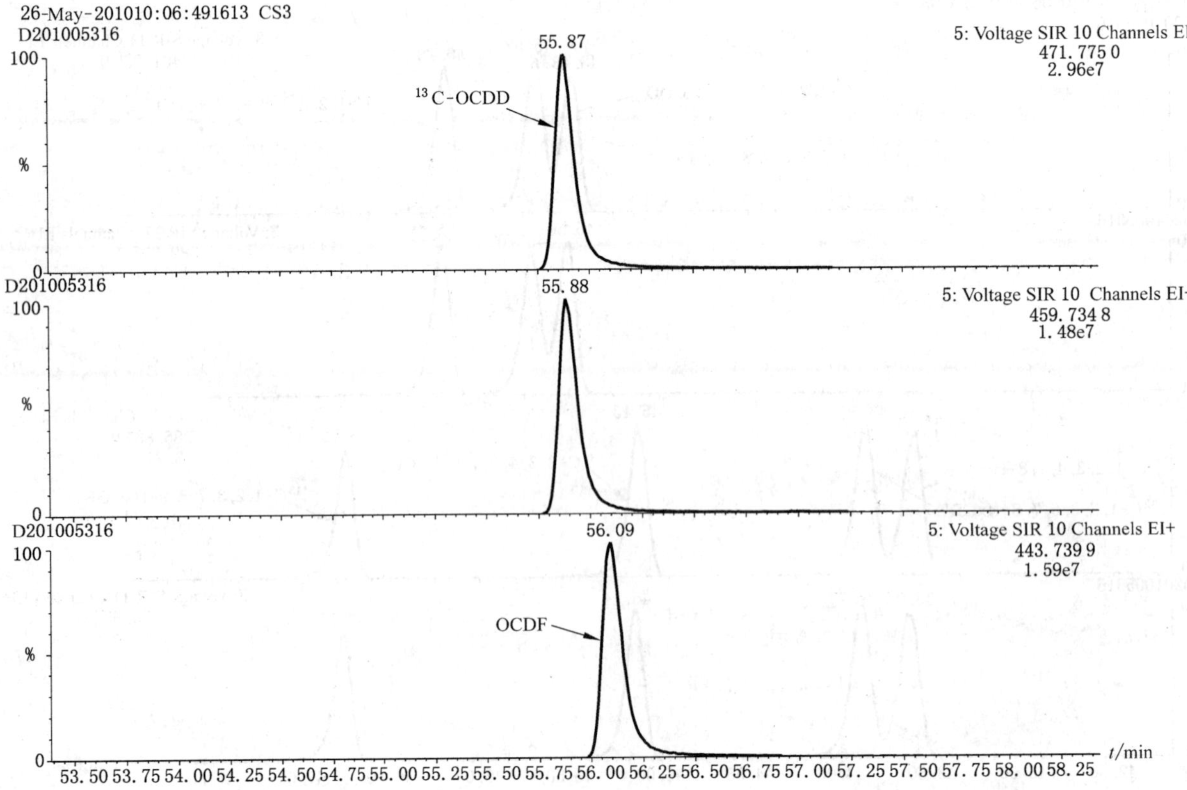

图 E.5 **OCDD/Fs 质量色谱图**

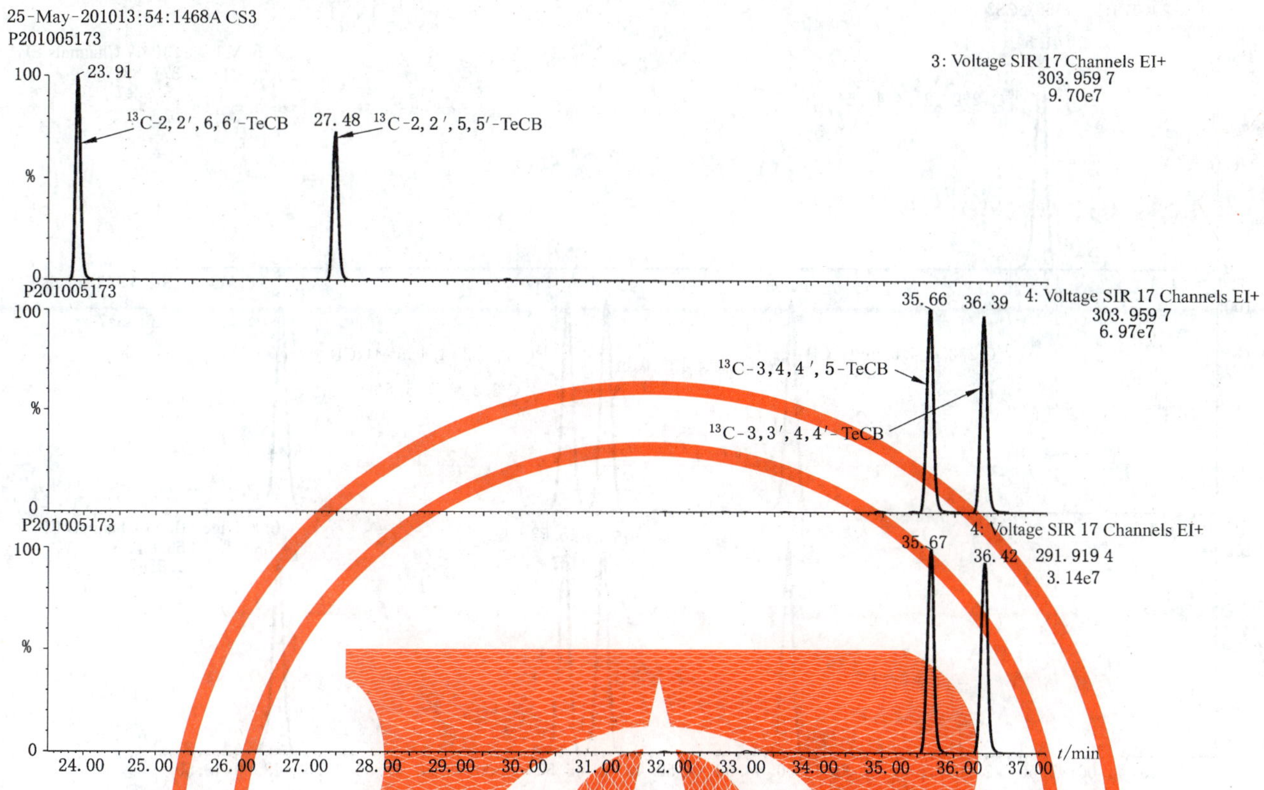

图 E.6 四氯代 DL-PCBs 质量色谱图

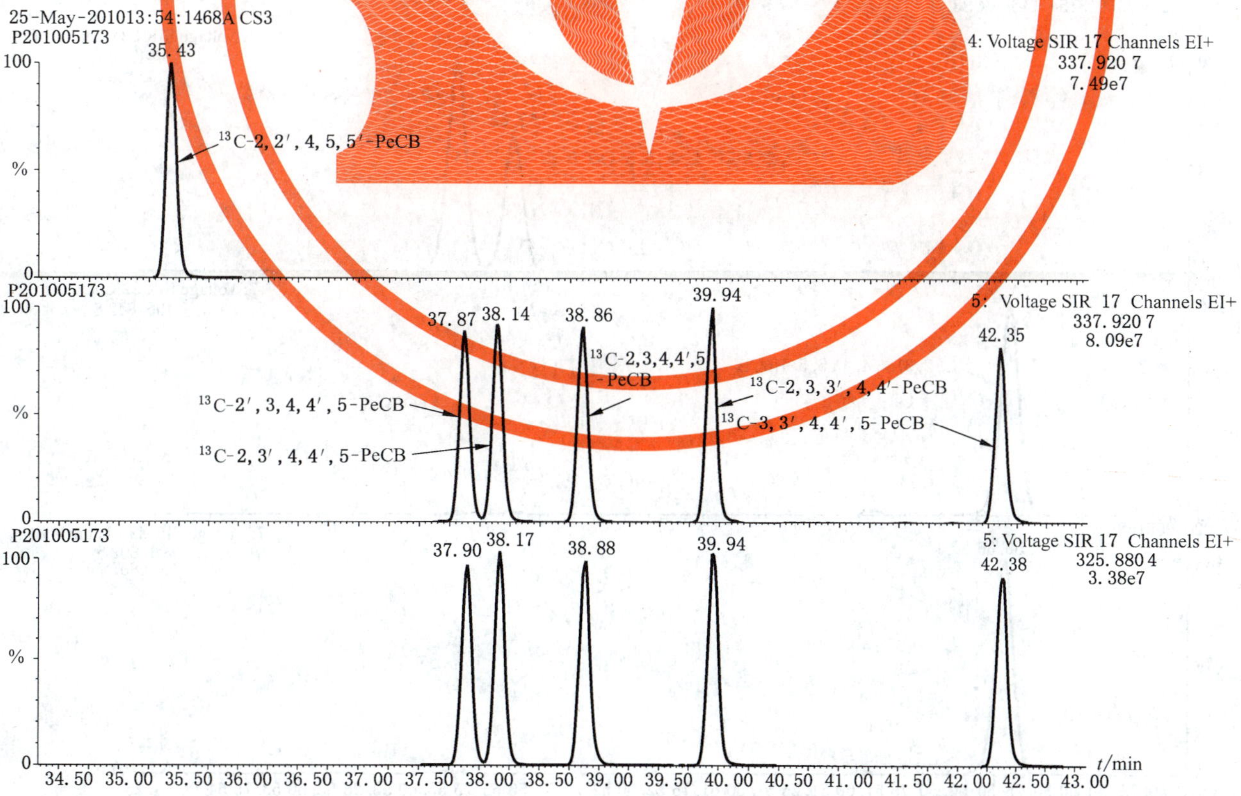

图 E.7 五氯代 DL-PCBs 质量色谱图

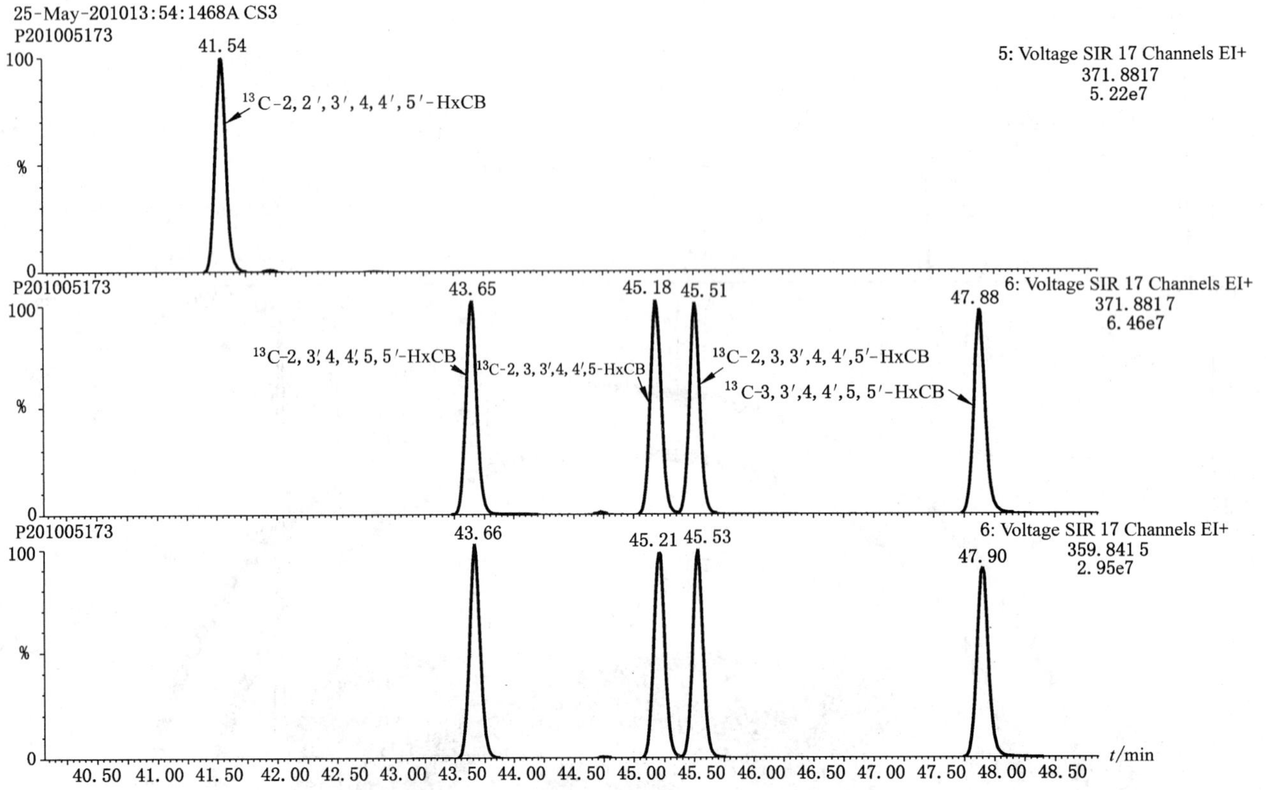

图 E.8　六氯代 DL-PCBs 质量色谱图

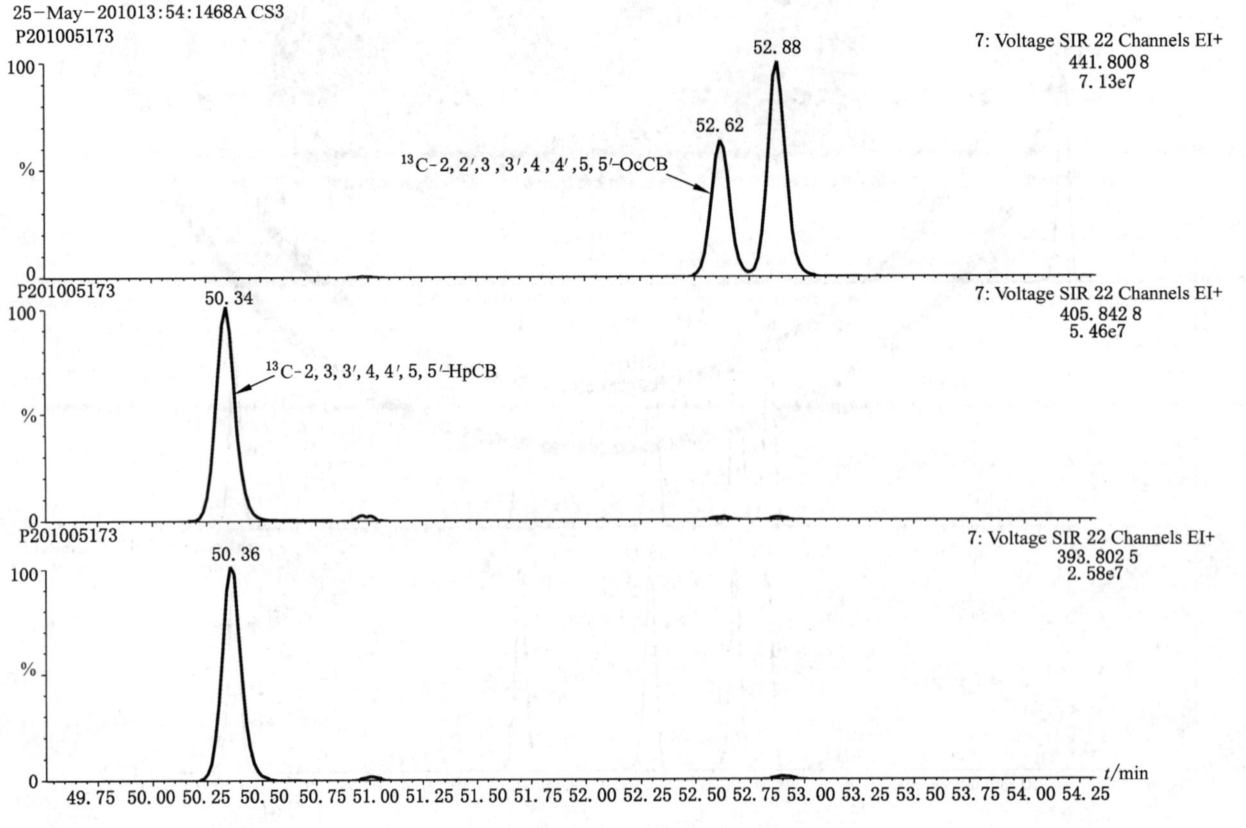

图 E.9　七、八氯代 DL-PCBs 质量色谱图

附　录　F
（资料性附录）
配合饲料样品（添加标准后）中 TCDD 和 DL-PCBs 分析质量色谱图

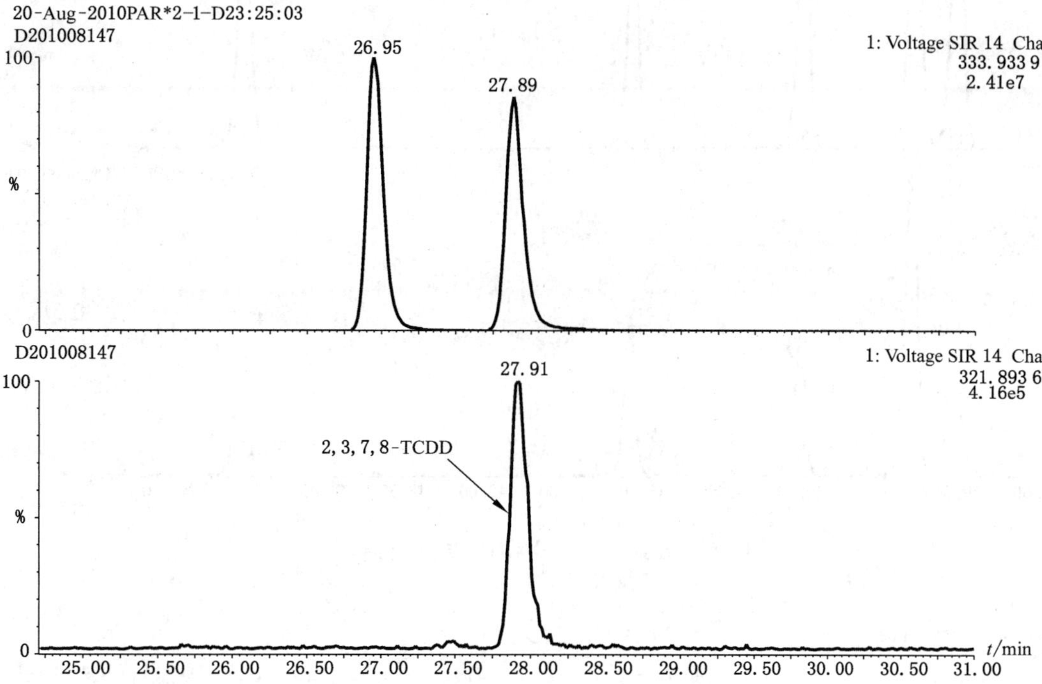

图 F.1　2,3,7,8-TCDD 质量色谱图

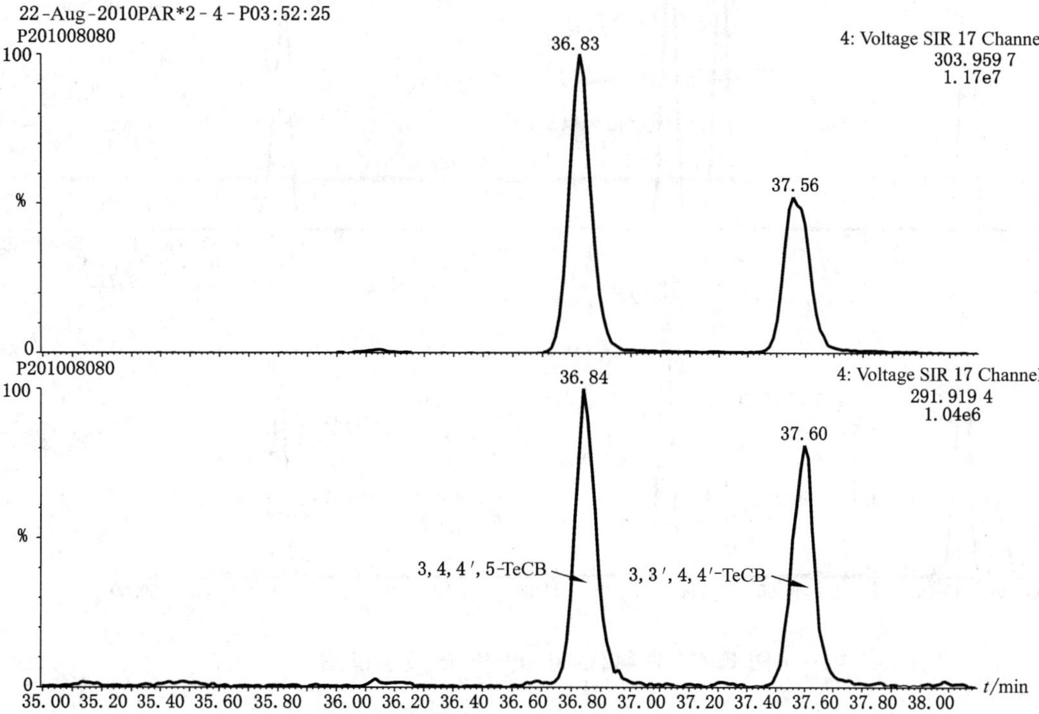

图 F.2　四氯代 DL-PCBs 质量色谱图

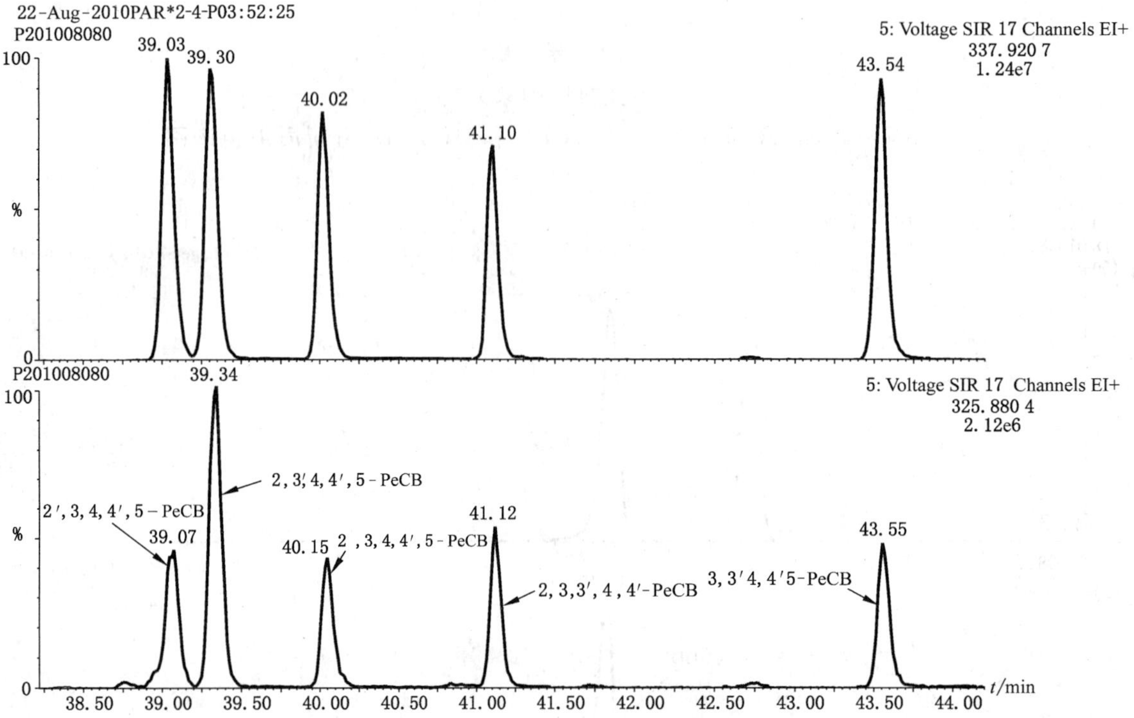

图 F.3 五氯代 DL-PCBs 质量色谱图

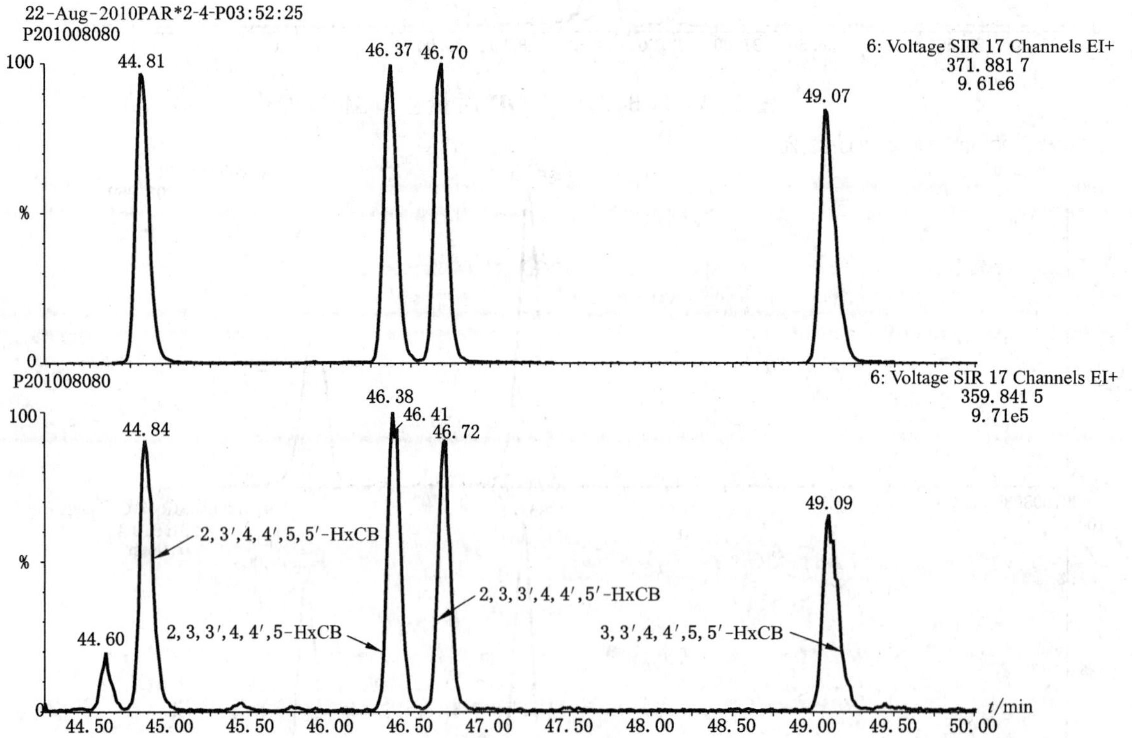

图 F.4 六氯代 DL-PCBs 质量色谱图

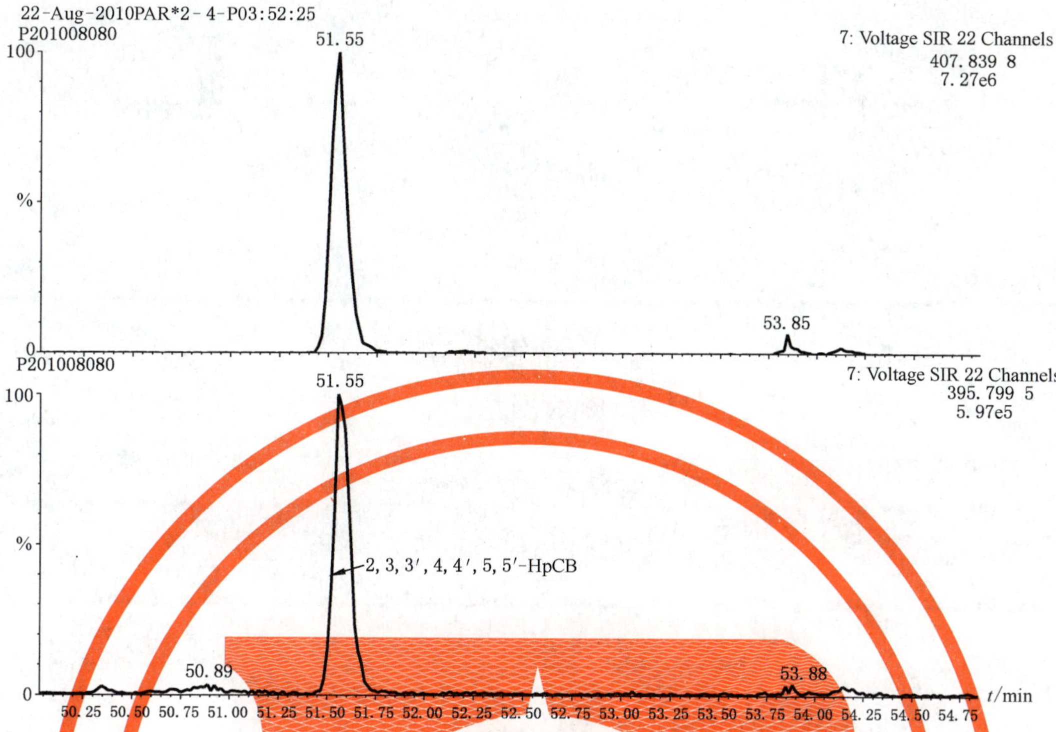

图 F.5　七氯代 DL-PCBs 质量色谱图

ICS 13.300
A 80

中华人民共和国国家标准

GB 28644.1—2012

危险货物例外数量及包装要求

Excepted quantities and packing requirements of dangerous goods

2012-07-31 发布　　　　2012-12-01 实施

中华人民共和国国家质量监督检验检疫总局
中国国家标准化管理委员会　发布

前 言

本标准的第 4 章、第 6 章、第 7 章、第 8 章和第 9 章为强制性的,其余为推荐性的。

本标准按照 GB/T 1.1—2009 给出的规则起草。

本标准与联合国《关于危险货物运输的建议书 规章范本》(第十六修订版)第 3 部分:危险货物一览表、特殊规定和例外中 3.2 危险货物一览表(第 1 栏～第 5 栏和第 7 栏 b)和 3.5 的技术内容一致。

本标准由中华人民共和国交通运输部提出。

本标准由全国危险化学品管理标准化技术委员会(SAC/TC 251)归口。

本标准起草单位:交通运输部科学研究院、中国航空运输协会、上海市交通运输和港口管理局、上海化工研究院。

本标准主要起草人:彭建华、陈正才、李爱青、范贵根、范宾、耿红、陈济丁、李玉红。

危险货物例外数量及包装要求

1 范围

本标准规定了危险货物例外数量表的结构、危险货物的例外数量以及危险货物以例外数量运输时的一般规定、包装、包件测试、标记、单证、豁免等内容。

本标准适用于以例外数量包装运输的危险货物。

2 规范性引用文件

下列文件对于本文件的应用是必不可少的。凡是注日期的引用文件，仅注日期的版本适用于本文件。凡是不注日期的引用文件，其最新版本(包括所有的修改单)适用于本文件。

GB/T 4122.1 包装术语 第1部分:基础

GB 6944 危险货物分类和品名编号

GB 12268 危险货物品名表

联合国《关于危险货物运输的建议书 规章范本》(第十六修订版)

3 术语和定义

GB/T 4122.1、GB 6944、GB 12268 和联合国《关于危险货物运输的建议书 规章范本》(第十六修订版)(以下简称《规章范本》)界定的术语和定义适用于本文件。

4 一般规定

4.1 适用例外数量运输的危险货物，用 E1～E5 表示，其含义见表1，并在第6章"例外数量"一栏列出。

表1 例外数量编码 E1～E5 的含义

编码	每件内容器的最大净装载量 (固体为 g，液体和气体为 mL)	每件外容器的最大净装载量 (固体为 g，液体和气体为 mL， 在混装的情况下为 g 和 mL 之总和)
E1	30	1 000
E2	30	500
E3	30	300
E4	1	500
E5	1	300

4.2 对气体而言，表1中对内容器标明的容量，系指内容器的水容量；对外容器标明的容量，系指在一件外容器内所有内容器水容量之和。

4.3 当例外数量的危险货物划定的编码不同但包装在一起时，每件外容器的总数量应限于要求最严的编码所规定的数量。

4.4 任何货运车辆、铁路货车或多式联运货运集装箱所能装载的以例外数量运输的危险货物包件，最大数量不应超过1 000个。

5 危险货物例外数量表的结构

5.1 编排格式

危险货物例外数量表分为7栏，依次为第1栏“联合国编号”、第2栏“中文名称和说明”、第3栏“英文名称和说明”、第4栏“类别或项别”、第5栏“次要危险性”、第6栏“包装类别”和第7栏“例外数量”。

5.2 第1栏“联合国编号”

本栏是根据联合国分类制度给危险货物划定的系列编号。

5.3 第2栏“中文名称和说明”

本栏包括危险货物的中文正式运输名称，用黑体字(加上构成名称一部分的数字、希腊字母、“仲”、“叔”、间、正、邻、对等)表示；也可附加说明文字，用宋体字表示，其中“%”符号代表：

a) 如果是固体或液体混合物以及溶液和用液体湿润的固体，为根据混合物、溶液或湿润固体的总质量计算的质量分数，单位为10^{-2}；

b) 如果是压缩气体混合物，按压力装载时，用占气体混合物总体积的体积分数表示，单位为10^{-2}；或按质量装载时，用占混合物总质量的质量分数表示，单位为10^{-2}；

c) 如果是液化气体混合物和加压溶解的气体，用占混合物总质量的质量分数表示，单位为10^{-2}。

5.4 第3栏“英文名称和说明”

本栏包括危险货物的英文正式运输名称，用大写字母表示；附加说明用小写字母表示。

5.5 第4栏“类别或项别”

本栏是危险货物的主要危险性，按GB 6944确定。

5.6 第5栏“次要危险性”

本栏是除危险货物主要危险性以外的其他危险性的类别或项别，按GB 6944确定。

5.7 第6栏“包装类别”

本栏是按照联合国包装类别给危险货物划定的包装类别号码，按GB 6944确定。

5.8 第7栏“例外数量”

本栏对按照本标准准许运输的例外数量危险货物，列出了例外数量编码，规定了每个内容器和外容器可运输的危险货物的最大数量。

6 危险货物例外数量表

6.1 危险货物例外数量表见表2。

6.2 不适用以例外数量运输的危险货物未列入表2中。

表 2 危险货物例外数量表

联合国编号	中文名称和说明	英文名称和说明	类别或项别	次要危险性	包装类别	例外数量
1002	压缩空气	AIR,COMPRESSED	2.2			E1
1006	压缩氩	ARGON,COMPRESSED	2.2			E1
1009	溴三氟甲烷(制冷气体R 13B1)	BROMOTRIFLUOROMETHANE (REFRIGERANT GAS R 13B1)	2.2			E1
1013	二氧化碳	CARBON DIOXIDE	2.2			E1
1018	二氟氯甲烷(制冷气体R 22)	CHLORODIFLUOROMETHANE (REFRIGERANT GAS R 22)	2.2			E1
1020	五氟氯乙烷(制冷气体R 115)	CHLOROPENTAFLUOROETHANE (REFRIGERANT GAS R 115)	2.2			E1
1021	1-氯-1,2,2,2-四氟乙烷(制冷气体R 124)	1-CHLORO-1,2,2,2-TETRAFLUOROETHANE (REFRIGERANT GAS R 124)	2.2			E1
1022	三氟氯甲烷(制冷气体R 13)	CHLOROTRIFLUOROMETHANE (REFRIGERANT GAS R 13)	2.2			E1
1028	二氯二氟甲烷(制冷气体R 12)	DICHLORODIFLUOROMETHANE (REFRIGERANT GAS R12)	2.2			E1
1029	二氯氟甲烷(制冷气体R 21)	DICHLOROFLUOROMETHANE (REFRIGERANT GAS R 21)	2.2			E1
1043	充氨溶液化肥,含有游离氨	FERTILIZER AMMONIATING SOLUTION with free ammonia	2.2			E1
1046	压缩氦	HELIUM,COMPRESSED	2.2			E1
1051	氰化氢,稳定的,含水低于3%	HYDROGEN CYANIDE, STABILIZED containing less than 3% water	6.1	3	Ⅰ	E5
1056	压缩氪	KRYPTON,COMPRESSED	2.2			E1
1058	液化气体,非易燃,充有氮、二氧化碳或空气	LIQUEFIED GASES,non flammable, charged with nitrogen,carbon dioxide or air	2.2			E1
1065	压缩氖	NEON,COMPRESSED	2.2			E1
1066	压缩氮	NITROGEN,COMPRESSED	2.2			E1
1078	制冷气体,未另作规定的	REFRIGERANT GAS,N.O.S.	2.2			E1
1080	六氟化硫	SULPHUR HEXAFLUORIDE	2.2			E1
1088	乙缩醛	ACETAL	3		Ⅱ	E2
1089	乙醛	ACETALDEHYDE	3		Ⅰ	E3

表 2（续）

联合国编号	中文名称和说明	英文名称和说明	类别或项别	次要危险性	包装类别	例外数量
1090	丙酮	ACETONE	3		Ⅱ	E2
1091	丙酮油	ACETONE OILS	3		Ⅱ	E2
1104	乙酸戊酯	AMYL ACETATES	3		Ⅲ	E1
1105	戊醇	PENTANOLS	3		Ⅱ	E2
			3		Ⅲ	E1
1106	戊胺	AMYLAMINE	3	8	Ⅱ	E2
			3	8	Ⅲ	E1
1107	戊基氯	AMYL CHLORIDE	3		Ⅱ	E2
1108	1-戊烯(正戊烯)	1-PENTENE (*n*-AMYLENE)	3		Ⅰ	E3
1109	甲酸戊酯	AMYL FORMATES	3		Ⅲ	E1
1110	正戊基甲基酮	*n*-AMYL METHYL KETONE	3		Ⅲ	E1
1111	戊硫醇	AMYL MERCAPTAN	3		Ⅱ	E2
1112	硝酸戊酯	AMYL NITRATE	3		Ⅲ	E1
1113	亚硝酸戊酯	AMYL NITRITE	3		Ⅱ	E2
1114	苯	BENZENE	3		Ⅱ	E2
1120	丁醇	BUTANOLS	3		Ⅱ	E2
			3		Ⅲ	E1
1123	乙酸丁酯	BUTYL ACETATES	3		Ⅱ	E2
			3		Ⅲ	E1
1125	正丁胺	*n*-BUTYLAMINE	3	8	Ⅱ	E2
1126	1-溴丁烷	1-BROMOBUTANE	3		Ⅱ	E2
1127	氯丁烷	CHLOROBUTANES	3		Ⅱ	E2
1128	甲酸正丁酯	*n*-BUTYL FORMATE	3		Ⅱ	E2
1129	丁醛	BUTYRALDEHYDE	3		Ⅱ	E2
1130	樟脑油	CAMPHOR OIL	3		Ⅲ	E1
1133	黏合剂，含易燃液体	ADHESIVES containing flammable liquid	3		Ⅰ	E3
			3		Ⅱ	E2
			3		Ⅲ	E1
1134	氯苯	CHLOROBENZENE	3		Ⅲ	E1
1136	煤焦油馏出物，易燃	COAL TAR DISTILLATES, FLAMMABLE	3		Ⅱ	E2
			3		Ⅲ	E1

表 2（续）

联合国编号	中文名称和说明	英文名称和说明	类别或项别	次要危险性	包装类别	例外数量
1139	涂料溶液(包括用于工业或其他用途的表面处理剂或涂料，例如：车辆的底漆、圆桶或琵琶桶的面料)	COATING SOLUTION (includes surface treatments or coatings used for industrial or other purposes such as vehicle undercoating, drum or barrel lining)	3		Ⅰ	E3
			3		Ⅱ	E2
			3		Ⅲ	E1
1144	巴豆炔	CROTONYLENE	3		Ⅰ	E3
1145	环己烷	CYCLOHEXANE	3		Ⅱ	E2
1146	环戊烷	CYCLOPENTANE	3		Ⅱ	E2
1147	十氢化萘	DECAHYDRONAPHTHALENE	3		Ⅲ	E1
1148	双丙酮醇	DIACETONE ALCOHOL	3		Ⅱ	E2
			3		Ⅲ	E1
1149	二丁醚	DIBUTYL ETHERS	3		Ⅲ	E1
1150	1,2-二氯乙烯	1,2-DICHLOROETHYLENE	3		Ⅱ	E2
1152	二氯戊烷	DICHLOROPENTANES	3		Ⅲ	E1
1153	乙二醇二乙醚	ETHYLENE GLYCOL DIETHYL ETHER	3		Ⅱ	E2
			3		Ⅲ	E1
1154	二乙胺	DIETHYLAMINE	3	8	Ⅱ	E2
1155	二乙醚(乙醚)	DIETHYL ETHER (ETHYL ETHER)	3		Ⅰ	E3
1156	二乙酮	DIETHYL KETONE	3		Ⅱ	E2
1157	二异丁酮	DIISOBUTYL KETONE	3		Ⅲ	E1
1158	二异丙胺	DIISOPROPYLAMINE	3	8	Ⅱ	E2
1159	二异丙醚	DIISOPROPYL ETHER	3		Ⅱ	E2
1160	二甲胺水溶液	DIMETHYLAMINE AQUEOUS SOLUTION	3	8	Ⅱ	E2
1161	碳酸二甲酯	DIMETHYL CARBONATE	3		Ⅱ	E2
1162	二甲基二氯硅烷	DIMETHYLDICHLORO-SILANE	3	8	Ⅱ	E2
1164	二甲硫	DIMETHYL SULPHIDE	3		Ⅱ	E2
1165	二噁烷	DIOXANE	3		Ⅱ	E2
1166	二氧戊环	DIOXOLANE	3		Ⅱ	E2
1167	二乙烯基醚，稳定的	DIVINYL ETHER, STABILIZED	3		Ⅰ	E3
1169	液态萃取香料	EXTRACTS, AROMATIC, LIQUID	3		Ⅱ	E2
			3		Ⅲ	E1

表 2（续）

联合国编号	中文名称和说明	英文名称和说明	类别或项别	次要危险性	包装类别	例外数量
1170	乙醇(酒精)或乙醇溶液(酒精溶液)	ETHANOL (ETHYL ALCOHOL) or ETHANOL SOLUTION (ETHYL ALCOHOL SOLUTION)	3		Ⅱ	E2
			3		Ⅲ	E1
1171	乙二醇一乙醚	ETHYLENE GLYCOL MONOETHYL ETHER	3		Ⅲ	E1
1172	乙酸乙二醇一乙醚酯	ETHYLENE GLYCOL MONOETHYL ETHER ACETATE	3		Ⅲ	E1
1173	乙酸乙酯	ETHYL ACETATE	3		Ⅱ	E2
1175	乙苯	ETHYLBENZENE	3		Ⅱ	E2
1176	硼酸乙酯	ETHYL BORATE	3		Ⅱ	E2
1177	乙酸-2-乙基丁酯	2-ETHYLBUTYL ACETATE	3		Ⅲ	E1
1178	2-乙基丁醛	2-ETHYLBUTYRALDEHYDE	3		Ⅱ	E2
1179	乙基丁基醚	ETHYL BUTYL ETHER	3		Ⅱ	E2
1180	丁酸乙酯	ETHYL BUTYRATE	3		Ⅲ	E1
1181	氯乙酸乙酯	ETHYL CHLOROACETATE	6.1	3	Ⅱ	E4
1184	二氯化乙烯	ETHYLENE DICHLORIDE	3	6.1	Ⅱ	E2
1188	乙二醇一甲醚	ETHYLENE GLYCOL MONOMETHYL ETHER	3		Ⅲ	E1
1189	乙酸乙二醇一甲醚酯	ETHYLENE GLYCOL MONOMETHYL ETHER ACETATE	3		Ⅲ	E1
1190	甲酸乙酯	ETHYL FORMATE	3		Ⅱ	E2
1191	辛醛	OCTYL ALDEHYDES	3		Ⅲ	E1
1192	乳酸乙酯	ETHYL LACTATE	3		Ⅲ	E1
1193	乙基甲基酮(甲乙酮)	ETHYL METHYL KETONE (METHYL ETHYL KETONE)	3		Ⅱ	E2
1195	丙酸乙酯	ETHYL PROPIONATE	3		Ⅱ	E2
1196	乙基三氯硅烷	ETHYLTRICHLOROSILANE	3	8	Ⅱ	E2
1197	液态萃取调味剂	EXTRACTS, FLAVOURING, LIQUID	3		Ⅱ	E2
			3		Ⅲ	E1
1198	甲醛溶液,易燃	FORMALDEHYDE SOLUTION, FLAMMABLE	3	8	Ⅲ	E1
1199	糠醛	FURALDEHYDES	6.1	3	Ⅱ	E4
1201	杂醇油	FUSEL OIL	3		Ⅱ	E2
			3		Ⅲ	E1

表 2（续）

联合国编号	中文名称和说明	英文名称和说明	类别或项别	次要危险性	包装类别	例外数量
1202	瓦斯油或柴油或轻质燃料油	GAS OIL or DIESEL FUEL or HEATING OIL,LIGHT	3		Ⅲ	E1
1203	车用汽油或汽油	MOTOR SPIRIT or GASOLINE or PETROL	3		Ⅱ	E2
1206	庚烷	HEPTANES	3		Ⅱ	E2
1207	己醛	HEXALDEHYDE	3		Ⅲ	E1
1208	己烷	HEXANES	3		Ⅱ	E2
1210	印刷油墨，易燃，或印刷油墨相关材料(包括印刷油墨稀释剂或还原剂)，易燃	PRINTING INK, flammable or PRINTING INK RELATED MATERIAL (including printing ink thinning or reducing compound), flammable	3		Ⅰ	E3
			3		Ⅱ	E2
			3		Ⅲ	E1
1212	异丁醇	ISOBUTANOL (ISOBUTYL ALCOHOL)	3		Ⅲ	E1
1213	乙酸异丁酯	ISOBUTYL ACETATE	3		Ⅱ	E2
1214	异丁胺	ISOBUTYLAMINE	3	8	Ⅱ	E2
1216	异辛烯	ISOOCTENES	3		Ⅱ	E2
1218	异戊二烯，稳定的	ISOPRENE,STABILIZED	3		Ⅰ	E3
1219	异丙醇	ISOPROPANOL (ISOPROPYL ALCOHOL)	3		Ⅱ	E2
1220	乙酸异丙酯	ISOPROPYL ACETATE	3		Ⅱ	E2
1222	硝酸异丙酯	ISOPROPYL NITRATE	3		Ⅱ	E2
1223	煤油	KEROSENE	3		Ⅲ	E1
1224	液态酮类，未另作规定的	KETONES,LIQUID,N. O. S.	3		Ⅱ	E2
			3		Ⅲ	E1
1228	液态硫醇，易燃，毒性，未另作规定的，或液态硫醇混合物，易燃，毒性，未另作规定的	MERCAPTANS, LIQUID, FLAMMABLE,TOXIC, N. O. S. or MERCAPTAN MIXTURE, LIQUID, FLAMMABLE,TOXIC, N. O. S.	3	6.1	Ⅱ	E2
			3	6.1	Ⅲ	E1
1229	亚异丙基丙酮	MESITYL OXIDE	3		Ⅲ	E1
1230	甲醇	METHANOL	3	6.1	Ⅱ	E2
1231	乙酸甲酯	METHYL ACETATE	3		Ⅱ	E2
1233	乙酸甲基戊酯	METHYLAMYL ACETATE	3		Ⅲ	E1
1234	甲醛缩二甲醇(甲缩醛)	METHYLAL	3		Ⅱ	E2
1235	甲胺水溶液	METHYLAMINE,AQUEOUS SOLUTION	3	8	Ⅱ	E2

表 2（续）

联合国编号	中文名称和说明	英文名称和说明	类别或项别	次要危险性	包装类别	例外数量
1237	丁酸甲酯	METHYL BUTYRATE	3		Ⅱ	E2
1243	甲酸甲酯	METHYL FORMATE	3		Ⅰ	E3
1245	甲基异丁基酮	METHYL ISOBUTYL KETONE	3		Ⅱ	E2
1246	甲基异丙烯基酮，稳定的	METHYL ISOPROPENYL KETONE，STABILIZED	3		Ⅱ	E2
1247	单体丙烯酸甲酯，稳定的	METHYL METHACRYLATE MONOMER，STABILIZED	3		Ⅱ	E2
1248	丙酸甲酯	METHYL PROPIONATE	3		Ⅱ	E2
1249	甲基丙基酮	METHYL PROPYL KETONE	3		Ⅱ	E2
1250	甲基三氯硅烷	METHYLTRICHLOROSILANE	3	8	Ⅱ	E2
1259	羰基镍	NICKEL CARBONYL	6.1	3	Ⅰ	E5
1261	硝基甲烷	NITROMETHANE	3		Ⅱ	E2
1262	辛烷	OCTANES	3		Ⅱ	E2
1263	涂料（包括色漆、喷漆、搪瓷、着色剂、虫胶、清漆、抛光剂、液态填料和液态喷漆基料）或涂料的相关材料（包括涂料稀释剂或冲淡剂）	PAINT (including paint，lacquer，enamel，stain，shellac，varnish，polish，liquid filler and liquid lacquer base) or PAINT RELATED MATERIAL (including paint thinning or reducing compound)	3		Ⅰ	E3
			3		Ⅱ	E2
			3		Ⅲ	E1
1264	仲乙醛（三聚乙醛）	PARALDEHYDE	3		Ⅲ	E1
1265	戊烷，液体	PENTANES，liquid	3		Ⅰ	E3
			3		Ⅱ	E2
1266	香料制品，含有易燃溶剂	PERFUMERY PRODUCTS with flammable solvents	3		Ⅱ	E2
			3		Ⅲ	E1
1267	石油原油	PETROLEUM CRUDE OIL	3		Ⅰ	E3
			3		Ⅱ	E2
			3		Ⅲ	E1
1268	石油馏出物，未另作规定的或石油产品，未另作规定的	PETROLEUM DISTILLATES，N. O. S. or PETROLEUM PRODUCTS，N. O. S.	3		Ⅰ	E3
			3		Ⅱ	E2
			3		Ⅲ	E1
1272	松油	PINE OIL	3		Ⅲ	E1
1274	正丙醇	*n*-PROPANOL (PROPYL ALCOHOL，NORMAL)	3		Ⅱ	E2
			3		Ⅲ	E1
1275	丙醛	PROPIONALDEHYDE	3		Ⅱ	E2

表 2(续)

联合国编号	中文名称和说明	英文名称和说明	类别或项别	次要危险性	包装类别	例外数量
1276	乙酸正丙酯	*n*-PROPYL ACETATE	3		Ⅱ	E2
1277	丙胺	PROPYLAMINE	3	8	Ⅱ	E2
1278	1-氯丙烷	1-CHLOROPROPANE	3		Ⅱ	E2
1279	1,2-二氯丙烷	1,2-DICHLOROPROPANE	3		Ⅱ	E2
1280	氧化丙烯	PROPYLENE OXIDE	3		Ⅰ	E3
1281	甲酸丙酯	PROPYL FORMATES	3		Ⅱ	E2
1282	吡啶	PYRIDINE	3		Ⅱ	E2
1286	松香油	ROSIN OIL	3		Ⅱ	E2
			3		Ⅲ	E1
1287	橡胶溶液	RUBBER SOLUTION	3		Ⅱ	E2
			3		Ⅲ	E1
1288	页岩油	SHALE OIL	3		Ⅱ	E2
			3		Ⅲ	E1
1289	甲醇钠的乙醇溶液	SODIUM METHYLATE SOLUTION in alcohol	3	8	Ⅱ	E2
			3	8	Ⅲ	E1
1292	硅酸四乙酯	TETRAETHYL SILICATE	3		Ⅲ	E1
1293	药用酊剂	TINCTURES, MEDICINAL	3		Ⅱ	E2
			3		Ⅲ	E1
1294	甲苯	TOLUENE	3		Ⅱ	E2
1296	三乙胺	TRIETHYLAMINE	3	8	Ⅱ	E2
1297	三甲胺水溶液,按质量含三甲胺不超过50%	TRIMETHYLAMINE, AQUEOUS SOLUTION, not more than 50% trimethylamine, by mass	3	8	Ⅱ	E2
			3	8	Ⅲ	E1
1298	三甲基氯硅烷	TRIMETHYLCHLOROSILANE	3	8	Ⅱ	E2
1299	松节油	TURPENTINE	3		Ⅲ	E1
1300	松节油代用品	TURPENTINE SUBSTITUTE	3		Ⅱ	E2
			3		Ⅲ	E1
1301	乙酸乙烯酯,稳定的	VINYL ACETATE, STABILIZED	3		Ⅱ	E2
1302	乙烯基乙基醚,稳定的	VINYL ETHYL ETHER, STABILIZED	3		Ⅰ	E3
1303	乙烯叉二氯,稳定的	VINYLIDENE CHLORIDE, STABILIZED	3		Ⅰ	E3
1304	乙烯基异丁基醚,稳定的	VINYL ISOBUTYL ETHER, STABILIZED	3		Ⅱ	E2

表 2（续）

联合国编号	中文名称和说明	英文名称和说明	类别或项别	次要危险性	包装类别	例外数量
1305	乙烯基三氯硅烷	VINYLTRICHLOROSILANE	3	8	Ⅱ	E2
1306	液态木材防腐剂	WOOD PRESERVATIVES, LIQUID	3		Ⅱ	E2
			3		Ⅲ	E1
1307	二甲苯	XYLENES	3		Ⅱ	E2
			3		Ⅲ	E1
1308	锆，悬浮在易燃液体中	ZIRCONIUM SUSPENDED IN A FLAMMABLE LIQUID	3		Ⅰ	E3
			3		Ⅱ	E2
			3		Ⅲ	E1
1309	铝粉，有涂层的	ALUMINIUM POWDER, COATED	4.1		Ⅱ	E2
			4.1		Ⅲ	E1
1312	冰片（龙脑）	BORNEOL	4.1		Ⅲ	E1
1313	树脂酸钙	CALCIUM RESINATE	4.1		Ⅲ	E1
1314	熔凝树脂酸钙	CALCIUM RESINATE, FUSED	4.1		Ⅲ	E1
1318	树脂酸钴，沉淀的	COBALT RESINATE, PRECIPITATED	4.1		Ⅲ	E1
1323	铈铁合金	FERROCERIUM	4.1		Ⅱ	E2
1324	胶片，以硝化纤维素为基料，涂有明胶的，碎胶片除外	FILMS, NITROCELLULOSE BASE, gelatin coated, except scrap	4.1		Ⅲ	E1
1325	有机易燃固体，未另作规定的	FLAMMABLE SOLID, ORGANIC, N.O.S.	4.1		Ⅱ	E2
			4.1		Ⅲ	E1
1326	铪粉，湿的，含水不低于25%（所含过量水应看得出来）(a)机械方法生产的，粒径小于53 μm；(b)化学方法生产的，粒径小于840 μm	HAFNIUM POWDER, WETTED with not less than 25% water (a visible excess of water must be present) (a) mechanically produced, particle size less than 53 microns; (b) chemically produced, particle size less than 840 microns	4.1		Ⅱ	E2
1328	环六亚甲基四胺	HEXAMETHYLENETETRAMINE	4.1		Ⅲ	E1
1330	树脂酸锰	MANGANESE RESINATE	4.1		Ⅲ	E1
1331	火柴，“可随处划燃”	MATCHES, “STRIKE ANYWHERE”	4.1		Ⅲ	E1
1332	聚乙醛	METALDEHYDE	4.1		Ⅲ	E1
1333	铈（板、锭或棒）	CERIUM, slabs, ingots or rods	4.1		Ⅱ	E2
1334	粗制萘或精制萘	NAPHTHALENE, CRUDE or NAPHTHALENE, REFINED	4.1		Ⅲ	E1

表 2（续）

联合国编号	中文名称和说明	英文名称和说明	类别或项别	次要危险性	包装类别	例外数量
1338	**非晶形磷**	PHOSPHORUS, AMORPHOUS	4.1		Ⅲ	E1
1339	**七硫化四磷**，不含黄磷和白磷	PHOSPHORUS HEPTASULPHIDE, free from yellow and white phosphorus	4.1		Ⅱ	E2
1340	**五硫化二磷**，不含黄磷和白磷	PHOSPHORUS PENTASULPHIDE, free from yellow and white phosphorus	4.3	4.1	Ⅱ	E2
1341	**三硫化四磷**，不含黄磷和白磷	PHOSPHORUS SESQUISULPHIDE, free from yellow and white phosphorus	4.1		Ⅱ	E2
1343	**三硫化二磷**，不含黄磷和白磷	PHOSPHORUS TRISULPHIDE, free from yellow and white phosphorus	4.1		Ⅱ	E2
1345	**废橡胶或回收橡胶**，粉末或颗粒，粒径不超过 840 μm，橡胶含量超过 45%	RUBBER SCRAP or RUBBER SHODDY, powdered or granulated, not exceeding 840 microns and rubber content exceeding 45%	4.1		Ⅱ	E2
1346	**非晶形硅粉**	SILICON POWDER, AMORPHOUS	4.1		Ⅲ	E1
1350	**硫**	SULPHUR	4.1		Ⅲ	E1
1352	**钛粉，湿的**，含水不低于 25%（所含过量水应看得出来）(a)机械方法生产的，粒径小于 53 μm；(b)化学方法生产的，粒径小于 840μm	TITANIUM POWDER, WETTED with not less than 25% water (a visible excess of water must be present) (a) mechanically produced, particle size less than 53 microns; (b) chemically produced particle size less than 840 microns	4.1		Ⅱ	E2
1353	**纤维或纤维织品，经过轻度硝化的硝化纤维素，未另作规定的**	FIBRES or FABRICS IMPREGNATED WITH WEAKLY NITRATED NITROCELLULOSE, N. O. S.	4.1		Ⅲ	E1
1358	**锆粉，湿的**，按含水不低于 25%（所含过量水应看得出来）(a)机械方法生产的，粒径小于 53 μm；(b)化学方法生产的，粒径小于 840 μm	ZIRCONIUM POWDER, WETTED with not less than 25% water (a visible excess of water must be present) (a) mechanically produced, particle size less than 53 microns; (b) chemically produced particle size less than 840 microns	4.1		Ⅱ	E2
1361	**碳**，来源于动物或植物	CARBON, animal or vegetable origin	4.2		Ⅱ	E2
			4.2		Ⅲ	E1
1362	**活性碳**	CARBON, ACTIVATED	4.2		Ⅲ	E1

表 2（续）

联合国编号	中文名称和说明	英文名称和说明	类别或项别	次要危险性	包装类别	例外数量
1363	椰肉干	COPRA	4.2		Ⅲ	E1
1364	含油废棉	COTTON WASTE,OILY	4.2		Ⅲ	E1
1365	潮湿棉花	COTTON,WET	4.2		Ⅲ	E1
1369	对亚硝基二甲基苯胺	*p*-NITROSODIMETHYLANILINE	4.2		Ⅱ	E2
1372	动物纤维,或植物纤维,烧过的,湿的或潮的	FIBRES, ANIMAL or FIBRES, VEGETABLE burnt,wet or damp	4.2		Ⅲ	E1
1373	动物或植物或合成的纤维或纤维织品,未另作规定的,含油	FIBRES or FABRICS, ANIMAL or VEGETABLE or SYNTHETIC, N. O. S. ,with oil	4.2		Ⅲ	E1
1374	鱼粉(鱼屑),未加稳定剂的	FISH MEAL (FISH SCRAP), UNSTABILIZED	4.2		Ⅱ	E2
1376	废氧化铁或废海绵状铁,从提纯煤气获得的	IRON OXIDE, SPENT or IRON SPONGE,SPENT obtained from coal gas purification	4.2		Ⅲ	E1
1378	金属催化剂,湿的,含有可见的过量液体	METAL CATALYST, WETTED with a visible excess of liquid	4.2		Ⅱ	E2
1379	不饱和油类处理的纸,未完全干的(包括复写纸)	PAPER, UNSATURATED OIL TREATED,incompletely dried (including carbon paper)	4.2		Ⅲ	E1
1382	无水硫化钾,或硫化钾,含结晶水低于 30%	POTASSIUM SULPHIDE, ANHYDROUS or POTASSIUM SULPHIDE with less than 30% water of crystallization	4.2		Ⅱ	E2
1384	连二亚硫酸钠	SODIUM DITHIONITE (SODIUM HYDROSULPHITE)	4.2		Ⅱ	E2
1385	无水硫化钠,或硫化钠,含结晶水低于 30%	SODIUM SULPHIDE, ANHYDROUS or SODIUM SULPHIDE with less than 30% water of crystallization	4.2		Ⅱ	E2
1386	种子油饼,含油超过 1.5%,含水不超过 11%	SEED CAKE with more than 1.5% oil and not more than 11% moisture	4.2		Ⅲ	E1
1387	羊毛废料,湿的	WOOL WASTE,WET	4.2		Ⅲ	E1
1390	氨基碱金属	ALKALI METAL AMIDES	4.3		Ⅱ	E2
1393	碱土金属合金,未另作规定的	ALKALINE EARTH METAL ALLOY,N. O. S.	4.3		Ⅱ	E2

表 2(续)

联合国编号	中文名称和说明	英文名称和说明	类别或项别	次要危险性	包装类别	例外数量
1394	碳化铝	ALUMINIUM CARBIDE	4.3		Ⅱ	E2
1395	硅铝铁合金粉	ALUMINIUM FERROSILICON POWDER	4.3	6.1	Ⅱ	E2
1396	铝粉,无涂层的	ALUMINIUM POWDER, UNCOATED	4.3		Ⅱ	E2
			4.3		Ⅲ	E1
1398	硅铝粉,无涂层的	ALUMINIUM SILICON POWDER, UNCOATED	4.3		Ⅲ	E1
1400	钡	BARIUM	4.3		Ⅱ	E2
1401	钙	CALCIUM	4.3		Ⅱ	E2
1402	碳化钙	CALCIUM CARBIDE	4.3		Ⅱ	E2
1403	氰氨化钙,含碳化钙高于0.1%	CALCIUM CYANAMIDE with more than 0.1% calcium carbide	4.3		Ⅲ	E1
1405	硅化钙	CALCIUM SILICIDE	4.3		Ⅱ	E2
			4.3		Ⅲ	E1
1408	硅铁,含硅不低于30%,但低于90%	FERROSILICON with 30% or more but less than 90% silicon	4.3	6.1	Ⅲ	E1
1409	金属氢化物,遇水反应,未另作规定的	METAL HYDRIDES, WATER-REACTIVE, N.O.S.	4.3		Ⅱ	E2
1417	硅锂合金	LITHIUM SILICON	4.3		Ⅱ	E2
1418	镁粉或镁合金粉	MAGNESIUM POWDER or MAGNESIUM ALLOYS POWDER	4.3	4.2	Ⅱ	E2
			4.3	4.2	Ⅲ	E1
1431	甲醇钠	SODIUM METHYLATE	4.2	8	Ⅱ	E2
1435	锌灰	ZINC ASHES	4.3		Ⅲ	E1
1436	锌灰或锌粉尘	ZINC POWDER or ZINC DUST	4.3	4.2	Ⅱ	E2
			4.3	4.2	Ⅲ	E1
1437	氢化锆	ZIRCONIUM HYDRIDE	4.1		Ⅱ	E2
1438	硝酸铝	ALUMINIUM NITRATE	5.1		Ⅲ	E1
1439	重铬酸铵	AMMONIUM DICHROMATE	5.1		Ⅱ	E2
1442	高氯酸铵	AMMONIUM PERCHLORATE	5.1		Ⅱ	E2
1444	过硫酸铵	AMMONIUM PERSULPHATE	5.1		Ⅲ	E1
1445	氯酸钡,固态	BARIUM CHLORATE, SOLID	5.1	6.1	Ⅱ	E2
1446	硝酸钡	BARIUM NITRATE	5.1	6.1	Ⅱ	E2
1447	高氯酸钡,固态	BARIUM PERCHLORATE, SOLID	5.1	6.1	Ⅱ	E2

表 2（续）

联合国编号	中文名称和说明	英文名称和说明	类别或项别	次要危险性	包装类别	例外数量
1448	高锰酸钡	BARIUM PERMANGANATE	5.1	6.1	Ⅱ	E2
1449	过氧化钡	BARIUM PEROXIDE	5.1	6.1	Ⅱ	E2
1450	无机溴酸盐，未另作规定的	BROMATES, INORGANIC, N.O.S.	5.1		Ⅱ	E2
1451	硝酸铯	CAESIUM NITRATE	5.1		Ⅲ	E1
1452	氯酸钙	CALCIUM CHLORATE	5.1		Ⅱ	E2
1453	亚氯酸钙	CALCIUM CHLORITE	5.1		Ⅱ	E2
1454	硝酸钙	CALCIUM NITRATE	5.1		Ⅲ	E1
1455	高氯酸钙	CALCIUM PERCHLORATE	5.1		Ⅱ	E2
1456	高锰酸钙	CALCIUM PERMANGANATE	5.1		Ⅱ	E2
1457	过氧化钙	CALCIUM PEROXIDE	5.1		Ⅱ	E2
1458	氯酸盐和硼酸盐混合物	CHLORATE AND BORATE MIXTURE	5.1		Ⅱ	E2
			5.1		Ⅲ	E1
1459	氯酸盐和氯化镁混合物，固态	CHLORATE AND MAGNESIUM CHLORIDE MIXTURE, SOLID	5.1		Ⅱ	E2
			5.1		Ⅲ	E1
1461	无机氯酸盐，未另作规定的	CHLORATES, INORGANIC, N.O.S.	5.1		Ⅱ	E2
1462	无机亚氯酸盐，未另作规定的	CHLORITES, INORGANIC, N.O.S.	5.1		Ⅱ	E2
1463	无水三氧化铬	CHROMIUM TRIOXIDE, ANHYDROUS	5.1	6.1;8	Ⅱ	E2
1465	硝酸钕镨	DIDYMIUM NITRATE	5.1		Ⅲ	E1
1466	硝酸铁	FERRIC NITRATE	5.1		Ⅲ	E1
1467	硝酸胍	GUANIDINE NITRATE	5.1		Ⅲ	E1
1469	硝酸铅	LEAD NITRATE	5.1	6.1	Ⅱ	E2
1470	高氯酸铅，固态	LEAD PERCHLORATE, SOLID	5.1	6.1	Ⅱ	E2
1471	次氯酸锂，干的，或次氯酸锂混合物	LITHIUM HYPOCHLORITE, DRY or LITHIUM HYPOCHLORITE MIXTURE	5.1		Ⅱ	E2
			5.1		Ⅲ	E1
1472	过氧化锂	LITHIUM PEROXIDE	5.1		Ⅱ	E2
1473	溴酸镁	MAGNESIUM BROMATE	5.1		Ⅱ	E2
1474	硝酸镁	MAGNESIUM NITRATE	5.1		Ⅲ	E1
1475	高氯酸镁	MAGNESIUM PERCHLORATE	5.1		Ⅱ	E2
1476	过氧化镁	MAGNESIUM PEROXIDE	5.1		Ⅱ	E2

表 2(续)

联合国编号	中文名称和说明	英文名称和说明	类别或项别	次要危险性	包装类别	例外数量
1477	无机硝酸盐,未另作规定的	NITRATES, INORGANIC, N. O. S.	5.1		Ⅱ	E2
			5.1		Ⅲ	E1
1479	氧化性固体,未另作规定的	OXIDIZING SOLID, N. O. S.	5.1		Ⅱ	E2
			5.1		Ⅲ	E1
1481	无机高氯酸盐,未另作规定的	PERCHLORATES, INORGANIC, N. O. S.	5.1		Ⅱ	E2
			5.1		Ⅲ	E1
1482	无机高锰酸盐,未另作规定的	PERMANGANATES, INORGANIC, N. O. S.	5.1		Ⅱ	E2
			5.1		Ⅲ	E1
1483	无机过氧化物,未另作规定的	PEROXIDES, INORGANIC, N. O. S.	5.1		Ⅱ	E2
			5.1		Ⅲ	E1
1484	溴酸钾	POTASSIUM BROMATE	5.1		Ⅱ	E2
1485	氯酸钾	POTASSIUM CHLORATE	5.1		Ⅱ	E2
1486	硝酸钾	POTASSIUM NITRATE	5.1		Ⅲ	E1
1487	硝酸钾和亚硝酸钠的混合物	POTASSIUM NITRATE AND SODIUM NITRITE MIXTURE	5.1		Ⅱ	E2
1488	亚硝酸钾	POTASSIUM NITRITE	5.1		Ⅱ	E2
1489	高氯酸钾	POTASSIUM PERCHLORATE	5.1		Ⅱ	E2
1490	高锰酸钾	POTASSIUM PERMANGANATE	5.1		Ⅱ	E2
1492	过硫酸钾	POTASSIUM PERSULPHATE	5.1		Ⅲ	E1
1493	硝酸银	SILVER NITRATE	5.1		Ⅱ	E2
1494	溴酸钠	SODIUM BROMATE	5.1		Ⅱ	E2
1495	氯酸钠	SODIUM CHLORATE	5.1		Ⅱ	E2
1496	亚氯酸钠	SODIUM CHLORITE	5.1		Ⅱ	E2
1498	硝酸钠	SODIUM NITRATE	5.1		Ⅲ	E1
1499	硝酸钠和硝酸钾混合物	SODIUM NITRATE AND POTASSIUM NITRATE MIXTURE	5.1		Ⅲ	E1
1500	亚硝酸钠	SODIUM NITRITE	5.1	6.1	Ⅲ	E1
1502	高氯酸钠	SODIUM PERCHLORATE	5.1		Ⅱ	E2
1503	高锰酸钠	SODIUM PERMANGANATE	5.1		Ⅱ	E2
1505	过硫酸钠	SODIUM PERSULPHATE	5.1		Ⅲ	E1
1506	氯酸锶	STRONTIUM CHLORATE	5.1		Ⅱ	E2
1507	硝酸锶	STRONTIUM NITRATE	5.1		Ⅲ	E1
1508	高氯酸锶	STRONTIUM PERCHLORATE	5.1		Ⅱ	E2

表 2（续）

联合国编号	中文名称和说明	英文名称和说明	类别或项别	次要危险性	包装类别	例外数量
1509	过氧化锶	STRONTIUM PEROXIDE	5.1		Ⅱ	E2
1511	过氧化氢脲	UREA HYDROGEN PEROXIDE	5.1	8	Ⅲ	E1
1512	亚硝酸锌铵	ZINC AMMONIUM NITRITE	5.1		Ⅱ	E2
1513	氯酸锌	ZINC CHLORATE	5.1		Ⅱ	E2
1514	硝酸锌	ZINC NITRATE	5.1		Ⅱ	E2
1515	高锰酸锌	ZINC PERMANGANATE	5.1		Ⅱ	E2
1516	过氧化锌	ZINC PEROXIDE	5.1		Ⅱ	E2
1544	固态生物碱，未另作规定的，或固态生物碱盐类，未另作规定的	ALKALOIDS, SOLID, N. O. S. or ALKALOID SALTS, SOLID, N. O. S.	6.1		Ⅰ	E5
			6.1		Ⅱ	E4
			6.1		Ⅲ	E1
1545	异硫氰酸烯丙酯，稳定的	ALLYL ISOTHIOCYANATE, STABILIZED	6.1	3	Ⅱ	E4
1546	砷酸铵	AMMONIUM ARSENATE	6.1		Ⅱ	E4
1547	苯胺	ANILINE	6.1		Ⅱ	E4
1548	盐酸苯胺	ANILINE HYDROCHLORIDE	6.1		Ⅲ	E1
1549	固态无机锑化合物，未另作规定的	ANTIMONY COMPOUND, INORGANIC, SOLID, N. O. S.	6.1		Ⅲ	E1
1550	乳酸锑	ANTIMONY LACTATE	6.1		Ⅲ	E1
1551	酒石酸氧锑钾	ANTIMONY POTASSIUM TARTRATE	6.1		Ⅲ	E1
1553	液态砷酸	ARSENIC ACID, LIQUID	6.1		Ⅰ	E5
1554	固态砷酸	ARSENIC ACID, SOLID	6.1		Ⅱ	E4
1555	溴化砷	ARSENIC BROMIDE	6.1		Ⅱ	E4
1556	液态砷化合物，未另作规定的，无机物，包括：砷酸盐，未另作规定的；亚砷酸盐，未另作规定的；硫化砷，未另作规定的	ARSENIC COMPOUND, LIQUID, N. O. S., inorganic, including: Arsenates, n. o. s., Arsenites, n. o. s.; and Arsenic sulphides, n. o. s.	6.1		Ⅰ	E5
			6.1		Ⅱ	E4
			6.1		Ⅲ	E1
1557	固态砷化合物，未另作规定的，无机物，包括：砷酸盐，未另作规定的；亚砷酸盐，未另作规定的；硫化砷，未另作规定的	ARSENIC COMPOUND, SOLID, N. O. S., inorganic, including: Arsenates, n. o. s.; Arsenites, n. o. s.; and Arsenic sulphides, n. o. s.	6.1		Ⅰ	E5
			6.1		Ⅱ	E4
			6.1		Ⅲ	E1
1558	砷	ARSENIC	6.1		Ⅱ	E4

表 2（续）

联合国编号	中文名称和说明	英文名称和说明	类别或项别	次要危险性	包装类别	例外数量
1559	五氧化二砷	ARSENIC PENTOXIDE	6.1		Ⅱ	E4
1560	三氯化砷	ARSENIC TRICHLORIDE	6.1		Ⅰ	E5
1561	三氧化二砷	ARSENIC TRIOXIDE	6.1		Ⅱ	E4
1562	砷粉	ARSENICAL DUST	6.1		Ⅱ	E4
1564	钡化合物，未另作规定的	BARIUM COMPOUND，N. O. S.	6.1		Ⅱ	E4
			6.1		Ⅲ	E1
1565	氰化钡	BARIUM CYANIDE	6.1		Ⅰ	E5
1566	铍化合物，未另作规定的	BERYLLIUM COMPOUND，N. O. S.	6.1		Ⅱ	E4
			6.1		Ⅲ	E1
1567	铍粉	BERYLLIUM POWDER	6.1	4.1	Ⅱ	E4
1569	溴丙酮	BROMOACETONE	6.1	3	Ⅱ	E4
1570	二甲马钱子碱（番木鳖碱）	BRUCINE	6.1		Ⅰ	E5
1572	卡可基酸（二甲次砷酸）	CACODYLIC ACID	6.1		Ⅱ	E4
1573	砷酸钙	CALCIUM ARSENATE	6.1		Ⅱ	E4
1574	固态砷酸钙和亚砷酸钙混合物	CALCIUM ARSENATE AND CALCIUM ARSENITE MIXTURE，SOLID	6.1		Ⅱ	E4
1575	氰化钙	CALCIUM CYANIDE	6.1		Ⅰ	E5
1577	液态二硝基氯苯	CHLORODINITROBENZENES，LIQUID	6.1		Ⅱ	E4
1578	硝基氯苯，固态	CHLORONITROBENZENES，SOLID	6.1		Ⅱ	E4
1579	盐酸盐对氯邻甲苯胺，固态	4-CHLORO-*o*-TOLUIDINE HYDROCHLORIDE，SOLID	6.1		Ⅲ	E1
1583	三氯硝基甲烷混合物，未另作规定的	CHLOROPICRIN MIXTURE，N. O. S.	6.1		Ⅰ	E5
			6.1		Ⅱ	E4
			6.1		Ⅲ	E1
1585	乙酰亚砷酸铜	COPPER ACETOARSENITE	6.1		Ⅱ	E4
1586	亚砷酸铜	COPPER ARSENITE	6.1		Ⅱ	E4
1587	氰化铜	COPPER CYANIDE	6.1		Ⅱ	E4
1588	固态无机氰化物，未另作规定的	CYANIDES，INORGANIC，SOLID，N. O. S.	6.1		Ⅰ	E5
			6.1		Ⅱ	E4
			6.1		Ⅲ	E1
1590	液态二氯苯胺	DICHLOROANILINES，LIQUID	6.1		Ⅱ	E4

表 2（续）

联合国编号	中文名称和说明	英文名称和说明	类别或项别	次要危险性	包装类别	例外数量
1591	邻二氯苯	*o*-DICHLOROBENZENE	6.1		Ⅲ	E1
1593	二氯甲烷	DICHLOROMETHANE	6.1		Ⅲ	E1
1594	硫酸二乙酯	DIETHYL SULPHATE	6.1		Ⅱ	E4
1596	二硝基苯胺	DINITROANILINES	6.1		Ⅱ	E4
1597	液态二硝基苯	DINITROBENZENES, LIQUID	6.1		Ⅱ	E4
			6.1		Ⅲ	E1
1598	二硝基邻甲酚	DINITRO-*o*-CRESOL	6.1		Ⅱ	E4
1599	二硝基苯酚溶液	DINITROPHENOL SOLUTION	6.1		Ⅱ	E4
			6.1		Ⅲ	E1
1601	固态消毒剂，毒性，未另作规定的	DISINFECTANT, SOLID, TOXIC, N. O. S.	6.1		Ⅰ	E5
			6.1		Ⅱ	E4
			6.1		Ⅲ	E1
1602	液态染料，毒性，未另作规定的，或液态染料中间产品，毒性，未另作规定的	DYE, LIQUID, TOXIC, N. O. S. or DYE INTERMEDIATE, LIQUID, TOXIC, N. O. S.	6.1		Ⅰ	E5
			6.1		Ⅱ	E4
			6.1		Ⅲ	E1
1603	溴乙酸乙酯	ETHYL BROMOACETATE	6.1	3	Ⅱ	E4
1604	1,2-乙二胺(乙撑二胺)	ETHYLENEDIAMINE	8	3	Ⅱ	E2
1606	砷酸铁	FERRIC ARSENATE	6.1		Ⅱ	E4
1607	亚砷酸铁	FERRIC ARSENITE	6.1		Ⅱ	E4
1608	砷酸亚铁	FERROUS ARSENATE	6.1		Ⅱ	E4
1611	四磷酸六乙酯	HEXAETHYL TETRAPHOSPHATE	6.1		Ⅱ	E4
1613	氢氰酸水溶液(氰化氢水溶液)，含氰化氢不超过20%	HYDROCYANIC ACID, AQUEOUS SOLUTION (HYDROGEN CYANIDE, AQUEOUS SOLUTION) with not more than 20% hydrogen cyanide	6.1		Ⅰ	E5
1614	氰化氢，稳定的，含水低于3%，被多孔惰性材料吸收	HYDROGEN CYANIDE, STABILIZED, containing less than 3% water and absorbed in a porous inert material	6.1		Ⅰ	E5
1616	醋酸铅(乙酸铅)	LEAD ACETATE	6.1		Ⅲ	E1
1617	砷酸铅	LEAD ARSENATES	6.1		Ⅱ	E4
1618	亚砷酸铅	LEAD ARSENITES	6.1		Ⅱ	E4
1620	氰化铅	LEAD CYANIDE	6.1		Ⅱ	E4
1621	伦敦紫	LONDON PURPLE	6.1		Ⅱ	E4

表 2（续）

联合国编号	中文名称和说明	英文名称和说明	类别或项别	次要危险性	包装类别	例外数量
1622	砷酸镁	MAGNESIUM ARSENATE	6.1		Ⅱ	E4
1623	砷酸汞	MERCURIC ARSENATE	6.1		Ⅱ	E4
1624	氯化汞	MERCURIC CHLORIDE	6.1		Ⅱ	E4
1625	硝酸汞	MERCURIC NITRATE	6.1		Ⅱ	E4
1626	氰化汞钾	MERCURIC POTASSIUM CYANIDE	6.1		Ⅰ	E5
1627	硝酸亚汞	MERCUROUS NITRATE	6.1		Ⅱ	E4
1629	乙酸汞(醋酸汞)	MERCURY ACETATE	6.1		Ⅱ	E4
1630	氯化汞铵	MERCURY AMMONIUM CHLORIDE	6.1		Ⅱ	E4
1631	苯甲酸汞	MERCURY BENZOATE	6.1		Ⅱ	E4
1634	溴化汞	MERCURY BROMIDES	6.1		Ⅱ	E4
1636	氰化汞	MERCURY CYANIDE	6.1		Ⅱ	E4
1637	葡萄糖酸汞	MERCURY GLUCONATE	6.1		Ⅱ	E4
1638	碘化汞	MERCURY IODIDE	6.1		Ⅱ	E4
1639	核酸汞	MERCURY NUCLEATE	6.1		Ⅱ	E4
1640	油酸汞	MERCURY OLEATE	6.1		Ⅱ	E4
1641	氧化汞	MERCURY OXIDE	6.1		Ⅱ	E4
1642	氰氧化汞,减敏的	MERCURY OXYCYANIDE, DESENSITIZED	6.1		Ⅱ	E4
1643	碘化汞钾	MERCURY POTASSIUM IODIDE	6.1		Ⅱ	E4
1644	水杨酸汞	MERCURY SALICYLATE	6.1		Ⅱ	E4
1645	硫酸汞	MERCURY SULPHATE	6.1		Ⅱ	E4
1646	硫氰酸汞	MERCURY THIOCYANATE	6.1		Ⅱ	E4
1648	乙腈	ACETONITRILE	3		Ⅱ	E2
1649	发动机燃料抗爆剂混合物	MOTOR FUEL ANTI-KNOCK MIXTURE	6.1		Ⅰ	E5
1650	β-萘胺,固态	beta-NAPHTHYLAMINE,SOLID	6.1		Ⅱ	E4
1651	萘硫脲	NAPHTHYLTHIOUREA	6.1		Ⅱ	E4
1652	萘脲	NAPHTHYLUREA	6.1		Ⅱ	E4
1653	氰化镍	NICKEL CYANIDE	6.1		Ⅱ	E4
1654	烟碱	NICOTINE	6.1		Ⅱ	E4
1655	固态烟碱化合物,未另作规定的,或固态烟碱制剂,未另作规定的	NICOTINE COMPOUND, SOLID, N. O. S. or NICOTINE PREPARATION,SOLID,N. O. S.	6.1		Ⅰ	E5
			6.1		Ⅱ	E4
			6.1		Ⅲ	E1

表 2（续）

联合国编号	中文名称和说明	英文名称和说明	类别或项别	次要危险性	包装类别	例外数量
1656	液态盐酸烟碱或盐酸烟碱溶液	NICOTINE HYDROCHLORIDE, LIQUID or SOLUTION	6.1		Ⅱ	E4
			6.1		Ⅲ	E1
1657	水杨酸烟碱	NICOTINE SALICYLATE	6.1		Ⅱ	E4
1658	硫酸烟碱溶液	NICOTINE SULPHATE SOLUTION	6.1		Ⅱ	E4
			6.1		Ⅲ	E1
1659	酒石酸烟碱	NICOTINE TARTRATE	6.1		Ⅱ	E4
1661	硝基苯胺(邻、间、对)	NITROANILINES (*o*-,*m*-,*p*-)	6.1		Ⅱ	E4
1662	硝基苯	NITROBENZENE	6.1		Ⅱ	E4
1663	硝基苯酚(邻、间、对)	NITROPHENOLS (*o*-,*m*-,*p*-)	6.1		Ⅲ	E1
1664	液态硝基甲苯	NITROTOLUENES,LIQUID	6.1		Ⅱ	E4
1665	液态硝基二甲苯	NITROXYLENES,LIQUID	6.1		Ⅱ	E4
1669	五氯乙烷	PENTACHLOROETHANE	6.1		Ⅱ	E4
1671	固态苯酚	PHENOL,SOLID	6.1		Ⅱ	E4
1672	二氯化苯胩	PHENYLCARBYLAMINE CHLORIDE	6.1		Ⅰ	E5
1673	苯二胺(邻、间、对)	PHENYLENEDIAMINES (*o*-,*m*-,*p*-)	6.1		Ⅲ	E1
1674	乙酸苯汞	PHENYLMERCURIC ACETATE	6.1		Ⅱ	E4
1677	砷酸钾	POTASSIUM ARSENATE	6.1		Ⅱ	E4
1678	亚砷酸钾	POTASSIUM ARSENITE	6.1		Ⅱ	E4
1679	氰亚铜酸钾	POTASSIUM CUPROCYANIDE	6.1		Ⅱ	E4
1680	氰化钾,固态	POTASSIUM CYANIDE,SOLID	6.1		Ⅰ	E5
1683	亚砷酸银	SILVER ARSENITE	6.1		Ⅱ	E4
1684	氰化银	SILVER CYANIDE	6.1		Ⅱ	E4
1685	砷酸钠	SODIUM ARSENATE	6.1		Ⅱ	E4
1686	亚砷酸钠水溶液	SODIUM ARSENITE,AQUEOUS SOLUTION	6.1		Ⅱ	E4
			6.1		Ⅲ	E1
1687	叠氮化钠	SODIUM AZIDE	6.1		Ⅱ	E4
1688	卡可酸钠(二甲胂酸钠)	SODIUM CACODYLATE	6.1		Ⅱ	E4
1689	氰化钠,固态	SODIUM CYANIDE,SOLID	6.1		Ⅰ	E5
1690	氟化钠,固态	SODIUM FLUORIDE,SOLID	6.1		Ⅲ	E1
1691	亚砷酸锶	STRONTIUM ARSENITE	6.1		Ⅱ	E4
1692	马钱子碱或马钱子碱盐	STRYCHNINE or STRYCHNINE SALTS	6.1		Ⅰ	E5

表 2（续）

联合国编号	中文名称和说明	英文名称和说明	类别或项别	次要危险性	包装类别	例外数量
1693	液态催泪性毒气物质，未另作规定的	TEAR GAS SUBSTANCE, LIQUID, N. O. S.	6.1		Ⅰ	E5
			6.1		Ⅱ	E4
1694	液态溴苄基氰	BROMOBENZYL CYANIDES, LIQUID	6.1		Ⅰ	E5
1697	氯乙酰苯，固态	CHLOROACETOPHENONE, SOLID	6.1		Ⅱ	E4
1698	二苯胺氯胂	DIPHENYLAMINE CHLOROARSINE	6.1		Ⅰ	E5
1699	液态二苯氯胂	DIPHENYLCHLOROARSINE, LIQUID	6.1		Ⅰ	E5
1701	甲苄基溴(二甲苯基溴)，液态	XYLYL BROMIDE, LIQUID	6.1		Ⅱ	E4
1702	1,1,2,2-四氯乙烷	1, 1, 2, 2-TETRACHLOROETHANE	6.1		Ⅱ	E4
1704	二硫代焦磷酸四乙酯	TETRAETHYL DITHIOPYROPHOSPHATE	6.1		Ⅱ	E4
1707	铊化合物，未另作规定的	THALLIUM COMPOUND, N. O. S.	6.1		Ⅱ	E4
1708	液态甲苯胺	TOLUIDINES, LIQUID	6.1		Ⅱ	E4
1709	2,4-甲苯二胺，固态	2,4-TOLUYLENEDIAMINE, SOLID	6.1		Ⅲ	E1
1710	三氯乙烯	TRICHLOROETHYLENE	6.1		Ⅲ	E1
1711	液态二甲基苯胺	XYLIDINES, LIQUID	6.1		Ⅱ	E4
1712	砷酸锌、亚砷酸锌或砷酸锌和亚砷酸锌混合物	ZINC ARSENATE, ZINC ARSENITE or ZINC ARSENATE AND ZINC ARSENITE MIXTURE	6.1		Ⅱ	E4
1713	氰化锌	ZINC CYANIDE	6.1		Ⅰ	E5
1715	乙酸酐	ACETIC ANHYDRIDE	8	3	Ⅱ	E2
1716	乙酰溴	ACETYL BROMIDE	8		Ⅱ	E2
1717	乙酰氯	ACETYL CHLORIDE	3	8	Ⅱ	E2
1718	磷酸二氢丁酯	BUTYL ACID PHOSPHATE	8		Ⅲ	E1
1719	苛性碱液体，未另作规定的	CAUSTIC ALKALI LIQUID, N. O. S.	8		Ⅱ	E2
			8		Ⅲ	E1
1722	氯甲酸烯丙酯	ALLYL CHLOROFORMATE	6.1	3;8	Ⅰ	E5
1723	烯丙基碘	ALLYL IODIDE	3	8	Ⅱ	E2

表 2（续）

联合国编号	中文名称和说明	英文名称和说明	类别或项别	次要危险性	包装类别	例外数量
1724	烯丙基三氯硅烷，稳定的	ALLYLTRICHLOROSILANE, STABILIZED	8	3	Ⅱ	E2
1725	无水溴化铝	ALUMINIUM BROMIDE, ANHYDROUS	8		Ⅱ	E2
1726	无水氯化铝	ALUMINIUM CHLORIDE, ANHYDROUS	8		Ⅱ	E2
1727	固态二氟化氢铵	AMMONIUM HYDROGENDIFLUORIDE, SOLID	8		Ⅱ	E2
1728	戊基三氯硅烷	AMYLTRICHLOROSILANE	8		Ⅱ	E2
1729	茴香酰氯	ANISOYL CHLORIDE	8		Ⅱ	E2
1730	液态五氯化锑	ANTIMONY PENTACHLORIDE, LIQUID	8		Ⅱ	E2
1731	五氯化锑溶液	ANTIMONY PENTACHLORIDE SOLUTION	8		Ⅱ	E2
			8		Ⅲ	E1
1732	五氟化锑	ANTIMONY PENTAFLUORIDE	8	6.1	Ⅱ	E2
1733	三氯化锑	ANTIMONY TRICHLORIDE	8		Ⅱ	E2
1736	苯酰氯	BENZOYL CHLORIDE	8		Ⅱ	E2
1737	苄基溴	BENZYL BROMIDE	6.1	8	Ⅱ	E4
1738	苄基氯	BENZYL CHLORIDE	6.1	8	Ⅱ	E4
1740	固态二氟氢化物，未另作规定的	HYDROGENDIFLUORIDES, N.O.S.	8		Ⅱ	E2
			8		Ⅲ	E1
1742	三氟化硼合乙酸，液态	BORON TRIFLUORIDE ACETIC ACID COMPLEX, LIQUID	8		Ⅱ	E2
1743	三氟化硼合丙酸，液态	BORON TRIFLUORIDE PROPIONIC ACID COMPLEX, LIQUID	8		Ⅱ	E2
1747	丁基三氯硅烷	BUTYLTRICHLOROSILANE	8	3	Ⅱ	E2
1748	次氯酸钙，干的，或次氯酸钙混合物，干的，含有效氯高于39%(有效氧8.8%)	CALCIUM HYPOCHLORITE, DRY or CALCIUM HYPOCHLORITE MIXTURE, DRY with more than 39% available chlorine (8.8% available oxygen)	5.1		Ⅱ	E2
			5.1		Ⅲ	E1
1750	氯乙酸溶液	CHLOROACETIC ACID SOLUTION	6.1	8	Ⅱ	E4
1751	固态氯乙酸	CHLOROACETIC ACID, SOLID	6.1	8	Ⅱ	E4

表 2（续）

联合国编号	中文名称和说明	英文名称和说明	类别或项别	次要危险性	包装类别	例外数量
1753	氯苯基三氯硅烷	CHLOROPHENYL-TRICHLOROSILANE	8		Ⅱ	E2
1755	铬酸溶液	CHROMIC ACID SOLUTION	8		Ⅱ	E2
			8		Ⅲ	E1
1756	固态氟化铬	CHROMIC FLURIDE SOLID	8		Ⅱ	E2
1757	氟化铬溶液	CHROMIC FLUORIDE SOLUTION	8		Ⅱ	E2
			8		Ⅲ	E1
1759	腐蚀性固体，未另作规定的	CORROSIVE SOLID, N. O. S.	8		Ⅱ	E2
			8		Ⅲ	E1
1760	腐蚀性液体，未另作规定的	CORROSIVE LIQUID, N. O. S.	8		Ⅱ	E2
			8		Ⅲ	E1
1761	铜乙二胺溶液	CUPRIETHYLENEDIAMINE SOLUTION	8	6.1	Ⅱ	E2
			8	6.1	Ⅲ	E1
1762	环己烯基三氯硅烷	CYCLOHEXENYL-TRICHLOROSILANE	8		Ⅱ	E2
1763	环己基三氯硅烷	CYCLOHEXYLTRI-CHLOROSILANE	8		Ⅱ	E2
1764	二氯乙酸	DICHLOROACETIC ACID	8		Ⅱ	E2
1765	二氯乙酰氯	DICHLOROACETYL CHLORIDE	8		Ⅱ	E2
1766	二氯苯基三氯硅烷	DICHLOROPHENYL-TRICHLOROSILANE	8		Ⅱ	E2
1767	二乙基二氯硅烷	DIETHYLDICHLOROSILANE	8	3	Ⅱ	E2
1768	无水二氟磷酸	DIFLUOROPHOSPHORIC ACID, ANHYDROUS	8		Ⅱ	E2
1769	二苯基二氯硅烷	DIPHENYLDICHLOROSILANE	8		Ⅱ	E2
1770	二苯甲基溴	DIPHENYLMETHYL BROMIDE	8		Ⅱ	E2
1771	十二烷基三氯硅烷	DODECYLTRICHLOROSILANE	8		Ⅱ	E2
1773	无水氯化铁	FERRIC CHLORIDE, ANHYDROUS	8		Ⅲ	E1
1775	氟硼酸	FLUOROBORIC ACID	8		Ⅱ	E2
1776	无水氟磷酸	FLUOROPHOSPHORIC ACID, ANHYDROUS	8		Ⅱ	E2
1778	氟硅酸	FLUOROSILICIC ACID	8		Ⅱ	E2

表 2（续）

联合国编号	中文名称和说明	英文名称和说明	类别或项别	次要危险性	包装类别	例外数量
1779	甲酸，按质量含酸高于85%	FORMIC ACID with more than 85% acid by mass	8	3	Ⅱ	E2
1780	反丁烯二酰氯(富马酰氯)	FUMARYL CHLORIDE	8		Ⅱ	E2
1781	十六烷基三氯硅烷	HEXADECYL-TRICHLOROSILANE	8		Ⅱ	E2
1782	氟磷酸(六氟磷酸)	HEXAFLUOROPHOSPHORIC ACID	8		Ⅱ	E2
1783	六亚甲基二胺溶液	HEXAMETHYLENEDIAMINE SOLUTION	8		Ⅱ	E2
			8		Ⅲ	E1
1784	己基三氯硅烷	HEXYLTRICHLOROSILANE	8		Ⅱ	E2
1787	氢碘酸	HYDRIODIC ACID	8		Ⅱ	E2
			8		Ⅲ	E1
1788	氢溴酸	HYDROBROMIC ACID	8		Ⅱ	E2
			8		Ⅲ	E1
1789	氢氯酸	HYDROCHLORIC ACID	8		Ⅱ	E2
			8		Ⅲ	E1
1790	氢氟酸，含氟化氢不超过60%	HYDROFLUORIC ACID, with not more than 60% hydrogen fluoride	8	6.1	Ⅱ	E2
1791	次氯酸盐溶液	HYPOCHLORITE SOLUTION	8		Ⅱ	E2
			8		Ⅲ	E1
1792	一氯化碘	IODINE MONOCHLORIDE	8		Ⅱ	E2
1793	酸式磷酸异丙酯	ISOPROPYL ACID PHOSPHATE	8		Ⅲ	E1
1794	硫酸铅，含游离酸高于3%	LEAD SULPHATE with more than 3% free acid	8		Ⅱ	E2
1796	硝化酸混合物，含硝酸不超过50%	NITRATING ACID MIXTURE with not more than 50% nitric acid	8		Ⅱ	E2
1799	壬基三氯硅烷	NONYLTRICHLOROSILANE	8		Ⅱ	E2
1800	十八烷基三氯硅烷	OCTADECYL-TRICHLOROSILANE	8		Ⅱ	E2
1801	辛基三氯硅烷	OCTYLTRICHLOROSILANE	8		Ⅱ	E2
1802	高氯酸，按质量含酸不超过50%	PERCHLORIC ACID with not more than 50% acid, by mass	8	5.1	Ⅱ	E2
1803	液态苯酚磺酸	PHENOLSULPHONIC ACID, LIQUID	8		Ⅱ	E2

表 2（续）

联合国编号	中文名称和说明	英文名称和说明	类别或项别	次要危险性	包装类别	例外数量
1804	苯基三氯硅烷	PHENYLTRICHLOROSILANE	8		Ⅱ	E2
1805	磷酸溶液	PHOSPHORIC ACID,SOLUTION	8		Ⅲ	E1
1806	五氯化磷	PHOSPHORUS PENTACHLORIDE	8		Ⅱ	E2
1807	五氧化二磷	PHOSPHORUS PENTOXIDE	8		Ⅱ	E2
1808	三溴化磷	PHOSPHORUS TRIBROMIDE	8		Ⅱ	E2
1811	固态二氟化氢钾	POTASSIUM HYDROGEN DIFLUORIDE SOLID	8	6.1	Ⅱ	E2
1812	氟化钾，固态	POTASSIUM FLUORIDE,SOLID	6.1		Ⅲ	E1
1813	固态氢氧化钾	POTASSIUM HYDROXIDE, SOLID	8		Ⅱ	E2
1814	氢氧化钾溶液	POTASSIUM HYDROXIDE SOLUTION	8		Ⅱ	E2
			8		Ⅲ	E1
1815	丙酰氯	PROPIONYL CHLORIDE	3	8	Ⅱ	E2
1816	丙基三氯硅烷	PROPYLTRICHLOROSILANE	8	3	Ⅱ	E2
1817	焦硫酰二氯	PYROSULPHURYL CHLORIDE	8		Ⅱ	E2
1818	四氯化硅	SILICON TETRACHLORIDE	8		Ⅱ	E2
1819	铝酸钠溶液	SODIUM ALUMINATE SOLUTION	8		Ⅱ	E2
			8		Ⅲ	E1
1823	固态氢氧化钠	SODIUM HYDROXIDE,SOLID	8		Ⅱ	E2
1824	氢氧化钠溶液	SODIUM HYDROXIDE SOLUTION	8		Ⅱ	E2
			8		Ⅲ	E1
1825	氧化钠	SODIUM MONOXIDE	8		Ⅱ	E2
1826	硝化酸混合物，废的，含硝酸不超过50%	NITRATING ACID MIXTURE, SPENT, with not more than 50% nitric acid	8		Ⅱ	E2
1827	无水四氯化锡	STANNIC CHLORIDE, ANHYDROUS	8		Ⅱ	E2
1830	硫酸，含酸高于51%	SULPHURIC ACID with more than 51% acid	8		Ⅱ	E2
1832	硫酸废液	SULPHURIC ACID,SPENT	8		Ⅱ	E2
1833	亚硫酸	SULPHUROUS ACID	8		Ⅱ	E2
1835	氢氧化四甲铵溶液	TETRAMETHYLAMMONIUM HYDROXIDE SOLUTION	8		Ⅱ	E2
			8		Ⅲ	E1

表 2（续）

联合国编号	中文名称和说明	英文名称和说明	类别或项别	次要危险性	包装类别	例外数量
1837	硫代磷酰氯	THIOPHOSPHORYL CHLORIDE	8		Ⅱ	E2
1839	三氯乙酸	TRICHLOROACETIC ACID	8		Ⅱ	E2
1840	氯化锌溶液	ZINC CHLORIDE SOLUTION	8		Ⅲ	E1
1841	乙醛合氨	ACETALDEHYDE AMMONIA	9		Ⅲ	E1
1843	二硝基邻甲酚铵，固态	AMMONIUM DINITRO -*o*- CRESOLATE，SOLID	6.1		Ⅱ	E4
1846	四氯化碳	CARBON TETRACHLORIDE	6.1		Ⅱ	E4
1847	水合硫化钾，含结晶水不低于30％	POTASSIUM SULPHIDE，HYDRATED with not less than 30％ water of crystallization	8		Ⅱ	E2
1848	丙酸，按质量含酸不低于10％，但低于90％	PROPIONIC ACID with not less than 10％ and less than 90％ acid by mass	8		Ⅲ	E1
1849	水合硫化钠，含水不低于30％	SODIUM SULPHIDE，HYDRATED with not less than 30％ water	8		Ⅱ	E2
1851	药物，液态，毒性，未另作规定的	MEDICINE，LIQUID，TOXIC，N. O. S.	6.1		Ⅱ	E4
			6.1		Ⅲ	E1
1857	织物废料，湿的	TEXTILE WASTE，WET	4.2		Ⅲ	E1
1858	六氟丙烯(制冷气体 R 1216)	HEXAFLUOROPROPYLENE (REFRIGERANT GAS R 1216)	2.2			E1
1862	丁烯酸乙酯	ETHYL CROTONATE	3		Ⅱ	E2
1863	航空燃料，涡轮发电机用	FUEL，AVIATION，TURBINE ENGINE	3		Ⅰ	E3
			3		Ⅱ	E2
			3		Ⅲ	E1
1865	硝酸正丙酯	*n*-PROPYL NITRATE	3		Ⅱ	E2
1866	树脂溶液，易燃	RESIN SOLUTION，flammable	3		Ⅰ	E3
			3		Ⅱ	E2
			3		Ⅲ	E1
1868	癸硼烷(十硼烷)	DECABORANE	4.1	6.1	Ⅱ	E2
1869	镁金属或镁合金，丸状、旋屑或带状，含镁高于50％	MAGNESIUM or MAGNESIUM ALLOYS with more than 50％ magnesium in pellets，turnings or ribbons	4.1		Ⅲ	E1
1871	氢化钛	TITANIUM HYDRIDE	4.1		Ⅱ	E2
1872	二氧化铅	LEAD DIOXIDE	5.1		Ⅲ	E1

表 2（续）

联合国编号	中文名称和说明	英文名称和说明	类别或项别	次要危险性	包装类别	例外数量
1884	氧化钡	BARIUM OXIDE	6.1		Ⅲ	E1
1885	联苯胺	BENZIDINE	6.1		Ⅱ	E4
1886	二氯甲基苯	BENZYLIDENE CHLORIDE	6.1		Ⅱ	E4
1887	溴氯甲烷	BROMOCHLOROMETHANE	6.1		Ⅲ	E1
1888	氯仿(三氯甲烷)	CHLOROFORM	6.1		Ⅲ	E1
1889	溴化氰	CYANOGEN BROMIDE	6.1	8	Ⅰ	E5
1891	乙基溴	ETHYL BROMIDE	6.1		Ⅱ	E4
1894	氢氧化苯汞	PHENYLMERCURIC HYDROXIDE	6.1		Ⅱ	E4
1895	硝酸苯汞	PHENYLMERCURIC NITRATE	6.1		Ⅱ	E4
1897	四氯乙烯	TETRACHLOROETHYLENE	6.1		Ⅲ	E1
1898	乙酰碘	ACETYL IODIDE	8		Ⅱ	E2
1902	酸式磷酸二异辛酯	DIISOOCTYL ACID PHOSPHATE	8		Ⅲ	E1
1903	液态消毒剂,腐蚀性,未另作规定的	DISINFECTANT,LIQUID,CORROSIVE,N.O.S.	8		Ⅱ	E2
			8		Ⅲ	E1
1906	淤渣硫酸	SLUDGE ACID	8		Ⅱ	E2
1907	碱石灰,含氢氧化钠高于4%	SODA LIME with more than 4% sodium hydroxide	8		Ⅲ	E1
1908	亚氯酸盐溶液	CHLORITE SOLUTION	8		Ⅱ	E2
			8		Ⅲ	E1
1910	氧化钙	CALCIUM OXIDE	8		Ⅲ	E1
1913	冷冻液态氖	NEON,REFRIGERATED LIQUID	2.2			E1
1914	丙酸丁酯	BUTYL PROPIONATES	3		Ⅲ	E1
1915	环己酮	CYCLOHEXANONE	3		Ⅲ	E1
1916	2,2′-二氯二乙醚	2,2′-DICHLORODIETHYL ETHER	6.1	3	Ⅱ	E4
1917	丙烯酸乙酯,稳定的	ETHYL ACRYLATE,STABILIZED	3		Ⅱ	E2
1918	异丙基苯	ISOPROPYLBENZENE	3		Ⅲ	E1
1919	丙烯酸甲酯,稳定的	METHYL ACRYLATE,STABILIZED	3		Ⅱ	E2
1920	壬烷	NONANES	3		Ⅲ	E1
1922	吡咯烷	PYRROLIDINE	3	8	Ⅱ	E2
1923	连二亚硫酸钙(亚硫酸氢钙)	CALCIUM DITHIONITE (CALCIUM HYDROSULPHITE)	4.2		Ⅱ	E2

表 2（续）

联合国编号	中文名称和说明	英文名称和说明	类别或项别	次要危险性	包装类别	例外数量
1929	连二亚硫酸钾(亚硫酸氢钾)	POTASSIUM DITHIONITE (POTASSIUM HYDROSULPHITE)	4.2		Ⅱ	E2
1931	连二亚硫酸锌(亚硫酸氢锌)	ZINC DITHIONITE (ZINC HYDROSULPHITE)	9		Ⅲ	E1
1932	锆金属碎屑	ZIRCONIUM SCRAP	4.2		Ⅲ	E1
1935	氰化物溶液,未另作规定的	CYANIDE SOLUTION,N.O.S.	6.1		Ⅰ	E5
			6.1		Ⅱ	E4
			6.1		Ⅲ	E1
1938	溴乙酸溶液	BROMOACETIC ACID SOLUTION	8		Ⅱ	E2
			8		Ⅲ	E1
1939	三溴氧化磷	PHOSPHORUS OXYBROMIDE	8		Ⅱ	E2
1940	巯基乙酸	THIOGLYCOLIC ACID	8		Ⅱ	E2
1941	二溴二氟甲烷	DIBROMODIFLUOROMETHANE	9		Ⅲ	E1
1942	硝酸铵,含可燃物质总量不超过0.2%,包括以碳计算的任何有机物质,但不包括任何其他添加物质	AMMONIUM NITRATE, with not more than 0.2% total combustible material, including any organic substance, calculated as carbon to the exclusion of any other added substance.	5.1		Ⅲ	E1
1944	安全火柴(册式、卡式或盒上划燃)	MATCHES, SAFETY (book, card or strike on box)	4.1		Ⅲ	E1
1945	"维斯塔"蜡火柴(涂蜡火柴)	MATCHES, WAX "VESTA"	4.1		Ⅲ	E1
1951	冷冻液态氩	ARGON, REFRIGERATED LIQUID	2.2			E1
1952	环氧乙烷和二氧化碳混合物,含环氧乙烷不超过9%	ETHYLENE OXIDE AND CARBON DIOXIDE MIXTURE with not more than 9% ethylene oxide	2.2			E1
1956	压缩气体,未另作规定的	COMPRESSED GAS, N.O.S.	2.2			E1
1958	1,2-二氯-1,1,2,2-四氟乙烷(制冷气体R 114)	1,2-DICHLORO-1,1,2,2-TETRAFLUOROETHANE (REFRIGERANT GAS R 114)	2.2			E1
1963	冷冻液态氦	HELIUM, REFRIGERATED LIQUID	2.2			E1
1968	气体杀虫剂,未另作规定的	INSECTICIDE GAS, N.O.S.	2.2			E1
1970	冷冻液态氪	KRYPTON, REFRIGERATED LIQUID	2.2			E1

表 2（续）

联合国编号	中文名称和说明	英文名称和说明	类别或项别	次要危险性	包装类别	例外数量
1973	二氟氯甲烷和五氟氯乙烷混合物，有固定沸点，前者约占49%（制冷气体 R 502）	CHLORODIFLUOROMETHANE AND CHLOROPENTAFLUOROETHANE MIXTURE with fixed boiling point, with approximately 49% chlorodifluoromethane (REFRIGERANT GAS R 502)	2.2			E1
1974	二氟氯溴甲烷（制冷气体 R 12B1）	CHLORODIFLUOROBROMOMETHANE (REFRIGERANT GAS R 12B1)	2.2			E1
1976	八氟环丁烷（制冷气体 RC 318）	OCTAFLUOROCYCLOBUTANE (REFRIGERANT GAS RC 318)	2.2			E1
1977	冷冻液态氮	NITROGEN, REFRIGERATED LIQUID	2.2			E1
1982	四氟甲烷（制冷气体 R 14）	TETRAFLUOROMETHANE (REFRIGERANT GAS R 14)	2.2			E1
1983	1-氯-2,2,2-三氟乙烷（制冷气体 R 133a）	1-CHLORO-2, 2, 2-TRIFLUOROETHANE (REFRIGERANT GAS R 133a)	2.2			E1
1984	三氟甲烷（制冷气体 R 23）	TRIFLUOROMETHANE (REFRIGERANT GAS R 23)	2.2			E1
1986	醇类，易燃，毒性，未另作规定的	ALCOHOLS, FLAMMABLE, TOXIC, N. O. S.	3	6.1	Ⅱ	E2
			3	6.1	Ⅲ	E1
1987	醇类，未另作规定的	ALCOHOLS, N. O. S.	3		Ⅱ	E2
			3		Ⅲ	E1
1988	醛类，易燃，毒性，未另作规定的	ALDEHYDES, FLAMMABLE, TOXIC, N. O. S.	3	6.1	Ⅱ	E2
			3	6.1	Ⅲ	E1
1989	醛类，未另作规定的	ALDEHYDES, N. O. S.	3		Ⅰ	E3
			3		Ⅱ	E2
			3		Ⅲ	E1
1990	苯甲醛	BENZALDEHYDE	9		Ⅲ	E1
1992	易燃液体，毒性，未另作规定的	FLAMMABLE LIQUID, TOXIC, N. O. S.	3	6.1	Ⅱ	E2
			3	6.1	Ⅲ	E1
1993	易燃液体，未另作规定的	FLAMMABLE LIQUID, N. O. S.	3		Ⅰ	E3
			3		Ⅱ	E2
			3		Ⅲ	E1

表 2(续)

联合国编号	中文名称和说明	英文名称和说明	类别或项别	次要危险性	包装类别	例外数量
1999	液态焦油,包括铺路油,沥青和稀释沥青	TARS, LIQUID, including road oils, and cutback bitumens	3		Ⅱ	E2
			3		Ⅲ	E1
2000	赛璐珞,块、棒、卷、片、管等,碎屑除外	CELLULOID in block, rods, rolls, sheets, tubes, etc., except scrap	4.1		Ⅲ	E1
2001	环烷酸钴粉	COBALT NAPHTHENATES, POWDER	4.1		Ⅲ	E1
2002	赛璐珞,碎屑	CELLULOID, SCRAP	4.2		Ⅲ	E1
2004	二氨基镁	MAGNESIUM DIAMIDE	4.2		Ⅱ	E2
2006	塑料,以硝化纤维素为基料,自热性,未另作规定的	PLASTICS, NITROCELLULOSE-BASED, SELF-HEATING, N. O. S.	4.2		Ⅲ	E1
2008	干锆粉	ZIRCONIUM POWDER, DRY	4.2		Ⅱ	E2
			4.2		Ⅲ	E1
2009	锆金属,干的,精整薄板、带材或成卷线材	ZIRCONIUM, DRY, finished sheets, strip or coiled wire	4.2		Ⅲ	E1
2014	过氧化氢水溶液,过氧化氢含量不低于20%,但不超过60%(必要时加稳定剂)	HYDROGEN PEROXIDE, AQUEOUS SOLUTION with not less than 20% but not more than 60% hydrogen peroxide (stabilized as necessary)	5.1	8	Ⅱ	E2
2018	固态氯苯胺	CHLOROANILINES, SOLID	6.1		Ⅱ	E4
2019	液态氯苯胺	CHLOROANILINES, LIQUID	6.1		Ⅱ	E4
2020	固态氯苯酚	CHLOROPHENOLS, SOLID	6.1		Ⅲ	E1
2021	液态氯苯酚	CHLOROPHENOLS, LIQUID	6.1		Ⅲ	E1
2022	甲苯基酸(甲苯酚)	CRESYLIC ACID	6.1	8	Ⅱ	E4
2023	3-氯-1,2-环氧丙烷(表氯醇)	EPICHLOROHYDRIN	6.1	3	Ⅱ	E4
2024	液态汞化合物,未另作规定的	MERCURY COMPOUND, LIQUID, N. O. S.	6.1		Ⅰ	E5
			6.1		Ⅱ	E4
			6.1		Ⅲ	E1
2025	固态汞化合物,未另作规定的	MERCURY COMPOUND, SOLID, N. O. S.	6.1		Ⅰ	E5
			6.1		Ⅱ	E4
			6.1		Ⅲ	E1
2026	苯汞化合物,未另作规定的	PHENYLMERCURIC COMPOUND, N. O. S.	6.1		Ⅰ	E5
			6.1		Ⅱ	E4
			6.1		Ⅲ	E1
2027	固态亚砷酸钠	SODIUM ARSENITE, SOLID	6.1		Ⅱ	E4

表 2（续）

联合国编号	中文名称和说明	英文名称和说明	类别或项别	次要危险性	包装类别	例外数量
2030	肼水溶液，按质量含肼高于 37%	HYDRAZINE AQUEOUS SOLUTION with more than 37% hydrazine, by mass	8	6.1	Ⅱ	E2
			8	6.1	Ⅲ	E1
2031	硝酸，发红烟的除外，含硝酸至少 65%，但不超过 70%	NITRIC ACID, other than red fuming, with at least 65%, but not more than 70% nitric acid	8	5.1	Ⅱ	E2
	硝酸，发红烟的除外，含硝酸低于 65%	NITRIC ACID, other than red fuming, with less than 65% nitric acid	8		Ⅱ	E2
2033	氧化钾	POTASSIUM MONOXIDE	8		Ⅱ	E2
2036	氙	XENON	2.2			E1
2038	液态二硝基甲苯	DINITROTOLUENES, LIQUID	6.1		Ⅱ	E4
2045	异丁醛	ISOBUTYRALDEHYDE (ISOBUTYL ALDEHYDE)	3		Ⅱ	E2
2046	伞花烃	CYMENES	3		Ⅲ	E1
2047	二氯丙烯	DICHLOROPROPENES	3		Ⅱ	E2
			3		Ⅲ	E1
2048	二聚环戊二烯（双茂）	DICYCLOPENTADIENE	3		Ⅲ	E1
2049	二乙基苯	DIETHYLBENZENE	3		Ⅲ	E1
2050	二聚异丁烯异构物	DIISOBUTYLENE, ISOMERIC COMPOUNDS	3		Ⅱ	E2
2051	2-二甲氨基乙醇	2-DIMETHYLAMINOETHANOL	8	3	Ⅱ	E2
2052	二聚戊烯	DIPENTENE	3		Ⅲ	E1
2053	甲基异丁基甲醇	METHYL ISOBUTYL CARBINOL	3		Ⅲ	E1
2055	苯乙烯单体，稳定的	STYRENE MONOMER, STABILIZED	3		Ⅲ	E1
2056	四氢呋喃	TETRAHYDROFURAN	3		Ⅱ	E2
2057	三聚丙烯	TRIPROPYLENE	3		Ⅱ	E2
			3		Ⅲ	E1
2058	戊醛	VALERALDEHYDE	3		Ⅱ	E2
2067	硝酸铵基化肥	AMMONIUM NITRATE BASED FERTILIZER	5.1		Ⅲ	E1
2071	硝酸铵基化肥	AMMONIUM NITRATE BASED FERTILIZER	9		Ⅲ	E1

表 2（续）

联合国编号	中文名称和说明	英文名称和说明	类别或项别	次要危险性	包装类别	例外数量
2073	氨溶液，水溶液在 15 ℃时的相对密度小于 0.880，含氨量高于 35%，但不超过 50%	AMMONIA SOLUTION, relative density less than 0.880 at 15 ℃ in water, with more than 35% but not more than 50% ammonia	2.2			E1
2074	丙烯酰胺，固态	ACRYLAMIDE, SOLID	6.1		Ⅲ	E1
2075	无水氯醛，稳定的	CHLORAL, ANHYDROUS, STABILIZED	6.1		Ⅱ	E4
2076	液态甲酚	CRESOLS, LIQUID	6.1	8	Ⅱ	E4
2077	α-萘胺	alpha-NAPHTHYLAMINE	6.1		Ⅲ	E1
2078	甲苯二异氰酸酯	TOLUENE DIISOCYANATE	6.1		Ⅱ	E4
2079	二乙撑三胺	DIETHYLENETRIAMINE	8		Ⅱ	E2
2187	冷冻液态二氧化碳	CARBON DIOXIDE, REFRIGERATED LIQUID	2.2			E1
2193	六氟乙烷（制冷气体 R 116）	HEXAFLUOROETHANE (REFRIGERANT GAS R 116)	2.2			E1
2205	己二腈	ADIPONITRILE	6.1		Ⅲ	E1
2206	异氰酸盐（酯），毒性，未另作规定的，或异氰酸盐（酯）溶液，毒性，未另作规定的	ISOCYANATES, TOXIC, N. O. S. or ISOCYANATE SOLUTION, TOXIC, N. O. S.	6.1		Ⅱ	E4
			6.1		Ⅲ	E1
2208	次氯酸钙混合物，干的，含有效氯不低于 10%，但不超过 39%	CALCIUM HYPOCHLORITE MIXTURE, DRY with more than 10% but not more than 39% available chlorine	5.1		Ⅲ	E1
2209	甲醛溶液，甲醛含量不低于 25%	FORMALDEHYDE SOLUTION with not less than 25% formaldehyde	8		Ⅲ	E1
2210	代森锰或代森锰制剂，代森锰含量不低于 60%	MANEB or MANEB PREPARATION with not less than 60% maneb	4.2	4.3	Ⅲ	E1
2211	聚苯乙烯颗粒，可膨胀，会放出易燃气体	POLYMERIC BEADS, EXPANDABLE, evolving flammable vapour	9		Ⅲ	E1
2212	蓝石棉（青石棉）或棕石棉（铁石棉）	BLUE ASBESTOS (crocidolite) or BROWN ASBESTOS (amosite, mysorite)	9		Ⅱ	E2
2213	仲甲醛	PARAFORMALDEHYDE	4.1		Ⅲ	E1
2214	邻苯二甲酸酐，含马来酸酐高于 0.05%	PHTHALIC ANHYDRIDE with more than 0.05% of maleic anhydride	8		Ⅲ	E1

表 2（续）

联合国编号	中文名称和说明	英文名称和说明	类别或项别	次要危险性	包装类别	例外数量
2215	马来酸酸酐	MALEIC ANHYDRIDE	8		Ⅲ	E1
2216	鱼粉(鱼屑)，稳定的	FISH MEAL (FISH SCRAP), STABILIZED	9		Ⅲ	E1
2217	种子油饼，含油不超过 1.5%，含水不超过 11%	SEED CAKE with not more than 1.5% oil and not more than 11% moisture	4.2		Ⅲ	E1
2218	丙烯酸，稳定的	ACRYLIC ACID, STABILIZED	8	3	Ⅱ	E2
2219	烯丙基缩水甘油醚	ALLYL GLYCIDYL ETHER	3		Ⅲ	E1
2222	茴香醚	ANISOLE	3		Ⅲ	E1
2224	苄腈	BENZONITRILE	6.1		Ⅱ	E4
2225	苯磺酰氯	BENZENESULPHONYL CHLORIDE	8		Ⅲ	E1
2226	三氯甲苯	BENZOTRICHLORIDE	8		Ⅱ	E2
2227	甲基丙烯酸正丁酯，稳定的	*n*-BUTYL METHACRYLATE, STABILIZED	3		Ⅲ	E1
2233	氯代茴香胺	CHLOROANISIDINES	6.1		Ⅲ	E1
2234	三氟甲基氯苯	CHLOROBENZOTRIFLUORIDES	3		Ⅲ	E1
2235	氯苯甲基氯，液态	CHLOROBENZYL CHLORIDES, LIQUID	6.1		Ⅲ	E1
2236	异氰酸 3-氯-4-基苯酯，液态	3-CHLORO-4-METHYLPHENYL ISOCYANATE, LIQUID	6.1		Ⅱ	E4
2237	硝基氯苯胺	CHLORONITROANILINES	6.1		Ⅲ	E1
2238	氯甲苯	CHLOROTOLUENES	3		Ⅲ	E1
2239	甲基氯苯胺，固态	CHLOROTOLUIDINES, SOLID	6.1		Ⅲ	E1
2241	环庚烷	CYCLOHEPTANE	3		Ⅱ	E2
2242	环庚烯	CYCLOHEPTENE	3		Ⅱ	E2
2243	乙酸环己酯	CYCLOHEXYL ACETATE	3		Ⅲ	E1
2244	环戊醇	CYCLOPENTANOL	3		Ⅲ	E1
2245	环戊酮	CYCLOPENTANONE	3		Ⅲ	E1
2246	环戊烯	CYCLOPENTENE	3		Ⅱ	E2
2247	正癸烷	*n*-DECANE	3		Ⅲ	E1
2248	二正丁胺	DI-*n*-BUTYLAMINE	8	3	Ⅱ	E2
2249	对称二氯二甲醚	DICHLORODIMETHYL ETHER, SYMMETRICAL	6.1	3	Ⅰ	E5

表 2（续）

联合国编号	中文名称和说明	英文名称和说明	类别或项别	次要危险性	包装类别	例外数量
2250	异氰酸二氯苯酯	DICHLOROPHENYL ISOCYANATES	6.1		Ⅱ	E4
2251	二环(2,2,1)庚-2,5-二烯，稳定的(2,5-降冰片二烯，稳定的)	BICYCLO [2.2.1]- HEPTA-2,5-DIENE,STABILIZED (2,5-NORBORNADIENE,STABILIZED)	3		Ⅱ	E2
2252	1,2-二甲氧基乙烷	1,2-DIMETHYOXYETHANE	3		Ⅱ	E2
2253	***N*,*N*-二甲基苯胺**	*N*,*N*-DIMETHYLANILINE	6.1		Ⅱ	E4
2254	耐风火柴	MATCHES,FUSEE	4.1		Ⅲ	E1
2256	环己烯	CYCLOHEXENE	3		Ⅱ	E2
2258	丙邻二胺(1,2-二氨基丙烷)	1,2-PROPYLENEDIAMINE	8	3	Ⅱ	E2
2259	三亚乙基四胺	TRIETHYLENETETRAMINE	8		Ⅱ	E2
2260	三丙胺	TRIPROPYLAMINE	3	8	Ⅲ	E1
2261	二甲苯酚，固态	XYLENOLS,SOLID	6.1		Ⅱ	E4
2262	二甲胺基甲酰氯	DIMETHYLCARBAMOYL CHLORIDE	8		Ⅱ	E2
2263	二甲基环己烷	DIMETHYLCYCLOHEXANES	3		Ⅱ	E2
2264	***N*，*N*-二甲基环己胺**	*N*,*N*-DIMETHYL- CYCLOHEXYLAMINE	8	3	Ⅱ	E2
2265	***N*,*N*-二甲基甲酰胺**	*N*,*N*-DIMETHYLFORMAMIDE	3		Ⅲ	E1
2266	***N*-二甲基丙胺**	DIMETHYL-*N*-PROPYLAMINE	3	8	Ⅱ	E2
2267	二甲基硫代磷酰氯	DIMETHYL THIOPHOSPHORYL CHLORIDE	6.1	8	Ⅱ	E4
2269	3,3′-亚氨基二丙胺(三丙撑三胺)	3,3′-IMINODIPROPYLAMINE	8		Ⅲ	E1
2270	乙胺水溶液，乙胺含量不低于50%，但不超过70%	ETHYLAMINE,AQUEOUS SOLUTION with not less than 50% but not more than 70% ethylamine	3	8	Ⅱ	E2
2271	乙基戊基酮(乙戊酮)	ETHYL AMYL KETONE	3		Ⅲ	E1
2272	***N*-乙基苯胺**	*N*-ETHYLANILINE	6.1		Ⅲ	E1
2273	2-乙基苯胺	2-ETHYLANILINE	6.1		Ⅲ	E1
2274	***N*-乙基-*N*-苄基苯胺**	*N*-ETHYL-*N*-BENZYLANILINE	6.1		Ⅲ	E1
2275	2-乙基丁醇	2-ETHYLBUTANOL	3		Ⅲ	E1
2276	2-乙基己胺	2-ETHYLHEXYLAMINE	3	8	Ⅲ	E1

表 2（续）

联合国编号	中文名称和说明	英文名称和说明	类别或项别	次要危险性	包装类别	例外数量
2277	甲基丙烯酸乙酯，稳定的	ETHYL METHACRYLATE, STABILIZED	3		Ⅱ	E2
2278	正庚烯	*n*-HEPTENE	3		Ⅱ	E2
2279	六氯丁二烯	HEXACHLOROBUTADIENE	6.1		Ⅲ	E1
2280	固态六亚甲基二胺（己撑二胺）	HEXAMETHYLENEDIAMINE, SOLID	8		Ⅲ	E1
2281	1,6-二异氰酸正己酯（己撑二异氰酸酯）	HEXAMETHYLENE- DIISOCYA-NATE	6.1		Ⅱ	E4
2282	己醇	HEXANOLS	3		Ⅲ	E1
2283	甲基丙烯酸异丁酯，稳定的	ISOBUTYL METHACRYLATE, STABILIZED	3		Ⅲ	E1
2284	异丁腈	ISOBUTYRONITRILE	3	6.1	Ⅱ	E2
2285	异氰酸三氟甲基苯酯	ISOCYANATOBENZO-TRIFLUO-RIDES	6.1	3	Ⅱ	E4
2286	五甲基庚烷	PENTAMETHYLHEPTANE	3		Ⅲ	E1
2287	异庚烯	ISOHEPTENES	3		Ⅱ	E2
2288	异己烯	ISOHEXENES	3		Ⅱ	E2
2289	异佛尔酮二胺	ISOPHORONEDIAMINE	8		Ⅲ	E1
2290	二异氰酸异佛尔酮酯	ISOPHORONE DIISOCYANATE	6.1		Ⅲ	E1
2291	可溶铅化合物，未另作规定的	LEAD COMPOUND, SOLUBLE, N. O. S.	6.1		Ⅲ	E1
2293	4-甲氧基-4-甲基-2-戊酮	4-METHOXY-4- METHYLPENTAN-2-ONE	3		Ⅲ	E1
2294	*N*-甲基苯胺	*N*-METHYLANILINE	6.1		Ⅲ	E1
2295	氯乙酸甲酯	METHYL CHLOROACETATE	6.1	3	Ⅰ	E5
2296	甲基环己烷	METHYLCYCLOHEXANE	3		Ⅱ	E2
2297	甲基环己酮	METHYLCYCLOHEXANONE	3		Ⅲ	E1
2298	甲基环戊烷	METHYLCYCLOPENTANE	3		Ⅱ	E2
2299	二氯乙酸甲酯	METHYL DICHLOROACETATE	6.1		Ⅲ	E1
2300	2-甲基-5-乙基吡啶	2-METHYL-5-ETHYLPYRIDINE	6.1		Ⅲ	E1
2301	2-甲基呋喃	2-METHYLFURAN	3		Ⅱ	E2
2302	5-甲基-2-己酮	5-METHYLHEXAN-2-ONE	3		Ⅲ	E1
2303	异丙烯基苯	ISOPROPENYLBENZENE	3		Ⅲ	E1

表 2（续）

联合国编号	中文名称和说明	英文名称和说明	类别或项别	次要危险性	包装类别	例外数量
2305	硝基苯磺酸	NITROBENZENESULPHONIC ACID	8		Ⅱ	E2
2306	硝基三氟甲苯，液态	NITROBENZOTRIFLUORIDES, LIQUID	6.1		Ⅱ	E4
2307	3-硝基-4-氯三氟甲基苯	3-NITRO-4-CHLOROBENZOTRIFLUORIDE	6.1		Ⅱ	E4
2308	液态亚硝基硫酸	NITROSYLSULPHURIC ACID, LIQUID	8		Ⅱ	E2
2309	辛二烯	OCTADIENE	3		Ⅱ	E2
2310	2,4-戊二酮	PENTANE-2,4-DIONE	3	6.1	Ⅲ	E1
2311	氨基苯乙醚	PHENETIDINES	6.1		Ⅲ	E1
2313	甲基吡啶(皮考啉)	PICOLINES	3		Ⅲ	E1
2315	多氯联苯，液态	POLYCHLORINATED BIPHENYLS, LIQUID	9		Ⅱ	E2
2316	固态氰亚铜酸钠	SODIUM CUPROCYANIDE, SOLID	6.1		Ⅰ	E5
2317	氰亚铜酸钠溶液	SODIUM CUPROCYANIDE SOLUTION	6.1		Ⅰ	E5
2318	氢硫化钠，含结晶水低于25%	SODIUM HYDROSULPHIDE with less than 25% water of crystallization	4.2		Ⅱ	E2
2319	萜烃，未另作规定的	TERPENE HYDROCARBONS, N.O.S.	3		Ⅲ	E1
2320	四亚乙基五胺	TETRAETHYLENEPENTAMINE	8		Ⅲ	E1
2321	液态三氯苯	TRICHLOROBENZENES, LIQUID	6.1		Ⅲ	E1
2322	三氯丁烯	TRICHLOROBUTENE	6.1		Ⅱ	E4
2323	亚磷酸三乙酯	TRIETHYL PHOSPHITE	3		Ⅲ	E1
2324	三聚异丁烯	TRIISOBUTYLENE	3		Ⅲ	E1
2325	1,3,5-三甲基苯	1,3,5-TRIMETHYLBENZENE	3		Ⅲ	E1
2326	三甲基环己胺	TRIMETHYL-CYCLOHEXYLAMINE	8		Ⅲ	E1
2327	三甲基六亚甲基二胺	TRIMETHYL-HEXAMETHYLENEDIAMINES	8		Ⅲ	E1
2328	三甲基六亚甲基二异氰酸酯	TRIMETHYLHEXA-METHYLENEDIISOCYANATE	6.1		Ⅲ	E1

表 2（续）

联合国编号	中文名称和说明	英文名称和说明	类别或项别	次要危险性	包装类别	例外数量
2329	亚磷酸三甲酯	TRIMETHYL PHOSPHITE	3		Ⅲ	E1
2330	十一烷	UNDECANE	3		Ⅲ	E1
2331	无水氯化锌	ZINC CHLORIDE, ANHYDROUS	8		Ⅲ	E1
2332	乙醛肟	ACETALDEHYDE OXIME	3		Ⅲ	E1
2333	乙酸烯丙酯	ALLYL ACETATE	3	6.1	Ⅱ	E2
2335	烯丙基乙基醚	ALLYL ETHYL ETHER	3	6.1	Ⅱ	E2
2338	三氟甲苯	BENZOTRIFLUORIDE	3		Ⅱ	E2
2339	2-溴丁烷	2-BROMOBUTANE	3		Ⅱ	E2
2340	2-溴乙基乙基醚	2-BROMOETHYL ETHYL ETHER	3		Ⅱ	E2
2341	1-溴-3-甲基丁烷	1-BROMO-3-METHYLBUTANE	3		Ⅲ	E1
2342	溴甲基丙烷	BROMOMETHYLPROPANES	3		Ⅱ	E2
2343	2-溴戊烷	2-BROMOPENTANE	3		Ⅱ	E2
2344	溴丙烷	BROMOPROPANES	3		Ⅱ	E2
			3		Ⅲ	E1
2345	3-溴丙炔	3-BROMOPROPYNE	3		Ⅱ	E2
2346	丁二酮	BUTANEDIONE	3		Ⅱ	E2
2347	丁硫醇	BUTYL MERCAPTAN	3		Ⅱ	E2
2348	丙烯酸丁酯，稳定的	BUTYL ACRYLATES, STABILIZED	3		Ⅲ	E1
2350	甲基丁基醚(甲丁醚)	BUTYL METHYL ETHER	3		Ⅱ	E2
2351	亚硝酸丁酯	BUTYL NITRITES	3		Ⅱ	E2
			3		Ⅲ	E1
2352	乙烯基丁基醚，稳定的	BUTYL VINYL ETHER, STABILIZED	3		Ⅱ	E2
2353	丁酰氯	BUTYRYL CHLORIDE	3	8	Ⅱ	E2
2354	氯甲基乙基醚	CHLOROMETHYL ETHYL ETHER	3	6.1	Ⅱ	E2
2356	2-氯丙烷	2-CHLOROPROPANE	3		Ⅰ	E3
2357	环己胺	CYCLOHEXYLAMINE	8	3	Ⅱ	E2
2358	环辛四烯	CYCLOOCTATETRAENE	3		Ⅱ	E2
2359	二烯丙基胺	DIALLYLAMINE	3	6.1;8	Ⅱ	E2
2360	二烯丙基醚	DIALLYL ETHER	3	6.1	Ⅱ	E2
2361	二异丁胺	DIISOBUTYLAMINE	3	8	Ⅲ	E1

表 2（续）

联合国编号	中文名称和说明	英文名称和说明	类别或项别	次要危险性	包装类别	例外数量
2362	1,1-二氯乙烷	1,1-DICHLOROETHANE	3		Ⅱ	E2
2363	乙硫醇	ETHYL MERCAPTAN	3		Ⅰ	E3
2364	正丙苯	*n*-PROPYLBENZENE	3		Ⅲ	E1
2366	碳酸二乙酯	DIETHYL CARBONATE	3		Ⅲ	E1
2367	**α**-甲基戊醛	alpha-METHYLVALERAL-DEHYDE	3		Ⅱ	E2
2368	**α**-蒎烯	alpha-PINENE	3		Ⅲ	E1
2370	1-己烯	1-HEXENE	3		Ⅱ	E2
2371	异戊烯	ISOPENTENES	3		Ⅰ	E3
2372	1,2-二(二甲氨基)乙烷	1,2-DI-(DIMETHYLAMINO) ETHANE	3		Ⅱ	E2
2373	二乙氧基甲烷	DIETHOXYMETHANE	3		Ⅱ	E2
2374	3,3-二乙氧基丙烯	3,3-DIETHOXYPROPENE	3		Ⅱ	E2
2375	二乙硫醚(二乙硫)	DIETHYL SULPHIDE	3		Ⅱ	E2
2376	2,3-二氢吡喃	2,3-DIHYDROPYRAN	3		Ⅱ	E2
2377	1,1-二甲氧基乙烷	1,1-DIMETHOXYETHANE	3		Ⅱ	E2
2378	2-二甲氨基乙腈	2-DIMETHYLAMINO- ACETONI-TRILE	3	6.1	Ⅱ	E2
2379	1,3-二甲基丁胺	1,3-DIMETHYLBUTYLAMINE	3	8	Ⅱ	E2
2380	二甲基二乙氧基硅烷	DIMETHYLDIETHOXYSILANE	3		Ⅱ	E2
2381	二甲二硫	DIMETHYL DISULPHIDE	3		Ⅱ	E2
2383	二丙胺	DIPROPYLAMINE	3	8	Ⅱ	E2
2384	二正丙醚	DI-*n*-PROPYL ETHER	3		Ⅱ	E2
2385	异丁酸乙酯	ETHYL ISOBUTYRATE	3		Ⅱ	E2
2386	1-乙基哌啶	1-ETHYLPIPERIDINE	3	8	Ⅱ	E2
2387	氟苯	FLUOROBENZENE	3		Ⅱ	E2
2388	氟代甲苯	FLUOROTOLUENES	3		Ⅱ	E2
2389	呋喃	FURAN	3		Ⅰ	E3
2390	2-碘丁烷	2-IODOBUTANE	3		Ⅱ	E2
2391	碘甲基丙烷	IODOMETHYLPROPANES	3		Ⅱ	E2
2392	碘丙烷	IODOPROPANES	3		Ⅲ	E1
2393	甲酸异丁酯	ISOBUTYL FORMATE	3		Ⅱ	E2
2394	丙酸异丁酯	ISOBUTYL PROPIONATE	3		Ⅲ	E1
2395	异丁酰氯	ISOBUTYRYL CHLORIDE	3	8	Ⅱ	E2

表 2（续）

联合国编号	中文名称和说明	英文名称和说明	类别或项别	次要危险性	包装类别	例外数量
2396	甲基丙烯醛，稳定的	METHACRYLALDEHYDE, STABILIZED	3	6.1	Ⅱ	E2
2397	3-甲基-2-丁酮	3-METHYLBUTAN-2-ONE	3		Ⅱ	E2
2398	甲基叔丁基醚	METHYL tert-BUTYL ETHER	3		Ⅱ	E2
2399	1-甲基哌啶	1-METHYLPIPERIDINE	3	8	Ⅱ	E2
2400	异戊酸甲酯	METHYL ISOVALERATE	3		Ⅱ	E2
2402	丙硫醇	PROPANETHIOLS	3		Ⅱ	E2
2403	乙酸异丙烯酯	ISOPROPENYL ACETATE	3		Ⅱ	E2
2404	丙腈	PROPIONITRILE	3	6.1	Ⅱ	E2
2405	丁酸异丙酯	ISOPROPYL BUTYRATE	3		Ⅲ	E1
2406	异丁酸异丙酯	ISOPROPYL ISOBUTYRATE	3		Ⅱ	E2
2409	丙酸异丙酯	ISOPROPYL PROPIONATE	3		Ⅱ	E2
2410	1,2,3,6-四氢吡啶	1,2,3,6-TETRAHYDROPYRIDINE	3		Ⅱ	E2
2411	丁腈	BUTYRONITRILE	3	6.1	Ⅱ	E2
2412	四氢噻吩	TETRAHYDROTHIOPHENE	3		Ⅱ	E2
2413	原钛酸四丙酯	TETRAPROPYL ORTHOTITANATE	3		Ⅲ	E1
2414	噻吩	THIOPHENE	3		Ⅱ	E2
2416	硼酸三甲酯	TRIMETHYL BORATE	3		Ⅱ	E2
2422	八氟-2-丁烯（制冷气体 R 1318）	OCTAFLUOROBUT-2-ENE (REFRIGERANT GAS R 1318)	2.2			E1
2424	八氟丙烷（制冷气体 R 218）	OCTAFLUOROPROPANE (REFRIGERANT GAS R 218)	2.2			E1
2427	氯酸钾水溶液	POTASSIUM CHLORATE, AQUEOUSSOLUTION	5.1		Ⅱ	E2
			5.1		Ⅲ	E1
2428	氯酸钠水溶液	SODIUM CHLORATE, AQUEOUS SOLUTION	5.1		Ⅱ	E2
			5.1		Ⅲ	E1
2429	氯酸钙水溶液	CALCIUM CHLORATE, AQUEOUS SOLUTION	5.1		Ⅱ	E2
			5.1		Ⅲ	E1
2430	固态烷基苯酚，未另作规定的（包括 C_2～C_{12} 的同系物）	ALKYLPHENOLS, SOLID, N. O. S. (including C_2～C_{12} homologues)	8		Ⅱ	E2
			8		Ⅲ	E1
2431	茴香胺	ANISIDINES	6.1		Ⅲ	E1
2432	N,N-二乙基苯胺	*N*,*N*-DIETHYLANILINE	6.1		Ⅲ	E1

表 2（续）

联合国编号	中文名称和说明	英文名称和说明	类别或项别	次要危险性	包装类别	例外数量
2433	液态硝基氯甲苯	CHLORONITROTOLUENES, LIQUID	6.1		Ⅲ	E1
2434	二苄基二氯硅烷	DIBENZYLDICHLOROSILANE	8		Ⅱ	E2
2435	乙基苯基二氯硅烷	ETHYLPHENYL-DICHLOROSILANE	8		Ⅱ	E2
2436	硫代乙酸	THIOACETIC ACID	3		Ⅱ	E2
2437	甲基苯基二氯硅烷	METHYLPHENYL-DICHLOROSILANE	8		Ⅱ	E2
2438	三甲基乙酰氯	TRIMETHYLACETYL CHLORIDE	6.1	3;8	Ⅰ	E5
2439	二氟化氢钠	SODIUM HYDROGEN-DIFLUORIDE	8		Ⅱ	E2
2440	五水合四氯化锡	STANNIC CHLORIDE PENTAHYDRATE	8		Ⅲ	E1
2442	三氯乙酰氯	TRICHLOROACETYL CHLORIDE	8		Ⅱ	E2
2443	三氯氧化钒	VANADIUM OXYTRICHLORIDE	8		Ⅱ	E2
2446	硝基甲苯酚，固态	NITROCRESOLS, SOLID	6.1		Ⅲ	E1
2455	亚硝酸甲酯	METHYL NITRITE	2.2			E1
2456	2-氯丙烯	2-CHLOROPROPENE	3		Ⅰ	E3
2457	2,3-二甲基丁烷	2,3-DIMETHYLBUTANE	3		Ⅱ	E2
2458	己二烯	HEXADIENE	3		Ⅱ	E2
2459	2-甲基-1-丁烯	2-METHYL-1-BUTENE	3		Ⅰ	E3
2460	2-甲基-2-丁烯	2-METHYL-2-BUTENE	3		Ⅱ	E2
2461	甲基戊二烯	METHYLPENTADIENE	3		Ⅱ	E2
2464	硝酸铍	BERYLLIUM NITRATE	5.1	6.1	Ⅱ	E2
2465	二氯异氰脲酸，干的，或二氯异氰脲酸盐	DICHLOROISOCYANURIC ACID, DRY or DICHLORO-ISOCYANURIC ACID SALTS	5.1		Ⅱ	E2
2468	三氯异氰脲酸，干的	TRICHLOROISOCYANURIC ACID, DRY	5.1		Ⅱ	E2
2469	溴酸锌	ZINC BROMATE	5.1		Ⅲ	E1
2470	液态苯基乙腈	PHENYLACETONITRILE, LIQUID	6.1		Ⅲ	E1
2471	四氧化锇	OSMIUM TETROXIDE	6.1		Ⅰ	E5
2473	对氨苯基胂酸钠	SODIUM ARSANILATE	6.1		Ⅲ	E1

表 2（续）

联合国编号	中文名称和说明	英文名称和说明	类别或项别	次要危险性	包装类别	例外数量
2475	三氯化钒	VANADIUM TRICHLORIDE	8		Ⅲ	E1
2478	异氰酸酯，易燃，毒性，未另作规定的或异氰酸酯溶液，易燃，毒性，未另作规定的	ISOCYANATES, FLAMMABLE, TOXIC, N. O. S. or ISOCYANATE SOLUTION, FLAMMABLE, TOXIC, N. O. S.	3	6.1	Ⅱ	E2
			3	6.1	Ⅲ	E1
2490	二氯异丙醚	DICHLOROISOPROPYL ETHER	6.1		Ⅱ	E4
2491	乙醇胺或乙醇胺溶液	ETHANOLAMINE or ETHANOLAMINE SOLUTION	8		Ⅲ	E1
2493	六亚甲基亚胺	HEXAMETHYLENEIMINE	3	8	Ⅱ	E2
2496	丙酸酐	PROPIONIC ANHYDRIDE	8		Ⅲ	E1
2498	1,2,3,6-四氢化苯甲醛	1,2,3,6-TETRAHYDRO-BENZALDEHYDE	3		Ⅲ	E1
2501	氧化三-(1-氮丙啶基)膦溶液	TRIS-(1-AZIRIDINYL) PHOSPHINE OXIDE SOLUTION	6.1		Ⅱ	E4
			6.1		Ⅲ	E1
2502	戊酰氯	VALERYL CHLORIDE	8	3	Ⅱ	E2
2503	四氯化锆	ZIRCONIUM TETRACHLORIDE	8		Ⅲ	E1
2504	四溴乙烷	TETRABROMOETHANE	6.1		Ⅲ	E1
2505	氟化铵	AMMONIUM FLUORIDE	6.1		Ⅲ	E1
2506	硫酸氢铵	AMMONIUM HYDROGEN SULPHATE	8		Ⅱ	E2
2507	固态氯铂酸	CHLOROPLATINIC ACID, SOLID	8		Ⅲ	E1
2508	五氯化钼	MOLYBDENUM PENTACHLORIDE	8		Ⅲ	E1
2509	硫酸氢钾	POTASSIUM HYDROGEN SULPHATE	8		Ⅱ	E2
2511	2-氯丙酸	2-CHLOROPROPIONIC ACID	8		Ⅲ	E1
2512	氨基苯酚(邻、间、对)	AMINOPHENOLS (*o*-, *m*-, *p*-)	6.1		Ⅲ	E1
2513	溴乙酰溴	BROMOACETYL BROMIDE	8		Ⅱ	E2
2514	溴苯	BROMOBENZENE	3		Ⅲ	E1
2515	溴仿	BROMOFORM	6.1		Ⅲ	E1
2516	四溴化碳	CARBON TETRABROMIDE	6.1		Ⅲ	E1
2518	1,5,9-环十二碳三烯	1,5,9-CYCLODODECATRIENE	6.1		Ⅲ	E1
2520	环辛二烯	CYCLOOCTADIENES	3		Ⅲ	E1
2522	2-二甲氨基甲基丙烯酸乙酯	2-DIMETHYLAMINOETHYL METHACRYLATE	6.1		Ⅱ	E4

表 2（续）

联合国编号	中文名称和说明	英文名称和说明	类别或项别	次要危险性	包装类别	例外数量
2524	原甲酸乙酯	ETHYL ORTHOFORMATE	3		Ⅲ	E1
2525	草酸乙酯	ETHYL OXALATE	6.1		Ⅲ	E1
2526	糠胺	FURFURYLAMINE	3	8	Ⅲ	E1
2527	丙烯酸异丁酯，稳定的	ISOBUTYL ACRYLATE, STABILIZED	3		Ⅲ	E1
2528	异丁酸异丁酯	ISOBUTYL ISOBUTYRATE	3		Ⅲ	E1
2529	异丁酸	ISOBUTYRIC ACID	3	8	Ⅲ	E1
2531	甲基丙烯酸，稳定的	METHACRYLIC ACID, STABILIZED	8		Ⅱ	E2
2533	三氯乙酸甲酯	METHYL TRICHLOROACETATE	6.1		Ⅲ	E1
2535	4-甲基吗啉（*N*-甲基吗啉）	4-METHYLMORPHOLINE (*N*-METHYLMORPHOLINE)	3	8	Ⅱ	E2
2536	甲基四氢呋喃	METHYLTETRAHYDROFURAN	3		Ⅱ	E2
2538	硝基萘	NITRONAPHTHALENE	4.1		Ⅲ	E1
2541	萜品油烯	TERPINOLENE	3		Ⅲ	E1
2542	三丁胺	TRIBUTYLAMINE	6.1		Ⅱ	E4
2545	铪粉，干的	HAFNIUM POWDER, DRY	4.2		Ⅱ	E2
			4.2		Ⅲ	E1
2546	钛粉，干的	TITANIUM POWDER, DRY	4.2		Ⅱ	E2
			4.2		Ⅲ	E1
2552	水合六氟丙酮，液态	HEXAFLUOROACETONE HYDRATE, LIQUID	6.1		Ⅱ	E4
2554	甲基烯丙基氯	METHYLALLYL CHLORIDE	3		Ⅱ	E2
2558	表溴醇	EPIBROMOHYDRIN	6.1	3	Ⅰ	E5
2560	2-甲基-2-戊醇	2-METHYLPENTAN-2-OL	3		Ⅲ	E1
2561	3-甲基-1-丁烯	3-METHYL-1-BUTENE	3		Ⅰ	E3
2564	三氯乙酸溶液	TRICHLOROACETIC ACID SOLUTION	8		Ⅱ	E2
			8		Ⅲ	E1
2565	二环己胺	DICYCLOHEXYLAMINE	8		Ⅲ	E1
2567	五氯苯酚钠	SODIUM PENTACHLORO-PHENATE	6.1		Ⅱ	E4
2570	镉化合物	CADMIUM COMPOUND	6.1		Ⅰ	E5
			6.1		Ⅱ	E4
			6.1		Ⅲ	E1

表 2 (续)

联合国编号	中文名称和说明	英文名称和说明	类别或项别	次要危险性	包装类别	例外数量
2571	烷基硫酸	ALKYLSULPHURIC ACIDS	8		Ⅱ	E2
2572	苯肼	PHENYLHYDRAZINE	6.1		Ⅱ	E4
2573	氯酸铊	THALLIUM CHLORATE	5.1	6.1	Ⅱ	E2
2574	磷酸三甲苯酯,含邻位异构物高于3%	TRICRESYL PHOSPHATE with more than 3% ortho isomer	6.1		Ⅱ	E4
2577	苯乙酰氯	PHENYLACETYL CHLORIDE	8		Ⅱ	E2
2578	三氧化二磷	PHOSPHORUS TRIOXIDE	8		Ⅲ	E1
2579	哌嗪	PIPERAZINE	8		Ⅲ	E1
2580	溴化铝溶液	ALUMINIUM BROMIDE SOLUTION	8		Ⅲ	E1
2581	氯化铝溶液	ALUMINIUM CHLORIDE SOLUTION	8		Ⅲ	E1
2582	氯化铁溶液	FERRIC CHLORIDE SOLUTION	8		Ⅲ	E1
2583	固态烷基磺酸或固态芳基磺酸,含游离硫酸高于5%	ALKYLSULPHONIC ACIDS, SOLID or ARYLSULPHONIC ACIDS, SOLID with more than 5% free sulphuric acid	8		Ⅱ	E2
2584	液态烷基磺酸或液态芳基磺酸,含游离硫酸高于5%	ALKYSULPHONIC ACIDS, LIQUID or ARYLSULPHONIC ACIDS, LIQUID with more than 5% free sulphuric acid	8		Ⅱ	E2
2585	固态烷基磺酸或固态芳基磺酸,含游离硫酸不超过5%	ALKYLSULPHONIC ACIDS, SOLID or ARYLSULPHONIC ACIDS, SOLID with not more than 5% free sulphuric acid	8		Ⅲ	E1
2586	液态烷基磺酸或液态芳基磺酸,含游离硫酸不超过5%	ALKYLSULPHONIC ACIDS, LIQUID or ARYLSULPHONIC ACIDS, LIQUID with not more than 5% free sulphuric acid	8		Ⅲ	E1
2587	苯醌	BENZOQUINONE	6.1		Ⅱ	E4
2588	固态农药,毒性,未另作规定的	PESTICIDE, SOLID, TOXIC, N.O.S.	6.1		Ⅰ	E5
			6.1		Ⅱ	E4
			6.1		Ⅲ	E1
2589	氯乙酸乙烯酯	VINYL CHLOROACETATE	6.1	3	Ⅱ	E4
2590	白石棉(温石棉,阳起石,直闪石,透闪石)	WHITE ASBESTOS (chrysotile, actinolite, anthophyllite, tremolite)	9		Ⅲ	E1

表 2（续）

联合国编号	中文名称和说明	英文名称和说明	类别或项别	次要危险性	包装类别	例外数量
2591	冷冻液态氙	XENON, REFRIGERATED LIQUID	2.2			E1
2599	三氟氯甲烷和三氟甲烷的共沸混合物，含三氟氯甲烷约60%（制冷气体 R 503）	CHLOROTRIFLUOROMETHANE AND TRIFLUOROMETHANE AZEOTROPIC MIXTURE with approximately 60% chlorotrifluoromethane (REFRIGERANT GAS R 503)	2.2			E1
2602	二氯二氟甲烷和二氟乙烷的共沸混合物，含二氯二氟甲烷约 74%（制冷气体 R 500）	DICHLORODIFLUOROMETHANE AND DIFLUOROETHANE AZEOTROPIC MIXTURE with approximately 74% dichlorodifluoromethane (REFRIGERANT GAS R 500)	2.2			E1
2603	环庚三烯	CYCLOHEPTATRIENE	3	6.1	Ⅱ	E2
2607	二聚丙烯醛，稳定的	ACROLEIN DIMER, STABILIZED	3		Ⅲ	E1
2608	硝基丙烷	NITROPROPANES	3		Ⅲ	E1
2609	硼酸三烯丙酯	TRIALLYL BORATE	6.1		Ⅲ	E1
2610	三烯丙胺	TRIALLYLAMINE	3	8	Ⅲ	E1
2611	丙氯醇	PROPYLENE CHLOROHYDRIN	6.1	3	Ⅱ	E4
2612	甲基丙基醚（甲丙醚）	METHYL PROPYL ETHER	3		Ⅱ	E2
2614	甲代烯丙醇	METHALLYL ALCOHOL	3		Ⅲ	E1
2615	乙基丙基醚（乙丙醚）	ETHYL PROPYL ETHER	3		Ⅱ	E2
2616	硼酸三异丙酯	TRIISOPROPYL BORATE	3		Ⅱ	E2
			3		Ⅲ	E1
2617	甲基环乙醇，易燃	METHYLCYCLOHEXANOLS, flammable	3		Ⅲ	E1
2618	乙烯基甲苯，稳定的	VINYLTOLUENES, STABILIZED	3		Ⅲ	E1
2619	苄基二甲胺	BENZYLDIMETHYLAMINE	8	3	Ⅱ	E2
2620	丁酸戊酯	AMYL BUTYRATES	3		Ⅲ	E1
2621	乙酰甲基甲醇	ACETYL METHYL CARBINOL	3		Ⅲ	E1
2622	缩水甘油醛	GLYCIDALDEHYDE	3	6.1	Ⅱ	E2
2623	固态点火剂，含易燃液体	FIRELIGHTERS, SOLID with flammable liquid	4.1		Ⅲ	E1
2624	硅化镁	MAGNESIUM SILICIDE	4.3		Ⅱ	E2
2626	氯酸水溶液，含氯酸不超过 10%	CHLORIC ACID, AQUEOUS SOLUTION with not more than 10% chloric acid	5.1		Ⅱ	E2

表 2（续）

联合国编号	中文名称和说明	英文名称和说明	类别或项别	次要危险性	包装类别	例外数量
2627	无机亚硝酸盐，未另作规定的	NITRITES, INORGANIC, N. O. S.	5.1		Ⅱ	E2
2628	氟乙酸钾	POTASSIUM FLUOROACETATE	6.1		Ⅰ	E5
2629	氟乙酸钠	SODIUM FLUOROACETATE	6.1		Ⅰ	E5
2630	硒酸盐或亚硒酸盐	SELENATES or SELENITES	6.1		Ⅰ	E5
2642	氟乙酸	FLUOROACETIC ACID	6.1		Ⅰ	E5
2643	溴乙酸甲酯	METHYL BROMOACETATE	6.1		Ⅱ	E4
2645	苯酰甲基溴	PHENACYL BROMIDE	6.1		Ⅱ	E4
2647	丙二腈	MALONONITRILE	6.1		Ⅱ	E4
2648	1,2 二溴-3-丁酮	1,2-DIBROMOBUTAN-3-ONE	6.1		Ⅱ	E4
2649	1,3-二氯丙酮	1,3-DICHLOROACETONE	6.1		Ⅱ	E4
2650	1,1-二氯-1-硝基乙烷	1,1-DICHLORO-1-NITROETHANE	6.1		Ⅱ	E4
2651	4,4′-二氨基二苯基甲烷	4,4′-DIAMINODIPHENYL-METHANE	6.1		Ⅲ	E1
2653	苄基碘	BENZYL IODIDE	6.1		Ⅱ	E4
2655	氟硅酸钾	POTASSIUM FLUOROSILICATE	6.1		Ⅲ	E1
2656	喹啉	QUINOLINE	6.1		Ⅲ	E1
2657	二硫化硒	SELENIUM DISULPHIDE	6.1		Ⅱ	E4
2659	氯乙酸钠	SODIUM CHLOROACETATE	6.1		Ⅲ	E1
2660	一硝基甲苯胺	NITROTOLUIDINES (MONO)	6.1		Ⅲ	E1
2661	六氯丙酮	HEXACHLOROACETONE	6.1		Ⅲ	E1
2664	二溴甲烷	DIBROMOMETHANE	6.1		Ⅲ	E1
2667	丁基甲苯	BUTYLTOLUENES	6.1		Ⅲ	E1
2669	氯甲酚溶液	CHLOROCRESOLS SOLUTION	6.1		Ⅱ	E4
			6.1		Ⅲ	E1
2670	氰尿酰氯	CYANURIC CHLORIDE	8		Ⅱ	E2
2671	氨基吡啶(邻、间、对)	AMINOPYRIDINES (*o*-, *m*-, *p*-)	6.1		Ⅱ	E4
2672	氨溶液，水溶液在 15 ℃时的相对密度为 0.880～0.975，含氨量高于 10%，但不超过 35%	AMMONIA SOLUTION, relative density between 0.880 and 0.957 at 15 ℃ in water, with more than 10% but not more than 35% ammonia	8		Ⅲ	E1
2673	2-氨基-4-氯苯酚	2-AMINO-4-CHLOROPHENOL	6.1		Ⅱ	E4
2674	氟硅酸钠	SODIUM FLUOROSILICATE	6.1		Ⅲ	E1

表 2（续）

联合国编号	中文名称和说明	英文名称和说明	类别或项别	次要危险性	包装类别	例外数量
2677	氢氧化铷溶液	RUBIDIUM HYDROXIDE SOLUTION	8		Ⅱ	E2
			8		Ⅲ	E1
2678	氢氧化铷	RUBIDIUM HYDROXIDE	8		Ⅱ	E2
2679	氢氧化锂溶液	LITHIUM HYDROXIDE SOLUTION	8		Ⅱ	E2
			8		Ⅲ	E1
2680	氢氧化锂	LITHIUM HYDROXIDE	8		Ⅱ	E2
2681	氢氧化铯溶液	CAESIUM HYDROXIDE SOLUTION	8		Ⅱ	E2
			8		Ⅲ	E1
2682	氢氧化铯	CAESIUM HYDROXIDE	8		Ⅱ	E2
2683	硫化铵溶液	AMMONIUM SULPHIDE SOLUTION	8	3;6.1	Ⅱ	E2
2684	3-二乙氨基丙胺	3-DIETHYLAMINO-PROPYLAMINE	3	8	Ⅲ	E1
2685	***N*,*N*-二乙基乙撑二胺**	*N*,*N*-DIETHYLETHYLENEDIAMINE	8	3	Ⅱ	E2
2686	2-二乙氨基乙醇	2-DIETHYLAMINOETHANOL	8	3	Ⅱ	E2
2687	亚硝酸二环己铵	DICYCLOHEXYLAMMONIUM NITRITE	4.1		Ⅲ	E1
2688	1-溴-3-氯丙烷	1-BROMO-3-CHLOROPROPANE	6.1		Ⅲ	E1
2689	3-氯-1,2-丙三醇	GLYCEROL alpha-MONOCHLOROHYDRIN	6.1		Ⅲ	E1
2690	*N*-正丁基咪唑	*N*,*n*-BUTYLIMIDAZOLE	6.1		Ⅱ	E4
2691	五溴化磷	PHOSPHORUS PENTABROMIDE	8		Ⅱ	E2
2693	酸式亚硫酸盐水溶液，未另作规定的	BISULPHITES, AQUEOUS SOLUTION, N.O.S.	8		Ⅲ	E1
2698	四氢化邻苯二甲酸酐，含马来酐高于 0.05%	TETRAHYDROPHTHALIC ANHYDRIDES with more than 0.05% of maleic anhydride	8		Ⅲ	E1
2705	1-戊醇	1-PENTOL	8		Ⅱ	E2
2707	二甲基二噁烷	DIMETHYLDIOXANES	3		Ⅱ	E2
			3		Ⅲ	E1
2709	丁基苯	BUTYLBENZENES	3		Ⅲ	E1
2710	二丙酮	DIPROPYL KETONE	3		Ⅲ	E1

表 2（续）

联合国编号	中文名称和说明	英文名称和说明	类别或项别	次要危险性	包装类别	例外数量
2713	吖啶	ACRIDINE	6.1		Ⅲ	E1
2714	树脂酸锌	ZINC RESINATE	4.1		Ⅲ	E1
2715	树脂酸铝	ALUMINIUM RESINATE	4.1		Ⅲ	E1
2716	1,4-丁炔二醇	1,4-BUTYNEDIOL	6.1		Ⅲ	E1
2717	樟脑,合成的	CAMPHOR,synthetic	4.1		Ⅲ	E1
2719	溴酸钡	BARIUM BROMATE	5.1	6.1	Ⅱ	E2
2720	硝酸铬	CHROMIUM NITRATE	5.1		Ⅲ	E1
2721	氯酸铜	COPPER CHLORATE	5.1		Ⅱ	E2
2722	硝酸锂	LITHIUM NITRATE	5.1		Ⅲ	E1
2723	氯酸镁	MAGNESIUM CHLORATE	5.1		Ⅱ	E2
2724	硝酸锰	MANGANESE NITRATE	5.1		Ⅲ	E1
2725	硝酸镍	NICKEL NITRATE	5.1		Ⅲ	E1
2726	亚硝酸镍	NICKEL NITRITE	5.1		Ⅲ	E1
2727	硝酸铊	THALLIUM NITRATE	6.1	5.1	Ⅱ	E4
2728	硝酸锆	ZIRCONIUM NITRATE	5.1		Ⅲ	E1
2729	六氯苯	HEXACHLOROBENZENE	6.1		Ⅲ	E1
2730	液态硝基茴香醚	NITROANISOLES,LIQUID	6.1		Ⅲ	E1
2732	液态硝基苯溴	NITROBROMOBENZENES, LIQUID	6.1		Ⅲ	E1
2733	胺,易燃,腐蚀性,未另作规定的或聚胺,易燃,腐蚀性,未另作规定的	AMINES, FLAMMABLE, CORROSIVE, N. O. S. or POLYAMINES, FLAMMABLE, CORROSIVE, N. O. S.	3	8	Ⅱ	E2
			3	8	Ⅲ	E1
2734	液态胺,腐蚀性,易燃,未另作规定的或液态聚胺,腐蚀性,易燃,未另作规定的	AMINES, LIQUID, CORROSIVE, FLAMMABLE, N. O. S. or POLYAMINES, LIQUID, CORROSIVE, FLAMMABLE, N. O. S.	8	3	Ⅱ	E2
2735	液态胺,腐蚀性,未另作规定的或液态聚胺,腐蚀性,未另作规定的	AMINES, LIQUID, CORROSIVE, N. O. S. or POLYAMINES, LIQUID, CORROSIVE, N. O. S.	8		Ⅱ	E2
			8		Ⅲ	E1
2738	*N*-丁基苯胺	*N*-BUTYLANILINE	6.1		Ⅱ	E4
2739	丁酸酐	BUTYRIC ANHYDRIDE	8		Ⅲ	E1
2740	氯甲酸正丙酯	*n*-PROPYL CHLOROFORMATE	6.1	3;8	Ⅰ	E5
2741	次氯酸钡,含有效氯高于22%	BARIUM HYPOCHLORITE with more than 22% available chlorine	5.1	6.1	Ⅱ	E2

表 2（续）

联合国编号	中文名称和说明	英文名称和说明	类别或项别	次要危险性	包装类别	例外数量
2742	氯甲酸酯，毒性，腐蚀性，易燃，未另作规定的	CHLOROFORMATES,TOXIC,CORROSIVE,FLAMMABLE,N. O. S.	6.1	3;8	Ⅱ	E4
2743	氯甲酸正丁酯	*n*-BUTYL CHLOROFORMATE	6.1	3;8	Ⅱ	E4
2744	氯甲酸环丁酯	CYCLOBUTYL CHLOROFORMATE	6.1	3;8	Ⅱ	E4
2745	氯甲酸氯甲酯	CHLOROMETHYL CHLOROFORMATE	6.1	8	Ⅱ	E4
2746	氯甲酸苯酯	PHENYL CHLOROFORMATE	6.1	8	Ⅱ	E4
2747	氯甲酸叔丁基环己酯	tert-BUTYLCYCLOHEXYL CHLOROFORMATE	6.1		Ⅲ	E1
2748	氯甲酸-2-乙基己酯	2-ETHYLHEXYL CHLOROFORMATE	6.1	8	Ⅱ	E4
2749	四甲基硅烷	TETRAMETHYLSILANE	3		Ⅰ	E3
2750	1,3-二氯-2-丙醇	1,3-DICHLOROPROPANOL-2	6.1		Ⅱ	E4
2751	二乙基硫代磷酰氯	DIETHYLTHIOPHOSPHORYL CHLORIDE	8		Ⅱ	E2
2752	1,2-环氧-3-乙氧基丙烷	1,2-EPOXY-3-ETHOXY-PROPANE	3		Ⅲ	E1
2753	液态 ***N***-乙苄基甲苯胺	*N*-ETHYLBENZYLTOLUIDINES,LIQUID	6.1		Ⅲ	E1
2754	***N***-乙基甲苯胺	*N*-ETHYLTOLUIDINES	6.1		Ⅱ	E4
2757	固态氨基甲酸酯农药，毒性	CARBAMATE PESTICIDE,SOLID,TOXIC	6.1		Ⅰ	E5
			6.1		Ⅱ	E4
			6.1		Ⅲ	E1
2758	液态氨基甲酸酯农药，易燃，毒性，闪点低于 23 ℃	CARBAMATE PESTICIDE,LIQUID, FLAMMABLE, TOXIC,flash point less than 23 ℃	3	6.1	Ⅱ	E2
2759	固态含砷农药，毒性	ARSENICAL PESTICIDE,SOLID,TOXIC	6.1		Ⅰ	E5
			6.1		Ⅱ	E4
			6.1		Ⅲ	E1
2760	液态含砷农药，易燃，毒性，闪点低于 23 ℃	ARSENICAL PESTICIDE,LIQUID,FLAMMABLE, TOXIC, flash point less than 23 ℃	3	6.1	Ⅱ	E2

表 2（续）

联合国编号	中文名称和说明	英文名称和说明	类别或项别	次要危险性	包装类别	例外数量
2761	固态有机氯农药，毒性	ORGANOCHLORINE PESTICIDE, SOLID, TOXIC	6.1		Ⅰ	E5
			6.1		Ⅱ	E4
			6.1		Ⅲ	E1
2762	液态有机氯农药，易燃，毒性，闪点低于 23 ℃	ORGANOCHLORINE PESTICIDE, LIQUID, FLAMMABLE, TOXIC, flash point less than 23 ℃	3	6.1	Ⅱ	E2
2763	固态三嗪农药，毒性	TRIAZINE PESTICIDE, SOLID, TOXIC	6.1		Ⅰ	E5
			6.1		Ⅱ	E4
			6.1		Ⅲ	E1
2764	液态三嗪农药，易燃，毒性，闪点低于 23 ℃	TRIAZINE PESTICIDE, LIQUID, FLAMMABLE, TOXIC, flash point less than 23 ℃	3	6.1	Ⅱ	E2
2771	固态硫代氨基甲酸酯农药，毒性	THIOCARBAMATE PESTICIDE, SOLID, TOXIC	6.1		Ⅰ	E5
			6.1		Ⅱ	E4
			6.1		Ⅲ	E1
2772	液态硫代氨基甲酸酯农药，易燃，毒性，闪点低于 23 ℃	THIOCARBAMATE PESTICIDE, LIQUID, FLAMMABLE, TOXIC, flash point less than 23 ℃	3	6.1	Ⅱ	E2
2775	固态铜基农药，毒性	COPPER BASED PESTICIDE, SOLID, TOXIC	6.1		Ⅰ	E5
			6.1		Ⅱ	E4
			6.1		Ⅲ	E1
2776	液态铜基农药，易燃，毒性，闪点低于 23℃	COPPER BASED PESTICIDE, LIQUID, FLAMMABLE, TOXIC, flash point less than 23 ℃	3	6.1	Ⅱ	E2
2777	固态汞基农药，毒性	MERCURY BASED PESTICIDE, SOLID, TOXIC	6.1		Ⅰ	E5
			6.1		Ⅱ	E4
			6.1		Ⅲ	E1
2778	液态汞基农药，易燃，毒性，闪点低于 23 ℃	MERCURY BASED PESTICIDE, LIQUID, FLAMMABLE, TOXIC, flash point less than 23 ℃	3	6.1	Ⅱ	E2
2779	固态取代硝基苯酚农药，毒性	SUBSTITUTED NITROPHENOL PESTICIDE, SOLID, TOXIC	6.1		Ⅰ	E5
			6.1		Ⅱ	E4
			6.1		Ⅲ	E1
2780	液态取代硝基苯酚农药，易燃，毒性，闪点低于 23 ℃	SUBSTITUTED NITROPHENOL PESTICIDE, LIQUID, FLAMMABLE, TOXIC, flash point less than 23 ℃	3	6.1	Ⅱ	E2

表 2（续）

联合国编号	中文名称和说明	英文名称和说明	类别或项别	次要危险性	包装类别	例外数量
2781	**固态联吡啶农药，毒性**	BIPYRIDILIUM PESTICIDE, SOLID, TOXIC	6.1		Ⅰ	E5
			6.1		Ⅱ	E4
			6.1		Ⅲ	E1
2782	**液态联吡啶农药，易燃，毒性，**闪点低于 23 ℃	BIPYRIDILIUM PESTICIDE, LIQUID, FLAMMABLE, TOXIC, flash point less than 23 ℃	3	6.1	Ⅱ	E2
2783	**固态有机磷农药，毒性**	ORGANOPHOSPHORUS PESTICIDE, SOLID, TOXIC	6.1		Ⅰ	E5
			6.1		Ⅱ	E4
			6.1		Ⅲ	E1
2784	**液态有机磷农药，易燃，毒性，**闪点低于 23 ℃	ORGANOPHOSPHORUS PESTICIDE, LIQUID, FLAMMABLE, TOXIC, flash point less than 23 ℃	3	6.1	Ⅱ	E2
2785	**4-硫杂戊醛**	4-THIAPENTANAL	6.1		Ⅲ	E1
2786	**固态有机锡农药，毒性**	ORGANOTIN PESTICIDE, SOLID, TOXIC	6.1		Ⅰ	E5
			6.1		Ⅱ	E4
			6.1		Ⅲ	E1
2787	**液态有机锡农药，易燃，毒性，**闪点低于 23 ℃	ORGANOTIN PESTICIDE, LIQUID, FLAMMABLE, TOXIC, flash point less than 23 ℃	3	6.1	Ⅱ	E2
2788	**液态有机锡化合物，未另作规定的**	ORGANOTIN COMPOUND, LIQUID, N.O.S.	6.1		Ⅰ	E5
			6.1		Ⅱ	E4
			6.1		Ⅲ	E1
2789	**冰醋酸，或乙酸溶液，**按质量含酸高于 80%	ACETIC ACID, GLACIAL or ACETIC ACID SOLUTION, more than 80% acid, by mass	8	3	Ⅱ	E2
2790	**乙酸溶液，**按质量含酸不低于 50%，但不超过 80%	ACETIC ACID SOLUTION, not less than 50% but not more than 80% acid, by mass	8		Ⅱ	E2
	乙酸溶液，按质量含酸高于 10%，但低于 50%	ACETIC ACID SOLUTION, more than 10% and less than 50% acid, by mass	8		Ⅲ	E1
2793	**黑色金属的镗屑、刨屑、旋屑、切屑，**易自热	FERROUS METAL BORINGS, SHAVINGS, TURNINGS or CUTTINGS in a form liable to selfheating	4.2		Ⅲ	E1

表 2（续）

联合国编号	中文名称和说明	英文名称和说明	类别或项别	次要危险性	包装类别	例外数量
2796	硫酸，含酸不超过51%，或酸性电池液	SULPHURIC ACID with not more than 51% acid or BATTERY FLUID, ACID	8		Ⅱ	E2
2797	碱性电池液	BATTERY FLUID, ALKALI	8		Ⅱ	E2
2798	苯基二氯化磷	PHENYLPHOSPHORUS DICHLORIDE	8		Ⅱ	E2
2799	苯基硫代磷酰二氯	PHENYLPHOSPHORUS THIODICHLORIDE	8		Ⅱ	E2
2801	液态染料，腐蚀性，未另作规定的，或液态染料中间产品，腐蚀性，未另作规定的	DYE, LIQUID, CORROSIVE, N. O. S. or DYE INTERMEDIATE, LIQUID, CORROSIVE, N. O. S.	8		Ⅱ	E2
			8		Ⅲ	E1
2802	氯化铜	COPPER CHLORIDE	8		Ⅲ	E1
2805	溶凝固态氢化锂	LITHIUM HYDRIDE, FUSED SOLID	4.3		Ⅱ	E2
2810	有机毒性液体，未另作规定的	TOXIC LIQUID, ORGANIC, N. O. S.	6.1		Ⅰ	E5
			6.1		Ⅱ	E4
			6.1		Ⅲ	E1
2811	有机毒性固体，未另作规定的	TOXIC SOLID, ORGANIC, N. O. S.	6.1		Ⅰ	E5
			6.1		Ⅱ	E4
			6.1		Ⅲ	E1
2812	固态铝酸钠	SODIUM ALUMINATE, SOLID	8		Ⅲ	E1
2813	遇水反应固体，未另作规定的	WATER-REACTIVE SOLID, N. O. S.	4.3		Ⅱ	E2
			4.3		Ⅲ	E1
2815	*N*-氨乙基哌嗪	*N*-AMINOETHYLPIPERAZINE	8		Ⅲ	E1
2817	二氟化氢铵溶液	AMMONIUM HYDROGEN-DIFLUORIDE SOLUTION	8	6.1	Ⅱ	E2
			8	6.1	Ⅲ	E1
2818	多硫化铵溶液	AMMONIUM POLYSULPHIDE SOLUTION	8	6.1	Ⅱ	E2
			8	6.1	Ⅲ	E1
2819	酸式磷酸戊酯	AMYL ACID PHOSPHATE	8		Ⅲ	E1
2820	丁酸	BUTYRIC ACID	8		Ⅲ	E1
2821	苯酚溶液	PHENOL SOLUTION	6.1		Ⅱ	E4
			6.1		Ⅲ	E1
2822	2-氯吡啶	2-CHLOROPYRIDINE	6.1		Ⅱ	E4

表 2(续)

联合国编号	中文名称和说明	英文名称和说明	类别或项别	次要危险性	包装类别	例外数量
2823	丁烯酸,固态	CROTONIC ACID,SOLID	8		Ⅲ	E1
2826	氯硫代甲酸乙酯	ETHYL CHLOROTHIOFORMATE	8	3	Ⅱ	E2
2829	己酸	CAPROIC ACID	8		Ⅲ	E1
2830	锂硅铁	LITHIUM FERROSILICON	4.3		Ⅱ	E2
2831	1,1,1-三氯乙烷	1,1,1-TRICHLOROETHANE	6.1		Ⅲ	E1
2834	亚磷酸	PHOSPHOROUS ACID	8		Ⅲ	E1
2835	氢化铝钠	SODIUM ALUMINIUM HYDRIDE	4.3		Ⅱ	E2
2837	硫酸氢盐水溶液	BISULPHATES, AQUEOUS SOLUTION	8		Ⅱ	E2
			8		Ⅲ	E1
2838	丁酸乙烯酯,稳定的	VINYL BUTYRATE,STABILIZED	3		Ⅱ	E2
2839	丁间醇醛	ALDOL	6.1		Ⅱ	E4
2840	丁醛肟	BUTYRALDOXIME	3		Ⅲ	E1
2841	二正戊胺	DI-*n*-AMYLAMINE	3	6.1	Ⅲ	E1
2842	硝基乙烷	NITROETHANE	3		Ⅲ	E1
2844	钙锰硅合金	CALCIUM MANGANESE SILICON	4.3		Ⅲ	E1
2849	3-氯-1-丙醇	3-CHLORO-PROPANOL-1	6.1		Ⅲ	E1
2850	四聚丙烯	PROPYLENE TETRAMER	3		Ⅲ	E1
2851	二水合三氟化硼	BORON TRIFLUORIDE DIHYDRATE	8		Ⅱ	E2
2853	氟硅酸镁	MAGNESIUM FLUOROSILICATE	6.1		Ⅲ	E1
2854	氟硅酸铵	AMMONIUM FLUOROSILICATE	6.1		Ⅲ	E1
2855	氟硅酸锌	ZINC FLUOROSILICATE	6.1		Ⅲ	E1
2856	氟硅酸盐(酯),未另作规定的	FLUOROSILICATES, N. O. S.	6.1		Ⅲ	E1
2858	锆金属,干的,成卷线材、精整金属薄板、带材(厚度 18 μm~254 μm)	ZIRCONIUM, DRY, coiled wire, finished metal sheets, strip (thinner than 254 microns but not thinner than 18 microns)	4.1		Ⅲ	E1
2859	偏钒酸铵	AMMONIUM METAVANADATE	6.1		Ⅱ	E4
2861	多钒酸铵	AMMONIUM POLYVANADATE	6.1		Ⅱ	E4
2862	五氧化二钒,非熔凝状态	VANADIUM PENTOXIDE, non-fused form	6.1		Ⅲ	E1
2863	钒酸铵钠	SODIUM AMMONIUM VANADATE	6.1		Ⅱ	E4
2864	偏钒酸钾	POTASSIUM METAVANADATE	6.1		Ⅱ	E4

表 2（续）

联合国编号	中文名称和说明	英文名称和说明	类别或项别	次要危险性	包装类别	例外数量
2865	硫酸胲	HYDROXYLAMINE SULPHATE	8		Ⅲ	E1
2869	三氯化钛混合物	TITANIUM TRICHLORIDE MIXTURE	8		Ⅱ	E2
			8		Ⅲ	E1
2871	锑粉	ANTIMONY POWDER	6.1		Ⅲ	E1
2872	二溴氯丙烷	DIBROMOCHLOROPROPANES	6.1		Ⅱ	E4
			6.1		Ⅲ	E1
2873	二丁氨基乙醇	DIBUTYLAMINOETHANOL	6.1		Ⅲ	E1
2874	糠醇	FURFURYL ALCOHOL	6.1		Ⅲ	E1
2875	六氯酚	HEXACHLOROPHENE	6.1		Ⅲ	E1
2876	间苯二酚	RESORCINOL	6.1		Ⅲ	E1
2878	颗粒状海绵钛或海绵钛粉末	TITANIUM SPONGE GRANULES or TITANIUM SPONGE POWDERS	4.1		Ⅲ	E1
2880	水合次氯酸钙，或水合次氯酸钙混合物，含水不低于5.5%，但不超过16%	CALCIUM HYPOCHLORITE, HYDRATED or CALCIUM HYPOCHLORITE, HYDRATED MIXTURE, with not less than 5.5% but not more than 16% water	5.1		Ⅱ	E2
			5.1		Ⅲ	E1
2881	金属催化剂，干的	METAL CATALYST, DRY	4.2		Ⅱ	E2
			4.2		Ⅲ	E1
2902	液态农药，毒性，未另作规定的	PESTICIDE, LIQUID, TOXIC, N.O.S.	6.1		Ⅰ	E5
			6.1		Ⅱ	E4
			6.1		Ⅲ	E1
2903	液态农药，毒性，易燃，未另作规定的，闪点不低于23 ℃	PESTICIDE, LIQUID, TOXIC, FLAMMABLE, N.O.S., flash point not less than 23 ℃	6.1	3	Ⅰ	E5
			6.1	3	Ⅱ	E4
			6.1	3	Ⅲ	E1
2904	液态氯苯酚盐或液态苯酚盐	CHLOROPHENOLATES, LIQUID or PHENOLATES, LIQUID	8		Ⅲ	E1
2905	固态氯苯酚盐或固态苯酚盐	CHLOROPHENOLATES, SOLID or PHENOLATES, SOLID	8		Ⅲ	E1
2920	腐蚀性液体，易燃，未另作规定的	CORROSIVE LIQUID, FLAMMABLE, N.O.S.	8	3	Ⅱ	E2
2921	腐蚀性固体，易燃，未另作规定的	CORROSIVE SOLID, FLAMMABLE, N.O.S.	8	4.1	Ⅱ	E2

表 2(续)

联合国编号	中文名称和说明	英文名称和说明	类别或项别	次要危险性	包装类别	例外数量
2922	腐蚀性液体,毒性,未另作规定的	CORROSIVE LIQUID, TOXIC, N. O. S.	8	6.1	Ⅱ	E2
			8	6.1	Ⅲ	E1
2923	腐蚀性固体,毒性,未另作规定的	CORROSIVE SOLID, TOXIC, N. O. S.	8	6.1	Ⅱ	E2
			8	6.1	Ⅲ	E1
2924	易燃液体,腐蚀性,未另作规定的	FLAMMABLE LIQUID, CORROSIVE, N. O. S.	3	8	Ⅱ	E2
			3	8	Ⅲ	E1
2925	有机易燃固体,腐蚀性,未另作规定的	FLAMMABLE SOLID, CORROSIVE, ORGANIC, N. O. S.	4.1	8	Ⅱ	E2
			4.1	8	Ⅲ	E1
2926	有机易燃固体,毒性,未另作规定的	FLAMMABLE SOLID, TOXIC, ORGANIC, N. O. S.	4.1	6.1	Ⅱ	E2
			4.1	6.1	Ⅲ	E1
2927	有机毒性液体,腐蚀性,未另作规定的	TOXIC LIQUID, CORROSIVE, ORGANIC, N. O. S.	6.1	8	Ⅰ	E5
			6.1	8	Ⅱ	E4
2928	有机毒性固体,腐蚀性,未另作规定的	TOXIC SOLID, CORROSIVE, ORGANIC, N. O. S.	6.1	8	Ⅰ	E5
			6.1	8	Ⅱ	E4
2929	有机毒性液体,易燃,未另作规定的	TOXIC LIQUID, FLAMMABLE, ORGANIC, N. O. S.	6.1	3	Ⅰ	E5
			6.1	3	Ⅱ	E4
2930	有机毒性固体,易燃,未另作规定的	TOXIC SOLID, FLAMMABLE, ORGANIC, N. O. S.	6.1	4.1	Ⅰ	E5
			6.1	4.1	Ⅱ	E4
2931	硫酸氧钒	VANADYL SULPHATE	6.1		Ⅱ	E4
2933	2-氯丙酸甲酯	METHYL 2-CHLORO-PROPIONATE	3		Ⅲ	E1
2934	2-氯丙酸异丙酯	ISOPROPYL 2-CHLOROPROPIONATE	3		Ⅲ	E1
2935	2-氯丙酸乙酯	ETHYL 2-CHLOROPROPIONATE	3		Ⅲ	E1
2936	硫代乳酸	THIOLACTIC ACID	6.1		Ⅱ	E4
2937	α-甲基苄基醇,液态	alpha-METHYLBENZYL ALCOHOL, LIQUID	6.1		Ⅲ	E1
2940	9-磷杂二环壬烷(环辛二烯膦)	9-PHOSPHABICYCLONONANES (CYCLOOCTADIENE PHOSPHINES)	4.2		Ⅱ	E2
2941	氟苯胺	FLUOROANILINES	6.1		Ⅲ	E1
2942	2-三氟甲基苯胺	2-TRIFLUOROMETHYLANILINE	6.1		Ⅲ	E1
2943	四氢化糠胺	TETRAHYDROFURFURYL-AMINE	3		Ⅲ	E1

表 2（续）

联合国编号	中文名称和说明	英文名称和说明	类别或项别	次要危险性	包装类别	例外数量
2945	**N-甲基丁胺**	*N*-METHYLBUTYLAMINE	3	8	Ⅱ	E2
2946	**2-氨基-5-二乙氨基戊烷**	2-AMINO-5-DIETHYL-AMIN-OPENTANE	6.1		Ⅲ	E1
2947	**氯乙酸异丙酯**	ISOPROPYL CHLOROACETATE	3		Ⅲ	E1
2948	**3-三氟甲基苯胺**	3-TRIFLUOROMETHYLANILINE	6.1		Ⅱ	E4
2949	**氢硫化钠**，含结晶水不低于 25%	SODIUM HYDROSULPHIDE with not less than 25% water of crystallization	8		Ⅱ	E2
2950	**颗粒状镁，涂层的**，粒径不小于 149 μm	MAGNESIUM GRANULES, COATED, particle size not less than 149 microns	4.3		Ⅲ	E1
2956	**5-叔丁基-2,4,6-三硝基间二甲苯（二甲苯麝香）**	5-tert-BUTYL-2,4,6-TRINITRO-*m*-XYLENE (MUSK XYLENE)	4.1		Ⅲ	E1
2966	**硫甘醇**	THIOGLYCOL	6.1		Ⅱ	E4
2967	**氨基磺酸**	SULPHAMIC ACID	8		Ⅲ	E1
2968	**代森锰，稳定的，或代森锰制剂，稳定的**，加防自热稳定剂	MANEB, STABILIZED or MANEB PREPARATION, STABILIZED against self-heating	4.3		Ⅲ	E1
2969	**蓖麻籽或蓖麻粉或蓖麻油渣或蓖麻片**	CASTOR BEANS or CASTOR MEAL or CASTOR POMACE or CASTOR FLAKE	9		Ⅱ	E2
2984	**过氧化氢水溶液**，过氧化氢含量不低于 8%，但低于 20%（必要时加稳定剂）	HYDROGEN PEROXIDE, AQUEOUS SOLUTION with not less than 8% but less than 20% hydrogen peroxide (stabilized as necessary)	5.1		Ⅲ	E1
2985	**氯硅烷，易燃，腐蚀性，未另作规定的**	CHLOROSILANES, FLAMMABLE, CORROSIVE, N.O.S.	3	8	Ⅱ	E2
2986	**氯硅烷，腐蚀性，易燃，未另作规定的**	CHLOROSILANES, CORROSIVE, FLAMMABLE, N.O.S.	8	3	Ⅱ	E2
2987	**氯硅烷，腐蚀性，未另作规定的**	CHLOROSILANES, CORROSIVE, N.O.S.	8		Ⅱ	E2
2989	**亚磷酸二氢铅**	LEAD PHOSPHITE, DIBASIC	4.1		Ⅱ	E2
			4.1		Ⅲ	E1
2991	**液态氨基甲酸酯农药，毒性，易燃**，闪点不低于 23 ℃	CARBAMATE PESTICIDE, LIQUID, TOXIC, FLAMMABLE, flash point not less than 23 ℃	6.1	3	Ⅰ	E5
			6.1	3	Ⅱ	E4
			6.1	3	Ⅲ	E1

表 2（续）

联合国编号	中文名称和说明	英文名称和说明	类别或项别	次要危险性	包装类别	例外数量
2992	液态氨基甲酸酯农药，毒性	CARBAMATE PESTICIDE，LIQUID，TOXIC	6.1		Ⅰ	E5
			6.1		Ⅱ	E4
			6.1		Ⅲ	E1
2993	液态含砷农药，毒性，易燃，闪点不低于 23℃	ARSENICAL PESTICIDE，LIQUID，TOXIC，FLAMMABLE，flash point not less than 23℃	6.1	3	Ⅰ	E5
			6.1	3	Ⅱ	E4
			6.1	3	Ⅲ	E1
2994	液态含砷农药，毒性	ARSENICAL PESTICIDE，LIQUID，TOXIC	6.1		Ⅰ	E5
			6.1		Ⅱ	E4
			6.1		Ⅲ	E1
2995	液态有机氯农药，毒性，易燃，闪点不低于 23 ℃	ORGANOCHLORINE PESTICIDE，LIQUID，TOXIC，FLAMMABLE，flash point not less than 23 ℃	6.1	3	Ⅰ	E5
			6.1	3	Ⅱ	E4
			6.1	3	Ⅲ	E1
2996	液态有机氯农药，毒性	ORGANOCHLORINE PESTICIDE，LIQUID，TOXIC	6.1		Ⅰ	E5
			6.1		Ⅱ	E4
			6.1		Ⅲ	E1
2997	液态三嗪农药，毒性，易燃，闪点不低于 23 ℃	TRIAZINE PESTICIDE，LIQUID，TOXIC，FLAMMABLE，flash point not less than 23 ℃	6.1	3	Ⅰ	E5
			6.1	3	Ⅱ	E4
			6.1	3	Ⅲ	E1
2998	液态三嗪农药，毒性	TRIAZINE PESTICIDE，LIQUID，TOXIC	6.1		Ⅰ	E5
			6.1		Ⅱ	E4
			6.1		Ⅲ	E1
3005	液态硫代氨基甲酸酯农药，毒性，易燃，闪点不低于 23 ℃	THIOCARBAMATE PESTICIDE，LIQUID，TOXIC，FLAMMABLE，flash point not less than 23 ℃	6.1	3	Ⅰ	E5
			6.1	3	Ⅱ	E4
			6.1	3	Ⅲ	E1
3006	液态硫代氨基甲酸酯农药，毒性	THIOCARBAMATE PESTICIDE，LIQUID，TOXIC	6.1		Ⅰ	E5
			6.1		Ⅱ	E4
			6.1		Ⅲ	E1
3009	液态铜基农药，毒性，易燃，闪点不低于 23 ℃	COPPER BASED PESTICIDE，LIQUID，TOXIC，FLAMMABLE，flash point not less than 23 ℃	6.1	3	Ⅰ	E5
			6.1	3	Ⅱ	E4
			6.1	3	Ⅲ	E1
3010	液态铜基农药，毒性	COPPER BASED PESTICIDE，LIQUID，TOXIC	6.1		Ⅰ	E5
			6.1		Ⅱ	E4
			6.1		Ⅲ	E1

表 2(续)

联合国编号	中文名称和说明	英文名称和说明	类别或项别	次要危险性	包装类别	例外数量
3011	**液态汞基农药,毒性,易燃,闪点不低于 23 ℃**	MERCURY BASED PESTICIDE, LIQUID, TOXIC, FLAMMABLE, flash point not less than 23 ℃	6.1	3	Ⅰ	E5
			6.1	3	Ⅱ	E4
			6.1	3	Ⅲ	E1
3012	**液态汞基农药,毒性**	MERCURY BASED PESTICIDE, LIQUID,TOXIC	6.1		Ⅰ	E5
			6.1		Ⅱ	E4
			6.1		Ⅲ	E1
3013	**液态取代硝基苯酚农药,毒性,易燃,闪点不低于 23 ℃**	SUBSTITUTED NITROPHENOL PESTICIDE, LIQUID, TOXIC, FLAMMABLE, flash point not less than 23 ℃	6.1	3	Ⅰ	E5
			6.1	3	Ⅱ	E4
			6.1	3	Ⅲ	E1
3014	**液态取代硝基苯酚农药,毒性**	SUBSTITUTED NITROPHENOL PESTICIDE,LIQUID,TOXIC	6.1		Ⅰ	E5
			6.1		Ⅱ	E4
			6.1		Ⅲ	E1
3015	**液态联吡啶农药,毒性,易燃,闪点不低于 23 ℃**	BIPYRIDILIUM PESTICIDE, LIQUID, TOXIC, FLAMMABLE, flash point not less than 23 ℃	6.1	3	Ⅰ	E5
			6.1	3	Ⅱ	E4
			6.1	3	Ⅲ	E1
3016	**液态联吡啶农药,毒性**	BIPYRIDILIUM PESTICIDE, LIQUID,TOXIC	6.1		Ⅰ	E5
			6.1		Ⅱ	E4
			6.1		Ⅲ	E1
3017	**液态有机磷农药,毒性,易燃,闪点不低于 23 ℃**	ORGANOPHOSPHORUS PESTICIDE, LIQUID, TOXIC, FLAMMABLE, flash point not less than 23 ℃	6.1	3	Ⅰ	E5
			6.1	3	Ⅱ	E4
			6.1	3	Ⅲ	E1
3018	**液态有机磷农药,毒性**	ORGANOPHOSPHORUS PESTICIDE,LIQUID,TOXIC	6.1		Ⅰ	E5
			6.1		Ⅱ	E4
			6.1		Ⅲ	E1
3019	**液态有机锡农药,毒性,易燃,闪点不低于 23 ℃**	ORGANOTIN PESTICIDE, LIQUID, TOXIC, FLAMMABLE, flash point not less than 23 ℃	6.1	3	Ⅰ	E5
			6.1	3	Ⅱ	E4
			6.1	3	Ⅲ	E1
3020	**液态有机锡农药,毒性**	ORGANOTIN PESTICIDE, LIQUID,TOXIC	6.1		Ⅰ	E5
			6.1		Ⅱ	E4
			6.1		Ⅲ	E1
3021	**液态农药,易燃,毒性,未另作规定的,闪点低于 23 ℃**	PESTICIDE,LIQUID,FLAMMABLE, TOXIC, N. O. S., flash point less than 23 ℃	3	6.1	Ⅱ	E2

表 2（续）

联合国编号	中文名称和说明	英文名称和说明	类别或项别	次要危险性	包装类别	例外数量
3022	**1,2-丁撑氧,稳定的**	1, 2-BUTYLENE OXIDE, STABILIZED	3		Ⅱ	E2
3024	**液态香豆素衍生物农药,易燃,毒性**,闪点低于 23 ℃	COUMARIN DERIVATIVE PESTICIDE, LIQUID, FLAMMABLE, TOXIC, flash point less than 23 ℃	3	6.1	Ⅱ	E2
3025	**液态香豆素衍生物农药,毒性,易燃**,闪点不低于 23 ℃	COUMARIN DERIVATIVE PESTICIDE, LIQUID, TOXIC, FLAMMABLE, flash point not less than 23 ℃	6.1	3	Ⅰ	E5
			6.1	3	Ⅱ	E4
			6.1	3	Ⅲ	E1
3026	**液态香豆素衍生物农药,毒性**	COUMARIN DERIVATIVE PESTICIDE, LIQUID, TOXIC	6.1		Ⅰ	E5
			6.1		Ⅱ	E4
			6.1		Ⅲ	E1
3027	**固态香豆素衍生物农药,毒性**	COUMARIN DERIVATIVE PESTICIDE, SOLID, TOXIC	6.1		Ⅰ	E5
			6.1		Ⅱ	E4
			6.1		Ⅲ	E1
3048	**磷化铝农药**	ALUMINIUM PHOSPHIDE PESTICIDE	6.1		Ⅰ	E5
3054	**环己硫醇**	CYCLOHEXYL MERCAPTAN	3		Ⅲ	E1
3055	**2-(2-氨基乙氧基)乙醇**	2-(2-AMINOETHOXY) ETHANOL	8		Ⅲ	E1
3056	正庚醛	*n*-HEPTALDEHYDE	3		Ⅲ	E1
3065	**乙醇饮料**,按体积含乙醇高于 70%	ALCOHOLIC BEVERAGES, with more than 70% alcohol by volume	3		Ⅱ	E2
	乙醇饮料,按体积含乙醇高于 24%,但不超过 70%	ALCOHOLIC BEVERAGES, with more than 24% but not more than 70% alcohol by volume	3		Ⅲ	E1
3066	**涂料**(包括色漆、喷漆、搪瓷、着色剂、虫胶、清漆、抛光剂、液态填料和液态喷漆基料)或**涂料的相关材料**(包括涂料稀释剂或冲淡剂)	PAINT (including paint, lacquer, enamel, stain, shellac, varnish, polish, liquid filler and liquid lacquer base) or PAINT RELATED MATERIAL (including paint thinning or reducing compound)	8		Ⅱ	E2
			8		Ⅲ	E1
3070	**环氧乙烷和二氯二氟甲烷混合物**,含环氧乙烷不超过 12.5%	ETHYLENE OXIDE AND DICHLORODIFLUORO-METHANE MIXTURE with not more than 12.5% ethylene oxide	2.2			E1

表 2（续）

联合国编号	中文名称和说明	英文名称和说明	类别或项别	次要危险性	包装类别	例外数量
3071	液态硫醇，毒性，易燃，未另作规定的，或液态硫醇混合物，毒性，易燃，未另作规定的	MERCAPTANS, LIQUID, TOXIC, FLAMMABLE, N. O. S. or MERCAPTAN MIXTURE, LIQUID, TOXIC, FLAMMABLE, N. O. S.	6.1	3	Ⅱ	E4
3073	乙烯基吡啶，稳定的	VINYLPYRIDINES, STABILIZED	6.1	3;8	Ⅱ	E4
3077	对环境有害的固态物质，未另作规定的	ENVIRONMENTALLY HAZARDOUS SUBSTANCE, SOLID, N. O. S.	9		Ⅲ	E1
3078	铈，切屑或粗粉	CERIUM, turnings or gritty powder	4.3		Ⅱ	E2
3080	异氰酸酯，毒性，易燃，未另作规定的，或异氰酸酯溶液，毒性，易燃，未另作规定的	ISOCYANATES, TOXIC, FLAMMABLE, N. O. S. or ISOCYANATE SOLUTION, TOXIC, FLAMMABLE, N. O. S.	6.1	3	Ⅱ	E4
3082	对环境有害的液态物质，未另作规定的	ENVIRONMENTALLY HAZARDOUS SUBSTANCE, LIQUID, N. O. S.	9		Ⅲ	E1
3084	腐蚀性固体，氧化性，未另作规定的	CORROSIVE SOLID, OXIDIZING, N. O. S.	8	5.1	Ⅱ	E2
3085	氧化性固体，腐蚀性，未另作规定的	OXIDIZING SOLID, CORROSIVE, N. O. S.	5.1	8	Ⅱ	E2
			5.1	8	Ⅲ	E1
3086	毒性固体，氧化性，未另作规定的	TOXIC SOLID, OXIDIZING, N. O. S.	6.1	5.1	Ⅰ	E5
			6.1	5.1	Ⅱ	E4
3087	氧化性固体，毒性，未另作规定的	OXIDIZING SOLID, TOXIC, N. O. S.	5.1	6.1	Ⅱ	E2
			5.1	6.1	Ⅲ	E1
3088	有机自热固体，未另作规定的	SELF-HEATING SOLID, ORGANIC, N. O. S.	4.2		Ⅱ	E2
			4.2		Ⅲ	E1
3089	金属粉，易燃，未另作规定的	METAL POWDER, FLAMMABLE, N. O. S.	4.1		Ⅱ	E2
			4.1		Ⅲ	E1
3092	1-甲氧基-2-丙醇	1-METHOXY-2-PROPANOL	3		Ⅲ	E1
3093	腐蚀性液体，氧化性，未另作规定的	CORROSIVE LIQUID, OXIDIZING, N. O. S.	8	5.1	Ⅱ	E2
3094	腐蚀性液体，遇水反应，未另作规定的	CORROSIVE LIQUID, WATER-REACTIVE, N. O. S.	8	4.3	Ⅱ	E2
3095	腐蚀性固体，自热性，未另作规定的	CORROSIVE SOLID, SELF-HEATING, N. O. S.	8	4.2	Ⅱ	E2

表 2（续）

联合国编号	中文名称和说明	英文名称和说明	类别或项别	次要危险性	包装类别	例外数量
3096	腐蚀性固体，遇水反应，未另作规定的	CORROSIVE SOLID, WATER-REACTIVE, N. O. S.	8	4.3	Ⅱ	E2
3097	易燃固体，氧化性，未另作规定的	FLAMMABLE SOLID, OXIDIZING, N. O. S.	4.1	5.1	Ⅱ	E2
3097	易燃固体，氧化性，未另作规定的	FLAMMABLE SOLID, OXIDIZING, N. O. S.	4.1	5.1	Ⅲ	E1
3098	氧化性液体，腐蚀性，未另作规定的	OXIDIZING LIQUID, CORROSIVE, N. O. S.	5.1	8	Ⅱ	E2
3098	氧化性液体，腐蚀性，未另作规定的	OXIDIZING LIQUID, CORROSIVE, N. O. S.	5.1	8	Ⅲ	E1
3099	氧化性液体，毒性，未另作规定的	OXIDIZING LIQUID, TOXIC, N. O. S.	5.1	6.1	Ⅱ	E2
3099	氧化性液体，毒性，未另作规定的	OXIDIZING LIQUID, TOXIC, N. O. S.	5.1	6.1	Ⅲ	E1
3100	氧化性固体，自热性，未另作规定的	OXIDIZING SOLID, SELF-HEATING, N. O. S.	5.1	4.2	Ⅱ	E2
3121	氧化性固体，遇水反应，未另作规定的	OXIDIZING SOLID, WATER-REACTIVE, N. O. S.	5.1	4.3	Ⅱ	E2
3122	毒性液体，氧化性，未另作规定的	TOXIC LIQUID, OXIDIZING, N. O. S.	6.1	5.1	Ⅰ	E5
3122	毒性液体，氧化性，未另作规定的	TOXIC LIQUID, OXIDIZING, N. O. S.	6.1	5.1	Ⅱ	E4
3123	毒性液体，遇水反应，未另作规定的	TOXIC LIQUID, WATER-REACTIVE, N. O. S.	6.1	4.3	Ⅰ	E5
3123	毒性液体，遇水反应，未另作规定的	TOXIC LIQUID, WATER-REACTIVE, N. O. S.	6.1	4.3	Ⅱ	E4
3124	毒性固体，自热性，未另作规定的	TOXIC SOLID, SELF-HEATING, N. O. S.	6.1	4.2	Ⅰ	E5
3124	毒性固体，自热性，未另作规定的	TOXIC SOLID, SELF-HEATING, N. O. S.	6.1	4.2	Ⅱ	E4
3125	毒性固体，遇水反应，未另作规定的	TOXIC SOLID, WATER -REACTIVE, N. O. S.	6.1	4.3	Ⅰ	E5
3125	毒性固体，遇水反应，未另作规定的	TOXIC SOLID, WATER -REACTIVE, N. O. S.	6.1	4.3	Ⅱ	E4
3126	有机自热固体，腐蚀性，未另作规定的	SELF-HEATING SOLID, CORROSIVE, ORGANIC, N. O. S.	4.2	8	Ⅱ	E2
3126	有机自热固体，腐蚀性，未另作规定的	SELF-HEATING SOLID, CORROSIVE, ORGANIC, N. O. S.	4.2	8	Ⅲ	E1
3127	自热固体，氧化性，未另作规定的	SELF-HEATING SOLID, OXIDIZING, N. O. S.	4.2	5.1	Ⅱ	E2
3127	自热固体，氧化性，未另作规定的	SELF-HEATING SOLID, OXIDIZING, N. O. S.	4.2	5.1	Ⅲ	E1
3128	有机自热固体，毒性，未另作规定的	SELF-HEATING SOLID, TOXIC, ORGANIC, N. O. S.	4.2	6.1	Ⅱ	E2
3128	有机自热固体，毒性，未另作规定的	SELF-HEATING SOLID, TOXIC, ORGANIC, N. O. S.	4.2	6.1	Ⅲ	E1
3129	遇水反应液体，腐蚀性，未另作规定的	WATER-REACTIVE LIQUID, CORROSIVE, N. O. S.	4.3	8	Ⅱ	E2
3129	遇水反应液体，腐蚀性，未另作规定的	WATER-REACTIVE LIQUID, CORROSIVE, N. O. S.	4.3	8	Ⅲ	E1
3130	遇水反应液体，毒性，未另作规定的	WATER-REACTIVE LIQUID, TOXIC, N. O. S.	4.3	6.1	Ⅱ	E2
3130	遇水反应液体，毒性，未另作规定的	WATER-REACTIVE LIQUID, TOXIC, N. O. S.	4.3	6.1	Ⅲ	E1
3131	遇水反应固体，腐蚀性，未另作规定的	WATER-REACTIVE SOLID, CORROSIVE, N. O. S.	4.3	8	Ⅱ	E2
3131	遇水反应固体，腐蚀性，未另作规定的	WATER-REACTIVE SOLID, CORROSIVE, N. O. S.	4.3	8	Ⅲ	E1
3132	遇水反应固体，易燃，未另作规定的	WATER-REACTIVE SOLID, FLAMMABLE, N. O. S.	4.3	4.1	Ⅱ	E2
3132	遇水反应固体，易燃，未另作规定的	WATER-REACTIVE SOLID, FLAMMABLE, N. O. S.	4.3	4.1	Ⅲ	E1

表 2（续）

联合国编号	中文名称和说明	英文名称和说明	类别或项别	次要危险性	包装类别	例外数量
3133	遇水反应固体，氧化性，未另作规定的	WATER-REACTIVE SOLID, OXIDIZING, N. O. S.	4.3	5.1	Ⅱ	E2
			4.3	5.1	Ⅲ	E1
3134	遇水反应固体，毒性，未另作规定的	WATER -REACTIVE SOLID, TOXIC, N. O. S.	4.3	6.1	Ⅱ	E2
			4.3	6.1	Ⅲ	E1
3135	遇水反应固体，自热性，未另作规定的	WATER-REACTIVE SOLID, SELF-HEATING, N. O. S.	4.3	4.2	Ⅱ	E2
			4.3	4.2	Ⅲ	E1
3136	冷冻液态三氟甲烷	TRIFLUOROMETHANE, REFRIGERATED LIQUID	2.2			E1
3139	氧化性液体，未另作规定的	OXIDIZING LIQUID, N. O. S.	5.1		Ⅱ	E2
			5.1		Ⅲ	E1
3140	液态生物碱，未另作规定的或液态生物碱盐类，未另作规定的	ALKALOIDS, LIQUID, N. O. S. or ALKALOID SALTS, LIQUID, N. O. S.	6.1		Ⅰ	E5
			6.1		Ⅱ	E4
			6.1		Ⅲ	E1
3141	液态无机锑化合物，未另作规定的	ANTIMONY COMPOUND, INORGANIC, LIQUID, N. O. S.	6.1		Ⅲ	E1
3142	液态消毒剂，毒性，未另作规定的	DISINFECTANT, LIQUID, TOXIC, N. O. S.	6.1		Ⅰ	E5
			6.1		Ⅱ	E4
			6.1		Ⅲ	E1
3143	固态染料，毒性，未另作规定的或固态染料中间产品，毒性，未另作规定的	DYE, SOLID, TOXIC, N. O. S. or DYE INTERMEDIATE, SOLID, TOXIC, N. O. S.	6.1		Ⅰ	E5
			6.1		Ⅱ	E4
			6.1		Ⅲ	E1
3144	液态烟碱化合物，未另作规定的或液态烟碱制剂，未另作规定的	NICOTINE COMPOUND, LIQUID, N. O. S. or NICOTINE PREPARATION, LIQUID, N. O. S.	6.1		Ⅰ	E5
			6.1		Ⅱ	E4
			6.1		Ⅲ	E1
3145	液态烷基苯酚，未另作规定的（包括 C_2～C_{12} 的同系物）	ALKYLPHENOLS, LIQUID, N. O. S. (including C_2～C_{12} homologues)	8		Ⅱ	E2
			8		Ⅲ	E1
3146	固态有机锡化合物，未另作规定的	ORGANOTIN COMPOUND, SOLID, N. O. S.	6.1		Ⅰ	E5
			6.1		Ⅱ	E4
			6.1		Ⅲ	E1
3147	固态染料，腐蚀性，未另作规定的或固态染料中间产品，腐蚀性，未另作规定的	DYE, SOLID, CORROSIVE, N. O. S. or DYE INTERMEDIATE, SOLID, CORROSIVE, N. O. S.	8		Ⅱ	E2
			8		Ⅲ	E1
3148	遇水反应液体，未另作规定的	WATER-REACTIVE LIQUID, N. O. S.	4.3		Ⅱ	E2
			4.3		Ⅲ	E1

表 2（续）

联合国编号	中文名称和说明	英文名称和说明	类别或项别	次要危险性	包装类别	例外数量
3149	过氧化氢和过氧乙酸混合物，含酸(类)、水和不超过 5%的过氧乙酸，稳定的	HYDROGEN PEROXIDE AND PEROXYACETIC ACID MIXTURE with acid(s), water and not more than 5% peroxyacetic acid, STABILIZED	5.1	8	Ⅱ	E2
3151	液态多卤联苯或液态多卤三联苯	POLYHALOGENATED BIPHENYLS, LIQUID or POLYHALOGENATED TERPHENYLS, LIQUID	9		Ⅱ	E2
3152	固态多卤联苯或固态多卤三联苯	POLYHALOGENATED BIPHENYLS, SOLID or POLYHALOGENATED TERPHENYLS, SOLID	9		Ⅱ	E2
3155	五氯酚	PENTACHLOROPHENOL	6.1		Ⅱ	E4
3158	冷冻液态气体，未另作规定的	GAS, REFRIGERATED LIQUID, N.O.S.	2.2			E1
3159	1,1,1,2-四氟乙烷(制冷气体 R 134a)	1,1,1,2-TETRAFLUOROETHANE (REFRIGERANT GAS R 134a)	2.2			E1
3163	液化气体，未另作规定的	LIQUEFIED GAS, N.O.S.	2.2			E1
3170	铝熔炼副产品或铝再熔副产品	ALUMINIUM SMELTING BY-PRODUCTS or ALUMINIUM REMELTING BY-PRODUCTS	4.3		Ⅱ	E2
			4.3		Ⅲ	E1
3172	液态毒素，从生物体提取，未另作规定的	TOXINS, EXTRACTED FROM LIVING SOURCES, LIQUID, N.O.S.	6.1		Ⅰ	E5
			6.1		Ⅱ	E4
			6.1		Ⅲ	E1
3174	二硫化钛	TITANIUM DISULPHIDE	4.2		Ⅲ	E1
3175	含易燃液体的固体，未另作规定的	SOLIDS CONTAINING FLAMMABLE LIQUID, N.O.S.	4.1		Ⅱ	E2
3178	无机易燃固体，未另作规定的	FLAMMABLE SOLID, INORGANIC, N.O.S.	4.1		Ⅱ	E2
			4.1		Ⅲ	E1
3179	无机易燃固体，毒性，未另作规定的	FLAMMABLE SOLID, TOXIC, INORGANIC, N.O.S.	4.1	6.1	Ⅱ	E2
			4.1	6.1	Ⅲ	E1
3180	无机易燃固体，腐蚀性，未另作规定的	FLAMMABLE SOLID, CORROSIVE, INORGANIC, N.O.S.	4.1	8	Ⅱ	E2
			4.1	8	Ⅲ	E1
3181	有机化合物的金属盐，易燃，未另作规定的	METAL SALTS OF ORGANIC COMPOUNDS, FLAMMABLE, N.O.S.	4.1		Ⅱ	E2
			4.1		Ⅲ	E1

表 2（续）

联合国编号	中文名称和说明	英文名称和说明	类别或项别	次要危险性	包装类别	例外数量
3182	金属氢化物，易燃，未另作规定的	METAL HYDRIDES, FLAMMABLE, N. O. S.	4.1		Ⅱ	E2
			4.1		Ⅲ	E1
3183	有机自热液体，未另作规定的	SELF-HEATING LIQUID, ORGANIC, N. O. S.	4.2		Ⅱ	E2
			4.2		Ⅲ	E1
3184	有机自热液体，毒性，未另作规定的	SELF-HEATING LIQUID, TOXIC, ORGANIC, N. O. S.	4.2	6.1	Ⅱ	E2
			4.2	6.1	Ⅲ	E1
3185	有机自热液体，腐蚀性，未另作规定的	SELF-HEATING LIQUID, CORROSIVE, ORGANIC, N. O. S.	4.2	8	Ⅱ	E2
			4.2	8	Ⅲ	E1
3186	无机自热液体，未另作规定的	SELF-HEATING LIQUID, INORGANIC, N. O. S.	4.2		Ⅱ	E2
			4.2		Ⅲ	E1
3187	无机自热液体，毒性，未另作规定的	SELF-HEATING LIQUID, TOXIC, INORGANIC, N. O. S.	4.2	6.1	Ⅱ	E2
			4.2	6.1	Ⅲ	E1
3188	无机自热液体，腐蚀性，未另作规定的	SELF-HEATING LIQUID, CORROSIVE, INORGANIC, N. O. S.	4.2	8	Ⅱ	E2
			4.2	8	Ⅲ	E1
3189	自热金属粉，未另作规定的	METAL POWDER, SELF-HEATING, N. O. S.	4.2		Ⅱ	E2
			4.2		Ⅲ	E1
3190	无机自热固体，未另作规定的	SELF-HEATING SOLID, INORGANIC, N. O. S.	4.2		Ⅱ	E2
			4.2		Ⅲ	E1
3191	无机自热固体，毒性，未另作规定的	SELF-HEATING SOLID, TOXIC, INORGANIC, N. O. S.	4.2	6.1	Ⅱ	E2
			4.2	6.1	Ⅲ	E1
3192	无机自热固体，腐蚀性，未另作规定的	SELF-HEATING SOLID, CORROSIVE, INORGANIC, N. O. S.	4.2	8	Ⅱ	E2
			4.2	8	Ⅲ	E1
3205	碱土金属醇化物，未另作规定的	ALKALINE EARTH METAL ALCOHOLATES, N. O. S.	4.2		Ⅱ	E2
			4.2		Ⅲ	E1
3206	碱土金属醇化物，自热性，腐蚀性，未另作规定的	ALKALI METAL ALCOHOLATES, SELF-HEATING, CORROSIVE, N. O. S.	4.2	8	Ⅱ	E2
			4.2	8	Ⅲ	E1
3208	金属物质，遇水反应，未另作规定的	METALLIC SUBSTANCE, WATER-REACTIVE, N. O. S.	4.3		Ⅱ	E2
			4.3		Ⅲ	E1
3209	金属物质，遇水反应，自热性，未另作规定的	METALLIC SUBSTANCE, WATER-REACTIVE, SELFHEATING, N. O. S.	4.3	4.2	Ⅱ	E2
			4.3	4.2	Ⅲ	E1
3210	无机氯酸盐水溶液，未另作规定的	CHLORATES, INORGANIC, AQUEOUS SOLUTION, N. O. S.	5.1		Ⅱ	E2
			5.1		Ⅲ	E1

表 2（续）

联合国编号	中文名称和说明	英文名称和说明	类别或项别	次要危险性	包装类别	例外数量
3211	无机高氯酸盐水溶液，未另作规定的	PERCHLORATES, INORGANIC, AQUEOUS SOLUTION, N. O. S.	5.1		Ⅱ	E2
			5.1		Ⅲ	E1
3212	无机次氯酸盐，未另作规定的	HYPOCHLORITES, INORGANIC, N. O. S.	5.1		Ⅱ	E2
3213	无机溴酸盐水溶液，未另作规定的	BROMATES, INORGANIC, AQUEOUS SOLUTION, N. O. S.	5.1		Ⅱ	E2
			5.1		Ⅲ	E1
3214	无机高锰酸盐水溶液，未另作规定的	PERMANGANATES, INORGANIC, AQUEOUS SOLUTION, N. O. S.	5.1		Ⅱ	E2
3215	无机过硫酸盐，未另作规定的	PERSULPHATES, INORGANIC, N. O. S.	5.1		Ⅲ	E1
3216	无机过硫酸盐水溶液，未另作规定的	PERSULPHATES, INORGANIC, AQUEOUS SOLUTION, N. O. S.	5.1		Ⅲ	E1
3218	无机硝酸盐水溶液，未另作规定的	NITRATES, INORGANIC, AQUEOUS SOLUTION, N. O. S.	5.1		Ⅱ	E2
			5.1		Ⅲ	E1
3219	无机亚硝酸盐水溶液，未另作规定的	NITRITES, INORGANIC, AQUEOUS SOLUTION, N. O. S.	5.1		Ⅱ	E2
			5.1		Ⅲ	E1
3220	五氟乙烷（制冷气体 R 125）	PENTAFLUOROETHANE (REFRIGERANT GAS R 125)	2.2			E1
3241	2-溴-2-硝基丙烷-1，3-二醇	2-BROMO-2-NITROPROPANE-1, 3-DIOL	4.1		Ⅲ	E1
3242	偶氮甲酰胺	AZODICARBONAMIDE	4.1		Ⅱ	E2
3243	含有毒性液体的固体，未另作规定的	SOLIDS CONTAINING TOXIC LIQUID, N. O. S.	6.1		Ⅱ	E4
3244	含有腐蚀性液体的固体，未另作规定的	SOLIDS CONTAINING CORROSIVE LIQUID, N. O. S.	8		Ⅱ	E2
3247	无水过硼酸钠	SODIUM PEROXOBORATE, ANHYDROUS	5.1		Ⅱ	E2
3248	药物，液态，易燃，毒性，未另作规定的	MEDICINE, LIQUID, FLAMMABLE, TOXIC, N. O. S.	3	6.1	Ⅱ	E2
			3	6.1	Ⅲ	E1
3249	药物，固态，毒性，未另作规定的	MEDICINE, SOLID, TOXIC, N. O. S.	6.1		Ⅱ	E4
			6.1		Ⅲ	E1
3251	异山梨醇-5-一硝酸酯	ISOSORBIDE-5-MONONITRATE	4.1		Ⅲ	E1

表 2（续）

联合国编号	中文名称和说明	英文名称和说明	类别或项别	次要危险性	包装类别	例外数量
3253	三氧硅酸二钠	DISODIUM TRIOXOSILICATE	8		Ⅲ	E1
3259	固态胺，腐蚀性，未另作规定的或固态聚胺，腐蚀性，未另作规定的	AMINES, SOLID, CORROSIVE, N. O. S. or POLYAMINES, SOLID, CORROSIVE, N. O. S.	8		Ⅱ	E2
			8		Ⅲ	E1
3260	无机酸性腐蚀性固体，未另作规定的	CORROSIVE SOLID, ACIDIC, INORGANIC, N. O. S.	8		Ⅱ	E2
			8		Ⅲ	E1
3261	有机酸性腐蚀性固体，未另作规定的	CORROSIVE SOLID, ACIDIC, ORGANIC, N. O. S.	8		Ⅱ	E2
			8		Ⅲ	E1
3262	无机碱性腐蚀性固体，未另作规定的	CORROSIVE SOLID, BASIC, INORGANIC, N. O. S.	8		Ⅱ	E2
			8		Ⅲ	E1
3263	有机碱性腐蚀性固体，未另作规定的	CORROSIVE SOLID, BASIC, ORGANIC, N. O. S.	8		Ⅱ	E2
			8		Ⅲ	E1
3264	无机酸性腐蚀性液体，未另作规定的	CORROSIVE LIQUID, ACIDIC, INORGANIC, N. O. S.	8		Ⅱ	E2
			8		Ⅲ	E1
3265	有机酸性腐蚀性液体，未另作规定的	CORROSIVE LIQUID, ACIDIC, ORGANIC, N. O. S.	8		Ⅱ	E2
			8		Ⅲ	E1
3266	无机碱性腐蚀性液体，未另作规定的	CORROSIVE LIQUID, BASIC, INORGANIC, N. O. S.	8		Ⅱ	E2
			8		Ⅲ	E1
3267	有机碱性腐蚀性液体，未另作规定的	CORROSIVE LIQUID, BASIC, ORGANIC, N. O. S.	8		Ⅱ	E2
			8		Ⅲ	E1
3270	硝化纤维素滤膜，按干重含氮不超过 12.6%	NITROCELLULOSE MEMBRANE FILTERS, with not more than 12.6% nitrogen, by dry mass	4.1		Ⅱ	E2
3271	醚类，未另作规定的	ETHERS, N. O. S.	3		Ⅱ	E2
			3		Ⅲ	E1
3272	酯类，未另作规定的	ESTERS, N. O. S.	3		Ⅱ	E2
			3		Ⅲ	E1
3273	腈类，易燃，毒性，未另作规定的	NITRILES, FLAMMABLE, TOXIC, N. O. S.	3	6.1	Ⅱ	E2
3274	醇化物乙醇溶液，未另作规定的	ALCOHOLATES SOLUTION, N. O. S., in alcohol	3	8	Ⅱ	E2
3275	腈类，毒性，易燃，未另作规定的	NITRILES, TOXIC, FLAMMABLE, N. O. S.	6.1	3	Ⅰ	E5
			6.1	3	Ⅱ	E4

表 2（续）

联合国编号	中文名称和说明	英文名称和说明	类别或项别	次要危险性	包装类别	例外数量
3276	腈类，毒性，液态，未另作规定的	NITRILES，TOXIC，LIQUID，N. O. S.	6.1		Ⅰ	E5
			6.1		Ⅱ	E4
			6.1		Ⅲ	E1
3277	氯甲酸酯，毒性，腐蚀性，未另作规定的	CHLOROFORMATES，TOXIC，CORROSIVE，N. O. S.	6.1	8	Ⅱ	E4
3278	有机磷化合物，毒性，液态，未另作规定的	ORGANOPHOSPHORUS COMPOUND，TOXIC，LIQUID，N. O. S.	6.1		Ⅰ	E5
			6.1		Ⅱ	E4
			6.1		Ⅲ	E1
3279	有机磷化合物，毒性，易燃，未另作规定的	ORGANOPHOSPHORUS COMPOUND，TOXIC，FLAMMABLE，N. O. S.	6.1	3	Ⅰ	E5
			6.1	3	Ⅱ	E4
3280	有机砷化合物，液态，未另作规定的	ORGANOARSENIC COMPOUND，LIQUID，N. O. S.	6.1		Ⅰ	E5
			6.1		Ⅱ	E4
			6.1		Ⅲ	E1
3281	羰基金属，液态，未另作规定的	METAL CARBONYLS，LIQUID，N. O. S.	6.1		Ⅰ	E5
			6.1		Ⅱ	E4
			6.1		Ⅲ	E1
3282	有机金属化合物，液态，毒性，未另作规定的	ORGANOMETALLIC COMPOUND，TOXIC，LIQUID，N. O. S.	6.1		Ⅰ	E5
			6.1		Ⅱ	E4
			6.1		Ⅲ	E1
3283	硒化合物，固态，未另作规定的	SELENIUM COMPOUND，SOLID，N. O. S.	6.1		Ⅰ	E5
			6.1		Ⅱ	E4
			6.1		Ⅲ	E1
3284	碲化合物，未另作规定的	TELLURIUM COMPOUND，N. O. S.	6.1		Ⅰ	E5
			6.1		Ⅱ	E4
			6.1		Ⅲ	E1
3285	钒化合物，未另作规定的	VANADIUM COMPOUND，N. O. S.	6.1		Ⅰ	E5
			6.1		Ⅱ	E4
			6.1		Ⅲ	E1
3286	易燃液体，毒性，腐蚀性，未另作规定的	FLAMMABLE LIQUID，TOXIC，CORROSIVE，N. O. S.	3	6.1；8	Ⅱ	E2
3287	无机毒性液体，未另作规定的	TOXIC LIQUID，INORGANIC，N. O. S.	6.1		Ⅰ	E5
			6.1		Ⅱ	E4
			6.1		Ⅲ	E1

表 2（续）

联合国编号	中文名称和说明	英文名称和说明	类别或项别	次要危险性	包装类别	例外数量
3288	无机毒性固体，未另作规定的	TOXIC SOLID, INORGANIC, N. O. S.	6.1		Ⅰ	E5
			6.1		Ⅱ	E4
			6.1		Ⅲ	E1
3289	无机毒性液体，腐蚀性，未另作规定的	TOXIC LIQUID, CORROSIVE, INORGANIC, N. O. S.	6.1	8	Ⅰ	E5
			6.1	8	Ⅱ	E4
3290	无机毒性固体，腐蚀性，未另作规定的	TOXIC SOLID, CORROSIVE, INORGANIC, N. O. S.	6.1	8	Ⅰ	E5
			6.1	8	Ⅱ	E4
3293	肼水溶液，按质量含肼不超过 37%	HYDRAZINE, AQUEOUS SOLUTION with not more than 37% hydrazine, by mass	6.1		Ⅲ	E1
3294	氰化氢乙醇溶液，含氰化氢不超过 45%	HYDROGEN CYANIDE, SOLUTION IN ALCOHOL with not more than 45% hydrogen cyanide	6.1	3	Ⅰ	E5
3295	液态烃类，未另作规定的	HYDROCARBONS, LIQUID, N. O. S.	3		Ⅰ	E3
			3		Ⅱ	E2
			3		Ⅲ	E1
3296	七氟丙烷(制冷气体 R 227)	HEPTAFLUOROPROPANE (REFRIGERANT GAS R 227)	2.2			E1
3297	环氧乙烷和四氟氯乙烷混合物，含环氧乙烷不超过 8.8%	ETHYLENE OXIDE AND CHLOROTETRAFLUORO-ETHANE MIXTURE with not more than 8.8% ethylene oxide	2.2			E1
3298	环氧乙烷和五氟乙烷混合物，含环氧乙烷不超过 7.9%	ETHYLENE OXIDE AND PENTAFLUOROETHANE MIXTURE with not more than 7.9% ethylene oxide	2.2			E1
3299	环氧乙烷和四氟乙烷混合物，含环氧乙烷不超过 5.6%	ETHYLENE OXIDE AND TETRAFLUOROETHANE MIXTURE with not more than 5.6% ethylene oxide	2.2			E1
3301	腐蚀性液体，自热性，未另作规定的	CORROSIVE LIQUID, SELF-HEATING, N. O. S.	8	4.2	Ⅱ	E2
3302	2-丙烯酸二甲氨基乙酯	2-DIMETHYLAMINOETHYL ACRYLATE	6.1		Ⅱ	E4
3313	有机颜料，自热性	ORGANIC PIGMENTS, SELF-HEATING	4.2		Ⅱ	E2
			4.2		Ⅲ	E1

表 2（续）

联合国编号	中文名称和说明	英文名称和说明	类别或项别	次要危险性	包装类别	例外数量
3314	**模塑化合物，呈揉塑团、薄片或挤压出的绳索状，会放出易燃蒸气**	PLASTICS MOULDING COMPOUND in dough, sheet or extruded rope form evolving flammable vapour	9		Ⅲ	E1
3315	**化学样品，毒性**	CHEMICAL SAMPLE, TOXIC	6.1		Ⅰ	E5
3320	**硼氢化钠和氢氧化钠溶液，按**质量含硼氢化钠不超过12%，含氢氧化钠不超过40%	SODIUM BOROHYDRIDE AND SODIUM HYDROXIDE SOLUTION, with not more than 12% sodium borohydride and not more than 40% sodium hydroxide by mass	8		Ⅱ	E2
			8		Ⅲ	E1
3336	**液态硫醇，易燃，未另作规定的，或液态硫醇混合物，易燃，未另作规定的**	MERCAPTANS, LIQUID, FLAMMABLE, N. O. S. or MERCAPTAN MIXTURE, LIQUID, FLAMMABLE, N. O. S.	3		Ⅰ	E3
			3		Ⅱ	E2
			3		Ⅲ	E1
3337	**制冷气体 R 404A**	REFRIGERANT GAS R 404A	2.2			E1
3338	**制冷气体 R 407A**	REFRIGERANT GAS R 407A	2.2			E1
3339	**制冷气体 R 407B**	REFRIGERANT GAS R 407B	2.2			E1
3340	**制冷气体 R 407C**	REFRIGERANT GAS R 407C	2.2			E1
3341	**二氧化硫脲**	THIOUREA DIOXIDE	4.2		Ⅱ	E2
			4.2		Ⅲ	E1
3342	**黄原酸盐**	XANTHATES	4.2		Ⅱ	E2
			4.2		Ⅲ	E1
3345	**固态苯氧基乙酸衍生物农药，毒性**	PHENOXYACETIC ACID DERIVATIVE PESTICIDE, SOLID, TOXIC	6.1		Ⅰ	E5
			6.1		Ⅱ	E4
			6.1		Ⅲ	E1
3346	**液态苯氧基乙酸衍生物农药，易燃，毒性，**闪点低于23 ℃	PHENOXYACETIC ACID DERIVATIVE PESTICIDE, LIQUID, FLAMMABLE, TOXIC, flash point less than 23 ℃	3	6.1	Ⅱ	E2
3347	**液态苯氧基乙酸衍生物农药，毒性，易燃，**闪点不低于23 ℃	PHENOXYACETIC ACID DERIVATIVE PESTICIDE, LIQUID, TOXIC, FLAMMABLE, flash point not less than 23 ℃	6.1	3	Ⅰ	E5
			6.1	3	Ⅱ	E4
			6.1	3	Ⅲ	E1
3348	**液态苯氧基乙酸衍生物农药，毒性**	PHENOXYACETIC ACID DERIVATIVE PESTICIDE, LIQUID, TOXIC	6.1		Ⅰ	E5
			6.1		Ⅱ	E4
			6.1		Ⅲ	E1

表 2（续）

联合国编号	中文名称和说明	英文名称和说明	类别或项别	次要危险性	包装类别	例外数量
3349	固态拟除虫菊酯农药，毒性	PYRETHROID PESTICIDE, SOLID, TOXIC	6.1		Ⅰ	E5
			6.1		Ⅱ	E4
			6.1		Ⅲ	E1
3350	液态拟除虫菊酯农药，易燃，毒性，闪点低于 23 ℃	PYRETHROID PESTICIDE, LIQUID, FLAMMABLE, TOXIC, flash point less than 23 ℃	3	6.1	Ⅱ	E2
3351	液态拟除虫菊酯农药，毒性，易燃，闪点不低于 23 ℃	PYRETHROID PESTICIDE, LIQUID, TOXIC, FLAMMABLE, flash point not less than 23 ℃	6.1	3	Ⅰ	E5
			6.1	3	Ⅱ	E4
			6.1	3	Ⅲ	E1
3352	液态拟除虫菊酯农药，毒性	PYRETHROID PESTICIDE, LIQUID, TOXIC	6.1		Ⅰ	E5
			6.1		Ⅱ	E4
			6.1		Ⅲ	E1
3361	氯硅烷，毒性，腐蚀性，未另作规定的	CHLOROSILANES, TOXIC, CORROSIVE, N.O.S.	6.1	8	Ⅱ	E4
3362	氯硅烷，毒性，腐蚀性，易燃，未另作规定的	CHLOROSILANES, TOXIC, CORROSIVE, FLAMMABLE, N.O.S.	6.1	3;8	Ⅱ	E4
3371	2-甲基丁醛	2-METHYLBUTANAL	3		Ⅱ	E2
3375	硝酸铵乳胶，或悬浮体或凝胶，爆破炸药的中间体	AMMONIUM NITRATE EMULSION or SUSPENSION or GEL, intermediate for blasting explosives	5.1		Ⅱ	E2
3377	过硼酸钠一水合物	SODIUM PERBORATE MONOHYDRATE	5.1		Ⅲ	E1
3378	过氧化碳酸钠水合物	SODIUM CARBONATE PEROXYHYDRATE	5.1		Ⅱ	E2
			5.1		Ⅲ	E1
3395	固态有机金属物质，遇水反应	ORGANOMETALLIC SUBSTANCE, SOLID, WATER-REACTIVE	4.3		Ⅱ	E2
			4.3		Ⅲ	E1
3396	固态有机金属物质，遇水反应，易燃	ORGANOMETALLIC SUBSTANCE, SOLID, WATER-REACTIVE, FLAMMABLE	4.3	4.1	Ⅱ	E2
			4.3	4.1	Ⅲ	E1
3397	固态有机金属物质，遇水反应，自热性	ORGANOMETALLIC SUBSTANCE, SOLID, WATER-REACTIVE, SELF-HEATING	4.3	4.2	Ⅱ	E2
			4.3	4.2	Ⅲ	E1
3398	液态有机金属物质，遇水反应	ORGANOMETALLIC SUBSTANCE, LIQUID, WATER-REACTIVE	4.3		Ⅱ	E2
			4.3		Ⅲ	E1

表 2（续）

联合国编号	中文名称和说明	英文名称和说明	类别或项别	次要危险性	包装类别	例外数量
3399	液态有机金属物质，遇水反应，易燃	ORGANOMETALLIC SUBSTANCE, LIQUID, WATER-REACTIVE, FLAMMABLE	4.3	3	Ⅱ	E2
			4.3	3	Ⅲ	E1
3400	固态有机金属物质，自热性	ORGANOMETALLIC SUBSTANCE, SOLID, SELF-HEATING	4.2		Ⅱ	E2
			4.2		Ⅲ	E1
3405	氯酸钡溶液	BARIUM CHLORATE SOLUTION	5.1	6.1	Ⅱ	E2
			5.1	6.1	Ⅲ	E1
3406	高氯酸钡溶液	BARIUM PERCHLORATE SOLUTION	5.1	6.1	Ⅱ	E2
			5.1	6.1	Ⅲ	E1
3407	氯酸盐和氯化镁混合物溶液	CHLORATE AND MAGNESIUM CHLORIDE MIXTURE SOLUTION	5.1		Ⅱ	E2
			5.1		Ⅲ	E1
3408	高氯酸铅溶液	LEAD PERCHLORATE SOLUTION	5.1	6.1	Ⅱ	E2
			5.1	6.1	Ⅲ	E1
3409	液态硝基氯苯	CHLORONITROBENZENES, LIQUID	6.1		Ⅱ	E4
3410	盐酸盐对氯邻甲苯胺溶液	4-CHLORO-*o*-TOLUIDINE HYDROCHLORIDE SOLUTION	6.1		Ⅲ	E1
3411	*β*-萘胺溶液	beta-NAPHTHYLAMINE SOLUTION	6.1		Ⅱ	E4
			6.1		Ⅲ	E1
3412	甲酸，按质量含酸不低于10%，但不超过85%	FORMIC ACID with not less than 10% but not more than 85% acid by mass	8		Ⅱ	E2
	甲酸，按质量含酸不低于5%，但低于10%	FORMIC ACID with not less than 5% but less than 10% acid by mass	8		Ⅲ	E1
3413	氰化钾溶液	POTASSIUM CYANIDE SOLUTION	6.1		Ⅰ	E5
			6.1		Ⅱ	E4
			6.1		Ⅲ	E1
3414	氰化钠溶液	SODIUM CYANIDE SOLUTION	6.1		Ⅰ	E5
			6.1		Ⅱ	E4
			6.1		Ⅲ	E1
3415	氟化钠溶液	SODIUM FLUORIDE SOLUTION	6.1		Ⅲ	E1
3416	液态氯乙酰苯	CHLOROACETOPHENONE, LIQUID	6.1		Ⅱ	E4

表 2（续）

联合国编号	中文名称和说明	英文名称和说明	类别或项别	次要危险性	包装类别	例外数量
3417	固态甲苄基溴(二甲苯基溴)	XYLYL BROMIDE,SOLID	6.1		Ⅱ	E4
3418	2,4-甲苯二胺溶液	2,4-TOLUYLENEDIAMINE SOLUTION	6.1		Ⅲ	E1
3419	固态三氟化硼合乙酸	BORON TRIFLUORIDE ACETIC ACID COMPLEX,SOLID	8		Ⅱ	E2
3420	固态三氟化硼合丙酸	BORON TRIFLUORIDE PROPIONIC ACID COMPLEX,SOLID	8		Ⅱ	E2
3421	二氟化氢钾溶液	POTASSIUM HYDROGEN DIFLUORIDE SOLUTION	8	6.1	Ⅱ	E2
			8	6.1	Ⅲ	E1
3422	氟化钾溶液	POTASSIUM FLUORIDE SOLUTION	6.1		Ⅲ	E1
3423	固态氢氧化四甲铵	TETRAMETHYLAMMONIUM HYDROXIDE,SOLID	8		Ⅱ	E2
3424	二硝基邻甲酚铵溶液	AMMONIUM DINITRO-*o*-CRESOLATE,SOLUTION	6.1		Ⅱ	E4
			6.1		Ⅲ	E1
3425	固态溴乙酸	BROMOACETIC ACID,SOLID	8		Ⅱ	E2
3426	丙烯酰胺溶液	ACRYLAMIDE SOLUTION	6.1		Ⅲ	E1
3427	固态氯苯甲基氯	CHLOROBENZYL CHLORIDES,SOLID	6.1		Ⅲ	E1
3428	固态异氰酸 3-氯-4-甲基苯酯	3-CHLORO-4-METHYLPHENYL ISOCYANATE,SOLID	6.1		Ⅱ	E4
3429	液态甲基氯苯胺	CHLOROTOLUIDINES,LIQUID	6.1		Ⅲ	E1
3430	液态二甲苯酚	XYLENOLS,LIQUID	6.1		Ⅱ	E4
3431	固态硝基三氟甲苯	NITROBENZOTRIFLUORIDES,SOLID	6.1		Ⅱ	E4
3432	固态多氯联苯	POLYCHLORINATED BIPHENYLS,SOLID	9		Ⅱ	E2
3434	液态硝基甲苯酚	NITROCRESOLS,LIQUID	6.1		Ⅲ	E1
3436	固态水合六氟丙酮	HEXAFLUOROACETONE HYDRATE,SOLID	6.1		Ⅱ	E4
3437	固态氯甲酚	CHLOROCRESOLS,SOLID	6.1		Ⅱ	E4
3438	固态 α-甲基苄基醇	alpha-METHYLBENZYL ALCOHOL,SOLID	6.1		Ⅲ	E1

表 2（续）

联合国编号	中文名称和说明	英文名称和说明	类别或项别	次要危险性	包装类别	例外数量
3439	固态腈类，毒性，未另作规定的	NITRILES, TOXIC, SOLID, N. O. S.	6.1		Ⅰ	E5
			6.1		Ⅱ	E4
			6.1		Ⅲ	E1
3440	液态硒化合物，未另作规定的	SELENIUM COMPOUND, LIQUID, N. O. S.	6.1		Ⅰ	E5
			6.1		Ⅱ	E4
			6.1		Ⅲ	E1
3441	固态二硝基氯苯	CHLORODINITROBENZENES, SOLID	6.1		Ⅱ	E4
3442	固态二氯苯胺	DICHLOROANILINES, SOLID	6.1		Ⅱ	E4
3443	固态二硝基苯	DINITROBENZENES, SOLID	6.1		Ⅱ	E4
3444	固态盐酸烟碱	NICOTINE HYDROCHLORIDE, SOLID	6.1		Ⅱ	E4
3445	固态硫酸烟碱	NICOTINE SULPHATE, SOLID	6.1		Ⅱ	E4
3446	固态硝基甲苯	NITROTOLUENES, SOLID	6.1		Ⅱ	E4
3447	固态硝基二甲苯	NITROXYLENES, SOLID	6.1		Ⅱ	E4
3448	固态催泪性毒气物质，未另作规定的	TEAR GAS SUBSTANCE, SOLID, N. O. S.	6.1		Ⅰ	E5
			6.1		Ⅱ	E4
3449	固态溴苄基氰	BROMOBENZYL CYANIDES, SOLID	6.1		Ⅰ	E5
3450	固态二苯氯胂	DIPHENYLCHLOROARSINE, SOLID	6.1		Ⅰ	E5
3451	固态甲苯胺	TOLUIDINES, SOLID	6.1		Ⅱ	E4
3452	固态二甲基苯胺	XYLIDINES, SOLID	6.1		Ⅱ	E4
3453	固态磷酸	PHOSPHORIC ACID, SOLID	8		Ⅲ	E1
3454	固态二硝基甲苯	DINITROTOLUENES, SOLID	6.1		Ⅱ	E4
3455	固态甲酚	CRESOLS, SOLID	6.1	8	Ⅱ	E4
3456	固态亚硝基硫酸	NITROSYLSULPHURIC ACID, SOLID	8		Ⅱ	E2
3457	固态硝基氯甲苯	CHLORONITROTOLUENES, SOLID	6.1		Ⅲ	E1
3458	固态硝基茴香醚	NITROANISOLES, SOLID	6.1		Ⅲ	E1
3459	固态硝基苯溴	NITROBROMOBENZENES, SOLID	6.1		Ⅲ	E1
3460	固态 *N*-乙苄基甲苯胺	*N*-ETHYLBENZYLTOLUIDINES, SOLID	6.1		Ⅲ	E1

表 2（续）

联合国编号	中文名称和说明	英文名称和说明	类别或项别	次要危险性	包装类别	例外数量
3462	固态毒素，从生物体提取，未另作规定的	TOXINS, EXTRACTED FROM LIVING SOURCES, SOLID, N. O. S.	6.1		Ⅰ	E5
			6.1		Ⅱ	E4
			6.1		Ⅲ	E1
3463	丙酸，按质量含酸不小于 90%	PROPIONIC ACID with not less than 90% acid by mass	8	3	Ⅱ	E2
3464	固态有机磷化合物，毒性，未另作规定的	ORGANOPHOSPHORUS COMPOUND, TOXIC, SOLID, N. O. S.	6.1		Ⅰ	E5
			6.1		Ⅱ	E4
			6.1		Ⅲ	E1
3465	固态有机砷化合物，未另作规定的	ORGANOARSENIC COMPOUND, SOLID, N. O. S.	6.1		Ⅰ	E5
			6.1		Ⅱ	E4
			6.1		Ⅲ	E1
3466	固态羰基金属，未另作规定的	METAL CARBONYLS, SOLID, N. O. S.	6.1		Ⅰ	E5
			6.1		Ⅱ	E4
			6.1		Ⅲ	E1
3467	固态有机金属化合物，毒性，未另作规定的	ORGANOMETALLIC COMPOUND, TOXIC, SOLID, N. O. S.	6.1		Ⅰ	E5
			6.1		Ⅱ	E4
			6.1		Ⅲ	E1
3469	涂料、易燃、腐蚀性（包括色漆、喷漆、搪瓷、着色剂、虫胶、清漆、抛光剂、液态填料和液态喷漆基料）或涂料的相关材料、易燃、腐蚀性（包括涂料稀释剂或冲淡剂）	PAINT, FLAMMABLE, CORROSIVE (including paint, lacquer, enamel, stain, shellac, varnish, polish, liquid filler and liquid lacquer base) or PAINT RELATED MATERIAL, FLAMMABLE, CORROSIVE (including paint thinning or reducing compound	3	8	Ⅱ	E2
			3	8	Ⅲ	E1
3470	涂料、腐蚀性、易燃（包括色漆、喷漆、搪瓷、着色剂、虫胶、清漆、抛光剂、液态填料和液态喷漆基料）或涂料的相关材料、腐蚀性、易燃（包括涂料稀释剂或冲淡剂）	PAINT, CORROSIVE, FLAMMABLE (including paint, lacquer, enamel, stain, shellac, varnish, polish, liquid filler and liquid lacquer base) or PAINT RELATED MATERIAL CORROSIVE, FLAMMABLE (including paint thinning or reducing compound)	8	3	Ⅱ	E2
3471	二氟氢化物溶液，未另作规定的	HYDROGENDIFLUORIDES SOLUTION, N. O. S.	8	6.1	Ⅱ	E2
			8	6.1	Ⅲ	E1
3472	丁烯酸，液态	HYDROGENDIFLUORIDES SOLUTION, N. O. S.	8		Ⅲ	E1

表 2（续）

联合国编号	中文名称和说明	英文名称和说明	类别或项别	次要危险性	包装类别	例外数量
3475	乙醇和汽油混合物，乙醇含量大于 10%	ETHANOL AND GASOLINE MIXTURE or ETHANOL AND MOTOR SPIRIT MIXTURE or ETHANOL AND PETROL MIXTURE, with more than 10% ethanol	3		Ⅱ	E2
3483	发动机燃料抗爆剂，易燃	MOTOR FUEL ANTI-KNOCK MIXTURE, FLAMMABLE	6.1	3	Ⅰ	E5
3485	次氯酸钙，干的，腐蚀性，或次氯酸钙混合物，干的，腐蚀性，含有效氯大于 39%（有效氧 8.8%）	CALCIUM HYPOCHLORITE, DRY, CORROSIVE or CALCIUM HYPOCHLORITE MIXTURE, DRY, CORROSIVE with more than 39% available chlorine (8.8% available oxygen)	5.1	8	Ⅱ	E2
3486	次氯酸钙混合物，干的，腐蚀性，含有效氯大于 10%，但不超过 39%	CALCIUM HYPOCHLORITE MIXTURE, DRY, CORROSIVE with more than 10% but not more than 39% available chlorine	5.1	8	Ⅲ	E1
3487	水合次氯酸钙，腐蚀性，或水合次氯酸钙混合物，腐蚀性，含水不低于 5.5%，但不超过 16%	CALCIUM HYPOCHLORITE, HYDRATED, CORROSIVE or CALCIUM HYPOCHLORITE, HYDRATED MIXTURE, CORROSIVE with not less than 5.5% but not more than 16% water	5.1	8	Ⅱ	E2
			5.1	8	Ⅲ	E1
3494	含硫原油，易燃，毒性	PETROLEUM SOUR CRUDE OIL, FLAMMABLE, TOXIC	3	6.1	Ⅱ	E2
			3	6.1	Ⅲ	E1
3495	碘	IODINE	8	6.1	Ⅲ	E1

7 包装

7.1 危险货物应装在质量良好的容器(包括中型散货箱和大型容器)中，容器应足够坚固，能够承受得住运输过程中通常遇到的冲击和荷载，包括运输装置之间和运输装置与仓库之间的转载以及搬离托盘或外包装供随后人工或机械操作。容器(包括中型散货箱和大型容器)的结构和封闭状况，在正常运输条件下，应能防止由于振动或由于温度、湿度或压力变化(例如:海拔不同产生的)造成的任何内装物损失。容器(包括中型散货箱和大型容器)应按照制造商提供的资料封闭。在运输过程中不应有任何危险残余物粘附在容器、中型散货箱和大型容器外面。上述规定适用于新的、重复使用的、修整过的或改制的容器、中型散货箱，以及新的、重复使用的或改制的大型容器。

7.2 容器(包括中型散货箱和大型容器)与危险货物直接接触的各个部位:

a) 不应受到危险货物的影响,或者其强度不应被危险货物显著减弱;

b) 不应在包件内造成危险效应,例如,促使危险货物起反应或与危险货物起反应;

c) 不应发生危险货物渗透,在正常运输条件下造成危险。

必要时,这些部位应有适当的内涂层或经过适当的处理。

7.3 装有液体的容器(包括中型散货箱和大型容器):

a) 应留有足够的未满空间,以保证在运输过程中不会由于温度变化引起液体膨胀而使容器泄漏或永久变形。在没有具体规定的情况下,液体不应在 55 ℃下装满容器。中型散货箱应留有足够的未满空间,以确保在平均整体温度为 50 ℃时,中型散货箱的装载率不超过其水容量的 98%。

b) 在空运时,拟装液体的容器也应按照国际空运规章的规定,能够承受一定的压差而不泄漏。

7.4 如果危险货物与其他货物或其他危险货物之间会起危险反应,并产生下列四种效应,则不应放置在同一个外容器或大型容器中:

a) 燃烧和/或放出大量的热;

b) 放出易燃、毒性或窒息性气体;

c) 产生腐蚀性物质;

d) 产生不稳定物质。

7.5 危险货物以例外数量运输时应使用内容器,内容器的制造应使用塑料(在用于液体危险货物时,其厚度不应小于 0.2 mm),或玻璃、瓷器、石器、陶器或金属,每个内容器的封口应使用金属丝、胶带或其他可靠手段紧固;任何带有模压螺纹瓶颈的贮器,应配有防漏的螺纹型瓶盖。封口应能够耐内装物的腐蚀。

7.6 每个内容器都应牢靠地装在带衬垫材料的中间容器中,以确保在正常运输条件下不会破裂、穿孔或内装物泄漏。在发生破裂或泄漏的情况下,不论包件的方向如何,中间容器都应能够完全盛载内装物。装载液态危险货物的中间容器,应含有足够的吸收材料,可吸收内容器的全部内装物。在这种情况下,吸收材料可以是衬垫材料。危险货物不应与衬垫材料、吸收材料和包装材料产生危险反应,或降低材料的完整性或作用。

7.7 中间容器应牢靠地包装在坚固、硬质的外容器内(木材、纤维板或其他同样坚固的材料)。

7.8 危险货物以例外数量运输时,每种型号的包件都应符合第 8 章的规定。

7.9 危险货物以例外数量运输时,每个包件的尺寸应保证有足够的地方做所有必要的标记。

7.10 危险货物以例外数量运输时,可以使用外包装。外包装可装有危险货物包件,或不按危险货物运输管理的货物。

8 包件测试

8.1 准备运输的完整包件,包括内容器,装载固体物质不小于其容量的 95%,或液体物质不小于其容量的 98%,经测试并作适当记录,表明能承受以下试验,而不发生任何内容器的破裂或泄漏,不严重影响其使用:

a) 从 1.8 m 的高度向坚硬、无弹性、平坦而水平的表面跌落:

1) 如试样的形状是方形,应从以下每个方向跌落:

——底部平跌;

——顶部平跌;

——最长侧面平跌；

——最短侧面平跌；

——棱角着地。

2） 如试样的形状是鼓形，应从以下每个方向跌落：

——顶部凸边斜着落地，重心在撞击点正上方；

——底部凸边斜着落地；

——侧面平着落地。

注：以上的每次跌落试验，可使用不同但完全一样的包件。

b） 向上表面施加压力 24 h，力度相当于同样包件垛高 3 m 的总质量(包括试验样品)。

8.2 进行 8.1 规定的试验，容器内准备运输的物质，在保证试验结果有效的前提下，可用其他物质替代。对于固体，在使用其他物质时，应与拟运输的物质具有相同的物理特性(质量、颗粒大小等)。在液体的跌落试验中，在使用其他物质时，其相对密度和黏度，应接近于拟运输的物质。

9 标记和单证

9.1 以例外数量运输的危险货物包件，应做永久、清楚的标记(见图 1)。标记应显示主要危险类别，或如果已经划定，包件内所装每一项危险货物所属的项别。如果包件没有在其他地方显示发货人或收货人的姓名，这个信息也应列入标记内。

注 1：影线和符号使用同一颜色，红或黑，白底或适当反差底色。

注 2：*　此处显示类别，或如果已经划定，显示项别。

注 3：**　如果包件没有在其他位置显示发货人或收货人的姓名，则在此处显示。

图 1 例外数量标记

9.2 标记的尺寸应至少 100 mm×100 mm。

9.3 装有以例外数量运输危险货物的外包装，也应做 9.1 所要求的标记，除非可以清楚地从外包装看到包件上的例外数量标记。

9.4 危险货物以例外数量运输时，危险货物运输单证应注明“例外数量的危险货物”，并注明包件的数量。

10 豁免

以例外数量运输的危险货物除了以下 a)、b)两方面外，满足本标准之规定，可免除危险货物运输的任何其他要求：

a) 从事危险货物运输人员的培训要求，见《规章范本》1.3；

b) 危险货物分类、分类程序和包装组标准，见《规章范本》第 2 部分。

注：对于放射性物质，见《规章范本》1.5.1.5 对放射性物质使用例外包件运输的要求。

ICS 13.300
A 80

中华人民共和国国家标准

GB 28644.2—2012

危险货物有限数量及包装要求

Limited quantities and packing requirements of dangerous goods

2012-07-31 发布　　　　2012-12-01 实施

中华人民共和国国家质量监督检验检疫总局
中国国家标准化管理委员会　发布

前　　言

本标准的第 5 章、第 6 章、7.1 和第 8 章为强制性的，其余为推荐性的。

本标准按照 GB/T 1.1—2009 给出的规则起草。

本标准与联合国《关于危险货物运输的建议书　规章范本》(第十六修订版)第 3 部分：危险货物一览表、特殊规定和例外中的第 3.2 章危险货物一览表(第 1 栏～第 5 栏和第 7 栏 a)和第 3.4 章的技术内容一致。

本标准由中华人民共和国交通运输部提出。

本标准由全国危险化学品管理标准化技术委员会(SAC/TC 251)归口。

本标准起草单位：交通运输部科学研究院、上海市交通运输和港口管理局、上海化工研究院、中国航空运输协会。

本标准主要起草人：彭建华、陈正才、范贵根、范宾、李爱青、耿红、陈济丁、李玉红。

危险货物有限数量及包装要求

1 范围

本标准规定了危险货物有限数量表的结构、危险货物的有限数量以及危险货物以有限数量运输时的包装、单证、标记、豁免等内容。

本标准适用于以有限数量包装运输的危险货物。

2 规范性引用文件

下列文件对于本文件的应用是必不可少的。凡是注日期的引用文件,仅注日期的版本适用于本文件。凡是不注日期的引用文件,其最新版本(包括所有的修改单)适用于本文件。

GB/T 4122.1 包装术语 第1部分:基础

GB 6944 危险货物分类和品名编号

GB 12268 危险货物品名表

联合国《关于危险货物运输的建议书 规章范本》(第十六修订版)

3 术语和定义

GB/T 4122.1、GB 6944、GB 12268和联合国《关于危险货物运输的建议书 规章范本》(第十六修订版)(以下简称《规章范本》)界定的术语和定义适用于本文件。

4 危险货物有限数量表的结构

4.1 编排格式

危险货物有限数量表分为7栏,依次为第1栏"联合国编号"、第2栏"中文名称和说明"、第3栏"英文名称和说明"、第4栏"类别或项别"、第5栏"次要危险性"、第6栏"包装类别"和第7栏"有限数量"。

4.2 第1栏"联合国编号"

本栏是根据联合国分类制度给危险货物划定的系列编号。

4.3 第2栏"中文名称和说明"

本栏包括危险货物的中文正式运输名称,用黑体字(加上构成名称一部分的数字、希腊字母、"仲"、"叔"、间、正、邻、对等)表示;也可附加说明文字,用宋体字表示,其中"%"符号代表:

a) 如果是固体或液体混合物以及溶液和用液体湿润的固体,为根据混合物、溶液或湿润固体的总质量计算的质量分数,单位为10^{-2};

b) 如果是压缩气体混合物,按压力装载时,用占气体混合物总体积的体积分数表示,单位为10^{-2};或按质量装载时,用占混合物总质量的质量分数表示,单位为10^{-2};

c) 如果是液化气体混合物和加压溶解的气体,用占混合物总质量的质量分数表示,单位为10^{-2}。

4.4　第 3 栏“英文名称和说明”

本栏包括危险货物的英文正式运输名称，用大写字母表示；附加说明用小写字母表示。

4.5　第 4 栏“类别或项别”

本栏是危险货物的主要危险性，按 GB 6944 确定。

4.6　第 5 栏“次要危险性”

本栏是除危险货物主要危险性以外的其他危险性的类别或项别，按 GB 6944 确定。

4.7　第 6 栏“包装类别”

本栏是按照联合国包装类别给危险货物划定的包装类别号码，按 GB 6944 确定。

4.8　第 7 栏“有限数量”

本栏对按照本标准准许运输的有限数量危险货物，规定了每个内容器或物品所装的最大数量。

5　危险货物有限数量表

5.1　危险货物有限数量表见表 1。

5.2　不适用以有限数量运输的危险货物未列入表 1 中。

表 1　危险货物有限数量表

联合国编号	中文名称和说明	英文名称和说明	类别或项别	次要危险性	包装类别	有限数量
1002	压缩空气	AIR，COMPRESSED	2.2			120 mL
1006	压缩氩	ARGON，COMPRESSED	2.2			120 mL
1009	溴三氟甲烷（制冷气体 R 13B1）	BROMOTRIFLUOROMETHANE (REFRIGERANT GAS R 13B1)	2.2			120 mL
1013	二氧化碳	CARBON DIOXIDE	2.2			120 mL
1018	二氟氯甲烷（制冷气体 R 22）	CHLORODIFLUOROMETHANE (REFRIGERANT GAS R 22)	2.2			120 mL
1020	五氟氯乙烷（制冷气体 R 115）	CHLOROPENTAFLUOROETHANE (REFRIGERANT GAS R 115)	2.2			120 mL
1021	1-氯-1，2，2，2-四氟乙烷（制冷气体 R 124）	1-CHLORO-1，2，2，2-TETRAFLUOROETHANE(REFRIGERANT GAS R 124)	2.2			120 mL
1022	三氟氯甲烷（制冷气体 R 13）	CHLOROTRIFLUOROMETHANE (REFRIGERANT GAS R 13)	2.2			120 mL
1028	二氯二氟甲烷（制冷气体 R 12）	DICHLORODIFLUOROMETHANE (REFRIGERANT GAS R12)	2.2			120 mL

表 1(续)

联合国编号	中文名称和说明	英文名称和说明	类别或项别	次要危险性	包装类别	有限数量
1029	二氯氟甲烷(制冷气体 R 21)	DICHLOROFLUOROMETHANE (REFRIGERANT GAS R 21)	2.2			120 mL
1043	充氨溶液化肥,含有游离氨	FERTILIZER AMMONIATING SOLUTION with free ammonia	2.2			120 mL
1044	灭火器,装有压缩或液化气体	FIRE EXTINGUISHERS with compressed or liquefied gas	2.2			120 mL
1046	压缩氦	HELIUM,COMPRESSED	2.2			120 mL
1056	压缩氪	KRYPTON,COMPRESSED	2.2			120 mL
1058	液化气体,非易燃,充有氮、二氧化碳或空气	LIQUEFIED GASES, nonflammable, charged with nitrogen, carbon dioxide or air	2.2			120 mL
1065	压缩氖	NEON,COMPRESSED	2.2			120 mL
1066	压缩氮	NITROGEN,COMPRESSED	2.2			120 mL
1078	制冷气体,未另作规定的	REFRIGERANT GAS, N. O. S.	2.2			120 mL
1080	六氟化硫	SULPHUR HEXAFLUORIDE	2.2			120 mL
1088	乙缩醛	ACETAL	3		Ⅱ	1 L
1090	丙酮	ACETONE	3		Ⅱ	1 L
1091	丙酮油	ACETONE OILS	3		Ⅱ	1 L
1104	乙酸戊酯	AMYL ACETATES	3		Ⅲ	5 L
1105	戊醇	PENTANOLS	3		Ⅱ	1 L
			3		Ⅲ	5 L
1106	戊胺	AMYLAMINE	3	8	Ⅱ	1 L
			3	8	Ⅲ	5 L
1107	戊基氯	AMYL CHLORIDE	3		Ⅱ	1 L
1109	甲酸戊酯	AMYL FORMATES	3		Ⅲ	5 L
1110	正戊基甲基酮	*n*-AMYL METHYL KETONE	3		Ⅲ	5 L
1111	戊硫醇	AMYL MERCAPTAN	3		Ⅱ	1 L
1112	硝酸戊酯	AMYL NITRATE	3		Ⅲ	5 L
1113	亚硝酸戊酯	AMYL NITRITE	3		Ⅱ	1 L
1114	苯	BENZENE	3		Ⅱ	1 L
1120	丁醇	BUTANOLS	3		Ⅱ	1 L
			3		Ⅲ	5 L
1123	乙酸丁酯	BUTYL ACETATES	3		Ⅱ	1 L
			3		Ⅲ	5 L

表 1(续)

联合国编号	中文名称和说明	英文名称和说明	类别或项别	次要危险性	包装类别	有限数量
1125	正丁胺	*n*-BUTYLAMINE	3	8	Ⅱ	1 L
1126	1-溴丁烷	1-BROMOBUTANE	3		Ⅱ	1 L
1127	氯丁烷	CHLOROBUTANES	3		Ⅱ	1 L
1128	甲酸正丁酯	*n*-BUTYL FORMATE	3		Ⅱ	1 L
1129	丁醛	BUTYRALDEHYDE	3		Ⅱ	1 L
1130	樟脑油	CAMPHOR OIL	3		Ⅲ	5 L
1133	黏合剂,含易燃液体	ADHESIVES containing flammable liquid	3		Ⅰ	500 mL
			3		Ⅱ	5 L
			3		Ⅲ	5 L
1134	氯苯	CHLOROBENZENE	3		Ⅲ	5 L
1136	煤焦油馏出物,易燃	COAL TAR DISTILLATES, FLAMMABLE	3		Ⅱ	1 L
			3		Ⅲ	5 L
1139	涂料溶液(包括用于工业或其他用途的表面处理剂或涂料,例如车辆的底漆、圆桶或琵琶桶的面料)	COATING SOLUTION (includes surface treatments or coatings used for industrial or other purposes such as vehicle undercoating, drum or barrel lining)	3		Ⅰ	500 mL
			3		Ⅱ	5 L
			3		Ⅲ	5 L
1145	环己烷	CYCLOHEXANE	3		Ⅱ	1 L
1146	环戊烷	CYCLOPENTANE	3		Ⅱ	1 L
1147	十氢化萘	DECAHYDRONAPHTHALENE	3		Ⅲ	5 L
1148	双丙酮醇	DIACETONE ALCOHOL	3		Ⅱ	1 L
			3		Ⅲ	5 L
1149	二丁醚	DIBUTYL ETHERS	3		Ⅲ	5 L
1150	1,2-二氯乙烯	1,2-DICHLOROETHYLENE	3		Ⅱ	1 L
1152	二氯戊烷	DICHLOROPENTANES	3		Ⅲ	5 L
1153	乙二醇二乙醚	ETHYLENE GLYCOL DIETHYL ETHER	3		Ⅱ	1 L
			3		Ⅲ	5 L
1154	二乙胺	DIETHYLAMINE	3	8	Ⅱ	1 L
1156	二乙酮	DIETHYL KETONE	3		Ⅱ	1 L
1157	二异丁酮	DIISOBUTYL KETONE	3		Ⅲ	5 L
1158	二异丙胺	DIISOPROPYLAMINE	3	8	Ⅱ	1 L
1159	二异丙醚	DIISOPROPYL ETHER	3		Ⅱ	1 L
1160	二甲胺水溶液	DIMETHYLAMINE AQUEOUS SOLUTION	3	8	Ⅱ	1 L

表 1（续）

联合国编号	中文名称和说明	英文名称和说明	类别或项别	次要危险性	包装类别	有限数量
1161	碳酸二甲酯	DIMETHYL CARBONATE	3		Ⅱ	1 L
1164	二甲硫	DIMETHYL SULPHIDE	3		Ⅱ	1 L
1165	二噁烷	DIOXANE	3		Ⅱ	1 L
1166	二氧戊环	DIOXOLANE	3		Ⅱ	1 L
1169	液态萃取香料	EXTRACTS, AROMATIC, LIQUID	3		Ⅱ	5 L
			3		Ⅲ	5 L
1170	乙醇（酒精）或乙醇溶液（酒精溶液）	ETHANOL (ETHYL ALCOHOL) or ETHANOL SOLUTION (ETHYL ALCOHOL SOLUTION)	3		Ⅱ	1 L
			3		Ⅲ	5 L
1171	乙二醇一乙醚	ETHYLENE GLYCOL MONOETHYL ETHER	3		Ⅲ	5 L
1172	乙酸乙二醇一乙醚酯	ETHYLENE GLYCOL MONOETHYL ETHER ACETATE	3		Ⅲ	5 L
1173	乙酸乙酯	ETHYL ACETATE	3		Ⅱ	1 L
1175	乙苯	ETHYLBENZENE	3		Ⅱ	1 L
1176	硼酸乙酯	ETHYL BORATE	3		Ⅱ	1 L
1177	乙酸-2-乙基丁酯	2-ETHYLBUTYL ACETATE	3		Ⅲ	5 L
1178	2-乙基丁醛	2-ETHYLBUTYRALDEHYDE	3		Ⅱ	1 L
1179	乙基丁基醚	ETHYL BUTYL ETHER	3		Ⅱ	1 L
1180	丁酸乙酯	ETHYL BUTYRATE	3		Ⅲ	5 L
1181	氯乙酸乙酯	ETHYL CHLOROACETATE	6.1	3	Ⅱ	100 mL
1184	二氯化乙烯	ETHYLENE DICHLORIDE	3	6.1	Ⅱ	1 L
1188	乙二醇一甲醚	ETHYLENE GLYCOL MONOMETHYL ETHER	3		Ⅲ	5 L
1189	乙酸乙二醇一甲醚酯	ETHYLENE GLYCOL MONOMETHYL ETHER ACETATE	3		Ⅲ	5 L
1190	甲酸乙酯	ETHYL FORMATE	3		Ⅱ	1 L
1191	辛醛	OCTYL ALDEHYDES	3		Ⅲ	5 L
1192	乳酸乙酯	ETHYL LACTATE	3		Ⅲ	5 L
1193	乙基甲基酮（甲乙酮）	ETHYL METHYL KETONE (METHYL ETHYL KETONE)	3		Ⅱ	1 L
1195	丙酸乙酯	ETHYL PROPIONATE	3		Ⅱ	1 L
1197	液态萃取调味剂	EXTRACTS, FLAVOURING, LIQUID	3		Ⅱ	5 L
			3		Ⅲ	5 L

表 1（续）

联合国编号	中文名称和说明	英文名称和说明	类别或项别	次要危险性	包装类别	有限数量
1198	甲醛溶液，易燃	FORMALDEHYDE SOLUTION, FLAMMABLE	3	8	Ⅲ	5 L
1199	糠醛	FURALDEHYDES	6.1	3	Ⅱ	100 mL
1201	杂醇油	FUSEL OIL	3		Ⅱ	1 L
			3		Ⅲ	5 L
1202	瓦斯油或柴油或轻质燃料油	GAS OIL or DIESEL FUEL or HEATING OIL, LIGHT	3		Ⅲ	5 L
1203	车用汽油或汽油	MOTOR SPIRIT or GASOLINE or PETROL	3		Ⅱ	1 L
1204	硝化甘油乙醇溶液，含硝化甘油不超过1%	NITROGLYCERIN SOLUTION IN ALCOHOL with not more than 1% nitroglycerin	3		Ⅱ	1 L
1206	庚烷	HEPTANES	3		Ⅱ	1 L
1207	己醛	HEXALDEHYDE	3		Ⅲ	5 L
1208	己烷	HEXANES	3		Ⅱ	1 L
1210	印刷油墨，易燃，或印刷油墨相关材料（包括印刷油墨稀释剂或还原剂），易燃	PRINTING INK, flammable or PRINTING INK RELATED MATERIAL (including printing ink thinning or reducing compound), flammable	3		Ⅰ	500 mL
			3		Ⅱ	5 L
			3		Ⅲ	5 L
1212	异丁醇	ISOBUTANOL (ISOBUTYL ALCOHOL)	3		Ⅲ	5 L
1213	乙酸异丁酯	ISOBUTYL ACETATE	3		Ⅱ	1 L
1214	异丁胺	ISOBUTYLAMINE	3	8	Ⅱ	1 L
1216	异辛烯	ISOOCTENES	3		Ⅱ	1 L
1219	异丙醇	ISOPROPANOL (ISOPROPYL ALCOHOL)	3		Ⅱ	1 L
1220	乙酸异丙酯	ISOPROPYL ACETATE	3		Ⅱ	1 L
1222	硝酸异丙酯	ISOPROPYL NITRATE	3		Ⅱ	1 L
1223	煤油	KEROSENE	3		Ⅲ	5 L
1224	液态酮类，未另作规定的	KETONES, LIQUID, N.O.S.	3		Ⅱ	1 L
			3		Ⅲ	5 L
1228	液态硫醇，易燃，毒性，未另作规定的，或液态硫醇混合物，易燃，毒性，未另作规定的	MERCAPTANS, LIQUID, FLAMMABLE, TOXIC, N.O.S. or MERCAPTAN MIXTURE, LIQUID, FLAMMABLE, TOXIC, N.O.S.	3	6.1	Ⅱ	1 L
			3	6.1	Ⅲ	5 L
1229	亚异丙基丙酮	MESITYL OXIDE	3		Ⅲ	5 L
1230	甲醇	METHANOL	3	6.1	Ⅱ	1 L

表 1（续）

联合国编号	中文名称和说明	英文名称和说明	类别或项别	次要危险性	包装类别	有限数量
1231	乙酸甲酯	METHYL ACETATE	3		Ⅱ	1 L
1233	乙酸甲基戊酯	METHYLAMYL ACETATE	3		Ⅲ	5 L
1234	甲醛缩二甲醇(甲缩醛)	METHYLAL	3		Ⅱ	1 L
1235	甲胺水溶液	METHYLAMINE, AQUEOUS SOLUTION	3	8	Ⅱ	1 L
1237	丁酸甲酯	METHYL BUTYRATE	3		Ⅱ	1 L
1245	甲基异丁基酮	METHYL ISOBUTYL KETONE	3		Ⅱ	1 L
1246	甲基异丙烯基酮，稳定的	METHYL ISOPROPENYL KETONE, STABILIZED	3		Ⅱ	1 L
1247	单体丙烯酸甲酯，稳定的	METHYL METHACRYLATE MONOMER, STABILIZED	3		Ⅱ	1 L
1248	丙酸甲酯	METHYL PROPIONATE	3		Ⅱ	1 L
1249	甲基丙基酮	METHYL PROPYL KETONE	3		Ⅱ	1 L
1261	硝基甲烷	NITROMETHANE	3		Ⅱ	1 L
1262	辛烷	OCTANES	3		Ⅱ	1 L
1263	涂料(包括色漆、喷漆、搪瓷、着色剂、虫胶、清漆、抛光剂、液态填料和液态喷漆基料)或涂料的相关材料(包括涂料稀释剂或冲淡剂)	PAINT (including paint, lacquer, enamel, stain, shellac, varnish, polish, liquid filler and liquid lacquer base) or PAINT RELATED MATERIAL (including paint thinning or reducing compound)	3		Ⅰ	500 mL
			3		Ⅱ	5 L
			3		Ⅲ	5 L
1264	仲乙醛(三聚乙醛)	PARALDEHYDE	3		Ⅲ	5 L
1265	戊烷，液体	PENTANES, liquid	3		Ⅱ	1 L
1266	香料制品，含有易燃溶剂	PERFUMERY PRODUCTS with flammable solvents	3		Ⅱ	5 L
			3		Ⅲ	5 L
1267	石油原油	PETROLEUM CRUDE OIL	3		Ⅰ	500 mL
			3		Ⅱ	1 L
			3		Ⅲ	5 L
1268	石油馏出物，未另作规定的或石油产品，未另作规定的	PETROLEUM DISTILLATES, N. O. S. or PETROLEUM PRODUCTS, N. O. S.	3		Ⅰ	500 mL
			3		Ⅱ	1 L
			3		Ⅲ	5 L
1272	松油	PINE OIL	3		Ⅲ	5 L
1274	正丙醇	*n*-PROPANOL (PROPYL ALCOHOL, NORMAL)	3		Ⅱ	1 L
			3		Ⅲ	5 L

表 1(续)

联合国编号	中文名称和说明	英文名称和说明	类别或项别	次要危险性	包装类别	有限数量
1275	丙醛	PROPIONALDEHYDE	3		Ⅱ	1 L
1276	乙酸正丙酯	*n*-PROPYL ACETATE	3		Ⅱ	1 L
1277	丙胺	PROPYLAMINE	3	8	Ⅱ	1 L
1278	1-氯丙烷	1-CHLOROPROPANE	3		Ⅱ	1 L
1279	1,2-二氯丙烷	1,2-DICHLOROPROPANE	3		Ⅱ	1 L
1281	甲酸丙酯	PROPYL FORMATES	3		Ⅱ	1 L
1282	吡啶	PYRIDINE	3		Ⅱ	1 L
1286	松香油	ROSIN OIL	3		Ⅱ	5 L
			3		Ⅲ	5 L
1287	橡胶溶液	RUBBER SOLUTION	3		Ⅱ	5 L
			3		Ⅲ	5 L
1288	页岩油	SHALE OIL	3		Ⅱ	1 L
			3		Ⅲ	5 L
1289	甲醇钠的乙醇溶液	SODIUM METHYLATE SOLUTION in alcohol	3	8	Ⅱ	1 L
			3	8	Ⅲ	5 L
1292	硅酸四乙酯	TETRAETHYL SILICATE	3		Ⅲ	5 L
1293	药用酊剂	TINCTURES,MEDICINAL	3		Ⅱ	1 L
			3		Ⅲ	5 L
1294	甲苯	TOLUENE	3		Ⅱ	1 L
1296	三乙胺	TRIETHYLAMINE	3	8	Ⅱ	1 L
1297	三甲胺水溶液,按质量含三甲胺不超过50%	TRIMETHYLAMINE, AQUEOUS SOLUTION, not more than 50% trimethylamine, by mass	3	8	Ⅱ	1 L
			3	8	Ⅲ	5 L
1299	松节油	TURPENTINE	3		Ⅲ	5 L
1300	松节油代用品	TURPENTINE SUBSTITUTE	3		Ⅱ	1 L
			3		Ⅲ	5 L
1301	乙酸乙烯酯,稳定的	VINYL ACETATE,STABILIZED	3		Ⅱ	1 L
1304	乙烯基异丁基醚,稳定的	VINYL ISOBUTYL ETHER,STABILIZED	3		Ⅱ	1 L
1306	液态木材防腐剂	WOOD PRESERVATIVES,LIQUID	3		Ⅱ	5 L
			3		Ⅲ	5 L
1307	二甲苯	XYLENES	3		Ⅱ	1 L
			3		Ⅲ	5 L

表 1（续）

联合国编号	中文名称和说明	英文名称和说明	类别或项别	次要危险性	包装类别	有限数量
1308	锆，悬浮在易燃液体中	ZIRCONIUM SUSPENDED IN A FLAMMABLE LIQUID	3		Ⅱ	1 L
			3		Ⅲ	5 L
1309	铝粉，有涂层的	ALUMINIUM POWDER，COATED	4.1		Ⅱ	1 kg
			4.1		Ⅲ	5 kg
1312	冰片（龙脑）	BORNEOL	4.1		Ⅲ	5 kg
1313	树脂酸钙	CALCIUM RESINATE	4.1		Ⅲ	5 kg
1314	熔凝树脂酸钙	CALCIUM RESINATE，FUSED	4.1		Ⅲ	5 kg
1318	树脂酸钴，沉淀的	COBALT RESINATE，PRECIPITATED	4.1		Ⅲ	5 kg
1323	铈铁合金	FERROCERIUM	4.1		Ⅱ	1 kg
1324	胶片，以硝化纤维素为基料，涂有明胶的，碎胶片除外	FILMS，NITROCELLULOSE BASE，gelatin coated，except scrap	4.1		Ⅲ	5 kg
1325	有机易燃固体，未另作规定的	FLAMMABLE SOLID，ORGANIC，N. O. S.	4.1		Ⅱ	1 kg
			4.1		Ⅲ	5 kg
1326	铪粉，湿的，含水不低于 25%（所含过量水应看得出来）（a）机械方法生产的，粒径小于 53 μm；（b）化学方法生产的，粒径小于 840 μm	HAFNIUM POWDER，WETTED with not less than 25% water （a visible excess of water must be present） （a） mechanically produced，particle size less than 53 microns；（b） chemically produced，particle size less than 840 microns	4.1		Ⅱ	1 kg
1327	干草，禾秆或碎稻草和稻壳	HAY，STRAW or BHUSA	4.1			3 kg
1328	环六亚甲基四胺	HEXAMETHYLENETETRAMINE	4.1		Ⅲ	5 kg
1330	树脂酸锰	MANGANESE RESINATE	4.1		Ⅲ	5 kg
1331	火柴，“可随处划燃”	MATCHES，“STRIKE ANYWHERE”	4.1		Ⅲ	5 kg
1332	聚乙醛	METALDEHYDE	4.1		Ⅲ	5 kg
1333	铈（板、锭或棒）	CERIUM，slabs，ingots or rods	4.1		Ⅱ	1 kg
1334	粗制萘或精制萘	NAPHTHALENE，CRUDE or NAPHTHALENE，REFINED	4.1		Ⅲ	5 kg
1338	非晶形磷	PHOSPHORUS，AMORPHOUS	4.1		Ⅲ	5 kg
1339	七硫化四磷，不含黄磷和白磷	PHOSPHORUS HEPTASULPHIDE，free from yellow and white phosphorus	4.1		Ⅱ	1 kg
1340	五硫化二磷，不含黄磷和白磷	PHOSPHORUS PENTASULPHIDE，free from yellow and white phosphorus	4.3	4.1	Ⅱ	500 g

表 1（续）

联合国编号	中文名称和说明	英文名称和说明	类别或项别	次要危险性	包装类别	有限数量
1341	**三硫化四磷，不含黄磷和白磷**	PHOSPHORUS SESQUISULPHIDE, free from yellow and white phosphorus	4.1		Ⅱ	1 kg
1343	**三硫化二磷，不含黄磷和白磷**	PHOSPHORUS TRISULPHIDE, free from yellow and white phosphorus	4.1		Ⅱ	1 kg
1345	**废橡胶或回收橡胶，粉末或颗粒，粒径不超过840 μm，橡胶含量超过45％**	RUBBER SCRAP or RUBBER SHODDY, powdered or granulated, not exceeding 840 microns and rubber content exceeding 45％	4.1		Ⅱ	1 kg
1346	**非晶形硅粉**	SILICON POWDER, AMORPHOUS	4.1		Ⅲ	5 kg
1350	**硫**	SULPHUR	4.1		Ⅲ	5 kg
1352	**钛粉，湿的，含水不低于25％（所含过量水应看得出来）(a)机械方法生产的，粒径小于53 μm；(b)化学方法生产的，粒径小于840 μm**	TITANIUM POWDER, WETTED with not less than 25％ water (a visible excess of water must be present) (a) mechanically produced, particle size less than 53 microns; (b) chemically produced particle size less than 840 microns	4.1		Ⅱ	1 kg
1353	**纤维或纤维织品，经过轻度硝化的硝化纤维素，未另作规定的**	FIBRES or FABRICS IMPREGNATED WITH WEAKLY NITRATED NITROCELLULOSE, N.O.S.	4.1		Ⅲ	5 kg
1358	**锆粉，湿的，按含水不低于25％（所含过量水应看得出来）(a)机械方法生产的，粒径小于53 μm；(b)化学方法生产的，粒径小于840 μm**	ZIRCONIUM POWDER, WETTED with not less than 25％ water (a visible excess of water must be present) (a) mechanically produced, particle size less than 53 microns; (b) chemically produced particle size less than 840 microns	4.1		Ⅱ	1 kg
1390	**氨基碱金属**	ALKALI METAL AMIDES	4.3		Ⅱ	500 g
1393	**碱土金属合金，未另作规定的**	ALKALINE EARTH METAL ALLOY, N.O.S.	4.3		Ⅱ	500 g
1394	**碳化铝**	ALUMINIUM CARBIDE	4.3		Ⅱ	500 g
1395	**硅铝铁合金粉**	ALUMINIUM FERROSILICON POWDER	4.3	6.1	Ⅱ	500 g
1396	**铝粉，无涂层的**	ALUMINIUM POWDER, UNCOATED	4.3		Ⅱ	500 g
			4.3		Ⅲ	1 kg
1398	**硅铝粉，无涂层的**	ALUMINIUM SILICON POWDER, UNCOATED	4.3		Ⅲ	1 kg

表 1（续）

联合国编号	中文名称和说明	英文名称和说明	类别或项别	次要危险性	包装类别	有限数量
1400	钡	BARIUM	4.3		Ⅱ	500 g
1401	钙	CALCIUM	4.3		Ⅱ	500 g
1402	碳化钙	CALCIUM CARBIDE	4.3		Ⅱ	500 g
1403	氰氨化钙，含碳化钙高于 0.1%	CALCIUM CYANAMIDE with more than 0.1% calcium carbide	4.3		Ⅲ	1 kg
1405	硅化钙	CALCIUM SILICIDE	4.3		Ⅱ	500 g
			4.3		Ⅲ	1 kg
1408	硅铁，含硅不低于 30%，但低于 90%	FERROSILICON with 30% or more but less than 90% silicon	4.3	6.1	Ⅲ	1 kg
1409	金属氢化物，遇水反应，未另作规定的	METAL HYDRIDES, WATERREACTIVE, N. O. S.	4.3		Ⅱ	500 g
1417	硅锂合金	LITHIUM SILICON	4.3		Ⅱ	500 g
1435	锌灰	ZINC ASHES	4.3		Ⅲ	1 kg
1437	氢化锆	ZIRCONIUM HYDRIDE	4.1		Ⅱ	1 kg
1438	硝酸铝	ALUMINIUM NITRATE	5.1		Ⅲ	5 kg
1439	重铬酸铵	AMMONIUM DICHROMATE	5.1		Ⅱ	1 kg
1442	高氯酸铵	AMMONIUM PERCHLORATE	5.1		Ⅱ	1 kg
1444	过硫酸铵	AMMONIUM PERSULPHATE	5.1		Ⅲ	5 kg
1445	氯酸钡，固态	BARIUM CHLORATE, SOLID	5.1	6.1	Ⅱ	1 kg
1446	硝酸钡	BARIUM NITRATE	5.1	6.1	Ⅱ	1 kg
1447	高氯酸钡，固态	BARIUM PERCHLORATE, SOLID	5.1	6.1	Ⅱ	1 kg
1448	高锰酸钡	BARIUM PERMANGANATE	5.1	6.1	Ⅱ	1 kg
1449	过氧化钡	BARIUM PEROXIDE	5.1	6.1	Ⅱ	1 kg
1450	无机溴酸盐，未另作规定的	BROMATES, INORGANIC, N. O. S.	5.1		Ⅱ	1 kg
1451	硝酸铯	CAESIUM NITRATE	5.1		Ⅲ	5 kg
1452	氯酸钙	CALCIUM CHLORATE	5.1		Ⅱ	1 kg
1453	亚氯酸钙	CALCIUM CHLORITE	5.1		Ⅱ	1 kg
1454	硝酸钙	CALCIUM NITRATE	5.1		Ⅲ	5 kg
1455	高氯酸钙	CALCIUM PERCHLORATE	5.1		Ⅱ	1 kg
1456	高锰酸钙	CALCIUM PERMANGANATE	5.1		Ⅱ	1 kg
1457	过氧化钙	CALCIUM PEROXIDE	5.1		Ⅱ	1 kg
1458	氯酸盐和硼酸盐混合物	CHLORATE AND BORATE MIXTURE	5.1		Ⅱ	1 kg
			5.1		Ⅲ	5 kg

表 1（续）

联合国编号	中文名称和说明	英文名称和说明	类别或项别	次要危险性	包装类别	有限数量
1459	氯酸盐和氯化镁混合物，固态	CHLORATE AND MAGNESIUM CHLORIDE MIXTURE, SOLID	5.1		Ⅱ	1 kg
			5.1		Ⅲ	5 kg
1461	无机氯酸盐，未另作规定的	CHLORATES, INORGANIC, N. O. S.	5.1		Ⅱ	1 kg
1462	无机亚氯酸盐，未另作规定的	CHLORITES, INORGANIC, N. O. S.	5.1		Ⅱ	1 kg
1463	无水三氧化铬	CHROMIUM TRIOXIDE, ANHYDROUS	5.1	6.1;8	Ⅱ	1 kg
1465	硝酸钕镨	DIDYMIUM NITRATE	5.1		Ⅲ	5 kg
1466	硝酸铁	FERRIC NITRATE	5.1		Ⅲ	5 kg
1467	硝酸胍	GUANIDINE NITRATE	5.1		Ⅲ	5 kg
1469	硝酸铅	LEAD NITRATE	5.1	6.1	Ⅱ	1 kg
1470	高氯酸铅，固态	LEAD PERCHLORATE, SOLID	5.1	6.1	Ⅱ	1 kg
1471	次氯酸锂，干的，或次氯酸锂混合物	LITHIUM HYPOCHLORITE, DRY or LITHIUM HYPOCHLORITE MIXTURE	5.1		Ⅱ	1 kg
			5.1		Ⅲ	5 kg
1472	过氧化锂	LITHIUM PEROXIDE	5.1		Ⅱ	1 kg
1473	溴酸镁	MAGNESIUM BROMATE	5.1		Ⅱ	1 kg
1474	硝酸镁	MAGNESIUM NITRATE	5.1		Ⅲ	5 kg
1475	高氯酸镁	MAGNESIUM PERCHLORATE	5.1		Ⅱ	1 kg
1476	过氧化镁	MAGNESIUM PEROXIDE	5.1		Ⅱ	1 kg
1477	无机硝酸盐，未另作规定的	NITRATES, INORGANIC, N. O. S.	5.1		Ⅱ	1 kg
			5.1		Ⅲ	5 kg
1479	氧化性固体，未另作规定的	OXIDIZING SOLID, N. O. S.	5.1		Ⅱ	1 kg
			5.1		Ⅲ	5 kg
1481	无机高氯酸盐，未另作规定的	PERCHLORATES, INORGANIC, N. O. S.	5.1		Ⅱ	1 kg
			5.1		Ⅲ	5 kg
1482	无机高锰酸盐，未另作规定的	PERMANGANATES, INORGANIC, N. O. S.	5.1		Ⅱ	1 kg
			5.1		Ⅲ	5 kg
1483	无机过氧化物，未另作规定的	PEROXIDES, INORGANIC, N. O. S.	5.1		Ⅱ	1 kg
			5.1		Ⅲ	5 kg
1484	溴酸钾	POTASSIUM BROMATE	5.1		Ⅱ	1 kg
1485	氯酸钾	POTASSIUM CHLORATE	5.1		Ⅱ	1 kg
1486	硝酸钾	POTASSIUM NITRATE	5.1		Ⅲ	5 kg
1487	硝酸钾和亚硝酸钠的混合物	POTASSIUM NITRATE AND SODIUM NITRITE MIXTURE	5.1		Ⅱ	1 kg

表 1（续）

联合国编号	中文名称和说明	英文名称和说明	类别或项别	次要危险性	包装类别	有限数量
1488	亚硝酸钾	POTASSIUM NITRITE	5.1		Ⅱ	1 kg
1489	高氯酸钾	POTASSIUM PERCHLORATE	5.1		Ⅱ	1 kg
1490	高锰酸钾	POTASSIUM PERMANGANATE	5.1		Ⅱ	1 kg
1492	过硫酸钾	POTASSIUM PERSULPHATE	5.1		Ⅲ	5 kg
1493	硝酸银	SILVER NITRATE	5.1		Ⅱ	1 kg
1494	溴酸钠	SODIUM BROMATE	5.1		Ⅱ	1 kg
1495	氯酸钠	SODIUM CHLORATE	5.1		Ⅱ	1 kg
1496	亚氯酸钠	SODIUM CHLORITE	5.1		Ⅱ	1 kg
1498	硝酸钠	SODIUM NITRATE	5.1		Ⅲ	5 kg
1499	硝酸钠和硝酸钾混合物	SODIUM NITRATE AND POTASSIUM NITRATE MIXTURE	5.1		Ⅲ	5 kg
1500	亚硝酸钠	SODIUM NITRITE	5.1	6.1	Ⅲ	5 kg
1502	高氯酸钠	SODIUM PERCHLORATE	5.1		Ⅱ	1 kg
1503	高锰酸钠	SODIUM PERMANGANATE	5.1		Ⅱ	1 kg
1505	过硫酸钠	SODIUM PERSULPHATE	5.1		Ⅲ	5 kg
1506	氯酸锶	STRONTIUM CHLORATE	5.1		Ⅱ	1 kg
1507	硝酸锶	STRONTIUM NITRATE	5.1		Ⅲ	5 kg
1508	高氯酸锶	STRONTIUM PERCHLORATE	5.1		Ⅱ	1 kg
1509	过氧化锶	STRONTIUM PEROXIDE	5.1		Ⅱ	1 kg
1511	过氧化氢脲	UREA HYDROGEN PEROXIDE	5.1	8	Ⅲ	5 kg
1512	亚硝酸鋅铵	ZINC AMMONIUM NITRITE	5.1		Ⅱ	1 kg
1513	氯酸锌	ZINC CHLORATE	5.1		Ⅱ	1 kg
1514	硝酸锌	ZINC NITRATE	5.1		Ⅱ	1 kg
1515	高锰酸锌	ZINC PERMANGANATE	5.1		Ⅱ	1 kg
1516	过氧化锌	ZINC PEROXIDE	5.1		Ⅱ	1 kg
1544	固态生物碱，未另作规定的，或固态生物碱盐类，未另作规定的	ALKALOIDS，SOLID，N. O. S. or ALKALOID SALTS，SOLID，N. O. S.	6.1		Ⅱ	500 g
			6.1		Ⅲ	5 kg
1545	异硫氰酸烯丙酯，稳定的	ALLYL ISOTHIOCYANATE，STABILIZED	6.1	3	Ⅱ	100 mL
1546	砷酸铵	AMMONIUM ARSENATE	6.1		Ⅱ	500 g
1547	苯胺	ANILINE	6.1		Ⅱ	100 mL
1548	盐酸苯胺	ANILINE HYDROCHLORIDE	6.1		Ⅲ	5 kg

表 1（续）

联合国编号	中文名称和说明	英文名称和说明	类别或项别	次要危险性	包装类别	有限数量
1549	固态无机锑化合物，未另作规定的	ANTIMONY COMPOUND, INORGANIC, SOLID, N. O. S.	6.1		Ⅲ	5 kg
1550	乳酸锑	ANTIMONY LACTATE	6.1		Ⅲ	5 kg
1551	酒石酸氧锑钾	ANTIMONY POTASSIUM TARTRATE	6.1		Ⅲ	5 kg
1554	固态砷酸	ARSENIC ACID, SOLID	6.1		Ⅱ	500 g
1555	溴化砷	ARSENIC BROMIDE	6.1		Ⅱ	500 g
1556	液态砷化合物，未另作规定的，无机物，包括：砷酸盐，未另作规定的；亚砷酸盐，未另作规定的；硫化砷，未另作规定的	ARSENIC COMPOUND, LIQUID, N. O. S., inorganic, including: Arsenates, n. o. s., Arsenites, n. o. s.; and Arsenic sulphides, n. o. s.	6.1		Ⅱ	100 mL
			6.1		Ⅲ	5 L
1557	固态砷化合物，未另作规定的，无机物，包括：砷酸盐，未另作规定的；亚砷酸盐，未另作规定的；硫化砷，未另作规定的	ARSENIC COMPOUND, SOLID, N. O. S., inorganic, including: Arsenates, n. o. s.; Arsenites, n. o. s.; and Arsenic sulphides, n. o. s.	6.1		Ⅱ	500 g
			6.1		Ⅲ	5 kg
1558	砷	ARSENIC	6.1		Ⅱ	500 g
1559	五氧化二砷	ARSENIC PENTOXIDE	6.1		Ⅱ	500 g
1561	三氧化二砷	ARSENIC TRIOXIDE	6.1		Ⅱ	500 g
1562	砷粉	ARSENICAL DUST	6.1		Ⅱ	500 g
1564	钡化合物，未另作规定的	BARIUM COMPOUND, N. O. S.	6.1		Ⅱ	500 g
			6.1		Ⅲ	5 kg
1566	铍化合物，未另作规定的	BERYLLIUM COMPOUND, N. O. S.	6.1		Ⅱ	500 g
			6.1		Ⅲ	5 kg
1567	铍粉	BERYLLIUM POWDER	6.1	4.1	Ⅱ	500 g
1572	卡可基酸（二甲次砷酸）	CACODYLIC ACID	6.1		Ⅱ	500 g
1573	砷酸钙	CALCIUM ARSENATE	6.1		Ⅱ	500 g
1574	固态砷酸钙和亚砷酸钙混合物	CALCIUM ARSENATE AND CALCIUM ARSENITE MIXTURE, SOLID	6.1		Ⅱ	500 g
1577	液态二硝基氯苯	CHLORODINITROBENZENES, LIQUID	6.1		Ⅱ	100 mL
1578	硝基氯苯，固态	CHLORONITROBENZENES, SOLID	6.1		Ⅱ	500 g

表 1（续）

联合国编号	中文名称和说明	英文名称和说明	类别或项别	次要危险性	包装类别	有限数量
1579	盐酸盐对氯邻甲苯胺，固态	4-CHLORO-*o*-TOLUIDINE HYDROCHLORIDE,SOLID	6.1		Ⅲ	5 kg
1583	三氯硝基甲烷混合物，未另作规定的	CHLOROPICRIN MIXTURE, N. O. S.	6.1		Ⅱ	100 mL
			6.1		Ⅲ	5 L
1585	乙酰亚砷酸铜	COPPER ACETOARSENITE	6.1		Ⅱ	500 g
1586	亚砷酸铜	COPPER ARSENITE	6.1		Ⅱ	500 g
1587	氰化铜	COPPER CYANIDE	6.1		Ⅱ	500 g
1588	固态无机氰化物，未另作规定的	CYANIDES,INORGANIC,SOLID, N. O. S.	6.1		Ⅱ	500 g
			6.1		Ⅲ	5 kg
1590	液态二氯苯胺	DICHLOROANILINES,LIQUID	6.1		Ⅱ	100 mL
1591	邻二氯苯	*o*-DICHLOROBENZENE	6.1		Ⅲ	5 L
1593	二氯甲烷	DICHLOROMETHANE	6.1		Ⅲ	5 L
1594	硫酸二乙酯	DIETHYL SULPHATE	6.1		Ⅱ	100 mL
1596	二硝基苯胺	DINITROANILINES	6.1		Ⅱ	500 g
1597	液态二硝基苯	DINITROBENZENES,LIQUID	6.1		Ⅱ	100 mL
			6.1		Ⅲ	5 L
1598	二硝基邻甲酚	DINITRO-*o*-CRESOL	6.1		Ⅱ	500 g
1599	二硝基苯酚溶液	DINITROPHENOL SOLUTION	6.1		Ⅱ	100 mL
			6.1		Ⅲ	5 L
1601	固态消毒剂，毒性，未另作规定的	DISINFECTANT,SOLID,TOXIC, N. O. S.	6.1		Ⅱ	500 g
			6.1		Ⅲ	5 kg
1602	液态染料，毒性，未另作规定的，或液态染料中间产品，毒性，未另作规定的	DYE, LIQUID, TOXIC, N. O. S. or DYE INTERMEDIATE,LIQUID,TOXIC, N. O. S.	6.1		Ⅱ	100 mL
			6.1		Ⅲ	5 L
1603	溴乙酸乙酯	ETHYL BROMOACETATE	6.1	3	Ⅱ	100 mL
1604	1,2-乙二胺(乙撑二胺)	ETHYLENEDIAMINE	8	3	Ⅱ	1 L
1606	砷酸铁	FERRIC ARSENATE	6.1		Ⅱ	500 g
1607	亚砷酸铁	FERRIC ARSENITE	6.1		Ⅱ	500 g
1608	砷酸亚铁	FERROUS ARSENATE	6.1		Ⅱ	500 g
1611	四磷酸六乙酯	HEXAETHYL TETRAPHOSPHATE	6.1		Ⅱ	100 mL
1616	醋酸铅(乙酸铅)	LEAD ACETATE	6.1		Ⅲ	5 kg
1617	砷酸铅	LEAD ARSENATES	6.1		Ⅱ	500 g

表 1（续）

联合国编号	中文名称和说明	英文名称和说明	类别或项别	次要危险性	包装类别	有限数量
1618	亚砷酸铅	LEAD ARSENITES	6.1		Ⅱ	500 g
1620	氰化铅	LEAD CYANIDE	6.1		Ⅱ	500 g
1621	伦敦紫	LONDON PURPLE	6.1		Ⅱ	500 g
1622	砷酸镁	MAGNESIUM ARSENATE	6.1		Ⅱ	500 g
1623	砷酸汞	MERCURIC ARSENATE	6.1		Ⅱ	500 g
1624	氯化汞	MERCURIC CHLORIDE	6.1		Ⅱ	500 g
1625	硝酸汞	MERCURIC NITRATE	6.1		Ⅱ	500 g
1627	硝酸亚汞	MERCUROUS NITRATE	6.1		Ⅱ	500 g
1629	乙酸汞(醋酸汞)	MERCURY ACETATE	6.1		Ⅱ	500 g
1630	氯化汞铵	MERCURY AMMONIUM CHLORIDE	6.1		Ⅱ	500 g
1631	苯甲酸汞	MERCURY BENZOATE	6.1		Ⅱ	500 g
1634	溴化汞	MERCURY BROMIDES	6.1		Ⅱ	500 g
1636	氰化汞	MERCURY CYANIDE	6.1		Ⅱ	500 g
1637	葡萄糖酸汞	MERCURY GLUCONATE	6.1		Ⅱ	500 g
1638	碘化汞	MERCURY IODIDE	6.1		Ⅱ	500 g
1639	核酸汞	MERCURY NUCLEATE	6.1		Ⅱ	500 g
1640	油酸汞	MERCURY OLEATE	6.1		Ⅱ	500 g
1641	氧化汞	MERCURY OXIDE	6.1		Ⅱ	500 g
1642	氰氧化汞，减敏的	MERCURY OXYCYANIDE, DESENSITIZED	6.1		Ⅱ	500 g
1643	碘化汞钾	MERCURY POTASSIUM IODIDE	6.1		Ⅱ	500 g
1644	水杨酸汞	MERCURY SALICYLATE	6.1		Ⅱ	500 g
1645	硫酸汞	MERCURY SULPHATE	6.1		Ⅱ	500 g
1646	硫氰酸汞	MERCURY THIOCYANATE	6.1		Ⅱ	500 g
1648	乙腈	ACETONITRILE	3		Ⅱ	1 L
1650	β-萘胺，固态	beta-NAPHTHYLAMINE, SOLID	6.1		Ⅱ	500 g
1651	萘硫脲	NAPHTHYLTHIOUREA	6.1		Ⅱ	500 g
1652	萘脲	NAPHTHYLUREA	6.1		Ⅱ	500 g
1653	氰化镍	NICKEL CYANIDE	6.1		Ⅱ	500 g
1654	烟碱	NICOTINE	6.1		Ⅱ	100 mL
1655	固态烟碱化合物，未另作规定的，或固态烟碱制剂，未另作规定的	NICOTINE COMPOUND, SOLID, N. O. S. or NICOTINE PREPARATION, SOLID, N. O. S.	6.1		Ⅱ	500 g
			6.1		Ⅲ	5 kg
1656	液态盐酸烟碱或盐酸烟碱溶液	NICOTINE HYDROCHLORIDE, LIQUID or SOLUTION	6.1		Ⅱ	100 mL
			6.1		Ⅲ	5 L

表 1（续）

联合国编号	中文名称和说明	英文名称和说明	类别或项别	次要危险性	包装类别	有限数量
1657	水杨酸烟碱	NICOTINE SALICYLATE	6.1		Ⅱ	500 g
1658	硫酸烟碱溶液	NICOTINE SULPHATE SOLUTION	6.1		Ⅱ	100 mL
			6.1		Ⅲ	5 L
1659	酒石酸烟碱	NICOTINE TARTRATE	6.1		Ⅱ	500 g
1661	硝基苯胺(邻、间、对)	NITROANILINES (*o*-,*m*-,*p*-)	6.1		Ⅱ	500 g
1662	硝基苯	NITROBENZENE	6.1		Ⅱ	100 mL
1663	硝基苯酚(邻、间、对)	NITROPHENOLS (*o*-,*m*-,*p*-)	6.1		Ⅲ	5 kg
1664	液态硝基甲苯	NITROTOLUENES,LIQUID	6.1		Ⅱ	100 mL
1665	液态硝基二甲苯	NITROXYLENES,LIQUID	6.1		Ⅱ	100 mL
1669	五氯乙烷	PENTACHLOROETHANE	6.1		Ⅱ	100 mL
1671	固态苯酚	PHENOL,SOLID	6.1		Ⅱ	500 g
1673	苯二胺(邻、间、对)	PHENYLENEDIAMINES (*o*-,*m*-,*p*-)	6.1		Ⅲ	5 kg
1674	乙酸苯汞	PHENYLMERCURIC ACETATE	6.1		Ⅱ	500 g
1677	砷酸钾	POTASSIUM ARSENATE	6.1		Ⅱ	500 g
1678	亚砷酸钾	POTASSIUM ARSENITE	6.1		Ⅱ	500 g
1679	氰亚铜酸钾	POTASSIUM CUPROCYANIDE	6.1		Ⅱ	500 g
1683	亚砷酸银	SILVER ARSENITE	6.1		Ⅱ	500 g
1684	氰化银	SILVER CYANIDE	6.1		Ⅱ	500 g
1685	砷酸钠	SODIUM ARSENATE	6.1		Ⅱ	500 g
1686	亚砷酸钠水溶液	SODIUM ARSENITE,AQUEOUS SOLUTION	6.1		Ⅱ	100 mL
			6.1		Ⅲ	5 L
1687	叠氮化钠	SODIUM AZIDE	6.1		Ⅱ	500 g
1688	卡可酸钠(二甲胂酸钠)	SODIUM CACODYLATE	6.1		Ⅱ	500 g
1690	氟化钠,固态	SODIUM FLUORIDE,SOLID	6.1		Ⅲ	5 kg
1691	亚砷酸锶	STRONTIUM ARSENITE	6.1		Ⅱ	500 g
1702	1,1,2,2-四氯乙烷	1,1,2,2-TETRACHLOROETHANE	6.1		Ⅱ	100 mL
1704	二硫代焦磷酸四乙酯	TETRAETHYL DITHIOPYROPHOSPHATE	6.1		Ⅱ	100 mL
1707	铊化合物,未另作规定的	THALLIUM COMPOUND,N.O.S.	6.1		Ⅱ	500 g
1708	液态甲苯胺	TOLUIDINES,LIQUID	6.1		Ⅱ	100 mL
1709	2,4-甲苯二胺,固态	2,4-TOLUYLENEDIAMINE,SOLID	6.1		Ⅲ	5 kg
1710	三氯乙烯	TRICHLOROETHYLENE	6.1		Ⅲ	5 L

表 1（续）

联合国编号	中文名称和说明	英文名称和说明	类别或项别	次要危险性	包装类别	有限数量
1711	液态二甲基苯胺	XYLIDINES，LIQUID	6.1		Ⅱ	100 mL
1712	砷酸锌、亚砷酸锌或砷酸锌和亚砷酸锌混合物	ZINC ARSENATE, ZINC ARSENITE or ZINC ARSENATE AND ZINC ARSENITE MIXTURE	6.1		Ⅱ	500 g
1715	乙酸酐	ACETIC ANHYDRIDE	8	3	Ⅱ	1 L
1716	乙酰溴	ACETYL BROMIDE	8		Ⅱ	1 L
1717	乙酰氯	ACETYL CHLORIDE	3	8	Ⅱ	1 L
1718	磷酸二氢丁酯	BUTYL ACID PHOSPHATE	8		Ⅲ	5 L
1719	苛性碱液体，未另作规定的	CAUSTIC ALKALI LIQUID，N. O. S.	8		Ⅱ	1 L
			8		Ⅲ	5 L
1723	烯丙基碘	ALLYL IODIDE	3	8	Ⅱ	1 L
1725	无水溴化铝	ALUMINIUM BROMIDE，ANHYDROUS	8		Ⅱ	1 kg
1726	无水氯化铝	ALUMINIUM CHLORIDE，ANHYDROUS	8		Ⅱ	1 kg
1727	固态二氟化氢铵	AMMONIUM HYDROGENDIFLUORIDE，SOLID	8		Ⅱ	1 kg
1729	茴香酰氯	ANISOYL CHLORIDE	8		Ⅱ	1 kg
1730	液态五氯化锑	ANTIMONY PENTACHLORIDE，LIQUID	8		Ⅱ	1 L
1731	五氯化锑溶液	ANTIMONY PENTACHLORIDE SOLUTION	8		Ⅱ	1 L
			8		Ⅲ	5 L
1732	五氟化锑	ANTIMONY PENTAFLUORIDE	8	6.1	Ⅱ	1 L
1733	三氯化锑	ANTIMONY TRICHLORIDE	8		Ⅱ	1 kg
1736	苯酰氯	BENZOYL CHLORIDE	8		Ⅱ	1 L
1740	固态二氟氢化物，未另作规定的	HYDROGENDIFLUORIDES，N. O. S.	8		Ⅱ	1 kg
			8		Ⅲ	5 kg
1742	三氟化硼合乙酸，液态	BORON TRIFLUORIDE ACETIC ACID COMPLEX，LIQUID	8		Ⅱ	1 L
1743	三氟化硼合丙酸，液态	BORON TRIFLUORIDE PROPIONIC ACID COMPLEX，LIQUID	8		Ⅱ	1 L
1748	次氯酸钙，干的，或次氯酸钙混合物，干的，含有效氯高于39%（有效氧8.8%）	CALCIUM HYPOCHLORITE, DRY or CALCIUM HYPOCHLORITE MIXTURE, DRY with more than 39% available chlorine (8.8% available oxygen)	5.1		Ⅱ	1 kg
			5.1		Ⅲ	5 kg
1750	氯乙酸溶液	CHLOROACETIC ACID SOLUTION	6.1	8	Ⅱ	100 mL

表 1（续）

联合国编号	中文名称和说明	英文名称和说明	类别或项别	次要危险性	包装类别	有限数量
1751	固态氯乙酸	CHLOROACETIC ACID, SOLID	6.1	8	Ⅱ	500 g
1755	铬酸溶液	CHROMIC ACID SOLUTION	8		Ⅱ	1 L
			8		Ⅲ	5 L
1756	固态氟化铬	CHROMIC FLURIDE SOLID	8		Ⅱ	1 kg
1757	氟化铬溶液	CHROMIC FLUORIDE SOLUTION	8		Ⅱ	1 L
			8		Ⅲ	5 L
1759	腐蚀性固体，未另作规定的	CORROSIVE SOLID, N. O. S.	8		Ⅱ	1 kg
			8		Ⅲ	5 kg
1760	腐蚀性液体，未另作规定的	CORROSIVE LIQUID, N. O. S.	8		Ⅱ	1 L
			8		Ⅲ	5 L
1761	铜乙二胺溶液	CUPRIETHYLENEDIAMINE SOLUTION	8	6.1	Ⅱ	1 L
			8	6.1	Ⅲ	5 L
1764	二氯乙酸	DICHLOROACETIC ACID	8		Ⅱ	1 L
1765	二氯乙酰氯	DICHLOROACETYL CHLORIDE	8		Ⅱ	1 L
1768	无水二氟磷酸	DIFLUOROPHOSPHORIC ACID, ANHYDROUS	8		Ⅱ	1 L
1770	二苯甲基溴	DIPHENYLMETHYL BROMIDE	8		Ⅱ	1 kg
1773	无水氯化铁	FERRIC CHLORIDE, ANHYDROUS	8		Ⅲ	5 kg
1774	灭火器起动剂，腐蚀性液体	FIRE EXTINGUISHER CHARGES, corrosive liquid	8		Ⅱ	1 L
1775	氟硼酸	FLUOROBORIC ACID	8		Ⅱ	1 L
1776	无水氟磷酸	FLUOROPHOSPHORIC ACID, ANHYDROUS	8		Ⅱ	1 L
1778	氟硅酸	FLUOROSILICIC ACID	8		Ⅱ	1 L
1779	甲酸，按质量含酸高于 85%	FORMIC ACID with more than 85% acid by mass	8	3	Ⅱ	1 L
1780	反丁烯二酰氯（富马酰氯）	FUMARYL CHLORIDE	8		Ⅱ	1 L
1782	氟磷酸（六氟磷酸）	HEXAFLUOROPHOSPHORIC ACID	8		Ⅱ	1 L
1783	六亚甲基二胺溶液	HEXAMETHYLENEDIAMINE SOLUTION	8		Ⅱ	1 L
			8		Ⅲ	5 L
1787	氢碘酸	HYDRIODIC ACID	8		Ⅱ	1 L
			8		Ⅲ	5 L

表 1（续）

联合国编号	中文名称和说明	英文名称和说明	类别或项别	次要危险性	包装类别	有限数量
1788	氢溴酸	HYDROBROMIC ACID	8		Ⅱ	1 L
			8		Ⅲ	5 L
1789	氢氯酸	HYDROCHLORIC ACID	8		Ⅱ	1 L
			8		Ⅲ	5 L
1790	氢氟酸，含氟化氢不超过 60%	HYDROFLUORIC ACID, with not more than 60% hydrogen fluoride	8	6.1	Ⅱ	1 L
1791	次氯酸盐溶液	HYPOCHLORITE SOLUTION	8		Ⅱ	1 L
			8		Ⅲ	5 L
1792	一氯化碘	IODINE MONOCHLORIDE	8		Ⅱ	1kg
1793	酸式磷酸异丙酯	ISOPROPYL ACID PHOSPHATE	8		Ⅲ	5 L
1794	硫酸铅，含游离酸高于 3%	LEAD SULPHATE with more than 3% free acid	8		Ⅱ	1 kg
1796	硝化酸混合物，含硝酸不超过 50%	NITRATING ACID MIXTURE with not more than 50% nitric acid	8		Ⅱ	1 L
1802	高氯酸，按质量含酸不超过 50%	PERCHLORIC ACID with not more than 50% acid, by mass	8	5.1	Ⅱ	1 L
1803	液态苯酚磺酸	PHENOLSULPHONIC ACID, LIQUID	8		Ⅱ	1 L
1805	磷酸溶液	PHOSPHORIC ACID, SOLUTION	8		Ⅲ	5 L
1806	五氯化磷	PHOSPHORUS PENTACHLORIDE	8		Ⅱ	1 kg
1807	五氧化二磷	PHOSPHORUS PENTOXIDE	8		Ⅱ	1 kg
1808	三溴化磷	PHOSPHORUS TRIBROMIDE	8		Ⅱ	1 L
1811	固态二氟化氢钾	POTASSIUM HYDROGEN DIFLUORIDE SOLID	8	6.1	Ⅱ	1 kg
1812	氟化钾，固态	POTASSIUM FLUORIDE, SOLID	6.1		Ⅲ	5 kg
1813	固态氢氧化钾	POTASSIUM HYDROXIDE, SOLID	8		Ⅱ	1 kg
1814	氢氧化钾溶液	POTASSIUM HYDROXIDE SOLUTION	8		Ⅱ	1 L
			8		Ⅲ	5 L
1815	丙酰氯	PROPIONYL CHLORIDE	3	8	Ⅱ	1 L
1817	焦硫酰二氯	PYROSULPHURYL CHLORIDE	8		Ⅱ	1 L
1819	铝酸钠溶液	SODIUM ALUMINATE SOLUTION	8		Ⅱ	1 L
			8		Ⅲ	5 L
1823	固态氢氧化钠	SODIUM HYDROXIDE, SOLID	8		Ⅱ	1 kg

表 1（续）

联合国编号	中文名称和说明	英文名称和说明	类别或项别	次要危险性	包装类别	有限数量
1824	氢氧化钠溶液	SODIUM HYDROXIDE SOLUTION	8		Ⅱ	1 L
			8		Ⅲ	5 L
1825	氧化钠	SODIUM MONOXIDE	8		Ⅱ	1 kg
1826	硝化酸混合物，废的，含硝酸不超过 50%	NITRATING ACID MIXTURE, SPENT, with not more than 50% nitric acid	8		Ⅱ	1 L
1827	无水四氯化锡	STANNIC CHLORIDE, ANHYDROUS	8		Ⅱ	1 L
1830	硫酸，含酸高于 51%	SULPHURIC ACID with more than 51% acid	8		Ⅱ	1 L
1832	硫酸废液	SULPHURIC ACID, SPENT	8		Ⅱ	1 L
1833	亚硫酸	SULPHUROUS ACID	8		Ⅱ	1 L
1835	氢氧化四甲铵溶液	TETRAMETHYLAMMONIUM HYDROXIDE SOLUTION	8		Ⅱ	1 L
			8		Ⅲ	5 L
1837	硫代磷酰氯	THIOPHOSPHORYL CHLORIDE	8		Ⅱ	1 L
1839	三氯乙酸	TRICHLOROACETIC ACID	8		Ⅱ	1 kg
1840	氯化锌溶液	ZINC CHLORIDE SOLUTION	8		Ⅲ	5 L
1841	乙醛合氨	ACETALDEHYDE AMMONIA	9		Ⅲ	5 kg
1843	二硝基邻甲酚铵，固态	AMMONIUM DINITRO-*o*-CRESOLATE, SOLID	6.1		Ⅱ	500 g
1846	四氯化碳	CARBON TETRACHLORIDE	6.1		Ⅱ	100 mL
1847	水合硫化钾，含结晶水不低于 30%	POTASSIUM SULPHIDE, HYDRATED with not less than 30% water of crystallization	8		Ⅱ	1 kg
1848	丙酸，按质量含酸不低于 10%，但低于 90%	PROPIONIC ACID with not less than 10% and less than 90% acid by mass	8		Ⅲ	5 L
1849	水合硫化钠，含水不低于 30%	SODIUM SULPHIDE, HYDRATED with not less than 30% water	8		Ⅱ	1 kg
1851	药物，液态，毒性，未另作规定的	MEDICINE, LIQUID, TOXIC, N. O. S.	6.1		Ⅱ	100 mL
			6.1		Ⅲ	5 L
1858	六氟丙烯（制冷气体 R 1216）	HEXAFLUOROPROPYLENE (REFRIGERANT GAS R 1216)	2.2			120 mL
1862	丁烯酸乙酯	ETHYL CROTONATE	3		Ⅱ	1 L
1863	航空燃料，涡轮发电机用	FUEL, AVIATION, TURBINE ENGINE	3		Ⅰ	500 mL
			3		Ⅱ	1 L
			3		Ⅲ	5 L

表 1(续)

联合国编号	中文名称和说明	英文名称和说明	类别或项别	次要危险性	包装类别	有限数量
1865	硝酸正丙酯	*n*-PROPYL NITRATE	3		Ⅱ	1 L
1866	树脂溶液,易燃	RESIN SOLUTION,flammable	3		Ⅰ	500 mL
			3		Ⅱ	5 L
			3		Ⅲ	5 L
1868	癸硼烷(十硼烷)	DECABORANE	4.1	6.1	Ⅱ	1 kg
1869	镁金属或镁合金,丸状、旋屑或带状,含镁高于50%	MAGNESIUM or MAGNESIUM ALLOYS with more than 50% magnesium in pellets, turnings or ribbons	4.1		Ⅲ	5 kg
1871	氢化钛	TITANIUM HYDRIDE	4.1		Ⅱ	1 kg
1872	二氧化铅	LEAD DIOXIDE	5.1		Ⅲ	5 kg
1884	氧化钡	BARIUM OXIDE	6.1		Ⅲ	5 kg
1885	联苯胺	BENZIDINE	6.1		Ⅱ	500 g
1886	二氯甲基苯	BENZYLIDENE CHLORIDE	6.1		Ⅱ	100 mL
1887	溴氯甲烷	BROMOCHLOROMETHANE	6.1		Ⅲ	5 L
1888	氯仿(三氯甲烷)	CHLOROFORM	6.1		Ⅲ	5 L
1891	乙基溴	ETHYL BROMIDE	6.1		Ⅱ	100 mL
1894	氢氧化苯汞	PHENYLMERCURIC HYDROXIDE	6.1		Ⅱ	500 g
1895	硝酸苯汞	PHENYLMERCURIC NITRATE	6.1		Ⅱ	500 g
1897	四氯乙烯	TETRACHLOROETHYLENE	6.1		Ⅲ	5 L
1898	乙酰碘	ACETYL IODIDE	8		Ⅱ	1 L
1902	酸式磷酸二异辛酯	DIISOOCTYL ACID PHOSPHATE	8		Ⅲ	5 L
1903	液态消毒剂,腐蚀性,未另作规定的	DISINFECTANT, LIQUID, CORROSIVE, N.O.S.	8		Ⅱ	1 L
			8		Ⅲ	5 L
1906	淤渣硫酸	SLUDGE ACID	8		Ⅱ	1 L
1907	碱石灰,含氢氧化钠高于4%	SODA LIME with more than 4% sodium hydroxide	8		Ⅲ	5 kg
1908	亚氯酸盐溶液	CHLORITE SOLUTION	8		Ⅱ	1 L
			8		Ⅲ	5 L
1910	氧化钙	CALCIUM OXIDE	8		Ⅲ	5 kg
1913	冷冻液态氖	NEON,REFRIGERATED LIQUID	2.2			120 mL
1914	丙酸丁酯	BUTYL PROPIONATES	3		Ⅲ	5 L
1915	环己酮	CYCLOHEXANONE	3		Ⅲ	5 L
1916	2,2′-二氯二乙醚	2,2′-DICHLORODIETHYL ETHER	6.1	3	Ⅱ	100 mL

表 1（续）

联合国编号	中文名称和说明	英文名称和说明	类别或项别	次要危险性	包装类别	有限数量
1917	丙烯酸乙酯，稳定的	ETHYL ACRYLATE，STABILIZED	3		Ⅱ	1 L
1918	异丙基苯	ISOPROPYLBENZENE	3		Ⅲ	5 L
1919	丙烯酸甲酯，稳定的	METHYL ACRYLATE，STABILIZED	3		Ⅱ	1 L
1920	壬烷	NONANES	3		Ⅲ	5 L
1922	吡咯烷	PYRROLIDINE	3	8	Ⅱ	1 L
1931	连二亚硫酸锌（亚硫酸氢锌）	ZINC DITHIONITE（ZINC HYDROSULPHITE）	9		Ⅲ	5 kg
1935	氰化物溶液，未另作规定的	CYANIDE SOLUTION，N. O. S.	6.1		Ⅱ	100 mL
			6.1		Ⅲ	5 L
1938	溴乙酸溶液	BROMOACETIC ACID SOLUTION	8		Ⅱ	1 L
			8		Ⅲ	5 L
1939	三溴氧化磷	PHOSPHORUS OXYBROMIDE	8		Ⅱ	1 kg
1940	巯基乙酸	THIOGLYCOLIC ACID	8		Ⅱ	1 L
1941	二溴二氟甲烷	DIBROMODIFLUOROMETHANE	9		Ⅲ	5 L
1942	硝酸铵，含可燃物质总量不超过 0.2%，包括以碳计算的任何有机物质，但不包括任何其他添加物质	AMMONIUM NITRATE，with not more than 0.2% total combustible material，including any organic substance，calculated as carbon to the exclusion of any other added substance	5.1		Ⅲ	5 kg
1944	安全火柴（册式、卡式或盒上划燃）	MATCHES，SAFETY（book，card or strike on box）	4.1		Ⅲ	5 kg
1945	“维斯塔”蜡火柴（涂蜡火柴）	MATCHES，WAX “VESTA”	4.1		Ⅲ	5 kg
1950	气雾剂	AEROSOLS	2			120 mL 或 1 L[a]
1951	冷冻液态氩	ARGON，REFRIGERATED LIQUID	2.2			120 mL
1952	环氧乙烷和二氧化碳混合物，含环氧乙烷不超过 9%	ETHYLENE OXIDE AND CARBON DIOXIDE MIXTURE with not more than 9% ethylene oxide	2.2			120 mL
1956	压缩气体，未另作规定的	COMPRESSED GAS，N. O. S.	2.2			120 mL
1958	1,2-二氯-1,1,2,2-四氟乙烷（制冷气体 R 114）	1,2-DICHLORO-1,1,2,2-TETRAFLUOROETHANE（REFRIGERANT GAS R 114）	2.2			120 mL

表 1（续）

联合国编号	中文名称和说明	英文名称和说明	类别或项别	次要危险性	包装类别	有限数量
1963	冷冻液态氦	HELIUM,REFRIGERATED LIQUID	2.2			120 mL
1968	气体杀虫剂,未另作规定的	INSECTICIDE GAS,N.O.S.	2.2			120 mL
1970	冷冻液态氪	KRYPTON,REFRIGERATED LIQUID	2.2			120 mL
1973	二氟氯甲烷和五氟氯乙烷混合物,有固定沸点,前者约占 49%(制冷气体 R 502)	CHLORODIFLUOROMETHANE AND CHLOROPENTAFLUOROETHANE MIXTURE with fixed boiling point,with approximately 49% chlorodifluoromethane (REFRIGERANT GAS R 502)	2.2			120 mL
1974	二氟氯溴甲烷(制冷气体 R 12B1)	CHLORODIFLUOROBROMO-METHANE (REFRIGERANT GAS R 12B1)	2.2			120 mL
1976	八氟环丁烷(制冷气体 RC 318)	OCTAFLUOROCYCLOBUTANE (REFRIGERANT GAS RC 318)	2.2			120 mL
1977	冷冻液态氮	NITROGEN,REFRIGERATED LIQUID	2.2			120 mL
1982	四氟甲烷(制冷气体 R 14)	TETRAFLUOROMETHANE (REFRIGERANT GAS R 14)	2.2			120 mL
1983	1-氯-2,2,2-三氟乙烷(制冷气体 R 133a)	1-CHLORO-2,2,2-TRIFLUOROETHANE (REFRIGERANT GAS R133a)	2.2			120 mL
1984	三氟甲烷(制冷气体 R 23)	TRIFLUOROMETHANE (REFRIGERANT GAS R 23)	2.2			120 mL
1986	醇类,易燃,毒性,未另作规定的	ALCOHOLS,FLAMMABLE,TOXIC,N.O.S.	3	6.1	Ⅱ	1 L
			3	6.1	Ⅲ	5 L
1987	醇类,未另作规定的	ALCOHOLS,N.O.S.	3		Ⅱ	1 L
			3		Ⅲ	5 L
1988	醛类,易燃,毒性,未另作规定的	ALDEHYDES,FLAMMABLE,TOXIC,N.O.S.	3	6.1	Ⅱ	1 L
			3	6.1	Ⅲ	5 L
1989	醛类,未另作规定的	ALDEHYDES,N.O.S.	3		Ⅱ	1 L
			3		Ⅲ	5 L
1990	苯甲醛	BENZALDEHYDE	9		Ⅲ	5 L
1992	易燃液体,毒性,未另作规定的	FLAMMABLE LIQUID,TOXIC,N.O.S.	3	6.1	Ⅱ	1 L
			3	6.1	Ⅲ	5 L
1993	易燃液体,未另作规定的	FLAMMABLE LIQUID,N.O.S.	3		Ⅱ	1 L
			3		Ⅲ	5 L

表 1（续）

联合国编号	中文名称和说明	英文名称和说明	类别或项别	次要危险性	包装类别	有限数量
1999	液态焦油，包括铺路油，沥青和稀释沥青	TARS,LIQUID,including road oils,and cutback bitumens	3		Ⅱ	5 L
			3		Ⅲ	5 L
2000	赛璐珞，块、棒、卷、片、管等，碎屑除外	CELLULOID in block, rods, rolls, sheets, tubes,etc. ,except scrap	4.1		Ⅲ	5 kg
2001	环烷酸钴粉	COBALT NAPHTHENATES,POWDER	4.1		Ⅲ	5 kg
2014	过氧化氢水溶液，过氧化氢含量不低于 20%，但不超过 60%（必要时加稳定剂）	HYDROGEN PEROXIDE,AQUEOUS SOLUTION with not less than 20% but not more than 60% hydrogen peroxide (stabilized as necessary)	5.1	8	Ⅱ	1 L
2018	固态氯苯胺	CHLOROANILINES,SOLID	6.1		Ⅱ	500 g
2019	液态氯苯胺	CHLOROANILINES,LIQUID	6.1		Ⅱ	100 mL
2020	固态氯苯酚	CHLOROPHENOLS,SOLID	6.1		Ⅲ	5 kg
2021	液态氯苯酚	CHLOROPHENOLS,LIQUID	6.1		Ⅲ	5 L
2022	甲苯基酸（甲苯酚）	CRESYLIC ACID	6.1	8	Ⅱ	100 mL
2023	3-氯-1,2-环氧丙烷（表氯醇）	EPICHLOROHYDRIN	6.1	3	Ⅱ	100 mL
2024	液态汞化合物，未另作规定的	MERCURY COMPOUND, LIQUID,N. O. S.	6.1		Ⅱ	100 mL
			6.1		Ⅲ	5 L
2025	固态汞化合物，未另作规定的	MERCURY COMPOUND,SOLID, N. O. S.	6.1		Ⅱ	500 g
			6.1		Ⅲ	5 kg
2026	苯汞化合物，未另作规定的	PHENYLMERCURIC COMPOUND,N. O. S.	6.1		Ⅱ	500 g
			6.1		Ⅲ	5 kg
2027	固态亚砷酸钠	SODIUM ARSENITE,SOLID	6.1		Ⅱ	500 g
2030	肼水溶液，按质量含肼高于 37%	HYDRAZINE AQUEOUS SOLUTION with more than 37% hydrazine,by mass	8	6.1	Ⅱ	1 L
			8	6.1	Ⅲ	5 L
2031	硝酸，发红烟的除外，含硝酸至少 65%，但不超过 70%	NITRIC ACID,other than red fuming,with at least 65%, but not more than 70% nitric acid	8	5.1	Ⅱ	1 L
2031	硝酸，发红烟的除外，含硝酸低于 65%	NITRIC ACID,other than red fuming,with less than 65% nitric acid	8		Ⅱ	1 L
2033	氧化钾	POTASSIUM MONOXIDE	8		Ⅱ	1 kg
2036	氙	XENON	2.2			120 mL

表 1(续)

联合国编号	中文名称和说明	英文名称和说明	类别或项别	次要危险性	包装类别	有限数量
2037	装气体的小型贮器(气筒),没有释放装置,不能再充气的	RECEPTACLES, SMALL, CONTAINING GAS (GAS CARTRIDGES) without a release device, non-refillable	2			120 mL或1 L[b]
2038	液态二硝基甲苯	DINITROTOLUENES, LIQUID	6.1		Ⅱ	100 mL
2045	异丁醛	ISOBUTYRALDEHYDE (ISOBUTYL ALDEHYDE)	3		Ⅱ	1 L
2046	伞花烃	CYMENES	3		Ⅲ	5 L
2047	二氯丙烯	DICHLOROPROPENES	3		Ⅱ	1 L
			3		Ⅲ	5 L
2048	二聚环戊二烯(双茂)	DICYCLOPENTADIENE	3		Ⅲ	5 L
2049	二乙基苯	DIETHYLBENZENE	3		Ⅲ	5 L
2050	二聚异丁烯异构物	DIISOBUTYLENE, ISOMERIC COMPOUNDS	3		Ⅱ	1 L
2051	2-二甲氨基乙醇	2-DIMETHYLAMINOETHANOL	8	3	Ⅱ	1 L
2052	二聚戊烯	DIPENTENE	3		Ⅲ	5 L
2053	甲基异丁基甲醇	METHYL ISOBUTYL CARBINOL	3		Ⅲ	5 L
2055	苯乙烯单体,稳定的	STYRENE MONOMER, STABILIZED	3		Ⅲ	5 L
2056	四氢呋喃	TETRAHYDROFURAN	3		Ⅱ	1 L
2057	三聚丙烯	TRIPROPYLENE	3		Ⅱ	1 L
			3		Ⅲ	5 L
2058	戊醛	VALERALDEHYDE	3		Ⅱ	1 L
2059	硝化纤维素溶液,易燃,按干重含氮不超过12.6%,含硝化纤维素不超过55%	NITROCELLULOSE SOLUTION, FLAMMABLE with not more than 12.6% nitrogen, by dry mass, and not more than 55% nitrocellulose	3		Ⅱ	1 L
			3		Ⅲ	5 L
2067	硝酸铵基化肥	AMMONIUM NITRATE BASED FERTILIZER	5.1		Ⅲ	5 kg
2071	硝酸铵基化肥	AMMONIUM NITRATE BASED FERTILIZER	9		Ⅲ	5 kg
2073	氨溶液,水溶液在15 ℃时的相对密度小于0.880,含氨量高于35%,但不超过50%	AMMONIA SOLUTION, relative density less than 0.880 at 15 ℃ in water, with more than 35% but not more than 50% ammonia	2.2			120 mL
2074	丙烯酰胺,固态	ACRYLAMIDE, SOLID	6.1		Ⅲ	5 kg

表 1（续）

联合国编号	中文名称和说明	英文名称和说明	类别或项别	次要危险性	包装类别	有限数量
2075	无水氯醛，稳定的	CHLORAL，ANHYDROUS，STABILIZED	6.1		Ⅱ	100 mL
2076	液态甲酚	CRESOLS，LIQUID	6.1	8	Ⅱ	100 mL
2077	α-萘胺	alpha-NAPHTHYLAMINE	6.1		Ⅲ	5 kg
2078	甲苯二异氰酸酯	TOLUENE DIISOCYANATE	6.1		Ⅱ	100 mL
2079	二乙撑三胺	DIETHYLENETRIAMINE	8		Ⅱ	1 L
2187	冷冻液态二氧化碳	CARBON DIOXIDE，REFRIGERATED LIQUID	2.2			120 mL
2193	六氟乙烷（制冷气体 R 116）	HEXAFLUOROETHANE (REFRIGERANT GAS R 116)	2.2			120 mL
2205	己二腈	ADIPONITRILE	6.1		Ⅲ	5 L
2206	异氰酸盐（酯），毒性，未另作规定的，或异氰酸盐（酯）溶液，毒性，未另作规定的	ISOCYANATES，TOXIC，N. O. S. or ISOCYANATE SOLUTION，TOXIC，N. O. S.	6.1		Ⅱ	100 mL
			6.1		Ⅲ	5 L
2208	次氯酸钙混合物，干的，含有效氯不低于10%，但不超过39%	CALCIUM HYPOCHLORITE MIXTURE，DRY with more than 10% but not more than 39% available chlorine	5.1		Ⅲ	5 kg
2209	甲醛溶液，甲醛含量不低于25%	FORMALDEHYDE SOLUTION with not less than 25% formaldehyde	8		Ⅲ	5 L
2211	聚苯乙烯颗粒，可膨胀，会放出易燃气体	POLYMERIC BEADS，EXPANDABLE，evolving flammable vapour	9		Ⅲ	5 kg
2212	蓝石棉（青石棉）或棕石棉（铁石棉）	BLUE ASBESTOS (crocidolite) or BROWN ASBESTOS (amosite，mysorite)	9		Ⅱ	1 kg
2213	仲甲醛	PARAFORMALDEHYDE	4.1		Ⅲ	5 kg
2214	邻苯二甲酸酐，含马来酸酐高于0.05%	PHTHALIC ANHYDRIDE with more than 0.05% of maleic anhydride	8		Ⅲ	5 kg
2215	马来酸酸酐	MALEIC ANHYDRIDE	8		Ⅲ	5 kg
2218	丙烯酸，稳定的	ACRYLIC ACID，STABILIZED	8	3	Ⅱ	1 L
2219	烯丙基缩水甘油醚	ALLYL GLYCIDYL ETHER	3		Ⅲ	5 L
2222	茴香醚	ANISOLE	3		Ⅲ	5 L
2224	苄腈	BENZONITRILE	6.1		Ⅱ	100 mL
2225	苯磺酰氯	BENZENESULPHONYL CHLORIDE	8		Ⅲ	5 L
2226	三氯甲苯	BENZOTRICHLORIDE	8		Ⅱ	1 L

表 1（续）

联合国编号	中文名称和说明	英文名称和说明	类别或项别	次要危险性	包装类别	有限数量
2227	甲基丙烯酸正丁酯，稳定的	*n*-BUTYL METHACRYLATE, STABILIZED	3		Ⅲ	5 L
2233	氯代茴香胺	CHLOROANISIDINES	6.1		Ⅲ	5 kg
2234	三氟甲基氯苯	CHLOROBENZOTRIFLUORIDES	3		Ⅲ	5 L
2235	氯苯甲基氯，液态	CHLOROBENZYL CHLORIDES, LIQUID	6.1		Ⅲ	5 L
2236	异氰酸 3-氯-4-基苯酯，液态	3-CHLORO-4-METHYLPHENYL ISOCYANATE, LIQUID	6.1		Ⅱ	100 mL
2237	硝基氯苯胺	CHLORONITROANILINES	6.1		Ⅲ	5 kg
2238	氯甲苯	CHLOROTOLUENES	3		Ⅲ	5 L
2239	甲基氯苯胺，固态	CHLOROTOLUIDINES, SOLID	6.1		Ⅲ	5 kg
2241	环庚烷	CYCLOHEPTANE	3		Ⅱ	1 L
2242	环庚烯	CYCLOHEPTENE	3		Ⅱ	1 L
2243	乙酸环己酯	CYCLOHEXYL ACETATE	3		Ⅲ	5 L
2244	环戊醇	CYCLOPENTANOL	3		Ⅲ	5 L
2245	环戊酮	CYCLOPENTANONE	3		Ⅲ	5 L
2246	环戊烯	CYCLOPENTENE	3		Ⅱ	1 L
2247	正癸烷	*n*-DECANE	3		Ⅲ	5 L
2248	二正丁胺	DI-*n*-BUTYLAMINE	8	3	Ⅱ	1 L
2250	异氰酸二氯苯酯	DICHLOROPHENYL ISOCYANATES	6.1		Ⅱ	500 g
2251	二环(2,2,1)庚-2,5-二烯，稳定的(2,5-降冰片二烯，稳定的)	BICYCLO［2. 2. 1］-HEPTA-2, 5-DIENE, STABILIZED （2, 5-NORBORNADIENE, STABILIZED)	3		Ⅱ	1 L
2252	1,2-二甲氧基乙烷	1,2-DIMETHYOXYETHANE	3		Ⅱ	1 L
2253	***N*,*N*-二甲基苯胺**	*N*, *N*-DIMETHYLANILINE	6.1		Ⅱ	100 mL
2254	耐风火柴	MATCHES, FUSEE	4.1		Ⅲ	5 kg
2256	环己烯	CYCLOHEXENE	3		Ⅱ	1 L
2258	丙邻二胺（1,2-二氨基丙烷）	1,2-PROPYLENEDIAMINE	8	3	Ⅱ	1 L
2259	三亚乙基四胺	TRIETHYLENETETRAMINE	8		Ⅱ	1 L
2260	三丙胺	TRIPROPYLAMINE	3	8	Ⅲ	5 L
2261	二甲苯酚，固态	XYLENOLS, SOLID	6.1		Ⅱ	500 g
2262	二甲胺基甲酰氯	DIMETHYLCARBAMOYL CHLORIDE	8		Ⅱ	1 L
2263	二甲基环己烷	DIMETHYLCYCLOHEXANES	3		Ⅱ	1 L

表 1（续）

联合国编号	中文名称和说明	英文名称和说明	类别或项别	次要危险性	包装类别	有限数量
2264	**N,N-**二甲基环己胺	*N*,*N*-DIMETHYLCYCLOHEXYLAMINE	8	3	Ⅱ	1 L
2265	**N,N-**二甲基甲酰胺	*N*,*N*-DIMETHYLFORMAMIDE	3		Ⅲ	5 L
2266	**N-**二甲基丙胺	DIMETHYL-*N*-PROPYLAMINE	3	8	Ⅱ	1 L
2267	二甲基硫代磷酰氯	DIMETHYL THIOPHOSPHORYL CHLORIDE	6.1	8	Ⅱ	100 mL
2269	3,3′-亚氨基二丙胺(三丙撑三胺)	3,3′-IMINODIPROPYLAMINE	8		Ⅲ	5 L
2270	乙胺水溶液,乙胺含量不低于50%,但不超过70%	ETHYLAMINE, AQUEOUS SOLUTION with not less than 50% but not more than 70% ethylamine	3	8	Ⅱ	1 L
2271	乙基戊基酮(乙戊酮)	ETHYL AMYL KETONE	3		Ⅲ	5 L
2272	**N-**乙基苯胺	*N*-ETHYLANILINE	6.1		Ⅲ	5 L
2273	2-乙基苯胺	2-ETHYLANILINE	6.1		Ⅲ	5 L
2274	**N-**乙基**-N-**苄基苯胺	*N*-ETHYL-*N*-BENZYLANILINE	6.1		Ⅲ	5 L
2275	2-乙基丁醇	2-ETHYLBUTANOL	3		Ⅲ	5 L
2276	2-乙基己胺	2-ETHYLHEXYLAMINE	3	8	Ⅲ	5 L
2277	甲基丙烯酸乙酯,稳定的	ETHYL METHACRYLATE,STABILIZED	3		Ⅱ	1 L
2278	正庚烯	*n*-HEPTENE	3		Ⅱ	1 L
2279	六氯丁二烯	HEXACHLOROBUTADIENE	6.1		Ⅲ	5 L
2280	固态六亚甲基二胺(己撑二胺)	HEXAMETHYLENEDIAMINE,SOLID	8		Ⅲ	5 kg
2281	1,6-二异氰酸正己酯(己撑二异氰酸酯)	HEXAMETHYLENEDIISOCYANATE	6.1		Ⅱ	100 mL
2282	己醇	HEXANOLS	3		Ⅲ	5 L
2283	甲基丙烯酸异丁酯,稳定的	ISOBUTYL METHACRYLATE, STABILIZED	3		Ⅲ	5 L
2284	异丁腈	ISOBUTYRONITRILE	3	6.1	Ⅱ	1 L
2285	异氰酸三氟甲基苯酯	ISOCYANATOBENZOTRIFLUORIDES	6.1	3	Ⅱ	100 mL
2286	五甲基庚烷	PENTAMETHYLHEPTANE	3		Ⅲ	5 L
2287	异庚烯	ISOHEPTENES	3		Ⅱ	1 L
2288	异己烯	ISOHEXENES	3		Ⅱ	1 L
2289	异佛尔酮二胺	ISOPHORONEDIAMINE	8		Ⅲ	5 L

表 1（续）

联合国编号	中文名称和说明	英文名称和说明	类别或项别	次要危险性	包装类别	有限数量
2290	二异氰酸异佛尔酮酯	ISOPHORONE DIISOCYANATE	6.1		Ⅲ	5 L
2291	可溶铅化合物，未另作规定的	LEAD COMPOUND，SOLUBLE，N. O. S.	6.1		Ⅲ	5 kg
2293	4-甲氧基-4-甲基-2-戊酮	4-METHOXY-4-METHYLPENTAN-2-ONE	3		Ⅲ	5 L
2294	*N*-甲基苯胺	*N*-METHYLANILINE	6.1		Ⅲ	5 L
2296	甲基环己烷	METHYLCYCLOHEXANE	3		Ⅱ	1 L
2297	甲基环己酮	METHYLCYCLOHEXANONE	3		Ⅲ	5 L
2298	甲基环戊烷	METHYLCYCLOPENTANE	3		Ⅱ	1 L
2299	二氯乙酸甲酯	METHYL DICHLOROACETATE	6.1		Ⅲ	5 L
2300	2-甲基-5-乙基吡啶	2-METHYL-5-ETHYLPYRIDINE	6.1		Ⅲ	5 L
2301	2-甲基呋喃	2-METHYLFURAN	3		Ⅱ	1 L
2302	5-甲基-2-己酮	5-METHYLHEXAN-2-ONE	3		Ⅲ	5 L
2303	异丙烯基苯	ISOPROPENYLBENZENE	3		Ⅲ	5 L
2305	硝基苯磺酸	NITROBENZENESULPHONIC ACID	8		Ⅱ	1 kg
2306	硝基三氟甲苯，液态	NITROBENZOTRIFLUORIDES，LIQUID	6.1		Ⅱ	100 mL
2307	3-硝基-4-氯三氟甲基苯	3-NITRO-4-CHLOROBENZOTRIFLUORIDE	6.1		Ⅱ	100 mL
2308	液态亚硝基硫酸	NITROSYLSULPHURIC ACID，LIQUID	8		Ⅱ	1 L
2309	辛二烯	OCTADIENE	3		Ⅱ	1 L
2310	2，4-戊二酮	PENTANE-2，4-DIONE	3	6.1	Ⅲ	5 L
2311	氨基苯乙醚	PHENETIDINES	6.1		Ⅲ	5 L
2313	甲基吡啶（皮考啉）	PICOLINES	3		Ⅲ	5 L
2315	多氯联苯，液态	POLYCHLORINATED BIPHENYLS，LIQUID	9		Ⅱ	1 L
2319	萜烃，未另作规定的	TERPENE HYDROCARBONS，N. O. S.	3		Ⅲ	5 L
2320	四亚乙基五胺	TETRAETHYLENEPENTAMINE	8		Ⅲ	5 L
2321	液态三氯苯	TRICHLOROBENZENES，LIQUID	6.1		Ⅲ	5 L
2322	三氯丁烯	TRICHLOROBUTENE	6.1		Ⅱ	100 mL
2323	亚磷酸三乙酯	TRIETHYL PHOSPHITE	3		Ⅲ	5 L
2324	三聚异丁烯	TRIISOBUTYLENE	3		Ⅲ	5 L
2325	1，3，5-三甲基苯	1，3，5-TRIMETHYLBENZENE	3		Ⅲ	5 L
2326	三甲基环己胺	TRIMETHYLCYCLOHEXYLAMINE	8		Ⅲ	5 L

表 1（续）

联合国编号	中文名称和说明	英文名称和说明	类别或项别	次要危险性	包装类别	有限数量
2327	三甲基六亚甲基二胺	TRIMETHYLHEXAMETHYLENEDIAMINES	8		Ⅲ	5 L
2328	三甲基六亚甲基二异氰酯酸酯	TRIMETHYLHEXAMETHYLENEDIISOCYANATE	6.1		Ⅲ	5 L
2329	亚磷酸三甲酯	TRIMETHYL PHOSPHITE	3		Ⅲ	5 L
2330	十一烷	UNDECANE	3		Ⅲ	5 L
2331	无水氯化锌	ZINC CHLORIDE,ANHYDROUS	8		Ⅲ	5 kg
2332	乙醛肟	ACETALDEHYDE OXIME	3		Ⅲ	5 L
2333	乙酸烯丙酯	ALLYL ACETATE	3	6.1	Ⅱ	1 L
2335	烯丙基乙基醚	ALLYL ETHYL ETHER	3	6.1	Ⅱ	1 L
2338	三氟甲苯	BENZOTRIFLUORIDE	3		Ⅱ	1 L
2339	2-溴丁烷	2-BROMOBUTANE	3		Ⅱ	1 L
2340	2-溴乙基乙基醚	2-BROMOETHYL ETHYL ETHER	3		Ⅱ	1 L
2341	1-溴-3-甲基丁烷	1-BROMO-3-METHYLBUTANE	3		Ⅲ	5 L
2342	溴甲基丙烷	BROMOMETHYLPROPANES	3		Ⅱ	1 L
2343	2-溴戊烷	2-BROMOPENTANE	3		Ⅱ	1 L
2344	溴丙烷	BROMOPROPANES	3		Ⅱ	1 L
			3		Ⅲ	5 L
2345	3-溴丙炔	3-BROMOPROPYNE	3		Ⅱ	1 L
2346	丁二酮	BUTANEDIONE	3		Ⅱ	1 L
2347	丁硫醇	BUTYL MERCAPTAN	3		Ⅱ	1 L
2348	丙烯酸丁酯，稳定的	BUTYL ACRYLATES,STABILIZED	3		Ⅲ	5 L
2350	甲基丁基醚(甲丁醚)	BUTYL METHYL ETHER	3		Ⅱ	1 L
2351	亚硝酸丁酯	BUTYL NITRITES	3		Ⅱ	1 L
			3		Ⅲ	5 L
2352	乙烯基丁基醚，稳定的	BUTYL VINYL ETHER,STABILIZED	3		Ⅱ	1 L
2353	丁酰氯	BUTYRYL CHLORIDE	3	8	Ⅱ	1 L
2354	氯甲基乙基醚	CHLOROMETHYL ETHYL ETHER	3	6.1	Ⅱ	1 L
2357	环己胺	CYCLOHEXYLAMINE	8	3	Ⅱ	1 L
2358	环辛四烯	CYCLOOCTATETRAENE	3		Ⅱ	1 L
2359	二烯丙基胺	DIALLYLAMINE	3	6.1;8	Ⅱ	1 L
2360	二烯丙基醚	DIALLYL ETHER	3	6.1	Ⅱ	1 L
2361	二异丁胺	DIISOBUTYLAMINE	3	8	Ⅲ	5 L

表 1（续）

联合国编号	中文名称和说明	英文名称和说明	类别或项别	次要危险性	包装类别	有限数量
2362	1,1-二氯乙烷	1,1-DICHLOROETHANE	3		Ⅱ	1 L
2364	正丙苯	*n*-PROPYLBENZENE	3		Ⅲ	5 L
2366	碳酸二乙酯	DIETHYL CARBONATE	3		Ⅲ	5 L
2367	α-甲基戊醛	alpha-METHYLVALERALDEHYDE	3		Ⅱ	1 L
2368	α-蒎烯	alpha-PINENE	3		Ⅲ	5 L
2370	1-己烯	1-HEXENE	3		Ⅱ	1 L
2372	1,2-二-(二甲氨基)乙烷	1,2-DI-(DIMETHYLAMINO) ETHANE	3		Ⅱ	1 L
2373	二乙氧基甲烷	DIETHOXYMETHANE	3		Ⅱ	1 L
2374	3,3-二乙氧基丙烯	3,3-DIETHOXYPROPENE	3		Ⅱ	1 L
2375	二乙硫醚(二乙硫)	DIETHYL SULPHIDE	3		Ⅱ	1 L
2376	2,3-二氢吡喃	2,3-DIHYDROPYRAN	3		Ⅱ	1 L
2377	1,1-二甲氧基乙烷	1,1-DIMETHOXYETHANE	3		Ⅱ	1 L
2378	2-二甲氨基乙腈	2-DIMETHYLAMINOACETONITRILE	3	6.1	Ⅱ	1 L
2379	1,3-二甲基丁胺	1,3-DIMETHYLBUTYLAMINE	3	8	Ⅱ	1 L
2380	二甲基二乙氧基硅烷	DIMETHYLDIETHOXYSILANE	3		Ⅱ	1 L
2381	二甲二硫	DIMETHYL DISULPHIDE	3		Ⅱ	1 L
2383	二丙胺	DIPROPYLAMINE	3	8	Ⅱ	1 L
2384	二正丙醚	DI-*n*-PROPYL ETHER	3		Ⅱ	1 L
2385	异丁酸乙酯	ETHYL ISOBUTYRATE	3		Ⅱ	1 L
2386	1-乙基哌啶	1-ETHYLPIPERIDINE	3	8	Ⅱ	1 L
2387	氟苯	FLUOROBENZENE	3		Ⅱ	1 L
2388	氟代甲苯	FLUOROTOLUENES	3		Ⅱ	1 L
2390	2-碘丁烷	2-IODOBUTANE	3		Ⅱ	1 L
2391	碘甲基丙烷	IODOMETHYLPROPANES	3		Ⅱ	1 L
2392	碘丙烷	IODOPROPANES	3		Ⅲ	5 L
2393	甲酸异丁酯	ISOBUTYL FORMATE	3		Ⅱ	1 L
2394	丙酸异丁酯	ISOBUTYL PROPIONATE	3		Ⅲ	5 L
2395	异丁酰氯	ISOBUTYRYL CHLORIDE	3	8	Ⅱ	1 L
2396	甲基丙烯醛,稳定的	METHACRYLALDEHYDE,STABILIZED	3	6.1	Ⅱ	1 L
2397	3-甲基-2-丁酮	3-METHYLBUTAN-2-ONE	3		Ⅱ	1 L
2398	甲基叔丁基醚	METHYL tert-BUTYL ETHER	3		Ⅱ	1 L
2399	1-甲基哌啶	1-METHYLPIPERIDINE	3	8	Ⅱ	1 L

表 1（续）

联合国编号	中文名称和说明	英文名称和说明	类别或项别	次要危险性	包装类别	有限数量
2400	异戊酸甲酯	METHYL ISOVALERATE	3		Ⅱ	1 L
2402	丙硫醇	PROPANETHIOLS	3		Ⅱ	1 L
2403	乙酸异丙烯酯	ISOPROPENYL ACETATE	3		Ⅱ	1 L
2404	丙腈	PROPIONITRILE	3	6.1	Ⅱ	1 L
2405	丁酸异丙酯	ISOPROPYL BUTYRATE	3		Ⅲ	5 L
2406	异丁酸异丙酯	ISOPROPYL ISOBUTYRATE	3		Ⅱ	1 L
2409	丙酸异丙酯	ISOPROPYL PROPIONATE	3		Ⅱ	1 L
2410	1,2,3,6-四氢吡啶	1,2,3,6-TETRAHYDROPYRIDINE	3		Ⅱ	1 L
2411	丁腈	BUTYRONITRILE	3	6.1	Ⅱ	1 L
2412	四氢噻吩	TETRAHYDROTHIOPHENE	3		Ⅱ	1 L
2413	原钛酸四丙酯	TETRAPROPYL ORTHOTITANATE	3		Ⅲ	5 L
2414	噻吩	THIOPHENE	3		Ⅱ	1 L
2416	硼酸三甲酯	TRIMETHYL BORATE	3		Ⅱ	1 L
2422	八氟-2-丁烯（制冷气体 R 1318）	OCTAFLUOROBUT-2-ENE (REFRIGERANT GAS R 1318)	2.2			120 mL
2424	八氟丙烷（制冷气体 R 218）	OCTAFLUOROPROPANE (REFRIGERANT GAS R 218)	2.2			120 mL
2427	氯酸钾水溶液	POTASSIUM CHLORATE, AQUEOUS SOLUTION	5.1		Ⅱ	1 L
			5.1		Ⅲ	5 L
2428	氯酸钠水溶液	SODIUM CHLORATE, AQUEOUS SOLUTION	5.1		Ⅱ	1 L
			5.1		Ⅲ	5 L
2429	氯酸钙水溶液	CALCIUM CHLORATE, AQUEOUS SOLUTION	5.1		Ⅱ	1 L
			5.1		Ⅲ	5 L
2430	固态烷基苯酚，未另作规定的（包括 C_2～C_{12} 的同系物）	ALKYLPHENOLS, SOLID, N. O. S. (including C_2-C_{12} homologues)	8		Ⅱ	1 kg
			8		Ⅲ	5 kg
2431	茴香胺	ANISIDINES	6.1		Ⅲ	5 L
2432	*N*,*N*-二乙基苯胺	*N*,*N*-DIETHYLANILINE	6.1		Ⅲ	5 L
2433	液态硝基氯甲苯	CHLORONITROTOLUENES, LIQUID	6.1		Ⅲ	5 L
2436	硫代乙酸	THIOACETIC ACID	3		Ⅱ	1 L
2439	二氟化氢钠	SODIUM HYDROGENDIFLUORIDE	8		Ⅱ	1 kg
2440	五水合四氯化锡	STANNIC CHLORIDE PENTAHYDRATE	8		Ⅲ	5 kg
2443	三氯氧化钒	VANADIUM OXYTRICHLORIDE	8		Ⅱ	1 L

表 1（续）

联合国编号	中文名称和说明	英文名称和说明	类别或项别	次要危险性	包装类别	有限数量
2446	硝基甲苯酚，固态	NITROCRESOLS，SOLID	6.1		Ⅲ	5 kg
2455	亚硝酸甲酯	METHYL NITRITE	2.2			120 mL
2457	2，3-二甲基丁烷	2，3-DIMETHYLBUTANE	3		Ⅱ	1 L
2458	己二烯	HEXADIENE	3		Ⅱ	1 L
2460	2-甲基-2-丁烯	2-METHYL-2-BUTENE	3		Ⅱ	1 L
2461	甲基戊二烯	METHYLPENTADIENE	3		Ⅱ	1 L
2464	硝酸铍	BERYLLIUM NITRATE	5.1	6.1	Ⅱ	1 kg
2465	二氯异氰脲酸，干的，或二氯异氰脲酸盐	DICHLOROISOCYANURIC ACID，DRY or DICHLOROISOCYANURIC ACID SALTS	5.1		Ⅱ	1 kg
2468	三氯异氰脲酸，干的	TRICHLOROISOCYANURIC ACID，DRY	5.1		Ⅱ	1 kg
2469	溴酸锌	ZINC BROMATE	5.1		Ⅲ	5 kg
2470	液态苯基乙腈	PHENYLACETONITRILE，LIQUID	6.1		Ⅲ	5 L
2473	对氨苯基胂酸钠	SODIUM ARSANILATE	6.1		Ⅲ	5 kg
2475	三氯化钒	VANADIUM TRICHLORIDE	8		Ⅲ	5 kg
2478	异氰酸酯，易燃，毒性，未另作规定的或异氰酸酯溶液，易燃，毒性，未另作规定的	ISOCYANATES，FLAMMABLE，TOXIC，N. O. S. or ISOCYANATE SOLUTION，FLAMMABLE，TOXIC，N. O. S.	3	6.1	Ⅱ	1 L
			3	6.1	Ⅲ	5 L
2490	二氯异丙醚	DICHLOROISOPROPYL ETHER	6.1		Ⅱ	100 mL
2491	乙醇胺或乙醇胺溶液	ETHANOLAMINE or ETHANOLAMINE SOLUTION	8		Ⅲ	5 L
2493	六亚甲基亚胺	HEXAMETHYLENEIMINE	3	8	Ⅱ	1 L
2496	丙酸酐	PROPIONIC ANHYDRIDE	8		Ⅲ	5 L
2498	1，2，3，6-四氢化苯甲醛	1，2，3，6-TETRAHYDROBENZALDEHYDE	3		Ⅲ	5 L
2501	氧化三-（1-氮丙啶基）膦溶液	TRIS-（1-AZIRIDINYL） PHOSPHINE OXIDE SOLUTION	6.1		Ⅱ	100 mL
			6.1		Ⅲ	5 L
2502	戊酰氯	VALERYL CHLORIDE	8	3	Ⅱ	1 L
2503	四氯化锆	ZIRCONIUM TETRACHLORIDE	8		Ⅲ	5 kg
2504	四溴乙烷	TETRABROMOETHANE	6.1		Ⅲ	5 L
2505	氟化铵	AMMONIUM FLUORIDE	6.1		Ⅲ	5 kg
2506	硫酸氢铵	AMMONIUM HYDROGEN SULPHATE	8		Ⅱ	1 kg
2507	固态氯铂酸	CHLOROPLATINIC ACID，SOLID	8		Ⅲ	5 kg
2508	五氯化钼	MOLYBDENUM PENTACHLORIDE	8		Ⅲ	5 kg

表 1（续）

联合国编号	中文名称和说明	英文名称和说明	类别或项别	次要危险性	包装类别	有限数量
2509	硫酸氢钾	POTASSIUM HYDROGEN SULPHATE	8		Ⅱ	1 kg
2511	2-氯丙酸	2-CHLOROPROPIONIC ACID	8		Ⅲ	5 L
2512	氨基苯酚(邻、间、对)	AMINOPHENOLS (*o*-,*m*-,*p*-)	6.1		Ⅲ	5 kg
2513	溴乙酰溴	BROMOACETYL BROMIDE	8		Ⅱ	1 L
2514	溴苯	BROMOBENZENE	3		Ⅲ	5 L
2515	溴仿	BROMOFORM	6.1		Ⅲ	5 L
2516	四溴化碳	CARBON TETRABROMIDE	6.1		Ⅲ	5 kg
2518	1,5,9-环十二碳三烯	1,5,9-CYCLODODECATRIENE	6.1		Ⅲ	5 L
2520	环辛二烯	CYCLOOCTADIENES	3		Ⅲ	5 L
2522	2-二甲氨基甲基丙烯酸乙酯	2-DIMETHYLAMINOETHYL METHACRYLATE	6.1		Ⅱ	100 mL
2524	原甲酸乙酯	ETHYL ORTHOFORMATE	3		Ⅲ	5 L
2525	草酸乙酯	ETHYL OXALATE	6.1		Ⅲ	5 L
2526	糠胺	FURFURYLAMINE	3	8	Ⅲ	5 L
2527	丙烯酸异丁酯,稳定的	ISOBUTYL ACRYLATE,STABILIZED	3		Ⅲ	5 L
2528	异丁酸异丁酯	ISOBUTYL ISOBUTYRATE	3		Ⅲ	5 L
2529	异丁酸	ISOBUTYRIC ACID	3	8	Ⅲ	5 L
2531	甲基丙烯酸,稳定的	METHACRYLIC ACID,STABILIZED	8		Ⅱ	1 L
2533	三氯乙酸甲酯	METHYL TRICHLOROACETATE	6.1		Ⅲ	5 L
2535	4-甲基吗啉(*N*-甲基吗啉)	4-METHYLMORPHOLINE (*N*-METHYLMORPHOLINE)	3	8	Ⅱ	1 L
2536	甲基四氢呋喃	METHYLTETRAHYDROFURAN	3		Ⅱ	1 L
2538	硝基萘	NITRONAPHTHALENE	4.1		Ⅲ	5 kg
2541	萜品油烯	TERPINOLENE	3		Ⅲ	5 L
2542	三丁胺	TRIBUTYLAMINE	6.1		Ⅱ	100 mL
2552	水合六氟丙酮,液态	HEXAFLUOROACETONE HYDRATE, LIQUID	6.1		Ⅱ	100 mL
2554	甲基烯丙基氯	METHYLALLYL CHLORIDE	3		Ⅱ	1 L
2560	2-甲基-2-戊醇	2-METHYLPENTAN-2-OL	3		Ⅲ	5 L
2564	三氯乙酸溶液	TRICHLOROACETIC ACID SOLUTION	8		Ⅱ	1 L
			8		Ⅲ	5 L
2565	二环己胺	DICYCLOHEXYLAMINE	8		Ⅲ	5 L
2567	五氯苯酚钠	SODIUM PENTACHLOROPHENATE	6.1		Ⅱ	500 g

表 1（续）

联合国编号	中文名称和说明	英文名称和说明	类别或项别	次要危险性	包装类别	有限数量
2570	镉化合物	CADMIUM COMPOUND	6.1		Ⅱ	500 g
			6.1		Ⅲ	5 kg
2571	烷基硫酸	ALKYLSULPHURIC ACIDS	8		Ⅱ	1 L
2572	苯肼	PHENYLHYDRAZINE	6.1		Ⅱ	100 mL
2573	氯酸铊	THALLIUM CHLORATE	5.1	6.1	Ⅱ	1 kg
2574	磷酸三甲苯酯，含邻位异构物高于3%	TRICRESYL PHOSPHATE with more than 3% ortho isomer	6.1		Ⅱ	100 mL
2577	苯乙酰氯	PHENYLACETYL CHLORIDE	8		Ⅱ	1 L
2578	三氧化二磷	PHOSPHORUS TRIOXIDE	8		Ⅲ	5 kg
2579	哌嗪	PIPERAZINE	8		Ⅲ	5 kg
2580	溴化铝溶液	ALUMINIUM BROMIDE SOLUTION	8		Ⅲ	5 L
2581	氯化铝溶液	ALUMINIUM CHLORIDE SOLUTION	8		Ⅲ	5 L
2582	氯化铁溶液	FERRIC CHLORIDE SOLUTION	8		Ⅲ	5 L
2583	固态烷基磺酸或固态芳基磺酸，含游离硫酸高于5%	ALKYLSULPHONIC ACIDS, SOLID or ARYLSULPHONIC ACIDS, SOLID with more than 5% free sulphuric acid	8		Ⅱ	1 kg
2584	液态烷基磺酸或液态芳基磺酸，含游离硫酸高于5%	ALKYSULPHONIC ACIDS, LIQUID or ARYLSULPHONIC ACIDS, LIQUID with more than 5% free sulphuric acid	8		Ⅱ	1 L
2585	固态烷基磺酸或固态芳基磺酸，含游离硫酸不超过5%	ALKYLSULPHONIC ACIDS, SOLID or ARYLSULPHONIC ACIDS, SOLID with not more than 5% free sulphuric acid	8		Ⅲ	5 kg
2586	液态烷基磺酸或液态芳基磺酸，含游离硫酸不超过5%	ALKYLSULPHONIC ACIDS, LIQUID or ARYLSULPHONIC ACIDS, LIQUID with not more than 5% free sulphuric acid	8		Ⅲ	5 L
2587	苯醌	BENZOQUINONE	6.1		Ⅱ	500 g
2588	固态农药，毒性，未另作规定的	PESTICIDE, SOLID, TOXIC, N. O. S.	6.1		Ⅱ	500 g
			6.1		Ⅲ	5 kg
2589	氯乙酸乙烯酯	VINYL CHLOROACETATE	6.1	3	Ⅱ	100 mL
2591	冷冻液态氙	XENON, REFRIGERATEDLIQUID	2.2			120 mL
2599	三氟氯甲烷和三氟甲烷的共沸混合物，含三氟氯甲烷约60%（制冷气体R 503）	CHLOROTRIFLUOROMETHANE AND TRIFLUOROMETHANE AZEOTROPIC MIXTURE with approximately 60% chlorotrifluoromethane (REFRIGERANT GAS R 503)	2.2			120 mL

表 1（续）

联合国编号	中文名称和说明	英文名称和说明	类别或项别	次要危险性	包装类别	有限数量
2602	二氯二氟甲烷和二氟乙烷的共沸混合物，含二氯二氟甲烷约 74%（制冷气体 R 500）	DICHLORODIFLUOROMETHANE AND DIFLUOROETHANE AZEOTROPIC MIXTURE with approximately 74% dichlorodifluoromethane (REFRIGERANT GAS R 500)	2.2			120 mL
2603	环庚三烯	CYCLOHEPTATRIENE	3	6.1	Ⅱ	1 L
2607	二聚丙烯醛，稳定的	ACROLEIN DIMER, STABILIZED	3		Ⅲ	5 L
2608	硝基丙烷	NITROPROPANES	3		Ⅲ	5 L
2609	硼酸三烯丙酯	TRIALLYL BORATE	6.1		Ⅲ	5 L
2610	三烯丙胺	TRIALLYLAMINE	3	8	Ⅲ	5 L
2611	丙氯醇	PROPYLENE CHLOROHYDRIN	6.1	3	Ⅱ	100 mL
2612	甲基丙基醚（甲丙醚）	METHYL PROPYL ETHER	3		Ⅱ	1 L
2614	甲代烯丙醇	METHALLYL ALCOHOL	3		Ⅲ	5 L
2615	乙基丙基醚（乙丙醚）	ETHYL PROPYL ETHER	3		Ⅱ	1 L
2616	硼酸三异丙酯	TRIISOPROPYL BORATE	3		Ⅱ	1 L
			3		Ⅲ	5 L
2617	甲基环乙醇，易燃	METHYLCYCLOHEXANOLS, flammable	3		Ⅲ	5 L
2618	乙烯基甲苯，稳定的	VINYLTOLUENES, STABILIZED	3		Ⅲ	5 L
2619	苄基二甲胺	BENZYLDIMETHYLAMINE	8	3	Ⅱ	1 L
2620	丁酸戊酯	AMYL BUTYRATES	3		Ⅲ	5 L
2621	乙酰甲基甲醇	ACETYL METHYL CARBINOL	3		Ⅲ	5 L
2622	缩水甘油醛	GLYCIDALDEHYDE	3	6.1	Ⅱ	1 L
2623	固态点火剂，含易燃液体	FIRELIGHTERS, SOLID with flammable liquid	4.1		Ⅲ	5 kg
2624	硅化镁	MAGNESIUM SILICIDE	4.3		Ⅱ	500 g
2626	氯酸水溶液，含氯酸不超过 10%	CHLORIC ACID, AQUEOUS SOLUTION with not more than 10% chloric acid	5.1		Ⅱ	1 L
2627	无机亚硝酸盐，未另作规定的	NITRITES, INORGANIC, N.O.S.	5.1		Ⅱ	1 kg
2643	溴乙酸甲酯	METHYL BROMOACETATE	6.1		Ⅱ	100 mL
2645	苯酰甲基溴	PHENACYL BROMIDE	6.1		Ⅱ	500 g
2647	丙二腈	MALONONITRILE	6.1		Ⅱ	500 g
2648	1,2 二溴-3-丁酮	1,2-DIBROMOBUTAN-3-ONE	6.1		Ⅱ	100 mL
2649	1,3-二氯丙酮	1,3-DICHLOROACETONE	6.1		Ⅱ	500 g

表 1（续）

联合国编号	中文名称和说明	英文名称和说明	类别或项别	次要危险性	包装类别	有限数量
2650	1,1-二氯-1-硝基乙烷	1,1-DICHLORO-1-NITROETHANE	6.1		Ⅱ	100 mL
2651	4,4′-二氨基二苯基甲烷	4,4′-DIAMINODIPHENYLMETHANE	6.1		Ⅲ	5 kg
2653	苄基碘	BENZYL IODIDE	6.1		Ⅱ	100 mL
2655	氟硅酸钾	POTASSIUM FLUOROSILICATE	6.1		Ⅲ	5 kg
2656	喹啉	QUINOLINE	6.1		Ⅲ	5 L
2657	二硫化硒	SELENIUM DISULPHIDE	6.1		Ⅱ	500 g
2659	氯乙酸钠	SODIUM CHLOROACETATE	6.1		Ⅲ	5 kg
2660	一硝基甲苯胺	NITROTOLUIDINES (MONO)	6.1		Ⅲ	5 kg
2661	六氯丙酮	HEXACHLOROACETONE	6.1		Ⅲ	5 L
2664	二溴甲烷	DIBROMOMETHANE	6.1		Ⅲ	5 L
2667	丁基甲苯	BUTYLTOLUENES	6.1		Ⅲ	5 L
2669	氯甲酚溶液	CHLOROCRESOLS SOLUTION	6.1		Ⅱ	100 mL
			6.1		Ⅲ	5 L
2670	氰尿酰氯	CYANURIC CHLORIDE	8		Ⅱ	1 kg
2671	氨基吡啶(邻、间、对)	AMINOPYRIDINES (*o*-,*m*-,*p*-)	6.1		Ⅱ	500 g
2672	氨溶液，水溶液在15 ℃时的相对密度为0.880～0.975，含氨量高于10%，但不超过35%	AMMONIA SOLUTION, relative density between 0.880 and 0.957 at 15 ℃ in water, with more than 10% but not more than 35% ammonia	8		Ⅲ	5 L
2673	2-氨基-4-氯苯酚	2-AMINO-4-CHLOROPHENOL	6.1		Ⅱ	500 g
2674	氟硅酸钠	SODIUM FLUOROSILICATE	6.1		Ⅲ	5 kg
2677	氢氧化铷溶液	RUBIDIUM HYDROXIDE SOLUTION	8		Ⅱ	1 L
			8		Ⅲ	5 L
2678	氢氧化铷	RUBIDIUM HYDROXIDE	8		Ⅱ	1 kg
2679	氢氧化锂溶液	LITHIUM HYDROXIDE SOLUTION	8		Ⅱ	1 L
			8		Ⅲ	5 L
2680	氢氧化锂	LITHIUM HYDROXIDE	8		Ⅱ	1 kg
2681	氢氧化铯溶液	CAESIUM HYDROXIDE SOLUTION	8		Ⅱ	1 L
			8		Ⅲ	5 L
2682	氢氧化铯	CAESIUM HYDROXIDE	8		Ⅱ	1 kg

表 1（续）

联合国编号	中文名称和说明	英文名称和说明	类别或项别	次要危险性	包装类别	有限数量
2683	硫化铵溶液	AMMONIUM SULPHIDE SOLUTION	8	3;6.1	Ⅱ	1 L
2684	3-二乙氨基丙胺	3-DIETHYLAMINO-PROPYLAMINE	3	8	Ⅲ	5 L
2685	*N*,*N*-二乙基乙撑二胺	*N*,*N*-DIETHYLETHYLENE-DIAMINE	8	3	Ⅱ	1 L
2686	2-二乙氨基乙醇	2-DIETHYLAMINOETHANOL	8	3	Ⅱ	1 L
2687	亚硝酸二环己铵	DICYCLOHEXYLAMMONIUM NITRITE	4.1		Ⅲ	5 kg
2688	1-溴-3-氯丙烷	1-BROMO-3-CHLOROPROPANE	6.1		Ⅲ	5 L
2689	3-氯-1,2-丙三醇	GLYCEROL alpha-MONOCHLOROHYDRIN	6.1		Ⅲ	5 L
2690	*N*-正丁基咪唑	*N*,*n*-BUTYLIMIDAZOLE	6.1		Ⅱ	100 mL
2691	五溴化磷	PHOSPHORUS PENTABROMIDE	8		Ⅱ	1 kg
2693	酸式亚硫酸盐水溶液，未另作规定的	BISULPHITES, AQUEOUS SOLUTION, N. O. S.	8		Ⅲ	5 L
2698	四氢化邻苯二甲酸酐，含马来酐高于 0.05%	TETRAHYDROPHTHALIC ANHYDRIDES with more than 0.05% of maleic anhydride	8		Ⅲ	5 kg
2705	1-戊醇	1-PENTOL	8		Ⅱ	1 L
2707	二甲基二噁烷	DIMETHYLDIOXANES	3		Ⅱ	1 L
			3		Ⅲ	5 L
2709	丁基苯	BUTYLBENZENES	3		Ⅲ	5 L
2710	二丙酮	DIPROPYL KETONE	3		Ⅲ	5 L
2713	吖啶	ACRIDINE	6.1		Ⅲ	5 kg
2714	树脂酸锌	ZINC RESINATE	4.1		Ⅲ	5 kg
2715	树脂酸铝	ALUMINIUM RESINATE	4.1		Ⅲ	5 kg
2716	1,4-丁炔二醇	1,4-BUTYNEDIOL	6.1		Ⅲ	5 kg
2717	樟脑,合成的	CAMPHOR, synthetic	4.1		Ⅲ	5 kg
2719	溴酸钡	BARIUM BROMATE	5.1	6.1	Ⅱ	1 kg
2720	硝酸铬	CHROMIUM NITRATE	5.1		Ⅲ	5 kg
2721	氯酸铜	COPPER CHLORATE	5.1		Ⅱ	1 kg
2722	硝酸锂	LITHIUM NITRATE	5.1		Ⅲ	5 kg
2723	氯酸镁	MAGNESIUM CHLORATE	5.1		Ⅱ	1 kg
2724	硝酸锰	MANGANESE NITRATE	5.1		Ⅲ	5 kg
2725	硝酸镍	NICKEL NITRATE	5.1		Ⅲ	5 kg
2726	亚硝酸镍	NICKEL NITRITE	5.1		Ⅲ	5 kg
2727	硝酸铊	THALLIUM NITRATE	6.1	5.1	Ⅱ	500 g
2728	硝酸锆	ZIRCONIUM NITRATE	5.1		Ⅲ	5 kg

表 1(续)

联合国编号	中文名称和说明	英文名称和说明	类别或项别	次要危险性	包装类别	有限数量
2729	六氯苯	HEXACHLOROBENZENE	6.1		Ⅲ	5 kg
2730	液态硝基茴香醚	NITROANISOLES,LIQUID	6.1		Ⅲ	5 L
2732	液态硝基苯溴	NITROBROMOBENZENES,LIQUID	6.1		Ⅲ	5 L
2733	胺,易燃,腐蚀性,未另作规定的或聚胺,易燃,腐蚀性,未另作规定的	AMINES, FLAMMABLE, CORROSIVE, N. O. S. or POLYAMINES, FLAMMABLE, CORROSIVE, N. O. S.	3	8	Ⅱ	1 L
			3	8	Ⅲ	5 L
2734	液态胺,腐蚀性,易燃,未另作规定的或液态聚胺,腐蚀性,易燃,未另作规定的	AMINES, LIQUID, CORROSIVE, FLAMMABLE, N. O. S. or POLYAMINES, LIQUID, CORROSIVE, FLAMMABLE, N. O. S.	8	3	Ⅱ	1 L
2735	液态胺,腐蚀性,未另作规定的或液态聚胺,腐蚀性,未另作规定的	AMINES, LIQUID, CORROSIVE, N. O. S. or POLYAMINES, LIQUID, CORROSIVE, N. O. S.	8		Ⅱ	1 L
			8		Ⅲ	5 L
2738	*N*-丁基苯胺	*N*-BUTYLANILINE	6.1		Ⅱ	100 mL
2739	丁酸酐	BUTYRIC ANHYDRIDE	8		Ⅲ	5 L
2741	次氯酸钡,含有效氯高于22%	BARIUM HYPOCHLORITE with more than 22% available chlorine	5.1	6.1	Ⅱ	1 kg
2742	氯甲酸酯,毒性,腐蚀性,易燃,未另作规定的	CHLOROFORMATES, TOXIC, CORROSIVE, FLAMMABLE, N. O. S.	6.1	3;8	Ⅱ	100 mL
2743	氯甲酸正丁酯	*n*-BUTYL CHLOROFORMATE	6.1	3;8	Ⅱ	100 mL
2744	氯甲酸环丁酯	CYCLOBUTYL CHLOROFORMATE	6.1	3;8	Ⅱ	100 mL
2745	氯甲酸氯甲酯	CHLOROMETHYL CHLOROFORMATE	6.1	8	Ⅱ	100 mL
2746	氯甲酸苯酯	PHENYL CHLOROFORMATE	6.1	8	Ⅱ	100 mL
2747	氯甲酸叔丁基环己酯	tert-BUTYLCYCLOHEXYL CHLOROFORMATE	6.1		Ⅲ	5 L
2748	氯甲酸-2-乙基己酯	2-ETHYLHEXYL CHLOROFORMATE	6.1	8	Ⅱ	100 mL
2750	1,3-二氯-2-丙醇	1,3-DICHLOROPROPANOL-2	6.1		Ⅱ	100 mL
2751	二乙基硫代磷酰氯	DIETHYLTHIOPHOSPHORYL CHLORIDE	8		Ⅱ	1 L
2752	1,2-环氧-3-乙氧基丙烷	1,2-EPOXY-3-ETHOXY-PROPANE	3		Ⅲ	5 L

表 1（续）

联合国编号	中文名称和说明	英文名称和说明	类别或项别	次要危险性	包装类别	有限数量
2753	液态 *N*-乙苄基甲苯胺	*N*-ETHYLBENZYLTOLUIDINES, LIQUID	6.1		Ⅲ	5 L
2754	*N*-乙基甲苯胺	*N*-ETHYLTOLUIDINES	6.1		Ⅱ	100 mL
2757	固态氨基甲酸酯农药，毒性	CARBAMATE PESTICIDE, SOLID, TOXIC	6.1		Ⅱ	500 g
			6.1		Ⅲ	5 kg
2758	液态氨基甲酸酯农药，易燃，毒性，闪点低于 23 ℃	CARBAMATE PESTICIDE, LIQUID, FLAMMABLE, TOXIC, flash point less than 23 ℃	3	6.1	Ⅱ	1 L
2759	固态含砷农药，毒性	ARSENICAL PESTICIDE, SOLID, TOXIC	6.1		Ⅱ	500 g
			6.1		Ⅲ	5 kg
2760	液态含砷农药，易燃，毒性，闪点低于 23 ℃	ARSENICAL PESTICIDE, LIQUID, FLAMMABLE, TOXIC, flash point less than 23 ℃	3	6.1	Ⅱ	1 L
2761	固态有机氯农药，毒性	ORGANOCHLORINE PESTICIDE, SOLID, TOXIC	6.1		Ⅱ	500 g
			6.1		Ⅲ	5 kg
2762	液态有机氯农药，易燃，毒性，闪点低于 23 ℃	ORGANOCHLORINE PESTICIDE, LIQUID, FLAMMABLE, TOXIC, flash point less than 23 ℃	3	6.1	Ⅱ	1 L
2763	固态三嗪农药，毒性	TRIAZINE PESTICIDE, SOLID, TOXIC	6.1		Ⅱ	500 g
			6.1		Ⅲ	5 kg
2764	液态三嗪农药，易燃，毒性，闪点低于 23 ℃	TRIAZINE PESTICIDE, LIQUID, FLAMMABLE, TOXIC, flash point less than 23 ℃	3	6.1	Ⅱ	1 L
2771	固态硫代氨基甲酸酯农药，毒性	THIOCARBAMATE PESTICIDE, SOLID, TOXIC	6.1		Ⅱ	500 g
			6.1		Ⅲ	5 kg
2772	液态硫代氨基甲酸酯农药，易燃，毒性，闪点低于 23 ℃	THIOCARBAMATE PESTICIDE, LIQUID, FLAMMABLE, TOXIC, flash point less than 23 ℃	3	6.1	Ⅱ	1 L
2775	固态铜基农药，毒性	COPPER BASED PESTICIDE, SOLID, TOXIC	6.1		Ⅱ	500 g
			6.1		Ⅲ	5 kg
2776	液态铜基农药，易燃，毒性，闪点低于 23 ℃	COPPER BASED PESTICIDE, LIQUID, FLAMMABLE, TOXIC, flash point less than 23 ℃	3	6.1	Ⅱ	1 L
2777	固态汞基农药，毒性	MERCURY BASED PESTICIDE, SOLID, TOXIC	6.1		Ⅱ	500 g
			6.1		Ⅲ	5 kg

表 1（续）

联合国编号	中文名称和说明	英文名称和说明	类别或项别	次要危险性	包装类别	有限数量
2778	液态汞基农药，易燃，毒性，闪点低于 23 ℃	MERCURY BASED PESTICIDE, LIQUID, FLAMMABLE, TOXIC, flash point less than 23 ℃	3	6.1	Ⅱ	1 L
2779	固态取代硝基苯酚农药，毒性	SUBSTITUTED NITROPHENOL PESTICIDE, SOLID, TOXIC	6.1		Ⅱ	500 g
			6.1		Ⅲ	5 kg
2780	液态取代硝基苯酚农药，易燃，毒性，闪点低于 23 ℃	SUBSTITUTED NITROPHENOL PESTICIDE, LIQUID, FLAMMABLE, TOXIC, flash point less than 23 ℃	3	6.1	Ⅱ	1 L
2781	固态联吡啶农药，毒性	BIPYRIDILIUM PESTICIDE, SOLID, TOXIC	6.1		Ⅱ	500 g
			6.1		Ⅲ	5 kg
2782	液态联吡啶农药，易燃，毒性，闪点低于 23 ℃	BIPYRIDILIUM PESTICIDE, LIQUID, FLAMMABLE, TOXIC, flash point less than 23 ℃	3	6.1	Ⅱ	1 L
2783	固态有机磷农药，毒性	ORGANOPHOSPHORUS PESTICIDE, SOLID, TOXIC	6.1		Ⅱ	500 g
			6.1		Ⅲ	5 kg
2784	液态有机磷农药，易燃，毒性，闪点低于 23 ℃	ORGANOPHOSPHORUS PESTICIDE, LIQUID, FLAMMABLE, TOXIC, flash point less than 23 ℃	3	6.1	Ⅱ	1 L
2785	4-硫杂戊醛	4-THIAPENTANAL	6.1		Ⅲ	5 L
2786	固态有机锡农药，毒性	ORGANOTIN PESTICIDE, SOLID, TOXIC	6.1		Ⅱ	500 g
			6.1		Ⅲ	5 kg
2787	液态有机锡农药，易燃，毒性，闪点低于 23 ℃	ORGANOTIN PESTICIDE, LIQUID, FLAMMABLE, TOXIC, flash point less than 23 ℃	3	6.1	Ⅱ	1 L
2788	液态有机锡化合物，未另作规定的	ORGANOTIN COMPOUND, LIQUID, N. O. S.	6.1		Ⅱ	100 mL
			6.1		Ⅲ	5 L
2789	冰醋酸，或乙酸溶液，按质量含酸高于 80%	ACETIC ACID, GLACIAL or ACETIC ACID SOLUTION, more than 80% acid, by mass	8	3	Ⅱ	1 L
2790	乙酸溶液，按质量含酸不低于 50%，但不超过 80%	ACETIC ACID SOLUTION, not less than 50% but not more than 80% acid, by mass	8		Ⅱ	1 L
	乙酸溶液，按质量含酸高于 10%，但低于 50%	ACETIC ACID SOLUTION, more than 10% and less than 50% acid, by mass	8		Ⅲ	5 L
2794	蓄电池，湿的，装有酸液，蓄电	BATTERIES, WET, FILLED WITH ACID, electric storage	8			1 L

表 1（续）

联合国编号	中文名称和说明	英文名称和说明	类别或项别	次要危险性	包装类别	有限数量
2795	蓄电池，湿的，装有碱液，蓄电	BATTERIES, WET, FILLED WITH ALKALI, electric storage	8			1 L
2796	硫酸，含酸不超过51%，或酸性电池液	SULPHURIC ACID with not more than 51% acid or BATTERY FLUID, ACID	8		Ⅱ	1 L
2797	碱性电池液	BATTERY FLUID, ALKALI	8		Ⅱ	1 L
2798	苯基二氯化磷	PHENYLPHOSPHORUS DICHLORIDE	8		Ⅱ	1 L
2799	苯基硫代磷酰二氯	PHENYLPHOSPHORUS THIODICHLORIDE	8		Ⅱ	1 L
2800	蓄电池，湿的，密封的，蓄电	BATTERIES, WET, NON-SPILLABLE, electric storage	8			1 L
2801	液态染料，腐蚀性，未另作规定的，或液态染料中间产品，腐蚀性，未另作规定的	DYE, LIQUID, CORROSIVE, N. O. S. or DYE INTERMEDIATE, LIQUID, CORROSIVE, N. O. S.	8		Ⅱ	1 L
			8		Ⅲ	5 L
2802	氯化铜	COPPER CHLORIDE	8		Ⅲ	5 kg
2803	镓	GALLIUM	8		Ⅲ	5 kg
2805	溶凝固态氢化锂	LITHIUM HYDRIDE, FUSED SOLID	4.3		Ⅱ	500 g
2809	汞	MERCURY	8		Ⅲ	5 kg
2810	有机毒性液体，未另作规定的	TOXIC LIQUID, ORGANIC, N. O. S.	6.1		Ⅱ	100 mL
			6.1		Ⅲ	5 L
2811	有机毒性固体，未另作规定的	TOXIC SOLID, ORGANIC, N. O. S.	6.1		Ⅱ	500 g
			6.1		Ⅲ	5 kg
2812	固态铝酸钠	SODIUM ALUMINATE, SOLID	8		Ⅲ	5 kg
2813	遇水反应固体，未另作规定的	WATER-REACTIVE SOLID, N. O. S.	4.3		Ⅱ	500 g
			4.3		Ⅲ	1 kg
2815	*N*-氨乙基哌嗪	*N*-AMINOETHYLPIPERAZINE	8		Ⅲ	5 L
2817	二氟化氢铵溶液	AMMONIUM HYDROGEN-DIFLUORIDE SOLUTION	8	6.1	Ⅱ	1 L
			8	6.1	Ⅲ	5 L
2818	多硫化铵溶液	AMMONIUM POLYSULPHIDE SOLUTION	8	6.1	Ⅱ	1 L
			8	6.1	Ⅲ	5 L
2819	酸式磷酸戊酯	AMYL ACID PHOSPHATE	8		Ⅲ	5 L
2820	丁酸	BUTYRIC ACID	8		Ⅲ	5 L

表 1（续）

联合国编号	中文名称和说明	英文名称和说明	类别或项别	次要危险性	包装类别	有限数量
2821	苯酚溶液	PHENOL SOLUTION	6.1		Ⅱ	100 mL
			6.1		Ⅲ	5 L
2822	2-氯吡啶	2-CHLOROPYRIDINE	6.1		Ⅱ	100 mL
2823	丁烯酸，固态	CROTONIC ACID，SOLID	8		Ⅲ	5 kg
2829	己酸	CAPROIC ACID	8		Ⅲ	5 L
2830	锂硅铁	LITHIUM FERROSILICON	4.3		Ⅱ	500 g
2831	1，1，1-三氯乙烷	1，1，1-TRICHLOROETHANE	6.1		Ⅲ	5 L
2834	亚磷酸	PHOSPHOROUS ACID	8		Ⅲ	5 kg
2835	氢化铝钠	SODIUM ALUMINIUM HYDRIDE	4.3		Ⅱ	500 g
2837	硫酸氢盐水溶液	BISULPHATES，AQUEOUS SOLUTION	8		Ⅱ	1 L
			8		Ⅲ	5 L
2838	丁酸乙烯酯，稳定的	VINYL BUTYRATE，STABILIZED	3		Ⅱ	1 L
2839	丁间醇醛	ALDOL	6.1		Ⅱ	100 mL
2840	丁醛肟	BUTYRALDOXIME	3		Ⅲ	5 L
2841	二正戊胺	DI-*n*-AMYLAMINE	3	6.1	Ⅲ	5 L
2842	硝基乙烷	NITROETHANE	3		Ⅲ	5 L
2844	钙锰硅合金	CALCIUM MANGANESE SILICON	4.3		Ⅲ	1 kg
2849	3-氯-1-丙醇	3-CHLORO-PROPANOL-1	6.1		Ⅲ	5 L
2850	四聚丙烯	PROPYLENE TETRAMER	3		Ⅲ	5 L
2851	二水合三氟化硼	BORON TRIFLUORIDE DIHYDRATE	8		Ⅱ	1 L
2853	氟硅酸镁	MAGNESIUM FLUOROSILICATE	6.1		Ⅲ	5 kg
2854	氟硅酸铵	AMMONIUM FLUOROSILICATE	6.1		Ⅲ	5 kg
2855	氟硅酸锌	ZINC FLUOROSILICATE	6.1		Ⅲ	5 kg
2856	氟硅酸盐（酯），未另作规定的	FLUOROSILICATES，N. O. S.	6.1		Ⅲ	5 kg
2858	锆金属，干的，成卷线材、精整金属薄板、带材（厚度 18 μm～254 μm）	ZIRCONIUM，DRY，coiled wire，finished metal sheets，strip (thinner than 254 microns but not thinner than 18 microns)	4.1		Ⅲ	5 kg
2859	偏钒酸铵	AMMONIUM METAVANADATE	6.1		Ⅱ	500 g
2861	多钒酸铵	AMMONIUM POLYVANADATE	6.1		Ⅱ	500 g
2862	五氧化二钒，非熔凝状态	VANADIUM PENTOXIDE，non-fused form	6.1		Ⅲ	5 kg
2863	钒酸铵钠	SODIUM AMMONIUM VANADATE	6.1		Ⅱ	500 g

表 1（续）

联合国编号	中文名称和说明	英文名称和说明	类别或项别	次要危险性	包装类别	有限数量
2864	偏钒酸钾	POTASSIUM METAVANADATE	6.1		Ⅱ	500 g
2865	硫酸胲	HYDROXYLAMINE SULPHATE	8		Ⅲ	5 kg
2869	三氯化钛混合物	TITANIUM TRICHLORIDE MIXTURE	8		Ⅱ	1 kg
			8		Ⅲ	5 kg
2871	锑粉	ANTIMONY POWDER	6.1		Ⅲ	5 kg
2872	二溴氯丙烷	DIBROMOCHLOROPROPANES	6.1		Ⅱ	100 mL
			6.1		Ⅲ	5 L
2873	二丁氨基乙醇	DIBUTYLAMINOETHANOL	6.1		Ⅲ	5 L
2874	糠醇	FURFURYL ALCOHOL	6.1		Ⅲ	5 L
2875	六氯酚	HEXACHLOROPHENE	6.1		Ⅲ	5 kg
2876	间苯二酚	RESORCINOL	6.1		Ⅲ	5 kg
2878	颗粒状海绵钛或海绵钛粉末	TITANIUM SPONGE GRANULES or TITANIUM SPONGE POWDERS	4.1		Ⅲ	5 kg
2880	水合次氯酸钙，或水合次氯酸钙混合物，含水不低于5.5%，但不超过16%	CALCIUM HYPOCHLORITE, HYDRATED or CALCIUM HYPOCHLORITE, HYDRATED MIXTURE, with not less than 5.5% but not more than 16% water	5.1		Ⅱ	1 kg
			5.1		Ⅲ	5 kg
2902	液态农药，毒性，未另作规定的	PESTICIDE,LIQUID,TOXIC,N.O.S.	6.1		Ⅱ	100 mL
			6.1		Ⅲ	5 L
2903	液态农药，毒性，易燃，未另作规定的，闪点不低于23 ℃	PESTICIDE, LIQUID, TOXIC, FLAMMABLE, N.O.S., flash point not less than 23 ℃	6.1	3	Ⅱ	100 mL
			6.1	3	Ⅲ	5 L
2904	液态氯苯酚盐或液态苯酚盐	CHLOROPHENOLATES,LIQUID or PHENOLATES,LIQUID	8		Ⅲ	5 L
2905	固态氯苯酚盐或固态苯酚盐	CHLOROPHENOLATES,SOLID or PHENOLATES,SOLID	8		Ⅲ	5 kg
2920	腐蚀性液体，易燃，未另作规定的	CORROSIVE LIQUID,FLAMMABLE, N.O.S.	8	3	Ⅱ	1 L
2921	腐蚀性固体，易燃，未另作规定的	CORROSIVE SOLID,FLAMMABLE, N.O.S.	8	4.1	Ⅱ	1 kg
2922	腐蚀性液体，毒性，未另作规定的	CORROSIVE LIQUID,TOXIC,N.O.S.	8	6.1	Ⅱ	1 L
			8	6.1	Ⅲ	5 L

表 1（续）

联合国编号	中文名称和说明	英文名称和说明	类别或项别	次要危险性	包装类别	有限数量
2923	腐蚀性固体，毒性，未另作规定的	CORROSIVE SOLID, TOXIC, N. O. S.	8	6.1	Ⅱ	1 kg
			8	6.1	Ⅲ	5 kg
2924	易燃液体，腐蚀性，未另作规定的	FLAMMABLE LIQUID, CORROSIVE, N. O. S.	3	8	Ⅱ	1 L
			3	8	Ⅲ	5 L
2925	有机易燃固体，腐蚀性，未另作规定的	FLAMMABLE SOLID, CORROSIVE, ORGANIC, N. O. S.	4.1	8	Ⅱ	1 kg
			4.1	8	Ⅲ	5 kg
2926	有机易燃固体，毒性，未另作规定的	FLAMMABLE SOLID, TOXIC, ORGANIC, N. O. S.	4.1	6.1	Ⅱ	1 kg
			4.1	6.1	Ⅲ	5 kg
2927	有机毒性液体，腐蚀性，未另作规定的	TOXIC LIQUID, CORROSIVE, ORGANIC, N. O. S.	6.1	8	Ⅱ	100 mL
2928	有机毒性固体，腐蚀性，未另作规定的	TOXIC SOLID, CORROSIVE, ORGANIC, N. O. S.	6.1	8	Ⅱ	500 g
2929	有机毒性液体，易燃，未另作规定的	TOXIC LIQUID, FLAMMABLE, ORGANIC, N. O. S.	6.1	3	Ⅱ	100 mL
2930	有机毒性固体，易燃，未另作规定的	TOXIC SOLID, FLAMMABLE, ORGANIC, N. O. S.	6.1	4.1	Ⅱ	500 g
2931	硫酸氧钒	VANADYL SULPHATE	6.1		Ⅱ	500 g
2933	2-氯丙酸甲酯	METHYL 2-CHLOROPROPIONATE	3		Ⅲ	5 L
2934	2-氯丙酸异丙酯	ISOPROPYL 2-CHLOROPROPIONATE	3		Ⅲ	5 L
2935	2-氯丙酸乙酯	ETHYL 2-CHLOROPROPIONATE	3		Ⅲ	5 L
2936	硫代乳酸	THIOLACTIC ACID	6.1		Ⅱ	100 mL
2937	*α*-甲基苄基醇，液态	alpha-METHYLBENZYL ALCOHOL, LIQUID	6.1		Ⅲ	5 L
2941	氟苯胺	FLUOROANILINES	6.1		Ⅲ	5 L
2942	2-三氟甲基苯胺	2-TRIFLUOROMETHYLANILINE	6.1		Ⅲ	5 L
2943	四氢化糠胺	TETRAHYDROFURFURYLAMINE	3		Ⅲ	5 L
2945	*N*-甲基丁胺	*N*-METHYLBUTYLAMINE	3	8	Ⅱ	1 L
2946	2-氨基-5-二乙氨基戊烷	2-AMINO-5-DIETHYLAMINOPENTANE	6.1		Ⅲ	5 L
2947	氯乙酸异丙酯	ISOPROPYL CHLOROACETATE	3		Ⅲ	5 L
2948	3-三氟甲基苯胺	3-TRIFLUOROMETHYLANILINE	6.1		Ⅱ	100 mL
2949	氢硫化钠，含结晶水不低于 25%	SODIUM HYDROSULPHIDE with not less than 25% water of crystallization	8		Ⅱ	1 kg

表 1（续）

联合国编号	中文名称和说明	英文名称和说明	类别或项别	次要危险性	包装类别	有限数量
2950	**颗粒状镁，涂层的**，粒径不小于 149 μm	MAGNESIUM GRANULES, COATED, particle size not less than 149 microns	4.3		Ⅲ	1 kg
2956	**5-叔丁基-2，4，6-三硝基间二甲苯（二甲苯麝香）**	5-tert-BUTYL-2，4，6-TRINITRO-m-XYLENE (MUSK XYLENE)	4.1		Ⅲ	5 kg
2966	**硫甘醇**	THIOGLYCOL	6.1		Ⅱ	100 mL
2967	**氨基磺酸**	SULPHAMIC ACID	8		Ⅲ	5 kg
2968	**代森锰，稳定的，或代森锰制剂，稳定的**，加防自热稳定剂	MANEB, STABILIZED or MANEB PREPARATION, STABILIZED against self-heating	4.3		Ⅲ	1 kg
2969	**蓖麻籽或蓖麻粉或蓖麻油渣或蓖麻片**	CASTOR BEANS or CASTOR MEAL or CASTOR POMACE or CASTOR FLAKE	9		Ⅱ	5 kg
2984	**过氧化氢水溶液**，过氧化氢含量不低于 8%，但低于 20%（必要时加稳定剂）	HYDROGEN PEROXIDE, AQUEOUS SOLUTION with not less than 8% but less than 20% hydrogen peroxide (stabilized as necessary)	5.1		Ⅲ	5 L
2989	**亚磷酸二氢铅**	LEAD PHOSPHITE, DIBASIC	4.1		Ⅱ	1 kg
			4.1		Ⅲ	5 kg
2991	**液态氨基甲酸酯农药，毒性，易燃**，闪点不低于 23 ℃	CARBAMATE PESTICIDE, LIQUID, TOXIC, FLAMMABLE, flash point not less than 23 ℃	6.1	3	Ⅱ	100 mL
			6.1	3	Ⅲ	5 L
2992	**液态氨基甲酸酯农药，毒性**	CARBAMATE PESTICIDE, LIQUID, TOXIC	6.1		Ⅱ	100 mL
			6.1		Ⅲ	5 L
2993	**液态含砷农药，毒性，易燃**，闪点不低于 23 ℃	ARSENICAL PESTICIDE, LIQUID, TOXIC, FLAMMABLE, flash point not less than 23 ℃	6.1	3	Ⅱ	100 mL
			6.1	3	Ⅲ	5 L
2994	**液态含砷农药，毒性**	ARSENICAL PESTICIDE, LIQUID, TOXIC	6.1		Ⅱ	100 mL
			6.1		Ⅲ	5 L
2995	**液态有机氯农药，毒性，易燃**，闪点不低于 23 ℃	ORGANOCHLORINE PESTICIDE, LIQUID, TOXIC, FLAMMABLE, flash point not less than 23 ℃	6.1	3	Ⅱ	100 mL
			6.1	3	Ⅲ	5 L
2996	**液态有机氯农药，毒性**	ORGANOCHLORINE PESTICIDE, LIQUID, TOXIC	6.1		Ⅱ	100 mL
			6.1		Ⅲ	5 L

表 1（续）

联合国编号	中文名称和说明	英文名称和说明	类别或项别	次要危险性	包装类别	有限数量
2997	液态三嗪农药，毒性，易燃，闪点不低于 23 ℃	TRIAZINE PESTICIDE, LIQUID, TOXIC, FLAMMABLE, flash point not less than 23 ℃	6.1	3	Ⅱ	100 mL
			6.1	3	Ⅲ	5 L
2998	液态三嗪农药，毒性	TRIAZINE PESTICIDE, LIQUID, TOXIC	6.1		Ⅱ	100 mL
			6.1		Ⅲ	5 L
3005	液态硫代氨基甲酸酯农药，毒性，易燃，闪点不低于 23 ℃	THIOCARBAMATE PESTICIDE, LIQUID, TOXIC, FLAMMABLE, flash point not less than 23 ℃	6.1	3	Ⅱ	100 mL
			6.1	3	Ⅲ	5 L
3006	液态硫代氨基甲酸酯农药，毒性	THIOCARBAMATE PESTICIDE, LIQUID, TOXIC	6.1		Ⅱ	100 mL
			6.1		Ⅲ	5 L
3009	液态铜基农药，毒性，易燃，闪点不低于 23 ℃	COPPER BASED PESTICIDE, LIQUID, TOXIC, FLAMMABLE, flash point not less than 23 ℃	6.1	3	Ⅱ	100 mL
			6.1	3	Ⅲ	5 L
3010	液态铜基农药，毒性	COPPER BASED PESTICIDE, LIQUID, TOXIC	6.1		Ⅱ	100 mL
			6.1		Ⅲ	5 L
3011	液态汞基农药，毒性，易燃，闪点不低于 23 ℃	MERCURY BASED PESTICIDE, LIQUID, TOXIC, FLAMMABLE, flash point not less than 23 ℃	6.1	3	Ⅱ	100 mL
			6.1	3	Ⅲ	5 L
3012	液态汞基农药，毒性	MERCURY BASED PESTICIDE, LIQUID, TOXIC	6.1		Ⅱ	100 mL
			6.1		Ⅲ	5 L
3013	液态取代硝基苯酚农药，毒性，易燃，闪点不低于 23 ℃	SUBSTITUTED NITROPHENOL PESTICIDE, LIQUID, TOXIC, FLAMMABLE, flash point not less than 23 ℃	6.1	3	Ⅱ	100 mL
			6.1	3	Ⅲ	5 L
3014	液态取代硝基苯酚农药，毒性	SUBSTITUTED NITROPHENOL PESTICIDE, LIQUID, TOXIC	6.1		Ⅱ	100 mL
			6.1		Ⅲ	5 L
3015	液态联吡啶农药，毒性，易燃，闪点不低于 23 ℃	BIPYRIDILIUM PESTICIDE, LIQUID, TOXIC, FLAMMABLE, flash point not less than 23 ℃	6.1	3	Ⅱ	100 mL
			6.1	3	Ⅲ	5 L
3016	液态联吡啶农药，毒性	BIPYRIDILIUM PESTICIDE, LIQUID, TOXIC	6.1		Ⅱ	100 mL
			6.1		Ⅲ	5 L
3017	液态有机磷农药，毒性，易燃，闪点不低于 23 ℃	ORGANOPHOSPHORUS PESTICIDE, LIQUID, TOXIC, FLAMMABLE, flash point not less than 23 ℃	6.1	3	Ⅱ	100 mL
			6.1	3	Ⅲ	5 L

表 1(续)

联合国编号	中文名称和说明	英文名称和说明	类别或项别	次要危险性	包装类别	有限数量
3018	液态有机磷农药,毒性	ORGANOPHOSPHORUS PESTICIDE, LIQUID, TOXIC	6.1		Ⅱ	100 mL
			6.1		Ⅲ	5 L
3019	液态有机锡农药,毒性,易燃,闪点不低于 23 ℃	ORGANOTIN PESTICIDE, LIQUID, TOXIC, FLAMMABLE, flash point not less than 23 ℃	6.1	3	Ⅱ	100 mL
			6.1	3	Ⅲ	5 L
3020	液态有机锡农药,毒性	ORGANOTIN PESTICIDE, LIQUID, TOXIC	6.1		Ⅱ	100 mL
			6.1		Ⅲ	5 L
3021	液态农药,易燃,毒性,未另作规定的,闪点低于 23 ℃	PESTICIDE, LIQUID, FLAMMABLE, TOXIC, N. O. S., flash point less than 23 ℃	3	6.1	Ⅱ	1 L
3022	1,2-丁撑氧,稳定的	1,2-BUTYLENE OXIDE, STABILIZED	3		Ⅱ	1 L
3024	液态香豆素衍生物农药,易燃,毒性,闪点低于 23 ℃	COUMARIN DERIVATIVE PESTICIDE, LIQUID, FLAMMABLE, TOXIC, flash point less than 23 ℃	3	6.1	Ⅱ	1 L
3025	液态香豆素衍生物农药,毒性,易燃,闪点不低于 23 ℃	COUMARIN DERIVATIVE PESTICIDE, LIQUID, TOXIC, FLAMMABLE, flash point not less than 23 ℃	6.1	3	Ⅱ	100 mL
			6.1	3	Ⅲ	5 L
3026	液态香豆素衍生物农药,毒性	COUMARIN DERIVATIVE PESTICIDE, LIQUID, TOXIC	6.1		Ⅱ	100 mL
			6.1		Ⅲ	5 L
3027	固态香豆素衍生物农药,毒性	COUMARIN DERIVATIVE PESTICIDE, SOLID, TOXIC	6.1		Ⅱ	500 g
			6.1		Ⅲ	5 kg
3028	干蓄电池,含有固态氢氧化钾,蓄电	BATTERIES, DRY, CONTAINING POTASSIUM HYDROXIDE SOLID, electric storage	8			2 kg
3054	环己硫醇	CYCLOHEXYL MERCAPTAN	3		Ⅲ	5 L
3055	2-(2-氨基乙氧基)乙醇	2-(2-AMINOETHOXY) ETHANOL	8		Ⅲ	5 L
3056	正庚醛	*n*-HEPTALDEHYDE	3		Ⅲ	5 L
3065	乙醇饮料,按体积含乙醇高于 70%	ALCOHOLIC BEVERAGES, with more than 70% alcohol by volume	3		Ⅱ	5 L
	乙醇饮料,按体积含乙醇高于 24%,但不超过 70%	ALCOHOLIC BEVERAGES, with more than 24% but not more than 70% alcohol by volume	3		Ⅲ	5 L

表 1（续）

联合国编号	中文名称和说明	英文名称和说明	类别或项别	次要危险性	包装类别	有限数量
3066	涂料（包括色漆、喷漆、搪瓷、着色剂、虫胶、清漆、抛光剂、液态填料和液态喷漆基料）或涂料的相关材料（包括涂料稀释剂或冲淡剂）	PAINT (including paint, lacquer, enamel, stain, shellac, varnish, polish, liquid filler and liquid lacquer base) or PAINT RELATED MATERIAL (including paint thinning or reducing compound)	8		Ⅱ	1 L
			8		Ⅲ	5 L
3070	环氧乙烷和二氯二氟甲烷混合物，含环氧乙烷不超过12.5%	ETHYLENE OXIDE AND DICHLORODIFLUORO-METHANE MIXTURE with not more than 12.5% ethylene oxide	2.2			120 mL
3071	液态硫醇，毒性，易燃，未另作规定的，或液态硫醇混合物，毒性，易燃，未另作规定的	MERCAPTANS, LIQUID, TOXIC, FLAMMABLE, N.O.S. or MERCAPTAN MIXTURE, LIQUID, TOXIC, FLAMMABLE, N.O.S.	6.1	3	Ⅱ	100 mL
3073	乙烯基吡啶，稳定的	VINYLPYRIDINES, STABILIZED	6.1	3;8	Ⅱ	100 mL
3077	对环境有害的固态物质，未另作规定的	ENVIRONMENTALLY HAZARDOUS SUBSTANCE, SOLID, N.O.S.	9		Ⅲ	5 kg
3078	铈，切屑或粗粉	CERIUM, turnings or gritty powder	4.3		Ⅱ	500 g
3080	异氰酸酯，毒性，易燃，未另作规定的，或异氰酸酯溶液，毒性，易燃，未另作规定的	ISOCYANATES, TOXIC, FLAMMABLE, N.O.S. or ISOCYANATE SOLUTION, TOXIC, FLAMMABLE, N.O.S.	6.1	3	Ⅱ	100 mL
3082	对环境有害的液态物质，未另作规定的	ENVIRONMENTALLY HAZARDOUS SUBSTANCE, LIQUID, N.O.S.	9		Ⅲ	5 L
3084	腐蚀性固体，氧化性，未另作规定的	CORROSIVE SOLID, OXIDIZING, N.O.S.	8	5.1	Ⅱ	1 kg
3085	氧化性固体，腐蚀性，未另作规定的	OXIDIZING SOLID, CORROSIVE, N.O.S.	5.1	8	Ⅱ	1 kg
			5.1	8	Ⅲ	5 kg
3086	毒性固体，氧化性，未另作规定的	TOXIC SOLID, OXIDIZING, N.O.S.	6.1	5.1	Ⅱ	500 g
3087	氧化性固体，毒性，未另作规定的	OXIDIZING SOLID, TOXIC, N.O.S.	5.1	6.1	Ⅱ	1 kg
			5.1	6.1	Ⅲ	5 kg
3089	金属粉，易燃，未另作规定的	METAL POWDER, FLAMMABLE, N.O.S.	4.1		Ⅱ	1 kg
			4.1		Ⅲ	5 kg

表 1（续）

联合国编号	中文名称和说明	英文名称和说明	类别或项别	次要危险性	包装类别	有限数量
3092	1-甲氧基-2-丙醇	1-METHOXY-2-PROPANOL	3		Ⅲ	5 L
3093	腐蚀性液体，氧化性，未另作规定的	CORROSIVE LIQUID, OXIDIZING, N. O. S.	8	5.1	Ⅱ	1 L
3094	腐蚀性液体，遇水反应，未另作规定的	CORROSIVE LIQUID, WATERREACTIVE, N. O. S.	8	4.3	Ⅱ	1 L
3095	腐蚀性固体，自热性，未另作规定的	CORROSIVE SOLID, SELF-HEATING, N. O. S.	8	4.2	Ⅱ	1 kg
3096	腐蚀性固体，遇水反应，未另作规定的	CORROSIVE SOLID, WATER -REACTIVE, N. O. S.	8	4.3	Ⅱ	1 kg
3097	易燃固体，氧化性，未另作规定的	FLAMMABLE SOLID, OXIDIZING, N. O. S.	4.1	5.1	Ⅱ	1 kg
			4.1	5.1	Ⅲ	5 kg
3098	氧化性液体，腐蚀性，未另作规定的	OXIDIZING LIQUID, CORROSIVE, N. O. S.	5.1	8	Ⅱ	1 L
			5.1	8	Ⅲ	5 L
3099	氧化性液体，毒性，未另作规定的	OXIDIZING LIQUID, TOXIC, N. O. S.	5.1	6.1	Ⅱ	1 L
			5.1	6.1	Ⅲ	5 L
3101	液态 B 型有机过氧化物	ORGANIC PEROXIDE TYPE B, LIQUID	5.2			25 mL
3102	固态 B 型有机过氧化物	ORGANIC PEROXIDE TYPE B, SOLID	5.2			100 g
3103	液态 C 型有机过氧化物	ORGANIC PEROXIDE TYPE C, LIQUID	5.2			25 mL
3104	固态 C 型有机过氧化物	ORGANIC PEROXIDE TYPE C, SOLID	5.2			100 g
3105	液态 D 型有机过氧化物	ORGANIC PEROXIDE TYPE D, LIQUID	5.2			125 mL
3106	固态 D 型有机过氧化物	ORGANIC PEROXIDE TYPE D, SOLID	5.2			500 g
3107	液态 E 型有机过氧化物	ORGANIC PEROXIDE TYPE E, LIQUID	5.2			125 mL
3108	固态 E 型有机过氧化物	ORGANIC PEROXIDE TYPE E, SOLID	5.2			500 g
3109	液态 F 型有机过氧化物	ORGANIC PEROXIDE TYPE F, LIQUID	5.2			125 mL

表 1（续）

联合国编号	中文名称和说明	英文名称和说明	类别或项别	次要危险性	包装类别	有限数量
3110	固态 F 型有机过氧化物	ORGANIC PEROXIDE TYPE F, SOLID	5.2			500 g
3121	氧化性固体，遇水反应，未另作规定的	OXIDIZING SOLID, WATER-REACTIVE, N. O. S.	5.1	4.3	Ⅱ	1 kg
3122	毒性液体，氧化性，未另作规定的	TOXIC LIQUID, OXIDIZING, N. O. S.	6.1	5.1	Ⅱ	100 mL
3123	毒性液体，遇水反应，未另作规定的	TOXIC LIQUID, WATER-REACTIVE, N. O. S.	6.1	4.3	Ⅱ	100 mL
3125	毒性固体，遇水反应，未另作规定的	TOXIC SOLID, WATER-REACTIVE, N. O. S.	6.1	4.3	Ⅱ	500 g
3129	遇水反应液体，腐蚀性，未另作规定的	WATER-REACTIVE LIQUID, CORROSIVE, N. O. S.	4.3	8	Ⅱ	500 mL
			4.3	8	Ⅲ	1 L
3130	遇水反应液体，毒性，未另作规定的	WATER-REACTIVE LIQUID, TOXIC, N. O. S.	4.3	6.1	Ⅱ	500 mL
			4.3	6.1	Ⅲ	1 L
3131	遇水反应固体，腐蚀性，未另作规定的	WATER-REACTIVE SOLID, CORROSIVE, N. O. S.	4.3	8	Ⅱ	500 g
			4.3	8	Ⅲ	1 kg
3132	遇水反应固体，易燃，未另作规定的	WATER-REACTIVE SOLID, FLAMMABLE, N. O. S.	4.3	4.1	Ⅱ	500 g
			4.3	4.1	Ⅲ	1 kg
3133	遇水反应固体，氧化性，未另作规定的	WATER-REACTIVE SOLID, OXIDIZING, N. O. S.	4.3	5.1	Ⅱ	500 g
			4.3	5.1	Ⅲ	1 kg
3134	遇水反应固体，毒性，未另作规定的	WATER-REACTIVE SOLID, TOXIC, N. O. S.	4.3	6.1	Ⅱ	500 g
			4.3	6.1	Ⅲ	1 kg
3136	冷冻液态三氟甲烷	TRIFLUOROMETHANE, REFRIGERATED LIQUID	2.2			120 mL
3139	氧化性液体，未另作规定的	OXIDIZING LIQUID, N. O. S.	5.1		Ⅱ	1 L
			5.1		Ⅲ	5 L
3140	液态生物碱，未另作规定的或液态生物碱盐类，未另作规定的	ALKALOIDS, LIQUID, N. O. S. or ALKALOID SALTS, LIQUID, N. O. S.	6.1		Ⅱ	100 mL
			6.1		Ⅲ	5 L
3141	液态无机锑化合物，未另作规定的	ANTIMONY COMPOUND, INORGANIC, LIQUID, N. O. S.	6.1		Ⅲ	5 L
3142	液态消毒剂，毒性，未另作规定的	DISINFECTANT, LIQUID, TOXIC, N. O. S.	6.1		Ⅱ	100 mL
			6.1		Ⅲ	5 L

表 1（续）

联合国编号	中文名称和说明	英文名称和说明	类别或项别	次要危险性	包装类别	有限数量
3143	固态染料，毒性，未另作规定的或固态染料中间产品，毒性，未另作规定的	DYE，SOLID，TOXIC，N. O. S. or DYE INTERMEDIATE，SOLID，TOXIC，N. O. S.	6.1		Ⅱ	500 g
			6.1		Ⅲ	5 kg
3144	液态烟碱化合物，未另作规定的或液态烟碱制剂，未另作规定的	NICOTINE COMPOUND，LIQUID，N. O. S. or NICOTINE PREPARATION，LIQUID，N. O. S.	6.1		Ⅱ	100 mL
			6.1		Ⅲ	5 L
3145	液态烷基苯酚，未另作规定的（包括 C_2～C_{12} 的同系物）	ALKYLPHENOLS，LIQUID，N. O. S. (including C_2～C_{12} homologues)	8		Ⅱ	1 L
			8		Ⅲ	5 L
3146	固态有机锡化合物，未另作规定的	ORGANOTIN COMPOUND，SOLID，N. O. S.	6.1		Ⅱ	500 g
			6.1		Ⅲ	5 kg
3147	固态染料，腐蚀性，未另作规定的或固态染料中间产品，腐蚀性，未另作规定的	DYE，SOLID，CORROSIVE，N. O. S. or DYE INTERMEDIATE，SOLID，CORROSIVE，N. O. S.	8		Ⅱ	1 kg
			8		Ⅲ	5 kg
3148	遇水反应液体，未另作规定的	WATER-REACTIVE LIQUID，N. O. S.	4.3		Ⅱ	500 mL
			4.3		Ⅲ	1 L
3149	过氧化氢和过氧乙酸混合物，含酸（类）、水和不超过5%的过氧乙酸，稳定的	HYDROGEN PEROXIDE AND PEROXYACETIC ACID MIXTURE with acid(s)，water and not more than 5% peroxyacetic acid，STABILIZED	5.1	8	Ⅱ	1 L
3151	液态多卤联苯或液态多卤三联苯	POLYHALOGENATED BIPHENYLS，LIQUID or POLYHALOGENATED TERPHENYLS，LIQUID	9		Ⅱ	1 L
3152	固态多卤联苯或固态多卤三联苯	POLYHALOGENATED BIPHENYLS，SOLID or POLYHALOGENATED TERPHENYLS，SOLID	9		Ⅱ	1 kg
3155	五氯酚	PENTACHLOROPHENOL	6.1		Ⅱ	500 g
3158	冷冻液态气体，未另作规定的	GAS，REFRIGERATED LIQUID，N. O. S.	2.2			120 mL
3159	1，1，1，2-四氟乙烷（制冷气体 R 134a）	1，1，1，2-TETRAFLUOROETHANE (REFRIGERANT GAS R 134a)	2.2			120 mL

表 1（续）

联合国编号	中文名称和说明	英文名称和说明	类别或项别	次要危险性	包装类别	有限数量
3163	液化气体，未另作规定的	LIQUEFIED GAS, N. O. S.	2.2			120 mL
3164	气压或液压物品（含有非易燃气体）	ARTICLES, PRESSURIZED, PNEUMATIC or HYDRAULIC (containing non-flammable gas)	2.2			120 mL
3170	铝熔炼副产品或铝再熔副产品	ALUMINIUM SMELTING BY-PRODUCTS or ALUMINIUM REMELTING BY-PRODUCTS	4.3		Ⅱ	500 g
			4.3		Ⅲ	1 kg
3172	液态毒素，从生物体提取，未另作规定的	TOXINS, EXTRACTED FROM LIVING SOURCES, LIQUID, N. O. S.	6.1		Ⅱ	100 mL
			6.1		Ⅲ	5 L
3175	含易燃液体的固体，未另作规定的	SOLIDS CONTAINING FLAMMABLE LIQUID, N. O. S.	4.1		Ⅱ	1 kg
3178	无机易燃固体，未另作规定的	FLAMMABLE SOLID, INORGANIC, N. O. S.	4.1		Ⅱ	1 kg
			4.1		Ⅲ	5 kg
3179	无机易燃固体，毒性，未另作规定的	FLAMMABLE SOLID, TOXIC, INORGANIC, N. O. S.	4.1	6.1	Ⅱ	1 kg
			4.1	6.1	Ⅲ	5 kg
3180	无机易燃固体，腐蚀性，未另作规定的	FLAMMABLE SOLID, CORROSIVE, INORGANIC, N. O. S.	4.1	8	Ⅱ	1 kg
			4.1	8	Ⅲ	5 kg
3181	有机化合物的金属盐，易燃，未另作规定的	METAL SALTS OF ORGANIC COMPOUNDS, FLAMMABLE, N. O. S.	4.1		Ⅱ	1 kg
			4.1		Ⅲ	5 kg
3182	金属氢化物，易燃，未另作规定的	METAL HYDRIDES, FLAMMABLE, N. O. S.	4.1		Ⅱ	1 kg
			4.1		Ⅲ	5 kg
3208	金属物质，遇水反应，未另作规定的	METALLIC SUBSTANCE, WATER-REACTIVE, N. O. S.	4.3		Ⅱ	500 g
			4.3		Ⅲ	1 kg
3210	无机氯酸盐水溶液，未另作规定的	CHLORATES, INORGANIC, AQUEOUS SOLUTION, N. O. S.	5.1		Ⅱ	1 L
			5.1		Ⅲ	5 L
3211	无机高氯酸盐水溶液，未另作规定的	PERCHLORATES, INORGANIC, AQUEOUS SOLUTION, N. O. S.	5.1		Ⅱ	1 L
			5.1		Ⅲ	5 L
3212	无机次氯酸盐，未另作规定的	HYPOCHLORITES, INORGANIC, N. O. S.	5.1		Ⅱ	1 kg
3213	无机溴酸盐水溶液，未另作规定的	BROMATES, INORGANIC, AQUEOUS SOLUTION, N. O. S.	5.1		Ⅱ	1 L
			5.1		Ⅲ	5 L

表 1（续）

联合国编号	中文名称和说明	英文名称和说明	类别或项别	次要危险性	包装类别	有限数量
3214	无机高锰酸盐水溶液，未另作规定的	PERMANGANATES，INORGANIC，AQUEOUS SOLUTION，N. O. S.	5.1		Ⅱ	1 L
3215	无机过硫酸盐，未另作规定的	PERSULPHATES，INORGANIC，N. O. S.	5.1		Ⅲ	5 kg
3216	无机过硫酸盐水溶液，未另作规定的	PERSULPHATES，INORGANIC，AQUEOUS SOLUTION，N. O. S.	5.1		Ⅲ	5 L
3218	无机硝酸盐水溶液，未另作规定的	NITRATES，INORGANIC，AQUEOUS SOLUTION，N. O. S.	5.1		Ⅱ	1 L
			5.1		Ⅲ	5 L
3219	无机亚硝酸盐水溶液，未另作规定的	NITRITES，INORGANIC，AQUEOUS SOLUTION，N. O. S.	5.1		Ⅱ	1 L
			5.1		Ⅲ	5 L
3220	五氟乙烷（制冷气体 R 125）	PENTAFLUOROETHANE （REFRIGERANT GAS R 125）	2.2			120 mL
3221	B 型自反应液体	SELF-REACTIVE LIQUID TYPE B	4.1			25 mL
3222	B 型自反应固体	SELF-REACTIVE SOLID TYPE B	4.1			100 g
3223	C 型自反应液体	SELF-REACTIVE LIQUID TYPE C	4.1			25 mL
3224	C 型自反应固体	SELF-REACTIVE SOLID TYPE C	4.1			100 g
3225	D 型自反应液体	SELF-REACTIVE LIQUID TYPE D	4.1			125 mL
3226	D 型自反应固体	SELF-REACTIVE SOLID TYPE D	4.1			500 g
3227	E 型自反应液体	SELF-REACTIVE LIQUID TYPE E	4.1			125 mL
3228	E 型自反应固体	SELF-REACTIVE SOLID TYPE E	4.1			500 g
3229	F 型自反应液体	SELF-REACTIVE LIQUID TYPE F	4.1			125 mL
3230	F 型自反应固体	SELF-REACTIVE SOLID TYPE F	4.1			500 g
3241	2-溴-2-硝基丙烷-1，3-二醇	2-BROMO-2-NITROPROPANE-1，3-DIOL	4.1		Ⅲ	5 kg
3242	偶氮甲酰胺	AZODICARBONAMIDE	4.1		Ⅱ	1 kg
3243	含有毒性液体的固体，未另作规定的	SOLIDS CONTAINING TOXIC LIQUID，N. O. S.	6.1		Ⅱ	500 g
3244	含有腐蚀性液体的固体，未另作规定的	SOLIDS CONTAINING CORROSIVE LIQUID，N. O. S.	8		Ⅱ	1 kg
3247	无水过硼酸钠	SODIUM PEROXOBORATE，ANHYDROUS	5.1		Ⅱ	1 kg
3248	药物，液态，易燃，毒性，未另作规定的	MEDICINE，LIQUID，FLAMMABLE，TOXIC，N. O. S.	3	6.1	Ⅱ	1 L
			3	6.1	Ⅲ	5 L

表 1（续）

联合国编号	中文名称和说明	英文名称和说明	类别或项别	次要危险性	包装类别	有限数量
3249	药物，固态，毒性，未另作规定的	MEDICINE, SOLID, TOXIC, N. O. S.	6.1		Ⅱ	500 g
			6.1		Ⅲ	5 kg
3251	异山梨醇-5-一硝酸酯	ISOSORBIDE-5-MONONITRATE	4.1		Ⅲ	5 kg
3253	三氧硅酸二钠	DISODIUM TRIOXOSILICATE	8		Ⅲ	5 kg
3259	固态胺，腐蚀性，未另作规定的或固态聚胺，腐蚀性，未另作规定的	AMINES, SOLID, CORROSIVE, N. O. S. or POLYAMINES, SOLID, CORROSIVE, N. O. S.	8		Ⅱ	1 kg
			8		Ⅲ	5 kg
3260	无机酸性腐蚀性固体，未另作规定的	CORROSIVE SOLID, ACIDIC, INORGANIC, N. O. S.	8		Ⅱ	1 kg
			8		Ⅲ	5 kg
3261	有机酸性腐蚀性固体，未另作规定的	CORROSIVE SOLID, ACIDIC, ORGANIC, N. O. S.	8		Ⅱ	1 kg
			8		Ⅲ	5 kg
3262	无机碱性腐蚀性固体，未另作规定的	CORROSIVE SOLID, BASIC, INORGANIC, N. O. S.	8		Ⅱ	1 kg
			8		Ⅲ	5 kg
3263	有机碱性腐蚀性固体，未另作规定的	CORROSIVE SOLID, BASIC, ORGANIC, N. O. S.	8		Ⅱ	1 kg
			8		Ⅲ	5 kg
3264	无机酸性腐蚀性液体，未另作规定的	CORROSIVE LIQUID, ACIDIC, INORGANIC, N. O. S.	8		Ⅱ	1 L
			8		Ⅲ	5 L
3265	有机酸性腐蚀性液体，未另作规定的	CORROSIVE LIQUID, ACIDIC, ORGANIC, N. O. S.	8		Ⅱ	1 L
			8		Ⅲ	5 L
3266	无机碱性腐蚀性液体，未另作规定的	CORROSIVE LIQUID, BASIC, INORGANIC, N. O. S.	8		Ⅱ	1 L
			8		Ⅲ	5 L
3267	有机碱性腐蚀性液体，未另作规定的	CORROSIVE LIQUID, BASIC, ORGANIC, N. O. S.	8		Ⅱ	1 L
			8		Ⅲ	5 L
3269	聚酯树脂器材	POLYESTER RESIN KIT	3		Ⅱ	5 L
			3		Ⅲ	5 L
3270	硝化纤维素滤膜，按干重含氮不超过12.6%	NITROCELLULOSE MEMBRANE FILTERS, with not more than 12.6% nitrogen, by dry mass	4.1		Ⅱ	1 kg
3271	醚类，未另作规定的	ETHERS, N. O. S.	3		Ⅱ	1 L
			3		Ⅲ	5 L
3272	酯类，未另作规定的	ESTERS, N. O. S.	3		Ⅱ	1 L
			3		Ⅲ	5 L

表 1（续）

联合国编号	中文名称和说明	英文名称和说明	类别或项别	次要危险性	包装类别	有限数量
3273	腈类，易燃，毒性，未另作规定的	NITRILES，FLAMMABLE，TOXIC，N. O. S.	3	6.1	Ⅱ	1 L
3274	醇化物溶液，未另作规定的，在乙醇溶液中	ALCOHOLATES SOLUTION，N. O. S.，in alcohol	3	8	Ⅱ	1 L
3275	腈类，毒性，易燃，未另作规定的	NITRILES，TOXIC，FLAMMABLE，N. O. S.	6.1	3	Ⅱ	100 mL
3276	腈类，毒性，液态，未另作规定的	NITRILES，TOXIC，LIQUID，N. O. S.	6.1		Ⅱ	100 mL
			6.1		Ⅲ	5 L
3277	氯甲酸酯，毒性，腐蚀性，未另作规定的	CHLOROFORMATES，TOXIC，CORROSIVE，N. O. S.	6.1	8	Ⅱ	100 mL
3278	有机磷化合物，毒性，液态，未另作规定的	ORGANOPHOSPHORUS COMPOUND，TOXIC，LIQUID，N. O. S.	6.1		Ⅱ	100 mL
			6.1		Ⅲ	5 L
3279	有机磷化合物，毒性，易燃，未另作规定的	ORGANOPHOSPHORUS COMPOUND，TOXIC，FLAMMABLE，N. O. S.	6.1	3	Ⅱ	100 mL
3280	有机砷化合物，液态，未另作规定的	ORGANOARSENIC COMPOUND，LIQUID，N. O. S.	6.1		Ⅱ	100 mL
			6.1		Ⅲ	5 L
3281	羰基金属，液态，未另作规定的	METAL CARBONYLS，LIQUID，N. O. S.	6.1		Ⅱ	100 mL
			6.1		Ⅲ	5 L
3282	有机金属化合物，液态，毒性，未另作规定的	ORGANOMETALLIC COMPOUND，TOXIC，LIQUID，N. O. S.	6.1		Ⅱ	100 mL
			6.1		Ⅲ	5 L
3283	硒化合物，固态，未另作规定的	SELENIUM COMPOUND，SOLID，N. O. S.	6.1		Ⅱ	500 g
			6.1		Ⅲ	5 kg
3284	碲化合物，未另作规定的	TELLURIUM COMPOUND，N. O. S.	6.1		Ⅱ	500 g
			6.1		Ⅲ	5 kg
3285	钒化合物，未另作规定的	VANADIUM COMPOUND，N. O. S.	6.1		Ⅱ	500 g
			6.1		Ⅲ	5 kg
3286	易燃液体，毒性，腐蚀性，未另作规定的	FLAMMABLE LIQUID，TOXIC，CORROSIVE，N. O. S.	3	6.1；8	Ⅱ	1 L
3287	无机毒性液体，未另作规定的	TOXIC LIQUID，INORGANIC，N. O. S.	6.1		Ⅱ	100 mL
			6.1		Ⅲ	5 L
3288	无机毒性固体，未另作规定的	TOXIC SOLID，INORGANIC，N. O. S.	6.1		Ⅱ	500 g
			6.1		Ⅲ	5 kg

表 1（续）

联合国编号	中文名称和说明	英文名称和说明	类别或项别	次要危险性	包装类别	有限数量
3289	**无机毒性液体，腐蚀性，未另作规定的**	TOXIC LIQUID，CORROSIVE，INORGANIC，N. O. S.	6.1	8	Ⅱ	100 mL
3290	**无机毒性固体，腐蚀性，未另作规定的**	TOXIC SOLID，CORROSIVE，INORGANIC，N. O. S.	6.1	8	Ⅱ	500 g
3293	**肼水溶液**，按质量含肼不超过 37%	HYDRAZINE，AQUEOUS SOLUTION with not more than 37% hydrazine，by mass	6.1		Ⅲ	5 L
3295	**液态烃类，未另作规定的**	HYDROCARBONS，LIQUID，N. O. S.	3		Ⅰ	500 mL
			3		Ⅱ	1 L
			3		Ⅲ	5 L
3296	**七氟丙烷（制冷气体 R 227）**	HEPTAFLUOROPROPANE (REFRIGERANT GAS R 227)	2.2			120 mL
3297	**环氧乙烷和四氟氯乙烷混合物**，含环氧乙烷不超过 8.8%	ETHYLENE OXIDE AND CHLOROTETRAFLUORO-ETHANE MIXTURE with not more than 8.8% ethylene oxide	2.2			120 mL
3298	**环氧乙烷和五氟乙烷混合物**，含环氧乙烷不超过 7.9%	ETHYLENE OXIDE AND PENTAFLUOROETHANE MIXTURE with not more than 7.9% ethylene oxide	2.2			120 mL
3299	**环氧乙烷和四氟乙烷混合物**，含环氧乙烷不超过 5.6%	ETHYLENE OXIDE AND TETRAFLUOROETHANE MIXTURE with not more than 5.6% ethylene oxide	2.2			120 mL
3302	**2-丙烯酸二甲氨基乙酯**	2-DIMETHYLAMINOETHYL ACRYLATE	6.1		Ⅱ	100 mL
3314	**模塑化合物**，呈揉塑团、薄片或挤压出的绳索状，会放出易燃蒸气	PLASTICS MOULDING COMPOUND in dough，sheet or extruded rope form evolving flammable vapour	9		Ⅲ	5 kg
3320	**硼氢化钠和氢氧化钠溶液**，按质量含硼氢化钠不超过 12%，含氢氧化钠不超过 40%	SODIUM BOROHYDRIDE AND SODIUM HYDROXIDE SOLUTION，with not more than 12% sodium borohydride and not more than 40% sodium hydroxide by mass	8		Ⅱ	1 L
			8		Ⅲ	5 L
3336	**液态硫醇，易燃，未另作规定的，或液态硫醇混合物，易燃，未另作规定的**	MERCAPTANS，LIQUID，FLAMMABLE，N. O. S. or MERCAPTAN MIXTURE，LIQUID，FLAMMABLE，N. O. S.	3		Ⅱ	1 L
			3		Ⅲ	5 L
3337	**制冷气体 R 404A**	REFRIGERANT GAS R 404A	2.2			120 mL

表 1（续）

联合国编号	中文名称和说明	英文名称和说明	类别或项别	次要危险性	包装类别	有限数量
3338	**制冷气体 R 407A**	REFRIGERANT GAS R 407A	2.2			120 mL
3339	**制冷气体 R 407B**	REFRIGERANT GAS R 407B	2.2			120 mL
3340	**制冷气体 R 407C**	REFRIGERANT GAS R 407C	2.2			120 mL
3345	**固态苯氧基乙酸衍生物农药，毒性**	PHENOXYACETIC ACID DERIVATIVE PESTICIDE,SOLID,TOXIC	6.1		Ⅱ	500 g
			6.1		Ⅲ	5 kg
3346	**液态苯氧基乙酸衍生物农药，易燃，毒性，**闪点低于 23 ℃	PHENOXYACETIC ACID DERIVATIVE PESTICIDE, LIQUID, FLAMMABLE, TOXIC,flash point less than 23 ℃	3	6.1	Ⅱ	1 L
3347	**液态苯氧基乙酸衍生物农药，毒性，易燃，**闪点不低于 23 ℃	PHENOXYACETIC ACID DERIVATIVE PESTICIDE, LIQUID, TOXIC, FLAMMABLE,flash point not less than 23 ℃	6.1	3	Ⅱ	100 mL
			6.1	3	Ⅲ	5 L
3348	**液态苯氧基乙酸衍生物农药，毒性**	PHENOXYACETIC ACID DERIVATIVE PESTICIDE,LIQUID,TOXIC	6.1		Ⅱ	100 mL
			6.1		Ⅲ	5 L
3349	**固态拟除虫菊酯农药，毒性**	PYRETHROID PESTICIDE,SOLID, TOXIC	6.1		Ⅱ	500 g
			6.1		Ⅲ	5 kg
3350	**液态拟除虫菊酯农药，易燃，毒性，**闪点低于 23 ℃	PYRETHROID PESTICIDE, LIQUID, FLAMMABLE, TOXIC, flash point less than 23 ℃	3	6.1	Ⅱ	1 L
3351	**液态拟除虫菊酯农药，毒性，易燃，**闪点不低于 23 ℃	PYRETHROID PESTICIDE, LIQUID, TOXIC,FLAMMABLE,flash point not less than 23 ℃	6.1	3	Ⅱ	100 mL
			6.1	3	Ⅲ	5 L
3352	**液态拟除虫菊酯农药，毒性**	PYRETHROID PESTICIDE,LIQUID,TOXIC	6.1		Ⅱ	100 mL
			6.1		Ⅲ	5 L
3371	**2-甲基丁醛**	2-METHYLBUTANAL	3		Ⅱ	1 L
3377	**过硼酸钠一水合物**	SODIUM PERBORATE MONOHYDRATE	5.1		Ⅲ	5 kg
3378	**过氧化碳酸钠水合物**	SODIUM CARBONATE PEROXYHYDRATE	5.1		Ⅱ	1 kg
			5.1		Ⅲ	5 kg
3395	**固态有机金属物质，遇水反应**	ORGANOMETALLIC SUBSTANCE, SOLID,WATER-REACTIVE	4.3		Ⅱ	500 g
			4.3		Ⅲ	1 kg
3396	**固态有机金属物质，遇水反应，易燃**	ORGANOMETALLIC SUBSTANCE,SOLID,WATER -REACTIVE,FLAMMABLE	4.3	4.1	Ⅱ	500 g
			4.3	4.1	Ⅲ	1 kg
3397	**固态有机金属物质，遇水反应，自热性**	ORGANOMETALLIC SUBSTANCE,SOLID,WATER-REACTIVE,SELF-HEATING	4.3	4.2	Ⅱ	500 g
			4.3	4.2	Ⅲ	1 kg

表 1（续）

联合国编号	中文名称和说明	英文名称和说明	类别或项别	次要危险性	包装类别	有限数量
3398	液态有机金属物质，遇水反应	ORGANOMETALLIC SUBSTANCE, LIQUID, WATER -REACTIVE	4.3		Ⅱ	500 mL
			4.3		Ⅲ	1 L
3399	液态有机金属物质，遇水反应，易燃	ORGANOMETALLIC SUBSTANCE, LIQUID, WATER -REACTIVE, FLAMMABLE	4.3	3	Ⅱ	500 mL
			4.3	3	Ⅲ	1 L
3400	固态有机金属物质，自热性	ORGANOMETALLIC SUBSTANCE, SOLID, SELF-HEATING	4.2		Ⅱ	500 g
			4.2		Ⅲ	1 kg
3405	氯酸钡溶液	BARIUM CHLORATE SOLUTION	5.1	6.1	Ⅱ	1 L
			5.1	6.1	Ⅲ	5 L
3406	高氯酸钡溶液	BARIUM PERCHLORATE SOLUTION	5.1	6.1	Ⅱ	1 L
			5.1	6.1	Ⅲ	5 L
3407	氯酸盐和氯化镁混合物溶液	CHLORATE AND MAGNESIUM CHLORIDE MIXTURE SOLUTION	5.1		Ⅱ	1 L
			5.1		Ⅲ	5 L
3408	高氯酸铅溶液	LEAD PERCHLORATE SOLUTION	5.1	6.1	Ⅱ	1 L
			5.1	6.1	Ⅲ	5 L
3409	液态硝基氯苯	CHLORONITROBENZENES, LIQUID	6.1		Ⅱ	100 mL
3410	盐酸盐对氯邻甲苯胺溶液	4-CHLORO-*o*-TOLUIDINE HYDROCHLORIDE SOLUTION	6.1		Ⅲ	5 L
3411	*β*-萘胺溶液	beta-NAPHTHYLAMINE SOLUTION	6.1		Ⅱ	100 mL
			6.1		Ⅲ	5 L
3412	甲酸，按质量含酸不低于10%，但不超过85%	FORMIC ACID with not less than 10% but not more than 85% acid by mass	8		Ⅱ	1 L
	甲酸，按质量含酸不低于5%，但低于10%	FORMIC ACID with not less than 5% but less than 10% acid by mass	8		Ⅲ	5 L
3413	氰化钾溶液	POTASSIUM CYANIDE SOLUTION	6.1		Ⅱ	100 mL
			6.1		Ⅲ	5 L
3414	氰化钠溶液	SODIUM CYANIDE SOLUTION	6.1		Ⅱ	100 mL
			6.1		Ⅲ	5 L
3415	氟化钠溶液	SODIUM FLUORIDE SOLUTION	6.1		Ⅲ	5 L
3418	2,4-甲苯二胺溶液	2,4-TOLUYLENEDIAMINE SOLUTION	6.1		Ⅲ	5 L
3419	固态三氟化硼合乙酸	BORON TRIFLUORIDE ACETIC ACID COMPLEX, SOLID	8		Ⅱ	1 kg
3420	固态三氟化硼合丙酸	BORON TRIFLUORIDE PROPIONIC ACID COMPLEX, SOLID	8		Ⅱ	1 kg

表 1（续）

联合国编号	中文名称和说明	英文名称和说明	类别或项别	次要危险性	包装类别	有限数量
3421	二氟化氢钾溶液	POTASSIUM HYDROGEN DIFLUORIDE SOLUTION	8	6.1	Ⅱ	1 L
			8	6.1	Ⅲ	5 L
3422	氟化钾溶液	POTASSIUM FLUORIDE SOLUTION	6.1		Ⅲ	5 L
3423	固态氢氧化四甲铵	TETRAMETHYLAMMONIUM HYDROXIDE,SOLID	8		Ⅱ	1 kg
3424	二硝基邻甲酚铵溶液	AMMONIUM DINITRO-*o*-CRESOLATE,SOLUTION	6.1		Ⅱ	100 mL
			6.1		Ⅲ	5 L
3425	固态溴乙酸	BROMOACETIC ACID,SOLID	8		Ⅱ	1 kg
3426	丙烯酰胺溶液	ACRYLAMIDE SOLUTION	6.1		Ⅲ	5 L
3427	固态氯苯甲基氯	CHLOROBENZYL CHLORIDES,SOLID	6.1		Ⅲ	5 kg
3428	固态异氰酸 3-氯-4-甲基苯酯	3-CHLORO-4-METHYLPHENYL ISOCYANATE,SOLID	6.1		Ⅱ	500 g
3429	液态甲基氯苯胺	CHLOROTOLUIDINES,LIQUID	6.1		Ⅲ	5 L
3430	液态二甲苯酚	XYLENOLS,LIQUID	6.1		Ⅱ	100 mL
3431	固态硝基三氟甲苯	NITROBENZOTRIFLUORIDES,SOLID	6.1		Ⅱ	500 g
3432	固态多氯联苯	POLYCHLORINATED BIPHENYLS,SOLID	9		Ⅱ	1 kg
3434	液态硝基甲苯酚	NITROCRESOLS,LIQUID	6.1		Ⅲ	5 L
3436	固态水合六氟丙酮	HEXAFLUOROACETONE HYDRATE,SOLID	6.1		Ⅱ	500 g
3437	固态氯甲酚	CHLOROCRESOLS,SOLID	6.1		Ⅱ	500 g
3438	固态 *α*-甲基苄基醇	alpha-METHYLBENZYL ALCOHOL,SOLID	6.1		Ⅲ	5 kg
3439	固态腈类，毒性，未另作规定的	NITRILES,TOXIC,SOLID,N.O.S.	6.1		Ⅱ	500 g
			6.1		Ⅲ	5 kg
3440	液态硒化合物，未另作规定的	SELENIUM COMPOUND,LIQUID,N.O.S.	6.1		Ⅱ	100 mL
			6.1		Ⅲ	5 L
3441	固态二硝基氯苯	CHLORODINITROBENZENES,SOLID	6.1		Ⅱ	500 g
3442	固态二氯苯胺	DICHLOROANILINES,SOLID	6.1		Ⅱ	500 g
3443	固态二硝基苯	DINITROBENZENES,SOLID	6.1		Ⅱ	500 g
3444	固态盐酸烟碱	NICOTINE HYDROCHLORIDE,SOLID	6.1		Ⅱ	500 g
3445	固态硫酸烟碱	NICOTINE SULPHATE,SOLID	6.1		Ⅱ	500 g
3446	固态硝基甲苯	NITROTOLUENES,SOLID	6.1		Ⅱ	500 g
3447	固态硝基二甲苯	NITROXYLENES,SOLID	6.1		Ⅱ	500 g
3451	固态甲苯胺	TOLUIDINES,SOLID	6.1		Ⅱ	500 g

表 1（续）

联合国编号	中文名称和说明	英文名称和说明	类别或项别	次要危险性	包装类别	有限数量
3452	固态二甲基苯胺	XYLIDINES,SOLID	6.1		Ⅱ	500 g
3453	固态磷酸	PHOSPHORIC ACID,SOLID	8		Ⅲ	5 kg
3454	固态二硝基甲苯	DINITROTOLUENES,SOLID	6.1		Ⅱ	500 g
3455	固态甲酚	CRESOLS,SOLID	6.1	8	Ⅱ	500 g
3456	固态亚硝基硫酸	NITROSYLSULPHURIC ACID,SOLID	8		Ⅱ	1 kg
3457	固态硝基氯甲苯	CHLORONITROTOLUENES,SOLID	6.1		Ⅲ	5 kg
3458	固态硝基茴香醚	NITROANISOLES,SOLID	6.1		Ⅲ	5 kg
3459	固态硝基苯溴	NITROBROMOBENZENES,SOLID	6.1		Ⅲ	5 kg
3460	固态 *N*-乙苄基甲苯胺	*N*-ETHYLBENZYLTOLUIDINES,SOLID	6.1		Ⅲ	5 kg
3462	固态毒素，从生物体提取，未另作规定的	TOXINS,EXTRACTED FROM LIVING SOURCES,SOLID,N. O. S.	6.1		Ⅱ	500 g
			6.1		Ⅲ	5 kg
3463	丙酸，按质量含酸不小于 90%	PROPIONIC ACID with not less than 90% acid by mass	8	3	Ⅱ	1 L
3464	固态有机磷化合物，毒性，未另作规定的	ORGANOPHOSPHORUS COMPOUND, TOXIC,SOLID,N. O. S.	6.1		Ⅱ	500 g
			6.1		Ⅲ	5 kg
3465	固态有机砷化合物，未另作规定的	ORGANOARSENIC COMPOUND,SOLID, N. O. S.	6.1		Ⅱ	500 g
			6.1		Ⅲ	5 kg
3466	固态羰基金属，未另作规定的	METAL CARBONYLS,SOLID,N. O. S.	6.1		Ⅱ	500 g
			6.1		Ⅲ	5 kg
3467	固态有机金属化合物，毒性，未另作规定的	ORGANOMETALLIC COMPOUND,TOXIC,SOLID,N. O. S.	6.1		Ⅱ	500 g
			6.1		Ⅲ	5 kg
3469	涂料、易燃、腐蚀性（包括色漆、喷漆、搪瓷、着色剂、虫胶、清漆、抛光剂、液态填料和液态喷漆基料）或涂料的相关材料、易燃、腐蚀性（包括涂料稀释剂或冲淡剂）	PAINT,FLAMMABLE,CORROSIVE (including paint,lacquer,enamel,stain,shellac, varnish,polish,liquid filler and liquid lacquer base) or PAINT RELATED MATERIAL, FLAMMABLE, CORROSIVE (including paint thinning or reducing compound	3	8	Ⅱ	1 L
			3	8	Ⅲ	5 L
3470	涂料、腐蚀性、易燃（包括色漆、喷漆、搪瓷、着色剂、虫胶、清漆、抛光剂、液态填料和液态喷漆基料）或涂料的相关材料、腐蚀性、易燃（包括涂料稀释剂或冲淡剂）	PAINT,CORROSIVE,FLAMMABLE (including paint,lacquer,enamel,stain,shellac, varnish,polish,liquid filler and liquid lacquer base) or PAINT RELATED MATERIAL CORROSIVE, FLAMMABLE (including paint thinning or reducing compound)	8	3	Ⅱ	1 L

表 1（续）

联合国编号	中文名称和说明	英文名称和说明	类别或项别	次要危险性	包装类别	有限数量
3471	二氟氢化物溶液，未另作规定的	HYDROGENDIFLUORIDES SOLUTION, N. O. S.	8	6.1	Ⅱ	1 L
			8	6.1	Ⅲ	5 L
3472	丁烯酸，液态	CROTONIC ACID, LIQUID	8		Ⅲ	5 L
3473	燃料电池盒或装在设备中的燃料电池盒，或与设备包装在一起的燃料电池盒，含易燃液体	FUEL CELL CARTRIDGES or FUEL CELL CARTRIDGES CONTAINED IN EQUIPMENT or FUEL CELL CARTRIDGES PACKED WITH EQUIPMENT, containing flammable liquids	3			1 L
3475	乙醇和汽油混合物，乙醇含量大于10%	ETHANOL AND GASOLINE MIXTURE or ETHANOL AND MOTOR SPIRIT MIXTURE or ETHANOL AND PETROL MIXTURE, with more than 10% ethanol	3		Ⅱ	1 L
3476	燃料电池盒或装在设备中的燃料电池盒，或与设备包装在一起的燃料电池盒，含遇水反应物质	FUEL CELL CARTRIDGES or FUEL CELL CARTRIDGES CONTAINED IN EQUIPMENT or FUEL CELL CARTRIDGES PACKED WITH EQUIPMENT, containing water-reactive substances	4.3			500 mL 或 500 g
3477	燃料电池盒或装在设备中的燃料电池盒，或与设备包装在一起的燃料电池盒，含腐蚀性物质	FUEL CELL CARTRIDGES or FUEL CELL CARTRIDGES CONTAINED IN EQUIPMENT or FUEL CELL CARTRIDGES PACKED WITH EQUIPMENT, containing corrosive substances	8			1 L 或 1 kg
3478	燃料电池盒或装在设备中的燃料电池盒，或与设备包装在一起的燃料电池盒，含液化可燃气体	FUEL CELL CARTRIDGES or FUEL CELL CARTRIDGES CONTAINED IN EQUIPMENT or FUEL CELL CARTRIDGES PACKED WITH EQUIPMENT, containing liquefied flammable gas	2.1			120 mL
3479	燃料电池盒或装在设备中的燃料电池盒，或与设备包装在一起的燃料电池盒，含在金属氢中贮存的氢	FUEL CELL CARTRIDGES or FUEL CELL CARTRIDGES CONTAINED IN EQUIPMENT or FUEL CELL CARTRIDGES PACKED WITH EQUIPMENT, containing hydrogen in metal hydride	2.1			120 mL
3485	次氯酸钙，干的，腐蚀性，或次氯酸钙混合物，干的，腐蚀性，含有效氯大于39%（有效氧8.8%）	CALCIUM HYPOCHLORITE, DRY, CORROSIVE or CALCIUM HYPOCHLORITE MIXTURE, DRY, CORROSIVE with more than 39% available chlorine (8.8% available oxygen)	5.1	8	Ⅱ	1 kg

表 1（续）

联合国编号	中文名称和说明	英文名称和说明	类别或项别	次要危险性	包装类别	有限数量
3486	**次氯酸钙混合物，干的，腐蚀性**，含有效氯大于 10%，但不超过 39%	CALCIUM HYPOCHLORITE MIXTURE, DRY, CORROSIVE with more than 10% but not more than 39% available chlorine	5.1	8	Ⅲ	5 kg
3487	**水合次氯酸钙，腐蚀性，或水合次氯酸钙混合物，腐蚀性**，含水不低于 5.5%，但不超过 16%	CALCIUM HYPOCHLORITE, HYDRATED, CORROSIVE or CALCIUM HYPOCHLORITE, HYDRATED MIXTURE, CORROSIVE with not less than 5.5% but not more than 16% water	5.1	8	Ⅱ	1 kg
			5.1	8	Ⅲ	5 kg
3494	**含硫原油，易燃，毒性**	PETROLEUM SOUR CRUDE OIL, FLAMMABLE, TOXIC	3	6.1	Ⅱ	1 L
			3	6.1	Ⅲ	5 L
3495	**碘**	IODINE	8	6.1	Ⅲ	5 kg

[a] 含有毒性物质的气雾剂，有限数量数值是 120 mL；所有其他气雾剂，有限数量数值是 1 L。

[b] 装有毒性物质的贮器，有限数量数值是 120 mL；所有其他贮器，有限数量数值是 1 L。

6 包装

6.1 危险货物以有限数量运输时应装在有合适外容器的内容器中，并且可使用中间容器。对于喷雾器或“装气体的小型贮器”等物品，则无须使用内容器。容器应符合附录 A 和附录 B 的规定。包件的总毛重不应超过 30 kg。

6.2 装有危险货物的物品或内容器的外容器，可采用符合附录 A 规定的收缩包装或拉伸包装托盘。但玻璃、瓷器、粗陶瓷或某些塑料等材料制造的易碎或易破的内容器应放在合适的中间容器中。中间容器应符合附录 A 和附录 B 的规定，且包件的总毛重不应超过 20 kg。

6.3 装有第 8 类（腐蚀性物质）、Ⅱ类包装液态货物的玻璃、瓷器或粗陶瓷内容器应放在相容的坚硬中间容器内。

6.4 以有限数量包装的不同危险货物可以放在同一外容器中，条件是在发生渗漏时它们不会发生危险反应。

7 单证

7.1 在航空运输和水路运输的情况下，危险货物以有限数量运输时，在危险货物运输单证的危险货物说明中应写入“有限数量”或“LTD QTY”一词。

注：LTD QTY（Limited Quantity）为“有限数量”的英文缩写。

7.2 除航空运输和水路运输外，危险货物以有限数量运输时，无须适用《规章范本》5.4.1 中对危险货物运输单证的要求。

8 标记

8.1 除航空运输外，内装有有限数量危险货物的包件不需要以内装物的正式运输名称或联合国编号做出标签或标记，但应显示图1的标记。标记应明显，清晰，并能承受露天暴露而不明显减低效果。标记的上下部分和边线应为黑色，中心区域为白色或适当反差底色；标记的最小尺寸：100 mm×100 mm；菱形边的最小宽度：2 mm；如包件的大小需要，可缩小尺寸，但不得小于 50 mm×50 mm，且标记仍应清晰可见。

图 1 有限数量包件标记(除航空运输外)

8.2 在航空运输的情况下，内装有有限数量危险货物的包件应显示图2的标记。标记应明显，清晰，并能承受露天暴露而不明显减低效果。标记的上下部分和边线应为黑色，中心区域为白色或适当反差底色；标记的最小尺寸：100 mm×100 mm；菱形边的最小宽度：2 mm；符号"Y"置于标记中央，须清晰可见；如包件的大小需要，可缩小尺寸，但不应小于 50 mm×50 mm，且标记仍应清晰可见。

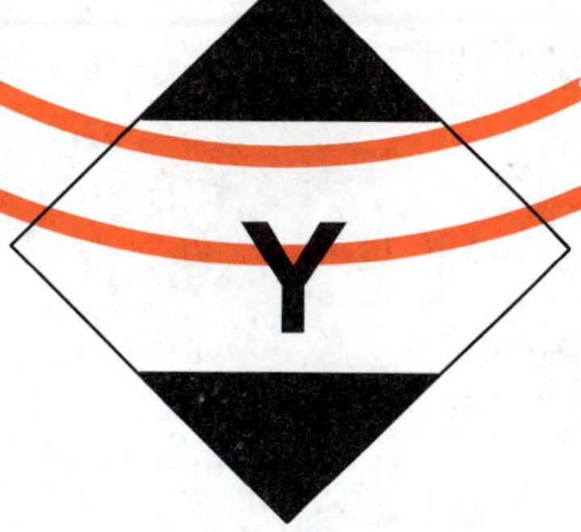

图 2 有限数量包件标记(航空运输)

8.3 当装有有限数量危险货物的包件被放在一个外包装内时，除非外包装内每一项危险货物的标记均清晰可见，否则外包装应标明"外包装"或"OVERPACK"一词，以及 8.1、8.2 所要求的标记。

注："OVERPACK"为"外包装"的英文表述。

9 豁免

9.1 印有图2所示标记的装有危险货物的包件，视为已符合第6章的规定，无须再印有图1所示标记。

9.2 以有限数量包装的危险货物，在同一辆车或同一个货物集装箱内，无须适用任何隔离要求。

9.3 以有限数量运输危险货物时，无须适用《规章范本》1.4中的安全规定和《规章范本》7.2.4中对公路运输、铁路运输和内河运输的安全规定。

附 录 A
（规范性附录）
容器的一般技术要求

A.1 危险货物应装在质量良好的容器(包括中型散货箱和大型容器)中，容器应足够坚固，能够承受得住运输过程中通常遇到的冲击和荷载，包括运输装置之间和运输装置与仓库之间的转载以及搬离托盘或外包装供随后人工或机械操作。容器(包括中型散货箱和大型容器)的结构和封闭状况，在正常运输条件下，应能防止由于振动或由于温度、湿度或压力变化(例如海拔不同产生的)造成的任何内装物损失。容器(包括中型散货箱和大型容器)应按照制造商提供的资料封闭。在运输过程中不得有任何危险残余物粘附在容器、中型散货箱和大型容器外面。上述规定适用于新的、重复使用的、修整过的或改制的容器、中型散货箱，以及新的、重复使用的或改制的大型容器。

A.2 容器(包括中型散货箱和大型容器)与危险货物直接接触的各个部位：

a) 不应受到危险货物的影响，或者其强度不得被危险货物显著减弱；
b) 不应在包件内造成危险效应，例如促使危险货物起反应或与危险货物起反应；
c) 不应发生危险货物渗透，在正常运输条件下造成危险。

必要时，这些部位应有适当的内涂层或经过适当的处理。

A.3 装有液体的容器(包括中型散货箱和大型容器)：

a) 应留有足够的未满空间，以保证在运输过程中不会由于温度变化引起液体膨胀而使容器泄漏或永久变形。在没有具体规定的情况下，液体不应在 55 ℃下装满容器。中型散货箱应留有足够的未满空间，以确保在平均整体温度为 50 ℃时，中型散货箱的装载率不超过其水容量的 98%。
b) 在空运时，拟装液体的容器也应按照国际空运规章的规定，能够承受一定的压差而不泄漏。

A.4 内容器在外容器中的置放方式，应做到在正常运输条件下，不会破裂、被刺穿或其内装物漏到外容器中。装有液体的内容器，包装后封闭装置应朝上，且在外容器内的摆放位置应与方向标记一致。易于破裂或被刺破的内容器，如用玻璃、陶瓷、粗陶瓷或某些塑料制成的内容器，应使用适当衬垫材料固定在外容器中。内装物的任何泄漏，均不应对衬垫材料或外容器的保护性能造成重大破坏。

如组合容器的外容器或大型容器装载不同类型的内容器并顺利通过试验，则这些各不相同的内容器也可以合装在此外容器或大型容器中。此外，在保持性能水平相同的条件下，可不必对包件再作试验，允许内容器进行下列变动：

a) 可使用尺寸相同或较小的内容器，条件是：
   1) 内容器的设计与试验过的内容器相似(例如形状为圆形、长方形等)；
   2) 内容器的制造材料(玻璃、塑料、金属等)承受冲击力和堆码力的能力等于或大于原先试验过的内容器；
   3) 内容器有相同或较小的开口，封闭装置设计相似(如螺旋帽、摩擦盖等)；
   4) 用足够多的额外衬垫材料填补空隙，防止内容器明显移动；
   5) 内容器在外容器中放置的方向与试验过的包件相同。
b) 使用较少数量的经过试验过的内容器，或 a)中所列的替代型号内容器，前提条件是用足够的衬垫材料填补空隙处，防止内容器明显移动。

A.5 如果危险货物与其他货物或其他危险货物之间会起危险反应，并产生下列四种效应，则不应放置在同一个外容器或大型容器中：

a) 燃烧和/或放出大量的热；
b) 放出易燃、毒性或窒息性气体；

c) 产生腐蚀性物质；

d) 产生不稳定物质。

A.6 装有潮湿或稀释物质的容器的封闭装置应使液体(水、溶剂或减敏剂)的百分率在运输过程中不会下降到规定的限度以下。如中型散货箱上串联地安装两个以上的封闭系统，应先封闭离所运物质最近的封闭系统。

A.7 如果包件内可能因内装物释放气体(由于温度上升或其他原因)而产生压力，容器或中型散货箱可安装一个通风口，但所释放的气体不应因其毒性、易燃性和排放量等问题而造成危险。如果由于物质的正常分解可能产生超压危险，应安装通风装置。当容器或中型散货箱在预定的运输状态下，通风口的设计应保证在正常运输条件下不会有液体泄漏或异物进入。液体只能装入对正常运输条件下可能产生的内压具有适当承受力的内容器。空运时，不允许包件排气。

附　录　B
（规范性附录）
常用包装容器的代码、类别及要求

表B.1给出了各种常用包装容器的代码、类别及要求。

表B.1　常用包装容器的代码、类别及要求

种类	代码	类别	要　　求
钢桶	1A1 1A2	非活动盖 活动盖	a)　桶身和桶盖应根据钢桶的容量和用途，使用型号适宜且厚度足够的钢板制造。 b)　拟用于装40 L以上液体的钢桶，桶身接缝应焊接。拟用于装固体或者装40 L以下液体的钢桶，桶身接缝应用机械方法接合或焊接。 c)　桶的凸边应用机械方法接合或焊接。也可以使用分开的加强环。 d)　容量超过60 L的钢桶桶身，通常应至少有两个扩张式滚箍，或者至少两个分开的滚箍。如使用分开式滚箍，则应在桶身上固定紧，不应移位。滚箍不应点焊。 e)　非活动盖(1A1)钢桶桶身或桶盖上用于装入、倒空和通风的开口，其直径不应超过7 cm。开口更大的钢桶将视为活动盖(1A2)钢桶。桶身和桶盖的开口封闭装置的设计和安装应做到在正常运输条件下始终是紧固和不漏的。封闭装置凸缘应用机械方法或焊接方法恰当接合。除非封闭装置本身是防漏的，否则应使用密封垫或其他密封件。 f)　活动盖钢桶的封闭装置的设计和安装，应做到在正常的运输条件下该装置始终是紧固的，钢桶始终是不漏的。所有活动盖都应使用垫圈或其他密封件。 g)　如果桶身、桶盖、封闭装置和连接件所用的材料本身与装运的物质是不相容的，应施加适当的内保护涂层或处理。在正常运输条件下，这些涂层或处理层应始终保持其保护性能
铝桶	1B1 1B2	非活动盖 活动盖	a)　桶身和桶盖应由纯度至少99%(质量分数)的铝或铝合金制成。应根据铝桶的容量和用途，使用适当型号和足够厚度的材料。 b)　所有接缝应是焊接的。凸边如果有接缝的话，应另外加加强环。 c)　容量大于60 L的铝桶桶身，通常应至少装有两个扩张式滚箍，或者两个分开式滚箍。如装有分开式滚箍时，应安装得很牢固，不应移动。滚箍不应点焊。 d)　非活动盖(1B1)铝桶的桶身或桶盖上用于装入、倒空和通风的开口，其直径不应超过7 cm。开口更大的铝桶将视为活动盖(1B2)铝桶。桶身和桶盖的开口封闭装置的设计和安装应做到在正常运输条件下，它们始终是紧固和不漏的。封闭装置凸缘应焊接恰当，使接缝不漏。除非封闭装置本身是防漏的，否则应使用垫圈或其他密封件。 e)　活动盖铝桶的封闭装置的设计和安装，应做到在正常运输条件下始终是紧固和不漏的。所有活动盖都应使用垫圈或其他密封件

表 B.1（续）

种类	代码	类别	要　　求
钢或铝以外的金属桶	1N1 1N2	非活动盖 活动盖	a) 桶身和桶盖应由钢和铝以外的金属或金属合金制成。应根据桶的容量和用途，使用适当型号和足够厚度的材料。 b) 凸边如果有接缝的话，应另外加加强环。所有接缝应按照用于所使用金属或金属合金的最先进技术接合（熔焊、软焊等）。 c) 容量大于 60 L 的金属桶桶身，通常应至少装有两个扩张式滚箍，或者两个分开式滚箍。如装有分开式滚箍时，应安装的很牢固，不应移动。滚箍不应点焊。 d) 非活动盖（1NL）金属桶的桶身或桶盖上用于装入、倒空和通风的开口，其直径不应超过 7 cm。开口更大的金属桶将视为活动盖（1N2）金属桶。桶身和桶盖的开口封闭装置的设计和安装应做到在正常运输条件下，它们始终是紧固和不漏的。封闭装置凸缘应按照用于所使用金属或金属合金的最先进技术恰当地接合（熔焊、软焊等），使接缝不漏。除非封闭装置本身是防漏的，否则应使用垫圈或其他密封件。 e) 活动盖金属桶的封闭装置的设计和安装，应做到在正常运输条件下始终是紧固和不漏的。所有活动盖都应使用垫圈或其他密封件
钢罐	3A1 3A2	非活动盖 活动盖	a) 罐身和罐盖应用钢板和至少 99%（质量分数）纯的铝或铝合金制造。应根据罐的容量和用途，使用适当型号和足够厚度的材料。 b) 钢罐的凸边应用机械方法接合或焊接。用于容装 40 L 以上液体的钢罐罐身接缝应焊接。用于容装小于或等于 40 L 的钢罐罐身接缝应使用机械方法接合或焊接。对于铝罐，所有接缝应焊接。凸边如果有接缝的话，应另加一条加强环。 c) 罐（3A1 和 3B1）的开口直径不应超过 7 cm。开口更大的罐将视为活动盖型号（3A2 和 3B2）。封闭装置的设计应做到在正常运输条件下始终是紧固和不漏的。除非封闭装置本身是防漏的，否则应使用密封垫或其他密封件。 d) 如果罐身、盖、封闭装置和连接件等所用的材料本身与装运的物质是不相容的，应施加适当的内保护涂层或处理。在正常运输条件下，这些涂层或处理层应始终保持其保护性能
铝罐	3B1 3B2	非活动盖 活动盖	
胶合板桶	1D		a) 所用木料应彻底风干，达到商业要求的干燥程度，且没有任何有损于桶的使用效能的缺陷。若用胶合板以外的材料制造桶盖，其质量与胶合板应是相等同的。 b) 桶身至少应用两层胶合板，桶盖至少应用三层胶合板制成。各层胶合板，应按交叉纹理用抗水黏合剂牢固地粘在一起。 c) 桶身、桶盖及其连接部位应根据桶的容量和用途设计。 d) 为防止所装物质筛漏，应使用牛皮纸或其他具有同等效能的材料作桶盖衬里。衬里应紧扣在桶盖上并延伸到整个桶盖周围外
纤维纸桶	1G		a) 桶身应由多层厚纸或纤维板（无绉折）牢固地胶合或层压在一起，可以有一层或多层由沥青、涂蜡牛皮纸、金属薄片、塑料等构成的保护层。 b) 桶盖应由天然木、纤维板、金属、胶合板、塑料或其他适宜材料制成，可包括一层或多层由沥青、涂蜡牛皮纸、金属薄片、塑料等构成的保护层。 c) 桶身、桶盖及其连接处的设计应与桶的容量和用途相适应。 d) 装配好的容器应有足够的防水性，在正常运输条件下不应出现剥层现象

表 B.1(续)

种类	代码	类别	要　求
塑料桶和罐	1H1 1H2 3H1 3H2	桶,非活动盖 桶,活动盖 罐,非活动盖 罐,活动盖	a) 容器应使用适宜的塑料制造,其强度应与容器的容量和用途相适应。容器应对老化和由于所装物质或紫外线辐射引起的质量降低具有足够的抗力。 b) 如果需要防紫外线辐射,应在材料内加入碳黑或其他合适的色素或抑制剂。这些添加剂应是与内装物相容的,并应在容器的整个使用期间保持其效能。当使用的碳黑、色素或抑制剂与制造试验过的设计型号所用的不同时,如碳黑的质量分数不超过 2%,或色素的质量分数不超过 3%,则可不再进行试验;紫外线辐射抑制剂的含量不限。 c) 除了防紫外线辐射的添加剂之外,可以在塑料成分中加入其他添加剂,如果这些添加剂对容器材料的化学和物理性质并无不良作用。在这种情况下,可免除再试验。 d) 容器各点的壁厚,应与其容量、用途以及各个点可能承受的压力相适应。 e) 对非活动盖的桶(1H1)和罐(3H1)而言,桶身(罐身)和桶盖(罐盖)上用于装入、倒空和通风的开口直径不应超过 7 cm。开口更大的桶和罐将视为活动盖型号的桶和罐(1H2 和 3H2),桶(罐)身或桶(罐)盖上开口的封闭装置的设计和安装应做到在正常运输条件下始终是紧固和不漏的。除非封闭装置本身是防漏的,否则应使用垫圈或其他密封件。 f) 设计和安装活动盖桶和罐的封闭装置,应做到在正常运输条件下该装置始终是紧固和不漏的。所有活动盖都应使用垫圈,除非桶或罐的设计是在活动盖夹得很紧时,桶或罐本身是防漏的
天然木箱	4C1 4C2	普通 箱壁防筛漏	a) 所用木材应彻底风干,达到商业要求的干燥程度,并且没有会实质上降低箱子任何部位强度的缺陷。所用材料的强度和制造方法,应与箱子的容量和用途相适应。顶部和底部可用防水的再生木,如高压板、刨花板或其他合适材料制成。 b) 紧固件应耐得住正常运输条件下经受的振动。可能时应避免用横切面固定法。可能受力很大的接缝应用抱钉或环状钉或类似紧固件接合。 c) 箱(4C2):箱的每一部分应是一块板,或与一块板等效。用下面方法中的一个接合起来的板可视与一块板等效:林德曼(Linderman)连接、舌槽接合、搭接或槽舌接合、或者在每一个接合处至少用两个波纹金属扣件的对头连接
胶合板箱	4D		所用的胶合板至少应为三层。胶合板应由彻底风干的旋制、切成或锯制的层板制成,符合商业要求的干燥程度,没有会实质上降低箱子强度的缺陷。所用材料的强度和制造方法应与箱子的容量和用途相适应。所有邻接各层,应用防水黏合剂胶合。其他适宜材料也可与胶合板一起用于制造箱子。应由角柱或端部钉牢或固定住箱子,或用同样适宜的紧固装置装配箱子
再生木箱	4F		a) 箱壁应由防水的再生木,例如高压板、刨花板或其他适宜材料制成。所用材料的强度和制造方法应与箱子的容量和用途相适应。 b) 箱子的其他部位可用其他适宜材料制成。 c) 箱子应使用适当装置牢固地装配

表 B.1（续）

种类	代码	类别	要　求
纤维板箱	4G		a) 应使用与箱子的容量和用途相适应、坚固优质的实心或双面波纹纤维板(单层或多层)。外表面的抗水性应是：当使用科布(Cobb)法确定吸水性时，在 30 min 的试验期内，质量增加值不大于 155 g/m^2。纤维板应有适当的弯曲强度。纤维板应在切割、压折时无裂缝，并应开槽以便装配时不会裂开、表面破裂或者不应有的弯曲。波纹纤维板的槽部，应牢固地胶合在面板上。 b) 箱子的端部可以有一个木制框架，或全部是木材或其他适宜材料。可以用木板条或其他适宜材料加强。 c) 箱体上的接合处，应用胶带粘贴、搭接并胶住，或搭接并用金属卡钉钉牢。搭接处应有适当长度的重叠。 d) 用胶合或胶带粘贴方式进行封闭时，应使用防水胶合剂。 e) 箱子的设计应与所装物品十分相配
塑料箱	4H1 4H2	泡沫塑料箱 硬塑料箱	a) 应根据箱的容量和用途，用足够强度的适宜塑料制造箱子。箱子应对老化和由于所装物质或紫外线辐射引起的质量降低具有足够的抗力。 b) 泡沫塑料箱应包括由模制泡沫塑料制成的两个部分，一为箱底部分，有供放置内容器的模槽；另一为箱顶部分，它将盖在箱底上，并能彼此扣住。箱底和箱顶的设计应使内容器能刚刚好放入。内容器的封闭帽不得与箱顶的内面接触。 c) 发货时，泡沫塑料箱应用具有足够抗拉强度的自粘胶带封闭，以防箱子打开。这种自粘胶带应能耐受风吹雨淋日晒，其黏合剂与箱子的泡沫塑料是相容的。可以使用至少同样有效的其他封闭装置。 d) 硬塑料箱如果需要防护紫外线辐射，应在材料内添加碳黑或其他合适的色素或抑制剂。这些添加剂应是与内装物相容的，并在箱子的整个使用期限内保持效力。当使用的碳黑、色素或抑制剂与制造试验过的设计型号所使用的不同时，如碳黑的质量分数不超过 2%，或色素的质量分数不超过 3%，则可不再进行试验；紫外线辐射抑制剂的含量不限。 e) 防紫外线辐射以外的其他添加剂，如果对箱子材料的物理或化学性质不会产生有害影响，可加入塑料成分中。在这种情况下，可免予再试验。 f) 硬塑料箱的封闭装置应由具有足够强度的适当材料制成，其设计应使箱子不会意外打开
钢或铝箱	4A 4B	钢箱 铝箱	a) 金属的强度和箱子的构造，应与箱子的容量和用途相适应。 b) 箱子应视需要用纤维板或毡片作内衬，或有合适材料作的内衬或涂层。如果采用双层压折接合的金属衬，应采取措施防止内装物，特别是爆炸物，进入接缝的凹槽处。 c) 封闭装置可以是任何合适类型，在正常运输条件下应始终是紧固的

表 B.1(续)

<table>
<tr><th>种类</th><th>代码</th><th>类别</th><th>要　求</th></tr>
<tr><td>纺织品袋</td><td>5L1
5L2
5L3</td><td>无内衬或涂层
防筛漏
防水</td><td>a) 所用纺织品应是优质的。纺织品的强度和袋子的构造应与袋的容量和用途相适应。
b) 防筛漏袋(5L2):袋应能防止筛漏,例如,可采用下列方法:
1) 用抗水黏合剂,如沥青、将纸粘贴在袋的内表面上;
2) 袋的内表面粘贴塑料薄膜;
3) 纸或塑料做的一层或多层衬里。
c) 防水袋(5L3):袋应具有防水性能以防止潮气进入,例如,可采用下列方法:
1) 用防水纸(如涂蜡牛皮纸、柏油纸或塑料涂层牛皮纸)做的分开的内衬里;
2) 袋的内表面粘贴塑料薄膜;
3) 塑料做的一层或多层内衬里</td></tr>
<tr><td>编织塑料袋</td><td>5H1
5H2
5H3</td><td>无内衬或涂层
防筛漏
防水</td><td>a) 袋应使用适宜的弹性塑料袋或塑料单丝编织而成。材料的强度和袋的构造应与袋的容量和用途相适应。
b) 如果织品是平织的,袋应用缝合或其他方法把袋底和一边缝合。如果是筒状织品,则袋应用缝合、编织或其他能达到同样强度的方法来闭合。
c) 防筛漏袋(5H2):袋应能防筛漏,例如,可采用下列方法:
1) 袋的内表面粘贴纸或塑料薄膜;
2) 用纸或塑料做的一层或多层分开的衬里。
d) 防水袋(5H3):袋应具有防水性能以防止潮气进入,例如,可采用下述方法:
1) 用防水纸(例如:涂蜡牛皮纸,双面柏油牛皮纸或塑料涂层牛皮纸)做的分开的内衬里;
2) 塑料薄膜粘贴在袋的内表面或外表面;
3) 一层或多层塑料内衬</td></tr>
<tr><td>塑料膜袋</td><td>5H4</td><td></td><td>袋应用适宜塑料制成。材料的强度和袋的构造应与袋的容量和用途相适应。接缝和闭合处应能承受在正常运输条件下可能产生的压力和冲击</td></tr>
<tr><td>纸袋</td><td>5M1
5M2</td><td>多层
多层,防水</td><td>a) 袋应使用合适的牛皮纸或性能相同的纸制造,至少有三层,中间一层可以是用黏合剂贴在外层的网状布。纸的强度和袋的构造应与袋的容量和用途相适应。接缝和闭合处应防筛漏。
b) 袋(5M2):为防止进入潮气,应用下述方法使四层或四层以上的纸袋具有防水性:最外面两层中的一层作为防水层,或在最外面二层中间夹入一层用适当的保护性材料做的防水层。防水的三层纸袋,最外面一层应是防水层。当所装物质可能与潮气发生反应,或者是在潮湿条件下包装的,与内装物接触的一层应是防水层或隔水层,例如:双面柏油牛皮纸、塑料涂层牛皮纸、袋的内表面粘贴塑料薄膜、或一层或多层塑料内衬里。接缝和闭合处应是防水的</td></tr>
</table>

ICS 13.300
A 80

GB

中华人民共和国国家标准

GB 28644.3—2012

有机过氧化物分类及品名表

Classification and list of organic peroxides

2012-07-31 发布　　2012-12-01 实施

中华人民共和国国家质量监督检验检疫总局
中国国家标准化管理委员会　发布

前　言

本标准的第5章、第6章、第7章、第8章、第9章和第10章为强制性的，其余为推荐性的。

本标准按照GB/T 1.1—2009给出的规则起草。

本标准与联合国《关于危险货物运输的建议书　规章范本》(第十六修订版)第2部分和第7部分有关技术内容一致。

本标准由中华人民共和国交通运输部提出。

本标准由全国危险化学品管理标准化技术委员会(SAC/TC 251)归口。

本标准起草单位：上海市交通运输和港口管理局、交通运输部科学研究院、交通运输部水运科学研究院、上海化工研究院、阿克苏诺贝尔管理(上海)有限公司、国际化学品制造商协会、中国化工经济技术发展中心。

本标准主要起草人：范贵根、陈正才、张延衡、范宾、彭建华、陈荣昌、李兴珍。

有机过氧化物分类及品名表

1 范围

本标准规定了有机过氧化物的性质、分类、温度控制要求、减敏、储存、运输的安全技术要求，列明了有机过氧化物具体品名。

本标准适用于有机过氧化物的运输以及运输中转过程中的储存作业。

2 规范性引用文件

下列文件对于本文件的应用是必不可少的。凡是注日期的引用文件，仅注日期的版本适用于本文件。凡是不注日期的引用文件，其最新版本(包括所有的修改单)适用于本文件。

GB 190 危险货物包装标志

GB 6944 危险货物分类和品名编号

GB 12268 危险货物品名表

GB 21178 自反应物质和有机过氧化物分类程序

JT 397 危险货物集装箱港口作业安全规程

ISO 3679 闪点测定 闭杯快速平衡法

联合国《关于危险货物运输的建议书 规章范本》(第十六修订版)

联合国《关于危险货物运输的建议书 试验和标准手册》(第五修订版)

3 术语和定义

联合国《关于危险货物运输的建议书 规章范本》(第十六修订版)(以下简称《规章范本》)界定的以及下列术语和定义适用于本文件。

3.1

有机过氧化物 organic peroxides

含有两价-O-O-结构的有机物质，可看作是过氧化氢的衍生物，即其中一个或两个氢原子被有机原子团所取代。

3.2

自加速分解温度 self-accelerating decomposition temperature (SADT)

物质在运输所用的容器里可能发生自加速分解的最低温度。

4 性质

4.1 有机过氧化物在正常温度或高温下容易放热分解。分解可因受热、与杂质(如酸、重金属化合物、胺)接触、摩擦或碰撞而引起。分解速度随着温度增加，并随有机过氧化物配制品而不同。分解可能产生有害或易燃气体或蒸气。某些有机过氧化物在运输时应控制温度。有些有机过氧化物可能发生爆炸性分解，特别是在封闭条件下。这一特性可通过添加稀释剂或使用适当的容器加以改变。许多有机过氧化物燃烧猛烈。

4.2 有些有机过氧化物，即使短暂地接触，也会对角膜造成严重的伤害，或者对皮肤具有腐蚀性。

5 分类

有机过氧化物分类见 GB 6944。

5.1 分类程序

有机过氧化物的分类程序见 GB 21178。

5.2 未列入品名表的有机过氧化物分类

未列入有机过氧化物品名表(见附录 A)及《规章范本》中使用中型散装容器的包装规范 IBC520(见《规章范本》)或便携式罐体规范 T23(见《规章范本》)中的有机过氧化物(见附录 B)的分类和划定类属条目，应由原产地国主管当局根据具有相应资质的检测机构试验报告确定有关的运输条件。

5.3 样品

有机过氧化物的新产品或未列入品名表(见附录 A)的有机过氧化物新配制品的样品，如果没有完整的试验数据，而且为了进一步试验或评估而需要运输，可划入 C 型有机过氧化物的一个适当条目，但应满足下列条件：

a) 已有的数据表明样品不会比 B 型有机过氧化物更危险；
b) 样品包装方法参见《规章范本》，每个运输装置所载数量限于 10 kg；
c) 已有的数据表明，防止控制温度(如果有的话)过高而引起任何危险的分解，过低而引起任何危险的相分离。

5.4 有机过氧化物类型与联合国编号对照表

5.4.1 有机过氧化物类型与 GB 12268 中相对应的联合国编号见表 1。

表 1 联合国编号、有机过氧化物类型对照表

联合国编号 (UN 编号)	名称和说明
3101	液态 B 型有机过氧化物
3102	固态 B 型有机过氧化物
3103	液态 C 型有机过氧化物
3104	固态 C 型有机过氧化物
3105	液态 D 型有机过氧化物
3106	固态 D 型有机过氧化物
3107	液态 E 型有机过氧化物
3108	固态 E 型有机过氧化物
3109	液态 F 型有机过氧化物
3111	液态 B 型有机过氧化物，控制温度的

表 1(续)

联合国编号(UN 编号)	名称和说明
3112	固态 B 型有机过氧化物,控制温度的
3113	液态 C 型有机过氧化物,控制温度的
3114	固态 C 型有机过氧化物,控制温度的
3115	液态 D 型有机过氧化物,控制温度的
3116	固态 D 型有机过氧化物,控制温度的
3117	液态 E 型有机过氧化物,控制温度的
3118	固态 E 型有机过氧化物,控制温度的
3119	液态 F 型有机过氧化物,控制温度的
3120	固态 F 型有机过氧化物,控制温度的

5.4.2 允许用容器运输的有机过氧化物,列入有机过氧化物品名表(见附录 A),允许用中型散货箱、便携式罐体运输的有机过氧化物(见附录 B)。有机过氧化物品名表(见附录 A)对列出的每一种允许运输的物质,都划定了类属条目(联合国编号 3101~3120),并提供了相应的次要危险性和有关运输信息的备注。

5.5 有机过氧化物混合物

有机过氧化物品名表(见附录 A)中所列配制品的混合物可以划入与其最危险的成分相同的有机过氧化物类型并按为这一类型有机过氧化物规定的运输条件运输。不过,由于两种稳定的成分可能形成比较不热稳定的混合物,混合物的自加速分解温度应予以确定,并且如有必要,按照本标准要求施加温度控制。

6 温度控制要求

6.1 温度控制条件

下列有机过氧化物在运输过程中应控制温度:

a) SADT≤50 ℃的 B 型和 C 型有机过氧化物;

b) 在封闭条件下加热时显示中等效应通过联合国《关于危险货物运输的建议书 试验和标准手册》(第五修订版)(以下简称《试验和标准手册》)第二部分所载的试验系列 E 确定,并且 SADT≤50 ℃或在封闭条件下加热时显微弱或无效应并且 SADT≤45 ℃的 D 型有机过氧化物;

c) SADT≤45 ℃的 E 型和 F 型有机过氧化物。

6.2 控制温度和危急温度

控制温度是物质能够安全运输的最高温度。假设在运输过程中包件周围的温度不超过 55 ℃,而且在每 24 h 内只有相当短的时间达到这个温度。如温度失去控制,便有必要采取紧急措施。危急温度是指应采取紧急措施时的温度。贮器类型与温度对照见表 2。

表 2 贮器类型、温度对照表

贮器类型	自加速分散温度(SADT)[a]	控制温度	危急温度
单容器和中型散货箱	SADT≤20 ℃ 20 ℃<SADT≤35 ℃ SADT>35 ℃	比 SADT 低 20 ℃ 比 SADT 低 15 ℃ 比 SADT 低 10 ℃	比 SADT 低 10 ℃ 比 SADT 低 10 ℃ 比 SADT 低 5 ℃
便携式罐体	SADT<50 ℃	比 SADT 低 10 ℃	比 SADT 低 5 ℃
[a] 即包装好供运输的自加速分解温度。			

6.3 试验方法

6.3.1 确定自加速分解温度的试验方法见《试验和标准手册》第二部分第 28 节。选择的试验应能代表待运包件实际状态。

6.3.2 确定易燃性的试验方法见《试验和标准手册》第三部分第 32.4 节。由于有机过氧化物加热时可能发生激烈反应,应在测定其闪点时使用少量的试样,如 ISO 3679 闭杯平衡法中所述。

7 减敏

7.1 为了确保运输时的安全,有机过氧化物在许多情况下是经过添加某些有机液体或固体、无机固体或水减敏。除非对个别有机过氧化物配制品另有说明,下列液体适用于减敏用的稀释剂:

a) A 型稀释剂是与有机过氧化物相容、沸点不低于 150 ℃的有机液体。A 型稀释剂可用来对所有有机过氧化物进行减敏。

b) B 型稀释剂是与有机过氧化物相容、沸点低于 150 ℃但不低于 60 ℃、闪点不低于 5 ℃的有机液体。B 型稀释剂可用来对所有有机过氧化物进行减敏,但沸点应比 50 kg 包件的自加速分解温度高 60 ℃。

c) A 型稀释剂总可替代 B 型稀释剂。B 型稀释剂的沸点应至少比有机过氧化物的自加速分解温度高出 60 ℃。

7.2 A 型或 B 型以外的稀释剂,可添加于有机过氧化物品名表(见附录 A)中所列的有机过氧化物配制品,但它们应是相容的。但是,如果 A 型或 B 型稀释剂的全部或部分用另一种不同性质的稀释剂取代,有机过氧化物配制品需要根据 5.1 的分类程序重新评估。

7.3 水只可以用来对有机过氧化物品名表(见附录 A)中或 5.2 规定的试验报告中注明为含水或在水中稳定弥散的有机过氧化物进行减敏。

7.4 有机或无机固体可用来对有机过氧化物进行减敏,但它们应是相容的。

7.5 相容的液体或固体应该是对有机过氧化物配制品的热稳定性和危险性类别无任何不利影响的物质。

8 储存要求

有机过氧化物的储存应满足以下要求:

a) 有机过氧化物运输、装卸、中转过程中的储存不得超过 72 h。

b) 有机过氧化物应储存在特定区域内,并避免阳光直射,离开一切热源,并置于通风良好的地方。

c) 有机过氧化物储存点与其他货物的隔离要求见 JT 397。

d) 温控设施的温度应设定成等于或低于有机过氧化物的最低控制温度。同时,温度设定要注意避免有机过氧化物的冷冻或相态分离。经温度控制(冷却)的有机过氧化化物移出温控设施不得超过 30 m。用于储存的温控设施应配有温度显示装置,并在条件许可下配置温度报警装置。温度控制的有机过氧化物应满足 9.2.2 和 9.2.3 的要求。

e) 有机过氧化物应保持原包装完好,不得拆开包装。

f) 为防止有机过氧化物受到污染而降低其自身稳定性,在有机过氧化物存储设施中,不得进行任何化学品相关的操作。

g) 储存设施附近应配置消防设施、设备。储存与作业区域不得产生火星、火花,防止静电积聚。装卸区域应配置足够的吸收物以防可能发生的泄漏。

9 运输

9.1 相关规定

保持所规定的温度是许多有机过氧化物安全运输的必要特征。有机过氧化物运输应符合有关规定。

9.2 运输过程中的温度控制

9.2.1 必要程序

a) 在装货前对运输装置进行彻底的检查;

b) 向承运人提供冷却系统的操作说明;

c) 应急措施完善;

d) 定时监测操作温度;

e) 后备冷却系统或备件状态良好。

9.2.2 温控装置

冷却系统的任何控制装置和温度传感装置应便于接近,所有电接头应能防风雨侵蚀。运输装置内空气的温度应由两个独立的传感器测量,测量结果应记录以便能够很容易地发现温度的变化。应每隔 4 h～6 h 检查并记录一次温度。当运输控制温度低于 25 ℃的物质时,运输装置应装有温度报警器,其动力与冷却系统的动力分开,确保在温度等于或低于控制温度时起作用。

在运输期间如果温度超过控制温度,应采取相应措施,其中包括对冷却设备进行必要的修理,或增加冷却能力(如添加液态或固态制冷剂),还应经常检查温度,并准备采取紧急措施。如果达到危急温度,应采取紧急措施。

9.2.3 控制方式选择

某一温度控制手段是否适合在运输中采用取决于若干因素。应考虑的因素包括:

a) 待运物质的控制温度;

b) 控制温度与预期环境温度条件的差异;

c) 热绝缘的有效性;

d) 运输的时间;

e) 预留的安全延时。

9.2.4 温度控制方法

为增加温度控制能力应采取的防止超过控制温度的方法：

a) 热绝缘；但有机过氧化物的初始温度须足够地低于控制温度；

b) 带有冷却剂系统的热绝缘：
   1) 备有充足的冷却剂(例如，液态氮或固态二氧化碳)；
   2) 液态氧或空气不用作冷却剂；
   3) 当大部分冷却剂用掉时，冷却效果依然均匀；
   4) 运输装置清楚地标明警告："未通风不得入内"；

c) 单一的机械式制冷：对于闪点低于危急温度 5 ℃以上的有机过氧化物，冷却厢中所用的电气配件是防爆炸的，以防点燃有机过氧化物产生的易燃蒸气；

d) 机械制冷系统与冷却剂系统结合使用：
   1) 两个系统各自独立；
   2) 符合 b)和 c)中的规定；

e) 二元机械制冷系统：
   1) 除合用动力供应装置外，两个系统是各自独立的；
   2) 每个系统有能力单独地维持足够的温度控制；
   3) 对于闪点低于危急温度 5 ℃以上的有机过氧化物，冷却厢内所用的电气配件是防爆的，以防点燃有机过氧化物产生的易燃蒸气。

注：由于不同的运输方式要考虑的情况不同，所以只提供一般性准则。

10 标签标记

10.1 标签式样

有机过氧化物应采用 GB 190 规定的第 5.2 项标签，标签式样见图 1：

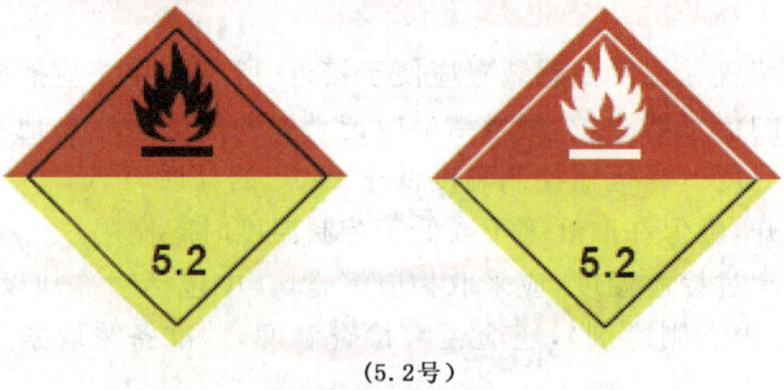

(5.2号)

5.2项

有机过氧化物

符号（火焰）：黑色或白色

底色：上半部红色；下半部黄色

数字"5.2"写在底角

图 1 有机过氧化物标签式样

10.2 标签、标记的特殊规定

10.2.1 装有 B 型、C 型、D 型、E 型或 F 型有机过氧化物的包件应标贴 GB 190 中第 5.2 项标签，无需再标贴“易燃液体”次要危险性标签。

10.2.2 B型有机过氧化物应粘贴“爆炸品”副标签，除非试验数据已证明此种有机过氧化物在容器中不存在爆炸性特性，并经主管当局批准，可免贴此种标签。

10.2.3 符合第8类物质Ⅰ类或Ⅱ类包装标准时，需要标贴“腐蚀性”副标签。

10.2.4 除另有规定外，有机过氧化物的正式运输名称及其联合国编号，应显示在每个包件所有包件标记应清晰可见，能够经受日晒雨淋，并标注在包件外表面的反衬底色上。

10.2.5 容量超过450 L的中型散货箱和大型容器，应在相对的两面作标记。

附　录　A
（规范性附录）
有机过氧化物品名表

A.1　有机过氧化物品名表结构

有机过氧化物品名表分为10栏：

第1栏："联合国编号(UN编号)"或"有机过氧化物品名"；

"联合国编号(UN编号)"——采用联合国编号；

"有机过氧化物品名"——危险货物的中文正式名称；

第2栏："联合国编号(UN编号)"或"有机过氧化物品名"；

第3栏："含量/%"——用混合物总质量计算的质量分数；

第4栏："A型稀释剂/%"——与有机过氧化物相容的有机液体，其沸点不低于150 ℃，该稀释剂可对所有的有机过氧化物退敏；

第5栏："B型稀释剂/%"——与有机过氧化物相容、沸点低于150 ℃但不低于60 ℃、闪点不低于5 ℃的有机液体。B型稀释剂可用来对所有有机过氧化物进行退敏，但沸点应至少比50 kg包件的自加速分解温度高60 ℃；

第6栏："惰性固体/%"——与有机过氧化物相容的固体，作为稀释剂；

第7栏："水/%"——与有机过氧化物相容，作为稀释剂；

第8栏："包装方法"——《规章范本》包装规范所列包装方法；

第9栏："控制温度/℃"——有机过氧化物需控制在低于该温度的温度范围内；

第10栏："危急温度/℃"——有机过氧化物高于该温度时将具有危险性。

注：第3栏、第4栏、第5栏、第6栏、第7栏中的数值均为质量分数。

A.2 有机过氧化物品名表(按编号排序)

表 A.1 列出了按联合国编号排序的有机过氧化物的品名、控制温度、危急温度等性质。

表 A.1 有机过氧化物品名表(按编号排序)

联合国编号(UN 编号)	有机过氧化物品名	含量/%	A 型稀释剂/%	B 型稀释剂/%	惰性固体/%	水/%	包装方法	控制温度/℃	危急温度/℃
3101	过乙酸叔丁酯[b]	>52～77	≥23				OP5		
3101	1,1-二-(叔丁基过氧)环己烷[b]	>80～100					OP5		
3101	1,1-二-(叔丁基过氧)-3,3,5-三甲基环己烷[b]	>90～100					OP5		
3101	2,5-二甲基-2,5-二(叔丁基过氧)3-己炔[b]	>86～100					OP5		
3101	过氧化甲基乙基酮[b,g,k]		≥48				OP5		
3102	单过氧马来酸叔丁酯[b]	>52～100					OP5		
3102	3-氯苯过氧甲酸[b]	>57～86			≥14		OP1		
3102	过氧化二苯甲酰[b]	>51～100			≤48		OP2		
3102	过氧化二苯甲酰[b]	>77～94				≥6	OP4		
3102	过氧化二-4-氯苯甲酰[b]	≤77				≥23	OP5		
3102	过氧化二-2,4-二氯苯甲酰[b]	≤77				≥23	OP5		
3102	2,2-二氢过氧丙烷[b]	≤27			≥73		OP5		
3102	2,5-二甲基-2,5-双(苯甲酰过氧)己烷[b]	>82～100					OP5		
3102	二-(2-苯氧乙基)过氧重碳酸酯[b]	>85～100					OP5		
3102	过氧化二琥珀酸[b,l]	>72～100					OP4		
3103	叔戊基过氧苯甲酸酯	≤100					OP5		
3103	过氧化叔戊基碳酸异丙酯	≤77	≥23				OP5		
3103	4,4-二叔丁过氧基戊酸正丁酯	>52～100					OP5		

表 A.1(续)

联合国编号(UN 编号)	有机过氧化物品名	含量/%	A 型稀释剂/%	B 型稀释剂/%	惰性固体/%	水/%	包装方法	控制温度/℃	危急温度/℃
3103	叔丁基过氧化氢[k]	>79～90				≥10	OP5		
3103	叔丁基过氧化氢+ 二叔丁基过氧化物[k]	<82+>9				≥7	OP5		
3103	单过氧马来酸叔丁酯	≤52	≥48				OP6		
3103	过乙酸叔丁酯	>32～52	≥48				OP6		
3103	过氧苯甲酸叔丁酯	>77～100					OP5		
3103	过氧异丙基碳酸叔丁酯	≤77	≥23				OP5		
3103	叔丁基过氧-2-甲基苯甲酸酯	≤100					OP5		
3103	1,1-二叔戊过氧基环己烷	≤82	≥18				OP6		
3103	2,2-二-(叔丁基过氧)丁烷	≤52	≥48				OP6		
3103	1,6-二-(过氧化叔丁基-羰基氧)己烷	≤72	≥28				OP5		
3103	1,1-二-(叔丁基过氧)环己烷[w]	≤72		≥28			OP5		
3103	1,1-二-(叔丁基过氧)环己烷	>52～80	≥20				OP5		
3103	1,1-二-(叔丁基过氧)-3,3,5-三甲基环己烷[w]	≤90		≥10			OP5		
3103	1,1-二-(叔丁基过氧)-3,3,5-三甲基环己烷	>57～90	≥10				OP5		
3103	1,1-二-(叔丁基过氧)-3,3,5-三甲基环己烷	≤77		≥23			OP5		
3103	2,5-二甲基-2,5-二(叔丁基过氧)己烷	>90～100					OP5		
3103	2,5-二甲基-2,5-二(叔丁基过氧)3-己炔[t]	>52～86	≥14				OP5		
3103	3,3-二-(叔丁基过氧)丁酸乙酯	>77～100					OP5		
3103	液态有机过氧化物,样品						OP2		
3104	过氧化环己酮[k]	≤91				≥9	OP6		

表 A.1（续）

联合国编号（UN 编号）	有机过氧化物品名	含量/%	A 型稀释剂/%	B 型稀释剂/%	惰性固体/%	水/%	包装方法	控制温度/℃	危急温度/℃
3104	过氧化二苯甲酰	≤77				≥23	OP6		
3104	2,5-二甲基-2,5-双(苯甲酰过氧)己烷	≤82				≥18	OP5		
3104	2,5-二甲基-2,5-二氢过氧化己烷	≤82				≥18	OP6		
3104	固态有机过氧化物,样品						OP2		
3105	过氧化乙酰丙酮[a]	≤42	≥48			≥8	OP7		
3105	过乙酸叔戊酯	≤62	≥38				OP7		
3105	碳酸过氧-2-乙基己基叔戊酯	≤100					OP7		
3105	叔戊基过氧-3,5,5-三甲基己酸酯	≤100					OP7		
3105	叔丁基过氧化氢[c,k]	≤80	≥20				OP7		
3105	过氧苯甲酸叔丁酯	>52~77	≥23				OP7		
3105	叔丁基过氧丁基延胡索酸酯	≤52	≥48				OP7		
3105	过氧丁烯酸叔丁酯	≤77	≥23				OP7		
3105	叔丁基过氧-2-乙基己碳酸酯	≤100					OP7		
3105	1-(2-叔丁基过氧异丙基)-3-异丙烯基苯	≤77	≥23				OP7		
3105	过氧-3,5,5-三甲基己酸叔丁酯	>32~100					OP7		
3105	过氧化环己酮[d]	≤72	≥28				OP7		
3105	2,2-二-(叔戊基过氧)丁烷	≤57	≥43				OP7		
3105	二叔丁基过氧壬二酸酯	≤52	≥48				OP7		
3105	1,1-二-(叔丁基过氧)环己烷	>42~52	≥48				OP7		
3105	1,1-二-(叔丁基过氧)环己烷+1,1-二-(叔丁基过氧)-2-乙基己酸酯	≤43+≤16	≥41				OP7		

表 A.1（续）

联合国编号（UN 编号）	有机过氧化物品名	含量/%	A 型稀释剂/%	B 型稀释剂/%	惰性固体/%	水/%	包装方法	控制温度/℃	危急温度/℃
3105	二-(叔丁基过氧)邻苯二甲酸酯	＞42～52	≥48				OP7		
3105	2,2-二-(叔丁基过氧)丙烷	≤52	≥48				OP7		
3105	2,5-二甲基-2,5-二(叔丁基过氧)己烷	＞52～90	≥10				OP7		
3105	2,5-二甲基-2,5-二-(3,5,5-三甲基己酰过氧)己烷	≤77	≥23				OP7		
3105	3,3-二-(叔戊基过氧)丁酸乙酯	≤67	≥33				OP7		
3105	3,3-二-(叔丁基过氧)丁酸乙酯	≤77	≥23				OP7		
3105	对孟基化过氧氢[k]	＞72～100					OP7		
3105	过氧化甲基乙基酮[h]		≥55				OP7		
3105	过氧化甲基异丁基酮[p]	≤62	≥19				OP7		
3105	D 型过乙酸，稳定的[k]	≤43					OP7		
3105	蒎烷基过氧氢(氢过氧化蒎烷)[k]	＞56～100					OP7		
3105	1,1,3,3-四甲基丁基氢过氧化物	≤100					OP7		
3105	3,6,9-三乙基-3,6,9-三甲基-1,4,7-三过氧壬烷[v]	≤42	≥58				OP7		
3106	过氧化乙酰丙酮[n]	≤32 糊状					OP7		
3106	过氧苯甲酸叔丁酯	≤52			≥48		OP7		
3106	叔丁基过氧-2-乙基己酸酯＋2,2-二-叔丁基过氧)丁烷	≤12＋≤14	≥14		≥60		OP7		
3106	叔丁基过氧硬酯酰碳酸酯	≤100					OP7		
3106	过氧-3,5,5-三甲基己酸叔丁酯	≤42			≥58		OP7		
3106	3-氯苯过氧甲酸	≤57			≤3	≥40	OP7		

表 A.1（续）

联合国编号（UN 编号）	有机过氧化物品名	含量/%	A 型稀释剂/%	B 型稀释剂/%	惰性固体/%	水/%	包装方法	控制温度/℃	危急温度/℃
3106	3-氯苯过氧甲酸	≤77			≥6	≥17	OP7		
3106	过氧化环己酮[d,n]	≤72 糊状					OP7		
3106	过氧化二苯甲酰	≤62			≥28	≥10	OP7		
3106	过氧化二苯甲酰[n]	>52～62 糊状					OP7		
3106	过氧化二苯甲酰	>35～52			≥48		OP7		
3106	1,1-二-(叔丁基过氧)环己烷	≤42	≥13		≥45		OP7		
3106	二-(叔丁基过氧)异丙基苯	>42～100			≤57		OP7		
3106	二-(叔丁基过氧)邻苯二甲酸酯[n]	≤52 糊状					OP7		
3106	2,2-二-(叔丁基过氧)丙烷	≤42	≥13		≥45		OP7		
3106	过氧化二-4-氯苯甲酰[n]	≤52 糊状					OP7		
3106	2,2-二-(4,4 二(叔丁基过氧环己基)丙烷	≤42			≥58		OP7		
3106	过氧化二-2,4-二氯苯甲酰	≤52 含硅油糊状					OP7		
3106	二-(1-羟基环己基)过氧化物	≤100					OP7		
3106	二-异丙苯过氧化二氢[r]	≤82	≥5			≥5	OP7		
3106	过氧化二月桂酰	≤100					OP7		
3106	二-(4-甲基苯甲酰)过氧化物	≤52 含硅油糊状					OP7		
3106	2,5-二甲基-2,5-双(苯甲酰过氧)己烷	≤82			≥18		OP7		
3106	2,5-二甲基-2,5-二(叔丁基过氧)3-己炔	≤52			≥48		OP7		
3106	二-(2-苯氧乙基)过氧重碳酸酯	≤85				≥15	OP7		
3106	3,3-二-(叔丁基过氧)丁酸乙酯	≤52			≥48		OP7		
3107	叔戊基过氧化氢	≤88	≥6			≥6	OP8		

表 A.1（续）

联合国编号（UN 编号）	有机过氧化物品名	含量/%	A 型稀释剂/%	B 型稀释剂/%	惰性固体/%	水/%	包装方法	控制温度/℃	危急温度/℃
3107	叔丁基过氧化异丙基	>42～100					OP8		
3107	叔丁基过氧化氢[k,q]	≤79				>14	OP8		
3107	枯基过氧氢(氢过氧化枯烯)[k]	>90～98	≤10				OP8		
3107	二-叔戊基过氧化物	≤100					OP8		
3107	过氧化二苯甲酰	>36～42	≥18			≤40	OP8		
3107	二叔丁基过氧化物	>52～100					OP8		
3107	1,1-二-(叔丁基过氧)环己烷[o]	≤27	≥25				OP8		
3107	二-(叔丁基过氧)邻苯二甲酸酯	≤42	≥58				OP8		
3107	1,1-二-(叔丁基过氧)-3,3,5-三甲基环己烷	≤57	≥43				OP8		
3107	1,1-二-(叔丁基过氧)-3,3,5-三甲基环己烷	≤32	≥26	≥42			OP8		
3107	2,2-二-(4,4 二(叔丁基过氧环己基)丙烷	≤22		≥78			OP8		
3107	过氧化甲基乙基酮[i]		≥60				OP8		
3107	3,3,5,7,7-五甲基-1,2,4- 三氧杂环庚烷	≤100					OP8		
3107	E 型过乙酸,稳定的[k]	≤43					OP8		
3107	聚醚聚过氧叔丁基碳酸酯	≤52		≥48			OP8		
3108	叔丁基过氧化异丙基	≤52			≥48		OP8		
3108	4,4-二叔丁过氧基戊酸正丁酯	≤52			≥48		OP8		
3108	单过氧马来酸叔丁酯	≤52			≥48		OP8		
3108	单过氧马来酸叔丁酯	≤52 糊状					OP8		
3108	1-(2-叔丁基过氧异丙基)-3-异丙烯基苯	≤42			≥58		OP8		
3108	过氧化二苯甲酰	≤56.5 糊状				≥15	OP8		

表 A.1（续）

联合国编号（UN 编号）	有机过氧化物品名	含量/%	A 型稀释剂/%	B 型稀释剂/%	惰性固体/%	水/%	包装方法	控制温度/℃	危急温度/℃
3108	过氧化二苯甲酰[n]	≤52 糊状					OP8		
3108	2,5-二甲基-2,5-二(叔丁基过氧)己烷	≤77			≥23		OP8		
3108	2,5-二甲基-2,5-二(叔丁基过氧)己烷	≤47 糊状					OP8		
3109	叔丁基过氧化氢[k]	≤72				≥28	OP8		
3109	过乙酸叔丁酯	≤32		≥68			OP8		
3109	过氧-3,5,5-三甲基己酸叔丁酯	≤32		≥68			OP8		
3109	枯基过氧氢(氢过氧化枯烯)[k,m]	≤90	≥10				OP8		
3109	过氧化二苯甲酰	≤42 在水中稳定弥散					OP8		
3109	二叔丁基过氧化物[s]	≤52		≥48			OP8		
3109	1,1-二-(叔丁基过氧)环己烷	≤42	≥58				OP8		
3109	1,1-二-(叔丁基过氧)环己烷	≤13	≥13	≥74			OP8		
3109	过氧化二月桂酰	≤42 在水中稳定弥散					OP8		
3109	2,5-二甲基-2,5-二(叔丁基过氧)己烷	≤52	≥48				OP8		
3109	异丙基异丙苯基氢过氧化物[k]	≤72	≥28				OP8		
3109	对盖基化过氧氢[u]	≤72	≥28				OP8		
3109	过氧化甲基异丙酮[x]		≥70				OP8		
3109	F 型过乙酸,稳定的[k]	≤43					OP8		
3109	蒎烷基过氧氢(氢过氧化蒎烷)	≤56	≥44				OP8		
3110	1,1-二-(叔丁基过氧)-3,3,5-三甲基环己烷	≤57			≥43		OP8		

表 A.1（续）

联合国编号（UN 编号）	有机过氧化物品名	含量/%	A 型稀释剂/%	B 型稀释剂/%	惰性固体/%	水/%	包装方法	控制温度/℃	危急温度/℃
3110	二枯基过氧化物[j]	＞52～100					OP8		
3111	叔丁基过氧异丁酸酯[b]	＞52～77		≥23			OP5	15	20
3111	过氧化二异丁酰[b]	＞32～52		≥48			OP5	−20	−10
3111	过二碳酸异丙基仲丁酯＋过二碳酸二仲丁酯＋过二碳酸二异丙酯[b]	≤52＋≤28＋≤22					OP5	−20	−10
3112	乙酰过氧化磺酰环己烷[b]	≤82				≥12	OP4	−10	0
3112	过氧重碳酸二环己酯[b]	＞91～100					OP3	10	15
3112	过氧重碳酸二异丙酯[b]	＞52～100					OP2	−15	−5
3112	二-(2-甲基苯甲酰)过氧化物[b]	≤87				≥13	OP5	30	35
3113	叔戊基过氧戊酸酯	≤77		≥23			OP5	10	15
3113	叔丁基过氧二乙基乙酸酯	≤100					OP5	20	25
3113	叔丁基过氧-2-乙基己酸酯	＞52～100					OP6	20	25
3113	叔丁基过氧新戊酸酯	＞67～77	≥23				OP5	0	10
3113	过氧重碳酸二仲丁酯	＞52～100					OP4	−20	−10
3113	过二碳酸二-(2-乙基己)酯	＞77～100					OP5	−20	−10
3113	2,5-二甲基-2,5-二(2-乙基己酰过氧)己烷	≤100					OP5	20	25
3113	二正丙基过氧重碳酸酯	≤100					OP3	−25	−15
3113	二正丙基过氧重碳酸酯	≤77		≥23			OP5	−20	−10
3113	液态有机过氧化物，样品，控制温度的						OP2		
3114	二(4-叔丁基环己基)过氧重碳酸酯	≤100					OP6	30	35
3114	过氧重碳酸二环己酯	≤91				≥9	OP5	10	15

表 A.1（续）

联合国编号（UN 编号）	有机过氧化物品名	含量/%	A 型稀释剂/%	B 型稀释剂/%	惰性固体/%	水/%	包装方法	控制温度/℃	危急温度/℃
3114	过氧化二癸酰	≤100					OP6	30	35
3114	过氧化二正辛酰	≤100					OP5	10	15
3114	固态有机过氧化物，样品，控制温度的						OP2		
3115	乙酰过氧化磺酰环己烷	≤32		≥68			OP7	−10	0
3115	叔戊基过氧-2-乙基己酸酯	≤100					OP7	20	25
3115	叔戊基过氧新癸酸酯	≤77		≥23			OP7	0	10
3115	叔丁基过氧-2-乙基己酸酯＋2，2-二-叔丁基过氧）丁烷	≤31＋≤36		≥33			OP7	35	40
3115	叔丁基过氧异丁酸酯	≤52		≥48			OP7	15	20
3115	叔丁基过氧新癸酸酯	＞77～100					OP7	−5	5
3115	叔丁基过氧新癸酸酯	≤77		≥23			OP7	0	10
3115	过氧化新庚酸叔丁酯	≤77	≥23				OP7	0	10
3115	叔丁基过氧新戊酸酯	＞27～67		≥33			OP7	0	10
3115	过氧新癸酸枯酯	≤87	≥13				OP7	−10	0
3115	过氧新癸酸枯酯	≤77		≥23			OP7	−10	0
3115	过新庚酸枯酯	≤77	≥23				OP7	−10	0
3115	过氧新戊酸枯酯	≤77		≥23			OP7	−5	5
3115	过氧化双丙酮醇[e]	≤57		≥26		≥8	OP7	40	45
3115	过氧化二乙酰[f,k]	≤27		≥73			OP7	20	25
3115	二-正丁基过氧重碳酸酯	＞27～52		≥48			OP7	−15	−5
3115	过氧重碳酸二仲丁酯	≤52		≥48			OP7	−15	−5

表 A.1（续）

联合国编号（UN 编号）	有机过氧化物品名	含量/%	A 型稀释剂/%	B 型稀释剂/%	惰性固体/%	水/%	包装方法	控制温度/℃	危急温度/℃
3115	过二碳酸二(2-乙氧乙)酯	≤52		≥48			OP7	−10	0
3115	过二碳酸二-(2-乙基己)酯	≤77		≥23			OP7	−15	−5
3115	过氧化二异丁酰	≤32		≥68			OP7	−20	−10
3115	过氧重碳酸二异丙酯	≤52		≥48			OP7	−20	−10
3115	过氧重碳酸二异丙酯	≤28	≥72				OP7	−15	−5
3115	过二碳酸二(3-甲氧丁)酯	≤52		≥48			OP7	−5	5
3115	过氧化二(3-甲基苯甲酰)＋过氧化(3-甲基苯甲酰苯甲酰)＋过氧化二苯甲酰	≤20＋≤18＋≤4		≥58			OP7	35	40
3115	二-(2-新癸酰过氧异丙基)苯	≤52	≥48				OP7	−10	0
3115	二-(3,5,5-三甲基己酰)过氧化物	＞38～82	≥18				OP7	0	10
3115	1-(2-过氧化乙基己醇-1,3-二甲基丁基过氧化新戊酸酯	≤52	≥45	≥10			OP7	−20	−10
3115	过新癸酸叔己酯	≤71	≥29				OP7	0	10
3115	过新戊酸叔己酯	≤72		≥28			OP7	10	15
3115	3-羟基-1,1-二甲基丁基过氧新癸酸酯	≤77	≥23				OP7	−5	5
3115	过二碳酸异丙基仲丁酯＋过二碳酸二仲丁酯＋过二碳酸二异丙酯	≤32＋≤15～18＋≤12～15	≥38				OP7	−20	−10
3115	过氧化甲基环己酮	≤67		≤33			OP7	35	40
3115	1,1,3,3-四甲基丁基过氧-2-乙基己酸酯	≤100					OP7	15	20
3115	1,1,3,3-四甲基丁基过氧新癸酸酯	≤72		≥28			OP7	−5	5
3115	1,1,3,3-过氧新戊酸四甲叔丁酯	≤77	≥23				OP7	0	10
3116	联十六烷基过氧重碳酸酯	≤100					OP7	30	35

表 A.1(续)

联合国编号(UN 编号)	有机过氧化物品名	含量/%	A 型稀释剂/%	B 型稀释剂/%	惰性固体/%	水/%	包装方法	控制温度/℃	危急温度/℃
3116	二肉豆蔻基过氧重碳酸酯	≤100					OP7	20	25
3116	过氧化二正壬酰	≤100					OP7	0	10
3116	过氧化二琥珀酸	≤72				≥28	OP7	10	15
3117	叔丁基过氧-2-乙基己酸酯	>32~52		≥48			OP8	30	35
3117	过氧化新庚酸叔丁酯	≤42 在水中稳定弥散					OP8	0	10
3117	二-正丁基过氧重碳酸酯	≤27		≥73			OP8	−10	0
3117	过新庚酸-1,1-二甲基-3-羟丁酯	≤52	≥48				OP8	0	10
3117	过氧化二丙酰基(过氧化丙酰)	≤27		≥73			OP8	15	20
3117	3-羟基-1,1-二甲基丁基过氧新癸酸	≤52	≥48				OP8	−5	5
3118	叔丁基过氧-2-乙基己酸酯	≤52			≥48		OP8	20	25
3118	叔丁基过氧新癸酸酯	≤42 在水(冷冻)中稳定弥散					OP8	0	10
3118	二-正丁基过氧重碳酸酯	≤42 在水(冷冻)中稳定弥散					OP8	−15	−5
3118	过氧化二-2,4-二氯苯甲酰	≤52 糊状					OP8	20	25
3118	过氧化月桂酸	≤100					OP8	35	40
3119	叔戊基过氧新癸酸酯	≤47	≥53				OP8	0	10
3119	叔丁基过氧-2-乙基己酸酯	≤32		≥68			OP8	40	45
3119	叔丁基过氧新癸酸酯	≤52 在水中稳定弥散					OP8	0	10
3119	叔丁基过氧新癸酸酯	≤32	≥68				OP8	0	10

表 A.1（续）

联合国编号（UN 编号）	有机过氧化物品名	含量/%	A 型稀释剂/%	B 型稀释剂/%	惰性固体/%	水/%	包装方法	控制温度/℃	危急温度/℃
3119	叔丁基过氧新戊酸酯	≤27		≥73			OP8	30	35
3119	过氧新癸酸枯酯	≤52 在水中稳定弥散					OP8	−10	0
3119	二(4-叔丁基环己基)过氧重碳酸酯	≤42 在水中稳定弥散					OP8	30	35
3119	联十六烷基过氧重碳酸酯	≤42 在水中稳定弥散					OP8	30	35
3119	过氧重碳酸二环己酯	≤42 在水中稳定弥散					OP8	15	20
3119	过二碳酸二-(2-乙基己)酯	≤62 在水中稳定弥散					OP8	−15	−5
3119	二肉豆蔻基过氧重碳酸酯	≤42 在水中稳定弥散					OP8	20	25
3119	二-(3,5,5-三甲基己酰)过氧化物	≤52 在水中稳定弥散					OP8	10	15
3119	二-(3,5,5-三甲基己酰)过氧化物	≤38	≥62				OP8	20	25
3119	3-羟基-1,1-二甲基丁基过氧新癸酸	≤52 在水中稳定弥散					OP8	−5	5
3119	1,1,3,3-四甲基丁基过氧新癸酸酯	≤52 在水中稳定弥散					OP8	−5	5
3120	过二碳酸二-(2-乙基己)酯	≤52 在水(冷冻)中稳定弥散					OP8	−15	−5
豁免	过氧化环己酮	≤32			≥68				
豁免	过氧化二苯甲酰	≤35			≥65				
豁免	二-(2-叔丁基过氧)异丙基苯	≤42			≥58				

表 A.1（续）

联合国编号（UN 编号）	有机过氧化物品名	含量/%	A 型稀释剂/%	B 型稀释剂/%	惰性固体/%	水/%	包装方法	控制温度/℃	危急温度/℃
豁免	过氧化二-4-氯苯甲酰	≤32			≥68				
豁免	二枯基过氧化物	≤52			≥48				

a 有效氧含量≤4.7%。

b 需要贴“爆炸品”次要危险标签。

c 二-叔丁基过氧化物可替代稀释剂。

d 有效氧≤9%。

e 过氧化氢含量≤9%；有效氧含量≤10%。

f 只允许使用非金属容器。

g 有效氧含量>10%且≤10.7%，含水或不含水。

h 有效氧含量≤10%，含水或不含水。

i 有效氧含量≤8.2%，含水或不含水。

j 根据大规模实验的结果，允许F型有机过氧化物的每个贮器最多装载2 000 kg。

k 需要贴“腐蚀性”次要危险标签。

l 给这种过氧化物加水会降低其热稳定性。

m 浓度低于80%时不需要贴“腐蚀性”次要危险标签。

n 加A型稀释剂，含水或不含水。

o A型稀释剂含量≥25%，外加乙苯。

p A型稀释剂含量≥19%，外加甲基异丁基酮。

q 二叔丁基过氧化物含量<6%。

r 1-异丙基过氧化氢-4-异丙基羟基苯含量≤8%。

s 沸点>110 ℃的B型稀释剂。

t 氢过氧化物含量<0.5%。

u 浓度大于56%时，需要贴“腐蚀性”次要危险标签。

v 有效活性氧含量≤7.6%，在A型稀释剂中，95%汽化点为200 ℃～260 ℃。

w 沸点>130 ℃的B型稀释剂。

x 活性氧含量≤6.7%。

A.3 有机过氧化物品名表(按品名首字母排序)

表 A.2 按品名首字母顺序列出了有机过氧化物。

表 A.2 有机过氧化物品名表(按品名首字母排序)

有机过氧化物品名	联合国编号(UN 编号)	含量/%	A 型稀释剂/%	B 型稀释剂/%	惰性固体/%	水/%	包装方法	控制温度/℃	危急温度/℃
单过氧马来酸叔丁酯[b]	3102	>52～100					OP5		
单过氧马来酸叔丁酯	3103	≤52	≥48				OP6		
单过氧马来酸叔丁酯	3108	≤52			≥48		OP8		
单过氧马来酸叔丁酯	3108	≤52 糊状					OP8		
对盖基化过氧氢[k]	3105	>72～100					OP7		
对盖基化过氧氢[u]	3109	≤72	≥28				OP8		
二-(1-羟基环己基)过氧化物	3106	≤100					OP7		
二-(2-苯氧乙基)过氧重碳酸酯[b]	3102	>85～100					OP5		
二-(2-苯氧乙基)过氧重碳酸酯	3106	≤85				≥15	OP7		
二-(2-甲基苯甲酰)过氧化物[b]	3112	≤87				≥13	OP5	30	35
二-(2-叔丁基过氧)异丙基苯	3106	>42～100			≤57		OP7		
二-(2-叔丁基过氧)异丙基苯	豁免	≤42			≥58				
二-(2-新癸酰过氧异丙基)苯	3115	≤52	≥48				OP7	−10	0
二-(3,5,5-三甲基己酰)过氧化物	3115	>38～82	≥18				OP7	0	10
二-(3,5,5-三甲基己酰)过氧化物	3119	≤52 在水中稳定弥散					OP8	10	15
二-(3,5,5-三甲基己酰)过氧化物	3119	≤38	≥62				OP8	20	25

表 A.2（续）

有机过氧化物品名	联合国编号（UN 编号）	含量/%	A 型稀释剂/%	B 型稀释剂/%	惰性固体/%	水/%	包装方法	控制温度/℃	危急温度/℃
2,2-二-(4,4 二(叔丁基过氧环己基)丙烷	3107	≤22		≥78			OP8		
2,2-二-(4,4 二(叔丁基过氧环己基)丙烷	3106	≤42			≥58		OP7		
二-(4-甲基苯甲酰)过氧化物	3106	≤52 含硅油糊状					OP7		
二(4-叔丁基环己基)过氧重碳酸酯	3114	≤100					OP6	30	35
二(4-叔丁基环己基)过氧重碳酸酯	3119	≤42 在水中稳定弥散					OP8	30	35
1,6-二-(过氧化叔丁基-羰基氧)己烷	3103	≤72	≥28				OP5		
1,1-二-(叔丁基过氧)-3,3,5-三甲基环己烷[b]	3101	>90～100					OP5		
1,1-二-(叔丁基过氧)-3,3,5-三甲基环己烷[w]	3103	≤90		≥10			OP5		
1,1-二-(叔丁基过氧)-3,3,5-三甲基环己烷	3103	>57～90	≥10				OP5		
1,1-二-(叔丁基过氧)-3,3,5-三甲基环己烷	3103	≤77		≥23			OP5		
1,1-二-(叔丁基过氧)-3,3,5-三甲基环己烷	3107	≤57	≥43				OP8		
1,1-二-(叔丁基过氧)-3,3,5-三甲基环己烷	3107	≤32	≥26	≥42			OP8		
1,1-二-(叔丁基过氧)-3,3,5-三甲基环己烷	3110	≤57			≥43		OP8		
2,2-二-(叔丁基过氧)丙烷	3105	≤52	≥48				OP7		
2,2-二-(叔丁基过氧)丙烷	3106	≤42	≥13		≥45		OP7		
3,3-二-(叔丁基过氧)丁酸乙酯	3103	>77～100					OP5		
3,3-二-(叔丁基过氧)丁酸乙酯	3105	≤77	≥23				OP7		
3,3-二-(叔丁基过氧)丁酸乙酯	3106	≤52			≥48		OP7		
2,2-二-(叔丁基过氧)丁烷	3103	≤52	≥48				OP6		
1,1-二-(叔丁基过氧)环己烷[b]	3101	>80～100					OP5		

表 A.2（续）

有机过氧化物品名	联合国编号（UN 编号）	含量/%	A 型稀释剂/%	B 型稀释剂/%	惰性固体/%	水/%	包装方法	控制温度/℃	危急温度/℃
1,1-二-(叔丁基过氧)环己烷[w]	3103	≤72		≥28			OP5		
1,1-二-(叔丁基过氧)环己烷	3103	>52～80	≥20				OP5		
1,1-二-(叔丁基过氧)环己烷	3105	>42～52	≥48				OP7		
1,1-二-(叔丁基过氧)环己烷	3106	≤42	≥13		≥45		OP7		
1,1-二-(叔丁基过氧)环己烷[o]	3107	≤27	≥25				OP8		
1,1-二-(叔丁基过氧)环己烷	3109	≤42	≥58				OP8		
1,1-二-(叔丁基过氧)环己烷	3109	≤13	≥13	≥74			OP8		
1,1-二-(叔丁基过氧)环己烷＋1,1-二-(叔丁基过氧)环己烷	3105	≤43＋≤16	≥41				OP7		
二-(叔丁基过氧)邻苯二甲酸酯	3105	>42～52	≥48				OP7		
二-(叔丁基过氧)邻苯二甲酸酯[n]	3106	≤52 糊状					OP7		
二-(叔丁基过氧)邻苯二甲酸酯	3107	≤42	≥58				OP8		
3,3-二-(叔戊基过氧)丁酸乙酯	3105	≤67	≥33				OP7		
2,2-二-(叔戊基过氧)丁烷	3105	≤57	≥43				OP7		
2,5-二甲基-2,5-二(2-乙基己酰过氧)己烷	3113	≤100					OP5	20	25
2,5-二甲基-2,5-二-(3,5,5-三甲基己酰过氧)己烷	3105	≤77	≥23				OP7		
2,5-二甲基-2,5-二(叔丁基过氧)3-己炔[b]	3101	>86～100					OP5		
2,5-二甲基-2,5-二(叔丁基过氧)3-己炔[t]	3103	>52～86	≥14				OP5		
2,5-二甲基-2,5-二(叔丁基过氧)3-己炔	3106	≤52			≥48		OP7		
2,5-二甲基-2,5-二(叔丁基过氧)己烷	3103	>90～100					OP5		

表 A.2（续）

有机过氧化物品名	联合国编号（UN 编号）	含量/%	A 型稀释剂/%	B 型稀释剂/%	惰性固体/%	水/%	包装方法	控制温度/℃	危急温度/℃
2,5-二甲基-2,5-二(叔丁基过氧)己烷	3105	>52～90	≥10				OP7		
2,5-二甲基-2,5-二(叔丁基过氧)己烷	3108	≤77			≥23		OP8		
2,5-二甲基-2,5-二(叔丁基过氧)己烷	3108	≤47 糊状					OP8		
2,5-二甲基-2,5-二(叔丁基过氧)己烷	3109	≤52	≥48				OP8		
2,5-二甲基-2,5-二氢过氧化己烷	3104	≤82				≥18	OP6		
2,5-二甲基-2,5-双(苯甲酰过氧)己烷[b]	3102	>82～100					OP5		
2,5-二甲基-2,5-双(苯甲酰过氧)己烷	3104	≤82				≥18	OP5		
2,5-二甲基-2,5-双(苯甲酰过氧)己烷	3106	≤82			≥18		OP7		
二枯基过氧化物[j]	3110	>52～100					OP8		
二枯基过氧化物	豁免	≤52			≥48				
2,2-二氢过氧丙烷[b]	3102	≤27			≥73		OP5		
二肉豆蔻基过氧重碳酸酯	3116	≤100					OP7	20	25
二肉豆蔻基过氧重碳酸酯	3119	≤42 在水中稳定弥散					OP8	20	25
4,4-二叔丁过氧基戊酸正丁酯	3103	>52～100					OP5		
4,4-二叔丁过氧基戊酸正丁酯	3108	≤52			≥48		OP8		
二叔丁基过氧化物	3107	>52～100					OP8		
二叔丁基过氧化物[s]	3109	≤52		≥48			OP8		
二叔丁基过氧壬二酸酯	3105	≤52	≥48				OP7		
1,1-二叔戊过氧基环己烷	3103	≤82	≥18				OP6		
二-叔戊基过氧化物	3107	≤100					OP8		

表 A.2（续）

有机过氧化物品名	联合国编号（UN 编号）	含量/%	A 型稀释剂/%	B 型稀释剂/%	惰性固体/%	水/%	包装方法	控制温度/℃	危急温度/℃
二-异丙苯过氧化二氢[r]	3106	≤82	≥5			≥5	OP7		
二正丙基过氧重碳酸酯	3113	≤100					OP3	−25	−15
二正丙基过氧重碳酸酯	3113	≤77		≥23			OP5	−20	−10
二-正丁基过氧重碳酸酯	3115	>27～52		≥48			OP7	−15	−5
二-正丁基过氧重碳酸酯	3117	≤27		≥73			OP8	−10	0
二-正丁基过氧重碳酸酯	3118	≤42 在水(冷冻)中稳定弥散					OP8	−15	−5
固态有机过氧化物，样品	3104						OP2		
固态有机过氧化物，样品，控制温度的	3114						OP2		
过二碳酸二-(2-乙基己)酯	3113	>77～100					OP5	−20	−10
过二碳酸二-(2-乙基己)酯	3115	≤77		≥23			OP7	−15	−5
过二碳酸二-(2-乙基己)酯	3119	≤62 在水中稳定弥散					OP8	−15	−5
过二碳酸二-(2-乙基己)酯	3120	≤52 在水(冷冻)中稳定弥散					OP8	−15	−5
过二碳酸二(2-乙氧乙)酯	3115	≤52		≥48			OP7	−10	0
过二碳酸二(3-甲氧丁)酯	3115	≤52		≥48			OP7	−5	5
过二碳酸异丙基仲丁酯＋过二碳酸二仲丁酯＋过二碳酸二异丙酯[b]	3111	≤52＋≤28＋≤22					OP5	−20	−10
过二碳酸异丙基仲丁酯＋过二碳酸二仲丁酯＋过二碳酸二异丙酯	3115	≤32＋≤15～18＋≤12～15	≥38				OP7	−20	−10
过新庚酸-1,1-二甲基-3-羟丁酯	3117	≤52	≥48				OP8	0	10

表 A.2（续）

有机过氧化物品名	联合国编号（UN 编号）	含量/%	A 型稀释剂/%	B 型稀释剂/%	惰性固体/%	水/%	包装方法	控制温度/℃	危急温度/℃
过新庚酸枯酯	3115	≤77	≥23				OP7	−10	0
过新癸酸叔己酯	3115	≤71	≥29				OP7	0	10
过新戊酸叔己酯	3115	≤72		≥28			OP7	10	15
过氧-3,5,5-三甲基己酸叔丁酯	3105	>32～100					OP7		
过氧-3,5,5-三甲基己酸叔丁酯	3106	≤42			≥58		OP7		
过氧-3,5,5-三甲基己酸叔丁酯	3109	≤32		≥68			OP8		
过氧苯甲酸叔丁酯	3103	>77～100					OP5		
过氧苯甲酸叔丁酯	3105	>52～77	≥23				OP7		
过氧苯甲酸叔丁酯	3106	≤52			≥48		OP7		
过氧丁烯酸叔丁酯	3105	≤77	≥23				OP7		
过氧化二(3-甲基苯甲酰)＋过氧化(3-甲基苯甲酰苯甲酰)＋过氧化二苯甲酰	3115	≤20＋≤18＋≤4		≥58			OP7	35	40
过氧化二-2,4-二氯苯甲酰[b]	3102	≤77				≥23	OP5		
过氧化二-2,4-二氯苯甲酰	3106	≤52 含硅油糊状					OP7		
过氧化二-2,4-二氯苯甲酰	3118	≤52 糊状					OP8	20	25
过氧化二-4-氯苯甲酰[b]	3102	≤77				≥23	OP5		
过氧化二-4-氯苯甲酰[n]	3106	≤52 糊状					OP7		
过氧化二-4-氯苯甲酰	豁免	≤32			≥68				
过氧化二苯甲酰[b]	3102	>51～100			≤48		OP2		
过氧化二苯甲酰[b]	3102	>77～94				≥6	OP4		
过氧化二苯甲酰	3104	≤77				≥23	OP6		

表 A.2（续）

有机过氧化物品名	联合国编号（UN 编号）	含量/%	A 型稀释剂/%	B 型稀释剂/%	惰性固体/%	水/%	包装方法	控制温度/℃	危急温度/℃
过氧化二苯甲酰	3106	≤62			≥28	≥10	OP7		
过氧化二苯甲酰[n]	3106	>52～62 糊状					OP7		
过氧化二苯甲酰	3106	>35～52			≥48		OP7		
过氧化二苯甲酰	3107	>36～42	≥18			≤40	OP8		
过氧化二苯甲酰	3108	≤56.5 糊状				≥15	OP8		
过氧化二苯甲酰[n]	3108	≤52 糊状					OP8		
过氧化二苯甲酰	3109	≤42 在水中稳定弥散					OP8		
过氧化二苯甲酰	豁免	≤35			≥65				
过氧化二丙酰基（过氧化丙酰）	3117	≤27		≥73			OP8	15	20
过氧化二癸酰	3114	≤100					OP6	30	35
过氧化二琥珀酸[b,l]	3102	>72～100					OP4		
过氧化二琥珀酸	3116	≤72				≥28	OP7	10	15
过氧化二乙酰[f,k]	3115	≤27		≥73			OP7	20	25
过氧化二异丁酰[b]	3111	>32～52		≥48			OP5	−20	−10
过氧化二异丁酰	3115	≤32		≥68			OP7	−20	−10
过氧化二月桂酰	3106	≤100					OP7		
过氧化二月桂酰	3109	≤42 在水中稳定弥散					OP8		
过氧化二正壬酰	3116	≤100					OP7	0	10
过氧化二正辛酰	3114	≤100					OP5	10	15

表 A.2（续）

有机过氧化物品名	联合国编号（UN 编号）	含量/%	A 型稀释剂/%	B 型稀释剂/%	惰性固体/%	水/%	包装方法	控制温度/℃	危急温度/℃
过氧化环己酮[k]	3104	≤91				≥9	OP6		
过氧化环己酮[d]	3105	≤72	≥28				OP7		
过氧化环己酮[d,n]	3106	≤72 糊状					OP7		
过氧化环己酮	豁免	≤32			≥68				
过氧化甲基异丁基酮[p]	3105	≤62	≥19				OP7		
过氧化甲基环己酮	3115	≤67		≤33			OP7	35	40
过氧化甲基乙基酮[b,g,k]	3101		≥48				OP5		
过氧化甲基乙基酮[h]	3105		≥55				OP7		
过氧化甲基乙基酮[i]	3107		≥60				OP8		
过氧化甲基异丙酮[x]	3109		≥70				OP8		
过氧化叔戊基碳酸异丙酯	3103	≤77	≥23				OP5		
过氧化双丙酮醇[e]	3115	≤57		≥26		≥8	OP7	40	45
过氧化新庚酸叔丁酯	3115	≤77	≥23				OP7	0	10
过氧化新庚酸叔丁酯	3117	≤42 在水中稳定弥散					OP8	0	10
1-(2-过氧化乙基己醇-1,3-二甲基丁基过氧化新戊酸酯	3115	≤52	≥45	≥10			OP7	−20	−10
过氧化乙酰丙酮[a]	3105	≤42	≥48			≥8	OP7		
过氧化乙酰丙酮[n]	3106	≤32 糊状					OP7		
过氧化月桂酸	3118	≤100					OP8	35	40
过氧新癸酸枯酯	3115	≤87	≥13				OP7	−10	0

表 A.2（续）

有机过氧化物品名	联合国编号（UN 编号）	含量/%	A 型稀释剂/%	B 型稀释剂/%	惰性固体/%	水/%	包装方法	控制温度/℃	危急温度/℃
过氧新癸酸枯酯	3115	≤77		≥23			OP7	−10	0
过氧新癸酸枯酯	3119	≤52 在水中稳定弥散					OP8	−10	0
过氧新戊酸枯酯	3115	≤77		≥23			OP7	−5	5
1,1,3,3-过氧新戊酸四甲叔丁酯	3115	≤77	≥23				OP7	0	10
过氧异丙基碳酸叔丁酯	3103	≤77	≥23				OP5		
过氧重碳酸二环己酯[b]	3112	>91～100					OP3	10	15
过氧重碳酸二环己酯	3114	≤91				≥9	OP5	10	15
过氧重碳酸二环己酯	3119	≤42 在水中稳定弥散					OP8	15	20
过氧重碳酸二异丙酯[b]	3112	>52～100					OP2	−15	−5
过氧重碳酸二异丙酯	3115	≤52		≥48			OP7	−20	−10
过氧重碳酸二异丙酯	3115	≤28	≥72				OP7	−15	−5
过氧重碳酸二仲丁酯	3113	>52～100					OP4	−20	−10
过氧重碳酸二仲丁酯	3115	≤52		≥48			OP7	−15	−5
过乙酸叔丁酯[b]	3101	>52～77	≥23				OP5		
过乙酸叔丁酯	3103	>32～52	≥48				OP6		
过乙酸叔丁酯	3109	≤32		≥68			OP8		
过乙酸叔戊酯	3105	≤62	≥38				OP7		
聚醚聚过氧叔丁基碳酸酯	3107	≤52		≥48			OP8		
枯基过氧氢(氢过氧化枯烯)[k]	3107	>90～98	≤10				OP8		
枯基过氧氢(氢过氧化枯烯)[k,m]	3109	≤90	≥10				OP8		

表 A.2（续）

有机过氧化物品名	联合国编号（UN 编号）	含量/%	A 型稀释剂/%	B 型稀释剂/%	惰性固体/%	水/%	包装方法	控制温度/℃	危急温度/℃
联十六烷基过氧重碳酸酯	3116	≤100					OP7	30	35
联十六烷基过氧重碳酸酯	3119	≤42 在水中稳定弥散					OP8	30	35
3-氯苯过氧甲酸[b]	3102	＞57～86			≥14		OP1		
3-氯苯过氧甲酸	3106	≤57			≤3	≥40	OP7		
3-氯苯过氧甲酸	3106	≤77			≥6	≥17	OP7		
蒎烷基过氧氢(氢过氧化蒎烷)[k]	3105	＞56～100					OP7		
蒎烷基过氧氢(氢过氧化蒎烷)	3109	≤56	≥44				OP8		
3-羟基-1,1-二甲基丁基过氧新癸酸	3115	≤77	≥23				OP7	－5	5
3-羟基-1,1-二甲基丁基过氧新癸酸	3117	≤52	≥48				OP8	－5	5
3-羟基-1,1-二甲基丁基过氧新癸酸	3119	≤52 在水中稳定弥散					OP8	－5	5
3,6,9-三乙基-3,6,9-三甲基-1,4,7-三过氧壬烷[v]	3105	≤42	≥58				OP7		
叔丁基过氧-2-甲基苯甲酸酯	3103	≤100					OP5		
叔丁基过氧-2-乙基己酸酯	3113	＞52～100					OP6	20	25
叔丁基过氧-2-乙基己酸酯	3117	＞32～52		≥48			OP8	30	35
叔丁基过氧-2-乙基己酸酯	3118	≤52			≥48		OP8	20	25
叔丁基过氧-2-乙基己酸酯	3119	≤32		≥68			OP8	40	45
叔丁基过氧-2-乙基己酸酯＋2,2-二-叔丁基过氧）丁烷	3106	≤12＋≤14	≥14		≥60		OP7		
叔丁基过氧-2-乙基己酸酯＋2,2-二-叔丁基过氧）丁烷	3115	≤31＋≤36		≥33			OP7	35	40

表 A.2（续）

有机过氧化物品名	联合国编号（UN 编号）	含量/%	A 型稀释剂/%	B 型稀释剂/%	惰性固体/%	水/%	包装方法	控制温度/℃	危急温度/℃
叔丁基过氧-2-乙基己碳酸酯	3105	≤100					OP7		
叔丁基过氧丁基延胡索酸酯	3105	≤52	≥48				OP7		
叔丁基过氧二乙基乙酸酯	3113	≤100					OP5	20	25
叔丁基过氧化氢[k]	3103	>79～90				≥10	OP5		
叔丁基过氧化氢[c,k]	3105	≤80	≥20				OP7		
叔丁基过氧化氢[k,q]	3107	≤79				>14	OP8		
叔丁基过氧化氢[k]	3109	≤72				≥28	OP8		
叔丁基过氧化氢＋二叔丁基过氧化物[k]	3103	<82＋>9				≥7	OP5		
叔丁基过氧化异丙基	3107	>42～100					OP8		
叔丁基过氧化异丙基	3108	≤52			≥48		OP8		
叔丁基过氧新癸酸酯	3115	>77～100					OP7	−5	5
叔丁基过氧新癸酸酯	3115	≤77		≥23			OP7	0	10
叔丁基过氧新癸酸酯	3118	≤42 在水（冷冻）中稳定弥散					OP8	0	10
叔丁基过氧新癸酸酯	3119	≤52 在水中稳定弥散					OP8	0	10
叔丁基过氧新癸酸酯	3119	≤32	≥68				OP8	0	10
叔丁基过氧新戊酸酯	3113	>67～77	≥23				OP5	0	10
叔丁基过氧新戊酸酯	3115	>27～67		≥33			OP7	0	10
叔丁基过氧新戊酸酯	3119	≤27		≥73			OP8	30	35
1-(2-叔丁基过氧异丙基)-3-异丙烯基苯	3105	≤77	≥23				OP7		
1-(2-叔丁基过氧异丙基)-3-异丙烯基苯	3108	≤42			≥58		OP8		

表 A.2（续）

有机过氧化物品名	联合国编号（UN 编号）	含量/%	A 型稀释剂/%	B 型稀释剂/%	惰性固体/%	水/%	包装方法	控制温度/℃	危急温度/℃
叔丁基过氧异丁酸酯[b]	3111	>52~77		≥23			OP5	15	20
叔丁基过氧异丁酸酯	3115	≤52		≥48			OP7	15	20
叔丁基过氧硬酯酰碳酸酯	3106	≤100					OP7		
叔戊基过氧-2-乙基己酸酯	3115	≤100					OP7	20	25
叔戊基过氧-3,5,5-三甲基己酸酯	3105	≤100					OP7		
叔戊基过氧苯甲酸酯	3103	≤100					OP5		
叔戊基过氧化氢	3107	≤88	≥6			≥6	OP8		
叔戊基过氧戊酸酯	3113	≤77		≥23			OP5	10	15
叔戊基过氧新癸酸酯	3115	≤77		≥23			OP7	0	10
叔戊基过氧新癸酸酯	3119	≤47	≥53				OP8	0	10
1,1,3,3-四甲基丁基过氧-2-乙基己酸酯	3115	≤100					OP7	15	20
1,1,3,3-四甲基丁基过氧新癸酸酯	3115	≤72		≥28			OP7	−5	5
1,1,3,3-四甲基丁基过氧新癸酸酯	3119	≤52 在水中稳定弥散					OP8	−5	5
1,1,3,3-四甲基丁基氢过氧化物	3105	≤100					OP7		
碳酸过氧-2-乙基己基叔戊酯	3105	≤100					OP7		
3,3,5,7,7-五甲基-1,2,4-三氧杂环庚烷	3107	≤100					OP8		
D 型过乙酸，稳定的[k]	3105	≤43					OP7		
E 型过乙酸，稳定的[k]	3107	≤43					OP8		
F 型过乙酸，稳定的[k]	3109	≤43					OP8		
液态有机过氧化物，样品	3103						OP2		
液态有机过氧化物，样品，控制温度的	3113						OP2		
乙酰过氧化磺酰环己烷[b]	3112	≤82				≥12	OP4	−10	0

表 A.2(续)

有机过氧化物品名	联合国编号(UN 编号)	含量/%	A 型稀释剂/%	B 型稀释剂/%	惰性固体/%	水/%	包装方法	控制温度/℃	危急温度/℃
乙酰过氧化磺酰环己烷	3115	≤32		≥68			OP7	−10	0
异丙基异丙苯基氢过氧化物[k]	3109	≤72	≥28				OP8		

[a] 有效氧含量≤4.7%。

[b] 需要贴"爆炸品"次要危险标签。

[c] 二-叔丁基过氧化物可替代稀释剂。

[d] 有效氧≤9%。

[e] 过氧化氢含量≤9%;有效氧含量≤10%。

[f] 只允许使用非金属容器。

[g] 有效氧含量>10%且≤10.7%,含水或不含水。

[h] 有效氧含量≤10%,含水或不含水。

[i] 有效氧含量≤8.2%,含水或不含水。

[j] 根据大规模实验的结果,允许 F 型有机过氧化物的每个贮器最多装载 2 000 kg。

[k] 需要贴"腐蚀性"次要危险标签。

[l] 给这种过氧化物加水会降低其热稳定性。

[m] 浓度低于 80%时不需要贴"腐蚀性"次要危险标签。

[n] 加 A 型稀释剂,含水或不含水。

[o] A 型稀释剂含量≥25%,外加乙苯。

[p] A 型稀释剂含量≥19%,外加甲基异丁基酮。

[q] 二叔丁基过氧化物含量<6%。

[r] 1-异丙基过氧化氢-4-异丙基羟基苯含量≤8%。

[s] 沸点>110 ℃的 B 型稀释剂。

[t] 氢过氧化物含量<0.5%。

[u] 浓度大于 56%时,需要贴"腐蚀性"次要危险标签。

[v] 有效活性氧含量≤7.6%,在 A 型稀释剂中,95%汽化点为 200 ℃~260 ℃。

[w] 沸点>130 ℃的 B 型稀释剂。

[x] 活性氧含量≤6.7%。

附 录 B
（规范性附录）
列入《规章范本》IBC520 及 T23 的有机过氧化物

表 B.1 列出了列入《规章范本》IBC520 及 T23 的有机过氧化物。

表 B.1 列入《规章范本》IBC520 及 T23 的有机过氧化物

联合国编号	有机过氧化物
3109	液态 F 型有机过氧化物
	叔丁基过氧氢[a] 水中，浓度不大于 72%
	枯基过氧氢，在 A 型稀释剂中，浓度不大于 90%
	二叔丁基过氧化物，在 A 型稀释剂中，浓度不大于 32%
	异丙枯基过氧氢，在 A 型稀释剂中，浓度不大于 72%
	对盖基过氧氢，在 A 型稀释剂中，浓度不大于 72%
	蒎基过氧氢，在 A 型稀释剂中，浓度不大于 56%
	过乙酸叔丁酯，浓度不大于 32%，在 A 型稀释剂中
	过氧苯甲酸叔丁酯，浓度不大于 32%，在 A 型稀释剂中
	过-3,5,5-三甲基己酸叔丁酯，浓度不大于 37%，在 A 型稀释剂中
	过氧化二苯甲酰，浓度不大于 42%，在水中稳定弥散
	二叔丁基过氧化物，浓度不大于 52%，在 A 型稀释剂中
	1,1-二-(叔丁基过氧)环己烷，浓度不大于 37%，在 A 型稀释剂中
	1,1-二-(叔丁基过氧)环己烷，浓度不大于 42%，在 A 型稀释剂中
	过氧化二月桂酰，浓度不大于 42%，在水中稳定弥散
	过乙酸，稳定的，浓度不大于 17%
3110	固态 F 型有机过氧化物
	二枯基过氧化物[b]
3119	液态 F 型有机过氧化物，控制温度的
	过氧新癸酸叔戊酯，在 A 型稀释剂中，浓度不大于 47%
	叔丁基过氧化乙酸盐，在 B 型稀释剂中，浓度不大于 32%
	叔丁基过氧-2-乙基己酸酯，在 B 型稀释剂中，浓度不大于 32%
	叔丁基过氧化新戊酸酯，在 B 型稀释剂中，浓度不大于 27%
	叔丁基过氧-3,5,5-三甲基己酸酯，在 B 型稀释剂中，浓度不大于 32%
	二-(3,5,5-三甲基己酰)过氧化物，在 A 或 B 型稀释剂中，浓度不大于 38%
	蒸馏 F 型过乙酸，稳定的
	过氧化叔戊基新戊酸酯，浓度不大于 32%，在 A 型稀释剂中
	液态 F 型有机过氧化物，控制温度的过-2-乙基己酸叔丁酯，浓度不大于 32%，在 B 型稀释剂中

表 B.1(续)

联合国编号	有机过氧化物
3119	叔丁基过氧新癸酸酯,浓度不大于32%,在A型稀释剂中
	叔丁基过氧新癸酸酯,浓度不大于42%,在水中稳定弥散
	过氧化新癸酸叔丁酯,浓度不大于52%,在水中稳定弥散
	过新戊酸叔丁酯,浓度不大于27%,在B型稀释剂中
	二-(2-新癸酰过氧异丙基)苯,浓度不大于42%,在水中稳定弥散
	3-羟基-过氧化新癸酸1,1-二甲基丁基,浓度不大于52%,在水中稳定弥散
	过氧新癸酸枯酯,浓度不大于52%,在水中稳定弥散
	二(4-叔丁基环已基)过氧重碳酸酯,浓度不大于42%,在水中稳定弥散
	联十六烷基过氧重碳酸酯,浓度不大于42%,在水中稳定弥散
	过氧化二碳酸二环己酯,浓度不大于42%,在水中稳定弥散
	过二碳酸二-(2-乙基已)酯,浓度不大于62%,在水中稳定弥散
	二肉豆蔻基过氧重碳酸酯,浓度不大于42%,在水中稳定弥散
	二-(3,5,5-三甲基己酰)过氧化物,浓度不大于38%,在A型稀释剂中
	二-(3,5,5-三甲基己酰)过氧化物,浓度不大于52%,在水中稳定弥散
	1,1,3,3-四甲基丁基过氧新癸酸酯,浓度不大于52%,在水中稳定弥散
3120	固态F型有机过氧化物,控制温度的
3229	F型自反应液体
3230	F型自反应固体
3239	F型自反应液体,控制温度的
3240	F型自反应固体,控制温度的

[a] 前提是已采取措施达到安全等值量65%叔丁基过氧化氢和35%水。

[b] 每个便携式罐体最多装2 000 kg。